Reinhard Strehlow

Grundzüge der Physik

Für Naturwissenschaftler und Ingenieure

Aus dem Programm Physik

Karlheinz Seeger
Halbleiterphysik
Band 1 und 2

Dieter Meissner (Hrsg.)
Solarzellen
Physikalische Grundlagen und Anwendungen in der Photovoltaik

Jürgen Eichler
Laser und Strahlenschutz

Friedrich Lühe
Optische Signalübertragung mit Lichtwellenleitern

Horst Schwetlick und Werner Kessel
Elektronikpraktikum für Naturwissenschaftler

Fritz Fraunberger und Jürgen Teichmann
Das Experiment in der Physik

George L. Trigg
Experimente der modernen Physik

Robert L. Weber
Kammerphysikalische Kostbarkeiten

Robert L. Weber
Kabinett physikalischer Raritäten

Reinhard Strehlow

Grundzüge der Physik

Für Naturwissenschaftler und Ingenieure

Mit 298 teils farbigen Bildern, 41 Tabellen und
217 Aufgaben mit ausführlichen Lösungen

Der Verlag Vieweg ist ein Unternehmen der Bertelsmann Fachinformation.

Umschlaggestaltung: Klaus Birk, Wiesbaden

Gedruckt auf säurefreiem Papier

ISBN-13: 978-3-528-06635-2 e-ISBN-13: 978-3-322-80283-5
DOI: 10.1007/ 978-3-322-80283-5

Zur Erinnerung an meinen Vater

Rudolf Strehlow

Vorwort

Solide Kenntnisse in den Grundlagen der Physik sind für den Naturwissenschaftler, Ingenieur oder Techniker eine wichtige Voraussetzung, um sich den immer komplexer werdenden Probleme unserer modernen Industriegesellschaft erfolgreich stellen zu können. So bilden physikalische Gesetzmäßigkeiten einerseits die Basis, auf der die klassischen Ingenieurwissenschaften wie etwa Technische Mechanik, Werkstoffkunde, Elektrotechnik, Maschinenlehre oder Meß- und Regelungstechnik aufbauen. Andererseits müssen neue physikalische Erkenntnisse, die von den Physikern gewonnen werden, vom Ingenieur hinsichtlich ihrer technischen Nutzbarkeit bewertet und gegebenenfalls schnell in die Praxis umgesetzt werden.

Dieses Buch entstand aus Vorlesungen, die ich seit einigen Jahren vor Wirtschaftsingenieuren halte. Erweiterungen gegenüber dem Vorlesungsstoff schienen mir jedoch an einigen Stellen sinnvoll. Sie sollen die Darstellung der physikalischen Grundlagen abrunden, als Quelle zusätzlicher Information dienen und damit auch einem breiteren Leserkreis Rechnung tragen. Dabei habe ich mich bemüht, mein Ziel nicht aus dem Auge zu verlieren, ein inhaltlich überschaubares und neben der Vorlesung auch durchlesbares Buch zu schreiben.

Naturgemäß bildet in einer Ingenieur-Ausbildung die klassische Physik den inhaltlichen Schwerpunkt. Die Gebiete „Mechanik", „Thermodynamik", „Elektrizität und Magnetismus" werden dabei in diesem Buch ergänzt durch die Kapitel „Schwingungen und Wellen" sowie „Optik". Wann immer es mit vertretbarem mathematischen Aufwand möglich war, wurde an Beispielen aus diesen Gebieten versucht, verschiedene Aspekte physikalischer Forschung zu demonstrieren. Die Entwicklung der Erhaltungssätze in der Mechanik streng aus den Newtonschen Axiomen zeigt die Physik als induktive Wissenschaft; anhand der Gravitation wird die Bedeutung des Wechselspiels zwischen Experiment und Theorie nachvollzogen; und bei der Untersuchung des Carnotschen Kreisprozesses in der Thermodynamik wird am Beispiel der Wärmekraftmaschinen aufgezeigt, wie physikalische Gesetze technische Entwicklungen einerseits ermöglichen und gleichzeitig die Grenzen dieser Entwicklungen festlegen.

In den Kapiteln, die die sogenannte moderne Physik beinhalten, gewinnt die Darstellung naturgemäß mehr informativen Charakter. Dennoch ist den Kapiteln „Quanten und Atome" und „Festkörperphysik" relativ zum Gesamtumfang des Buches viel Raum gewidmet. Ich erachte dies für notwendig, um der zentralen Bedeutung der Atom- und Festkörperphysik in der heutigen Zeit einigermaßen gerecht zu werden. Die überwiegende Mehrheit der angehenden Naturwissenschaftler wird bei ihrer späteren Arbeit mit diesen Themenkreisen der Physik konfrontiert werden. Auch für den Ingenieur werden entsprechende Grundkenntnisse im Zeitalter der Mikro-, Leistungs- und Optoelektronik immer wichtiger.

Das Studium der Physik ist auch ein geeignetes Testfeld zur Erprobung mathematischer Fertigkeiten. Einiges Wissen über Vektorrechnung, Differential- und Integralrechnung einschließlich der Behandlung von einfachen Differentialgleichungen wird in diesem Buch vorausgesetzt. Entsprechende Grundkenntnisse kann der Leser mit Hilfe einer kurzen Darstellung im mathematischen Anhang erwerben oder vielleicht auch nur auffrischen. Eventuell muß zusätzlich ein einschlägiges Matematikbuch konsultiert werden.

Eine Reihe von Übungen, die sich jeweils am Ende eines Abschnitts befinden, unterstützen die Erarbeitung des dargebotenen Stoffes auf unterschiedliche Weise. Unter ihnen gibt es einfache Rechenaufgaben, die die Anwendung physikalischer Gesetze schulen, Aufgabenstellungen, die einer Vertiefung oder Ergänzung der Kenntnisse dienen und auch reine Kontrollfragen. Eine ausführliche Darstellung der Antworten und Lösungen wurde mit in das Buch aufgenommen. Ich hoffe, daß dies der Leser als nützliche Lernhilfe empfindet.

Bei der Fertigstellung diese Buches war mir die Unterstützung von Kollegen, Freunden und meiner Familie oft eine wertvolle Hilfe. Für zahlreiche Diskussionen, das kritische Lesen von Teilen des Manuskripts und die zur Verfügungstellung einiger Bilder danke ich den Herren Professor Dr. D. Vogt und Dr. A. Rosenfeld besonders herzlich.

Eine Reihe von Studenten hta mich bei der Fertigstellung dieses Buches unterstützt. Sie haben sich an der Herstellung von Abbildungen beteilig und waren mir beim Korrekturlesen behilflich. Dabei ergaben sich auch Vorschläge, wie aus der Sicht des Studierenden an dieser oder jener Stelle eine Verbesserung des Verständnisses erzielt werden kann. In den meisten Fällen habe ich solche Anregungen gerne aufgegriffen. Mein besonderer Dank gilt dabei Herrn Chr. Kube, der über einen langen Zeitraum sehr engagiert und zuverlässig diese Aufgaben übernommen hat.

Mit großer Sorgfalt haben sich meine Frau Rosemarie und meine Tochter Katharina am Korrekturlesen beteiligt. Auch ihnen möchte ich herzlich für ihre Hilfe danken.

Weiterhin danke ich Herrn E. Kersten, der freundlicherweise einige Zeichnungen für dieses Buch angefertigt hat.

Schließlich gilt mein Dank Herrn W. Schwarz vom Vieweg-Verlag, der als Lektor nicht nur großes Interesse an der Fertigstellung diese Buches gezeigt hat, sondern dessen Anregungen und Verbesserungsvorschläge mir eine wertvolle Hilfe waren.

Ein letzter Dank soll sich im voraus an meine Leser richten, von denen ich mir konstruktive Kritik und Verbesserungsvorschläge erhoffe.

Marschacht, den 22. Mai 1995

Reinhard Strehlow

Inhaltsverzeichnis

1 Einleitung 1
1.1 Was ist Physik? . . . 1
1.2 Wie arbeitet die Physik? . . . 2
1.3 Über Messen, Maßeinheiten und Meßfehler . . . 2
1.4 Physikalische Modelle . . . 4

2 Mechanik 5
2.1 Mechanik der Massenpunkte . . . 5
2.1.1 Womit befaßt sich die Mechanik? . . . 5
2.1.2 Kinematik . . . 5
2.1.3 Grundlagen der Dynamik, die Newtonschen Axiome . . . 9
2.1.4 Einige Anwendungen des Grundgesetzes der Mechanik . . . 11
2.1.4.1 Massenpunkt unter dem Einfluß der Schwerkraft . . . 11
2.1.4.2 Der harmonische Oszillator . . . 13
2.1.5 Erhaltungsgrößen . . . 14
2.1.5.1 Was sind und was sollen Erhaltungsgrößen? . . . 14
2.1.5.2 Der Impulserhaltungssatz . . . 14
2.1.5.3 Der Energieerhaltungssatz . . . 16
2.1.5.4 Der Drehimpulserhaltungssatz . . . 20
2.1.6 Einiges über Reibungskräfte . . . 21
2.1.7 Elastische und unelastische Stoßprozesse . . . 22
2.1.8 Gravitation . . . 25
2.1.9 Dynamik in bewegten Bezugssystemen . . . 27
2.1.9.1 Die Galilei-Transformation . . . 27
2.1.9.2 Geradlinig gleichförmig beschleunigte Bezugssysteme . . . 28
2.1.9.3 Rotierende Bezugssysteme . . . 29
2.2 Mechanik des starren Körpers . . . 33
2.2.1 Der starre Körper und seine Freiheitsgrade . . . 33
2.2.2 Gleichgewicht am starren Körper . . . 33
2.2.2.1 Über Kräfte und Drehmomente . . . 33
2.2.2.2 Gleichgewichtsbedingungen und der Schwerpunkt . . . 35
2.2.2.3 Arten des Gleichgewichts und potentielle Energie . . . 37
2.2.3 Dynamik starrer Körper . . . 38
2.2.3.1 Die Bewegungsgleichung für die Rotation . . . 38
2.2.3.2 Massenträgheitsmomente und der Steinersche Satz . . . 40
2.2.3.3 Die kinetische Energie der Translation und Rotation . . . 41
2.2.3.4 Einige Beispiele für die Behandlung von Drehbewegungen . . 42
2.2.4 Der Kreisel . . . 45
2.2.4.1 Freie Achsen und das Trägheitsellipsoid . . . 45
2.2.4.2 Der kräftefreie symmetrische Kreisel . . . 46
2.2.4.3 Präzession . . . 47

2.3 Mechanik der Flüssigkeiten und Gase . . . 49
2.3.1 Allgemeine Charakterisierung des flüssigen und gasförmigen Aggregatzustandes . . . 49
2.3.2 Druckverteilung in Flüssigkeiten und Gasen . . . 50
2.3.2.1 Kompressibilität . . . 50
2.3.2.2 Der hydrostatische Druck . . . 50
2.3.2.3 Der Schweredruck in Flüssigkeiten . . . 51
2.3.2.4 Archimedisches Prinzip und Stabilität schwimmender Körper . 53
2.3.2.5 Der Luftdruck und seine Messung . . . 54
2.3.3 Molekulare Kräfte in Flüssigkeiten und Gasen . . . 56
2.3.3.1 Oberflächenspannung und Kapillarität . . . 56
2.3.3.2 Kinetische Gastheorie . . . 60
2.3.4 Strömende Flüssigkeiten und Gase . . . 61
2.3.4.1 Stromlinien und das Geschwindigkeitsfeld . . . 61
2.3.4.2 Die Bernoulli-Gleichung . . . 62
2.3.4.3 Laminare und turbulente Strömungen . . . 65
2.3.4.4 Strömungswiderstand und Widerstandsbeiwert . . . 68

3 Thermodynamik **73**
3.1 Grundlagen der Thermodynamik . . . 73
3.1.1 Einführung . . . 73
3.1.2 Temperaturmessung . . . 74
3.1.3 Wärmeausdehnung von Stoffen . . . 75
3.1.4 Die allgemeine Zustandsgleichung eines idealen Gases . . . 76
3.1.5 Mikroskopische Deutung der Temperatur . . . 77
3.2 Der erste Hauptsatz der Thermodynamik . . . 80
3.2.1 Innere Energie, Wärme und Arbeit . . . 80
3.2.2 Formulierungen des ersten Hauptsatzes . . . 82
3.2.3 Über das Verhalten der Wärmekapazität . . . 84
3.2.4 Zustandsänderungen idealer Gase . . . 86
3.3 Der zweite Hauptsatz der Thermodynamik . . . 88
3.3.1 Reversible und irreversible Prozesse . . . 88
3.3.2 Der Carnotsche Kreisprozeß . . . 89
3.3.3 Beispiele für technische Kreisprozesse . . . 93
3.3.4 Die Entropie und ihre mikroskopische Deutung . . . 97
3.4 Phasen und Phasenübergänge . . . 103
3.4.1 Schmelzwärme und Verdampfungswärme . . . 103
3.4.2 Die van der Waalssche Zustandsgleichung . . . 106
3.4.3 Der Joule-Thomson-Effekt, Gasverflüssigung . . . 108
3.4.4 Phasendiagramme und Tripelpunkt . . . 110
3.5 Wärmetransport und Diffusion . . . 111
3.5.1 Mechanismen des Wärmetransports . . . 111
3.5.2 Wärmeübergang und Wärmedurchgang . . . 113
3.5.3 Diffusion . . . 114

4 Elektrizität und Magnetismus **116**
4.1 Elektrostatik . . . 116
4.1.1 Elektrische Ladungen und das Coulombsche Gesetz . . . 116
4.1.2 Elektrisches Feld und elektrostatisches Potential . . . 118

4.1.3 Elektrische Ladungen auf Leitern 124
4.1.4 Elektrostatik im Dielektrikum 126
4.2 Grundgesetze des Gleichstroms 131
4.2.1 Stromstärke und Widerstand – Das Ohmsche Gesetz 131
4.2.2 Die Kirchhoffschen Gesetze des verzweigten Stromkreises 133
4.2.3 Über die Messung von Stromstärke und Spannung 137
4.2.4 Innenwiderstände von Spannungsquellen 139
4.2.5 Kontaktpotentialdifferenz 139
4.3 Ladungstransport in Flüssigkeiten und Gasen 141
4.3.1 Ladungstransport in Flüssigkeiten 141
4.3.2 Galvanische Elemente und Akkumulatoren 143
4.3.3 Erzeugung freier Ladungsträger im Vakuum und in Gasen 145
4.3.4 Gasentladungen 146
4.4 Elektromagnetische Erscheinungen 148
4.4.1 Magnetfelder in der Umgebung eines Leiters 148
4.4.2 Die Lorentz-Kraft und der Hall-Effekt 151
4.4.3 Geladene Teilchen in elektrischen und magnetischen Feldern 154
4.4.4 Elektromagnetische Induktion 156
4.4.5 Selbstinduktion und Gegeninduktion 158
4.4.6 Magnetische Erscheinungen in Materie 159
4.4.7 Wechselstrom 164
4.4.8 Einige weitere Anwendungen des Elektromagnetismus 172
4.4.9 Verschiebungsstrom und Maxwellsche Gleichungen 174

5 Schwingungen und Wellen **177**
5.1 Schwingungen 177
5.1.1 Allgemeines über (harmonische) Schwingungen 177
5.1.2 Gedämpfte und erzwungene Schwingungen 178
5.1.3 Überlagerung von Schwingungen 183
5.1.4 Nichtharmonische Schwingungen – Fourier-Analyse 186
5.1.5 Gekoppelte Schwingungen 190
5.2 Wellen 192
5.2.1 Allgemeine Grundlagen der Wellenausbreitung 192
5.2.2 Mathematische Beschreibung einer Welle 193
5.2.3 Interferenz, Beugung und Polarisation von Wellen 195
5.2.4 Das Huygens-Fresnelsche Prinzip 201
5.2.5 Der Doppler-Effekt 203
5.2.6 Schallwellen 205
5.2.7 Musikalische Akustik 209
5.2.8 Elektromagnetische Wellen 211

6 Optik **218**
6.1 Einführung 218
6.2 Strahlenoptik 219
6.2.1 Allgemeine Grundlagen 219
6.2.2 Reflexion des Lichtes und Bildentstehung an Spiegeln 220
6.2.3 Brechung des Lichtes 224
6.2.4 Abbildung durch (dünne) Linsen 226

6.2.5 Optische Instrumente . . . 228
6.2.5.1 Das Auge . . . 228
6.2.5.2 Lupe, Mikroskop und Fernrohr . . . 231
6.2.6 Brechung an Prismen, Dispersion . . . 233
6.2.7 Bestimmung der Lichtgeschwindigkeit . . . 236
6.3 Wellenoptik . . . 237
6.3.1 Interferenz und Beugung . . . 237
6.3.2 Polarisation und Doppelbrechung . . . 243
6.4 Strahlungsenergie und Photometrie . . . 246
6.4.1 Womit befaßt sich Photometrie? . . . 246
6.4.2 Physikalische Größen des Strahlungsfeldes . . . 247
6.4.3 Lichttechnische Größen . . . 250
6.5 Grundzüge der speziellen Relativitätstheorie . . . 252
6.5.1 Das Relativitätsprinzip in der klassischen Physik . . . 252
6.5.2 Einsteins Postulate und die Lorentz-Transformation . . . 255
6.5.3 Konsequenzen der Lorentz-Transformation . . . 256
6.5.4 Einiges über relativistische Dynamik . . . 259

7 Quanten und Atome **263**
7.1 Die Quantentheorie des Lichtes . . . 263
7.1.1 Kirchhoffsches Strahlungsgesetz . . . 263
7.1.2 Wärmestrahlung und das Plancksche Strahlungsgesetz . . . 265
7.1.3 Der Photoeffekt und Einsteins Quantenhypothese . . . 267
7.1.4 Der Compton-Effekt . . . 269
7.1.5 Materiewellen und Elektronenbeugung . . . 270
7.1.6 Die Heisenbergsche Unschärferelation . . . 272
7.2 Atombau und Spektren . . . 273
7.2.1 Zur Entwicklung des Atombegriffs . . . 273
7.2.2 Das Bohrsche Atommodell . . . 275
7.2.3 Grundzüge der Quantenmechanik . . . 279
7.2.4 Ergebnisse einer quantenmechanischen Beschreibung der Atome . . . 287
7.2.4.1 Das Wasserstoffatom . . . 287
7.2.4.2 Wasserstoffähnliche Atome und Alkalimetallatome . . . 289
7.2.4.3 Der Elektronenspin . . . 291
7.2.4.4 Über die Spektren der Mehr-Elektronen-Atome . . . 293
7.2.5 Systematik des Atombaus und das Pauli-Prinzip . . . 295
7.2.6 Lumineszenz, Fluoreszenz und Phosphoreszenz . . . 298
7.2.7 Röntgenstrahlen . . . 299
7.2.8 Der Laser . . . 301
7.3 Atomkerne . . . 305
7.3.1 Über die Struktur der Atomkerne . . . 305
7.3.2 Natürliche Radioaktivität . . . 309
7.3.2.1 Natur und Eigenschaften radioaktiver Strahlung . . . 309
7.3.2.2 Zerfallsgesetz und Zerfallsreihen . . . 311
7.3.2.3 Nachweis und Messung radioaktiver Strahlung . . . 313
7.3.2.4 Biologische Wirkung radioaktiver Strahlung . . . 315
7.3.3 Künstliche Kernumwandlungen . . . 316
7.3.3.1 Allgemeines über Kernreaktionen . . . 316

7.3.3.2 Kernspaltung . . . 319
7.3.3.3 Kernreaktoren . . . 321
7.3.3.4 Kernfusion . . . 322

8 Festkörperphysik **323**
8.1 Allgemeines über Festkörper und ihre Herstellung . . . 323
8.2 Atomar-geometrische Struktur von Kristallen . . . 325
8.3 Bindungsarten in Kristallen . . . 328
8.4 Elektronische Struktur von Festkörpern . . . 331
8.4.1 Metalle, Halbleiter, Isolatoren . . . 331
8.4.2 Elektronenstruktur von Halbleitern . . . 335
8.5 Generations-, Rekombinations- und Transportprozesse in Halbleitern . . . 340
8.5.1 Mechanismen der Generation und Rekombination . . . 341
8.5.2 Drift und Diffusion . . . 342
8.6 Elektronische und optoelektronische Bauelemente . . . 344
8.6.1 Der pn-Übergang . . . 344
8.6.2 Der Bipolartransistor . . . 352
8.6.3 Der Feldeffekt-Transistor . . . 354
8.6.4 Der Halbleiterlaser . . . 356
8.7 Supraleitung . . . 357

Anhang

A Lösung der Übungsaufgaben **363**

B Mathematischer Anhang **393**
B.1 Grundzüge der Vektoranalysis . . . 393
B.2 Über die Lösung von Differentialgleichungen . . . 401

Namen- und Sachwortverzeichnis **404**

1 Einleitung

1.1 Was ist Physik?

Physik ist eine Naturwissenschaft. Sie befaßt sich mit Erscheinungen der *unbelebten* Natur, womit sie sich z. B. von der Biologie abgrenzt. Trotzdem ist eine solche Abgrenzung gegenüber anderen Naturwissenschaften nicht streng und vollständig möglich; wirken doch physikalische Gesetzmäßigkeiten weit hinein in Biologie oder Chemie, was bis zur Entstehung interdisziplinärer Forschungsgebiete, wie z. B. physikalischer Chemie oder Biophysik, führte.

Im Laufe der Entwicklung der Physik entstand eine Unterteilung in die klassischen Teilgebiete *Mechanik*, *Wärmelehre (Thermodynamik)*, *Elektrizitätslehre* und *Magnetismus*, *Akustik* und *Optik*. In der zweiten Hälfte des vorigen Jahrhunderts erkannte man jedoch, daß diese Unterteilung häufig recht formal war. So gelang es, Wärmelehre und Akustik auf der Grundlage der Mechanik zu beschreiben; Licht erwies sich als ein elektrodynamisches Wellenphänomen. Darüberhinaus gewann man die Erkenntnis, daß einige physikalische Prinzipien gebietsübergreifende, ja allgemeine Gültigkeit besaßen. Wir werden dies besonders eindrucksvoll am *Gesetz der Erhaltung der Energie* in den Kapiteln „Mechanik" und „Thermodynamik" verfolgen können: In der Mechanik wird uns dieses Gesetz erstmals, auf die mechanischen Energieformen (potentielle und kinetische Energie) bezogen, begegnen; durch den 1. Hauptsatz der Thermodynamik wird die Erhaltung der Energie dann zum allgemeinen Prinzip erhoben werden.

Gerade das Suchen und Auffinden solcher gebietsübergreifender Prinzipien stürzte die Physik am Ende des 19. Jahrhunderts in eine tiefe Krise. Die Elektrodynamik widersetzte sich allen Versuchen der Zurückführung auf die Mechanik. Schlimmer noch, eine Kombination aus mechanischen und elektrischen Experimenten sollte zu einer Verletzung des *Relativitätsprinzips* führen. Grob gesprochen, beinhaltet dieses Prinzip die allgemein akzeptierte und für eine sinnvolle Forschung notwendige Tatsache, daß die physikalischen Gesetze die gleichen sind, wenn man sie in verschiedenen, gegeneinander bewegten Laboren überprüft. Diese Probleme wurden mit der Entwicklung der *Relativitätstheorie* durch A. Einstein (1879–1955) in den Jahren 1905 bzw. 1915 überwunden.

Ein anderer Aspekt der Krise offenbarte sich bei der Erklärung der Gesetze der Wärmestrahlung. Thermodynamik und Elektrodynamik, auf den klassischen Grundlagen kombiniert, lieferten inkorrekte Ergebnisse. Erst M. Plancks (1858–1947) kühne Hypothese, daß Strahlungsenergie nur in diskreten Portionen – den *Quanten* – austauschbar ist, führte im Jahre 1900 zum richtigen Strahlungsgesetz. Auf solchen geheimnisvollen Quanten beruhte auch Einsteins Erklärung des *Photoeffektes* im Jahre 1905, der bis dahin ein unverstandenes Phänomen war. Plancks und Einsteins Vorstellungen bildeten den Ursprung der *Quantentheorie*.

Quantentheorie und Relativitätstheorie sind die Eckpfeiler der modernen Physik, auf deren Grundlage sich die Entwicklung von *Atomphysik*, *Kernphysik*, *Elementarteilchenphysik* und *Festkörperphysik* in diesem Jahrhundert vollzog. Besonders die Festkörperphysik und ihre technologischen Anwendungen prägen entscheidend unser tägliches Leben. Begriffe wie *Mikroelektronik* und *Optoelektronik* sind uns geläufig, ihre Produkte scheinen in Beruf, Haushalt und Freizeit allgegenwärtig zu sein.

1.2 Wie arbeitet die Physik?

Um eine bestimmte Erscheinung der Natur physikalisch zu erfassen, müssen die für diese Erscheinung wesentlichen Voraussetzungen erkannt werden und durch wohldefinierte *Begriffe* beschrieben werden. Die Begriffe *Raum* und *Zeit* spielen dabei eine zentrale Rolle, denn alle physikalischen Prozesse spielen sich in Raum und Zeit ab. Es hat sich gezeigt, daß die unendliche Vielfalt von physikalischen Erscheinungen mit vergleichsweise wenigen Begriffen zu beschreiben ist. Neben Raum und Zeit werden z. B. Begriffe wie *Masse, Beschleunigung, Temperatur, Ladung* oder *Energie* verwendet.

Natürlich muß man alle verwendeten Begriffe exakt definieren, um sie in der Physik verwenden zu können. Soll eine Erscheinung außerdem quantitativ beschrieben werden, muß es auch physikalische Begriffe geben, die quantitativ erfaßbar sind. Das bedeutet, man muß für sie eine Meßvorschrift angeben können. Dadurch erhalten wir physikalische *Größen*, mit denen sich physikalische *Gesetze* formulieren lassen. Man bedient sich dazu der Mathematik, die für die Physik von fundamentaler Bedeutung und mit dieser eng verknüpft ist. Häufig haben andererseits auch Entwicklungen in der Physik der mathematischen Forschung entscheidende Impulse verliehen.

Das Auffinden eines Gesetzes wird im allgemeinen nur gelingen, wenn man die physikalische Erscheinung unter definierten Randbedingungen untersucht. Dies erfolgt im Rahmen eines *Experimentes*. Durch die Kenntnis der Randbedingungen sind die Voraussetzungen geschaffen, um die Erscheinung reproduzierbar zu wiederholen, was erst die Möglichkeit einer eventuellen technischen Anwendung schafft.

Werden zwischen mehreren Erscheinungen Zusammenhänge vermutet, dann setzt eine neue Stufe der physikalischen Durchdringung ein. Nach der *Experimentalphysik* ist nun die *Theoretische Physik* an der Reihe. Es werden Hypothesen entworfen, wie aus einigen einfachen nicht beweisbaren Prinzipien (oder *Axiomen*) diese Erscheinungen gemeinsam verstanden werden können. Eine erfolgreiche Theorie erklärt dabei nicht nur bekannte Gesetze, sondern gestattet es auch, neue Phänomene und ihre Gesetzmäßigkeiten vorherzusagen. In diesem Fall ist nun wieder das Experiment gefordert, die neuen Aussagen der Theorie zu verifizieren, womit sich der Kreis der intensiven und fruchtbaren Wechselwirkung von Experiment und Theorie schließt.

1.3 Über Messen, Maßeinheiten und Meßfehler

Wir hatten schon darauf hingewiesen, daß für jede physikalische Größe eine Meßvorschrift bekannt sein muß. Das *Messen* der Größe erfolgt stets dadurch, daß man sie zu einer, als *Maßeinheit* festgesetzten, gleichartigen Größe ins Verhältnis setzt. Um eine Maßeinheit für eine Größe festzulegen, kann man eine durch sie hervorgebrachte Wirkung benutzen. Temperaturmessungen können die Ausdehnung von Quecksilber ausnutzen; Stromstärkemessungen können über Kraftwirkungen zwischen stromdurchflossenen Leitern erfolgen. Kräfte ihrerseits können durch Beschleunigungen erfaßt werden, die sie Massen erteilen, und schließlich können Beschleunigungen aus Längen- und Zeitmessungen erhalten werden. Wir sehen, daß diese Art der Messung, die wir *indirektes Messen* nennen können, nur sinnvoll durchgeführt werden, wenn gewisse *Grundgrößen* und ihre Maßeinheiten direkt, *per definitionem*, festgelegt wurden. Wir kommen damit zu den *Maßsystemen*.

Prinzipiell haftet jeder Wahl von Grundgrößen und ihrer Maßeinheiten eine Willkür an. Der grundlegenden Bedeutung von Raum und Zeit Rechnung tragend, werden Länge und Zeit unzweifelhaft als Grundgrößen zu betrachten sein. Diese werden ergänzt von der Masse als dritte

Grundgröße, der weitere folgen können. Ihre Maßeinheiten *Meter*, *Kilogramm* und *Sekunde* ergeben z. B. das früher verwendete MKS-System. Zur Vereinheitlichung wurde das System der *SI-Einheiten (Système International d'Unités)* eingeführt, welches seit dem 1. 1. 1978 in der Bundesrepublik verbindlich ist. Es enthält sieben Grundgrößen – *Länge, Zeit, Masse, Temperatur, elektrische Stromstärke, Lichtstärke* und *Substanzmenge*.

Beginnen wir mit der Zeit. Ihre Maßeinheit ist die *Sekunde* (s). Zu ihrer Definition sind periodische Vorgänge, wie Pendelschwingungen, Atomschwingungen oder die Erdrotation, geeignet. Heute gilt:

Eine Sekunde ist das 9 192 631 770fache der Periodendauer der Strahlung, die dem Übergang zwischen den beiden Hyperfeinstrukturniveaus des Grundzustandes von ^{133}Cs*-Atomen entspricht.*

Die große Genauigkeit, mit welcher sich Zeiten messen lassen, führte dazu, daß man die Maßeinheit der Länge, das *Meter* (m), heute durch die Lichtgeschwindigkeit und damit durch Laufzeitmessungen festgelegt hat:

Ein Meter ist die Strecke, die Licht im Vakuum in $1/299792458$ *Sekunden zurücklegt.*

Die Maßeinheit der Masse, das *Kilogramm* (kg) ist durch die Masse eines internationalen Kilogrammprototyps gegeben. Die Temperatureinheit *Kelvin* (K), die Stromstärkeeinheit *Ampere* (A), die Lichtstärkeeinheit *Candela* (cd) und die Substanzmengeneinheit *Mol* (mol) werden wir später kennenlernen.

Zur Vermeidung sehr großer und kleiner Zahlen ist es gestattet und üblich, Zehnerpotenzen durch Vorsilben der Maßeinheiten auszudrücken. Eine Übersicht über die gebräuchlichsten Vorsilben und ihre Bedeutung gibt die folgende Tabelle:

Zehnerpotenz	**Vorsilbe**	**Kurzbezeichnung**
10^{12}	Tera	T
10^{9}	Giga	G
10^{6}	Mega	M
10^{3}	Kilo	k
10^{-3}	Milli	m
10^{-6}	Mikro	μ
10^{-9}	Nano	n
10^{-12}	Piko	p

Eine verläßliche quantitative Beschreibung setzt voraus, daß man vermeidliche und unvermeidliche Meßfehler in die Betrachtungen einbezieht.

Als erstes kommen sogenannte *grobe Fehler* in Betracht. Sie können bedingt sein z. B. durch eine falsche Handhabung der Meßgeräte, durch eine Auswertung der Messung auf der Grundlage einer inadäquaten Theorie oder auch dadurch, daß der Experimentator subjektiven Täuschungen seiner Sinnesorgane unterliegt; kurz also, daß sich unser Forscher, zumindest in der betrachteten Situation, als ein schlechter Physiker erweist. Solche Fehler sind nämlich vermeidlich und sollen nicht betrachtet werden.

Eine zweite Kategorie enthält die *systematischen Fehler*. Die unwissentliche Verwendung eines falsch geeichten Meßgeräts erzeugt z. B. einen systematischen Fehler. Auch die Nichtberücksichtigung eines, die Messung beeinflussenden Effekts führt zu systematischen Fehlern: Untersucht man etwa die Abhängigkeit der Längendehnung eines Drahtes von der Belastung, dann könnten Durchbiegungen an der Aufhängevorrichtung eine solche Fehlerquelle darstellen. Gegen systematische Fehler sind auch sorgfältige Physiker nicht immer gefeit.

Wir kommen damit zu den *zufälligen Fehlern*, die bei jeder Messung einer kontinuierlichen Größe unvermeidlich auftreten. Ihr zufälliger Charakter macht sie aber einer Erfassung mittels der Methoden der Wahrscheinlichkeitsrechnung zugänglich. Neben einer solchen Erfassung ist auch die Kenntnis der Fortpflanzung von zufälligen Fehlern auf abgeleitete Größen wichtig. Dies ist Gegenstand der *Fehler- und Ausgleichsrechnung*, wo etwa die Frage nach der Genauigkeit der Volumenberechnung eines Zylinders untersucht wird, wenn man die Fehler der Messungen von Radius und Höhe kennt.

Die unterschiedlichen Fehlertypen lassen sich gut am Beispiel des Ablesens eines Wertes aus der Zeigerstellung eines Meßinstruments verdeutlichen: Berücksichtigt der Experimentator etwa eine Meßbereichserweiterung versehentlich nicht, so enthält die Meßgröße einen groben Fehler. Hat er unbewußt die Tendenz aus einer konstant gegen die Senkrechte geneigten Richtung die Werte abzulesen, so prägt sich der Meßgröße ein systematischer Fehler auf. Gewisse Schwankungen der Betrachtungsrichtung von der Senkrechten lassen sich aber prinzipiell nicht vermeiden. Sie sind statistischer Natur und erzeugen einen zufälligen Fehler.

1.4 Physikalische Modelle

So wie der Experimentator in einem Experiment die wesentlichsten Einflußgrößen auf eine zu untersuchende Erscheinung zu erfassen sucht und dabei zweitrangige möglichst ausschließt, so versucht der Theoretiker die komplexe Struktur eines Objekts in vereinfachter, nur auf die wesentlichsten Eigenschaften konzentrierter Form in einem *Modell* darzustellen. Das Modell wird dann zum Gegenstand der Forschung und aus den gefundenen Eigenschaften des Modells wird auf die des realen Objekts geschlossen. Modelle beschränken sich also stets auf Teilaspekte physikalischer Systeme und können dadurch eine anschauliche Vorstellung eines komplexen Systems oder auch eines Systems, welches sich der Beobachtung durch unsere Sinnesorgane entzieht, ermöglichen. Wir erläutern dies hier nur kurz an zwei Beispielen, die später noch weiter vertieft werden.

Untersucht man die Bewegung unserer Erde, dann stellt sich diese als eine Überlagerung ihrer jährlichen Bewegung um die Sonne und ihrer täglichen Rotation um die eigene Achse dar. Wir werden in der Mechanik viele Erscheinungen kennenlernen, die gerade auf dieser Eigenrotation beruhen; für die Berechnung der Bahnkurve der Erde im Sonnensystem kann sie aber völlig vernachlässigt werden, und wir können uns die Erde dabei als einen massebehafteten Punkt vorstellen. Dies führt auf das Modell des *Massenpunktes*, das wir in der Mechanik benutzen werden. In diesem Modell sind Rotationsbewegungen ausgeschlossen, so daß sich unsere Untersuchungen allein auf Translationsbewegungen konzentrieren können.

Atome sind unserer unmittelbaren Anschauung unzugänglich. Beim Beschuß von Atomen mit radioaktiven Teilchen stellte E. Rutherford (1871–1937) im Jahre 1911 fest, daß die Mehrheit der Teilchen ungehindert das Atom durchdringen. Detaillierte Untersuchungen der gestreuten Teilchen in Verbindung mit den Gesetzen der Elektrostatik führten ihn zu folgendem Atommodell: Atome bestehen aus einem winzigen, positiv geladenen Kern, in dem fast die gesamte Masse des Atoms konzentriert ist, und welcher von Elektronen in weiter Entfernung umkreist wird. Das *Rutherfordsche Atommodell* war damit einer der ersten Versuche, uns die Struktur des Atoms in einer anschaulichen Vorstellung näherzubringen.

Wir erkennen schon an diesen Beispielen die Nützlichkeit von physikalischen Modellen. Auf unserem Weg durch die verschiedenen Gebiete der Physik werden wir im folgenden weitere Modelle und ihre Grenzen kennenlernen.

2 Mechanik

2.1 Mechanik der Massenpunkte

2.1.1 Womit befaßt sich die Mechanik?

Die Mechanik ist die Lehre von der Bewegung der Körper. Sie bildet die Grundlage der Physik, indem sie die physikalischen Grundbegriffe, wie Geschwindigkeit, Beschleunigung, Kraft, Energie, Arbeit usw. entwickelt.

Man kann die Mechanik nach verschiedenen Gesichtspunkten unterteilen: Je nach der Art des geeignetsten Modells, welches man für den zu untersuchenden Körper verwendet, unterscheidet man zwischen der Mechanik der Massenpunkte, des starren Körpers, der deformierbaren Körper oder der Flüssigkeiten und Gase. Andererseits kann man aber auch nach bestimmten Aspekten der Bewegung eines Körpers unterscheiden. Die reine Bewegungslehre, ohne Berücksichtigung der Ursachen für das Zustandekommen dieser Bewegung, nennt man **Kinematik**, die Bewegung als Folge der Wirkung von Kräften untersucht die **Dynamik**, und die Lehre vom Gleichgewicht der Kräfte ist Gegenstand der **Statik**[1].

2.1.2 Kinematik

Wir beschäftigen uns zuerst mit der Bewegung eines Massenpunktes. Um seine Lage zu beschreiben, benötigen wir ein Koordinatensystem, welches man in der Physik auch als **Bezugssystem** bezeichnet. In einem solchen System müssen die Koordinaten des Massenpunktes zu jedem Zeitpunkt bekannt sein, was genau dann der Fall ist, wenn man seinen Ortsvektor $\vec{r}$ als Funktion der Zeit kennt. (Bild 2.1) Die Gesamtheit aller Punkte, die der Massenpunkt im Laufe der Zeit einnimmt, nennt man seine **Bahnkurve**. Die Form dieser Bahnkurve hängt natürlich von der Wahl des Bezugssystems ab. Man erkennt dies bereits aus der einfachen Tatsache, daß ein mit der Bahn von Ort A nach Ort B fahrender Reisender die ganze Zeit in dem mit dem Zug verbundenen System ruhen kann. Wir werden die Rolle von Bezugssystemen und den Übergang zwischen ihnen später ausführlicher diskutieren.

Durch die Kenntnis des Ortes, an dem sich ein Körper zu einem bestimmten Zeitpunkt befindet, ist die Bewegung noch keineswegs vollständig charakterisiert. Körper, die sich zu einem bestimmten Zeitpunkt am gleichen Ort befinden, können nämlich zu einem späteren Zeitpunkt an ganz verschiedenen Punkten im Raum anzutreffen sein. Diese Tatsache versuchen wir durch die **Geschwindigkeit** zu erfassen. Ändert sich der Ortsvektor eines Massenpunktes in der Zeit Δt um $\Delta\vec{r} = \vec{r}(t + \Delta t) - \vec{r}(t)$ dann nennt man

$$\vec{v}_m = \frac{\Delta\vec{r}}{\Delta t}$$

[1] Manchmal wird auch das hier mit Dynamik bezeichnete Teilgebiet der Mechanik **Kinetik** genannt und mit der Statik unter dem Oberbegriff „Dynamik“ zusammengefaßt.

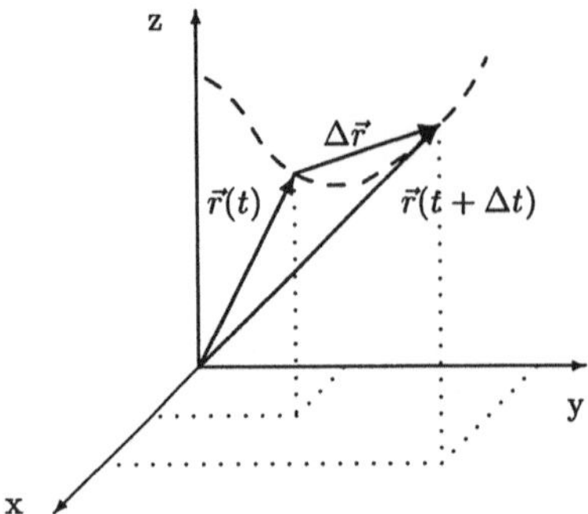

Bild 2.1
Die Bahnkurve eines Massenpunktes wird durch den Ortsvektor $\vec{r}$ beschrieben. Die mittlere Geschwindigkeit $\vec{v}_m$ hat die Richtung von $\Delta\vec{r}$, so daß im Grenzfall $\Delta t \to 0$ $\vec{v}$ tangential zur Bahnkurve gerichtet ist.

seine *mittlere* Geschwindigkeit (Bild 2.1). Der Grenzwert[2]

$$\boxed{\vec{v}(t) = \lim_{\Delta t \to 0} \frac{\vec{r}(t + \Delta t) - \vec{r}(t)}{\Delta t} = \frac{\mathrm{d}\vec{r}}{\mathrm{d}t} = \dot{\vec{r}}} \tag{2.1}$$

definiert die (momentane) Geschwindigkeit zum Zeitpunkt t. Geschwindigkeiten werden in der Maßeinheit $\mathrm{m\,s^{-1}}$ gemessen. Ist der Betrag von $\vec{v}$ zeitlich konstant, heißt die Bewegung *gleichförmig*. Bleiben außerdem auch Richtung und Richtungssinn, d. h. der gesamte Vektor $\vec{v}$, erhalten, so spricht man von einer *geradlinig gleichförmigen* Bewegung. Wegen $\vec{v} = const.$ bestimmt sich der Ortsvektor eines Massenpunktes, der bei $t = 0$ am Anfangsort $\vec{r}_0$ war, für eine solche Bewegung aus

$$\vec{r}(t) = \vec{v}t + \vec{r}_0 \ .$$

Körper, die nun zu einem gegebenen Zeitpunkt am selben Ort sind und dort dieselbe Geschwindigkeit haben, können zu einem späteren Zeitpunkt noch immer an verschiedene Orte gelangen. Dazu brauchen sich ihre Geschwindigkeiten nur selbst mit der Zeit unterschiedlich zu ändern. Wir erfassen dies durch die **Beschleunigung**, die wir analog zu (2.1) als

$$\boxed{\vec{a}(t) = \lim_{\Delta t \to \infty} \frac{\vec{v}(t + \Delta t) - \vec{v}(t)}{\Delta t} = \frac{\mathrm{d}\vec{v}}{\mathrm{d}t} = \dot{\vec{v}} = \ddot{\vec{r}}} \tag{2.2}$$

definieren. Die Maßeinheit ist $\mathrm{m\,s^{-2}}$. Ist $\vec{a} = const.$, so heißt die Bewegung *gleichförmig beschleunigt*. Durch zweimalige Integration findet man für Ortsvektor und Geschwindigkeit eines Massenpunktes, der bei $t = 0$ von $\vec{r}_0$ mit der Anfangsgeschwindigkeit $\vec{v}_0$ startet

$$\begin{aligned} \vec{v}(t) &= \vec{a}t + \vec{v}_0 \\ \vec{r}(t) &= \frac{\vec{a}}{2}t^2 + \vec{v}_0 t + \vec{r}_0 \ . \end{aligned} \tag{2.3}$$

[2] Es ist üblich, zeitliche Ableitungen in der Physik durch einen Punkt über der entsprechenden Größe zu charakterisieren. Die Ableitung eines Vektors ist dabei der Vektor, der durch Ableitungen der Komponenten entsteht; z. B.

$$\vec{v} = \left(\frac{\mathrm{d}x}{\mathrm{d}t}, \frac{\mathrm{d}y}{\mathrm{d}t}, \frac{\mathrm{d}z}{\mathrm{d}t}\right) \ .$$

Findet die Bewegung nur in einer oder nur in zwei Dimensionen statt, so reduzieren sich diese Vektorgleichungen auf eine oder zwei skalare Gleichungen für die nicht verschwindenden Komponenten der Vektoren.

Man könnte nun fortfahren, als nächsten Schritt die zeitliche Ableitung der Beschleunigung einzuführen; die Mechanik betrachtet jedoch keine höheren Ableitungen. Dies bedeutet jedoch nicht, daß entsprechende Bewegungsformen nicht auftreten. Beim Anfahren eines Zuges verspüren wir z. B. die Änderung der Beschleunigung von Null auf einen endlichen Wert als einen „Ruck". Solche Effekte bleiben also in der Mechanik unberücksichtigt.

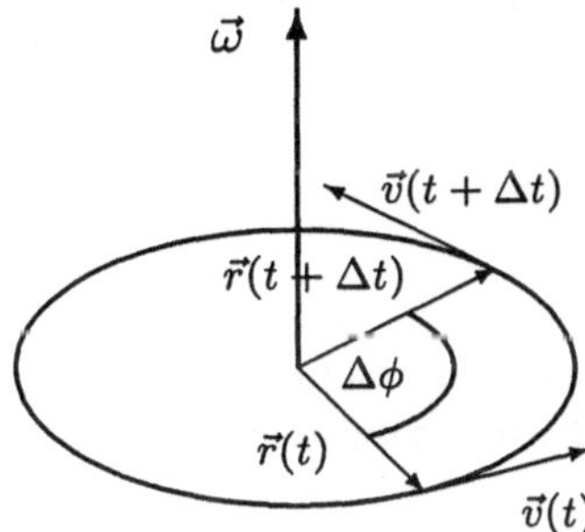

Bild 2.2
Zur Definition der Winkelgeschwindigkeit

Unter den krummlinigen Bewegungen ist die gleichförmige Bewegung auf einer Kreisbahn noch vergleichsweise einfach zu behandeln. Wir legen den Koordinatenursprung in den Kreismittelpunkt und können die Lage eines Massenpunktes dann auch durch den Winkel ϕ charakterisieren, den der Ortsvektor mit einer fest vorgegebenen Anfangslage bildet. Es ist weiterhin zweckmäßig, die **Winkelgeschwindigkeit** $\vec{\omega}$ einzuführen (Bild 2.2). Wir verstehen darunter einen Vektor, dessen Betrag durch die Änderung des Winkels pro Zeiteinheit bestimmt ist, d. h.

$$\omega = \frac{\mathrm{d}\phi}{\mathrm{d}t} .$$

Die Winkelgeschwindigkeit gehört zu den sogenannten axialen Vektoren und steht auf der durch $\vec{r}$ und $\vec{v}$ aufgespannten Ebene senkrecht, wobei die Vektoren in der Reihenfolge $\vec{\omega}$, $\vec{r}$, $\vec{v}$ ein Rechtssystem bilden. Neben der Schnelligkeit der Kreisbewegung wird durch $\vec{\omega}$ also auch die Lage der Kreisbahn und der Umlaufsinn festgelegt. Legt der Massenpunkt eine Umdrehung, also den Winkel 2π, in der Zeit T zurück, so gilt auch

$$\omega = \frac{2\pi}{T} .$$

Damit mißt ω also die Zahl der Umläufe in 2π Sekunden. Man nennt diese Größe auch **Kreisfrequenz**. Die Zahl der Umläufe in einer Sekunde wird durch die **Frequenz** $f = 1/T$ bestimmt. Beide Größen werden in der Maßeinheit s^{-1} gemessen. In der Technik verwendet man manchmal auch die **Drehzahl**, die die Zahl der Umdrehungen pro Minute mißt. Schließlich wird uns später auch die **Winkelbeschleunigung** begegnen, die als

$$\vec{\alpha} = \frac{\mathrm{d}\vec{\omega}}{\mathrm{d}t} \tag{2.4}$$

definiert ist.

Da der Weg, den der Massenpunkt im Zeitintervall $\mathrm{d}t$ zurücklegt, im Bogenmaß durch $r\,\mathrm{d}\phi$ gegeben ist, findet man

$$v = \frac{\mathrm{d}(r\phi)}{\mathrm{d}t} = r\frac{\mathrm{d}\phi}{\mathrm{d}t} = r\omega\,. \tag{2.5}$$

Dies ist ein Spezialfall ($\vec{r} \perp \vec{\omega}$) der für alle krummlinigen Bewegungen geltenden Beziehung

$$\boxed{\vec{v} = \vec{\omega} \times \vec{r}\,.} \tag{2.6}$$

Eine gleichförmige Kreisbewegung muß nun stets mit einer Beschleunigung verbunden sein, da ja $\vec{v}$ ständig seine Richtung ändert. Unter Beachtung von (2.6) sowie $\dot{\vec{\omega}} = 0$ und $\vec{r} \cdot \vec{\omega} = 0$ (da $\vec{r} \perp \vec{\omega}$) kann man diese berechnen. Mit Hilfe von Produktenregel und Entwicklungssatz für doppeltes Vektorprodukt (vgl. Mathematischer Anhang) findet man:

$$\begin{aligned}\frac{\mathrm{d}\vec{v}}{\mathrm{d}t} &= \frac{\mathrm{d}(\vec{\omega} \times \vec{r})}{\mathrm{d}t} = \dot{\vec{\omega}} \times \vec{r} + \vec{\omega} \times \dot{\vec{r}} = \omega \times \vec{v} \\ &= \vec{\omega} \times (\vec{\omega} \times \vec{r}) = (\vec{\omega} \cdot \vec{r})\vec{\omega} - (\vec{\omega} \cdot \vec{\omega})\vec{r} = -\omega^2\vec{r}\,.\end{aligned}$$

Die Beschleunigung ist also radial zum Kreismittelpunkt hin gerichtet. Bezeichnen wir mit $\vec{r}_0$ den Einheitsvektor in Richtung von $\vec{r}$, dann gilt für die **Radialbeschleunigung** wegen (2.5) also

$$\boxed{\vec{a}_r = -\omega^2\vec{r} = -\frac{v^2}{r}\vec{r}_0\,.} \tag{2.7}$$

Übungen:

- **2.1**: Auf einem bergigen Rundkurs legt ein Radfahrer die Hälfte der Strecke mit 25 km/h und jeweils ein Viertel mit 10 km/h bzw. 35 km/h zurück. Welche mittlere Geschwindigkeit erreicht er?
- **2.2**: Ein mit 100 km/h fahrendes Auto kommt in 5 Sekunden durch gleichförmiges Bremsen zum Stillstand. Welche Wegstrecke legt es in dieser Zeit zurück, und wie groß ist seine mittlere Verzögerung?
- **2.3**: Ein 4 m langer PKW überholt einen LKW von 18 m Länge, der konstant mit 80 km/h fährt. Der Überholvorgang beginnt 20 m hinter und endet 30 m vor dem LKW. Der PKW beschleunigt dabei bis zum Erreichen des LKW-Endes gleichmäßig von 80 km/h auf 100 km/h und behält dann die erreichte Geschwindigkeit bei. Berechnen Sie die Dauer des Überholvorganges und die dazu erforderliche Wegstrecke.
- **2.4**: Ein Geschoß durchschlägt nacheinander zwei senkrecht zur Flugrichtung orientierte Pappscheiben, die in einem Abstand von 50 cm auf einer rotierenden Welle montiert sind. Bei einer Drehzahl von $n = 1500$ /min schließen die beiden Durchschußstellen mit der Drehachse einen Winkel von 12° ein. Welche Geschwindigkeit hat das Geschoß?
- **2.5**: Ein Boot soll unter Ausnutzung seiner Maximalgeschwindigkeit von 18 km/h einen 1 km breiten Fluß so überqueren, daß es genau am gegenüberliegenden Ufer ankommt. Welche Zeit benötigt das Boot dazu, wenn die Strömungsgeschwindigkeit des Wassers 3 m/s beträgt? Kann es das andere Flußufer auch schneller erreichen?
- **2.6**: Eine Bohrmaschine, die pro Minute 1200 Umdrehungen ausführt, kommt in 5 s zum Stillstand. Wieviel Umdrehungen führt sie dabei während des als gleichmäßig angenommenen Bremsvorganges aus?

2.1.3 Grundlagen der Dynamik, die Newtonschen Axiome

Bewegungen eines Körpers, wie wir sie in der Kinematik beschrieben haben, laufen im allgemeinen nicht von selbst ab, sondern haben ihre Ursache in der Einwirkung von anderen Körpern. Solche Einwirkungen werden durch den Begriff der **Kraft** beschrieben, und da eine solche Kraft Bewegungsänderungen hervorruft, muß sie selbst eine gerichtete Größe – ein Vektor – sein.

Bereits G. Galilei (1564-1642) formulierte die als **Trägheitsprinzip** bezeichnete Tatsache, daß Körper, auf die keine Kräfte wirken, entweder ruhen oder sich geradlinig gleichförmig bewegen. Auf den ersten Blick scheint dies im Widerspruch zur Erfahrung zu stehen, denn tatsächlich kommt jeder anfänglich in einen gleichförmig bewegten Zustand versetzter und sich dann selbst überlassener Körper nach einer gewissen Zeit zur Ruhe. Dies ist aber die Folge einer „verborgenen" Kraftwirkung, die aus der Wechselwirkung mit der Umgebung resultiert und die wir Reibung nennen.

Kräfte rufen also Beschleunigungen hervor. Diese Wirkung kann ausgenutzt werden, um sie quantitativ zu erfassen. Für einen gegebenen Körper ist die resultierende Beschleunigung der einwirkenden Kraft proportional, verschiedene Körper setzen aber einer gleichen Kraft unterschiedlichen Widerstand entgegen und erlangen daher unterschiedliche Beschleunigungen. Wir bezeichnen diesen Widerstand als *Trägheit* und erfassen ihn durch die (träge) **Masse**. Je größer die Masse, desto stärker widersetzt sich ein Massenpunkt einer Bewegungsänderung. Das Experiment zeigt, daß die Beschleunigung $\vec{a}$ proportional zur Kraft $\vec{F}$ und umgekehrt proportional zur Masse m ist. Das führt auf $\vec{a} = \vec{F}/m$. Kräfte mißt man in der Maßeinheit **Newton** (N), und es gilt $1\,\mathrm{N} = 1\,\mathrm{kgm/s^2}$. Das Drücken einer Klaviertaste erfordert etwa $0,5\,\mathrm{N}$, die Schubkraft der Ariane-5-Rakete liegt bei 14000 kN. Auch andere Wirkungen von Kräften können zu ihrer Messung benutzt werden. Häufig werden Federwaagen eingesetzt, die die Dehnung einer Feder infolge der Krafteinwirkung auf einer Skala anzeigen.

Die Tatsache, daß Kräfte in der oben beschriebenen Weise Beschleunigungen hervorrufen, kann man auch in einer etwas anderen Weise interpretieren: Eine über eine gewisse Zeit auf einen frei beweglichen Körper einwirkende Kraft ändert seine Geschwindigkeit, und diese Änderung ist um so größer, je kleiner seine Masse ist. Offensichtlich kann also die Wirkung von Kräften auch mit Hilfe der physikalischen Größen Geschwindigkeit und Masse charakterisiert werden. Um die Grundgesetze der Mechanik nun zu formulieren, ist es daher zweckmäßig, eine neue Größe einzuführen, die wir als Produkt aus Masse und Geschwindigkeit eines Körpers definieren und **Impuls** nennen. Also

$$\boxed{\vec{p} = m\vec{v}\,.} \tag{2.8}$$

I. NEWTON (1643-1727) ist es gelungen, die gesamte Mechanik aus drei Prinzipien, den **Newtonschen Axiomen**, aufzubauen:

1. *Jeder Körper bleibt im Zustand der Ruhe oder der geradlinig gleichförmigen Bewegung, solange keine Kräfte auf ihn wirken. (Trägheitsprinzip)*

2. *Die zeitliche Änderung des Impulses eines Körpers ist gleich der einwirkenden Kraft. (Aktionsprinzip)*

$$\boxed{\vec{F} = \dot{\vec{p}}} \tag{2.9}$$

3. *Wirkt ein Körper A auf einen Körper B mit der Kraft $\vec{F}$ ein, dann wirkt andererseits B auf A mit der Kraft $-\vec{F}$. (Reaktionsprinzip)*

Wir wollen diese Axiome im einzelnen kommentieren: Das 1. Axiom ist uns bereits als Galileisches Trägheitsprinzip bekannt. Die Rolle von Reibungskräften haben wir schon diskutiert, aber Zweifel begründen sich scheinbar auch aus anderen Beobachtungen. Durchfahren wir mit dem Auto eine Kurve, dann werden wir nach außen gezogen, ohne daß eine Kraftwirkung auf uns vorzuliegen scheint. Tatsächlich wird dabei auch das Trägheitsprinzip verletzt, da wir uns in einem beschleunigten System befinden. Seine Gültigkeit ist nämlich nur auf eine spezielle Klasse von Bezugssystemen beschränkt, die man **Inertialsysteme** nennt. Ein solches System ist eine Idealisierung. In vielen Fällen realisiert ein mit unserer Erde fest verbundenes Bezugssystem in guter Näherung ein solches Inertialsystem, in bestimmten Situationen macht sich jedoch der Einfluß der Erdrotation bemerkbar, was zu Verletzungen des Trägheitsgesetzes Anlaß gibt (vgl. Abschnitt 2.1.9.3). Ein noch besseres Inertialsystem erhält man, wenn man die Koordinatenachsen des Systems nach den Fixsternen orientiert. Wir werden später sehen, daß mit der Wahl eines für die Untersuchungen geeigneten Inertialsystems auch alle Systeme, die sich gegen dieses geradlinig und gleichförmig bewegen, ebenfalls Inertialsysteme sind (vgl. Abschnitt 2.1.9.1). Das 1. Axiom definiert uns also die Klasse von Bezugssystemen, in denen die Newtonsche Theorie gültig ist.

Das 2. Axiom ist das eigentliche Grundgesetz der Dynamik. Mit seiner Hilfe kann man die für die Dynamik zentrale Aufgabe lösen, bei gegebener Kraft die Bahnkurve eines Körpers zu berechnen. Im Fall konstanter Masse findet man aus (2.8) und (2.9) den vielleicht bekannteren Spezialfall

$$\vec{F}(\vec{r}) = m\vec{a} = m\ddot{\vec{r}} \,. \tag{2.10}$$

Mathematisch gesehen ist dies eine Differentialgleichung 2. Ordnung. Als Beispiel für eine nichtkonstante Masse werden wir später die Bewegung einer Rakete betrachten (vgl. Abschnitt 2.1.5.2).

Aus (2.9) kann man eine anschauliche Interpretation des Impulses gewinnen. Dazu lassen wir sogar zeitabhängige Kräfte zu und integrieren die Bewegungsgleichung zwischen t_1 und t_2. Es ergibt sich

$$\int_{t_1}^{t_2} \vec{F}(t)\,\mathrm{d}t = \vec{p}(t_2) - \vec{p}(t_1) \,. \tag{2.11}$$

Es ist üblich, das Zeitintegral über die Kraft als **Kraftstoß** zu bezeichnen, und somit finden wir, daß der Kraftstoß die Impulsänderung eines Körpers bestimmt. Kennt man den Verlauf von $\vec{F}(t)$, dann kann man die Impulsänderung infolge der Krafteinwirkung aus (2.11) berechnen. Für sehr kurze Krafteinwirkungen (Stöße) ist der genaue zeitliche Verlauf jedoch oft nur ungenau bekannt.

Das 3. Axiom, auch unter dem Schlagwort „$actio = reactio$" bekannt, stellt fest, daß mit jeder Wirkung eine gleichgroße Gegenwirkung verbunden ist. Zu beachten ist dabei unbedingt, daß diese beiden Kräfte an unterschiedlichen Körpern angreifen. Schieben wir etwa eine Schubkarre, dann üben wir auf diese eine bestimmte Kraftwirkung aus, während die Schubkarre ihrerseits eine gleichgroße Gegenkraft auf uns ausübt.

Die Newtonschen Axiome werden durch die Feststellung ergänzt, daß sich Kräfte, wie alle Vektoren, nach dem Parallelogrammsatz addieren.

Übung:

■ **2.7**: Jemand beschreibt das Ziehen eines Wagens durch ein Pferd in folgender Weise: Das Pferd wirkt mit einer Kraft $\vec{F}$ auf den Wagen und dieser mit der Gegenkraft $-\vec{F}$ auf das Pferd. Da Pferd und Wagen miteinander fest verbunden sind, ist die Summe der angreifenden Kräfte Null und damit keine Bewegung möglich. Kommentieren Sie diese Schlußweise!

2.1.4 Einige Anwendungen des Grundgesetzes der Mechanik

2.1.4.1 Massenpunkt unter dem Einfluß der Schwerkraft

Vernachlässigt man den Luftwiderstand, dann fallen alle Körper mit der gleichen konstanten Beschleunigung $g = 9,81\ \mathrm{m/s^2}$ auf die Erde. Nach dem 2. Newtonschen Axiom wirkt daher die Erde auf sie mit der Kraft

$$\vec{G} = m\vec{g}\ , \tag{2.12}$$

die man **Schwerkraft** oder **Gewichtskraft** nennt. Die Vektoren $\vec{G}$ bzw. $\vec{g}$ stehen senkrecht auf der Erdoberfläche und zeigen zum Erdmittelpunkt. Wir wollen die Bewegung eines Massenpunktes unter dem Einfluß der Schwerkraft untersuchen, dessen Bewegung am Orte $(0,0)$ mit der Geschwindigkeit (v_{0x}, v_{0y}) beginnt. Wir beschreiben die Bewegung in einem xy-System, da sie quasi zweidimensional ist. Entsprechend Bild 2.3 zeigt $\vec{G}$ in die Richtung der negativen y-Achse und hat daher die Komponentendarstellung $\vec{G} = (0, -mg)$. Beginnend mit der Ausgangsgleichung (2.10) kann man folgern

$$\begin{aligned} \ddot{x} &= 0 &&\Longrightarrow \quad \dot{x} = c_1 &&\Longrightarrow \quad x = c_1 t + c_2 \\ \ddot{y} &= -g &&\Longrightarrow \quad \dot{y} = -gt + d_1 &&\Longrightarrow \quad y = -\frac{g}{2}t^2 + d_1 t + d_2\ . \end{aligned}$$

Untersucht man diese Gleichungen für $t = 0$, dann ergibt sich die Zuordnung $c_1 = v_{0x}$, $c_2 = x_0$, $d_1 = v_{0y}$, $d_2 = y_0$. Die zwei jeweils frei wählbaren Konstanten einer Differentialgleichung 2. Ordnung werden also in der Mechanik durch Anfangsort und Anfangsgeschwindigkeit determiniert. Mit unseren Voraussetzungen folgt damit

$$x(t) = v_{0x} t \qquad \text{und} \qquad y(t) = -\frac{g}{2}t^2 + v_{0y} t\ .$$

Lösen wir die erste dieser Gleichungen nach t auf und setzen das Ergebnis in die zweite Gleichung ein, so finden wir für die Bahnkurve des *schrägen* Wurfes

$$y = -\frac{g}{2v_0^2 \cos^2\alpha}\left(x - \frac{v_0^2 \sin 2\alpha}{2g}\right)^2 + \frac{v_0^2 \sin^2\alpha}{2g}\ ,$$

wobei $v_{0x} = v_0 \cos\alpha$ und $v_{0y} = v_0 \sin\alpha$ durch den Betrag der Anfangsgeschwindigkeit $v_0 = \sqrt{v_{0x}^2 + v_{0y}^2}$ und den Startwinkel α ausgedrückt wurden.

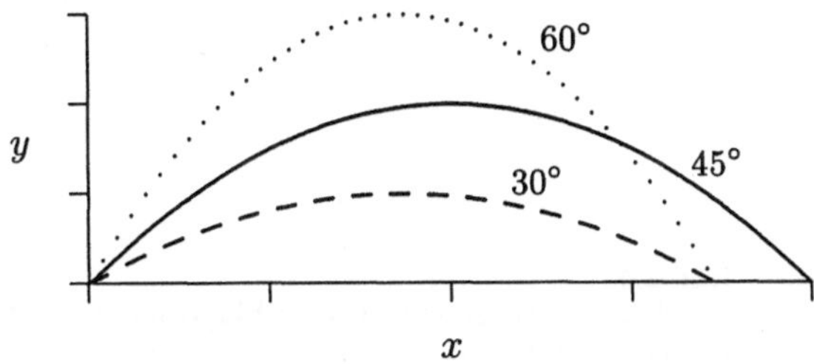

Bild 2.3
Schräger Wurf für verschiedene Wurfwinkel

Die Wurfhöhe erhält man aus dem Scheitelpunkt der Wurfparabel und die Wurfweite aus dem Abstand ihrer Nullpunkte bzw. als das Doppelte der x-Koordinate des Scheitelpunktes. Es ergibt sich

$$y_h = \frac{v_0^2}{2g}\sin^2\alpha \qquad \text{(Wurfhöhe)}$$
$$x_w = \frac{v_0^2}{g}\sin 2\alpha \qquad \text{(Wurfweite)}\,. \tag{2.13}$$

Bei fester Anfangsgeschwindigkeit wird also unter einem Winkel von 45° die größte Weite erreicht.

Als Spezialfälle enthalten unsere Rechnungen den *waagerechten* Wurf für $v_{0y} = 0$ und den *senkrechten* Wurf für $v_{0x} = 0$.

Zum Einfluß des Luftwiderstandes beim Wurf: Gewinnt der Einfluß des Luftwiderstandes an Bedeutung, dann bleiben die gerade gewonnenen Resultate nicht gültig. Wir demonstrieren dies für den freien Fall: Dazu nehmen wir ein Ergebnis von Abschnitt 2.3.4.4 hier vorweg und setzen den Luftwiderstand als proportional zum Quadrat der jeweils vorliegenden Geschwindigkeit des Körpers an. Legen wir die y-Achse des Bezugssystems in Fallrichtung, so wirkt neben der Schwerkraft (nun $+mg$!) dann noch der Luftwiderstand $F_W = -Cv^2$, wobei $C = \varrho A c_W/2$ eine Konstante ist, die durch die Dichte der Luft ϱ, die Anströmfläche A des Körpers und den sogenannten Widerstandsbeiwert c_W bestimmt wird. Die Bewegungsgleichung lautet somit

$$m\ddot{y} = m\dot{v} = mg - Cv^2\,.$$

Eine Lösung der Differentialgleichung 1. Ordnung in $v(t)$ ist durch Separation der Variablen möglich. Das Ergebnis soll hier nur mitgeteilt werden: Erfolgt der Fall aus der Ruhe ($v(0) = 0$), so ergibt sich

$$v(t) = \sqrt{\frac{mg}{C}} \cdot \tanh\left(\sqrt{\frac{gC}{m}}t\right)\,.$$

Daraus ergibt sich eine Grenze für die Fallgeschwindigkeit von

$$v_E = \lim_{t\to\infty} v(t) = \sqrt{\frac{mg}{C}} = \sqrt{\frac{2mg}{\varrho A c_W}}\,. \tag{2.14}$$

Bei dieser Endgeschwindigkeit kompensieren sich gerade Schwerkraft und Luftwiderstand und der Körper bewegt sich kräftefrei.

Nochmalige Integration liefert das Weg-Zeit-Gesetz

$$s(t) = \frac{v_E^2}{g}\ln\cosh\left(\frac{gt}{v_E}\right)\,.$$

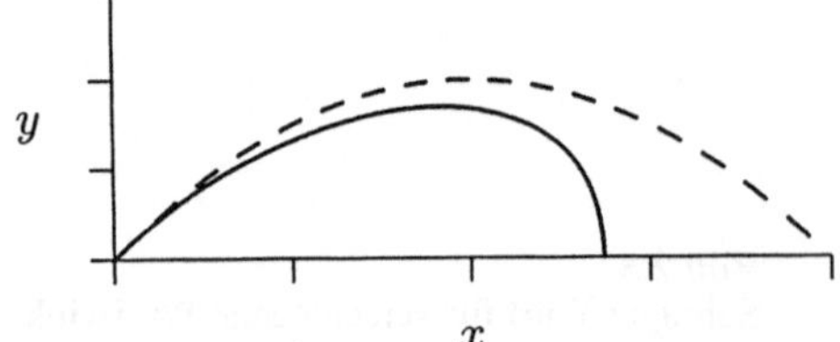

Bild 2.4
Vergleich zwischen ballistischer Flugbahn und Wurfparabel (qualitativ)

Wesentlich komplexer und nur noch numerisch lösbar ist das Problem des schrägen Wurfes unter Berücksichtigung des Luftwiderstandes. Der Körper bewegt sich dann auf einer sogenannten *ballistischen* Flugbahn, die von der Wurfparabel insbesondere im absteigenden Ast abweicht (Bild 2.4). Er ist kürzer als der aufsteigende Ast, wird aber in einer längeren Zeit durchflogen.

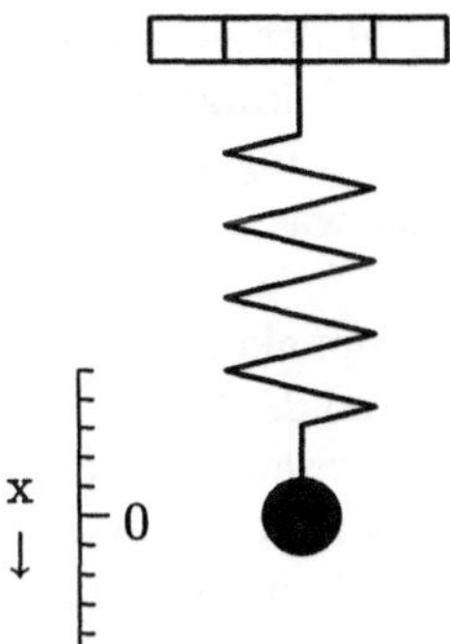

Bild 2.5
Ein Massenpunkt bewegt sich unter dem Einfluß der Federkraft. Ein solcher Federschwinger ist ein Beispiel für einen harmonischen Oszillator.

2.1.4.2 Der harmonische Oszillator

Ein harmonischer Oszillator entsteht, wenn man z. B. einen Massenpunkt an einer Feder befestigt und ihn durch Spannen der Feder zu freien Schwingungen anregt (Bild 2.5). Die Federkraft kann für nicht zu große Auslenkungen als proportional zur Ausdehnung angenommen werden (Hookesches Gesetz), wobei die Richtung der Kraft immer zur Auslenkung entgegengesetzt ist. Dies ergibt $F = -kx$, wobei k als *Federkonstante* bezeichnet wird. Vom Einfluß der Schwerkraft wollen wir hier absehen. Für einen solchen Federschwinger hat man dann die Bewegungsgleichung $F = -kx = m\ddot{x}$. Daraus folgt leicht

$$\ddot{x} + \omega^2 x = 0 \,, \tag{2.15}$$

wenn man zur Abkürzung

$$\omega = \sqrt{\frac{k}{m}} \tag{2.16}$$

setzt. Die allgemeine Lösung dieser Gleichung kann als

$$x(t) = c_1 \cos \omega t + c_2 \sin \omega t \tag{2.17}$$

dargestellt werden. Die Auslenkung weist demzufolge ein, durch Sinus- und Cosinusfunktion bestimmtes, zeitlich periodisches Verhalten auf; der Massenpunkt führt also harmonische Schwingungen aus. Die Zeit für eine solche Schwingung ist $T = 2\pi/\omega$, so daß sich ω gemäß (2.16) als Kreisfrequenz dieser Schwingung erweist.

Übungen:

2.8: Für welchen Startwinkel erreicht man bei einem schrägen Wurf aus der Höhe h die größte Wurfweite? Hinweis: Der Luftwiderstand soll vernachlässigt werden. ■

2.9: Beim idealen schrägen Wurf sind Steig- und Fallzeit eines Körpers gleich groß. Gilt dies auch bei Berücksichtigung des Luftwiderstandes? Hinweis: Versuchen Sie Ihre Antwort zu begründen, indem sie die Wirkung der beteiligten Kräfte im aufsteigenden und absteigenden Ast der Bahnkurve betrachten. ■

2.10: Ein mathematisches Pendel ist ein Massenpunkt, der an einem gewichtslosen Faden der Länge l hängt. Zeigen Sie, daß unter dem Einfluß der Schwerkraft und für kleine Auslenkungswinkel ein solches Pendel ebenfalls harmonische Schwingungen ausführt, wobei die Kreisfrequenz durch $\omega = \sqrt{g/l}$ gegeben wird. ■

- **2.11**: Ein Massenpunkt falle in einen durch den Erdmittelpunkt gehenden Schacht, der die gesamte Erde von einem Punkt der Oberfäche bis zum gegenüberliegenden Punkt durchdringt. Zeigen Sie, daß er eine harmonische Schwingung ausführt, und bestimmen Sie die Schwingungsdauer. Man nehme für die Erde eine Kugel mit homogener Massenverteilung an, was einer Kraft $F(r) = -mg(r/R_E)$ für $r \leq R_E$ entspricht!
- **2.12**: Welche Endgeschwindigkeit erreicht ein aus der Ruhe startender Massenpunkt unter dem Einfluß der Schwerkraft auf einer schiefen Ebene mit dem Anstiegswinkel α und der Länge s?
- **2.13**: Beschleunigungen können mit der Atwoodschen Fallmaschine bestimmt werden: Über eine drehbare Rolle wird ein dünner Faden gelegt. Zwei gleiche Massen M hängen an den beiden Enden des Fadens. Sie kompensieren sich in ihrer Wirkung und das System bleibt in Ruhe. Legt man auf die eine der Massen eine kleine Zusatzmasse m, so beginnt das System sich gleichmäßig beschleunigt zu bewegen. Wie kann man die Erdbeschleunigung g bestimmen, wenn man für das System die Beschleunigung a mißt?

2.1.5 Erhaltungsgrößen

2.1.5.1 Was sind und was sollen Erhaltungsgrößen?

Die Lösung der Newtonschen Bewegungsgleichung kann für kompliziertere Probleme ein schwieriges oder gar analytisch unlösbares Problem sein. Oft ist es dann äußerst hilfreich, wenn man Funktionen der Gestalt $f(\vec{r}, \vec{v}, t)$ kennt, die zeitlich unverändert bleiben, während der Massenpunkt die Bahnkurve durchläuft. Weil diese Funktionen die Beschleunigung $\vec{a}$ nicht enthalten, läßt sich $\vec{r}(t)$ dann gemäß $f(\vec{r}, \vec{v}, t) = const.$ aus einer Differentialgleichung 1. Ordnung gewinnen. Solche Größen nennt man **Erhaltungsgrößen**. Wir werden im folgenden solche Erhaltungsgrößen und die Voraussetzungen, unter denen sie erhalten bleiben, kennenlernen. Weiterhin werden wir die gewonnenen Erkenntnisse dann für einige Anwendungen nutzen.

2.1.5.2 Der Impulserhaltungssatz

Aus der Grundgleichung der Dynamik (2.9) folgt sofort, daß der Impuls $\vec{p}$ eines Massenpunktes immer dann erhalten bleibt, wenn auf diesen keine Kraft $\vec{F}$ wirkt. Haben wir nun z. B. ein System aus zwei Massenpunkten 1 und 2, dann muß im allgemeinen davon ausgegangen werden, daß neben *äußeren* Kräften $\vec{F}_j^a$ für $j = 1, 2$ die Massenpunkte sich auch untereinander durch *innere* Kräfte $\vec{F}_{12}^i$ bzw. $\vec{F}_{21}^i$ beeinflussen (Bild 2.6).

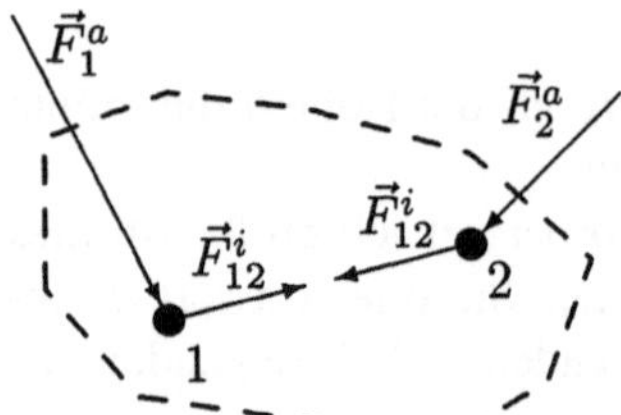

Bild 2.6
Mögliche Kraftwirkungen für ein System von zwei Massenpunkten

Als Bewegungsgleichungen hat man dann wegen (2.9)

$$\dot{\vec{p}}_1 = \vec{F}_1^a + \vec{F}_{21}^i \qquad \text{und} \qquad \dot{\vec{p}}_2 = \vec{F}_2^a + \vec{F}_{12}^i \,.$$

Addiert man diese Gleichungen und beachtet, daß auf Grund des 3. Newtonschen Axioms $\vec{F}_{12}^i = -\vec{F}_{21}^i$ ist, so folgt

$$\dot{\vec{p}} = \dot{\vec{p}}_1 + \dot{\vec{p}}_2 = \vec{F}_1^a + \vec{F}_2^a \, .$$

Man erkennt, daß nur die äußeren Kräfte den Gesamtimpuls der beiden Massenpunkte ändern können. Unser Ergebnis kann auf beliebige Systeme von Massenpunkten verallgemeinert werden, und es folgt der **Impulserhaltungssatz**:

Der Gesamtimpuls eines Systems von Massenpunkten ist eine Erhaltungsgröße, wenn die Summe der von außen auf das System einwirkenden Kräfte verschwindet.

Als Anwendung untersuchen wir die Bewegung einer Rakete. Auf sie wirken keine äußeren Kräfte, und nur durch das Ausstoßen von Treibstoff und infolge der Impulserhaltung erfolgt die Vorwärtsbewegung. Ohne Reibung und insbesondere im luftleeren Raum ist der Raketenantrieb die einzige Möglichkeit der Fortbewegung.

Wir setzen im folgenden ein mit der Erde fest verbundenes Bezugssystem voraus. Die Rakete habe die Anfangsmasse M_A, die Endmasse M_E, die Brennzeit t_B und eine Treibstoffgeschwindigkeit v_r relativ zur Rakete. Weiter habe man einen konstanten Massenverlust $\dot{m}_T = (M_A - M_E)/t_B$ pro Zeiteinheit. Im Zeitintervall dt ändert sich nun der Raketenimpuls um

$$\mathrm{d}p_{\text{Rakete}} = \frac{\mathrm{d}(m(t)v(t))}{\mathrm{d}t}\,\mathrm{d}t = (\dot{m}(t)v(t) + m(t)\dot{v}(t))\,\mathrm{d}t$$

und der Impuls des Treibstoffs um

$$\mathrm{d}p_{\text{Treibstoff}} = \dot{m}_T\,(v(t) - v_r)\,\mathrm{d}t \, .$$

Man beachte, daß $v(t) - v_r$ in unserem Bezugssystem die Treibstoffgeschwindigkeit ist! Wegen der Impulserhaltung muß nun die Summe beider Impulsänderungen verschwinden. Dies ergibt

$$\dot{m}(t)v(t) + m(t)\dot{v}(t) + \dot{m}_T\,(v(t) - v_r) = 0 \, . \tag{2.18}$$

Man beachtet nun, daß die zeitliche Änderung der Raketenmasse entgegengesetzt gleich dem Massenverlust infolge des Ausstoßes des Treibstoffs ist, d. h. $\dot{m}(t) = -\dot{m}_T$. Damit ergibt sich

$$\dot{v} = \frac{\dot{m}_T}{m(t)}\,v_r = \frac{\dot{m}_T}{M_A - \dot{m}_T t}\,v_r \, ,$$

was leicht in den Grenzen 0 und t_B integriert werden kann. Es folgt für die Endgeschwindigkeit der Rakete die vom russischen Raumfahrttheoretiker K. Ziolkowski (1857-1935) stammende **Raketengleichung**

$$v_E = v_r \ln\left(\frac{M_A}{M_E}\right) \, . \tag{2.19}$$

Man erkennt, daß sich eine Erhöhung von v_r wesentlich effizienter auf die erreichbare Endgeschwindigkeit auswirkt, als eine Vergrößerung des Massenverhältnisses M_A/M_E. Da jedoch einer Vergrößerung von v_r enge technische Grenzen gesetzt sind, war man bei der Raketenentwicklung technisch gezwungen, ein möglichst großes Massenverhältnis zu erzeugen. Dieses Konzept wurde durch Mehrstufenraketen realisiert.

Übungen:

- **2.14**: Auf einem anfangs im Wasser ruhenden Floß der Masse $M = 500\,\text{kg}$ und der Länge $l = 15\,\text{m}$ beginnt sich eine Person der Masse $m = 50\,\text{kg}$ von einem Ende zum anderen zu bewegen. Um welche Strecke verschiebt sich dabei das Floß relativ zum Wasser, wenn man von den Reibungskräften zwischen Floß und Wasser absehen kann?
- **2.15**: Am Ende eines Strohhalms, der auf einer glatten, horizontalen Ebene liegt, sitzt ein Käfer. Mit welcher kleinstmöglichen Geschwindigkeit muß er hüpfen, um an das andere Ende des Halms zu gelangen? Die Länge des Halms sei l, seine Masse m und die Masse des Käfers M.
- **2.16**: Berechnen Sie die Korrektur zur Raketengleichung (2.19), wenn die Wirkung einer konstanten Schwerkraft $G = mg$ bei senkrechtem Aufstieg zusätzlich berücksichtigt wird.

2.1.5.3 Der Energieerhaltungssatz

Die Wirkung einer Kraft erkennt man u. a. daran, daß sie einen Körper längs eines Weges verschiebt. Ändert ein Körper seine Lage im Raum unter der Wirkung einer Kraft, dann spricht man davon, daß **Arbeit** verrichtet wird. Verschiebt eine konstante Kraft $\vec{F}$ einen Körper um eine Wegstrecke s, und zeigt die Kraft darüber hinaus stets in Richtung des Weges, so definiert man die Arbeit W einfach als Produkt aus Betrag der Kraft und Wegstrecke, d. h.

$$W = F \cdot s \, .$$

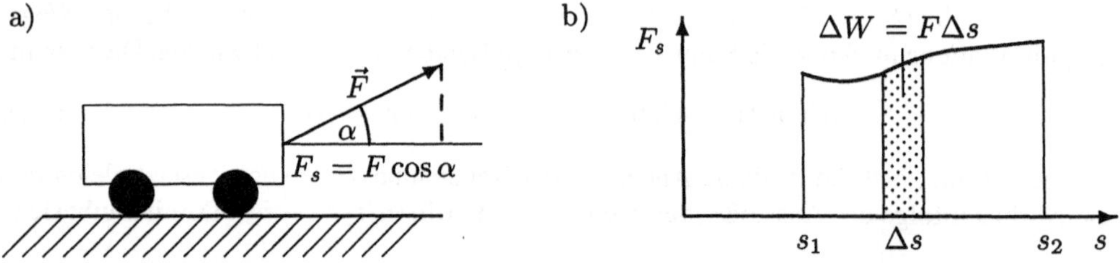

Bild 2.7 Zur Definition der Arbeit. a) Kraft und Bewegungsrichtung sind verschieden, b) Kraft ändert sich zusätzlich entlang des Weges

Dieser einfachste Fall bedarf zahlreicher Verallgemeinerungen: Es gibt viele Situationen, wie etwa beim Ziehen eines Wagens (Bild 2.7), bei denen der Körper nicht der Richtung der angreifenden Kraft folgen kann und sich in einer anderen Richtung verschiebt. Für die Arbeit ist dann nur der auf die Bewegungsrichtung projizierte Anteil der Kraft F_s relevant. Ist $\vec{F}$ weiter konstant entlang des Weges, dann gilt für eine Verschiebung um $\vec{s}$

$$W = F_s s = F s \cos\alpha = \vec{F} \cdot \vec{s} \, , \tag{2.20}$$

wobei α der Winkel zwischen Kraft und Bewegungsrichtung ist. Als Skalarprodukt ist die Arbeit selbst ein Skalar. Ändert sich nun noch $\vec{F}$ entlang der Wegstrecke, so stellt man sich den Weg in kleine Teilwege zerlegt vor, auf denen man $\vec{F}$ jeweils als konstant annehmen kann. Im Grenzfall immer feinerer Zerlegung führt dies auf die Definition

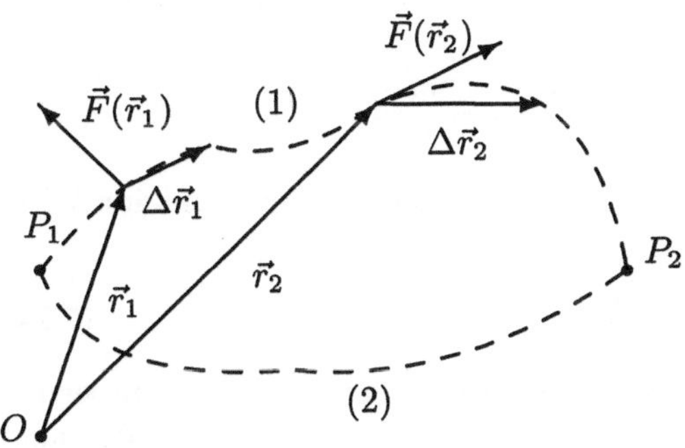

Bild 2.8
Zur Definition der Arbeit im allgemeinen Fall

$$W = \int_{s_1}^{s_2} F \cos\alpha \, \mathrm{d}s \,, \tag{2.21}$$

die in Bild 2.7b veranschaulicht ist.

Kommen wir nun zum allgemeinsten Fall: Auf einem beliebigen krummlinigen Weg, der im Raum die Punkte P_1 und P_2 verbindet, mögen sich Größe und Richtung der Kraft als Funktion von $\vec{r}$ ändern; es liegt dann ein sogenanntes *Kraftfeld* vor. Wie in Bild 2.8 dargestellt, geht man entsprechend unserer bisherigen Überlegungen nun so vor, daß man jeweils auf einem kleinen geradlinigen Teilstück des Weges zwischen $\vec{r}$ und $\vec{r} + \Delta\vec{r}$ den Beitrag zur gesamten Arbeit durch $\Delta W = \vec{F}(\vec{r}) \cdot \Delta\vec{r}$ ausdrückt und dann über alle Teilwege summiert. Wieder im Grenzfall immer feinerer Zerlegung führt uns dies schließlich auf ein Kurvenintegral der Form

$$\boxed{W = \int_{(l)} \vec{F}(\vec{r}) \cdot \mathrm{d}\vec{r} \,,} \tag{2.22}$$

wobei wir zu dessen Berechnung konkret angeben müssen, auf welchem Weg der Körper von P_1 nach P_2 gelangt. Man denke etwa daran, daß der Gipfel eines Berges sowohl auf direktem und kürzestem Weg als auch über einen längeren weniger steil verlaufenden Weg mit weniger Kraftanstrengung erreicht werden kann.

Natürlich entsteht sofort die Frage, ob die verrichtete Arbeit tatsächlich von der speziellen Wahl des Weges abhängt. Wäre dies der Fall, dann könnte man ständig entlang eines aus (1) und (2) gebildeten geschlossenen Weges laufen und in einer Richtung stets Arbeit gewinnen; in der umgekehrten Richtung müßte ständig Arbeit verrichtet werden. Man bezeichnet das Arbeitsvermögen eines Körpers als seine Energie, und mechanische Energie ließe sich also dann auf einem geschlossenen Wege ständig gewinnen oder würde verloren gehen. Letzteres passiert nun tatsächlich, wenn etwa durch Reibungskräfte mechanische Energie in Wärme umgewandelt wird. Durch Zuführung nichtmechanischer Energieformen kann man ebenso mechanische Energie auf einem geschlossenen Wege gewinnen.[3]

Ob die mechanische Arbeit nun vom Weg abhängt oder nicht, wird letztlich durch die Natur der wirkenden Kräfte bestimmt. Wir wollen uns an einem eindimensionalen Modell einmal die Konsequenzen einer eventuellen Wegunabhängigkeit verdeutlichen: Multipliziert man die eindimensionale Newtonsche Grundgleichung mit $\dot{x}$, dann folgt

$$F(x)\dot{x} = m\ddot{x}\dot{x} = \frac{1}{2} m \frac{\mathrm{d}}{\mathrm{d}t}(\dot{x}^2) \,,$$

[3] Wir werden später sehen, daß unter Einbeziehung aller Energieformen eine solche Wegabhängigkeit durch den 1. Hauptsatz der Thermodynamik (Energieerhaltungssatz!) prinzipiell ausgeschlossen wird.

und die Integration in den Grenzen t_1 und t_2 mit anschließender Variablensubstitution $x = x(t)$ liefert

$$\int_{t_1}^{t_2} F(x)\dot{x}\,\mathrm{d}t = \int_{x_1}^{x_2} F(x)\,\mathrm{d}x = \frac{m}{2}v_2^2 - \frac{m}{2}v_1^2 \,. \tag{2.23}$$

Es soll nun angenommen werden, daß sich $F(x)$ als negative Ableitung einer Funktion $V(x)$ darstellen läßt, d. h.

$$F(x) = -\frac{\mathrm{d}V(x)}{\mathrm{d}x} \,. \tag{2.24}$$

Eine solche Forderung an die Kraft ist durchaus nicht immer erfüllbar. Kräfte mit dieser Eigenschaft nennt man *konservativ*. Unter der Annahme (2.24) kann man für $\vec{F}$ in x-Richtung entsprechend (2.21) die auf dem Weg zwischen x_1 und x_2 verrichtete Arbeit als

$$W = \int_{x_1}^{x_2} F(x)\,\mathrm{d}x = V(x_1) - V(x_2)$$

schreiben und damit als Differenz der Funktionswerte von $V(x)$ an der Anfangs- und Endlage. Wir nennen $V(x)$ **Potential** der Kraft. Setzt man dies nun in (2.23) ein, dann folgt einfach

$$V(x_1) - V(x_2) = \frac{m}{2}v_2^2 - \frac{m}{2}v_1^2$$

oder

$$\frac{m}{2}v_1^2 + V(x_1) = \frac{m}{2}v_2^2 + V(x_2) \,. \tag{2.25}$$

Die Größe

$$\boxed{E = \frac{m}{2}v^2 + V(x)} \tag{2.26}$$

nennt man mechanische **Energie**. Sie setzt sich aus der mit der Bewegung des Körpers korrelierten *kinetischen* Energie

$$E_{\text{kin}} = \frac{1}{2}mv^2$$

und der durch die Lage des Körpers bestimmten *potentiellen* Energie $E_{\text{pot}} = V(x)$ zusammen, die man auch Potential nennt. Existiert letztere, dann kann sie aus (2.24) bzw. (2.27) für jede Kraft berechnet werden. Gleichung (2.25) bringt zum Ausdruck, daß die mechanische Energie unter der Voraussetzung von (2.24) eine Erhaltungsgröße ist.

Das Ergebnis läßt sich auf den dreidimensionalen Fall übertragen. Die Forderung (2.24) muß dazu einfach durch

$$\vec{F} = (F_x, F_y, F_z) = \left(-\frac{\partial V}{\partial x}, -\frac{\partial V}{\partial y}, -\frac{\partial V}{\partial z}\right) = -\operatorname{grad} V(\vec{r}) \tag{2.27}$$

ersetzt werden. Die Kraft muß also nun als Gradient eines skalaren Potentials $V(\vec{r})$ darstellbar sein (vgl. Mathematischer Anhang). In Verallgemeinerung unserer früheren Definition nennt man Kräfte mit dieser Eigenschaft konservativ. Genau unter der angegebenen Voraussetzung ist nun das Kurvenintegral (2.22) und damit die Arbeit vom Weg unabhängig. In einem solchen Kraftfeld ist die beim Transport eines Massenpunktes zwischen zwei Punkten verrichtete Arbeit einfach die Potentialdifferenz zwischen diesen Punkten; die Arbeit ist als potentielle Energie „gespeichert“ und kann gegebenenfalls in kinetische Energie zurückverwandelt werden. Damit formulieren wir den **Energieerhaltungssatz**:

In einem konservativen Kraftfeld bleibt die mechanische Energie, d. h. die Summe aus kinetischer und potentieller Energie, erhalten.

Arbeit und Energie werden in derselben Maßeinheit **Joule** (J) gemessen. Sie ist nach dem englischen Physiker J. P. Joule (1818–1889) benannt, und es gilt $1\,\mathrm{J} = 1\,\mathrm{Nm}$.

Es soll noch erwähnt werden, daß nichtkonservative Kräfte beispielsweise im Zusammenhang mit der Reibung auftreten; auch zeitabhängige Kräfte sind hier zu nennen. Solche Kräfte entstehen durch Wechselwirkung mit der Umgebung und führen dazu, daß Energie das mechanische System verläßt und z. B. in Wärme umgewandelt wird. Sind solche Wechselwirkungen ausgeschlossen, ist unser mechanisches System also *abgeschlossen*, bleibt die Energie erhalten. Man kann den Energieerhaltungssatz daher auch in der später leicht zu verallgemeinernden Aussage formulieren:

In einem abgeschlossenen mechanischen System ist die Energie eine Erhaltungsgröße.

Zur Demonstration wenden wir den Energieerhaltungssatz auf zwei einfache Aufgabenstellungen an, deren Lösungen wir implizit durch die Behandlung der dynamischen Probleme in Abschnitt 2.1.4 bereits kennen:

a) Ein Massenpunkt fällt unter dem Einfluß der Schwerkraft aus einer Höhe h. Mit welcher Geschwindigkeit trifft er auf?

Im Prinzip haben wir dieses Problem schon bei der Behandlung des schrägen Wurfes gelöst. Man müßte die Anfangsbedingungen nur gemäß $x_0 = 0$, $y_0 = h$ und $v_{0x} = 0$ festlegen. Mit dem Energieerhaltungssatz ist die Lösung jedoch sehr einfach. Zur hier in negativer y-Richtung wirkenden Schwerkraft $G = -mg$ gehört entsprechend (2.24) das Potential $V = mgy$. Vor dem Fallenlassen hat unser Massenpunkt nur die potentielle Energie mgh und beim Auftreffen nur die kinetische Energie $mv^2/2$. Gleichsetzen liefert dann $v = \sqrt{2gh}$.

b) Ein Federschwinger mit der Federkonstanten k wird durch Auslenkung um die Strecke x_0 gespannt. Welche Maximalgeschwindigkeit erreicht er beim Loslassen?

Hier haben wir die Kraft $-kx$ und damit das zugehörige Potential $V = kx^2/2$. Analog zum ersten Beispiel gilt nun $mv^2/2 = kx_0^2/2$ und damit $v = \sqrt{k/m}\,x_0 = \omega x_0$. Auch dieses Resultat steckt bereits in der Lösung der Bewegungsgleichung des harmonischen Oszillators. Aus (2.17) folgt nämlich für die hier vorliegenden Anfangsbedingungen $x(t) = x_0 \cos\omega t$ bzw. $v(t) = -\omega \sin\omega t$ mit dem gerade bestimmten Maximum.

Hebt man z. B. eine Masse m auf die Höhe h, so spielt es bei der Berechnung der Arbeit keine Rolle, welche Zeit man dafür benötigt. Oft interessiert aber gerade die pro Zeiteinheit verrichtete Arbeit, die als **Leistung** bezeichnet wird. Wird die zeitlich konstante Arbeit W in der Zeit t verrichtet, so gilt für die Leistung P

$$P = \frac{W}{t} .$$

Für eine zeitlich veränderliche Arbeit wird die (momentane) Leistung durch

$$\boxed{P = \frac{\mathrm{d}W}{\mathrm{d}t}} \tag{2.28}$$

definiert. Die Maßeinheit ist das **Watt** (W), und es gilt $1\,\mathrm{W} = 1\,\mathrm{J/s} = 1\,\mathrm{Nm/s}$. Wird die Arbeit speziell von einer zeitlich konstanten Kraft F verrichtet, dann kann man schreiben $P = \mathrm{d}W/\mathrm{d}t = \mathrm{d}(Fs)/\mathrm{d}t = F\,\mathrm{d}s/\mathrm{d}t$ und hat in diesem Fall

$$P = Fv \, .$$

Die Kraft beschleunigt den Körper, und die Leistung ist der jeweiligen momentanen Geschwindigkeit proportional.

Übungen:

- **2.17**: Ein Massenpunkt unterliege der Schwerkraft und werde einmal senkrecht auf die Höhe h gehoben und einmal mittels einer schiefen Ebene auf dieselbe Höhe befördert. Überzeugen Sie sich davon, daß in beiden Fällen die gleiche Arbeit verrichtet wird.
- **2.18**: Ein mathematisches Pendel der Länge l wird bis zur horizontalen Lage ausgelenkt und dann losgelassen. Man berechne die Geschwindigkeit des Massenpunktes und die Spannkraft des Fadens an der tiefsten Stelle der Bahnkurve.
- **2.19**: Ein Auto mit der Masse 1200 kg fährt gleichmäßig beschleunigt an und legt in den ersten 10 Sekunden $s = 150\,\mathrm{m}$ zurück. Man bestimme a) die vom Motor dabei verrichtete Arbeit, b) die Durchschnittsleistung und c) die zum Schluß erreichte Momentanleistung.

2.1.5.4 Der Drehimpulserhaltungssatz

Der Vollständigkeit halber soll hier auch schon der Drehimpulserhaltungssatz behandelt werden, selbst wenn er in diesem Buch erst bei der Dynamik starrer Körper zur Anwendung kommen wird. Der **Drehimpuls** eines Massenpunktes ist durch

$$\boxed{\vec{L} = \vec{r} \times \vec{p}} \tag{2.29}$$

definiert und besitzt die Maßeinheit $\mathrm{kg\,m^2\,s^{-1}}$. Untersucht man, wann seine zeitliche Ableitung verschwindet, dann folgt mit Hilfe der Produktregel (man beachte $\dot{\vec{r}} = \vec{v}$)

$$\dot{\vec{L}} = \dot{\vec{r}} \times \vec{p} + \vec{r} \times \dot{\vec{p}} = \dot{\vec{r}} \times m\dot{\vec{r}} + \vec{r} \times \dot{\vec{p}} = 0 + \vec{r} \times \vec{F} \, .$$

Die Größe

$$\boxed{\vec{M} = \vec{r} \times \vec{F}} \tag{2.30}$$

nennt man **Drehmoment** und findet somit

$$\dot{\vec{L}} = \vec{M} \, . \tag{2.31}$$

Wir haben damit einen weiteren Erhaltungssatz gewonnen, der uns beim Lösen physikalischer Aufgaben hilfreich sein kann. Die Einführung der Größen $\vec{L}$ und $\vec{M}$ wird hier aber trotzdem etwas formal erscheinen. In Abschnitt 2.2.2.1 werden wir jedoch ihren physikalischen Sinn und praktischen Nutzen kennlernen.

Für Systeme von Massenpunkten können wir eine analoge Betrachtung wie im Fall des Impulses vornehmen und kommen zum **Drehimpulserhaltungssatz**:

> *Der Gesamtdrehimpuls eines Systems von Massenpunkten ist eine Erhaltungsgröße, wenn die Summe der von außen an dem System angreifenden Drehmomente verschwindet.*

Zusammenfassend können wir festhalten: Die jeweils drei Komponenten der Vektoren „Impuls" und „Drehimpuls" sowie der Skalar „Energie" liefern insgesamt 7 Erhaltungsgrößen für einen einzelnen Massenpunkt, die man zur Lösung mechanischer Probleme einsetzen kann.

Übung:
2.20: Eine Kraft, die stets die Richtung der Verbindungslinie zwischen einem punktförmigen Kraftzentrum und dem Angriffsobjekt der Kraft hat, bezeichnet man als Zentralkraft. a) Zeigen Sie, daß für Bewegungen unter dem Einfluß von Zentralkräften der Drehimpuls erhalten bleibt. b) Zeigen Sie weiter, daß damit der Ortsvektor eines Teilchens in gleichen Zeiten gleiche Flächen überstreicht. ■

2.1.6 Einiges über Reibungskräfte

Schon im Zusammenhang mit dem Energieerhaltungssatz wurde darauf hingewiesen, daß reale Bewegungen mit einem mehr oder weniger großen Verlust an mechanischer Energie verbunden sind. Dafür verantwortlich sind Reibungskräfte, die stets bei der gegenseitigen Berührung von Körpern auftreten. Sie sind nichtkonservativ und wandeln mechanische Energie in Wärme um.[4]

Die Mechanismen der Reibung sind vielfältig. Reiben feste Körper aufeinander, dann hat man häufig eine Reibungskraft, die sowohl von der Geschwindigkeit, als auch von der gegenseitigen Berührungsfläche der beteiligten Körper unabhängig ist. Ihr Betrag ist durch die Normalkraft des Körpers auf die Unterlage bestimmt; Messungen zeigen, daß $F_R \sim F_N$ ist. Die Richtung von $\vec{F_R}$ ist natürlich nicht durch die Normalkraft bestimmt, sondern sie ist durch $-\vec{v}$ gegeben. Der Proportionalitätsfaktor μ heißt Reibungskoeffizient, und es gilt dann

$$F_R = \mu F_N \; . \tag{2.32}$$

Man unterscheidet zwischen **Haftreibung** μ_H, **Gleitreibung** μ_G und **Rollreibung** μ_R. In der angegebenen Reihenfolge nehmen diese Koeffizienten für eine gegebene Kombination von Materialien ab. So hat man für Holz auf Holz z. B. $\mu_H \approx 0,6$, $\mu_G \approx 0,4$ und $\mu_R \approx 0,02$. Die Rollreibung ist wesentlich kleiner als die anderen Reibungsarten. Straßenfahrzeuge liegen mit ihren μ_R-Werten zwischen 0,02 - 0,05. Schmiermittel und, wann immer möglich, Realisierung von Rollreibung, z. B. durch Kugellager, führen zu einer Verringerung der mechanischen Energieverluste durch Reibung.

Auf feste Körper, die sich durch Flüssigkeiten oder Gase bewegen, wirken geschwindigkeitsabhängige Reibungskräfte. Für kleinere Geschwindigkeiten kann man *Stokessche Reibung* annehmen und von einer zu v proportionalen Reibungskraft ausgehen. Bei höheren Geschwindigkeiten liegt *Newtonsche Reibung* vor, und es kann $F_R \sim v^2$ angenommen werden (vgl. Abschnitt 2.3.4.4).

Übungen:
2.21: Der Reibungskoeffizient zwischen einem Körper (etwa ein Holzklotz mit dem Gewicht G) und seiner Unterlage kann in folgender Weise experimentell bestimmt werden: Über einen anfangs senkrecht auf dem Klotz stehenden Stab, wird eine Kraft $F \gg G$ auf den Klotz übertragen. Nun neigt man den Stab und mißt den Winkel zwischen Stab und Horizontale, bei dem sich der Klotz zu bewegen beginnt. Wie kann μ aus den bekannten Informationen berechnet werden? ■
2.22: Ein Skiläufer erlangt bei einer 100 m langen Schußfahrt mit 40 m Höhenunterschied eine Endgeschwindigkeit von 68, 4 km/h. Wie groß ist der Koeffizient der Gleitreibung. Hinweis: Vom Luftwiderstand soll abgesehen werden! ■

[4]Reibungskräfte haben streng genommen für Massenpunkte keinen Sinn, denn sie setzen eigentlich ausgedehnte Körper voraus. Viele Aspekte der Dynamik solcher Körper können aber im Modell des Massenpunktes verstanden werden, und für diese Fälle wollen wir bereits an dieser Stelle den Einfluß von Reibung zu berücksichtigen lernen.

2.1.7 Elastische und unelastische Stoßprozesse

Wie Impulserhaltungssatz und gegebenenfalls Energieerhaltungssatz die Behandlung physikalischer Prozesse gestatten, wird sehr eindrucksvoll bei der Untersuchung von Stoßprozessen deutlich. Solche Prozesse sind durch eine kurzzeitige Wechselwirkung (Berührung) der beteiligten Körper charakterisiert. Dabei treten im allgemeinen zeitlich sich stark ändernde Kräfte auf, über deren konkreten Verlauf man nur unzureichend Kenntnis hat. Egal jedoch wie diese Kräfte im Detail wirken, sie sind als innere Kräfte nicht in der Lage, den Gesamtimpuls der Stoßpartner zu ändern. Wirken ansonsten keine weiteren äußeren Kräfte, dann gilt für den Stoß zweier Massen m_1 und m_2 mit den Anfangsgeschwindigkeiten $\vec{v}_1$ und $\vec{v}_2$ sowie den Endgeschwindigkeiten $\vec{u}_1$ und $\vec{u}_2$ folglich der Impulserhaltungssatz:

$$m_1\vec{v}_1 + m_2\vec{v}_2 = m_1\vec{u}_1 + m_2\vec{u}_2 \,. \tag{2.33}$$

Wir wollen zuerst einmal annehmen, daß der Stoßprozeß längs einer Geraden erfolgt. Dann vereinfacht sich (2.33) für einen solchen *geraden* Stoß zu

$$m_1 v_1 + m_2 v_2 = m_1 u_1 + m_2 u_2 \,. \tag{2.34}$$

Um bei gegebenen Anfangsgeschwindigkeiten (v_1, v_2) die Endgeschwindigkeiten $(u_1,\ u_2)$ zu bestimmen, reicht (2.34) allein nicht aus. Es müssen daher über die Art des Stoßprozesses noch zusätzliche Annahmen gemacht werden. Wir behandeln die zwei idealisierten Grenzfälle des *vollkommen elastischen* und des *vollkommen unelastischen* Stoßes.

a) Der vollkommene elastische Stoß: Dieser Stoßprozeß ist dadurch charakterisiert, daß die Gültigkeit des Energieerhaltungssatzes angenommen wird. Eine während des Stoßes zwischen realen Körpern stets auftretende Verformungsenergie verwandelt sich dabei wieder vollständig in Bewegungsenergie zurück, so daß diese vor und nach dem Stoß gleich groß ist. Zu (2.34) kommt dann noch

$$\frac{1}{2}m_1 v_1^2 + \frac{1}{2}m_2 v_2^2 = \frac{1}{2}m_1 u_1^2 + \frac{1}{2}m_2 u_2^2 \,, \tag{2.35}$$

wodurch der Prozeß vollständig beschreibbar wird.

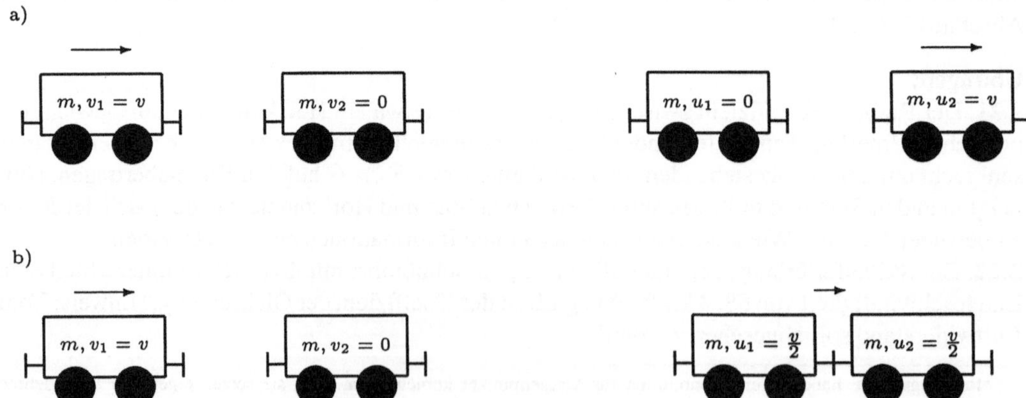

Bild 2.9 Darstellung der behandelten Fälle für einen a) elastischen Stoß und b) unelastischen Stoß am Beispiel von zusammenstoßenden Wagen

Wir behandeln als einfaches Beispiel den Stoß zweier Körper gleicher Masse, von denen anfangs der eine ruht und von dem anderen mit der Geschwindigkeit v getroffen wird. Damit gilt $m_1 = m_2 = m$ sowie $v_1 = v$ und $v_2 = 0$, und aus (2.34) und (2.35) folgt

$$v = u_1 + u_2 \qquad \text{und} \qquad v^2 = u_1^2 + u_2^2 \, .$$

Die zwei Lösungen können leicht berechnet werden, und für die physikalisch mögliche der beiden folgt $u_1 = 0$ und $u_2 = v$. Energie und Impuls werden also vollständig auf den gestoßenen Körper übertragen. Der stoßende Körper ruht daher nach dem Stoß.

Das System der Gleichungen (2.34) und (2.35) kann ganz allgemein gelöst werden. Eine einfache Rechnung liefert

$$\begin{aligned} u_1 &= \frac{(m_1 - m_2)v_1 + 2m_2 v_2}{m_1 + m_2} \\ u_2 &= \frac{2m_1 v_1 + (m_2 - m_1)v_2}{m_1 + m_2} \, . \end{aligned} \tag{2.36}$$

Diese Gleichungen können zur Diskussion von eindimensionalen elastischen Stoßproblemen eingesetzt werden. Wir wollen als Beispiel einmal die Energieübertragung bei einem solchen Stoß der Masse m_1 auf eine ruhende Masse m_2 in Abhängigkeit vom Massenverhältnis m_2/m_1 untersuchen: Für das Verhältnis aus übertragener Energie ($E_{2,\text{nach}} = m_2 u_2^2/2$) zur Energie der auftreffenden Masse ($E_{1,\text{vor}} = m_1 v_1^2/2$) liefert (2.36) unter Beachtung von $v_2 = 0$ nach einer einfachen Rechnung

$$\frac{E_{2,\text{nach}}}{E_{1,\text{vor}}} = \frac{4m_2/m_1}{(m_1 + m_2)^2} \, . \tag{2.37}$$

Die Energieübertragung nimmt mit abnehmendem m_2/m_1 zu und ist vollständig beim Stoß gleicher Massen. Dementsprechend nimmt die Energie des stoßenden Teilchens ab. Man nutzt diesen Sachverhalt z. B. in Kernreaktoren, wo man schnelle Neutronen durch Stöße mit möglichst leichten Atomen (Moderatoren), wie Wasser, schweres Wasser oder Graphit, auf thermische Energie abbremst, damit sie weitere Urankerne spalten können.

b) Der vollkommen unelastische Stoß: Der Stoßprozeß ist in diesem Fall dadurch charakterisiert, daß die beiden stoßenden Körper sich nach dem Stoß gemeinsam weiterbewegen. Man denke etwa an das Aneinanderkoppeln von Güterwaggons beim Rangieren. Wir werden sehen, daß der Energieerhaltungssatz dabei nicht gelten kann. Durch die Voraussetzung $u_1 = u_2 = u$ ist der Prozeß aber ebenfalls vollständig beschrieben.

Wir behandeln das letzte Beispiel nun in seiner unelastischen Variante und haben gemäß (2.34)

$$u = \frac{v}{2} \, .$$

War die Energie vor dem Stoß durch $mv^2/2$ gegeben, so ist sie nach dem Stoß $(2m)(v/2)^2/2 = mv^2/4$. Mechanische Energie ist also beim unelastischen Stoß verlorengegangen. Die Realisierung eines solchen Prozesses ist letztlich stets mit der Erzeugung von Wärme verbunden. Körper endlicher Ausdehnung werden zwangsläufig deformiert, wobei Deformationsenergie und damit Wärme frei wird.

Lassen sich reale Stoßprozesse näherungsweise weder dem einen, noch dem anderen Grenzfall zuordnen, dann ist ohne zusätzliche Informationen über die wirkenden Kräfte keine Behandlung des Problems möglich. Körper können sich auch noch auf unterschiedlichen Geraden bewegen

a) gerader zentraler Stoß

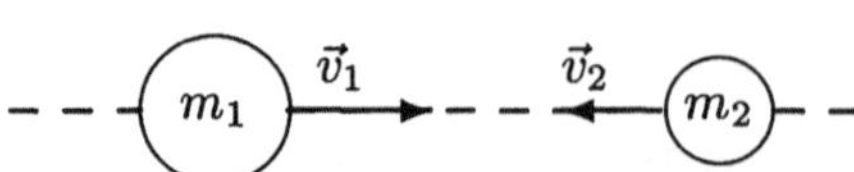

b) schiefer zentraler Stoß

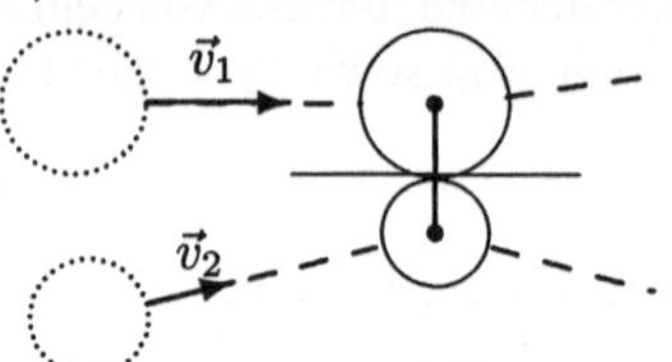

Bild 2.10 Gerader und schiefer zentraler Stoß zweier Kugeln

und damit den Stoß zu einem zweidimensionalen Problem machen. Solche *schiefen* Stöße stellen im allgemeinen ebenfalls ein unlösbares Problem dar. Die vektorielle Gleichung (2.33) und die skalare Gleichung (2.35) genügen allein nicht, um die 6 Komponenten der beiden Vektoren $\vec{u}_1$ und $\vec{u}_2$ zu bestimmen. Lösbare Sonderfälle sind der *schiefe zentrale vollkommen unelastische* Stoß und der *schiefe zentrale vollkommen elastische* Stoß. Ein Stoß heißt „zentral", wenn die Berührung der Stoßpartner so erfolgt, daß die Verbindungsgerade der Massenmittelpunkte (vgl. Abschnitt 2.2.2.2) senkrecht auf der Berührungsebene steht. Der schiefe Stoß zweier Kugeln ist stets ein zentraler Stoß (Bild 2.10). Für den ersten Fall genügt (2.33) zusammen mit der Forderung $\vec{u}_1 = \vec{u}_2$ zur vollständigen Lösung, während für den zweiten Fall die Lösung durch den zentralen Charakter des Stoßes möglich wird. Vernachlässigt man Reibungskräfte, dann kann man für solche Stöße oft in guter Näherung annehmen, daß die Stoßkräfte nur entlang dieser Verbindungsgeraden wirken. Legt man die Verbindungsgerade in y-Richtung, dann folgt aus (2.33)

$$m_1 v_{1y} + m_2 v_{2y} = m_1 u_{1y} + m_2 u_{2y}$$

sowie

$$\begin{aligned} m_1 v_{1x} &= m_1 u_{1x} \\ m_2 v_{2x} &= m_2 u_{2x} \,. \end{aligned}$$

Die beiden letzten Gleichungen folgen aus der Tatsache, daß in x-Richtung keine Wechselwirkungskräfte auftreten sollen und somit auch keine Impulsübertragung stattfinden kann. Zusammen mit dem Energieerhaltungssatz ist das Stoßproblem damit lösbar.

Übungen:

- **2.23**: Ein schwerer Hammer mit der Masse m_H trifft mit der Geschwindigkeit v auf eine kleine Metallkugel der Masse m_K. Mit welcher Geschwindigkeit fliegt diese davon, wenn ein vollkommen elastischer Stoß angenommen wird?
- **2.24**: Die Änderung der mechanischen Energie beim vollkommen unelastischen Stoß kann ganz allgemein berechnet werden. Man zeige, daß sie sich als $\mu_r v_{\mathrm{rel}}^2/2$ ausdrücken läßt, wobei $\mu_r = m_1 m_2/(m_1 + m_2)$ als reduzierte Masse bezeichnet wird, und v_{rel} die Relativgeschwindigkeit der beiden Massenpunkte vor dem Stoß ist.
- **2.25**: Ein Waggon der Masse 12 t bewegt sich mit einer Geschwindigkeit von 10 km/h und koppelt an einen mit $v = 4$ km/h in gleicher Richtung fahrenden Zug der Gesamtmasse 100 t an. Man berechne die Geschwindigkeit des Zuges nach dem Stoß und den durch das Ankoppeln bedingten Verlust an mechanischer Energie.

■ **2.26**: Welchen Einfluß hätten Reibungskräfte auf den schiefen zentralen Stoß?

■ **2.27**: Zwei Kugeln mit den Massen $m_1 = 6$ kg und $m_2 = 4$ kg stoßen mit den Geschwindigkeiten $v_1 = 8$m/s und $v_2 = 3$m/s zusammen und bewegen sich nach dem vollkommen unelastischen Stoß als einheitliches Ganzes weiter. Zu bestimmen ist die Geschwindigkeit der Kugeln nach dem Stoß, wenn sie sich vor dem Stoß a) längs einer Geraden in gleicher Richtung, b) in entgegengesetzter Richtung und c) unter dem Winkel von 60° bewegen.

2.1.8 Gravitation

Die Entdeckung der Gravitationskraft ist ein besonders eindrucksvolles Beispiel für das Zusammenwirken von Theorie und Experiment. Jahrzehntelange Beobachtungen der Bewegung der Planeten hatte J. Kepler (1571-1630) in den folgenden drei Gesetzen zusammengefaßt:

1. *Die Bahnen der Planeten sind Ellipsen, in deren einem Brennpunkt die Sonne steht.*
2. *Die Verbindungsgerade zwischen Sonne und Planet überstreicht in gleichen Zeiten gleiche Flächen.*
3. *Die Quadrate der Umlaufzeiten zweier Planeten verhalten sich wie die dritten Potenzen der großen Halbachsen ihrer Bahnen.*

Newton vermutete nun, daß das Planetenverhalten die Folge einer universellen Kraftwirkung – der **Gravitation** – ist, deren Wesen darin besteht, daß sich Massen gegenseitig anziehen. Die Gesetze der Planetenbewegung müßten dann den Schlüssel für eine quantitative Erfassung dieser Kraft liefern. Um dieses Ziel zu erreichen, setzen wir anstelle von Ellipsen hier zur Vereinfachung Kreise voraus. Aus (2.7) kennen wir die mit einer Kreisbewegung verbundene Radialbeschleunigung, und nach dem Newtonschen Grundgesetz ist diese Beschleunigung mit einer Kraft der Größe

$$\boxed{\vec{F}_{\mathrm{Zp}} = -\frac{mv^2}{r}\vec{r}_0 = -m\omega^2\vec{r}} \tag{2.38}$$

korreliert, die man **Zentripetalkraft** nennt. Für zwei Planetenbahnen mit den Radien r_1 und r_2 gilt dann (man beachte $\omega = 2\pi/T$)

$$\frac{F_{\mathrm{Zp}}^{(1)}}{F_{\mathrm{Zp}}^{(2)}} = \frac{m_1\omega_1^2 r_1}{m_2\omega_2^2 r_2} = \frac{m_1 T_2^2 r_1}{m_2 T_1^2 r_2},$$

was man nach dem 3. Keplerschen Gesetz auch als

$$\frac{F_{\mathrm{Zp}}^{(1)}}{F_{\mathrm{Zp}}^{(2)}} = \frac{m_1 r_2^2}{m_2 r_1^2}$$

schreiben kann. Dies bedeutet aber, daß die Kraft $\vec{F}_{\mathrm{Zp}}$, die wir im folgenden als Gravitationskraft $\vec{G}$ bezeichnen wollen, der Proportion

$$G \sim \frac{m}{r^2}$$

genügt. Da die Planeten von der Sonne angezogen werden, muß nach dem 3. Newtonschen Axiom der Planet auch die Sonne mit einer betragsmäßig gleichgroßen Gegenkraft anziehen, so daß die Gravitationskraft aus Symmetriegründen auch proportional zur Sonnenmasse M sein muß. Mit dem Proportionalitätsfaktor γ folgt damit schließlich das **Gravitationsgesetz**

$$\boxed{\vec{G} = -\gamma \frac{mM}{r^2} \vec{r}_0 \ ,} \tag{2.39}$$

in dem $\vec{r}_0$ der Einheitsvektor in Richtung von M nach m ist. Die *Gravitationskonstante* γ ist eine Naturkonstante mit dem Wert

$$\gamma = 6,673 \cdot 10^{-11} \frac{\mathrm{m}^3}{\mathrm{kg\,s}^2} \ .$$

Das Gravitationsgesetz hat universellen Charakter. Seine Gültigkeit ist nicht an die spezielle Konstellation Sonne–Planet gebunden, sondern gilt für zwei beliebige Massen. So reproduziert es auch nicht nur die Keplerschen Gesetze, sondern gestattet prinzipiell die Beschreibung der Bewegung aller Himmelskörper. Die Newtonsche Bewegungsgleichung für das *Zweikörperproblem* Sonne–Planet unter dem Einfluß der Gravitation kann sogar exakt gelöst werden, und man findet u. a., daß nicht nur Ellipsen als Bahnkurven, sondern sämtliche Kegelschnitte möglich sind. Will man auch den Einfluß dritter Körper untersuchen, ist man allerdings auf numerische Methoden angewiesen. Diese Probleme sollen hier nicht weiter erörtert werden. Wir wollen uns im folgenden nur mit einigen einfacheren Anwendungen befassen.

a) Erste kosmische Geschwindigkeit: Wie schnell muß ein Satellit sein, um auf einer (erdnahen) Umlaufbahn die Erde in gleichbleibendem Abstand zu umkreisen? Dazu muß die nötige Zentripetalkraft von der Gravitationskraft erzeugt werden. Für einen Satellit im Abstand r von der Erdoberfläche muß daher

$$\gamma \frac{m_S M_E}{(R_E + r)^2} = \frac{m_S v_S^2}{(R_E + r)}$$

gelten, wobei die Indizes S und E jeweils angeben, ob sich die Größen auf den Satelliten bzw. auf die Erde beziehen. Mit $M_E = 5,98 \cdot 10^{24}$ kg und $R_E = 6378$ km liefert dies im Grenzfall $r \to 0$ die *1. kosmische Geschwindigkeit* zu

$$v_S = v_1 = \lim_{r \to 0} \sqrt{\gamma \frac{M_E}{R_E + r}} = \sqrt{\gamma \frac{M_E}{R_E}} = 7,9 \, \frac{\mathrm{km}}{\mathrm{s}} \ . \tag{2.40}$$

b) Zweite kosmische Geschwindigkeit: Die Gravitationskraft ist konservativ. Sie besitzt das Potential

$$V(\vec{r}) = -\gamma \frac{Mm}{r} \tag{2.41}$$

was man leicht durch Berechnung des Gradienten von $V(\vec{r})$ bestätigen kann (vgl. Übungen). Damit gilt der Energieerhaltungssatz und kann zur Lösung der folgenden Aufgabe genutzt werden. Welche Startgeschwindigkeit benötigt ein Satellit, um sich aus dem Anziehungsbereich der Erde zu entfernen? Ist die Startgeschwindigkeit v_S, dann hat der Satellit an der Erdoberfäche gemäß (2.41) die Gesamtenergie $E = m_S v_S^2/2 - \gamma m_S M_E / R_E$. Um den Anziehungsbereich der Erde zu verlassen, muß er formal nach Unendlich gebracht werden, wo seine potentielle Energie verschwindet. Da dabei seine kinetische Energie auf Null abnehmen darf, seine Gesamtenergie also Null werden kann, verlangt der Energieerhaltungssatz daher, daß an der Erdoberfläche $E = 0$ oder größer ist. Dies liefert die 2. kosmische Geschwindigkeit

$$v_S = v_2 = \sqrt{\frac{2\gamma M_E}{R_E}} = 11{,}2\,\mathrm{km\,s^{-1}}\,.$$

In Bild 2.11 ist ergänzend der Zusammenhang zwischen der Satellitengeschwindigkeit und der Form der Bahnkurve dargestellt, wie sie sich aus der Untersuchung des Zweikörperproblems ergeben. Zwischen der 1. und 2. kosmischen Geschwindigkeit liegen geschlossene elliptische Bahnen vor, die für noch höhere Geschwindigkeiten in offene parabolische bzw. hyperbolische Bahnen übergehen.

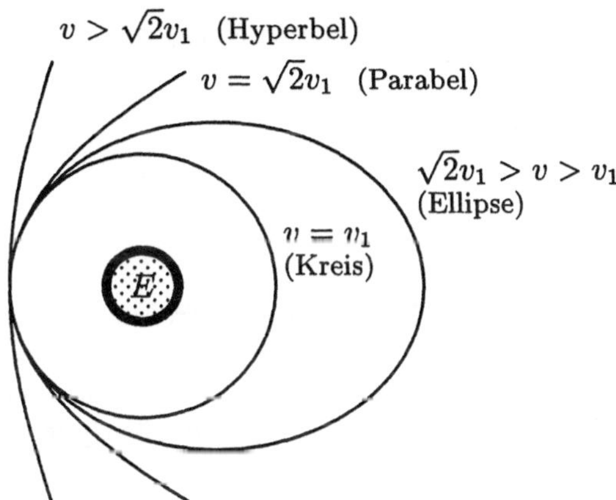

Bild 2.11
Bahnkurven von Satelliten in verschiedenen Geschwindigkeitsbereichen

Übungen:

2.28: Erläutern Sie, warum das zweite Keplersche Gesetz aus dem Gravitationsgesetz folgt. ■

2.29: Berechnen Sie mit Hilfe des Gravitationsgesetzes die Erdbeschleunigung g. ■

2.30: Hat ein Satellit die gleiche Umlaufzeit wie die Erde um ihre eigene Achse, dann heißt er geostationär. Berechnen Sie die Flughöhe eines solchen Satelliten. ■

2.31: Zeigen Sie, daß (2.41) das Potential der Gravitationskraft (2.39) ist. ■

2.32: In welchem Abstand von der Erde heben sich die Gravitationskräfte von Erde und Mond auf? Sind Raumschiff-Passagiere nur dort schwerelos? Hinweis: Der Abstand Erde–Mond ist 384000 km und die Masse des Mondes beträgt 1,2% der Erdmasse. ■

2.1.9 Dynamik in bewegten Bezugssystemen

2.1.9.1 Die Galilei-Transformation

Wir haben bei der Diskussion der Newtonschen Axiome festgestellt, daß sie nur in Inertialsystemen gültig sind. Es soll nun gezeigt werden, daß beim Übergang von einem Inertialsystem in ein gegen dieses geradlinig und gleichförmig bewegtes System die Newtonsche Mechanik gültig bleibt, d. h. daß wir uns wieder in einem Inertialsystem befinden. Setzen wir zwischen den Systemen K und K' eine konstante Relativgeschwindigkeit v_0 voraus, die zur Vereinfachung in x-Richtung orientiert sei, dann gilt für die Koordinaten eines Punktes P gemäß Bild 2.12 die **Galilei-Transformation**

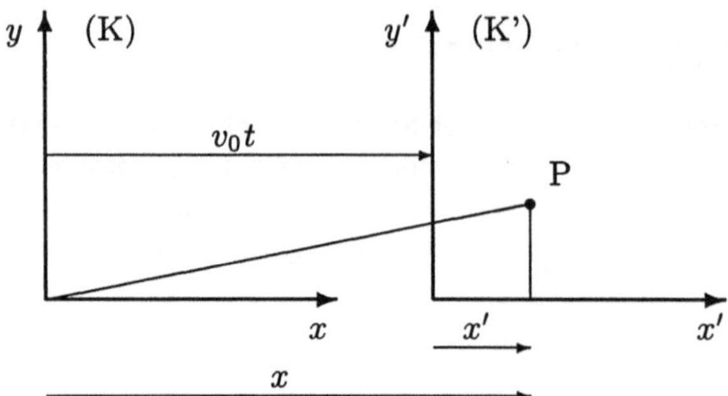

Bild 2.12
Zur Galilei-Transformation

$$
\begin{aligned}
x &= x' + v_0 t \\
y &= y' \\
z &= z' \\
t &= t' \, .
\end{aligned}
\tag{2.42}
$$

Da sich das physikalische Geschehen in Raum und Zeit abspielt, ist neben der Transformation der drei Ortskoordinaten auch das in der klassischen Mechanik vorausgesetzte Transformationsverhalten der Zeit angegeben. Die Zeit hat in der klassischen Physik also absoluten Charakter und läuft unbeeinflußt vom physikalischen Geschehen und von der Wahl des Koordinatensystems ab.[5]

Differentation der ersten Gleichung der Galilei-Transformation liefert das *Additionsgesetz der Geschwindigkeiten*

$$
\boxed{v = v' + v_0 \, ,}
\tag{2.43}
$$

und nochmalige Differentation ergibt $a = a'$, also die Unabhängigkeit der Beschleunigung von der Wahl des Inertialsystems. Da nun a entsprechend der Grundgleichung der Mechanik die Dynamik bestimmt, stellen wir also fest:

> *Die klassische Newtonsche Mechanik ist gegenüber der Galilei-Transformation invariant.*

Mit anderen Worten heißt dies, daß alle Inertialsysteme zur Beschreibung der physikalischen Erscheinungen gleichberechtigt sind, daß also in ihnen dieselben physikalischen Gesetze gelten. Streng genommen haben wir allerdings diese Tatsache bisher nur für die Mechanik bei Gültigkeit der Galilei-Transformation bestätigt. Wir kommen darauf später im Zusammenhang mit der Relativitätstheorie zurück.

2.1.9.2 *Geradlinig gleichförmig beschleunigte Bezugssysteme*

Gehen wir in ein geradlinig gleichförmig beschleunigtes System, dann gilt die Newtonsche Mechanik in ihrer ursprünglichen Form nicht mehr. So spüren wir in einem beschleunigten Auto eine scheinbare Kraft, die uns nach hinten zieht, ohne daß eine wirkliche Krafteinwirkung vorliegt. Tatsächlich findet man auch aus (2.43), wenn man dort v_0 als zeitabhängig annimmt und nach der Zeit differenziert, $a = a' + a_0$, wobei $a_0 = \mathrm{d}v_0/\mathrm{d}t$ ist. Die Gleichung $\vec{F} = m\vec{a}$ transformiert sich damit beim Übergang in ein beschleunigtes System in

[5] Diese Vorstellungen von Raum und Zeit führten die Physik am Ende des vorigen Jahrhunderts in eine tiefe Krise, die erst durch die Relativitätstheorie überwunden wurde (vgl. Kapitel „Optik“).

$$\vec{F}' = m\vec{a}' = m\vec{a} - m\vec{a}_0 = \vec{F} + \vec{F}_T \, .$$

Um die Newtonsche Mechanik auf geradlinig beschleunigte Systeme anwenden zu können, muß man also zu der real existierenden Kraft $\vec{F}$ eine sogenannte **Scheinkraft** oder **Trägheitskraft** hinzufügen, die durch $\vec{F}_T = -m\vec{a}_0$ gegeben ist. Diese Trägheitskraft spüren wir im beschleunigten Auto. Sie ist auch der Grund dafür, daß wir in einem frei fallenden Fahrstuhl schwerelos wären. Dort würde die Schwerkraft $m\vec{g}$ wirken, und da der Fahrstuhl ein mit $\vec{g}$ beschleunigtes System wäre, hätte man zusätzlich die Trägheitskraft $-m\vec{g}$. Insgesamt kompensieren sich also die wirkende Schwerkraft und die Trägheitskraft im betrachteten Fall, was eben zur Schwerelosigkeit führt.

2.1.9.3 Rotierende Bezugssysteme

Betrachten wir nun rotierende Systeme, die ja stets beschleunigte Systeme sind, und beschränken wir uns dabei auf gleichförmige Bewegungen. Wir stellen uns einen Beobachter im Mittelpunkt einer mit ω rotierenden Scheibe vor, der an einem Faden eine Kugel hält. Er spürt eine Kraftwirkung, und, würde unser Beobachter auf der Scheibe nicht wissen, daß er sich in einem rotierenden System befindet, so käme er zu dem Schluß, daß auf einer ruhenden Kugel stets eine von ihm weg gerichtete Kraft wirkt. Messungen würden für diese Kraft

$$\vec{F}_{Zf} = m\omega^2\vec{r}$$

liefern, was betragsmäßig genau mit der uns bereits bekannten Zentripetalkraft übereinstimmt. Offensichtlich ist sie aber entgegengesetzt gerichtet. Es handelt sich wieder um eine Trägheitskraft, die als **Zentrifugalkraft** oder **Fliehkraft** bezeichnet wird. Es soll ausdrücklich darauf hingewiesen werden, daß es sich dabei nicht um die nach dem 3. Newtonschen Axiom zur Zentripetalkraft gehörende Gegenkraft handelt (vgl. Bild 2.13). Die Zentrifugalkraft kommt nur ins Spiel, wenn wir das physikalische Geschehen vom Standpunkt des mit der Scheibe verbundenen rotierenden Systems beschreiben. Dort greift sie an der Kugel an.

Bild 2.13
Wirkung von Zentripetalkraft und Gegenkraft sowie Zentrifugalkraft am Beispiel eines Hammerwerfers

Aus einem Inertialsystem betrachtet muß die Kreisbahn der Kugel durch die Zentripetalkraft erzwungen werden. Die ihr entsprechende Gegenkraft greift dann auf Grund des dritten Newtonschen Axioms am Beobachter an.

Da die Zentrifugalkraft proportional zur Masse der Körper ist, werden schwerere Teilchen stärker nach außen gezogen als leichtere. Dies nutzt man in *Zentrifugen* zur Trennung von Substanzen. Mehr als 1000 Umdrehungen pro Sekunde können in solchen Zentrifugen erreicht werden. Zur Steuerung von Dampfmaschinen wurden Fliehkraftregler eingesetzt. Die von der Drehzahl abhängige Zentrifugalkraft steuert dabei ein Drosselventil für die Dampfzufuhr.

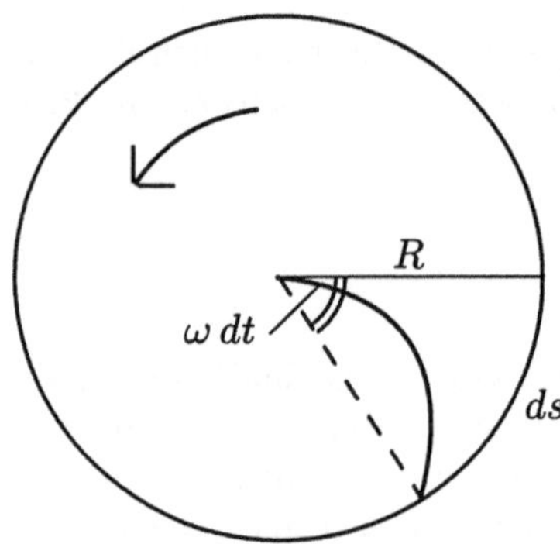

Bild 2.14
Zur Berechnung der Corioliskraft

Lassen wir unseren Experimentator auf der rotierenden Scheibe noch ein weiteres Experiment durchführen. Er soll eine Kugel mit der Geschwindigkeit v in Richtung eines außerhalb der Scheibe stehenden Beobachters rollen, wozu er ihr einen Impuls mv in radialer Richtung erteilt. Letzterer wird die Kugel nun geradlinig auf sich zukommen sehen, während sie von der Scheibe aus betrachtet eine gekrümmte Bahn beschreibt (Bild 2.14). Eine solche gekrümmte Bahn ist für den Experimentator auf der Scheibe die Folge einer weiteren Trägheitskraft – der **Corioliskraft**. Sie ist nach G. G. Coriolis (1792–1843) benannt, der als erster auf ihre Rolle bei der Erddrehung aufmerksam gemacht hat. Entsprechend der Abbildung benötigt die Kugel für den Weg R vom Mittelpunkt zum Scheibenrand die Zeit $\mathrm{d}t = R/v$ und wird in dieser Zeit um die Bogenlänge $\mathrm{d}s = R\omega\mathrm{d}t = R\omega(v/R)(\mathrm{d}t)^2$ seitlich abgelenkt. Für eine gleichförmig mit a_C beschleunigte Bewegung gilt aber auch $\mathrm{d}s = |a_C|(\mathrm{d}t)^2/2$. Vergleicht man beide Ausdrücke für $\mathrm{d}s$, so folgt

$$|a_C| = 2v\omega\ .$$

Die Corioliskraft ergibt sich aus der Beschleunigung durch Multiplikation mit m zu

$$F_C = 2mv\omega\ .$$

Unsere Ableitung gilt nur, da für unser Beispiel $\vec{v}$ und $\vec{\omega}$ aufeinander senkrecht stehen. Sind die Vektoren $\vec{v}$ und $\vec{\omega}$ nun nicht orthogonal, dann gilt allgemein

$$\boxed{\vec{F_C} = 2m\vec{v} \times \vec{\omega}\ .} \tag{2.44}$$

Man erkennt, daß die Corioliskraft nur bei bewegten Körpern ($v \neq 0$) auftritt.

Da unsere Erde ein rotierendes System ist, wirken sich Zentrifugal- und Corioliskraft in vielen Erscheinungen aus: Das Zusammenspiel von Gravitationskräften und Zentrifugalkräften bedingt eine Abhängigkeit der effektiven Erdbeschleunigung g_{eff} von der geographischen Breite (vgl. Übungen). Im System Erde–Mond verursachen diese Kräfte die Gezeiten (Bild 2.15), wobei auch die Sonne im geringeren Maße einen Einfluß ausübt: Lassen wir die für den Effekt nicht wesentliche Eigenrotation der Erde hier unberücksichtigt: Die Bewegung von Erde und Mond

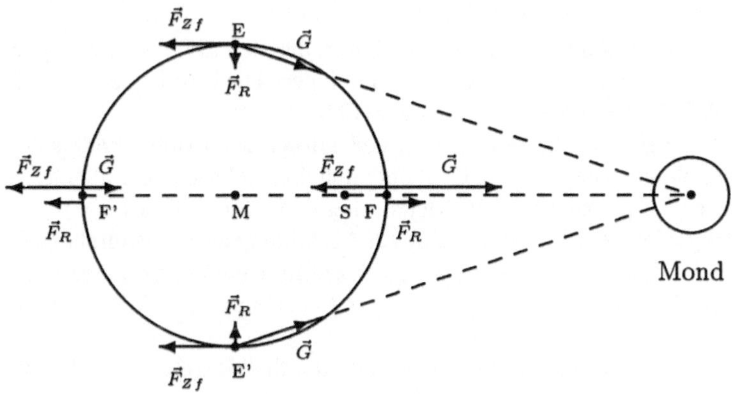

Bild 2.15 Zur Entstehung der Gezeiten

Bild 2.16 Tiefdruckwirbel auf der Nordhalbkugel (linksdrehend) zusammen mit einem Tiefdruckwirbel auf der Südhalbkugel (rechtsdrehend) von einem Wettersatelliten photographiert

um ihren gemeinsamen Schwerpunkt S ist keine Rotation um eine durch diesen Schwerpunkt gehenden Achse, sondern die Bewegung erfolgt so, daß sich alle Punkte der Erde auf Kreisen mit gleichem Radius $\overline{MS} = 0.73R_E$ bewegen und diese Kreisbahn in $27,33$ Tagen durchlaufen (Revolution). Dies erzeugt überall eine konstante Zentrifugalkraft, der sich die vom jeweiligen Abstand zum Mond abhängige Anziehungskraft des Mondes überlagert. Die Resultierende treibt Hochwasser (Flut) nach F und F' und erzeugt Niedrigwasser (Ebbe) in E und E'.

Man kann sich mittels (2.44) weiter leicht klarmachen, daß infolge der Corioliskraft jeder bewegte Körper auf der Nordhalbkugel nach rechts und auf der Südhalbkugel nach links abgelenkt wird. Dies hat u. a. wichtige Konsequenzen für die Meteorologie: Strömt z. B. Luft auf der Nordhalbkugel in ein Tiefdruckgebiet, kommt es daher dort zur Ausbildung einer linksdrehenden Zyklone. Da in Äquatornähe die aufsteigende warme Luft durch Zufuhr kälterer Luftmassen von Norden und Süden ersetzt wird, führt die Corioliskraft dort zur Entstehung von Nordost- bzw. Südostwinden (Passatwinde).

Zweifelhaft ist jedoch, ob eine bei Eisenbahnschienen auf der Nordhalbkugel angeblich festgestellte stärkere Abnutzung der rechten Schiene oder eine beobachtete Asymmetrie der Ufer von Flüssen ebenfalls der Corioliskraft zugeschrieben werden kann (vgl. folgende Übungen).

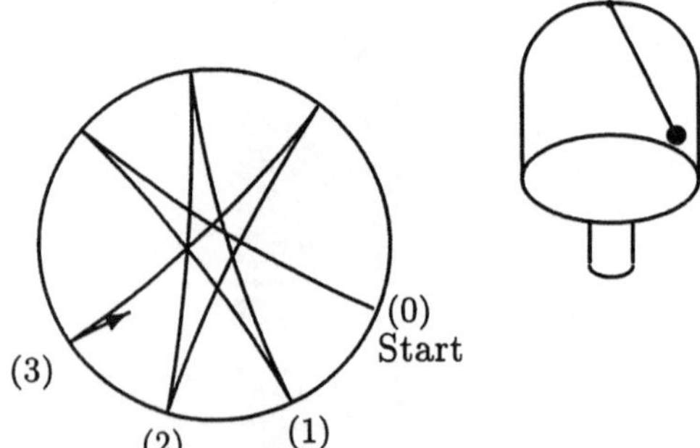

Bild 2.17
Zum Foucaultschen Pendelversuch

Interessant ist auch die Wirkung der Trägheitskräfte beim *Foucaultschen Pendelversuch.* Zum Nachweis der Erdrotation benutzte der Franzose L. Foucault im Jahre 1851 ein 67 m langes Pendel. Ein solches Pendel müßte seine einmal durch die Anfangsauslenkung bestimmte Schwingungsebene in einem Inertialsystem stets beibehalten. Da die Erde rotiert, dreht sie sich aber unter dem Pendel weg, und man beobachtet daher eine scheinbare Drehung der Pendelebene. Vom Standpunkt eines mit der Erde verbundenen Bezugssystems erklärt sich diese Erscheinung als Folge der Corioliskraft, die das Pendel stets nach rechts ablenkt und eine Rosettenbahn der in Bild 2.17 gezeigten Gestalt erzeugt.

Übungen:

- **2.33**: Ein in einem beschleunigten Fahrzeug aufgehängtes Lot bildet mit der Senkrechten einen Winkel von 6°. Berechnen Sie die Beschleunigung des Fahrzeuges.
- **2.34**: Berechnen Sie die Korrektur zur Erdbeschleunigung infolge der Zentrifugalkraft a) am Nordpol, b) am Äquator und c) für die Bundesrepublik Deutschland. Die Erde sei dazu als Kugel angenommen.
- **2.35**: Wie groß ist die Corioliskraft auf einen Eisenbahnwaggon mit einer Masse von 10 t, der mit 100 km/h nordwärts fährt? Wie hängt diese Kraft vom Breitengrad ab und in welche Richtung weist sie?

2.2 Mechanik des starren Körpers

2.2.1 Der starre Körper und seine Freiheitsgrade

Bestimmte Aspekte der Bewegung realer Körper, wie etwa die Möglichkeit der Rotation um eine Achse, bleiben für Massenpunkte unberücksichtigt. Sie können im Rahmen des Modells des **starren Körpers** untersucht werden. Wir verstehen darunter ein System von N Massenpunkten, die untereinander alle starr verbunden sind, so daß sich ihre gegenseitigen Abstände nicht ändern. Eine solche Annahme wird um so besser erfüllt sein, je geringer mögliche Deformationen im Vergleich zur Dimension des untersuchten Körpers sind.

Um die Lage eines starren Körpers im Raum zu fixieren, führen wir den Begriff des **Freiheitsgrades** ein:

Unter der Zahl der Freiheitsgrade eines Körpers versteht man die Anzahl der unabhängigen Koordinaten, die zur eindeutigen Bestimmung seiner Lage nötig sind.

Danach hat ein einzelner Massenpunkt 3 Freiheitsgrade und ein System aus N unabhängigen Massenpunkten $3\,N$ Freiheitsgrade. Ein starrer Körper ist nun durch Angabe der Lage dreier seiner Punkte fixiert. Für den ersten benötigt man drei Koordinaten. Liegt dieser Punkt fest, dann kann sich der Körper im Raum nicht mehr fortbewegen, wodurch nur noch Drehbewegungen um diesen Punkt möglich sind. Der zweite Punkt kann sich wegen der festen Abstände aller Massenpunkte jedoch nur noch auf einer Kugeloberfläche um den ersten bewegen, was zwei weitere Koordinaten verlangt. Schließlich kann sich der dritte Punkt nur noch auf einer Kreisbahn bewegen, wodurch eine weitere Koordinate notwendig ist. Damit besitzt ein starrer Körper insgesamt 6 Freiheitsgrade. Das Modell des starren Körpers reduziert also die Zahl der Freiheitsgrade und damit die Komplexität der Beschreibung eines Systems aus vielen Massenpunkten drastisch (von $3N$ auf 6).

Unsere Überlegung zeigt, daß 3 Freiheitsgrade der Translation entsprechen, also der Verschiebung aller seiner Teile um die gleiche Strecke, und daß weitere drei der Rotation zuzuordnen sind, bei der alle Teile die gleiche Winkelgeschwindigkeit haben. Das bedeutet:

Die allgemeinste Bewegung eines starren Körpers kann immer als Überlagerung einer Translation und einer Rotation beschrieben werden.

Da sich Translationen starrer Körper prinzipiell wie für Massenpunkte behandeln lassen, sollen im folgenden Rotationsbewegungen im Vordergrund stehen.

2.2.2 Gleichgewicht am starren Körper

2.2.2.1 Über Kräfte und Drehmomente

Zuerst einmal kann festgestellt werden, daß innere Kräfte beim starren Körper sich stets kompensieren. Da sie immer paarweise auftreten, können sie wegen der festen Abstände aller Massenpunkte keine Wirkung hervorbringen. Für äußere Kräfte ergibt sich aus der letztgenannten Eigenschaft, daß man sie entlang ihrer jeweiligen Angriffslinie verschieben kann, ohne dabei ihre Wirkung zu verändern. Man nennt Vektoren mit dieser Eigenschaft *linienflüchtig*.

Dies kann zur vektoriellen Addition von Kräften ausgenutzt werden, wie in Bild 2.18 an zwei Beispielen gezeigt ist. Haben $\vec{F}_1$ und $\vec{F}_2$ Angriffslinien mit einem gemeinsamen Schnittpunkt wie im Fall a), dann verschiebt man die Kräfte in diesen Schnittpunkt und führt dann die Addition

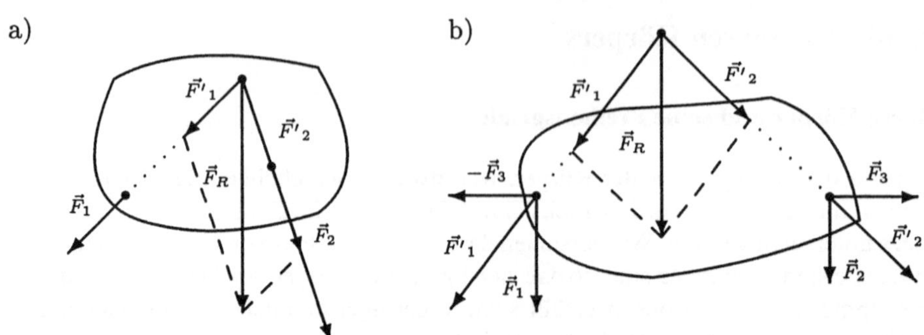

Bild 2.18 Addition von Kräften am starren Körper. Im Fall a) genügt es, die Linienflüchtigkeit der Vektoren auszunutzen, im Fall b) werden die sich in ihrer Wirkung kompensierenden Hilfskräfte $\pm\vec{F}_3$ benötigt.

nach dem Parallelogrammsatz durch. Sind die Angriffslinien parallel wie im Fall b), dann gelingt die Kräfteaddition durch Einführen zweier sich am starren Körper kompensierender Hilfskräfte $\pm\vec{F}_3$. Diese ergeben nach den entsprechenden Additionen zu $\vec{F}_1$ und $\vec{F}_2$ die Kräfte $\vec{F'}_1$ bzw. $\vec{F'}_2$, die dann in der vorher beschriebenen Weise zusammengesetzt werden können.

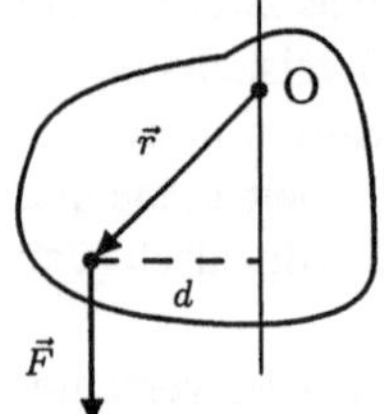

Bild 2.19
Die Kraft $\vec{F}$ erzeugt bzgl. des Drehpunktes O ein Drehmoment, dessen Betrag sich als $M = F \cdot d$ schreiben läßt.

Ist ein starrer Körper um einen festen Punkt oder eine feste Achse drehbar gelagert, so erweist sich die Wirkung einer Kraft auf ihn nicht nur als von deren Betrag, Richtung und Richtungssinn abhängig, sondern auch vom Abstand der Angriffslinie vom Drehpunkt bzw. der Drehachse. Bei nichtverschwindendem Abstand erzeugt die Kraft ein Drehmoment, welches gemäß Abschnitt 2.1.5.4 durch

$$\vec{M} = \vec{r} \times \vec{F}$$

definiert ist. Der Vektor $\vec{M}$ erfaßt dabei nicht nur durch seinen Betrag $M = F \cdot d$ die Wirkung der Kraft in bezug auf den Drehpunkt, sondern er legt gleichzeitig die Ebenen fest, in der die Drehung erfolgt, und auch den Drehsinn. Er steht nämlich stets senkrecht auf der durch $\vec{r}$ und $\vec{F}$ definierten Drehebene und zeigt für die in Bild 2.19 dargestellte Drehung gegen den Uhrzeigersinn in Richtung des Betrachters.

Ein besonderer Fall liegt vor, wenn an einem starren Körper zwei betragsmäßig gleichgroße, aber entgegengesetzt gerichtete Kräfte $\vec{F}$ in einem Abstand l angreifen (Bild 2.20). Man bezeichnet sie als **Kräftepaar**. Während die Summe seiner Kräfte verschwindet, erzeugt es ein Drehmoment

$$\vec{M} = \vec{r}_1 \times \vec{F} - \vec{r}_2 \times \vec{F} = (\vec{r}_1 - \vec{r}_2) \times \vec{F} .$$

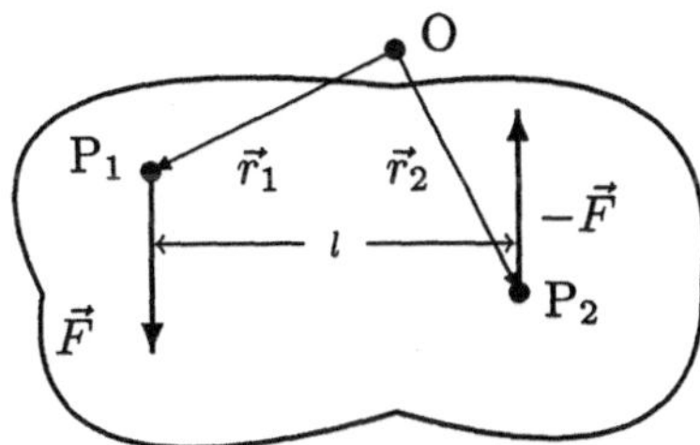

Bild 2.20
Kräftepaar am starren Körper

Der Betrag des Drehmoments ist damit das Produkt aus dem Betrag der Kraft und dem Abstand der beiden Angriffslinien, d. h. $M = F \cdot l$. Das Drehmoment ist also unabhängig von der Lage des Bezugspunktes O.

2.2.2.2 *Gleichgewichtsbedingungen und der Schwerpunkt*

Man sagt, ein starrer Körper befinde sich im Gleichgewicht, wenn er weder Translationsbeschleunigungen noch Rotationsbeschleunigungen erfährt. Die dafür notwendigen und hinreichenden Bedingungen lauten

$$\boxed{\vec{F} = \sum_k \vec{F}_k = 0 \qquad \text{und} \qquad \vec{M} = \sum_k \vec{r}_k \times \vec{F}_k = 0\,,} \tag{2.45}$$

d. h. die Summe der angreifenden (äußeren) Kräfte und Drehmomente muß verschwinden. Damit folgt für das gerade besprochene Kräftepaar die wichtige Tatsache, daß seine Wirkung niemals durch eine einzelne Kraft kompensiert werden kann. Letzte müßte nämlich ein gleichgroßes, entgegengesetzt gerichtetes Drehmoment hervorrufen und gleichzeitig einen verschwindenden Betrag haben.

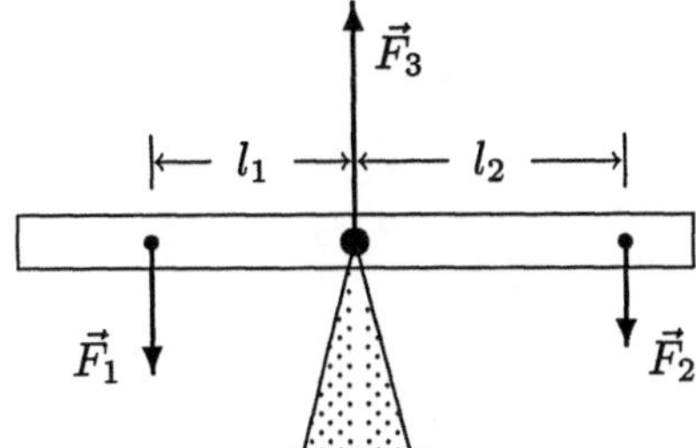

Bild 2.21
Zum Gleichgewicht am Hebel

Untersuchen wir nun das Gleichgewicht des in Bild 2.21 gezeigten Hebels. Auf den beiden Seiten des Hebels wirken die Kräfte $\vec{F}_1$ bzw. $\vec{F}_2$. Beide Kräfte zusammen belasten die Drehachse mit der Kraft $\vec{F}_3 = \vec{F}_1 + \vec{F}_2$, die von dieser aufgenommen wird. Im Gleichgewicht müssen sich weiterhin die beiden entgegengesetzt gerichteten Drehmomente mit den Beträgen $F_1 l_1$ und $F_2 l_2$ kompensieren. Dies liefert das **Hebelgesetz**

$$F_1 \cdot l_1 = F_2 \cdot l_2\,.$$

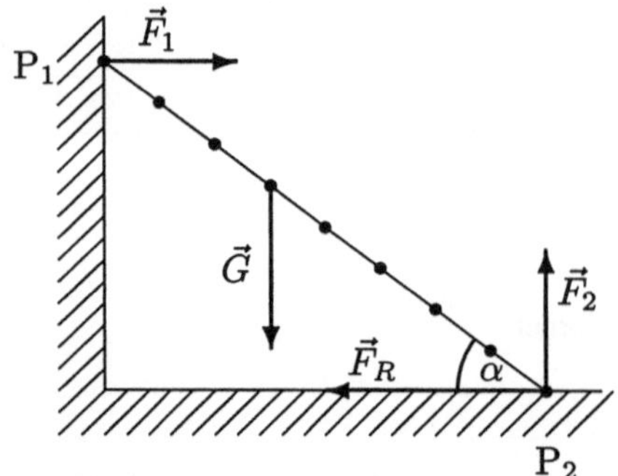

Bild 2.22
Zur Stabilität einer belasteten, schräggestellten Leiter der Länge l

Eine etwas kompliziertere Aufgabe ist in Bild 2.22 grafisch veranschaulicht. Eine Leiter der Länge l lehnt reibungsfrei unter einem Winkel α an einer Wand. Es soll berechnet werden, bis zu welcher maximalen Höhe eine Person diese Leiter besteigen kann, wenn der Haftreibungskoeffizient zwischen Boden und Leiter μ beträgt. Das Gewicht $\vec{G}$ der Person erzeugt aufgrund der fehlenden Reibung in P_1 nur eine horizontale Kraftwirkung, die von der Kraft $\vec{F}_1$ kompensiert wird (Auflagerkraft). In P_2 wird die Kraftwirkung der Leiter durch die vertikale Kraft $\vec{F}_2$ und die horizontale Reibungskraft $\vec{F}_R$ kompensiert. Wegen (2.32) gilt nach (2.45) für die Kräfte

$$F_2 - G = 0 \qquad F_1 - F_R = F_1 - \mu F_2 = 0\,. \tag{2.46}$$

Die Drehmomente wollen wir in bezug auf den Punkt P_2 berechnen. Führt man noch den Abstand x von dort zum Angriffspunkt von $\vec{G}$ ein, so liefert (2.45) für die Drehmomente

$$Gx\cos\alpha = F_1 l \sin\alpha\,. \tag{2.47}$$

Daraus folgt $x = \mu l \tan\alpha$, so daß man für die gesuchte Höhe $h_{\max} = x\sin\alpha$ schließlich

$$h_{\max} = \mu l \frac{\sin^2\alpha}{\cos\alpha}$$

erhält.

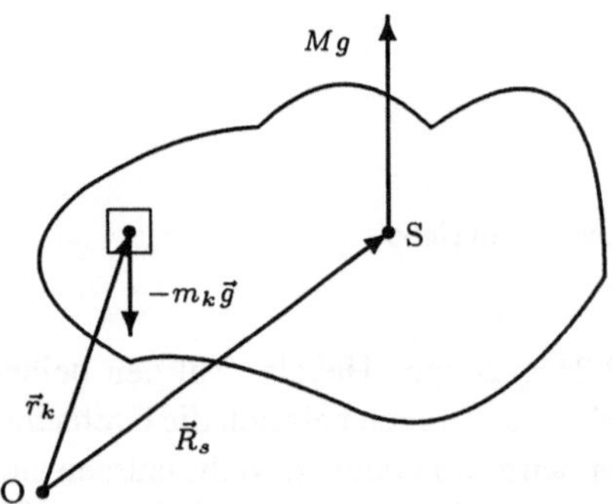

Bild 2.23
Zur Definition des Massenmittelpunktes

Ein wichtiger Fall ist das Gleichgewicht eines Körpers unter der Wirkung der Schwerkraft. Wir definieren den **Massenmittelpunkt** oder **Schwerpunkt**:

Der Massenmittelpunkt oder auch Schwerpunkt eines Körpers ist derjenige Punkt, in dem man den Körper unterstützen muß, damit er im Schwerefeld in jeder Lage im Gleichgewicht ist.

Da die Gesamtkraft, in diesem Fall das Gewicht $-Mg$ des Körpers mit der Gesamtmasse M, durch die Unterstützung bzw. Aufhängung kompensiert wird, muß nur das Verschwinden des Drehmomentes gefordert werden. Betrachten wir die einzelnen Massenpunkte m_k des starren Körpers, dann folgt aus der Gleichgewichtsbedingung für das Drehmoment gemäß Bild 2.23 $\vec{R}_s \times (M\vec{g}) = \sum_k \vec{r}_k \times (m_k\vec{g})$ bzw. $M\vec{R}_s \times \vec{g} = \sum_k m_k\vec{r}_k \times \vec{g}$. Aus der Gleichheit der beiden Vektorprodukte kann man für den Ortsvektor des Massenmittelpunktes folgern

$$\boxed{\vec{R}_s = \frac{1}{M}\sum_k m_k\vec{r}_k \; .} \tag{2.48}$$

Werden starre Körper als kontinuierlich angesehen, dann können sie durch eine räumliche Dichteverteilung $\varrho(\vec{r})$ der Masse charakterisiert werden. Um $\varrho(\vec{r})$ an einer Stelle $\vec{r}$ zu bestimmen, betrachtet man ein Volumenelement ΔV der Masse ΔM, welches diesen Punkt enthalten soll, und führt den Grenzübergang

$$\varrho(\vec{r}) = \lim_{\Delta V \to 0} \frac{\Delta M}{\Delta V} \tag{2.49}$$

aus, wobei sich das Volumen auf den durch $\vec{r}$ definierten Punkt zusammenzieht. Für homogen verteilte Masse gilt einfach

$$\varrho = \frac{M}{V} \; , \tag{2.50}$$

d. h. die Dichte ist konstant. Dichten werden in der Maßeinheit $\mathrm{kg\,m^{-3}}$ gemessen.

Der Massenmittelpunkt muß im kontinuierlichen Fall mittels Integration berechnet werden. Entsprechend (2.48) gilt dann wegen $\mathrm{d}M = \varrho\,\mathrm{d}V$

$$\vec{R}_s = \frac{1}{M}\iiint_V \varrho(\vec{r})\,\vec{r}\,\mathrm{d}V \; , \tag{2.51}$$

und M berechnet sich als

$$M = \iiint_V \varrho(\vec{r})\,\mathrm{d}V \; . \tag{2.52}$$

Für regelmäßige Körper können die dreidimensionalen Integrale berechnet werden. Entsprechende Ergebnisse findet man in Nachschlagewerken. Für unregelmäßige Körper ist eine solche Berechnung kaum möglich. Hier ist eine experimentelle Bestimmung sicherlich vorteilhafter (vgl. Übungen).

2.2.2.3 Arten des Gleichgewichts und potentielle Energie

Mit Hilfe des Schwerpunktes kann man verschiedene Arten des Gleichgewichts unterscheiden (Bild 2.24). Aufgrund der Schwerpunktsdefinition ist ein im Schwerpunkt festgehaltener Körper in jeder Lage im Gleichgewicht. Wir sprechen von *indifferentem* Gleichgewicht. Befindet sich der Schwerpunkt S unterhalb des Drehpunktes D, dann wird durch eine kleine Auslenkung stets ein rücktreibendes Drehmoment erzeugt. In diesem Fall liegt ein *stabiles* Gleichgewicht vor. Schließlich führt ein Schwerpunkt überhalb der Drehachse dazu, daß schon eine kleine Auslenkung genügt, damit der Körper weiter von selbst dieses *labile* Gleichgewicht verläßt und in eine stabile Position übergeht.

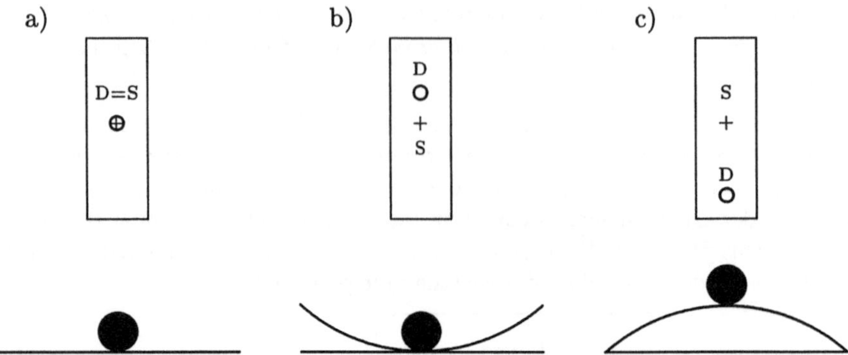

Bild 2.24 Beispiele für Körper im a) indifferenten, b) stabilen und c) labilen Gleichgewicht

Diese Betrachtungen stehen in engem Zusammenhang mit der potentiellen Energie eines starren Körpers. Der Körper sei wieder als System von Massenpunkten aufgefaßt. In einem Bezugssystem, in dem die z-Achse die Höhe mißt, gilt dann für die potentielle Gesamtenergie $E_{\text{pot}} = \sum_k m_k g z_k$. Klammert man g aus und beachtet (2.48), so ergibt sich

$$E_{\text{pot}} = M g z_s \ .$$

Hier ist z_s die z-Komponente des Schwerpunktes, und wir können daher feststellen:

Die potentielle Energie eines Körpers kann bestimmt werden, indem man sich seine Gesamtmasse im Schwerpunkt konzentriert denkt.

Im indifferenten Gleichgewicht ändert sich die potentielle Energie bei einer kleinen möglichen Verschiebung des Körpers daher nicht. Im stabilen Gleichgewicht ist sie ein lokales Minimum und im labilen Gleichgewicht ein lokales Maximum.

Übungen:

- **2.36**: Um den Massenmittelpunkt eines Körpers zu bestimmen, genügt es im allgemeinen, ihn nacheinander in zwei Punkten frei drehbar aufzuhängen. Versuchen Sie, diese Methode zu erläutern.
- **2.37**: Drei Massenpunkte der Masse m befinden sich an den Eckpunkten eines Dreiecks, die die Koordinaten $P_1(0,0,0)$, $P_2(2,0,0)$ und $P_3(1,1,0)$ haben. Zu berechnen sind die Koordinaten des Massenmittelpunktes. Wo würde der Massenmittelpunkt liegen, wenn die gleiche Gesamtmasse homogen über das Dreieck mit der Massendichte ϱ verteilt wäre?
- **2.38**: Eine als gewichtslos angenommene Leiter der Länge $l = 2\,\text{m}$ lehnt reibungsfrei an einer Wand. Dabei schließen Leiter und Fußboden einen Winkel von 60° ein. Bis zu welcher Höhe kann eine Person diese Leiter besteigen, wenn der Haftreibungskoeffizient zwischen Leiter und Boden $\mu = 0,4$ beträgt? Wie ändert sich das Ergebnis, wenn man ein Eigengewicht der Leiter von 20% des Gewichtes der Person annimmt?

2.2.3 Dynamik starrer Körper

2.2.3.1 Die Bewegungsgleichung für die Rotation

Wir wissen bereits, daß jede Bewegung eines starren Körpers als Summe einer Translation des Massenmittelpunktes und einer Rotation um den Massenmittelpunkt dargestellt werden kann.

Hinsichtlich der Translation kann man sich den starren Körper als einen in R_s befindlichen Massenpunkt vorstellen und diesen Anteil der Bewegung mit der vom Massenpunkt bekannten Newtonschen Bewegungsgleichung behandeln. Für den Rotationsanteil der Bewegung leiten wir nun eine Bewegungsgleichung ab, indem wir vom Drehimpulserhaltungssatz (2.31) ausgehen.

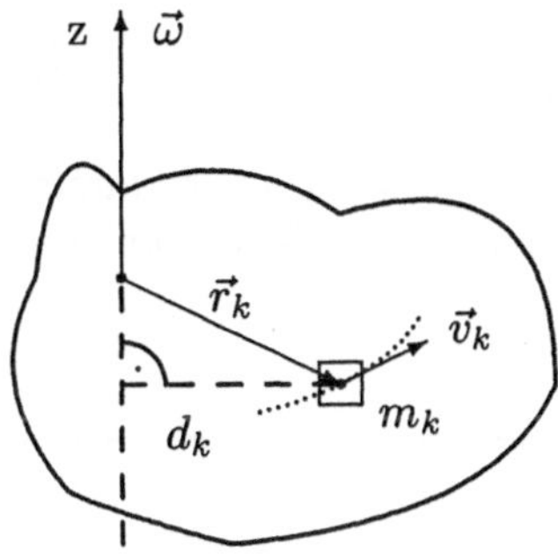

Bild 2.25
Zur Ableitung der Bewegungsgleichung für die Rotation um eine feste Achse

Es sollen zur Vereinfachung nur Rotationen um eine feste Drehachse (z-Achse) behandelt werden (Bild 2.25). Dann haben alle Teile des Körpers die gleiche Winkelgeschwindigkeit $\vec{\omega} = (0, 0, \omega_z)$. Nun erhalten wir wegen (2.6), (2.29) und (2.30)

$$\vec{L} = \sum_k \vec{r}_k \times m_k \vec{v}_k = \sum_k m_k \vec{r}_k \times \vec{v}_k = \sum_k m_k \vec{r}_k \times (\vec{\omega} \times \vec{r}_k)$$

und nach Umformung des doppelten Vektorproduktes

$$\vec{L} = \sum_k m_k [r_k^2 \vec{\omega} - (\vec{r}_k \cdot \vec{\omega}) \vec{r}_k] \,. \tag{2.53}$$

Aus (2.53) folgt die wichtige Tatsache, daß neben L_z im allgemeinen auch die Komponenten L_x und L_y des Drehimpulses von Null verschieden sind. Wir betonen dies hier ausdrücklich und kommen darauf in Abschnitt 2.2.4.1 zurück. Bei fester Drehachse sind allerdings für die Drehbewegung nur die z-Komponenten von $\vec{L}$ und $\vec{M}$ relevant. Da ω in unserem Fall nur eine z-Komponente hat, ergibt sich

$$L_z = \sum_k m_k [r_k^2 \omega_z - (z_k \omega_z) z_k] = \sum_k m_k \omega_z [r_k^2 - z_k^2] \,,$$

und, wenn d_k gemäß Bild 2.25 als der Abstand von m_k zur Drehachse eingeführt wird, erhalten wir schließlich

$$\boxed{L_z = \sum_k m_k d_k^2 \omega_z \,.} \tag{2.54}$$

Die zeitlich konstante Größe

$$J_z = \sum_k m_k d_k^2 \tag{2.55}$$

wird **Massenträgheitsmoment** des Körpers für Drehungen um die z-Achse genannt, und für den Drehimpuls ergibt sich

$$\boxed{L_z = J_z \omega_z \ .} \tag{2.56}$$

Die Newtonsche Bewegungsgleichung ist damit für Rotationsbewegungen um eine feste Achse (z-Achse) durch

$$\boxed{M_z = \dot{L}_z = J_z \dot{\omega}_z} \tag{2.57}$$

gegeben. Ein Vergleich mit (2.10) zeigt, daß in ihr das Drehmoment die Rolle der Kraft übernimmt, das Massenträgheitsmoment die der Masse, und die Winkelbeschleunigung die Beschleunigung ersetzt.

Tabelle 2.1 Massenträgheitsmomente einiger Körper

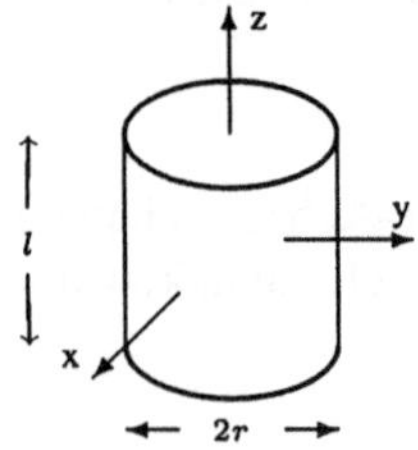

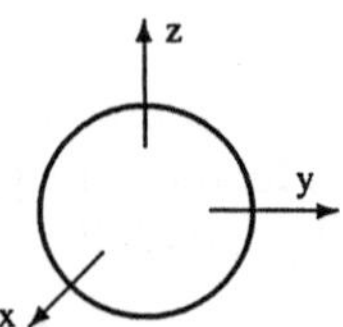

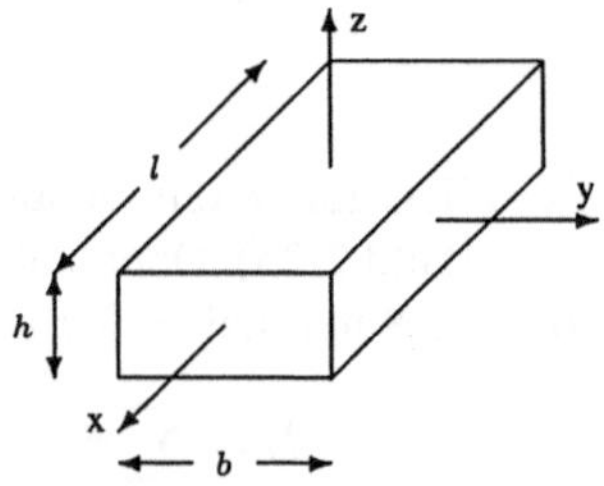

<u>Vollzylinder</u>:	<u>Vollkugel</u>:	<u>Quader</u>:
$J_x = J_y = \frac{1}{4}mr^2 + \frac{1}{12}ml^2$	$J_x = J_y = J_z = \frac{2}{5}mr^2$	$J_x = \frac{1}{12}m(b^2 + h^2)$
$J_z = \frac{1}{2}mr^2$	<u>dünne Kugelschale</u>:	$J_y = \frac{1}{12}m(l^2 + h^2)$
<u>dünne Scheibe</u> ($l \ll r$):	$J_x = J_y = J_z = \frac{2}{3}mr^2$	$J_z = \frac{1}{12}m(b^2 + l^2)$
$J_z = \frac{1}{2}mr^2$		
$J_x = J_y = \frac{1}{4}mr^2$		

2.2.3.2 Massenträgheitsmomente und der Steinersche Satz

Das Massenträgheitsmoment bzgl. einer Drehachse (2.55) hängt nicht nur von der Gesamtmasse ab, sondern auch von deren Verteilung in bezug auf die Drehachse. Je weiter die Massen von der Drehachse entfernt sind, desto größer ist der Widerstand des Körpers gegen eine Änderung des Bewegungszustandes. Für eine kontinuierliche Massenverteilung geht (2.55) in

$$\boxed{J = \iiint_V r^2 \, \mathrm{d}m} \tag{2.58}$$

über, wobei r der Abstand des infinitesimalen Massenelementes $\mathrm{d}m$ von der Drehachse ist. Für einfache Körper kann dieses Integral berechnet werden. Wir zeigen dies hier am Beispiel eines dünnen Stabes und geben die Trägheitmomente einiger anderer Körper in Tabelle 2.1 an.

Ein Stab der Länge l mit einem vernachlässigbar kleinen Querschnitt A habe die homogene Massenverteilung ϱ, und die Drehachse falle mit einem Stabende zusammen. Es liegt dann ein quasieindimensionales Problem vor. Der Stab sei in x-Richtung orientiert angenommen; dann ist die Masse des Stücks zwischen x und $x + \mathrm{d}x$ durch $\mathrm{d}m = A\varrho\,\mathrm{d}x$ gegeben, und aus (2.58) folgt

$$J = A\varrho \int_0^l x^2\,\mathrm{d}x = A\varrho\frac{l^3}{3}.$$

Da die Masse des Stabes $m = \varrho A l$ ist, hat man

$$J = \frac{1}{3}ml^2\ .$$

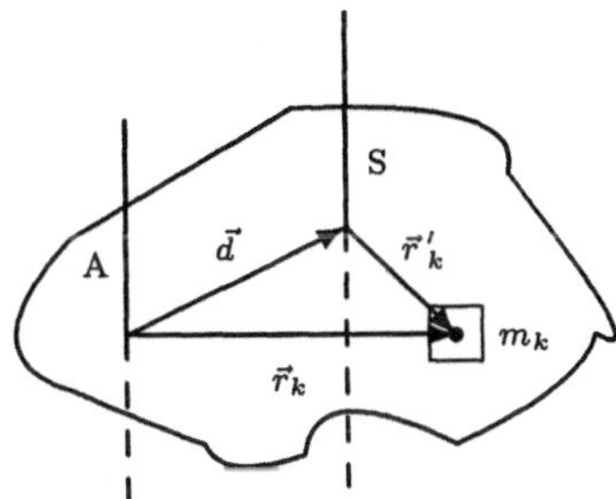

Bild 2.26
Zur Ableitung des Steinerschen Satzes

Wie gerade im Fall des Stabes, interessiert uns oft nicht das Massenträgheitsmoment J_S um eine durch den Schwerpunkt gehende Drehachse S, sondern das Moment J_A um eine dazu parallel um d verschobene Achse A. Den Zusammenhang zwischen beiden vermittelt die als **Steinerscher Satz** bezeichnete Gleichung

$$\boxed{J_A = J_S + md^2\ .} \tag{2.59}$$

Mit Bild 2.26 kann man sich leicht von der Richtigkeit dieser Beziehung überzeugen. Drückt man J_A in den gestrichenen Koordinaten aus, dann gilt aufgrund des Cosinussatzes $r_k^2 = (r'_k)^2 + d^2 + 2\vec{d}\cdot\vec{r}\,'_k$ und damit

$$J_A = \sum_k m_k r_k^2 = \sum_k m_k (r'_k)^2 + d^2 \sum_k m_k + 2\vec{d}\cdot\sum_k m_k \vec{r}\,'_k\ .$$

Der letzte Summand verschwindet nun wegen (2.48), da die Drehachse S durch den Schwerpunkt geht und folglich wegen (2.48) $\vec{R}'_s = 0$ bezüglich der gestrichenen Koordinaten gilt.

2.2.3.3 Die kinetische Energie der Translation und Rotation

Die kinetische Energie eines starren Körpers kann nun ebenfalls in Beiträge von Translation bzw. Rotation unterteilt werden. Bei einer Translation bewegen sich alle Massenpunkte m_k des Körpers auf parallelen Geraden mit einer einheitlichen Geschwindigkeit v_{Trans}. Wir können für diese auch die Geschwindigkeit v_S des Schwerpunktes verwenden und haben mit M als Gesamtmasse

$$E_{\text{kin}}^{\text{Trans}} = \sum_k \frac{m_k v_S^2}{2} = \frac{1}{2} M v_S^2 \,. \tag{2.60}$$

Setzt man wieder die z-Achse als feste Drehachse voraus, dann hat man für Rotationen gemäß (2.6) und Bild 2.25

$$E_{\text{kin}}^{\text{Rot}} = \sum_k \frac{m_k v_k^2}{2} = \sum_k \frac{m_k}{2} (\vec{\omega} \times \vec{r}_k)^2 = \sum_k \frac{m_k}{2} (\omega_z^2 r_k^2 - \omega_z^2 z_k^2) = \frac{1}{2} \sum_k m_k d_k^2 \omega_z^2 \,,$$

wobei v_k die Rotationsgeschwindigkeit des Massenpunktes m_k ist und d_k sein jeweiliger Abstand von der Drehachse.[6] Mit (2.55) gilt also

$$E_{\text{kin}}^{\text{Rot}} = \frac{1}{2} J_z \omega_z^2 \,. \tag{2.61}$$

Tabelle 2.2 Korrespondenz zwischen den dynamischen Grundgrößen der Translation und Rotation

Translation	Rotation
Ortskoordinate $\vec{r}$	Winkel ϕ
Geschwindigkeit $\vec{v} = \dot{\vec{r}}$	Winkelgeschwindigkeit $\vec{\omega} = \dot{\vec{\phi}}$
Beschleunigung $\vec{a} = \dot{\vec{v}}$	Winkelbeschleunigung $\dot{\vec{\omega}}$
Masse m	Massenträgheitsmoment J
Kraft $\vec{F}$	Drehmoment $\vec{M} = \vec{r} \times \vec{F}$
Impuls $\vec{p} = m\vec{v}$	Drehimpuls $\vec{L} = \vec{r} \times \vec{p}$
kin. Energie $mv^2/2$	kin. Energie $J\omega^2/2$

Damit haben wir die wesentlichen dynamischen Größen auf Rotationsbewegungen übertragen. Eine zusammenfassende Gegenüberstellung der für Translation und Rotation charakteristischen Größen gibt die Tabelle 2.2.

2.2.3.4 Einige Beispiele für die Behandlung von Drehbewegungen

In diesem Abschnitt wollen wir an einigen Beispielen die Behandlung von Drehbewegungen demonstrieren.

a) Abrollen von einer schiefen Ebene: Ein Vollzylinder (Masse m, Radius r) möge von einer mit dem Winkel α ansteigenden schiefen Ebene der Höhe h abrollen. Wir wollen die dafür benötigte Zeitdauer und seine Endgeschwindigkeit berechnen. Mit Hilfe von Bild 2.27 kann man den Energieerhaltungssatz gemäß (2.60) und (2.61) als

$$E = E_{\text{pot}} + E_{\text{kin}}^{\text{Trans}} + E_{\text{kin}}^{\text{Rot}} = mg(h - x) + \frac{m}{2} v^2 + \frac{J_z}{2} \omega_z^2 = mgh$$

[6] Wir haben dabei die Identität $(\vec{a} \times \vec{b}) \cdot (\vec{c} \times \vec{d}) = (\vec{a} \cdot \vec{c}) \cdot (\vec{b} \cdot \vec{d}) - (\vec{a} \cdot \vec{d}) \cdot (\vec{b} \cdot \vec{c})$ verwendet.

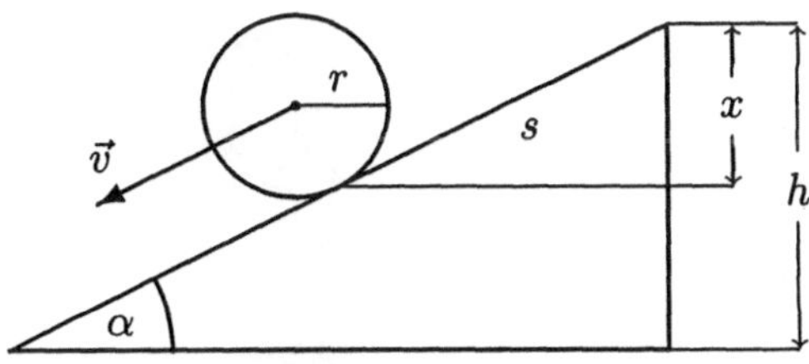

Bild 2.27
Abrollen eines Zylinders von einer schiefen Ebene

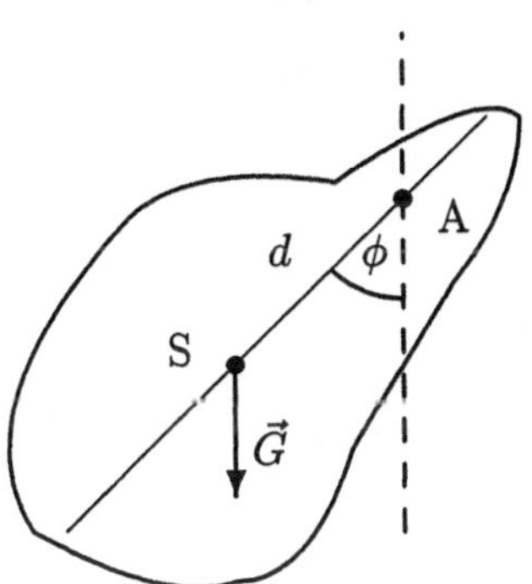

Bild 2.28
Physikalisches Pendel

schreiben. Wegen $\omega = v/r$ und $J_z = mr^2/2$ (vgl. Tabelle 2.2) folgt

$$E = mg(h - x) + \frac{3}{4}mv^2 = mgh \; , \tag{2.62}$$

und für $x = h$ bestimmt sich die Endgeschwindigkeit zu $v = \sqrt{4gh/3}$. Differentiation von (2.62) nach t unter Berücksichtigung von $x = s \sin \alpha$ sowie anschließende Division durch m ergibt $g\dot{x} = g\dot{s} \sin \alpha = 3\dot{v}v/2 = 3\ddot{s}\dot{s}/2$ bzw. $\ddot{s} = 2g \sin \alpha/3$. Wegen $v = \ddot{s}t$ findet man nun weiter

$$t = \sqrt{3h/(g \sin^2 \alpha)} \; .$$

b) Das physikalische Pendel: Während ein an einem gewichtslosen Faden schwingender Massenpunkt als mathematisches Pendel bezeichnet wird, nennt man einen starren Körper, der schwingungsfähig um eine Achse gelagert ist, physikalisches Pendel (Bild 2.28). Bei einer kleinen Auslenkung um den Winkel ϕ greift das Drehmoment $M = -mgd \sin \phi \approx -mg\phi d$ im Schwerpunkt an. Die Bewegungsgleichung (2.57) lautet damit $-mg\phi d = J_A \ddot{\phi}$ bzw.

$$\ddot{\phi} + \frac{mgd}{J_A}\phi = 0 \; ,$$

was entsprechend (2.15) einer harmonischen Schwingung mit der Kreisfrequenz

$$\omega = \sqrt{\frac{mgd}{J_A}} = \sqrt{\frac{mgd}{J_S + md^2}} \tag{2.63}$$

entspricht. Dabei wurde J_A mittels des Steinerschen Satzes durch J_S dargestellt. Gleichung (2.63) bietet die Möglichkeit, aus Pendelschwingungen Massenträgheitsmomente experimentell zu bestimmen.

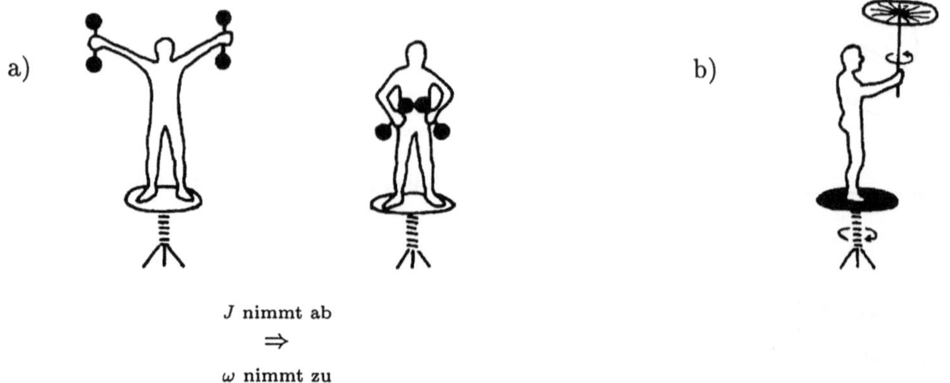

Bild 2.29 Demonstration des Drehimpulserhaltungssatzes auf einem Drehschemel. Eine Abnahme von J führt zu einer Zunahme von ω (a). Setzt die Versuchsperson das Rad in eine Drehbewegung, so drehen sich Schemel und Person in die andere Richtung (b).

c) Experimente mit dem Drehschemel:
Der Drehimpulserhaltungssatz bildet die Grundlage für das Verständnis der folgenden Experimente mit dem Drehschemel (Bild 2.29). Im Fall a) bedingt das Herannehmen der Gewichte eine Abnahme des Trägheitsmomentes, was zu einer Änderung der Rotationsgeschwindigkeit der Versuchsperson führt. Auf diesem Prinzip beruht z. B. die Pirouette beim Eiskunstlaufen oder die Ausführung eines Saltos beim Kunstturnen. Dreht die Versuchsperson im Fall b) das Rad, dann wird der dabei erzeugte Drehimpuls durch eine Drehung des Schemels mit der Person in entgegengesetzter Richtung kompensiert.

Übungen:

- **2.39**: Was passiert bei einem Drehschemelexperiment, wenn man a) der Versuchsperson ein rotierendes Rad von außen übergibt und wenn dann b) die Versuchsperson die Lage der Drehachse verändert?
- **2.40**: Wer rollt bei gleicher Anfangsgeschwindigkeit v und gleichem Rollreibungskoeffizienten μ auf einer Ebene weiter, eine Kugel oder ein Vollzylinder? Beide sollen die gleiche Masse m und den gleichen Radius r haben.
- **2.41**: Auf eine zylindrische Trommel (Radius $r = 10\,\text{cm}$, Masse M) ist ein hinreichend langer (masseloser) Faden gewickelt, an dessen Ende eine Masse $m = M/2$ hängt. Welche Drehzahl erreicht die Trommel, wenn sich infolge der durch m hervorgerufenen Gewichtskraft $l = 2\,\text{m}$ Faden abgewickelt haben?
- **2.42**: Eine $1,80$ m große Person stellt sich an den Rand eines Sprungbrettes und läßt sich stocksteif vornüberfallen. Wie hoch muß das Sprungbrett über der Wasseroberfläche sein, wenn die Person mit dem Kopf voraus ins Wasser eintauchen soll?
  Hinweis: Für das Massenträgheitsmoment der Person soll der Zusammenhang $J = ml^2/2$ mit l als Größe der Person angenommen werden und für die Höhe des Schwerpunktes über dem Brett $h_s = l/2$.

2.2.4 Der Kreisel

2.2.4.1 Freie Achsen und das Trägheitsellipsoid

Im Zusammenhang mit der Herleitung von (2.53) wurde bereits darauf hingewiesen, daß der Drehimpuls bei Drehung um eine willkürlich gewählte z-Achse auch Komponenten in x- und y-Richtung hat. Es ist leicht aus (2.53) zu berechnen, daß diese durch

$$\begin{aligned} L_x &= -\omega_z \sum_k m_k x_k z_k \\ L_y &= -\omega_z \sum_k m_k y_k z_k \end{aligned}$$

gegeben sind. Die Existenz dieser Komponenten des Drehimpulses bringt die Tatsache zum Ausdruck, daß eine willkürlich gewählte Drehachse ihre Richtung im Raum verändern würde, wenn sie frei wäre. Das Festhalten der Achse bedingt deshalb das Auftreten von Kräften, die sich auf die Lager übertragen und deren Kenntnis für einen technischen Einsatz rotierender Maschinenteile wichtig ist. Kräftefrei rotieren kann ein Körper nur um eine Achse, die durch den Schwerpunkt geht und für die die sogenannten **Deviationsmomente** $J_{xz} = \sum_k m_k x_k z_k$ und $J_{yz} = \sum_k m_k y_k z_k$ und damit die x- und y-Komponente des Drehimpulses verschwinden. Solche Achsen nennt man **freie Achsen**. Ein starrer Körper besitzt drei solcher freien Achsen, die mit seinen sogenannten **Hauptträgheitsachsen** zusammenfallen. Wir können diese Problematik hier nicht ausführlich erörtern. Es sei nur erwähnt, daß man diese Achsen durch die folgende Konstruktion bestimmen kann: Für alle möglichen Drehachsen durch den Schwerpunkt wird das Trägheitsmoment J bestimmt und jeweils die Strecke $1/\sqrt{J}$ auf dieser Achse abgetragen. Die Gesamtheit aller so konstruierten Punkte bildet die Oberfläche eines Ellipsoids. Die Richtungen seiner drei Hauptachsen bestimmen nun gerade die Hauptträgheitsachsen oder freien Achsen des Körpers. Für symmetrische Körper fallen sie mit den Symmetrieachsen zusammen.

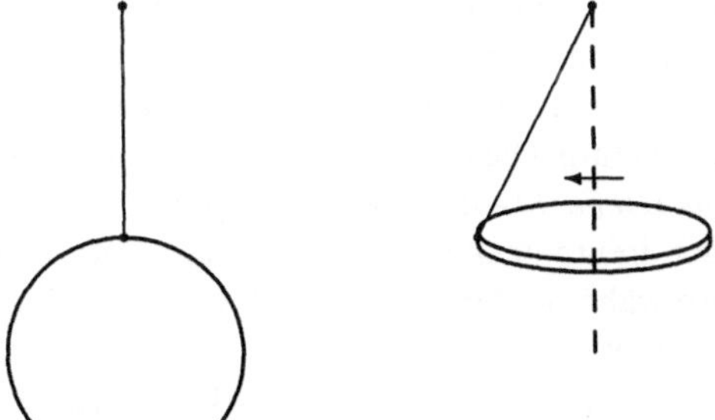

Bild 2.30
Eine rotierende Kreisscheibe sucht sich die Achse mit dem größten Trägheitsmoment

Es zeigt sich, daß nur Rotationen um die Achsen mit dem größten und dem kleinsten Trägheitsmoment stabil sind. Läßt man z. B. einen Quader um die mittlere Hauptträgheitsachse rotieren, so wird er sehr bald diese Drehachse aufgeben und sich eine stabile Drehachse suchen. Ebenso wird sich eine am Umfang befestigte Scheibe bei bei Rotation sogar gegen die Schwerkraft anheben, um eine Rotation um die Achse mit dem größten Trägheitsmoment zu realisieren. Beim Lassowerfen wird dieser Effekt ausgenutzt.

Der Trägheitstensor: Die Tatsache, daß bei einer Drehung um die z-Achse der Drehimpuls im allgemeinen auch x- und y-Komponenten besitzt, bedeutet auch, daß $\vec{\omega}$ und $\vec{L}$ unterschiedliche Richtungen besitzen. Wir begegnen damit erstmals einer Situation, in der die Herstellung eines Zusammenhangs zwischen zwei physikalischen Größen die Einführung eines Tensors verlangt (vgl. Mathematischer Anhang). Er heißt **Trägheitstensor** $\boldsymbol{J}$, und ist durch die Gleichung

$$\vec{L} = \boldsymbol{J}\vec{\omega}$$

definiert. Schreibt man diese Gleichung in Komponentenform, so erhält man wegen (2.53)

$$\begin{pmatrix} L_x \\ L_y \\ L_z \end{pmatrix} = \begin{pmatrix} \sum_k m_k(y_k^2 + z_k^2) & -\sum_k m_k x_k y_k & -\sum_k m_k x_k z_k \\ -\sum_k m_k y_k x_k & \sum_k m_k(x_k^2 + z_k^2) & -\sum_k m_k y_k z_k \\ -\sum_k m_k z_k x_k & -\sum_k m_k z_k y_k & \sum_k m_k(x_k^2 + y_k^2) \end{pmatrix} \begin{pmatrix} \omega_x \\ \omega_y \\ \omega_z \end{pmatrix} .$$

Der Trägheitstensor wird daher durch eine symmetrische Matrix dargestellt, deren Haupdiagonale durch die 3 Trägheitsmomente um die drei Koordinatenachsen und deren Nebendiagonalelemente durch die 3 Deviationsmomente J_{xy}, J_{xz} und J_{yz} bestimmt sind.

Die drei Eigenvektoren dieser Matrix bestimmen die Lage der 3 Hauptträgheitsachsen des Körpers und damit seine freien Achsen. Dies ergibt sich aus der Tatsache, daß diese Vektoren bei Anwendung des Trägheitstensors gerade ihre Richtungen im Raum beibehalten, so daß $\vec{L}$ und $\vec{\omega}$ in die gleiche Richtung zeigen. Die geometrische Veranschaulichung dieses Sachverhalts durch die Oberfläche eines Ellipsoids und seiner drei Haupachsen haben wir bereits früher diskutiert.

2.2.4.2 *Der kräftefreie symmetrische Kreisel*

Das Festhalten einer Drehachse hat unsere bisherigen Untersuchungen der Bewegungen eines starren Körpers wesentlich vereinfacht. Es soll nun das Verhalten eines frei beweglichen oder höchstens in einem Punkt (bei völliger Drehfreiheit) festgehaltenen starren Körpers diskutiert werden. Man nennt einen solchen Körper einen **Kreisel**. Eine vollständige Theorie des Kreisels ist außerordentlich kompliziert, so daß hier nur einige Grundzüge dargestellt werden können. Wir setzen zur Vereinfachung einen symmetrischen Kreisel voraus, was bedeuten soll, daß der Kreisel bzgl. einer bestimmten Achse (Figurenachse) Rotationssymmetrie besitzt. Weiter nehmen wir zunächst einmal an, daß keine äußeren Kräfte vorhanden sind. Zur Untersuchung der Bewegung des Kreisels ist das zeitliche Verhalten von drei Achsen wichtig. Dies sind die durch die Symmetrie des Kreisels festgelegte *Figurenachse*, die *momentane Drehachse* und die *Drehimpulsachse*.

Bewegt sich der Kreisel nun kräftefrei oder genauer drehmomentenfrei, dann bleibt aufgrund des Drehimpulserhaltungssatzes die Drehimpulsachse während der zeitlichen Bewegung erhalten. Wird der Kreisel am Anfang so in Bewegung gesetzt, daß die Drehachse nicht mit der Figurenachse zusammenfällt, dann ändern die Figurenachse und die momentane Drehachse im Laufe der Zeit ihre Lage relativ zur raumfesten Drehimpulsachse. Dies folgt aus der Tatsache, daß die momentane Drehachse im allgemeinen keine freie Achse ist und somit Kraftwirkungen unterliegt. Es zeigt sich, daß beide dabei auf Mantelflächen von Kegeln um die Drehimpulsachse rotieren (Bild 2.31). Die Bewegung der Figurenachse um die Drehimpulsachse wird als **Nutation** bezeichnet. Fallen bei einer Kreiselbewegung beide Achsen zusammen, nennt man diese Bewegung nutationsfrei.

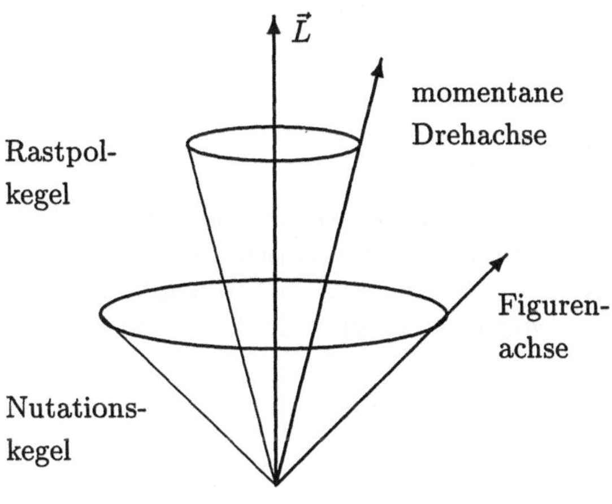

Bild 2.31
Für einen kräftefreien symmetrischen Kreisel bewegen sich Figurenachse und momentane Drehachse relativ zur Drehimpulsachse auf Kegelmänteln.

2.2.4.3 *Präzession*

Unter Wirkung eines äußeren Drehmomentes auf unseren Kreisel sollen zwei Fälle unterschieden werden: Ist einerseits das Drehmoment parallel zur Drehimpulsachse, so ändert $\vec{L}$ nur seinen Betrag, und der Kreisel rotiert je nach der Richtung von $\vec{M}$ schneller oder langsamer. Greift andererseits eine Kraft so an, daß ein Drehmoment senkrecht zur Drehimpulsachse erzeugt wird, dann beobachtet man ein auf den ersten Blick merkwürdiges Phänomen, welches als **Präzession** bezeichnet wird. Der Kreisel folgt nämlich nicht diesem Moment und kippt um, sondern er weicht in eine zur angreifenden Kraft senkrechten Richtung aus.

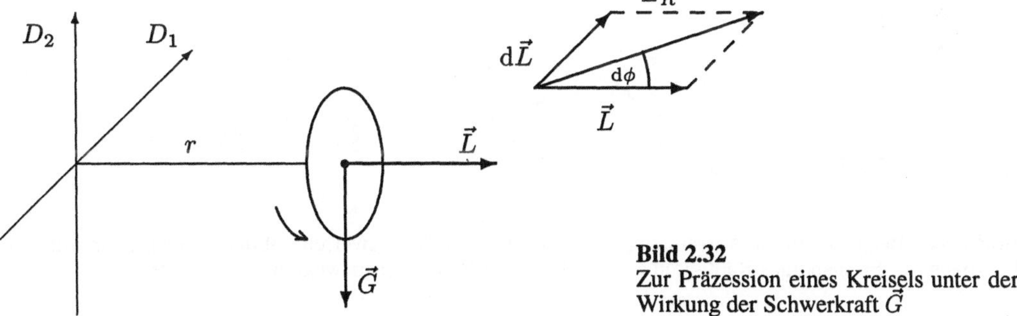

Bild 2.32
Zur Präzession eines Kreisels unter der Wirkung der Schwerkraft $\vec{G}$

Zur Erklärung der Präzession betrachten wir Bild 2.32 und setzen zur Vereinfachung Nutationsfreiheit voraus. Wegen $\vec{M} = \vec{r} \times \vec{G}$ steht $\vec{M}$ senkrecht auf der Zeichenebene und zeigt nach hinten. Ohne das Vorhandensein eines Drehimpulses würde daher unser Kreisel durch Drehung um die Achse D_1 zur Seite umkippen. Bei nichtverschwindendem $\vec{L}$ addiert sich nun wegen $\dot{\vec{L}} = \vec{M}$ der Drehimpuls $\mathrm{d}\vec{L} = \vec{M}\,\mathrm{d}t$ zu $\vec{L}$, und der Kreisel weicht durch Verlagerung der Drehimpulsachse, die in unserem Fall mit der Figurenachse zusammenfällt, in Richtung von $\vec{M}$ aus. Bei konstantem M resultiert dadurch eine Kreisbewegung um die Achse D_2. Diese Präzession entspricht wegen Bild 2.32 einer Rotation mit der Kreisfrequenz

$$\omega_p = \frac{\mathrm{d}\phi}{\mathrm{d}t} = \frac{1}{L}\frac{\mathrm{d}L}{\mathrm{d}t} = \frac{M}{L}\,.$$

Im allgemeinen Fall stehen die Vektoren $\vec{L}$ und $\vec{M}$ nicht senkrecht aufeinander, und die abgeleitete Beziehung ist ein Spezialfall der allgemeingültigen Gleichung

$$\boxed{\vec{M} = \vec{L} \times \vec{\omega_p}\ .} \tag{2.64}$$

In vielen Fällen ist es die Schwerkraft, die am Kreisel ein äußeres Drehmoment erzeugt. Eine solche Situation zeigt Bild 2.33 am Beispiel eines Kinderkreisels. Neigt er sich um einen gewissen Winkel α aus der senkrechten Stellung, dann greift im Schwerpunkt S die Gewichtskraft mg an und verursacht eine Präzession mit der Winkelgeschwindigkeit ω_p, die in den folgenden Übungen berechnet wird.

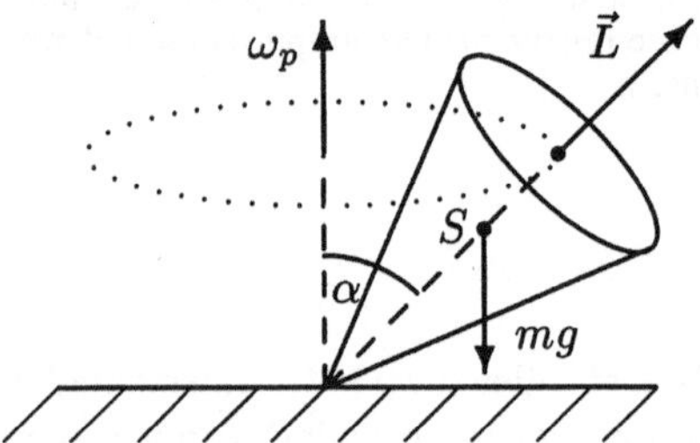

Bild 2.33
Präzession eines geneigten Kinderkreisels infolge der Schwerkraft

a) b)

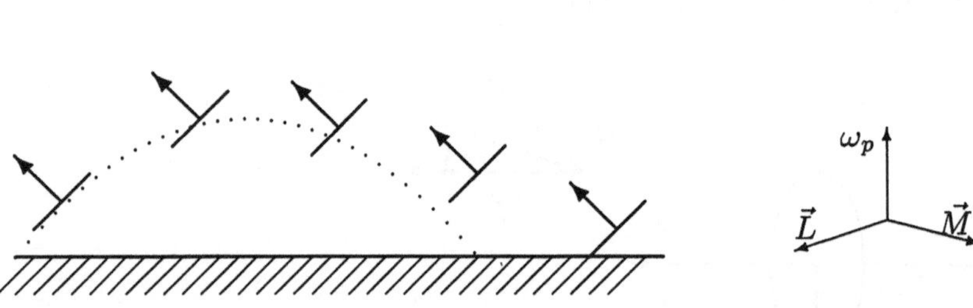

Bild 2.34 Beispiele für die Anwendung des Kreisels. Beim Diskuswerfen stabilisiert die Eigenrotation die Flugbahn (a). Freihändiges Radfahren gelingt durch die Präzessionsbewegungen des Rades (b).

Die Gesetze der Kreiselbewegung finden vielfältige Anwendung. Zwei Beispiele zeigt die Bild 2.34. Ein fliegender Diskus kann nach technisch gelungenem Abwurf (hinreichend schnelle Eigenrotation, nutationsfreie Bewegung) nahezu als kräftefreier Kreisel angesehen werden. Da die Drehimpulsachse erhalten bleibt, kommt es im absteigenden Teil der Bahnkurve zu einem Tragflächeneffekt, der die Wurfweite vergrößert. Das freihändige Radfahren beruht ebenfalls auf den Eigenschaften der Kreiselbewegung. Der Kreisel ist hier das rollende Vorderrad ($\vec{L}$ steht senkrecht auf dem Rad und zeigt nach links). Verlagert der Radfahrer sein Körpergewicht z. B. nach links, so entsteht ein gegen die Fahrtrichtung gerichtetes Drehmoment $\vec{M}$ (Bild 2.34), und das Rad reagiert mit einer Präzessionsbewegung ebenfalls nach links; das Rad fährt eine Kurve, bis der Schwerpunkt wieder über dem Rad ist. Weitere Anwendungen finden die Kreiselgesetze zur Stabilisierung der Flugbahnen von Geschossen oder beim Kreiselkompaß. Übrigens ist auch unsere Erde ein Kreisel, und durch ihre abgeplattete Form ist sie durch die Wirkung von

Gravitations- und Zentrifugalkräften einem permanenten Drehmoment ausgesetzt. Die Erde reagiert darauf mit einer Präzessionsbewegung, bei der die Erdachse in 26 000 Jahren einmal auf einem Kegelmantel umläuft (Platonisches Jahr).

Übungen:

2.43: Beobachtet man die Flugbahn einer Diskusscheibe, so kann man im letzten Teil der Flugbahn manchmal ein Aufrichten der Scheibe durch eine Drehung um eine parallel zur Flugrichtung liegende Achse beobachten. Worauf beruht dieser die Wurfweite verringernde Effekt, und wie kann man ihn möglichst klein halten? ■

2.44: Berechnen Sie die Präzessionsfrequenz des in Bild 2.33 dargestellten Kinderkreisels in Abhängigkeit von seinem Gewicht, seinem Drehimpuls $\vec{L}$, dem Abstand Schwerpunkt–Auflagepunkt R_s und den Neigungswinkel α. ■

2.3 Mechanik der Flüssigkeiten und Gase

2.3.1 Allgemeine Charakterisierung des flüssigen und gasförmigen Aggregatzustandes

Flüssigkeiten und Gase unterscheiden sich von festen Körpern durch ihre leichte Verformbarkeit. Flüssigkeiten besitzen zwar noch ein festes Volumen, aber keine feste Gestalt mehr. Daher stellt sich eine freie Flüssigkeitsoberfläche auch an jeder Stelle senkrecht zu den jeweils wirkenden Kräften ein (vgl. folgende Übung). Diese Eigenschaften deuten auf geringere intermolekulare Kräfte in Flüssigkeiten als in festen Körpern hin. Im gasförmigen Zustand sind diese Kräfte noch weiter reduziert. Gase besitzen weder ein bestimmtes Volumen noch eine bestimmte Gestalt. Die Tatsache, daß Gase das Bestreben haben, jeden angebotenen Raum auszufüllen, weist sogar auf eine weitgehend freie Bewegung der Moleküle hin.

Es ist zweckmäßig, die Wirkung von Kräften auf Flüssigkeiten oder Gase durch den **Druck** p zu charakterisieren. Wirkt eine Kraft $\vec{F}$ auf eine Fläche A, dann ist der auf sie erzeugte Druck durch

$$\boxed{p = \frac{F_n}{A}\ .} \tag{2.65}$$

gegeben. F_n ist die Normalkomponente der Kraft, also der Anteil der Kraft, der senkrecht zur Fläche A wirksam ist. Der Druck ist ein Skalar; seine Maßeinheit ist das **Pascal** (Pa), welche nach dem Franzose B. Pascal (1623–1662) benannt ist. Es gilt[7] $1\,\mathrm{Pa} = 1\,\mathrm{N/m^2}$. Für Druckmessungen können *Manometer* eingesetzt werden; die Funktionsweise von einigen werden wir später erläutern.

In Natur und Technik vorkommende Drücke überdecken einen sehr großen Bereich. So kann ein Ultrahochvakuum mit $p < 10^{-10}$ Pa erzeugt werden, während sich andererseits auf größeren Flächen schon Drücke von $p > 10^{10}$ Pa realisieren ließen.

Es bereitet manchmal Schwierigkeiten, zwischen der Größe der wirkenden Kraft und dem dabei erzeugten Druck zu unterscheiden. So mag man kaum glauben, daß ein Dame mit Absatzschuh (man verzeihe den Vergleich!) einen hundertfach größeren Druck auf dem Boden erzeugen kann als ein Elefant.

[7] Gebräuchlich ist auch die Einheit $1\,\mathrm{bar} = 10^5$ Pa. Manchmal findet man noch die veraltete technische Einheit „Atmosphäre", die in SI-Einheiten durch $1\,\mathrm{at} = 0,981 \cdot 10^5$ Pa gegeben ist.

Übung:

■ **2.45**: Zeigen Sie, daß die Oberfläche einer mit konstanter Winkelgeschwindigkeit rotierenden Flüssigkeit die Form eines Paraboloids annimmt.

2.3.2 Druckverteilung in Flüssigkeiten und Gasen

2.3.2.1 Kompressibilität

Übt man Druck auf einen Körper aus, so erleidet dieser eine mehr oder weniger große Volumenänderung. Man erfaßt diese Eigenschaft durch die **Kompressibilität**, die die relative Volumenänderung pro Druckänderung beschreibt. Dazu wird

$$\frac{1}{K} = -\frac{1}{V}\frac{\mathrm{d}V}{\mathrm{d}p} \tag{2.66}$$

gesetzt, wobei K als **Kompressionsmodul** bezeichnet wird. Die Kompressibilität ist damit das Reziproke des Kompressionsmoduls.

Für Flüssigkeiten findet man eine nahezu verschwindende Kompressibilität. Um z. B. das Volumen von Wasser um 1% zu verringern, muß ein Druck von etwa 200 bar aufgewandt werden, was $2 \cdot 10^7\ \mathrm{N/m^2}$ entspricht.

Bei Gasen führt Druckanwendung zu einer deutlich bemerkbaren Volumenänderung. Untersuchungen zeigen, daß für viele Gase bei konstant gehaltener Temperatur Druck und Volumen umgekehrt proportional zueinander sind (R. Boyle, 1627–1691, E. Mariotte, 1620–1684). Es gilt das **Boyle-Mariottesche Gesetz**

$$\boxed{p_1 V_1 = p_2 V_2\ ,} \tag{2.67}$$

was man auch als $pV = const.$ schreiben kann. Gase, die diesem Gesetz folgen, nennt man *ideale* Gase. Für den Kompressionsmodul folgt damit (man beachte $p = c/V$ mit $c = const.$)

$$K = -V\frac{\mathrm{d}p}{\mathrm{d}V} = -V(-\frac{p}{V}) = p\ .$$

Der Kompressionsmodul ist also durch den jeweiligen Gasdruck gegeben und die Kompressibilität dementsprechend durch den reziproken Druck. Wir stellen daher zusammenfassend fest:

> *Flüssigkeiten sind in guter Näherung inkompressibel. Für (ideale) Gase verhält sich die Kompressibilität umgekehrt proportional zum Druck.*

Übung:

■ **2.46**: Zeigen Sie, daß aus dem Boyle-Mariotteschen Gesetz die Proportionalität von Druck und Dichte für ein ideales Gas folgt.

2.3.2.2 Der hydrostatische Druck

Wir wollen zunächst einmal vom Einfluß der Schwerkraft absehen und die Druckausbreitung in einer ruhenden Flüssigkeit untersuchen. Wegen der Inkompressibilität verteilt sich ein ausgeübter Druck nach allen Seiten mit gleicher Stärke. Wir nennen ihn **hydrostatischen Druck** und können den als **Gesetz von Pascal** bezeichneten Sachverhalt auch wie folgt formulieren:

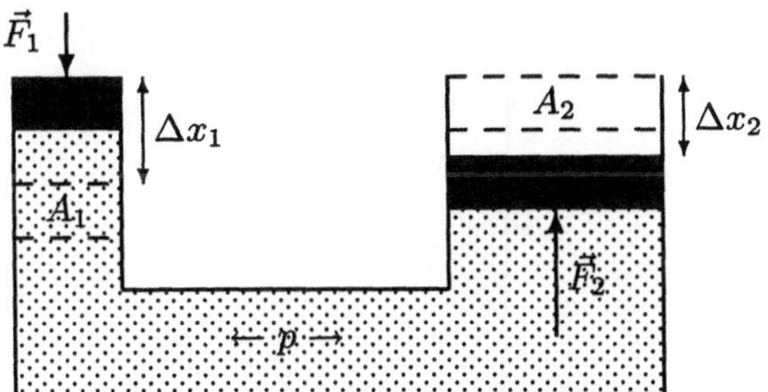

Bild 2.35
Prinzip einer hydraulischen Hebevorrichtung

Der hydrostatische Druck in einer ruhenden Flüssigkeit ist an allen Stellen gleich groß.

Dieses Gesetz findet vielfältige technische Anwendung. Erwähnt sei die hydraulische Presse, die hydraulische Hebebühne und auch die durch Bremsflüssigkeit übertragene Kraftwirkung bei der Kraftfahrzeugbremse. Das Prinzip einer hydraulischen Hebevorrichtung ist in Bild 2.35 verdeutlicht. Erzeugt eine Kraft F_1 auf der linken Fläche A_1 den Druck p, so herrscht dieser Druck ebenfalls an der rechten größeren Fläche A_2 und erzeugt dort die Kraftwirkung F_2. Es gilt dabei also $F_1/A_1 = F_2/A_2$, und F_2 ist daher um den Faktor A_2/A_1 größer als F_1. Größere Gewichte lassen sich damit mit viel kleineren Kräften anheben. Diese Tatsache steht natürlich nicht im Widerspruch zum Energieerhaltungssatz. Legt nämlich der linke Kolben die Strecke Δx_1 zurück, so legt der rechte nur die Strecke Δx_2 zurück, und es gilt für die verrichtete Arbeit W_1 bzw. die gewonnene Arbeit W_2:

$$W_1 = F_1 \Delta x_1 = pA_1 \Delta x_1 = p\Delta V_1$$
$$W_2 = F_2 \Delta x_2 = pA_2 \Delta x_2 = p\Delta V_2 \; .$$

Wegen der Inkompressibilität sind die beiden Volumina ΔV_1 und ΔV_2 aber gleich und damit folgt

$$W_1 = W_2 \; .$$

2.3.2.3 Der Schweredruck in Flüssigkeiten

Unter dem Einfluß der Schwerkraft wird der Druck in einem mit Flüssigkeit gefüllten Gefäß mit zunehmender Tiefe ebenfalls zunehmen, da das Gewicht der darüberliegenden Flüssigkeit diesen Druck bestimmt. Aus Bild 2.36 ergibt sich für das Gewicht einer Flüssigkeit der Dichte ϱ und der Höhe h die Beziehung $G = mg = Ah\varrho g$, wobei A der Querschnitt des Gefäßes ist. Für den **Schweredruck** p_s folgt damit

$$\boxed{p_s = \varrho g h \; .} \tag{2.68}$$

Wegen der allseitigen Druckausbreitung wirkt der Schweredruck nicht nur als **Bodendruck** auf die tieferen Flüssigkeitsschichten bzw. den Gefäßboden, sondern tritt auch als **Aufdruck** oder **Seitendruck** in Erscheinung (Bild 2.36). In b) drückt er die Platte gegen das eingetauchte, leere Glasgefäß und in c) strömt die Flüssigkeit mit einer mit der Tiefe zunehmenden Geschwindigkeit aus der seitlichen Öffnung. Aus (2.68) erkennt man auch:

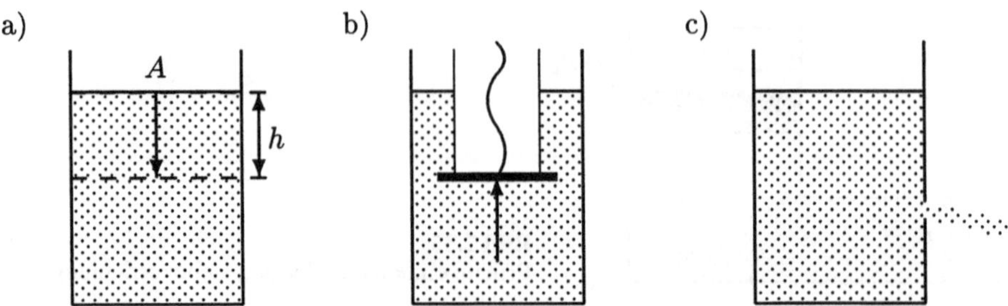

Bild 2.36 a) Zur Ableitung des Schweredrucks, b) der Schweredruck wirkt als Aufdruck, c) der Schweredruck wirkt als Seitendruck

Der Schweredruck ist nur von der Höhe h der Flüssigkeitssäule abhängig und nicht von der speziellen Form des Gefäßes.

Diese vielleicht nicht sogleich einsichtige Tatsache wird als *hydrostatisches Paradoxon* bezeichnet und ist bzgl. seiner Wirkung in Bild 2.37 verdeutlicht. In allen gezeigten Fällen ist der Schweredruck und damit bei gleicher Grundfläche die auf den Boden wirkende Kraft gleich. Man kann dies etwa in folgender Weise verstehen: Im Fall b) wird das größere Gewicht der Flüssigkeit durch die Gefäßwände getragen, während im Fall c) der Gegendruck der Seitenwände das fehlende Gewicht ersetzt.

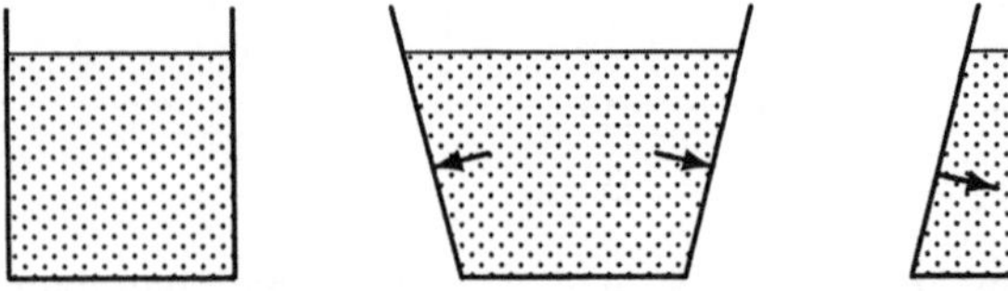

Bild 2.37
Zum hydrostatischen Paradoxon

Verbindet man zwei mit der gleichen Flüssigkeit gefüllte Gefäße so, daß ein Flüssigkeitsaustausch möglich ist (**kommunizierende Gefäße**), dann wird sich ein Gleichgewichtszustand einstellen, bei dem die Flüssigkeit in beiden Gefäßen gleich hoch steht. Anderenfalls wäre nämlich der Schweredruck in beiden Gefäßen unterschiedlich, und die Druckdifferenz würde zu einem weiteren Flüssigkeitsaustauch führen.

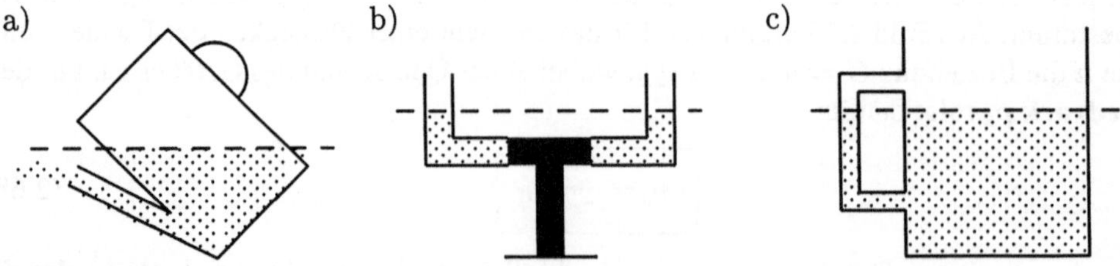

Bild 2.38 Gießkanne, Kanalwaage oder Wasserstandsanzeiger nutzen die Eigenschaft kommunizierender Gefäße

Diese Tatsache nutzt man z. B. bei der Gießkanne, zur Festlegung einer Horizontalen (Kanalwaage) oder beim Wasserstandsanzeiger (Bild 2.38). Weitere Anwendungen findet man beim

Springbrunnen und in Wasserleitungssystemen. In letzteren wird Wasser in ein hochgelegenes Gefäß gepumpt und steht dann im gesamten mit diesem Gefäß verbundenen Rohrleitungssystem an tieferliegenden Stellen unter einem entspechenden Druck zur Verfügung.

Übung:
2.47: In die beiden Schenkel eines kommunizierenden Gefäßes werden jeweils Flüssigkeiten unterschiedlicher Dichte so eingefüllt, daß sie sich nicht durchmischen und miteinander im Gleichgewicht sind. In welchem Zusammenhang stehen die resultierenden Steighöhen mit den Dichten? ■

2.3.2.4 Archimedisches Prinzip und Stabilität schwimmender Körper

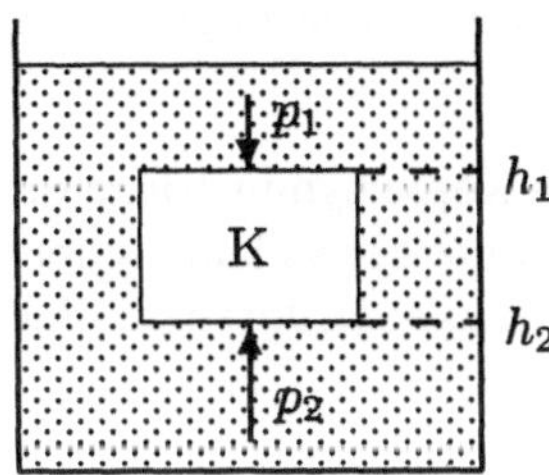

Bild 2.39
Zur Ableitung des Archimedischen Prinzips

Taucht man einen Körper in eine Flüssigkeit, dann erfährt dieser einen scheinbaren Gewichtsverlust. Dieser **Auftrieb** resultiert aus der Tatsache, daß der als Aufdruck wirkende Schweredruck auf die untere Fläche des Körpers größer ist als der als Bodendruck wirkende Schweredruck auf die obere Fläche (Bild 2.39). Nehmen wir zur Vereinfachung einen quaderförmigen Körper an, dessen obere und untere Fläche den Flächeninhalt A habe, dann findet man für den Auftrieb F_A, den der Körper in einer Flüssigkeit mit der Dichte ϱ_{Fl} erfährt,

$$F_A = (p_2 - p_1)A = \varrho_{\mathrm{Fl}}g(h_2 - h_1)A = \varrho_{\mathrm{Fl}}gV = G_{\mathrm{Fl}} .$$

Dies liefert uns das **Archimedische Prinzip**:

> *Der Auftrieb eines in eine Flüssigkeit eingetauchten Körpers ist gleich dem Gewicht der von ihm verdrängten Flüssigkeitsmenge.*

Das nach Archimedes von Syrakus (384–322 v. Chr.) benannte Prinzip erklärt, warum manche Körper schwimmen und andere untergehen. Zum Schwimmen ist nötig, daß der Auftrieb das Gewicht des Körpers übersteigt. Dazu muß seine Dichte $\varrho_{\mathrm{K}} < \varrho_{\mathrm{Fl}}$ sein. Er taucht dann gerade so weit ins Wasser, bis das Gewicht des von ihm verdrängten Wassers gleich seinem Eigengewicht ist. Ist der Auftrieb kleiner als das Körpergewicht ($\varrho_{\mathrm{K}} > \varrho_{\mathrm{Fl}}$), dann sinkt der Körper; sind schließlich beide Kräfte gleich ($\varrho_{\mathrm{K}} = \varrho_{\mathrm{Fl}}$), so ist der eingetauchte Körper in jeder Lage im Gleichgewicht – er schwebt.

Wir untersuchen noch die Stabilität eines schwimmenden Körpers und betrachten dazu die in Bild 2.40 dargestellten Situationen. Während in der Gleichgewichtssituation der Schwerpunkt des schwimmenden Körpers S_K, in dem die Gewichtskraft $\vec{G}$ angreift, und der Schwerpunkt der verdrängten Flüssigkeit S_F, in dem der Auftrieb $\vec{F}_A$ angreift, in einer Angriffslinie liegen, kommt es bei Auslenkung zur Entstehung eines Drehmoments. Infolge der unterschiedlichen Schwimmlage der dargestellten Körper kommt es im Fall a) zu einem weiteren Umkippen, im Fall b) jedoch zu einem Wiederaufrichten in die Gleichgewichtslage. Welcher Fall vorliegt, kann durch

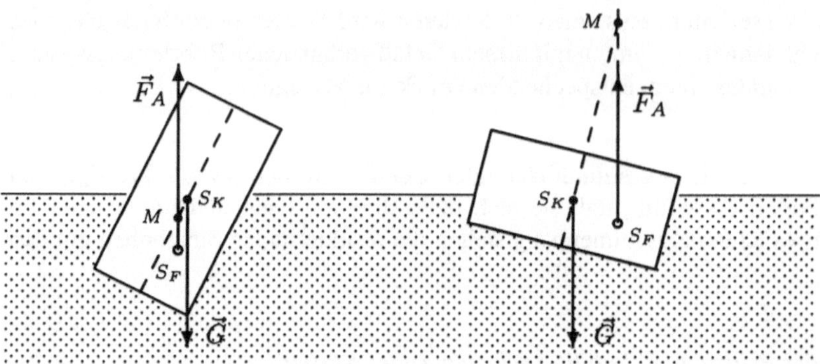

Bild 2.40 Darstellung der Verhältnisse bei einer a) instabilen und b) einer stabilen Schwimmlage

das **Metazentrum** M beschrieben werden, welches als Schnittpunkt von Körpersymmetrieachse und Angriffslinie des Auftriebs definiert ist. Man erkennt, daß die Schwimmlage so lange stabil ist, wie das Metazentrum oberhalb des Körperschwerpunktes liegt. Je höher es liegt, um so stabiler ist die Schwimmlage des betrachteten Körpers.

Übungen:

■ **2.48**: Durch einen schweren Kiel kann man es erreichen, daß der Körperschwerpunkt eines Schiffes in der Gleichgewichtslage unter dem Schwerpunkt der verdrängten Flüssigkeit liegt. Diskutieren Sie die Stabilität für diese Situation.

■ **2.49**: Ein Würfel aus Kupfer (Kantenlänge $a = 1\text{cm}$, Dichte $\rho_1 = 8{,}93\,\text{g/cm}^3$) schwimmt in Quecksilber ($\rho_2 = 13{,}55\,\text{g/cm}^3$). Auf die Oberfläche des Quecksilbers wird so viel Wasser ($\rho_0 = 1\,\text{g/cm}^3$) gegossen, bis der Würfel gerade vollständig eintaucht. Bis zu welcher Höhe muß man Wasser aufgießen?

2.3.2.5 Der Luftdruck und seine Messung

Auch in Gasen entsteht infolge ihres Gewichtes ein Schweredruck. In der uns umgebednen Luft tritt er als Luftdruck in Erscheinung. E. Torricelli (1643) zeigte, daß der Luftdruck gleich

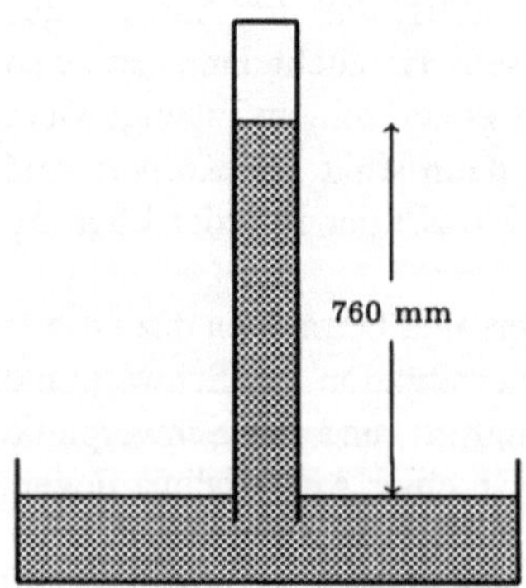

Bild 2.41
Der Versuch von Torricelli zum Nachweis des Luftdruckes

dem Druck einer etwa 760 mm hohen Quecksilbersäule ist (dies entspricht 1013 hPa). Dazu füllte er eine hinreichend lange Glasröhre mit Quecksilber und brachte diese durch zwischenzeitliches Verschließen mit der Öffnung nach unten in ein ebenfalls mit Quecksilber gefülltes Gefäß. Nach dem Ausfließen einer gewissen Quecksilbermenge blieb eine etwa 760 mm hohe Säule stehen (Bild 2.41). Der Magdeburger Bürgermeister und Forscher Otto v. Guericke (1654) demonstrierte die Stärke des Luftdrucks in einem berühmten Experiment, bei dem acht Pferde auf jeder Seite nötig waren, um zwei zu einer Kugel zusammengesetzte und anschließend evakuierte metallische Halbkugeln voneinander zu trennen. Zum Evakuieren der Kugel benutzte er eine von ihm entwickelte Kolbenluftpumpe.

Meßgeräte für den Luftdruck heißen **Barometer**. Beim *Dosenbarometer* überträgt man dazu die durch Druck erzeugte Deformation einer luftleeren Metalldose über eine Feder auf eine Anzeige. In der *Bourdonschen Röhre* hat man anstelle einer Dose eine luftleere, fast zu einem Kreis zusammengebogene Röhre, die sich in Abhängigkeit vom Luftdruck unterschiedlich biegt. Die Biegung wird wieder auf eine Anzeige übertragen. Auf der Grundlage des Torricellischen Versuches arbeiten *Quecksilberbarometer*.

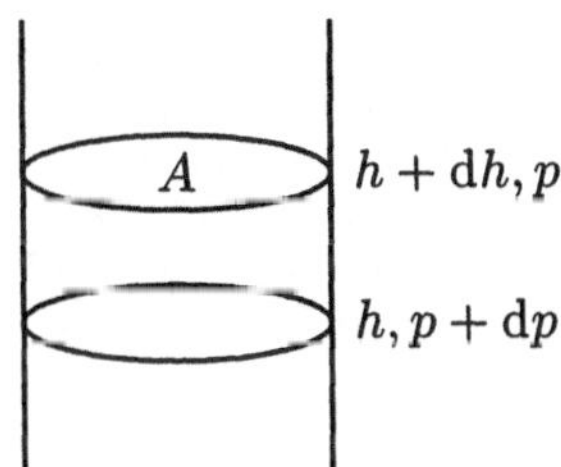

Bild 2.42
Zur Ableitung der barometrischen Höhenformel

Während infolge der Inkompressibilität der Schweredruck in einer Flüssigkeit linear mit der Höhe der Flüssigkeitssäule zunimmt, ist die Abhängigkeit des Luftdrucks von der Höhe stark nichtlinear. Betrachtet man nämlich eine infinitesimale Höhenänderung von h auf $h + \mathrm{d}h$ (Bild 2.42), dann kann man zwar für die zugehörige ebenfalls infinitesimale Druckänderung gemäß (2.68) den linearen Ansatz

$$\mathrm{d}p = -\varrho g \, \mathrm{d}h$$

machen. Da wir aber in einer früheren Übung gezeigt haben, daß für ein ideales Gas Druck und Dichte proportional zueinander sind, gilt $\varrho = \varrho_0 p / p_0$. Dies liefert die Differentialgleichung

$$\mathrm{d}p = -g \frac{\varrho_0}{p_0} p \, \mathrm{d}h \; ,$$

und durch Separation der Variablen p und h findet man die Lösung

$$p(h) = p_0 \exp\left(-\frac{g\varrho_0}{p_0} h \right) \; . \tag{2.69}$$

Dies ist die **barometrische Höhenformel**, die ein exponentielles Abnehmen des Luftdrucks mit der Höhe vorhersagt. Ihre Ableitung beinhaltet allerdings die unrealistische Voraussetzung, daß die Temperatur sich mit der Höhe nicht ändert. Man beachte, daß die Gültigkeit von (2.67) ja vorausgesetzt wurde. Bezieht man die mit dem Index 0 charakterisierten Werte auf Meereshöhe und setzt daher $p_0 = 1{,}013 \cdot 10^5$ Pa sowie $\varrho_0 = 1{,}29\,\mathrm{kg/m^3}$, so gilt $p_0/(g\varrho_0) = 8$ km, und man kann (2.69) auch als

$$p(h) = p_0 \exp\left(-\frac{h/\mathrm{km}}{8}\right)$$

schreiben, in der h in der Maßeinheit km einzusetzen ist. In 8 km Höhe ist der Luftdruck danach erst um den Faktor e^{-1} reduziert.

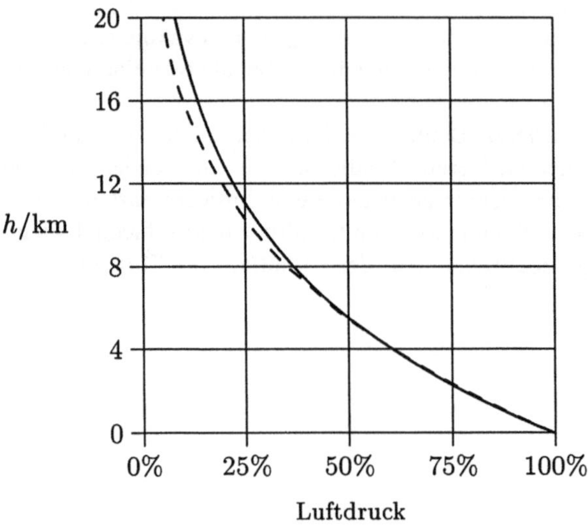

Bild 2.43
Vergleich der Abhängigkeit des Luftdrucks von der Höhe nach der barometrischen Höhenformel (durchgezogen) mit den Daten der US-Standard-Atmosphäre (1962), die die wirkliche Atmosphäre in den mittleren Breiten widerspiegelt (gestrichelt)

Bild 2.43 vergleicht die nach der Höhenformel berechnete Abhängigkeit des Luftdrucks von der Höhe mit den Daten einer Standard-Atmosphäre. Letztere berücksichtigt gerade die Einflüsse einer sich mit der Höhe ebenfalls verändernder Temperatur. Es sei erwähnt, daß die Abhängigkeit des Luftdrucks von der Höhe zur Höhenmessung z. B. in Flugzeugen Anwendung findet.

Auch in Luft erfahren Körper einen Auftrieb, der allerdings wesentlich kleiner als in Wasser ist. Ausgenutzt wird er u. a. beim Ballonfliegen, wobei der Ballon entweder mit einem Gas gefüllt wird, welches eine geringere Dichte als Luft hat, oder aber mit heißer Luft, deren Dichte mit steigender Temperatur ebenfalls kleiner wird. Auch bei Massenbestimmungen durch Präzisionsmessungen kann der Auftrieb von Bedeutung sein.

Übungen:

- ■ **2.50**: Bei einer genauen Wägung soll der Einfluß des Auftriebs in der Luft berücksichtigt werden. Man berechne die wirkliche Masse eines Stücks Eisen ($\rho_{\text{Eisen}} = 7860\,\mathrm{kg/m^3}$), wenn die scheinbare in Luft gemessene Masse 1 g beträgt.
- ■ **2.51**: Die von Otto v. Guericke in seinem Experiment verwendeten Halbkugeln sollen einen Durchmesser von 42 cm besessen haben. Welche Kraft hatten die Pferde dann zu überwinden, um die Halbkugeln zu trennen? Könnten allein die 8 Pferde, die an einer der Halbkugeln ziehen, diese von der anderen Halbkugel trennen, wenn letztere an einer Wand befestigt wäre?

2.3.3 Molekulare Kräfte in Flüssigkeiten und Gasen

2.3.3.1 Oberflächenspannung und Kapillarität

Die unterschiedlichen Eigenschaften der verschiedenen Aggregatzustände sind durch die Wirkungen molekularer Kräfte bedingt. Feste Körper, aber auch Flüssigkeiten, setzen dem Versuch,

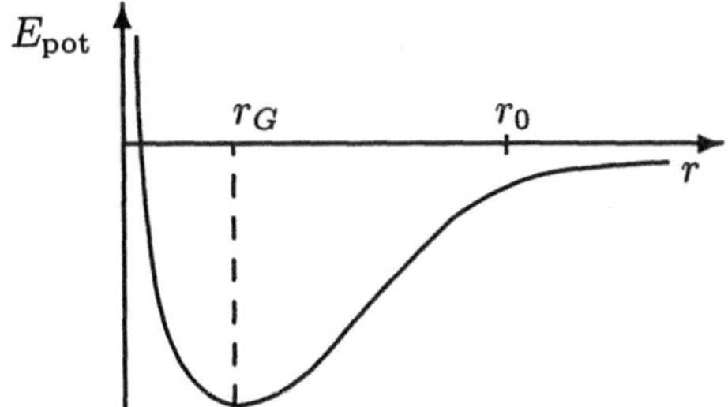

Bild 2.44
Qualitativer Verlauf der potentiellen Energie der intermolekularen Kräfte in Abhängigkeit vom Abstand zwischen benachbarten Molekülen. Diese Kräfte zeigen Abhängigkeiten der Form $\sim \pm r^{-n}$, wobei das positive Vorzeichen abstoßende und das negative anziehende Kräfte charakterisiert.

sie zu zerteilen, einen Widerstand entgegen, was auf die Existenz molekularer Anziehungskräfte für die in ihnen vorliegenden intermolekularen Abstände schließen läßt. Die geringe Kompressibilität von Flüssigkeiten führt andererseits zu dem Schluß, daß für noch geringere Abstände in ihnen starke abstoßende Kräfte auftreten. Diese intermolekularen Kräfte sind elektromagnetischer Natur, und die zu ihnen gehörende potentielle Energie weist qualitativ den in Bild 2.44 dargestellten Verlauf auf. Im Minimum der Energiekurve liegt die Gleichgewichtsposition r_G. Wegen (2.27) hat man links davon eine abstoßende Kraftwirkung und rechts davon eine anziehende Kraftwirkung. Der Wirkungsbereich der molekularen Kräfte liegt in der Größenordnung von $r_0 \approx 10$ nm. Intermolekulare Kräfte, die zwischen den Molekülen eines Körpers oder einer Flüssigkeit wirken, nennt man **Kohäsionskräfte**; wirken sie zwischen den Molekülen unterschiedlicher Körper, dann nennt man sie **Adhäsionskräfte**. Diese Kräfte verursachen Oberflächenspannung und Kapillarität.

Die Oberflächenspannung ist die Ursache dafür, daß Insekten auf der Wasseroberfläche laufen können ohne einzusinken, daß dünne Nähnadeln schwimmen, daß Seifenblasen oder auch Flüssigkeitstropfen entstehen. Betrachtet man Bild 2.45, dann erkennt man, daß die Resultierende aller intermolekularen Kräfte für Flüssigkeitsmoleküle im Inneren der Flüssigkeit verschwindet. Für Moleküle an der Oberfläche entsteht im Gegensatz dazu jedoch eine ins Flüssigkeitsinnere gerichtete Kraftwirkung. Zur Vergrößerung der Oberfläche müssen Moleküle gegen diese Kraft an die Oberfläche gebracht werden, und folglich ist dazu Arbeit zu verrichten. und Kapillarität.

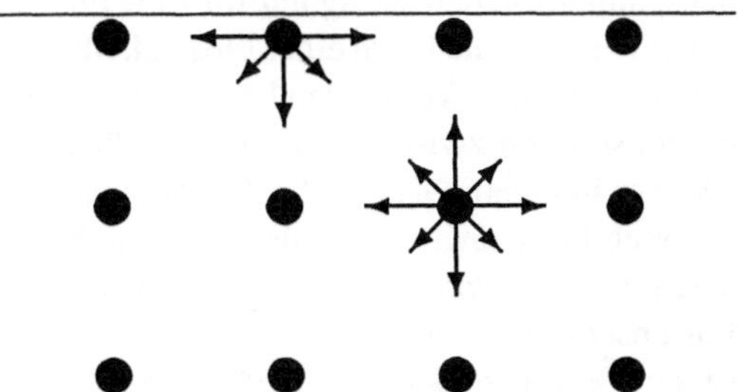

Bild 2.45
Die Oberflächenspannung als Folge interatomarer Kräfte

Die Energie, die pro Flächeneinheit in der Oberfläche gespeichert ist, nennt man **spezifische Oberflächenenergie** oder auch **Oberflächenspannung** σ. Muß also zur Vergrößerung der Oberfläche um ΔA die Arbeit ΔW verrichtet werden, dann gilt

$$\sigma = \frac{\Delta W}{\Delta A} \, .$$

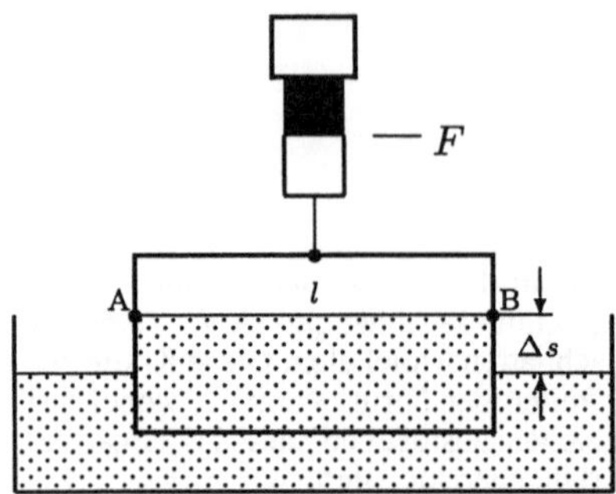

Bild 2.46
Bestimmung der Oberflächenspannung mittels eines Drahtbügels

Experimentell kann man Oberflächenspannungen mittels eines Drahtbügels bestimmen (vgl. Bild 2.46). Während der Drahtbügel an einer Waage hängt, senkt man langsam das Gefäß mit der Flüssigkeit. Dabei bleibt an dem mittleren zwischen A und B gespannten feinen Faden die Flüssigkeit hängen und es bildet sich auf der Länge l beidseitig (insgesamt also auf der Länge $2l$!) eine Flüssigkeitslamelle. Gemessen wird die Kraft am Bügel, wenn die Lamelle reißt. Haben wir die Lamelle um die Strecke Δs aus der Flüssigkeit gezogen, dann ist die dabei verrichtete Arbeit einmal durch $\Delta W = F\Delta s$ und einmal durch die Zunahme an Oberflächenenergie $\Delta W = 2\sigma l \Delta s$ gegeben. Dies ergibt für die Oberflächenspannung

$$\sigma = \frac{F}{2l} \,. \tag{2.70}$$

Die Oberflächenspannung ist daher auch als die pro Längeneinheit am Rand der Oberfläche angreifende Kraft gegeben.

Für Wasser hat man bei einer Temperatur von 18°C einen Wert $\sigma = 0,073$ N/m. Dieser kann allerdings stark durch Verunreinigungen oder Zusätze beinflußt werden. Kochsalz vergrößert z. B. die Oberflächenspannung, während Spülmittel im Haushalt die Oberflächenspannung um bis zu 20% reduzieren (vgl. Übungen). Generell haben Flüssigkeiten das Bestreben, ihre Oberfläche und damit die in der Oberfläche gespeicherte Oberflächenenergie zu minimieren. Aus diesem Grund haben Tropfen Kugelgestalt oder vereinigen sich viele kleine benachbarte Tropfen stets zu einem großen.

Unsere bisherigen Betrachtungen zur Oberflächenspannung gelten streng nur für freie Flüssigkeitsoberflächen, die an das Vakuum grenzen. Im allgemeinen ist die Form einer Flüssigkeitsoberfläche aber nicht allein durch die Kohäsionskräfte zwischen ihren Molekülen bestimmt, sondern wird mehr oder weniger stark auch von den Adhäsionskräften zwischen ihren Molekülen und denen der angrenzenden Medien beeinflußt. Für Wasser in einem Glas sind z. B. prinzipiell die Kräfte zwischen den Grenzflächen Wasser–Luft, Wasser–Glas sowie Luft-Glas relevant. Sie erzeugen **Grenzflächenspannungen**, die das Verhalten der Flüssigkeitsoberfläche determinieren. Der Einfluß des Gases ist allerdings nur gering. Für unser konkretes Grenzflächensystem dominieren die Adhäsionskräfte zwischen Glas und Wasser $\vec{F}_G$ gegenüber den Kohäsionskräften des Wassers $\vec{F}_W$, und die Gefäßwände werden daher vom Wasser vollständig benetzt. Die Flüssigkeitsoberfläche stellt sich stets senkrecht zur resultierenden Kraft $\vec{F}_R$ ein und muß sich daher krümmen (Bild 2.47).

Anstelle der wirkenden Adhäsions- und Kohäsionskräfte können zur Erklärung von Grenzflächeneigenschaften auch die in den Grenzflächen wirkenden Grenzflächenspannungen betrachtet werden. Die Gestalt eines Tropfens Fett auf einer Wasseroberfläche ist dann eine Folge der wirkenden Grenzflächenspannungen σ_{12} zwischen Luft und Wasser, σ_{13} zwischen Luft und Fett

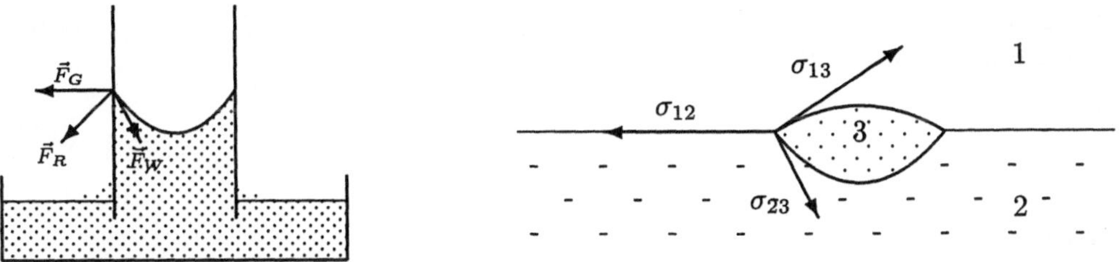

Bild 2.47 Grenzflächenspannungen bestimmen a) die Gestalt der Wasseroberfläche in einem Glasgefäß und b) das Verhalten eines Fettauges auf Wasser

sowie σ_{23} zwischen Wasser und Fett (Bild 2.47). Während σ_{12} bestrebt ist, die Wasseroberfläche durch Auseinanderziehen des Fettauges zu verringern, versuchen σ_{13} und σ_{23}, die Oberfläche des Fettauges zu reduzieren. Im Gleichgewicht nimmt das Fettauge eine Form an, bei der sich die drei wirkenden Oberflächenspannungen kompensieren.

Für Öl anstelle von Fett ergibt sich eine Konstellation, bei der

$$|\sigma_{12}| > |\sigma_{13}| + |\sigma_{23}|$$

ist ($\sigma_{12} = 0,073\,\text{N/m}$, $\sigma_{13} = 0,032\,\text{N/m}$, $\sigma_{23} = 0,018\,\text{N/m}$). Daher ist keine stabile Konfiguration eines Öltropfens möglich, und das Öl breitet sich auf Wasser zu einer äußerst dünnen (monomolekularen) Schicht aus.

Spülmittel, die die Oberflächenspannung des Wassers herabsetzen, haben damit folgende Wirkungen: Durch die Verringerung der Oberflächenspannung wird die Bildung von Wassertropfen erschwert, während die zu reinigenden Flächen besser benetzt werden. Befindet sich z. B. Fett auf einem Teller, so umgibt es sich mit einem Wasserfilm und kann leichter vom Wasser abtransportiert werden.

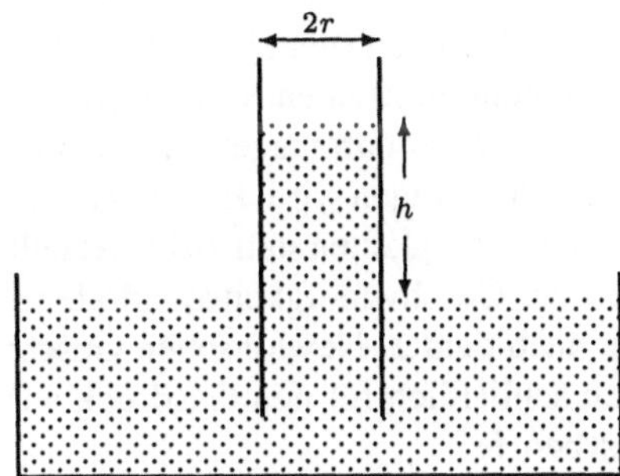

Bild 2.48
Kapillarität für eine benetzende Flüssigkeit

Ebenfalls eine Konsequenz der Grenzflächenspannungen ist das Phänomen der **Kapillarität**, welches darin besteht, daß Flüssigkeiten in dünnen Röhren (Kapillaren) über den normalen Flüssigkeitsstand nach oben steigen. Sind nämlich die Adhäsionskräfte zwischen Flüssigkeit und Gefäß größer als die Kohäsionskräfte in der Flüssigkeit, dann wird die Flüssigkeit, wie bereits erläutert, die gesamte Kapillare benetzen, was zu einer drastischen Vergrößerung der Flüssigkeitsoberfläche führt. Durch das Hochsteigen der Flüssigkeit innerhalb der Kapillare verringert sich dieser Zuwachs. Wir nehmen vollständige Benetzung an und vernachlässigen im folgenden daher den geringen Einfluß einer gekrümmten Flüssigkeitsoberfläche. Mit (2.70) und den Bezeichnungen aus Bild 2.48 ist die aus der Oberflächenspannung resultierende Kraft durch

$2\pi r\sigma$ gegeben. Diese wird im Gleichgewichtsfall durch das Gewicht $\varrho\pi r^2 hg$ der angehobenen Flüssigkeitssäule kompensiert. Für die Steighöhe erhält man damit

$$h = \frac{2\sigma}{\varrho g r} . \tag{2.71}$$

Übungen:

- **2.52**: In Wasser wird eine Substanz aufgelöst, für die die Adhäsionskräfte zwischen ihren Molekülen und denen von Wasser kleiner sind als die Kohäsionskräfte zwischen den Wassermolekülen. Welche Wirkung hat die Beimischung dieser Substanz auf die Größe der Oberflächenspannung?
- **2.53**: Der Druck in einer Seifenblase wird durch ihren Radius und die Oberflächenspannung bestimmt. Versuchen Sie, diesen Zusammenhang aus Maßeinheitsbetrachtungen zu erschließen. Was passiert, wenn sich zwei Seifenblasen unterschiedlicher Größe begegnen?
- **2.54**: Anders als beim Wasser überwiegen für Quecksilber die Kohäsionskräfte gegenüber den durch eine Glasröhre bedingten Adhäsionskräften. Was passiert in diesem Fall in einer Kapillare?

2.3.3.2 Kinetische Gastheorie

Im Gegensatz zu Flüssigkeiten läßt sich das Verhalten von Gasen weitgehend ohne die Annahme von intermolekularen Kräften erklären. Gasmoleküle sind im zeitlichen Mittel so weit voneinander entfernt, daß sie sich zwischen etwaigen gegenseitigen Stößen wie wechselwirkungsfreie Kugeln verhalten. In diesem Modell eines idealen Gases wollen wir das in Abschnitt 2.3.2.1 bereits verwendete Boyle-Mariottesche Gesetz nun herleiten und betrachten dazu unser Gas mit der Teilchendichte n in einem Würfel mit den Flächen A (Bild 2.49).

Im statistischen Mittel bewegen sich jeweils $1/6$ aller Moleküle auf eine der sechs Würfelflächen zu, wobei wir eine Molekülmasse m und zur Vereinfachung vorerst eine für alle Moleküle konstante Geschwindigkeit v annehmen wollen. Pro Sekunde treffen dann davon alle die Moleküle auf die betrachtete Würfelfläche, die sich im Volumen Av befinden (man beachte, daß v den Weg mißt, der in einer Sekunde zurückgelegt wird!). Bei einem elastischen Stoß gegen die Wand überträgt davon jedes den Impuls $2mv$, da v in $-v$ übergeht, so daß insgesamt der Impuls $(n/6)Av\,2mv = (n/3)Amv^2$ pro Sekunde auf die Fläche A übertragen wird. Eine genauere Analyse muß die Tatsache berücksichtigen, daß die Molekülgeschwindigkeiten statistisch verteilt sind. Es zeigt sich dabei, daß v^2 genauer durch den Mittelwert der Geschwindigkeitsquadrate $\overline{v^2}$ zu ersetzen ist. Der pro Sekunde übertragene Impuls ist nun nach dem 2. Newtonschen Gesetz identisch mit der Kraftwirkung auf diese Fläche, so daß man schließlich für den Gasdruck auf die Würfelwände die **Grundgleichung der kinetischen Gastheorie**

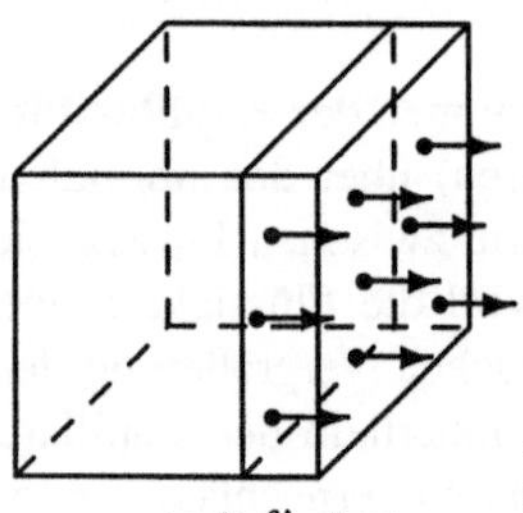

Bild 2.49
Zur Ableitung der Grundgleichung der kinetischen Gastheorie

$$\boxed{p = \frac{1}{3} n m \overline{v^2}} \tag{2.72}$$

erhält. Beachtet man, daß für N Teilchen im Volumen V die Teilchendichte $n = N/V$ ist, und multipliziert man (2.72) mit V, so folgt

$$pV = \frac{1}{3} N m \overline{v^2} \,. \tag{2.73}$$

Nun ist einerseits Nm, die Gesamtmasse des Gases, vom eingenommenen Volumen unabhängig und damit konstant. Andererseits wird sich $\overline{v^2}$ in der Thermodynamik als Maß für die Temperatur eines Körpers erweisen (vgl. Abschnitt 3.1.5) und ist damit bei fester Temperatur ebenfalls konstant. Insgesamt ist damit also die rechte Seite von (2.73) bei fester Temperatur eine Konstante, und somit folgt aus (2.72) $pV = const.$ – das Boyle-Mariottesche Gesetz. Für hinreichend hohe Drücke und Temperaturen erlaubt dieses einfache Modell also bereits ein Verständnis des Verhaltens von Gasen. Wir werden solche idealen Gase in der Thermodynamik weiter untersuchen.

2.3.4 Strömende Flüssigkeiten und Gase

2.3.4.1 Stromlinien und das Geschwindigkeitsfeld

Während wir bisher Flüssigkeiten und Gase als ruhend angenommen haben, sollen nun ihre Eigenschaften im bewegten Zustand behandelt werden. Eine Bewegung erfolgt stets unter dem Einfluß von Kräften, und sie ist dadurch gekennzeichnet, daß sich die Moleküle in der Flüssigkeit oder in dem Gas im allgemeinen mit einer von Ort zu Ort variierenden Geschwindigkeit bewegen. Wir sprechen dann von einem Geschwindigkeitsfeld $\vec{v}(\vec{r})$ und charakterisieren eine solche Strömung durch *Stromlinien*. Diese haben die folgenden Eigenschaften: a) der Geschwindigkeitsvektor ist stets tangential zur Stromlinie gerichtet, b) die Zahl der Stromlinien, die eine senkrecht zur Strömungsrichtung orientierte Einheitsfläche durchsetzen, ist ein Maß für den Betrag der Geschwindigkeit an der entsprechenden Stelle (vgl. Bild 2.50).

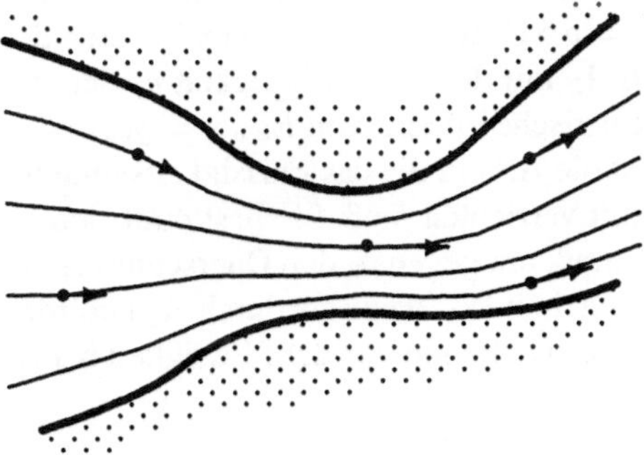

Bild 2.50
Darstellung eines Geschwindigkeitsfeldes durch Stromlinien

Es muß betont werden, daß die Stromlinien im allgemeinen nicht mit den Bahnkurven der Flüssigkeitsteilchen gleichgesetzt werden dürfen. Erstere entsprechen nämlich einer „Momentaufnahme“ des Geschwindigkeitsfeldes, während die Bahnkurve vom Molekül im Laufe der Zeit durchlaufen wird. Nur wenn das Geschwindigkeitsfeld zeitunabhängig ist, verläuft die Bahnkurve auf einer Stromlinie. Eine solche Strömung heißt *stationär*.

Stromlinienbilder können vielfältige Formen aufweisen, da sie durch das Zusammenwirken unterschiedlichster Kräfte bestimmt werden, die ihrerseits in unterschiedlichster Weise die Flüssigkeitsmoleküle beschleunigen. Die Kräfte unterteilt man dabei in a) Trägheitskräfte oder Volumenkräfte wie beispielsweise die Schwerkraft, die dem Volumen bzw. der Masse proportional sind, b) Kraftwirkungen durch existierende Druckdifferenzen und c) Kräfte der Inneren Reibung zwischen den Flüssigkeitsteilchen. Können die Reibungskräfte vernachlässigt werden, dann spricht man von einer *idealen* Flüssigkeit. Ihre Eigenschaften sind am einfachsten zu beschreiben. In einer solchen Flüssigkeit können insbesondere keine geschlossenen Stromlinien, sogenannte **Wirbel**, auftreten. In vielen Situationen verhalten sich Flüssigkeiten ideal, und wir wollen eine solche Flüssigkeit zunächst einmal voraussetzen. Später werden wir dann einige Phänomene besprechen, wie die Zähigkeit einer Flüssigkeit oder das Auftreten turbulenter Strömungen, die die Grenzen dieser Modellvorstellung überschreiten und die Existenz innerer Reibungskräfte offenbaren.

Eine in einer Röhre strömende Flüssigkeit kann quantitativ durch den **Volumenstrom** $\dot{V}$ charakterisiert werden. Er ist definiert als das pro Zeiteinheit durch eine bestimmte Querschnittsfläche A strömende Flüssigkeitsvolumen. Ist die Strömungsgeschwindigkeit dort v, dann gilt

$$\dot{V} = Av \, , \tag{2.74}$$

da gerade alle Moleküle im Volumen Av pro Sekunde die Querschnittsfläche passieren. Kann die Flüssigkeit als inkompressibel angenommen werden und existieren weder Zuflüsse (Quellen) noch Abflüsse (Senken) in dem betrachteten Röhrenabschnitt, dann ist der Volumenstrom dort überall gleich und es gilt die **Kontinuitätsgleichung**

$$\boxed{A_1 v_1 = A_2 v_2} \, , \tag{2.75}$$

die zum Ausdruck bringt, daß $Av = const.$ ist.

2.3.4.2 *Die Bernoulli-Gleichung*

Wir wollen nun die Druckverhältnisse in einer strömenden Flüssigkeit qualitativ erfassen und wenden dazu den Energieerhaltungssatz auf die in Bild 2.51 dargestellte Konstellation an: Wir betrachten ein Volumenelement ΔV mit der Masse $m = \varrho \Delta V$, welches pro Sekunde durch den Querschnitt A_1 mit der Geschwindigkeit v_1 und durch A_2 mit der Geschwindigkeit v_2 der sich erweiternden Röhre fließt. Dabei verringert sich seine kinetische Energie von $E_{\text{kin},1} = \varrho \Delta V v_1^2/2$ auf $E_{\text{kin},2} = \varrho \Delta V v_2^2/2$. Ursache für diese Abnahme ist die Arbeit, die das Flüssigkeitsvolumen auf seinem Weg durch den betrachteten Röhrenabschnitt verrichten muß. Sie bestimmt sich als Differenz der Arbeit W_2, die die Flüssigkeit verrichten muß, um gegen p_2 den Querschnitt A_2 zu passieren, und der an der Flüssigkeit von p_1 verrichteten Arbeit W_1, wenn sie durch A_1 befördert wird. Nutzen wir wieder die Tatsache, daß v_1 und v_2 die pro Sekunde von der Flüssigkeit bei A_1

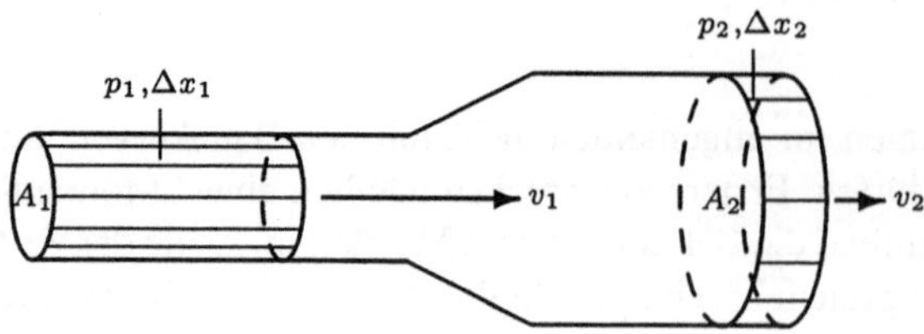

Bild 2.51
Zur Ableitung der Bernoulli-Gleichung

bzw. A_2 zurückgelegten Wege bestimmen, so gilt wegen (2.74) $W_2 = p_2 A_2 v_2 \cdot 1\,\mathrm{s} = p_2 \Delta V$ und $W_1 = p_1 A_1 v_1 \cdot 1\,\mathrm{s} = p_1 \Delta V$. Der Energieerhaltungssatz verlangt damit

$$(p_2 - p_1)\Delta V = \frac{1}{2}\varrho \Delta V v_1^2 - \frac{1}{2}\varrho \Delta V v_2^2 \,.$$

Division durch ΔV und die Zusammenfassung der jeweils entsprechenden Terme liefert die nach D. Bernoulli (1700–1782) benannte **Bernoulli-Gleichung**

$$\boxed{p_1 + \frac{1}{2}\varrho v_1^2 = p_2 + \frac{1}{2}\varrho v_2^2 \,.} \tag{2.76}$$

Da weiterhin die beiden Flächen A_1 und A_2 beliebig gewählt werden können, kann man die Bernoulli-Gleichung auch in der Form[8]

$$\boxed{p + \frac{1}{2}\varrho v^2 = p_0 = const.} \tag{2.77}$$

schreiben. Der Gesamtdruck p_0 in einer strömenden Flüssigkeit setzt sich also zusammen aus dem **statischen Druck** p und einem dynamischen Druckanteil $\varrho v^2/2$, der als **Staudruck** bezeichnet wird.

In Gasen sollte neben den betrachteten Energieformen noch mit dem Einfluß von Kompressionsenergie zu rechnen sein. Es zeigt sich aber, daß die Bernoulli-Gleichung auch für Gase bei nicht zu hohen Geschwindigkeiten in der abgeleiteten Form angewendet werden kann. Im allgemeinen darf die Geschwindigkeit nicht in die Größenordnung der für das Gas charakteristischen Schallgeschwindigkeit kommen, um ein strömendes Gas als inkompressibel annehmen zu können.

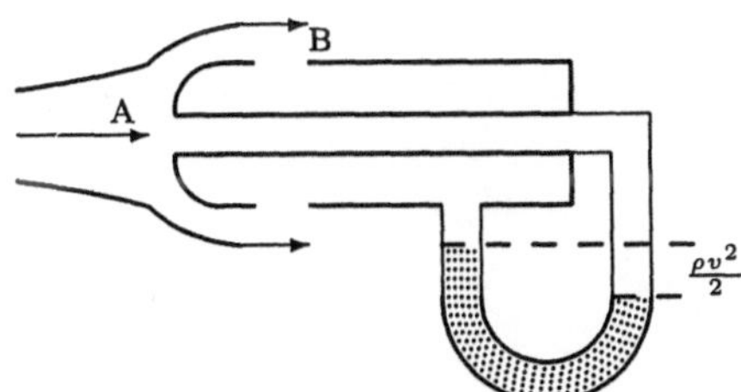

Bild 2.52
Prandtlsches Staurohr zur Messung des Staudruckes. Die Differenz zwischen den statischen Drücken p_0 in A ($v = 0$!) und p in B (v) kann von einem Manometer abgelesen werden.

Der Staudruck kann unmittelbar mit einem *Prandtlschen Staurohr* (L. Prandtl, 1875–1953) bestimmt werden (Bild 2.52). Da die strömende Flüssigkeit bei A gestaut wird, herrscht dort der rein statische Gesamtdruck p_0, während bei B der Druck $p + \varrho v^2/2$ einen statischen und einen dynamischen Anteil aufweist. Das Manometer zeigt nun die Differenz der statischen Drücke, also den Staudruck, an. Wegen der aus (2.77) folgenden Beziehung

$$v = \sqrt{\frac{2(p_0 - p)}{\varrho}}$$

[8] In Rohrleitungen, die Höhenunterschiede überwinden, muß man zusätzlich noch die potentielle Energie der Schwerkraft berücksichtigen. Man kann zeigen, daß der entsprechende Beitrag zum Gesamtdruck durch $\varrho g h$ gegeben ist, wobei h die jeweilige Höhe des Flüssigkeitsquerschnittes im Schwerefeld ist.

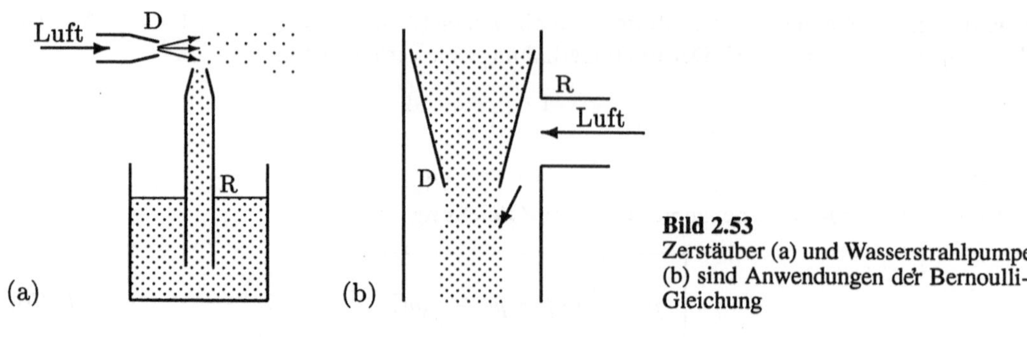

Bild 2.53
Zerstäuber (a) und Wasserstrahlpumpe (b) sind Anwendungen der Bernoulli-Gleichung

kann man das Prandtlsche Staurohr zur Messung von Strömungsgeschwindigkeiten verwenden.

Die Bernoulli-Gleichung bildet die Grundlage für viele praktische Anwendungen (Bild 2.53). Beim *Zerstäuber* wird durch die mit hoher Geschwindigkeit aus der Düse D austretende Luft ein Unterdruck erzeugt, der das Wasser durch das Rohr R ansaugt und zerstäubt. Gerade umgekehrt arbeitet eine *Wasserstrahlpumpe*. Der Unterdruck entsteht hier in dem bei D mit großer Geschwindigkeit austretenden Wasser und saugt Luft aus dem Rohr R an. Die Luftzufuhr beim *Bunsenbrenner* erfolgt nach dem gleichen Prinzip.

Schließlich erwähnen wir das als *hydrodynamisches Paradoxon* bezeichnete Phänomen, daß beim Hineinblasen in das Rohr R der in Bild 2.54 gezeigten Anordnung die Platte P_2 nicht abgestoßen, sondern an die Platte P_1 herangezogen wird. Das scheinbare Paradoxon wird verständlich, wenn man beachtet, daß gegenüber der ruhenden Luft außen, die Luft zwischen den Platten mit einer gewissen Geschwindigkeit strömt. Damit reduziert sich der statische Druckanteil dort gegenüber dem äußeren Luftdruck, und es resultiert eine Anziehungskraft für die untere Platte.

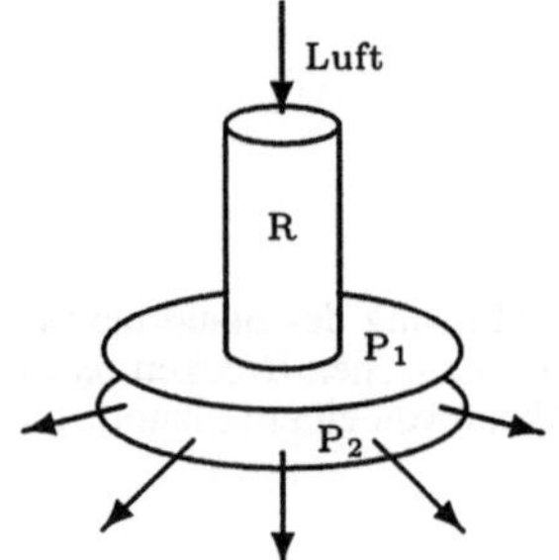

Bild 2.54
Hydrodynamisches Paradoxon

Übungen:

- **2.55**: Mit welcher Geschwindigkeit strömt eine Flüssigkeit aus einer kleinen Öffnung, die sich um die Strecke h unterhalb der Flüssigkeitsoberfläche befindet? Hinweis: Das abzuleitende Torricellische Gesetz ist eine Folge der Bernoulli-Gleichung!
- **2.56**: Mit einer Venturi-Düse kann man die Druckdifferenz zwischen einer normalen Stelle einer Rohrleitung und einer künstlich erzeugten Querschnittsverengung bestimmen. Wie kann man aus der zusätzlichen Kenntnis der beiden Querschnittsflächen (Rohrleitung und Verengung) den Volumenstrom berechnen?

2.3.4.3 Laminare und turbulente Strömungen

Bisher spielten die Reibungskräfte in einer Flüssigkeit keine Rolle. Für das Verständnis einer Vielzahl von Erscheinungen ist die Existenz dieser Kräfte jedoch unbedingt notwendig. Denken wir nur an das Durchmischen verschiedener Flüssigkeiten mit einem Mixer, der dabei kinetische Energie auf die Flüssigkeiten überträgt, oder an das Herausziehen eines Messers aus einem Glas mit Honig, an dem dabei beidseitig Honig haften bleibt.

Auch bei dem historischen Newtonschen Eimerversuch wird die Existenz innerer Molekularkräfte deutlich: Überläßt man einen an einem verdrillten Seil hängenden Eimer mit Wasser sich selbst, so beginnt dieser zu rotieren. Zuerst rotiert nur der Eimer, aber im Laufe der Zeit beobachtet man, daß sich die Rotationsbewegung von der Eimerwand ausgehend auch auf das Wasser überträgt. Man erkennt dies daran, daß das rotierende Wasser infolge der Zentrifugalkraft an den Gefäßwänden emporsteigt. Verantwortlich für dieses Phänomen sind gerade innere Reibungskräfte. Sie wirken tangential und übertragen von Schicht zu Schicht die Bewegungsenergie.

Sind die Trägheitskräfte gegenüber den Kräften der Inneren Reibung klein, dann beschleunigen sie die Flüssigkeitsteilchen nur in Richtung ihrer bereits vorhandenen Geschwindigkeit. Man kann sich die Bewegung der Flüssigkeit dann so vorstellen, daß einzelne Schichten mit unterschiedlichen Geschwindigkeiten aneinander vorbeigleiten, ohne sich gegenseitig zu vermischen. Eine solche Strömung nennt man **laminar**.

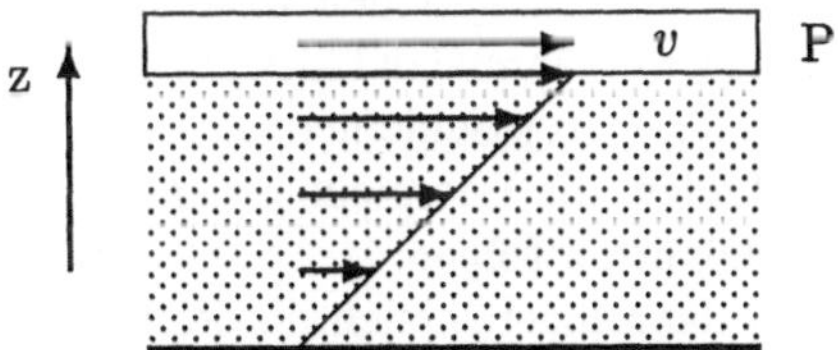

Bild 2.55
Ausbildung eines Geschwindigkeitsgradienten in einer laminaren Strömung infolge Innerer Reibung.

Betrachtet man etwa eine Flüssigkeit zwischen zwei Platten, von denen sich die obere Platte P mit der Geschwindigkeit v bewegt, wobei die Innere Reibung überwunden wird. Die Situation simuliert in vereinfachter Weise etwa das Herausziehen einer Messerklinge aus einem Gefäß mit Sirup oder Honig. Die der Platten P benachbarte Schicht haftet nun an dieser, so daß die unmittelbar angrenzende ebenfalls die Geschwindigkeit v annimmt, während die an die untere, ruhende Platte angrenzende Schicht ebenfalls in Ruhe bleibt. Jede Schicht überträgt infolge der tangential an der Schichtgrenze angreifenden Reibungskraft kinetische Energie auf die jeweils darunterliegende Schicht, setzt diese in Bewegung und verliert dabei selbst Energie. Die durch die Bewegung der Platte zugeführte Energie verteilt sich also mit abnehmenden Anteilen auf die einzelnen Schichten, wobei ein Teil durch die Reibungskräfte verbraucht wird. So entsteht in der Flüssigkeit ein Geschwindigkeitsgradient, wie er in Bild 2.55 dargestellt ist. Er ist allerdings nicht unbedingt linear. Wie das Experiment zeigt, kann man die Kräfte der Inneren Reibung als proportional sowohl zum Geschwindigkeitsgradienten $\mathrm{d}v/\mathrm{d}z$ senkrecht zur Strömungsrichtung als auch zur Plattenfläche A annehmen. Damit hat man

$$\boxed{F_R = \eta A \frac{\mathrm{d}v}{\mathrm{d}z}\ .} \tag{2.78}$$

Der materialspezifische Proportionalitätsfaktor η heißt **Zähigkeit** oder **dynamische Viskosität**. Werte für die Zähigkeit liegen bei 20° C z. B. für Wasser bei $0,001$ Pa s, für Olivenöl $0,081$ Pa s, während für Glyzerin ein viel größerer Wert von etwa $1,5\,\mathrm{Pa\,s}$ gefunden wird. Motorenöle liegen im Bereich von $0,02\,\mathrm{Pa\,s}$ bis $10\,\mathrm{Pa\,s}$ und können daher noch größere Werte besitzen.

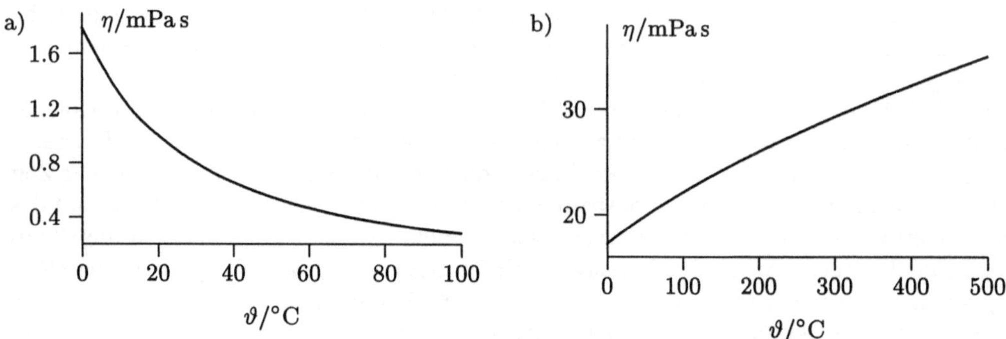

Bild 2.56 Temperaturabhängigkeit der dynamischen Viskosität für Wasser und Luft

Mit steigender Temperatur nimmt die Zähigkeit von Flüssigkeiten stark ab. Gase verhalten sich anders. Sie besitzen um Größenordnungen kleinere η -Werte, die jedoch mit steigender Temperatur zunehmen (Bild 2.56). Dies weist darauf hin, daß die mikroskopischen Mechanismen der Inneren Reibung sich für Flüssigkeiten und Gase unterscheiden. Während in Flüssigkeiten die Kohäsionskräfte die Wechselwirkung zwischen den einzelnen laminaren Schichten hervorrufen, kann in Gasen, wo die molekularen Kräfte fast vollständig fehlen, die Energieübertragung auf benachbarte Schichten nur durch Stöße zwischen den Gasmolekülen erfolgen.

Wird ein Körper von einer Flüssigkeit laminar umströmt, dann machen sich die Reibungskräfte ebenfalls bemerkbar. Da es dabei nur auf die Relativgeschwindigkeit zwischen Körper und Flüssigkeit ankommt, erfährt auch ein in einer Flüssigkeit bewegter Körper einen **Reibungswiderstand**. Speziell für eine Kugel liefert eine ziemlich komplizierte Rechnung für die Reibungswiderstandskraft das **Stokessche Gesetz** (G. G. Stokes, 1819–1903)

$$F_R = 6\pi\eta r v\ , \tag{2.79}$$

wobei r der Kugelradius und v die Kugelgeschwindigkeit ist. Fällt eine Kugel also infolge der Schwerkraft in einer zähen Flüssigkeit, dann wird sich eine konstante Fallgeschwindigkeit einstellen, für die sich gerade Schwerkraft, Reibungskraft und Auftrieb kompensieren. Mißt man diese Geschwindigkeit in einem *Viskosimeter*, ein die Flüssigkeit enthaltendes Gefäß mit markierter Fallstrecke, dann läßt sich daraus die Zähigkeit der Flüssigkeit bestimmen (vgl. Übungen).

Die Innere Reibung hat auch entscheidenden Einfluß auf den Volumenstrom durch eine laminar durchströmte Röhre. Hat diese die Länge l, den Radius R, und liegt die Druckdifferenz $p_1 - p_2$ an, dann gilt das **Hagen-Poiseuillesche Gesetz** (G. Hagen, J. L. M. Poiseuille)

$$\dot{V} = \frac{\pi(p_1 - p_2)R^4}{8\eta l}\ . \tag{2.80}$$

Der Volumenstrom ist der 4. Potenz von R proportional, was u. a. weitreichende Konsequenzen für den Blutkreislauf hat. Engt eine Arterienverkalkung eine Ader z. B. auf den halben Durchmesser ein, dann kann bei gleichem Blutdruck nur $1/16$ der Blutmenge diese Ader passieren. Eine Kompensation durch Blutdruckerhöhung ist nur teilweise möglich und von erhöhtem gesundheitlichen Risiko begleitet.

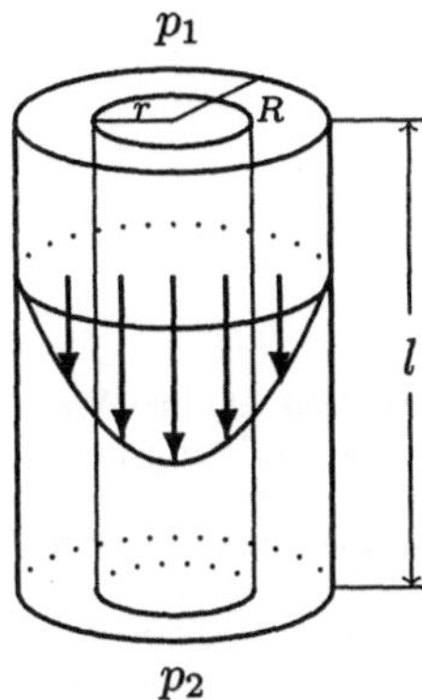

Bild 2.57
Zur Ableitung des Hagen-Poiseuilleschen Gesetzes

Zur Ableitung des Hagen-Poiseuilleschen Gesetzes: Betrachten wir in der Flüssigkeit den koaxialen Zylinder mit dem Radius r (Bild 2.57). Infolge des Druckgefälles wirkt auf ihn von oben die Kraft $F = \pi r^2(p_1 - p_2)$. Außerdem greift an seiner Oberfläche gemäß (2.78) die Kraft der Inneren Reibung $F_R = -2\pi r l\eta\, \mathrm{d}v/\mathrm{d}r$ an. Im Fall einer stationären Strömung kompensieren sich diese beiden Kräfte gerade, und man hat

$$\pi r^2(p_1 - p_2) = 2\pi r l\eta \frac{\mathrm{d}v}{\mathrm{d}r} ,$$

woraus man durch Integration $v(r)$ berechnen kann. Unter Beachtung von $v(R) = 0$ (die Flüssigkeit haftet an der Rohrwand!) hat man

$$v(r) = \frac{p_1 - p_2}{2l\eta} \int_r^R \bar{r}\, \mathrm{d}\bar{r} = \frac{p_1 - p_2}{4l\eta} (R^2 - r^2) .$$

Das Geschwindigkeitsprofil ist also parabolisch. Den Volumenstrom erhält man durch eine weitere Integration. Um die pro Sekunde den Rohrquerschnitt passierende Flüssigkeitsmenge zu bestimmen, stellt man sich den Querschnitt in konzentrische Kreisringe der Dicke $\mathrm{d}r$ zerlegt vor, in denen die Strömungsgeschwindigkeit $v(r)$ ist. Man findet

$$\dot{V} = \int_0^R 2\pi r v(r)\, \mathrm{d}r,$$

was gerade (2.80) liefert.

Es ist wichtig festzustellen, daß der Energieverlust infolge der Inneren Reibung in einer Flüssigkeit zu einem Druckverlust in Strömungsrichtung führt. Will man die Bernoulli-Gleichung weiter verwenden, dann muß dieser als zusätzlicher Beitrag berücksichtigt werden.

Oberhalb einer bestimmten kritischen Geschwindigkeit beginnen die Trägheitskräfte gegenüber den Reibungskräften zu dominieren. Dadurch können Flüssigkeitsteilchen auch quer zur Strömungsrichtung beschleunigt werden, wodurch die einzelnen Schichten einer laminaren Strömung sich zu stören beginnen. Sie durchmischen sich, und es kann zur Wirbelbildung kommen – die Strömung wird **turbulent**. Wir können dieses Phänomen u. a. beim Eingießen von Getränken aus einer Flasche beobachten.

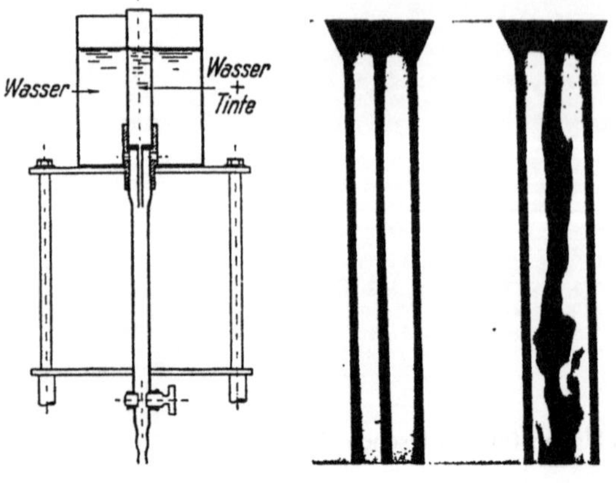

Bild 2.58
Zur Entstehung von Turbulenz in einer Wasserströmung (R. W. Pohl, Einführung in die Physik, Erster Band, Springer Verlag, 1964): Der Versuchsaufbau (links), eine laminare Strömung bei kleinerer Strömungsgeschwindigkeit (mitte), Durchmischung der laminaren Schichten bei beginnender Turbulenz (rechts)

Eine quantitative Beschreibung turbulenter Strömungen ist äußerst schwierig und in gewisser Weise auch prinzipiell nicht möglich.[9] Untersuchungen an turbulenten Strömungen von O. Reynolds (1842–1912) haben gezeigt, daß für ihr Verhalten eine dimensionslose Größe – die *Reynoldsche Zahl* – eine entscheidende Rolle spielt. Sie ist gegeben durch

$$Re = \varrho L v / \eta \tag{2.81}$$

und wird daher bestimmt durch die Dichte ϱ, die Zähigkeit η und die Geschwindigkeit v der Flüssigkeit sowie durch eine für die Strömung charakteristische Länge L, wie etwa der Rohrdurchmesser einer durchströmten Röhre oder die Abmessung eines umströmten Körpers. In Rohren ist mit turbulenter Strömung für Re-Werte oberhalb 1000 zu rechnen (häufig wird ein kritischer Wert von 1160 angegeben!).

Beim Einsetzen von Turbulenz nimmt die Strömungsgeschwindigkeit ab. Ein weiteres Charakteristikum einer solchen Strömung ist das Auftreten von Wirbeln, die zu einem deutlichen Anwachsen des Strömungswiderstandes führen.

Übung:

■ **2.57**: In einem Viskosimeter sei für eine Kugel mit dem Radius r die konstante Fallgeschwindigkeit v bestimmt worden. Weiterhin sei die Dichte der Flüssigkeit ϱ_F und der Kugel ϱ_K bekannt. Entwickeln Sie eine Formel zur Bestimmung von η.

2.3.4.4 Strömungswiderstand und Widerstandsbeiwert

Gäbe es eine ideale Flüssigkeit, also ohne innere Reibungskräfte, so dürfte ein von ihr umströmter Körper der Strömung auch überhaupt keinen Widerstand entgegensetzen. Wie Bild 2.59a zeigt, ist nämlich das Stromlinienprofil und damit die Druckverteilung vor und hinter dem Zylinder völlig symmetrisch. Flüssigkeitsteilchen, die vor dem Zylinder bei P_1 gestaut werden ($v = 0$, maximaler Druck), werden zwar nach Q_1 bzw. Q_2 beschleunigt (v maximal, minimaler Druck), sie werden dann aber bis zum Erreichen von P_2 wieder völlig abgebremst ($v = 0$, maximaler

[9] In turbulenten Strömungen werden die in den hydrodynamischen Grundgleichungen auftretenden nichtlinearen Terme relevant. Wie als erster Edward Lorenz im Jahre 1961 bei der Untersuchung eines mathematischen Modells zur Wetterprognose feststellte, treten dabei chaotische Phänomene auf. Diese sind dadurch gekennzeichnet, daß bereits eine geringfügige Änderung der Anfangsbedingungen zu einem völlig verschiedenen späteren Verhalten des betrachteten Systems führt. Da solche Anfangsbedingungen in der Regel aus Messungen gewonnen werden, können sich schon im Rahmen der Meßgenauigkeit grundsätzlich verschiedene Vorhersagen über das Verhalten ergeben.

Druck). Die Flüssigkeit gibt also die gewonnene Energie wieder vollständig an den Körper ab. Aus einer solchen symmetrischen Druckverteilung kann daher keine Kraftwirkung resultieren.

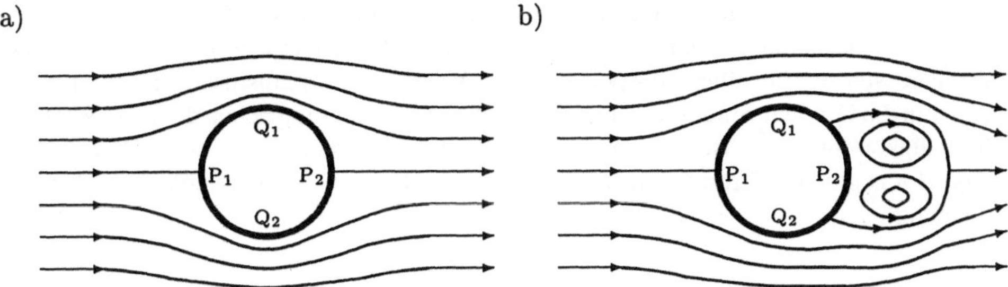

Bild 2.59 Verhältnisse an einem umströmten Zylinder a) bei laminarer und b) bei turbulenter Strömung

Für kleine Geschwindigkeiten, d. h. solange die Strömung laminar ist, ändert auch die Innere Reibung den Stromlinienverlauf nicht wesentlich. Allerdings erzeugt nun die reibungsbedingte Druckdifferenz zwischen P_1 und P_2 den bereits erwähnten Reibungswiderstand. Bei höheren Geschwindigkeiten kommt es zur Ausbildung von Wirbeln hinter dem Zylinder (Bild 2.59b). Die durch die Flüssigkeitsteilchen während der Beschleunigung nach Q_1 bzw. Q_2 aufgenommene kinetische Energie geht dabei nicht wieder auf den Zylinder, sondern auf die Wirbel über. Es resultiert ein **Druckwiderstand**. Es ist üblich, den gesamten *Strömungswiderstand*, bestehend aus dem Druckwiderstand und dem meist viel kleineren Reibungswiderstand, als proportional zum Staudruck und der angeströmten Fläche A anzusetzen, also

$$F_W = c_W \frac{\varrho v^2}{2} A \,. \tag{2.82}$$

Der dimensionslose Proportionalitätsfaktor c_W ist entscheidend durch die Geometrie des umströmten Körpers bestimmt und heißt **Widerstandsbeiwert**.

Den Ansatz für den Strömungswiderstand gemäß (2.82) kann man durch folgende von Newton stammende Überlegung plausibel machen: Ein Körper mit dem Querschnitt A verdrängt an seiner Vorderseite pro Sekunde die Flüssigkeitsmenge $m_{\mathrm{Fl}} = \varrho A v$. Dabei gibt er an die Flüssigkeit pro Sekunde den Impuls $p = m_{\mathrm{Fl}} v = \varrho A v^2$ ab, den man auch gemäß $p = 2 \cdot (\varrho v^2/2)\, A$ durch den Staudruck ausdrücken kann. Nach dem Umströmen bekommt er davon einen Teil zurück, was man durch einen „Korrekturfaktor" (c_W anstelle der vorderen 2) berücksichtigen kann. Die Impulsänderung pro Zeit bestimmt nun aber gerade die auf den Körper wirkende Kraft, die wir mit F_W bezeichnet haben.

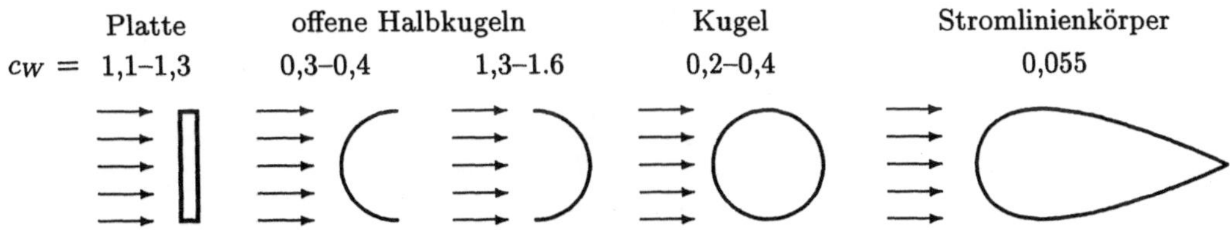

Bild 2.60 Widerstandsbeiwerte für einige Körperformen

Für einige Körper sind die c_W-Werte in Bild 2.60 angegeben. Die kleinsten Werte besitzen Körper mit Stromlinienform. Die langgestreckte Stromlinienform läßt sich in der Praxis, wie etwa im Automobilbau, nicht immer realisieren. Um dennoch kleine Widerstandsbeiwerte zu erzielen, werden die Körper oft durch eine die Wirbelbildung reduzierende „Abrißkante" begrenzt. Untersuchungen im Windkanal zeigen, daß für moderne PKWs dabei c_W-Werte von 0,3 und darunter erreicht werden. Für ältere PKWs sind c_W-Werte um 0,5 realistisch, und für LKWs kann c_W sogar in die Größenordnung von 1 kommen. Welche Bedeutung neben dem c_W-Wert die Fahrgeschwindigkeit für ein wirtschaftliches Autofahren besitzt, erkennt man durch Berechnung der Leistung. Um gegen den Strömungswiderstand mit konstanter Geschwindigkeit v zu fahren, muß die Leistung

$$P = F_W v = c_W \frac{\varrho v^3}{2} A$$

aufgebracht werden. Diese wächst also mit der dritten Potenz von v! Wäre der Luftwiderstand also der einzige Verlustmechanismus, so würde eine Verdopplung der Geschwindigkeit einen achtfachen Benzinverbrauch bedingen.

Bild 2.61
Untersuchung der Strömungsverhältnisse an einem Auto im Windkanal (Foto: BMW, München)

Man muß unbedingt betonen, daß die c_W-Werte nur in gewissen Grenzen und für turbulente Strömungen als konstant angenommen werden können. Insbesondere im Bereich laminarer Strömungen gilt dies jedoch keinesfalls. Für eine laminar umströmte Kugel folgt z. B. aus (2.79) und (2.82)

$$6\pi\eta r v = \frac{1}{2}\varrho v^2 A c_W = \frac{1}{2}\varrho v^2 \pi r^2 c_W$$

bzw.

$$c_W = \frac{12}{Re} ,$$

mit

$$Re = \frac{\varrho r v}{\eta} .$$

Der Strömungswiderstand ist also durch die bereits gemäß (2.81) eingeführte Reynoldsche Zahl festgelegt, wobei hier $L = r$ ist. Verringert man daher z. B. die Größe der Kugel r, so kann man etwa durch Erhöhung der Geschwindigkeit v die Reynoldsche Zahl und damit den Strömungswiderstand konstant halten. Ebenso könnte man Änderungen der Dichte durch Änderungen der Zähigkeit hinsichtlich der Reynoldschen Zahl kompensieren. Man bezeichnet Systeme (bestehend aus Strömung und Körper) als hydrodynamisch ähnlich, wenn sie die gleiche Reynoldsche Zahl besitzen. Untersucht man nun das Strömungsverhalten eines bestimmten Körpers, dem Original, an maßstabsgerecht veränderten Modellen (geometrische Ähnlichkeit), dann kann man den beschriebenen Sachverhalt durch das folgende *hydrodynamische Ähnlichkeitsprinzip* ausdrücken:

Geometrisch ähnliche Körper haben in hydrodynamisch ähnlichen Strömungen gleiche Widerstandsbeiwerte.

Dieses Prinzip bildet die Grundlage dafür, in Versuchen an verkleinerten Modellen Strömungseigenschaften von Körpern zu simulieren. Hat das Modell die gleiche Reynoldsche Zahl, so sollte auch sein Strömungswiderstand dem Original entsprechen.

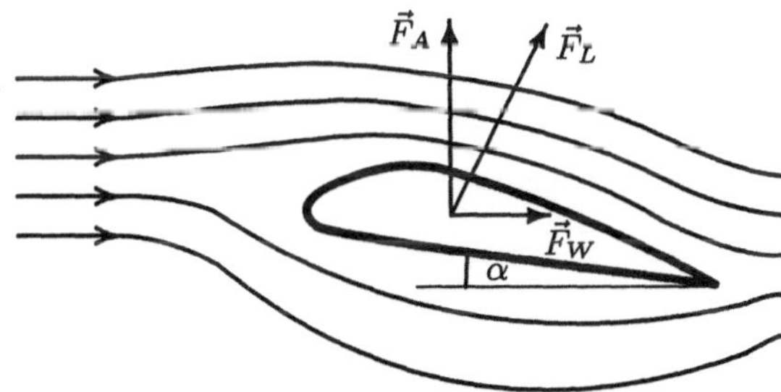

Bild 2.62
Zur Entstehung von dynamischem Auftrieb und Strömungswiderstand an einem Tragflügel

Ist bei einem umströmten Körper die Strömungsgeschwindigkeit an seiner Oberseite größer als an seiner Unterseite, dann resultiert entsprechend der Bernoulli-Gleichung ein Druckunterschied und der Körper erfährt neben dem Strömungswiderstand $\vec{F}_W$ einen *dynamischen Auftrieb* $\vec{F}_A$. Bild 2.62 zeigt an einem Tragflügel, wie sich die durch die Luftströmung entstehende Gesamtkraft $\vec{F}_L$ in diese Komponenten aufteilt. Die genaue Analyse hat ergeben, daß die Herausbildung eines solchen Stromlinienprofils durch einen sogenannten Anfahrwirbel verursacht wird. Dieser bedingt das Entstehen einer *Zirkulationsströmung* um den Tragflügel. Das Verhältnis von Auftrieb zu Strömungswiderstand wird wesentlich durch den Anstellwinkel bestimmt. Die jeweils optimalen Verhältnisse werden empirisch im Windkanal ermittelt.

Der Magnus-Effekt: Ähnliche Strömungsverhältnisse wie am Tragflügel bilden sich auch in strömenden Flüssigkeiten und Gasen um rotierende Körper. Würde z. B. ein Zylinder in der Strömung von Bild 2.62 im Uhrzeigersinn rotieren, so würde die Strömungsgeschwindigkeit an seiner Oberseite zunehmen und entsprechend an seiner Unterseite abnehmen (Bild 2.63). Die dadurch bedingte Druckdifferenz resultierte in einer nach oben gerichteten Kraftwirkung, die eine Aufwärtsbewegung des Zylinders verursachen würde. Dies ist der **Magnus-Effekt**, der von G. Magnus (1853) an fliegenden Geschossen beobachtet und experimentell untersucht wurde. Gut beobachten kann man den Magnus-Effekt z. B. an geschnittenen Tennisbällen (*topspin* oder *slice*). Übrigens gab es in den 20er Jahren sogar Versuche, diesen Effekt großtechnisch zum Antrieb von Schiffen zu nutzen (A. Flettner). Rotierende Zylinder sollten dabei die Segel ersetzen. Diese

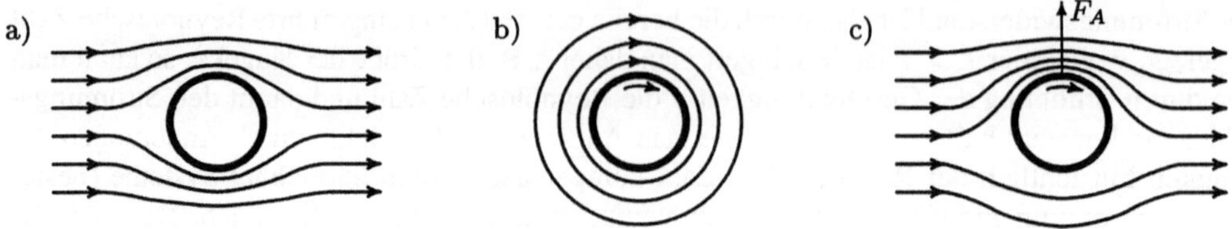

Bild 2.63 Zur Entstehung des Magnus-Effekts: a) Strömung um einen ruhenden Zylinder, b) reine Zirkulationsströmung um einen rotierenden Zylinder, c) resultierende Gesamtströmung um einen rotierenden Zylinder

Versuche und ähnliche Bemühungen zur dynamischen Auftrieberhöhung an Flugzeugen blieben jedoch relativ erfolglos.

3 Thermodynamik

3.1 Grundlagen der Thermodynamik

3.1.1 Einführung

Der Temperaturbegriff ist uns aus dem Alltag vertraut. Mit unseren Sinnesorganen unterscheiden wir zwischen „warm" und „kalt", und wir wissen, daß man dies mit dem Begriff „Temperatur" erfassen kann. Fragen wir uns aber, was Wärme oder Temperatur vom physikalischen Standpunkt aus ist, so scheint eine Antwort nicht so offensichtlich.

Die **Thermodynamik** oder **Wärmelehre** bedient sich einer phänomenologischen Beschreibungsweise. Sie charakterisiert den physikalischen Zustand von Systemen auf makroskopischer Basis durch sogenannte **Zustandsgrößen**. Zu ihnen gehören bereits aus der Mechanik bekannte Größen, wie z. B. Druck, Masse, Volumen, (Innere) Energie, aber auch neue, für die Thermodynamik spezifische Größen, wie Temperatur oder Entropie werden wir kennenlernen. Es liegt dabei in der Natur einer phänomenologischen Theorie, daß sie sich bei der Verwendung einer solchen neuen Größe allein auf die Angabe einer Meßvorschrift stützt und kein tieferes Verständnis ihres Wesens anstrebt.

Um jedoch beispielsweise das Wesen der Temperatur zu erfassen, muß eine mikroskopische Betrachtungsweise zugrunde gelegt werden, eine Aufgabe für die **statistische Physik**. Einen Einblick in ihre Arbeitsweise besitzen wir aus der kinetischen Gastheorie, deren Ergebnisse uns später von Nutzen sein werden. Dabei wird sich Wärme als ungeordnete Bewegungsenergie der Moleküle und Atome erweisen und Temperatur gerade als ein Maß für die mittlere Bewegungsenergie eines Moleküls. Eine weitere Vertiefung statistischer Methoden streben wir jedoch nicht an.

Wie bereits erwähnt, charakterisiert man den Zustand eines thermodynamischen Systems durch Zustandsgrößen. Bleiben diese Größen zeitlich konstant, dann spricht man davon, daß sich das System im **thermodynamischen Gleichgewicht** befindet. Im allgemeinen wird sich der Zustand des Systems jedoch im Laufe der Zeit ändern. Dies kann z. B. dadurch geschehen, daß man dem System Wärme zuführt, indem man es in Kontakt mit einem wärmeren System bringt. Stellt man etwa einen Kessel mit Wasser auf eine Kochplatte, so ändert sich der Zustand des Wassers. Es wird heiß und wandelt sich später teilweise in Wasserdampf um.

Eine weitere Möglichkeit besteht darin, am System Arbeit zu verrichten. Man kann dabei sowohl an mechanische Arbeit denken, wie etwa das Komprimieren eines Gases durch Druck auf einen Kolben, als auch an Arbeit elektrischen oder magnetischen Ursprungs.

In jedem Zustand haben die Zustandsgrößen wohldefinierte Werte, die den Zustand eindeutig charakterisieren. Ändert sich der Zustand, so hängt die Änderung einer Zustandsgröße dabei nur vom Anfangs- und Endzustand des Systems ab und nicht von der Prozeßführung, d. h. von der Art und Weise des Übergangs.

Andererseits kennt die Thermodynamik auch sogenannte **Prozeßgrößen**. Sie werden zwischen einem System und seiner Umgebung ausgetauscht, um das System von einem Anfangszustand in einen Endzustand zu überführen. Im Gegensatz zu den Zustandsgrößen ist ihr Wert dabei von der Art der Prozeßführung abhängig. Zu den Prozeßgrößen zählen gerade Wärme und Arbeit. Wie wir später sehen werden, können daher je nach der Art der Zuführung bzw. Abgabe von Wärme oder Arbeit ganz verschiedene Zustandsänderungen hervorgerufen werden. Die Unterscheidung zwischen Zustandsgrößen und Prozeßgrößen ist für die Thermodynamik von grundlegender Bedeutung und wird in Abschnitt 3.2.1 ausführlicher besprochen werden.

3.1.2 Temperaturmessung

Die Messung der Temperatur (ϑ bei Verwendung der Celsius-Skala und T bei Verwendung der Kelvin-Skala) muß durch physikalische Meßvorschriften unabhängig von unseren subjektiven Empfindungen erfolgen. Prinzipiell eignen sich zur Temperaturmessung alle Größen, die eine meßbare Abhängigkeit von der Temperatur aufweisen, wie etwa die Ausdehnung von Flüssigkeiten in Quecksilberthermometern. Moderne Temperaturmessungen nutzen neben der Volumenänderung von Flüssigkeiten und Gasen auch die Längenausdehnung von Festkörpern (Stabausdehnung, Bimetalle), den elektrischen Widerstand von Metallen und Halbleitern, Thermoelemente oder die Wärmestrahlung aus. Wir werden später sehen, daß man unter Ausnutzung der Gesetze der Thermodynamik eine exakte, von irgendwelchen Stoffeigenschaften unabhängige Temperatur definieren kann. Dies erreicht man durch Einführung der *thermodynamischen Temperaturskala* (vgl. Abschnitt 3.3.2).

In der Praxis begegnen wir jedoch auch einfacheren Konzepten der Temperaturmessung: Da das Volumen einer Flüssigkeit in guter Näherung linear von der Temperatur abhängt, genügen zwei Fixpunkte, um eine Temperaturmeßskala festzulegen. Die *Celsius-Skala* (A. Celsius, 1701–1744) definiert den Gefrierpunkt von Wasser als 0 °C und den Siedepunkt von Wasser als 100 °C, wobei normaler Luftdruck vorausgesetzt wird. Diese Festlegung ist relativ willkürlich getroffen. In den USA ist z. B. die *Fahrenheit-Skala* gebräuchlich. Sie wurde von G. D. Fahrenheit bereits um 1700 eingeführt. Der untere Fixpunkt ist dabei durch die tiefste von ihm damals erzeugbare Temperatur festgelegt. Durch eine Mischung aus Salz und Eis konnte er ca. −18 °C erreichen. Der obere Fixpunkt wird durch die Temperatur des menschlichen Blutes bestimmt. Eine Umrechnung erfolgt mit der Vorschrift

$$\frac{\vartheta}{{}^\circ C} = \frac{5}{9}\left(\frac{\vartheta}{{}^\circ F} - 32\right) .$$

Damit entsprechen 0 °C genau 32 °F und 100 °F etwa 38 °C.

Von besonderer Bedeutung ist die auf Lord Kelvin (W. Thomson, 1824–1907) zurückgehende *Kelvin-Skala*, die die *absolute* Temperatur T definiert. Temperaturen werden in ihr in der Maßeinheit **Kelvin** (K) gemessen, die zu den SI-Einheiten gehört. Wir wollen ihre Definition an dieser Stelle bereits angeben und müssen dazu zwei Dinge vorwegnehmen. Zum einen kann jeweils bei einem bestimmtem Druck und einer bestimmten Temperatur – dem Tripelpunkt – jeder Stoff gleichzeitig in fester, flüssiger und gasförmiger Form existieren (vgl. Abschnitt 3.4.4) und zum anderen existiert in der Natur eine untere Grenze für die Temperatur – der absolute Nullpunkt –, dem die Temperatur $T = 0\,\mathrm{K}$ zugeordnet wird. Da der Tripelpunkt experimentell sehr genau bestimmt werden kann, definiert man:

> *Ein Kelvin ist der 273,16te Teil der thermodynamischen Temperatur des Tripelpunktes für Wasser.*

Der Zusammenhang mit der Celsius-Skala wird durch

$$\frac{T}{K} = \frac{\vartheta}{{}^\circ C} + 273,15 \tag{3.1}$$

beschrieben. Damit repräsentieren Grad Celsius und das Kelvin also die gleiche Temperaturdifferenz. Der Gefrierpunkt von Wasser liegt nun bei $273,15\,\mathrm{K}$ und der Siedepunkt von Wasser bei $373,15\,\mathrm{K}$.

Bringt man Körper unterschiedlicher Temperatur in gegenseitigen Kontakt, so gleichen sich ihre Temperaturen im Laufe der Zeit an, bis der Gleichgewichtszustand erreicht ist. Diese Tatsache wird manchmal als **nullter Hauptsatz der Thermodynamik** bezeichnet. Er stellt also fest:

Im thermodynamischen Gleichgewicht haben alle Teile eines Systems dieselbe Temperatur.

3.1.3 Wärmeausdehnung von Stoffen

Wir untersuchen nun den Einfluß von Temperaturänderungen auf den Zustand eines Systems und beginnen mit der Wärmeausdehnung von Körpern. Als Folge von Wärmezufuhr vergrößert sich im allgemeinen das Volumen von Festkörpern, Flüssigkeiten und Gasen. Im einzelnen sind zu unterscheiden:

a) Feste Körper: Das Experiment zeigt, daß die meisten Festkörper bei Erwärmung eine relative Längenänderung erfahren, die proportional zur Änderung der Temperatur ist. Wird ein Stab mit der Länge l_0 bei 0° C auf die Temperatur ϑ erwärmt, so verlängert er sich um $\Delta l = l - l_0$ und es gilt $\Delta l / l_0 = \alpha\vartheta$ bzw.

$$l = l_0(1 + \alpha\vartheta) \ , \tag{3.2}$$

wobei α *linearer Ausdehnungskoeffizient* heißt. Er ist sehr klein, z. B. hat man $\alpha_{\mathrm{Cu}} = 16,7 \cdot 10^{-6}\,\mathrm{K}^{-1}$ oder $\alpha_{\mathrm{Al}} = 23,8 \cdot 10^{-6}\,\mathrm{K}^{-1}$. Verbindet man nun zwei Metalle mit unterschiedlichem α, so verbiegt sich ein solches *Bimetall* bei Temperaturänderung und kann zum Schalten von Stromkreisen ausgenutzt werden. Für die Volumenausdehnung hat man analog

$$V = V_0(1 + \beta\vartheta) \ , \tag{3.3}$$

mit dem *Volumenausdehnungskoeffizienten* β. Wegen der Kleinheit von α gilt $\beta = 3\alpha$ (vgl. Übungen).

b) Flüssigkeiten: Für Flüssigkeiten hat man nur den Volumenausdehnungskoeffizienten, und es gilt weiter (3.3). Die Werte sind allerdings größer als für feste Körper; z. B. hat man $\beta_{\mathrm{Hg}} = 1,8 \cdot 10^{-4}\,\mathrm{K}^{-1}$. Die Ausdehnung von Quecksilber wird in den bekannten Quecksilberthermometern genutzt.

c) Gase: Beim Erwärmen von Gasen ändert sich im allgemeinen sowohl Volumen als auch Druck. Hält man jeweils eine dieser Größen konstant und untersucht den Einfluß von Temperaturänderungen auf die jeweils andere Größe, dann bestätigt das Experiment die Gültigkeit der **Gay-Lussacschen Gesetze**

$$V = V_0(1 + \beta\vartheta) \qquad p = const. \tag{3.4}$$

$$p = p_0(1 + \gamma\vartheta) \qquad V = const. \tag{3.5}$$

Man kann nun beweisen, daß für ideale Gase der Volumenausdehnungskoeffizient β und der Druckkoeffizient γ identisch sind. Dazu führen wir das folgende Gedankenexperiment aus: Bei festem p_0 erwärmen wir zuerst das Gas um ϑ, wobei das Volumen gemäß (3.4) auf $V' = V_0(1 + \beta\vartheta)$ anwächst. Nun komprimieren wir bei festgehaltenem ϑ das Gas, bis das Ausgangsvolumen wieder erreicht ist und finden nach dem Boyle-Mariotteschen Gesetz (2.67) $V_0 p' = V' p_0$ bzw. wegen (3.4) und (3.5)

$$V_0 p_0(1+\gamma\vartheta) = V_0 p_0(1+\beta\vartheta),$$

was die Gleichheit von β und γ impliziert. Darüber hinaus zeigt das Experiment, daß der Ausdehnungskoeffizient für alle idealen Gase den einheitlichen Wert

$$\beta = \frac{1}{273,15}\,\mathrm{K}^{-1}$$

hat. Geht man daher zur Kelvin-Skala über, so vereinfachen sich die Gleichungen (3.4) und (3.5). Für die erstere hat man z. B.

$$V = V_0\left(1+\frac{1}{273,15}\vartheta\right) = V_0\frac{273,15+\vartheta}{273,15}$$

und, wenn man (3.1) beachtet sowie $T_0 = 273,15\,\mathrm{K}$ setzt, folgt

$$\boxed{\frac{V}{T} = \frac{V_0}{T_0}\,.} \tag{3.6}$$

Analog ergibt sich

$$\boxed{\frac{p}{T} = \frac{p_0}{T_0}\,.} \tag{3.7}$$

Tabelle 3.1 Siedepunkte einiger Gase bei Normdruck $p_0 = 101325$ Pa

Gas	He	H_2	O_2	N_2	Luft	CO_2
$\vartheta_S/°C$	-268,9	-252,8	-183,8	-195,8	-194,4	-78,5

Die strenge Proportionalität von Volumen und Temperatur für ideale Gase nutzt man in *Gasthermometern*, um eine möglichst von Materialeigenschaften unabhängige Temperaturmessung durchzuführen. Die meisten der bekannten Gase verhalten sich bei Zimmertemperatur in recht guter Näherung wie ideale Gase, da ihr Siedepunkt erst bei viel tieferen Temperaturen erreicht wird (vgl. Tabelle 3.1).

3.1.4 Die allgemeine Zustandsgleichung eines idealen Gases

Das Boyle-Mariottesche Gesetz und die Gay-Lussacschen Gesetze charakterisieren jeweils den Zusammenhang zwischen zwei der drei Zustandsgrößen p, T und V, wenn die dritte konstant gehalten wird. Diese Gesetze sind Spezialfälle der allgemeinen Zustandsgleichung eines idealen Gases, die jetzt abgeleitet werden soll. Wieder führen wir dazu ein Gedankenexperiment aus, bei dem ein Gas vom Zustand (p_0, T_0, V_0) in zwei Schritten in den Zustand (p, T, V) überführt wird:

1. Schritt: $p_0 = const., T_0 \to T \Longrightarrow V' = V_0 T/T_0 \Longrightarrow p_0 V' = p_0 V_0 T/T_0$

2. Schritt: $T = const., p_0 \to p \Longrightarrow p_0 V' = pV$

Da die linken Seiten der jeweils ganz rechts stehenden Gleichungen gleich sind, folgt

$$\frac{pV}{T} = \frac{p_0 V_0}{T_0} \,. \tag{3.8}$$

Es ist nun zweckmäßig, die Gasmenge in der speziellen Einheit Mol (mol) zu messen. Ihre Definition besagt:

> *Ein System repräsentiert die Stoffmenge 1 mol, wenn es aus ebensovielen elementaren Teilchen besteht, wie Atome in 12 g des Kohlenstoffisotops ^{12}C enthalten sind.*

Mit anderen Worten, 1 mol eines Stoffes besitzt eine Masse, die in Gramm ausgedrückt zahlenmäßig gleich dem Molekulargewicht ist. Die **Avogadrosche Regel** besagt nun:

> *Gasmengen, deren Massen sich wie ihre Molekulargewichte verhalten und die daher die gleiche Anzahl von Molekülen besitzen, nehmen bei gleicher Temperatur und bei gleichem Druck das gleiche Volumen ein.*

Im sogenannten **Normzustand** ($T_0 = 273{,}15\,\mathrm{K}$, $p_0 = 101325\,\mathrm{Pa}$) hat man für ein Mol das **Molvolumen** oder das **molare Normvolumen**

$$V_m = 22{,}414 \cdot 10^{-3}\,\mathrm{m^3 mol^{-1}} \,.$$

Führt man die Anzahl der Mole μ ein und schreibt das Volumen V_0 als $V_0 = \mu V_m$, dann liefert (3.8) $pV = \mu p_0 V_m T/T_0$, und es folgt die **Zustandsgleichung eines idealen Gases**

$$\boxed{pV = \mu RT \,.} \tag{3.9}$$

Die Größe $R = p_0 V_m / T_0$ nennt man **universelle Gaskonstante**. Für sie ergibt sich

$$R = 8{,}3144\,\mathrm{Jmol^{-1}\,K^{-1}} \,.$$

3.1.5 Mikroskopische Deutung der Temperatur

Die Zustandsgleichung eines idealen Gases verknüpft die Zustandsgrößen p und V in phänomenologischer Weise mit der Temperatur T. Andererseits stellt die Grundgleichung der kinetischen Gastheorie diese Größen in Zusammenhang mit mikroskopischen, molekularen Größen, wie Molekülmasse und Molekülgeschwindigkeit. Ein Vergleich von (3.9) und (2.72) liefert

$$pV = \mu RT = \frac{1}{3} mnV\overline{v^2} = \frac{2}{3} N \frac{m\overline{v^2}}{2} = \frac{2}{3} N \bar{\varepsilon}_{\mathrm{kin}} \,. \tag{3.10}$$

Dabei haben wir $N = nV$ beachtet und mit $\bar{\varepsilon}_{\mathrm{kin}}$ die mittlere kinetische Energie eines Moleküls eingeführt. Speziell für 1 mol des Gases ist die Gesamtteilchenzahl N durch die **Avogadrosche Zahl**

$$N_A = 6{,}02 \cdot 10^{23}\mathrm{mol^{-1}}$$

gegeben, und es folgt dann aus (3.10)

$$\bar{\varepsilon}_{\mathrm{kin}} = \frac{3}{2} \frac{R}{N_A} T = \frac{3}{2} k_B T \,. \tag{3.11}$$

Als Quotient aus R und N_A ist die **Boltzmann-Konstante** k_B ebenfalls eine universelle Naturkonstante. Sie ist nach dem Österreicher L. Boltzmann (1844–1906) benannt und hat den Wert

$$k_B = 1,38 \cdot 10^{-23}\,\mathrm{J\,K^{-1}}\ . \tag{3.12}$$

Die Größe $\bar{\varepsilon}_{\text{kin}}$ ist gemäß (3.11) der absoluten Temperatur proportional. Die Temperatur ist mikroskopisch daher ein Maß für die mittlere kinetische Energie der Moleküle eines Stoffes. Es sei an dieser Stelle ausdrücklich betont, daß wir hier unter mittlerer kinetischer Energie stets nur die der ungeordneten Bewegung der Moleküle verstehen. In einer strömenden Flüssigkeit oder in einem strömenden Gas ergibt sich nämlich die gesamte kinetische Energie als Summe dieser Energie der ungeordneten Bewegung und einen Beitrag der geordneten Translationsbewegung aller Moleküle. Letzterer hat aber keinen Einfluß auf die Temperatur.

Gleichung (3.11) bedarf noch einer Verallgemeinerung. Im mikroskopischen Modell eines idealen Gases verteilt sich die kinetische Energie als alleinige Energieform gemäß

$$\bar{\varepsilon}_{\text{kin}} = \frac{1}{2} m\overline{v_x^2} + \frac{1}{2} m\overline{v_y^2} + \frac{1}{2} m\overline{v_z^2}$$

auf die drei Freiheitsgrade des als Massenpunkt angenommenen Moleküls. Ein mehratomiges Molekül muß im allgemeinen als System mit f Freiheitsgraden betrachtet werden. Eine genauere Analyse zeigt nun, daß die Zahl 3 in (3.11) in diesem Fall durch f ersetzt werden muß. Es gilt somit der **Gleichverteilungssatz**:

Die thermische Energie eines Moleküls verteilt sich gleichmäßig auf alle seine Freiheitsgrade f, und auf jeden entfällt der Anteil $k_B T/2$.

Für die mittlere kinetische Energie eines Moleküls gilt somit

$$\boxed{\bar{\varepsilon}_{\text{kin}} = \frac{f}{2} k_B T\ .} \tag{3.13}$$

Beispielsweise haben zweiatomige Moleküle als starre Hantel betrachtet 5 Freiheitsgrade. Läßt man für die beiden Atome noch Schwingungen zu, dann erhöht sich die Zahl der Freiheitsgrade auf 7.

Kinetische Gastheorie und Boltzmann-Verteilung: Bereits in Abschnitt 2.3.3.2 und auch oben haben wir darauf hingewiesen, daß die Energie eines Gasmoleküls und damit auch seine Geschwindigkeit keinen festen Wert besitzen, sondern statistisch verteilt sind. Wendet man die Gesetzmäßigkeiten der Statistik im Rahmen der klassischen Physik an, dann ergibt sich die Wahrscheinlichkeit dafür, daß die Geschwindigkeit eines Molekül im Intervall $(v, v + \mathrm{d}v)$ liegt, zu

$$f(v)\,\mathrm{d}v = 4\pi v^2 (\frac{m}{2\pi kT})^{3/2} \cdot \exp\left(-\frac{mv^2}{2k_B T}\right) \mathrm{d}v\ .$$

Dies ist die **Maxwell-Boltzmannsche Geschwindigkeitsverteilung**.

Man erkennt, daß die Verteilung der Geschwindigkeiten maßgeblich durch das Verhältnis aus kinetischer Energie des Moleküls zu $k_B T$ im Exponenten bestimmt ist. Sie hat die Form einer Glockenkurve, deren Breite durch $k_B T$ bestimmt wird und die ein Maximum bei der Geschwindigkeit

$$v_{\max} = \sqrt{\frac{2k_B T}{m}}$$

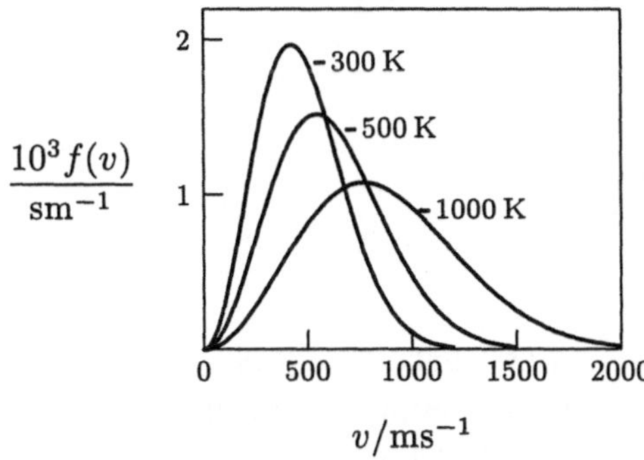

Bild 3.1
Maxwell-Boltzmannsche Geschwindigkeitsverteilung für Stickstoff für drei verschiedene Temperaturen

besitzt (Bild 3.1).

Diese Verteilung ist nun nur ein Spezialfall der allgemeingültigeren **Boltzmann-Verteilung**. Treten neben der kinetischen Energie noch andere Energieformen auf, dann beantwortet diese die Frage nach der Wahrscheinlichkeit $W(E)$ dafür, daß ein Teilchen eines Systems eine Energie im Intervall $(E, E + \mathrm{d}E)$ besitzt. Es gilt:

$$W(E)\,\mathrm{d}E = C \cdot \exp\left(-\frac{E}{k_B T}\right)\mathrm{d}E\,, \tag{3.14}$$

wobei C eine uns hier nicht näher interessierende Normierungskonstante ist.

Hat man speziell ein System mit diskreten Energien E_i, dann gilt für die Besetzungswahrscheinlichkeit P_i in Analogie zu (3.14)

$$P_i = C \cdot \exp\left(-\frac{E_i}{k_B T}\right). \tag{3.15}$$

Für die Verteilung von $N = N_1 + N_2$ Teilchen auf zwei Energieniveaus E_1 und E_2 ergibt sich damit

$$\frac{N_1}{N_2} = \exp\left(-\frac{E_1 - E_2}{k_B T}\right). \tag{3.16}$$

Die rechte Seite dieser Gleichung bezeichnet man als **Boltzmann-Faktor**. Er bestimmt das Besetzungsverhältnis zweier Zustände in Abhängigkeit von ihrer Energiedifferenz.

Übungen:

3.1: Zeigen Sie am Beispiel eines Würfels, daß für feste Körper der Volumenausdehnungskoeffizient nahezu genau das Dreifache des linearen Ausdehnungskoeffizienten ist. ■

3.2: Welche Geschwindigkeit haben Stickstoffmoleküle ($\varrho = 1{,}25\,\mathrm{kg/m^3}$) und Wasserstoffmoleküle ($\varrho = 0{,}09\,\mathrm{kg/m^3}$) im Normzustand? ■
Versuchen Sie zu begründen, warum Wasserstoff sehr günstig als Raketentreibstoff wäre.

3.3: In einem sehr großen Gefäß befinden sich die gleiche Menge von Sauerstoffmolekülen und Heliumatomen. In einer Wand des Gefäßes befindet sich eine kleine Öffnung. Man finde die Zusammensetzung des austretenden Molekülstroms. ■

3.4: In einer Flasche mit 40 l Fassungsvermögen befindet sich Stickstoff bei einem Druck von 70 bar und einer Temperatur von 260 K. Nachdem man einen Teil des Stickstoffs abgelassen hat, stellt sich nach einiger Zeit ein Druck von 30 bar bei 293 K ein. Welche Menge Stickstoff wurde abgelassen? ■

■ **3.5**: In Stahlflaschen mit einem Volumen von 40 l wird Kohlendioxid unter einem Druck von 50 bar bei Zimmertemperatur aufbewahrt. Gesucht ist die Masse des in einer Flasche enthaltenen Gases.

3.2 Der erste Hauptsatz der Thermodynamik

3.2.1 Innere Energie, Wärme und Arbeit

Die gesamte Energie, die in der thermischen Bewegung der Moleküle eines Systems gespeichert ist, nennt man **Innere Energie** U. Bringt man einen Körper in thermischen Kontakt mit einem Körper höherer Temperatur, dann gleichen sich die Temperaturen an, wobei sich der betrachtete Körper erwärmt. Offensichtlich geht dabei Energie vom wärmeren auf den kälteren Körper über und erhöht seine Innere Energie. Man nennt diese Form der Energieübertragung **Wärme**. Die Innere Energie eines thermodynamischen Systems läßt sich aber auch dadurch ändern, daß man am System **Arbeit** verrichtet.

Wir wollen die Prozeßgrößen Arbeit und Wärme im folgenden quantitativ erfassen: In der Thermodynamik stellt man sich einen Prozeß oft in eine Folge von Gleichgewichtszuständen zerlegt vor. Um solche Zustandsänderungen durchzuführen, muß man sich diese Prozeßgrößen jeweils nur in kleinen aufeinanderfolgenden Beträgen dem System zugeführt oder vom System abgeführt denken. Bei der Erfassung solcher infinitesimalen Zustandsänderungen wird nun der bereits früher erwähnte Unterschied zwischen Zustandsgrößen und Prozeßgrößen relevant. Um diesen Unterschied mathematisch zu erfassen, soll eine infinitesimale Änderung einer Größe F untersucht werden, die von den Variablen x und y abhängen möge. Änderungen von x und y um $\mathrm{d}x$ bzw. $\mathrm{d}y$ führen zu einer infinitesimalen Änderung von F, die sich schreiben läßt als

$$\delta F = a_1 \,\mathrm{d}x + a_2 \,\mathrm{d}y \;. \tag{3.17}$$

Wird ein thermodynamisches System von einem Zustand 1 in einen Zustand 2 überführt, dann ist die resultierende Gesamtänderung von F durch ein Kurvenintegral über δF zwischen (x_1, y_1) und (x_2, y_2) bestimmt. Dabei entsteht sofort wieder die Frage nach der Abhängigkeit dieses Integrals vom Weg, d. h. von der Art der Prozeßführung. Wie aus der Mathematik bekannt ist, verlangt eine Wegunabhängigkeit des Intergrals, daß der Ausdruck (3.17) das vollständiges Differential $\mathrm{d}F$ einer Funktion $F(x, y)$ ist (vgl. Mathematischer Anhang). Anstelle von (3.17) läßt sich eine infinitesimale Änderung dann durch

$$\mathrm{d}F = \frac{\partial F}{\partial x}\,\mathrm{d}x + \frac{\partial F}{\partial y}\,\mathrm{d}y$$

darstellen. Dieser Sachverhalt liegt gerade im Fall einer Zustandsfunktion vor. Wir halten also fest:

Die Änderung einer Zustandgröße hängt nur vom Anfangs- und Endzustand des Systems ab und nicht von der Art der Prozeßführung. Infinitesimale Änderungen von Zustandsgrößen lassen sich daher durch vollständige Differentiale darstellen. Prozeßgrößen sind hingegen von der Art der Prozeßführung abhängig; infinitesimale Änderungen sind keine vollständigen Differentiale.

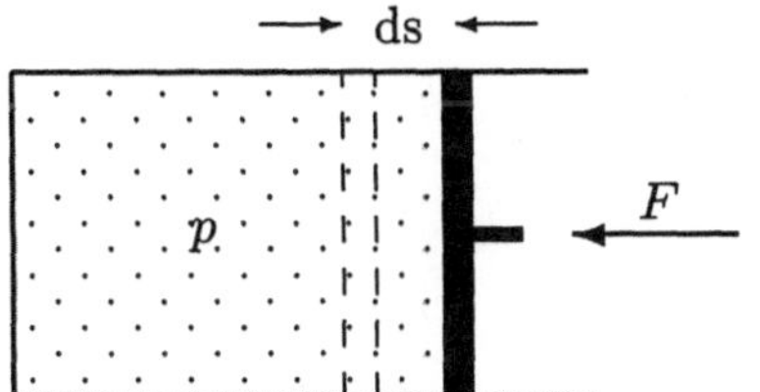

Bild 3.2
Zur Ableitung des Ausdrucks für die Arbeit bei Volumenänderung eines thermischen Systems

Um dieses unterschiedliche Verhalten deutlich zu machen, schreiben wir im folgenden für die Änderung der Inneren Energie $\mathrm{d}U$ aber für die infinitesimalen Beträge von Arbeit und Wärme δW bzw. δQ.

Wir wollen nun die Energieübertragung durch Arbeit untersuchen. Dazu komprimieren wir z. B. ein Gas, welches sich unter dem Druck p befindet, durch Verschieben eines Kolbens (Bild 3.2). Damit das System dabei im Gleichgewicht bleiben soll, darf die ausgeübte Kraft F nur infinitesimal größer als die von innen wirkende Kraft pA sein, was im Grenzfall auf $F = pA$ führt. Hat der Kolben die Fläche A und legt er die Wegstrecke $\mathrm{d}s$ zurück, dann leistet man dabei am System die Arbeit

$$\delta W = F\,\mathrm{d}s = pA\,\mathrm{d}s = -p\,\mathrm{d}V\ . \tag{3.18}$$

Zu beachten ist, daß $\mathrm{d}V$ negativ ist. Am System verrichtete Arbeit wird also als positiv definiert.

Zur quantitativen Erfassung der Wärme gehen wir von folgenden Fakten aus: Um einen Körper zu erwärmen, benötigt man eine zu seiner Masse proportionale Energiemenge. Diese Energiemenge ist weiterhin zur Temperaturerhöhung $\mathrm{d}T$ proportional, die erzielt wird. Also kann man ansetzen:

$$\delta Q = C\,\mathrm{d}T = mc\,\mathrm{d}T\ . \tag{3.19}$$

Man nennt C die **Wärmekapazität** des Körpers. Sie mißt die Wärmemenge, die nötig ist, um den Körper um 1 K zu erwärmen. Die **spezifische Wärmekapazität** ist andererseits gegeben durch die Wärmemenge, die nötig ist, um 1 kg eines Stoffes um 1 K zu erwärmen. Gebräuchlich ist auch noch die **molare Wärmekapazität**, die durch

$$C_m = \frac{C}{\mu}$$

definiert ist. Sie mißt schließlich die zur Erwärmung von einem Mol eines Stoffes um 1 K benötigte Wärmemenge.

Für Gase muß man unterscheiden zwischen Wärmezufuhr bei konstant gehaltenem Druck oder konstant gehaltenem Volumen. Demnach existieren die spezifischen Wärmekapazitäten c_p ($p = const.$) bzw. c_V ($V = const.$). Gleiches gilt für die molaren Wärmekapazitäten. Es ist offensichtlich, daß c_p immer größer als c_V sein muß, denn im ersten Fall muß außer der Temperaturerhöhung auch noch die für die Volumenvergrößerung notwendige Arbeit durch die Wärmezufuhr geleistet werden.

Man kann auf der Grundlage von (3.19) nun Wärmemengen berechnen, die beim Temperaturausgleich zweier Körper ausgetauscht werden. Was Körper 1 mit den Daten m_1, T_1 und c_1 abgibt, muß Körper 2 mit den Daten m_2, T_2 und c_2 aufnehmen. Sei weiter T_x die Mischungstemperatur, dann muß also gelten

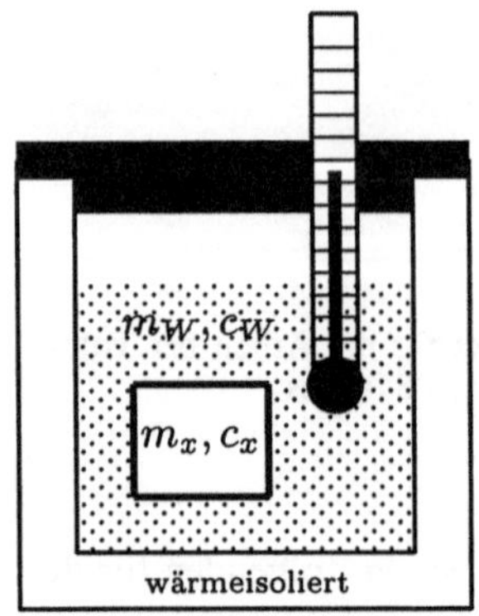

Bild 3.3
Prinzipieller Aufbau eines Kalorimeters. Zur Bestimmung von c_x für eine Probe der Masse m_x und der Temperatur T_x wird diese in Wasser mit bekanntem c_W, m_W und T_W getaucht und die Temperaturänderung gemessen.

$$m_1 c_1 (T_1 - T_x) = m_2 c_2 (T_x - T_2) \,, \tag{3.20}$$

und T_x kann leicht berechnet werden. Solche und ähnliche Berechnungen bilden den Inhalt der **Kalorimetrie**. Experimentell werden die kalorischen Größen mit Hilfe eines **Kalorimeters** bestimmt. Man bezeichnet so ein möglichst gut isoliertes Gefäß, welches die zu untersuchende Probe aufnehmen kann und an ihr Temperaturmessungen erlaubt (Bild 3.3). Präzise Messungen verlangen dabei auch die Berücksichtigung der Wärmekapazität des Kalorimeters C_K; sie wird manchmal durch die Wassermenge m_K charakterisiert, die die gleiche Wärmekapazität hat, und dann **Wasserwert** genannt. Erwärmt sich bei der Messung das Kalorimeter um ΔT, so muß in (3.20) ein zusätzlicher Beitrag $C_K \Delta T$ berücksichtigt werden (vgl. Übungen). Auf kalorimetrische Berechnungen unter Berücksichtigung von Phasenübergängen gehen wir in Abschnitt 3.4.1 ein.

Übungen:

■ **3.6**: Wasser von 80°C tritt in den Radiator einer Warmwasserheizung durch ein Rohr von 500 mm^2 Querschnitt mit einer Geschwindigkeit von $1,2\,\text{cm/s}$ ein und verläßt ihn mit der Temperatur 25° C. Welche Wärmemenge erhält der beheizte Raum im Laufe eines Tages? Die spezifische Wärme von Wasser sei mit $4,18\,\text{kJ/kg\,K}$ angenommen.

■ **3.7**: In einem Kalorimeter mit dem Wasserwert 80 J/K befinden sich 200 g Wasser mit einer Temperatur von 20 °C. Taucht man ein auf 200 °C erhitztes Stück Eisen mit der Masse 100 g in das Wasser, so stellt sich eine Mischungstemperatur von 28,6 °C ein. Bestimmen Sie die spezifische Wärmekapazität von Eisen. Hinweis: Für Wasser gilt $c = 4,185\,\text{kJ}\,\text{kg}^{-1}\,\text{K}^{-1}$.

3.2.2 Formulierungen des ersten Hauptsatzes

Der Energieerhaltungssatz in der Mechanik versagte stets, wenn Reibung im Spiel war (vgl. Abschnitt 2.1.5.3). Neben den mechanischen Energieformen war dabei gerade immer Wärme relevant. Wir haben nun eben gesehen, daß man die Innere Energie eines Systems sowohl durch Verrichten von Arbeit als auch durch Wärmezufuhr erhöhen kann, während die umgekehrten Prozesse die Innere Energie erniedrigen. Die Erfahrung hat gelehrt, daß dabei der als **erster Hauptsatz der Thermodynamik** bezeichnete Sachverhalt besteht:

> *Die einem System zugeführte Wärme plus die am System verrichtete Arbeit ergeben die Änderung der Inneren Energie.*

Als Formel ausgedrückt heißt das

$$\boxed{\mathrm{d}U = \delta Q + \delta W \ .} \tag{3.21}$$

Ein System, welches nicht mit seiner Umgebung in Wechselwirkung steht, heißt bekanntlich *abgeschlossenes* System. Wir haben diesen Begriff bereits in der Mechanik im Zusammenhang mit dem Energieerhaltungssatz eingeführt. Da ein solches System weder Wärme noch Arbeit mit seiner Umgebung austauschen kann, folgt aus (3.21) wegen $\delta W = 0$ sowie $\delta Q = 0$ eine weitere Formulierung des ersten Hauptsatzes:

In einem abgeschlossenen System bleibt die Innere Energie konstant. Innerhalb des Systems können sich aber verschiedene Energieformen ineinander umwandeln.

Die Innere Energie ist eine Zustandsgröße, und als solche ist ihre Änderung auf einem geschlossenen Weg Null. Durchläuft daher ein System eine Folge von Prozessen und kehrt dabei wieder in seinen Ausgangszustand zurück (Kreisprozeß), so ist stets $\mathrm{d}U = 0$ bzw. $\delta W = -\delta Q$. Ein solcher Kreisprozeß liegt allen periodisch arbeitenden Maschinen zugrunde. Dies führt uns daher auf die dritte und vielleicht bekannteste Form des ersten Hauptsatzes:

Es gibt keine periodisch arbeitende Maschine, die mehr Arbeit verrichten kann, als ihr an Energie zugeführt wird.

Bild 3.4
Perpetuum mobile nach Leonardo da Vinci

Die Konstruktion einer solchen Maschine, die man ein *Perpetuum mobile erster Art* nennt, war jahrhundertelang das Ziel unzähliger Erfinder. Ihr Einfallsreichtum dabei war bemerkenswert, und es ist daher nicht immer leicht zu durchschauen, warum eine vorgeschlagene Konstruktion eines *Perpetuum mobile* nicht funktioniert. Die in Bild 3.4 dargestellte Anordnung geht z. B. auf Leonardo da Vinci (1452–1519) zurück. Versetzt man das Rad in Bewegung, so rollen die Kugeln der Schwerkraft folgend auf der rechten Seite stets zum Radumfang und rufen dort wegen des größeres Hebelarms ein größeres Drehmoment hervor als nach dem Zurückrollen in der achsennahen Stellung auf der linken Seite. Es scheint so, daß das Rad, einmal angestoßen, unaufhörlich rotieren wird. Tatsächlich kommt es aber sehr schnell zur Ruhe. Der Leser mag versuchen, den Fehler in der obigen Argumentation zu finden.

Die durchweg erfolglosen Bemühungen bei der Konstruktion solcher Maschinen bilden die experimentelle Grundlage des ersten Hauptsatzes, der damit das Gesetz von der Erhaltung der Energie in allgemeiner Weise zum Ausdruck bringt.

3.2.3 Über das Verhalten der Wärmekapazität

Für ein ideales Gas kennen wir die Innere Energie bereits, denn die gesamte Energie ist hier kinetische Energie und aus (3.13) erhält man für ein Gas aus N Molekülen

$$U = N\bar{\varepsilon}_{\text{kin}} = Nf\frac{k_BT}{2} . \qquad (3.22)$$

Die Innere Energie eines idealen Gases hängt also außer von der Stoffmenge nur von der Temperatur ab, nicht jedoch vom Volumen! Mit Hilfe von (3.22) können die Wärmekapazitäten berechnet werden:

Berechnung von C_V: Wegen $\mathrm{d}V = 0$ und (3.22) folgt aus dem ersten Hauptsatz für ein ideales Gas $\mathrm{d}U = \delta Q = Nfk_BT/2$. Unter Ausnutzung von $kN = kN_A\mu = \mu R$ erhält man damit[1]

$$C_V = \left(\frac{\delta Q}{\mathrm{d}T}\right)_V = \frac{f}{2}\mu R . \qquad (3.23)$$

Für die Innere Energie findet man dann aus (3.22)

$$U = \frac{f}{2}\mu RT = C_VT = \mu C_{m,V}T \qquad (3.24)$$

Berechnung von C_p: Da nun p konstant bleibt, findet man aus dem ersten Hauptsatz sowie (3.9) und (3.23)

$$C_p = \left(\frac{\delta Q}{\mathrm{d}T}\right)_p = \frac{\mathrm{d}U}{\mathrm{d}T} + p\frac{\mathrm{d}V}{\mathrm{d}T} = \frac{f}{2}\mu R + \mu R = \frac{f+2}{2}\mu R . \qquad (3.25)$$

Wie bereits bemerkt, ist also C_p stets größer als C_V, und man hat

$$\boxed{C_p - C_V = \mu R .} \qquad (3.26)$$

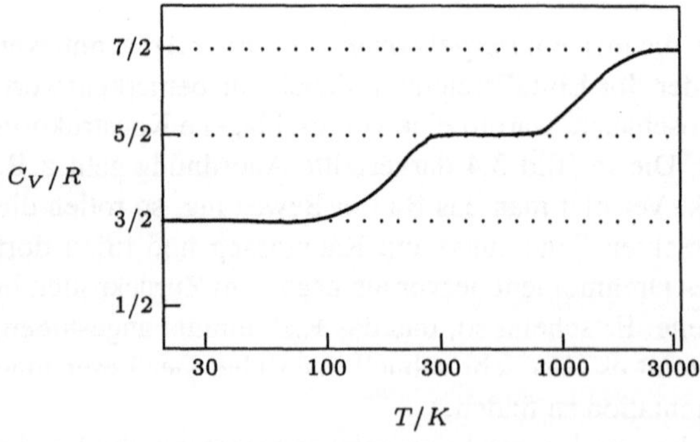

Bild 3.5
Qualitativer Verlauf der molaren Wärmekapazität $C_{m,V}$ für H_2 zwischen der Dissoziationstemperatur $T \approx 3200\,\text{K}$ und der Kondensationstemperatur $T \approx 20\,\text{K}$

[1] Es ist in der Thermodynamik üblich, die beim Bilden einer partiellen Ableitung jeweils konstant gehaltene Größe als Index anzugeben.

Bild 3.5 zeigt den Verlauf der molaren Wärmekapazität $C_{m,V}$ von Wasserstoff in Abhängigkeit von der Temperatur, wie man ihn qualitativ im Experiment findet. Unter Berücksichtigung von (3.23) kann eine solche Temperaturabhängigkeit nur so gedeutet werden, daß in verschiedenen Temperaturbereichen einem Molekül eine unterschiedliche Zahl von Freiheitsgraden zugeordnet werden muß.

Prinzipiell hat ein zweiatomiges Molekül neben den 3 Freiheitsgraden der Translation jeweils noch 2 Freiheitsgrade, die mit Rotationen bzw. Schwingungen des Moleküls in Zusammenhang stehen (Bild 3.6). Dabei ist zu beachten, daß die Möglichkeit einer Schwingung stets mit 2 Freiheitsgraden zu berücksichtigen ist. Dies liegt daran, daß sich die Gesamtenergie bei einer Schwingung im zeitlichen Mittel in gleichen Anteilen auf kinetische und potentielle Energie verteilt (vgl. auch Abschnitt 5.1.1). Den insgesamt 7 Freiheitsgraden entspricht eine molare Wärmekapazität von $C_{m,V} = 7R/2$, wie man sie auch für hinreichend hohe Temperaturen tatsächlich mißt. Mit abnehmender Temperatur werden nun zuerst die 2 Schwingungsfreiheitsgrade und später auch die 2 Rotationsfreiheitsgrade nicht mehr angeregt. Diesen in der klassischen Physik nicht verständlichen Vorgang nennt man „Einfrieren" der jeweiligen Freiheitsgrade.

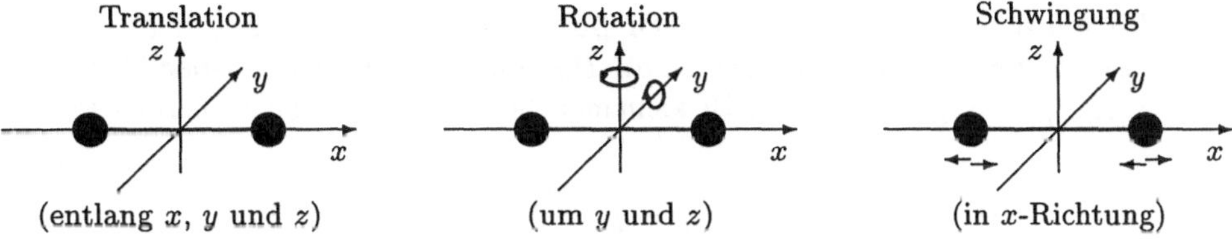

Bild 3.6 Veranschaulichung der möglichen Freiheitsgrade eines zweiatomigen Moleküls

Während wir also für höhere Temperaturen eine gute Übereinstimmung zwischen Theorie und Experiment haben, treten für tiefere Temperaturen deutliche Diskrepanzen auf. Sie weisen auf eine Verletzung des Gleichverteilungssatzes in diesem Temperaturbereich hin und können erst im Rahmen der Quantenmechanik verstanden werden. Diese lehrt, daß Energie nur in Form von diskreten Quanten ausgetauscht werden kann. Die Energie der Schwingungsquanten ist nun im allgemeinen größer als die der Rotationsquanten; und immer, wenn die mittlere thermische Energie $k_B T/2$ kleiner als die Energie der jeweiligen Quanten ist, können die entsprechenden Freiheitsgrade nicht mehr angeregt werden. So kommt es zu dem beschriebenen „Einfrieren" dieser Freiheitsgrade.

In einem Festkörper können die Atome um ihre Gleichgewichtslagen Schwingungen in allen drei Raumrichtungen ausführen, während Translations- und Rotationsbewegungen nicht möglich sind. Da man jeder Schwingung aus den bereits besprochenen Gründen 2 Freiheitsgrade zuordnen muß, ergibt dies für feste Körper pro Molekül $f = 6$. Man erwartet daher eine mehr oder weniger genaue Gültigkeit der auf P. L. Dulong (1785–1838) und A. Th. Petit (1791–1838) zurückgehenden *Dulong-Petitschen Regel*, die eine substanzunabhängige molare Wärmekapazität von

$$C_{m,V} = N_A \frac{f}{2} k = 3R = 24,9\,\mathrm{J\,mol^{-1}\,K^{-1}}$$

vorhersagt (vgl. dazu auch Tabelle 3.2). Wieder zeigt sich eine gute Übereinstimmung mit dem Experiment für hohe Temperaturen. Allerdings machen sich auch hier durch Quanteneffekte hervorgerufene Diskrepanzen für tiefe Temperaturen bemerkbar. Auf Grund des sukzessiven „Einfrierens" aller Freiheitsgrade findet man nämlich stets $C_{m,V} \to 0$ für $T \to 0$.

Tabelle 3.2 Molare und spezifische Wärmekapazität einiger fester und flüssiger Substanzen bei 18 °C

Substanz	$C_m/\mathrm{Jmol^{-1}K^{-1}}$	$c/\mathrm{Jkg^{-1}K^{-1}}$
Wasser	75,4	4187
Eisen	25,2	451
Aluminium	24,0	891
Quecksilber	27,7	138
Wolfram	24,7	134

3.2.4 Zustandsänderungen idealer Gase

Allgemeine Zustandsänderungen lassen sich oft als Folge von einigen speziellen Zustandsänderungen darstellen. Für die weiteren Betrachtungen in diesem Abschnitt sei wieder ein ideales Gas vorausgesetzt. Untersucht werden sollen die folgenden 4 Zustandsänderungen:

Isotherme Zustandsänderungen ($T = const$)**:** Bei konstanter Temperatur gilt das Boyle-Mariottesche Gesetz, und in einem sogenannten pV*-Diagramm* sind die **Isothermen** Hyperbeln der Form $p = \mu RT/V$. Wegen $\delta W = -p\,\mathrm{d}V$ kann man die Arbeit bei einem isothermen Prozeß durch

$$W = \int_{V_1}^{V_2} p\,\mathrm{d}V = -\mu RT \int_{V_1}^{V_2} \frac{\mathrm{d}V}{V} = \mu RT \ln \frac{V_1}{V_2} \tag{3.27}$$

ausdrücken. Dies entspricht im pV-Diagramm der Fläche unter der durch die jeweilige Temperatur definierten Isotherme zwischen V_1 und V_2 (Bild 3.7). Aus diesem Grund werden solche Diagramme zur Darstellung von Zustandsänderungen gegenüber anderen Darstellungsmöglichkeiten favorisiert.

Isobare Zustandsänderungen: ($p = const.$): Für sie ist die Gültigkeit des 1. Gay-Lussacschen Gesetzes charakteristisch. Im pV-Diagramm sind die **Isobaren** Parallelen zur V-Achse; die Arbeit bei einer isobaren Entspannung ergibt sich einfach aus $p(V_1 - V_2)$.

Isochore Zustandsänderungen: ($V = const.$): Für diese Art der Zustandsänderung gilt das

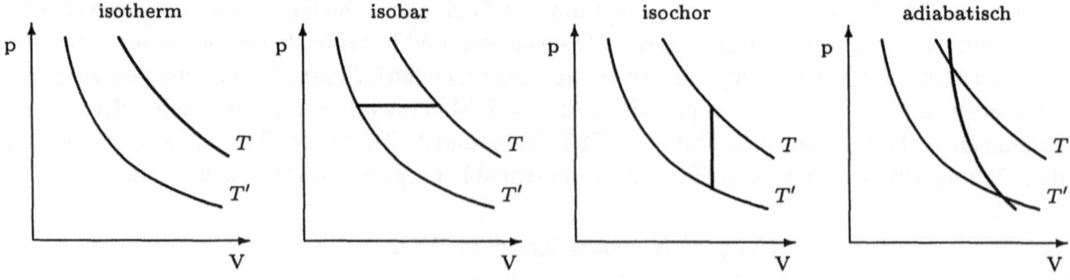

Bild 3.7 Isotherme, isobare, isochore und adiabatische Zustandsänderung im pV-Diagramm. Zum Vergleich sind zusätzlich jeweils zwei Isothermen zu den Temperaturen T und $T' < T$ dargestellt.

2. Gay-Lussacsche Gesetz. Im pV-Diagramm sind die **Isochoren** Parallelen zur p-Achse; bei einer solchen Zustandsänderung wird Arbeit weder verrichtet noch geleistet (Bild 3.7).

Adiabatische Zustandsänderungen: ($\delta Q = 0$): Zustandsänderungen, die ohne Wärmeaustausch mit der Umgebung erfolgen, nennt man *adiabatisch*. Um einen Wärmeaustausch zu verhindern, muß das System entweder sehr gut wärmeisoliert sein, oder (was in der Praxis häufiger vorkommt) der Prozeß muß so schnell erfolgen, daß in der kurzen Zeit kein Wärmeaustausch möglich ist. Wegen $\delta Q = 0$ ergibt sich aus (3.21) $\mathrm{d}U = \delta W$, und mit (3.24) findet man

$$\mu C_{m,V}\,\mathrm{d}T + p\,\mathrm{d}V = 0\,.$$

Mit (3.9) ergibt sich nach Separation der Variablen und anschließender Integration

$$C_{m,V}\int_{T_1}^{T_2}\frac{\mathrm{d}T}{T} = -R\int_{V_1}^{V_2}\frac{\mathrm{d}V}{V}.$$

Beachtet man weiter (3.26), dann folgt

$$\ln(T_1V_1^{\kappa-1}) = \ln(T_2V_2^{\kappa-1})$$

bzw. die **Adiabatengleichung**

$$TV^{\kappa-1} = const.\,, \tag{3.28}$$

in der $\kappa = C_{m,p}/C_{m,V}$ als *Adiabatenexponent* bezeichnet wird. Für ein ideales Gas gilt wegen (3.23) und (3.25)

$$\kappa = \frac{f+2}{f}\,. \tag{3.29}$$

Mit Hilfe der Zustandsgleichung (3.9) läßt sich (3.28) auch in der Form

$$\boxed{pV^{\kappa} = const.} \tag{3.30}$$

schreiben. Da $\kappa > 1$ ist, verlaufen die **Adiabaten** steiler als die Isothermen (Bild 3.7). In der Praxis erweisen sich isotherme und adiabatische Prozesse als idealisierte Grenzfälle. Reale Zustandsänderungen verlaufen irgendwo zwischen diesen Grenzen – man nennt sie *polytrop*.

Übungen:

3.8: Bei 20 °C hat man (bei festgehaltenem Volumen) für Helium und Sauerstoff molare Wärmekapazitäten $C_{m,V}$ von $12,47\ \mathrm{J\,mol^{-1}\,K^{-1}}$ bzw. $21,06\ \mathrm{J\,mol^{-1}\,K^{-1}}$. Was kann man daraus über die molekulare Struktur der Gase ableiten? ■

3.9: Versuchen sie eine zu (3.26) analoge Gleichung für die spezifischen Wärmen c_p und c_V eines idealen Gases abzuleiten. ■

3.10: Stellen Sie isobare, isochore, isotherme und adiabatische Zustandänderungen in einem TV-Diagramm dar. ■

3.11: Die experimentelle Bestimmung des Adiabatenkoeffizienten $\kappa = C_p/C_V$ kann nach N. Clement (1779–1841) und Ch. B. Desormes (1777–1862) durch folgenden Versuch erfolgen: ■
Ein mit einem Hahn verschlossenes Gefäß enthält Luft der Temperatur T_1 unter dem Druck p_1, der etwas über dem äußeren Luftdruck p_0 liegt. Öffnet man den Hahn, so gleicht sich der Druck aus. Anschließend wird der Hahn wieder geschlossen und nach einiger Zeit stellt sich im Kolben erneut ein etwas über dem äußeren Luftdruck liegender Druck p_2 ein. Wie kann man den Adiabatenkoeffizienten aus den bekannten Drücken bestimmen? Hinweis: Der erste Prozeß ist sehr schnell, der Gesamtprozeß ist isotherm!

3.12: Ein ideales Gas, welches unter dem Anfangsdruck von 1, 2 MPa steht, wird in einem ersten Schritt isotherm vom Volumen 2 l auf 12 l expandiert. Dann wird es isobar auf das Ausgangsvolumen komprimiert, und schließlich wird es isochor in den Anfangszustand überführt. a) Skizzieren Sie diesen Kreisprozeß in einem pV-Diagramm. b) Berechnen Sie die dabei vom Gas verrichtete Arbeit. ■

3.3 Der zweite Hauptsatz der Thermodynamik

3.3.1 Reversible und irreversible Prozesse

Der erste Hauptsatz der Thermodynamik behandelt Arbeit und Wärme in völlig symmetrischer Weise und erlaubt prinzipiell alle Prozesse, bei denen die Energiebilanz ausgeglichen ist. Damit ist zwar kein *Perpetuum mobile erster Art* möglich, aber immerhin könnte man sich z. B. einen Dampfer vorstellen, der die zur Fortbewegung benötigte Energie durch Abkühlung des Meereswassers gewinnt. Bei den ungeheuren Wassermengen auf unserer Erde wäre das bezüglich der praktischen Nutzung mit einem Perpetuum mobile gleichbedeutend. Man nennt daher eine periodisch arbeitende Maschine, die Wärme vollständig in Arbeit umwandelt, ein *Perpetuum mobile zweiter Art*.

Die Erfahrung lehrt nun allerdings, daß eine solcher Dampfer nicht konstruiert werden kann. Ebensowenig springt ein heruntergefallener Dachziegel unter Abkühlung des Erdbodens entgegen der Schwerkraft wieder auf das Dach zurück, obwohl auch dies nach dem ersten Hauptsatz möglich wäre. Das Herunterfallen, bei dem sich ja der Erdboden erwärmt, ist offensichtlich nicht einfach rückgängig zu machen, und es bedarf eines gewissen Arbeitsaufwandes, um den Dachziegel in seine ursprüngliche Position zurückzubringen. Nicht alle energetisch möglichen Prozesse laufen also in der Natur auch tatsächlich ab, und man unterscheidet daher zwischen *reversiblen* und *irreversiblen* Prozessen:

> *Ein Prozeß heißt reversibel, wenn man ihn auf irgendeine Weise rückgängig machen kann, ohne daß Veränderungen in der Natur zurückbleiben. Prozesse, für die dies nicht gelingt, nennt man irreversibel.*

Würde man das reibungsfreie Abrollen einer Kugel von einer schiefen Ebene filmen und den Film dann rückwärts abspielen, so würde man diese Kugel unter Verlust ihrer kinetischen Energie die Ebene hinaufrollen sehen. Ein Zuschauer, der bei der Aufnahme nicht anwesend war, hätte keine Möglichkeit festzustellen, daß der Film rückwärts läuft. Wir haben es hier genauso mit einem reversiblen Prozeß zu tun, wie bei der reibungsfreien Bewegung eines Pendels oder beim elastischen Stoß zweier Kugeln. Das Herabfallen unseres Dachziegels ist dagegen ein irreversibler Prozeß. Würde jemand von der Beobachtung des umgekehrten Prozesses berichten und zum Beweis hier den Film rückwärts abspielen, so würde er wohl nur Gelächter ernten. Der Trick wäre leicht zu durchschauen.

In unseren Beispielen für reversible Prozesse wurde stets von einem reibungsfreien Verlauf ausgegangen. Dies ist eine Idealisierung, und streng genommen können reale Prozesse höchstens näherungsweise als reversibel betrachtet werden. Dazu müssen sie so langsam ablaufen, daß man den gesamten Prozeß als eine Folge von Gleichgewichtsprozessen auffassen kann.

Reibung bedeutet nun immer Erzeugung von Wärme, und so scheint die Unterscheidung zwischen reversibel und irreversibel im Zusammenhang damit zu stehen, ob bei dem betrachteten Prozeß Arbeit in Wärme umgewandelt wird. Während dies ohne weiteres vollständig möglich ist, weisen unsere Ausführungen jedoch auf die Unmöglichkeit der vollständigen Umwandlung von Wärme in Arbeit hin. Diese Tatsache und die sich daraus ergebenden Konsequenzen bilden den Inhalt des **zweiten Hauptsatzes der Thermodynamik**. In einer ersten Formulierung können wir ihn dadurch zum Ausdruck bringen, daß wir die Existenz eines Perpetuum mobile zweiter Art ausschließen:

> *Es gibt keine periodisch arbeitende Maschine, die Wärme vollständig in Arbeit verwandelt.*

Es muß in diesem Zusammenhang ausdrücklich betont werden, daß eine solche vollständige Umwandlung nur für periodische Prozesse ausgeschlossen wird. Bei einer isothermen Expansion eines idealen Gases, bei der wegen (3.22) $dU = 0$ ist, findet eine vollständige Umwandlung von Wärme in Arbeit durchaus statt.

Es gibt auch für den zweiten Hauptsatz weitere äquivalente Formulierungen. So brachte R. Clausius (1822–1888) (1850) seinen Inhalt in folgender Weise zum Ausdruck:

> *Wärme kann niemals spontan, d. h. ohne äußere Einwirkungen, von einem kälteren auf einen wärmeren Körper übergehen.*

Wäre dies nämlich der Fall, so ließe sich diese Wärme z. B. durch eine isotherme Expansion fortlaufend vollständig in Arbeit verwandeln, und wir hätten gerade ein Perpetuum mobile zweiter Art.

Weitere Formulierungen werden wir in den nächsten Abschnitten kennenlernen. Dabei wird sich zeigen, daß der zweite Hauptsatz die Existenz einer weiteren Zustandsgröße impliziert, die uns ein mikroskopisches Verständnis der Irreversibilität von Prozessen gestattet.

3.3.2 Der Carnotsche Kreisprozeß

Um die Besonderheiten bei der Umwandlung von Wärme in Arbeit zu verstehen und technisch nutzbar zu machen, wurde vom Franzosen S. Carnot (1796–1832) (1824) ein spezieller Kreisprozeß untersucht. Beim **Carnotschen Kreisprozeß** durchläuft ein ideales Gas die folgenden 4 Prozeßschritte zwischen einem oberen und einem unteren Wärmereservoir mit den Temperaturen T_1 bzw. T_2 (Bild 3.8):

1. Isotherme Expansion bei T_1 vom Zustand (p_1, V_1) in den Zustand (p_2, V_2). Wegen (3.27) leistet das Gas die Arbeit

$$W_1 = \mu R T_1 \ln \frac{V_1}{V_2} \tag{3.31}$$

und nimmt dabei die Wärme $Q_1 = -W_1$ aus dem oberen Reservoir auf.

2. Adiabatische Expansion vom Zustand (T_1, p_2, V_2) in den Zustand (T_2, p_3, V_3). Ein Wärmeaustausch erfolgt nicht, und das Gas leistet dabei gemäß (3.24) die Arbeit

$$W' = \mu C_{m,V}(T_2 - T_1)\ , \tag{3.32}$$

die nach dem ersten Hauptsatz gleich der Änderung der Inneren Energie ist.

3. Isotherme Kompression bei T_2 vom Zustand (p_3, V_3) in den Zustand (p_4, V_4). Dabei wird am Gas die Arbeit

$$W_2 = \mu R T_2 \ln \frac{V_3}{V_4} \tag{3.33}$$

verrichtet und die Wärme $Q_2 = -W_2$ an das untere Reservoir abgegeben.

4. Adiabatische Kompression aus dem Zustand (T_2, p_4, V_4) in den Ausgangszustand (T_1, p_1, V_1). Am Gas muß dazu die Arbeit

$$W'' = \mu C_{m,V}(T_1 - T_2) \tag{3.34}$$

verrichtet werden.

Insgesamt wird beim Carnotschen Kreisprozeß vom Gas also die Arbeit

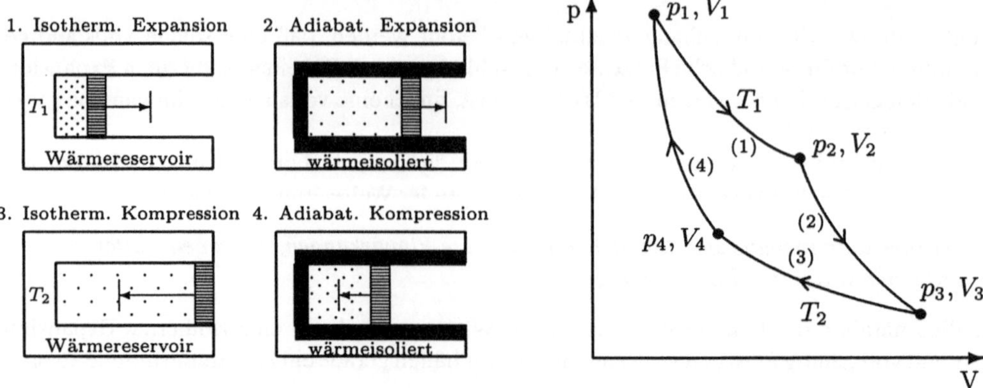

Bild 3.8 Realisierung eines (rechtsläufigen) Carnotschen Kreisprozesses und seine Darstellung im pV-Diagramm

$$W = W_1 + W' + W_2 + W'' = \mu R T_1 \ln \frac{V_1}{V_2} + \mu R T_2 \ln \frac{V_3}{V_4}$$

verrichtet und dabei eine betragsmäßig gleich große Wärmemenge $Q_1 + Q_2$ verbraucht. Mit Hilfe von (3.28) findet man weiter

$$\frac{T_1}{T_2} = \left(\frac{V_3}{V_2}\right)^{\kappa-1} = \left(\frac{V_4}{V_1}\right)^{\kappa-1}$$

bzw.

$$\frac{V_1}{V_2} = \frac{V_4}{V_3} \,.$$

Damit lassen sich aber die beiden den isothermen Prozessen entsprechenden Beiträge zur Arbeit W zusammenfassen, und es ergibt sich

$$W = \mu R (T_1 - T_2) \ln \frac{V_1}{V_2} \,. \tag{3.35}$$

Das Verhältnis aus dem Betrag der vom Gas verrichteten Arbeit $|W|$ und der aus dem oberen Reservoir aufgenommenen Wärme Q_{zu} ist ein Maß für die Effizienz der Umwandlung von Wärme in Arbeit bei einem Kreisprozeß. Man definiert den **thermischen Wirkungsgrad** η allgemein als

$$\boxed{\eta = \frac{|W|}{Q_{zu}}} \tag{3.36}$$

und erhält für den untersuchten Carnotschen Kreisprozeß

$$\eta_c = \frac{|W|}{Q_{zu}} = \frac{Q_1 - |Q_2|}{Q_1} = \frac{\mu R (T_1 - T_2) \ln \frac{V_1}{V_2}}{\mu R T_1 \ln \frac{V_1}{V_2}} \,.$$

Kürzen zeigt, daß der thermische Wirkungsgrad gemäß

$$\boxed{\eta_c = \frac{T_1 - T_2}{T_1}} \tag{3.37}$$

nur von den Temperaturen der beteiligten Reservoirs abhängt. Der Wirkungsgrad wird um so größer, je größer die Temperaturdifferenz zwischen den beiden Reservoirs ist und je tiefer die Temperatur T_2 des unteren der beiden ist. Es ist wichtig festzustellen, daß stets $\eta_c < 1$ gilt. Für $T_2 = 0$ würde man rein formal zwar $\eta_c = 1$ erhalten, und Wärme ließe sich dann im Widerspruch zum 2. Hauptsatz vollständig in Arbeit verwandeln; die Erfahrung hat jedoch gezeigt, daß $T_2 = 0$ nicht realisierbar ist.[2]

Bei unseren bisherigen Betrachtungen zum Carnotschen Kreisprozeß haben wir implizit unterstellt, daß der Prozeß reversibel ausgeführt wird. Man kann sich dazu vorstellen, daß die Zustandsänderungen so langsam erfolgen, daß wir den gesamten Prozeß als eine Folge von Gleichgewichtszuständen auffassen können. Tatsächlich setzen wir dies voraus, wenn wir z. B. die Arbeit bei isothermer Kompression gemäß (3.27) so berechnen, als wenn der Druck auf den Kolben mit dem Gasdruck identisch, oder genauer, nur infinitesimal größer als dieser ist. Der Kreisprozeß kann somit nicht nur wie in Bild 3.8 dargestellt als *rechtsläufiger* Prozeß ausgeführt werden, sondern auch in umgekehrter Richtung als *linksläufiger* Prozeß. In einem solchen Prozeß wird Wärme durch Verrichten von Arbeit von einem kälteren zu einem wärmeren Reservoir transportiert.

Der Carnotsche Kreisprozeß kann natürlich auch irreversibel verlaufen. Seine große Bedeutung für die technische Nutzung der Umwandlung von Wärme in Arbeit in Wärmekraftmaschinen, wie etwa der Dampfmaschine, beruht nun auf den folgenden Aussagen:

- Der thermische Wirkungsgrad eines reversiblen Carnotschen Kreisprozesses ist vom Arbeitsstoff unabhängig.
- Der thermische Wirkungsgrad eines irreversiblen Carnotschen Kreisprozesses kann nicht größer als der eines reversiblen Carnotschen Kreisprozesses sein.
- Beliebige Kreisprozesse lassen sich immer durch Carnotsche Kreisprozesse annähern.

Wir wollen die Richtigkeit dieser Aussagen beweisen: Gäbe es einen Arbeitsstoff mit dem ein reversibler Carnotscher Kreisprozeß einen größeren Wirkungsgrad hätte als mit einem idealen Gas, dann könnte man in einem rechtläufigen Prozeß mit diesem Arbeitsstoff die Arbeit W' verrichten, wobei Q_1' vom oberen Reservoir entnommen und Q_2' an das untere abgegeben wird. In einem linksläufigen Prozeß mit dem idealen Gas entnehmen wir dem unteren Reservoir nun genau $-Q_2'$, bringen die Arbeit W auf und führen dem oberen Reservoir $-Q_1$ zu. Wegen $\eta' > \eta$ hat man dann

$$\frac{|W'|}{Q_1'} = \frac{Q_1' - |Q_2'|}{Q_1'} > \frac{|W|}{|Q_1|} = \frac{|Q_1| - |Q_2'|}{|Q_1|} \, ,$$

woraus $Q_1' - |Q_1| > 0$ und weiter $|W'| - W > 0$ folgt. Effektiv ist also die Wärme $Q_1' - |Q_1|$ in einem Kreisprozeß allein durch Abkühlung eines Reservoirs vollständig in Arbeit verwandelt worden, was nach dem zweiten Hauptsatz nicht möglich ist. Unsere Annahme $\eta' > \eta$ führt daher zu einem Widerspruch. Durch Umkehrung der Prozesse und analoge Betrachtungen kann auch die Annahme $\eta' < \eta$ ausgeschlossen werden, was die erste der obigen Aussagen beweist.

[2] Die prinzipielle Unerreichbarkeit des absoluten Temperaturnullpunktes und das Verhalten der thermodynamischen Größen für $T \to 0$ bilden den Inhalt des dritten Hauptsatzes der Thermodynamik (Nernstsches Wärmetheorem), den wir nicht behandeln werden.

Der Beweis der zweiten Aussage gelingt ebenfalls durch ein Gedankenexperiment: Dazu koppeln wir den als rechtsläufig angenommenen irreversiblen Kreisprozeß mit einem reversiblen Kreisprozeß, den wir linksläufig betreiben. Wäre nun $\eta_{\text{irrev}} > \eta_{\text{rev}}$, so ließe sich wieder ein Perpetuum mobile zweiter Art konstruieren. Da nun eine Umkehrung irreversibler Prozesse nicht möglich ist, folgt daher zwangsläufig

$$\eta_{\text{irrev}} \leq \eta_{\text{rev}} \,. \tag{3.38}$$

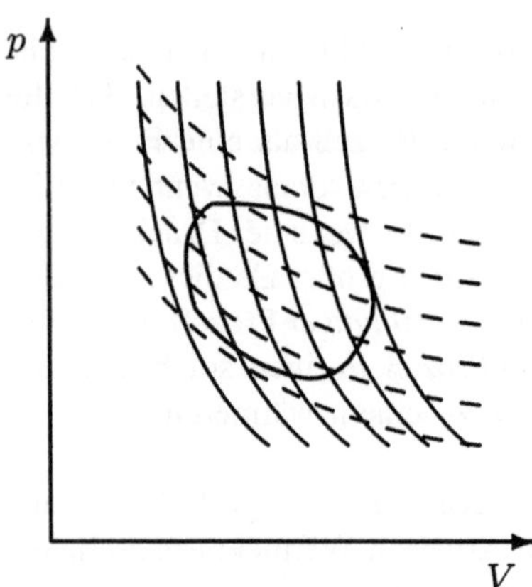

Bild 3.9
Beispiel für die Zerlegung eines Kreisprozesses in eine Summe differentieller Carnotscher Kreisprozesse. Die Isothermen sind gestrichelt und die Adiabaten durchgezogen gezeichnet.

Die Richtigkeit der dritten Aussage demonstriert Bild 3.9, in dem gezeigt wird, wie man einen beliebigen Kreisprozeß als eine Summe von differentiellen Carnotschen Kreisprozessen auffassen kann. Insgesamt liefern unsere Betrachtungen die folgende fundamentale Erkenntnis:

Es läßt sich kein Kreisprozeß realisieren, der einen höheren thermischen Wirkungsgrad hat als der reversible Carnotsche Kreisprozeß.

Auch wenn der Carnotsche Kreisprozeß nur eine praktisch nicht zu verwirklichende Idealisierung ist, bildet er ein Vorbild für technische Kreisprozesse, und sein Wirkungsgrad repräsentiert eine obere Grenze für alle diese Kreisprozesse (vgl. auch Abschnitt 3.3.3).

Thermodynamische Temperatur: Die Tatsache, daß der thermische Wirkungsgrad eines reversiblen Carnotschen Kreisprozesses nur durch die Temperaturen der beiden Reservoirs bestimmt ist, erlaubt eine von speziellen Materialeigenschaften von Thermometern unabhängige Temperaturdefinition. Gemäß (3.36) und (3.37) gilt

$$\eta_c = \frac{Q_1 - |Q_2|}{Q_1} = 1 - \frac{|Q_2|}{Q_1} = 1 - \frac{T_2}{T_1}$$

bzw.

$$\frac{|Q_2|}{Q_1} = \frac{T_2}{T_1} \,. \tag{3.39}$$

Legt man nun die Temperatur eines speziellen Wärmereservoirs fest (man wählt dazu die Temperatur $T = 273,16$ K des in Abschnitt 3.4.4 definierten Tripelpunktes von Wasser), dann kann die Temperatur jedes anderen Systems prinzipiell dadurch gemessen werden, daß man es als zweites Reservoir eines Carnotschen Kreisprozesses auffaßt und die bei diesem Prozeß ausgetauschten Wärmemengen mißt. Wie gezeigt wurde, sind letztere von der Art des Arbeitsstoffes unabhängig.

Solange man das Gas in einem Gasthermometer als ideal ansehen kann, ist diese thermodynamische Temperaturmessung mit der eines Gasthermometers identisch.

3.3.3 Beispiele für technische Kreisprozesse

Um eine Umwandlung von Wärme in Arbeit technisch zu realisieren, sind nach dem zweiten Hauptsatz also zwei Wärmereservoirs notwendig, zwischen denen ein Kreisprozeß ablaufen muß. Dem wärmeren wird die Wärmemenge Q_1 entnommen und an das untere davon die Wärmemenge Q_2 abgeführt, wobei die Arbeit $|W| < Q_1 - |Q_2|$ gewonnen werden kann. Maschinen, die nach diesem Prinzip arbeiten, nennt man **Wärmekraftmaschinen**. Am bekanntesten ist wohl die maßgeblich von J. Watt (1768) entwickelte **Kolbendampfmaschine** durch ihre fundamentale Rolle im Zeitalter der Industrialisierung. Auf Grund des nur geringen Wirkungsgrades ($\eta < 20\%$) hat sie zunehmend an Bedeutung verloren.

Interessante neue Perspektiven scheinen sich jedoch bei der Nutzung des **Stirling-Prozesses** zu eröffnen. Seine Darstellung im pV-Diagramm zeigt Bild 3.10. Bereits 1816 hatte der schottische Pfarrer R. Stirling einen aus zwei Isothermen und zwei Isochoren bestehenden Kreisprozeß vorgeschlagen, der theoretisch den gleichen Wirkungsgrad besitzt wie der Carnotsche Kreisprozeß. Da im Gegensatz zur Dampfmaschine nach Ablauf eines vollständigen Prozeßschrittes keine Erneuerung des Arbeitsstoffes erfolgt, schwebte Stirling ein Einsatz dieser abgasfreien Maschinen in Bergwerken vor, um die damals übliche Kinderarbeit dort zu erleichtern.

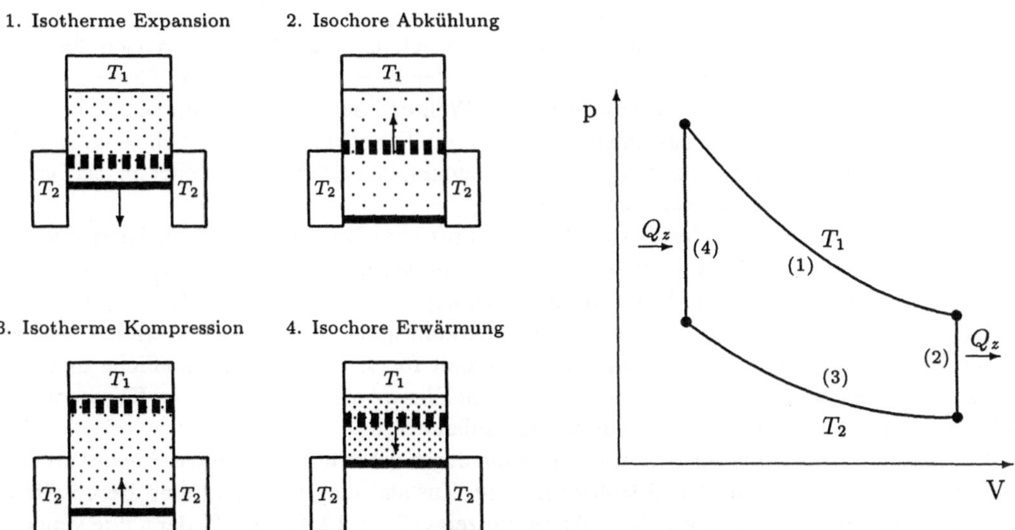

Bild 3.10 Stirling-Prozeß und seine mögliche Realisierung. Der untere Arbeitskolben und der obere Verdrängerkolben arbeiten mit einer Phasenverschiebung von 90°.

Der Stirling-Prozeß entsteht aus dem Carnotschen Kreisprozeß, indem die beiden Adiabaten durch Isochoren ersetzt werden. Während entlang der Adiabaten des Carnotschen Kreisprozesses keine Wärme ausgetauscht wird und sich die Beiträge zur Arbeit kompensieren, wird zwar entlang der Isochoren des Stirling-Prozesses ebenfalls keine Arbeit verrichtet, jedoch muß bei der isochoren Abkühlung Wärme abgegeben werden, die später bei der isochoren Erwärmung in genau gleicher Menge wieder zugeführt werden muß. Dies scheint auf den ersten Blick den Wirkungsgrad deutlich zu senken. Gelingt es aber, die im Prozeßschritt (2) abgegebene Wärme Q_z zwischenzuspeichern und in Schritt (4) wieder vollständig zuzuführen, so läßt sich theoretisch auch der thermische Wirkungsgrad η_c erreichen. Zur Zwischenspeicherung werden sogenannte *Regeneratoren* genutzt, die anstelle der früher verwendeten Kupferspäne heute aus hochporösen Stoffen mit äußerst hohem Wärmespeichervermögen bestehen.

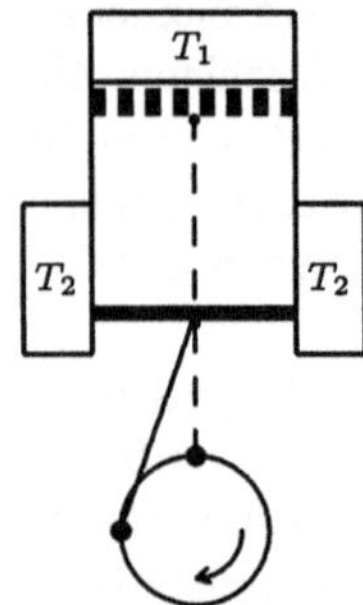

Bild 3.11
Realisierung eines Stirling-Prozesses durch zwei um 90° phasenverschoben arbeitende Kolben auf einer Kurbelwelle

Um das geschilderte Konzept zu realisieren, benötigt man zwei möglichst unabhängig voneinander bewegliche Kolben. Der untere Arbeitskolben gestattet das Komprimieren oder Entspannen des Gases, und der darüberliegende Verdrängerkolben enthält das Regeneratormaterial und ist für das Gas durchlässig. Der Stirling-Prozeß besteht nun aus folgenden Teilschritten: Bei der isothermen Expansion (1) nimmt das Gas Wärme aus dem oberen Reservoir mit T_1 auf, und der Arbeitskolben geht nach unten. Anschließend bewegt sich der Verdrängerkolben nach oben, das heiße Gas durchströmt in einem isochoren Prozeß (2) den Regenerator und gibt Wärme an diesen ab. Nun erfolgt eine isotherme Kompression (3). Während der Arbeitskolben sich dabei nach oben bewegt, wird Wärme an das untere Reservoir mit T_2 abgeführt. Schließlich senkt sich der Verdrängerkolben und gibt isochor (4) seine zwischengespeicherte Wärme wieder an das Gas ab. Diese Prozeßfolge wiederholt sich nun fortlaufend.

Als **Heißluftmotor** bzw. **Heißgasmotor** (statt Luft wird He verwendet!) realisiert man das Prinzip in der Praxis durch zwei um 90° phasenverschoben arbeitende Kolben auf einer Kurbelwelle, so daß prinzipiell immer beide Kolben in Bewegung sind (Bild 3.11). Durch Fortschritte bei den verwendeten Werkstoffen können heute Wirkungsgrade von über 40 % erreicht werden. Zahlreiche Einsatzmöglichkeiten eröffnen sich damit für dieses umweltfreundliche und relativ wartungsfreie Motorenkonzept. Sie reichen vom Einsatz als Automotor über Klimaanlagen, Wärmepumpen bis hin zur Stromerzeugung aus Solarenergie.

Mit Austausch des Arbeitsstoffes (und mit allen durch die Abgase bedingten Folgen) arbeiten Verbrennungsmotoren, wie der **Otto-Motor**. Sein Zustandsdiagramm und eine Beschreibung der einzelnen Prozeßschritte beim Viertakt-Motor zeigt Bild 3.12. Etwa 25% der aufgewendeten Energie läßt sich in Otto-Motoren in Arbeit verwandeln. Höherer Anfangsdruck, höhere Verdichtung und höhere Verbrennungstemperatur in Dieselmotoren lassen hingegen Wirkungsgrade von etwa 40% zu.

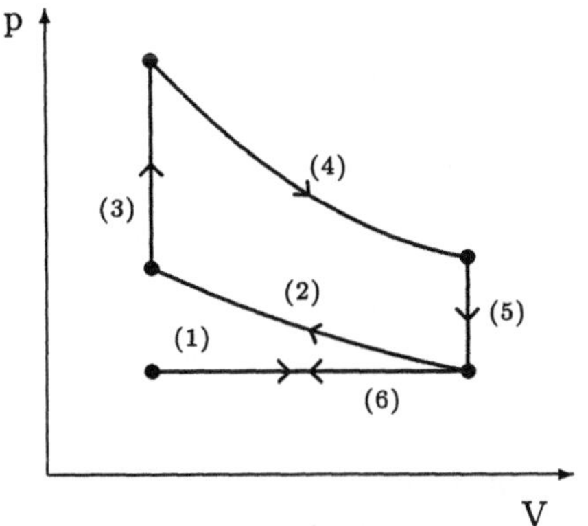

1. Takt:
Brennstoff ansaugen (1)
2. Takt:
Adiabatische Kompression (2)
3. Takt:
Zünden des Gemischs (3)
Adiabatische Entspannung (4)
4. Takt:
Öffnen des Ventils (5)
Ausstoßen des Gases (6)

Bild 3.12 Zustandsdiagramm eines Otto-Motors

Das Prinzip eines linksläufigen Kreisprozesses wird in Kältemaschinen und Wärmepumpen angewandt. Dabei wird unter Verrichtung von Arbeit Wärme von einem kälteren Reservoir auf ein wärmeres übertragen. Geht es, wie beim Kühlschrank, darum, ein kaltes System kälter zu machen bzw. kalt zu halten, so steht die Abkühlung des unteren Reservoirs im Blickpunkt, und die Anlage arbeitet als **Kältemaschine**. Nutzt man andererseits den Kreisprozeß zu Heizzwecken, liegt also das Interesse bei der Erwärmung des oberen Reservoirs, so haben wir es mit einer **Wärmepumpe** zu tun. Anstelle des thermischen Wirkungsgrades definiert man nach dem Prinzip „Nutzen zu Aufwand" für Kältemaschinen bzw. Wärmepumpen die **Leistungszahlen** ε_K bzw. ε_W gemäß

$$\varepsilon_K = \frac{Q_{\text{zu}}}{W}$$

$$\varepsilon_W = \frac{Q_{\text{ab}}}{W} \, . \tag{3.40}$$

Speziell für einen reversiblen Carnotschen Kreisprozeß sind die entsprechenden Größen bekannt, und es folgt

$$\varepsilon_{K,c} = \frac{|Q_2|}{W} = \frac{T_2}{T_1 - T_2}$$

$$\varepsilon_{W,c} = \frac{Q_1}{W} = \frac{T_1}{T_1 - T_2} \, . \tag{3.41}$$

Die Leistungszahl einer durch einen reversiblen Carnotschen Prozeß realisierten Wärmepumpe ist also der Kehrwert des thermischen Wirkungsgrades. Damit ist sie stets größer als 1, so daß stets mehr Wärme in das wärmere Reservoir transportiert wird, als an Arbeit aufgewendet wird. Dies steht selbstverständlich nicht im Widerspruch zum ersten Hauptsatz, denn die Arbeit wird nicht in Wärme verwandelt, sondern wird eben nur für den Transport von Wärme verwendet. Auch wenn man in der Praxis weit unter den theoretischen Grenzwerten bleibt und nur Leistungsziffern von etwa 3 erreicht, wächst die Bedeutung von Wärmepumpen für Heizzwecke. Insbesondere dann, wenn nur eine geringe Temperaturdifferenz zwischen den beteiligten Reservoirs vorhanden ist, liegen günstige Anwendungsbedingungen vor (vgl. Übungen).

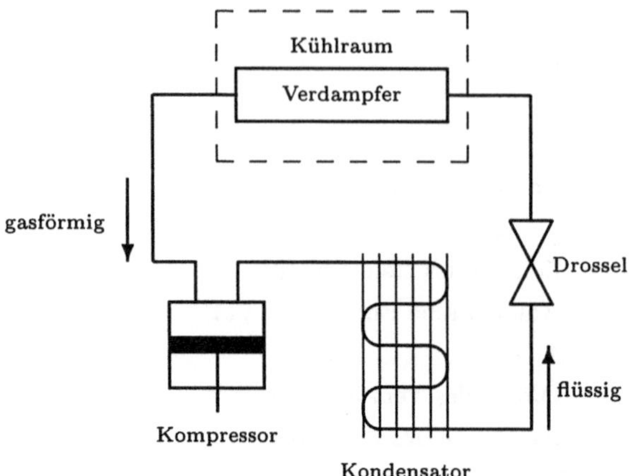

Bild 3.13
Prinzip einer Kältemaschine

Effiziente Wärmepumpen und Kältemaschinen nutzen Übergänge zwischen gasförmigem und flüssigem Aggregatzustand. Ein *Kältemittel*, wie etwa Ammoniak oder Propan[3], unterliegt während des Kreisprozesses solchen Phasenänderungen, wodurch die transportierte Wärmemenge erhöht werden kann. Das Prinzip einer Kältemaschine zeigt Bild 3.13. Im Verdampfer wird durch Zufuhr der Wärme Q_{zu} das flüssige Kältemittel verdampft. Er befindet sich im zu kühlenden Raum. Anschließend wird dieser Dampf durch einen Kompressor angesaugt und erreicht den Kondensator verdichtet. Hier wird dem Dampf die Kondensations- und Kompressionswärme entzogen, und er kondensiert. Die noch unter hohem Druck stehende Flüssigkeit wird durch ein sogenanntes Drosselventil entspannt, sie kühlt sich weiter ab und kann im Verdampfer erneut Wärme aufnehmen.

Drosselung: Als Drosselung einer Flüssigkeit- oder Gasströmung bezeichnet man einen Vorgang, bei dem durch Ventile oder Schieber eine Verengung des Strömungsquerschnitts erzeugt und dadurch die Strömungsgeschwindigkeit an dieser Stelle erhöht wird. Nach der Verengung wird die Strömungsgeschwindigkeit wieder auf den ursprüngliche Wert reduziert, wobei es infolge der dabei auftretenden großen Druckgradienten zu Wirbelbildungen kommt. Im allgemeinen erfolgt die Drosselung so schnell, daß kein Wärmeaustausch mit der Umgebung möglich ist und der Prozeß als adiabatisch betrachtet werden kann. Infolge der durch Drosselung hervorgerufenen adiabatische Entspannung kommt es im allgemeinen infolge des Joule-Thomson-Effekts zu einer Temperaturerniedrigung in der Strömung (vgl. Abschnitt 3.4.3).

Übungen:

■ **3.13**: Durch eine Wärmepumpe mit einer Leistungszahl $\varepsilon_W = 3$ soll die Wärme aus einem See mit einer Wassertemperatur von 6 °C im Winter dazu genutzt werden, um ein Haus auf 20 °C zu heizen. a) Welche elektrische Leistung nimmt ihr Motor auf, wenn die benötigte Heizleistung 20 kW beträgt? b) Welche elektrische Leistung würde der Motor einer idealen (Carnotschen) Wärmepumpe benötigen?

■ **3.14**: In eine Dampfmaschine strömt der heiße Dampf mit einer Temperatur von 197 °C in den Kessel und verläßt diesen in den Kondensator bei 30 °C. In einem Dieselmotor ist die Verbrennungstemperatur 2000 °C und die Abgase werden mit einer Temperatur von 400 °C ausgestoßen. Welche maximalen thermischen Wirkungsgrade können für Dampfmaschine und Dieselmotor damit erreicht werden?

[3]Diese Substanzen gelten als umweltfreundlichere Alternative zu den die Ozonschicht schädigenden FCKWs.

3.3.4 Die Entropie und ihre mikroskopische Deutung

Wir wollen jetzt zeigen, daß der 2. Hauptsatz der Thermodynamik die Existenz einer neuen Zustandgröße impliziert, die den Wärmeaustausch zwischen System und Umgebung charakterisiert. Betrachtet man das vollständige Differential der Inneren Energie, das sich nach dem 1. Hauptsatz (3.21) sowie (3.18) und (3.24) als

$$\mathrm{d}U = \mu C_{m,V}\,\mathrm{d}T - p\,\mathrm{d}V \tag{3.42}$$

schreiben läßt, so erkennt man, daß die Änderung der Variablen V den Austausch von Arbeit zwischen System und Umgebung vermittelt. Ebenso könnte man meinen, daß die Änderung von T den entsprechenden Wärmeaustausch vermittelt. Dies ist jedoch nicht der Fall, denn man kann zwischen System und Umgebung durchaus Wärme austauschen, ohne die Temperatur zu ändern. Man denke etwa an eine isotherme Expansion. Welche Zustandsgröße gestattet es aber dann, einen solchen Wärmeaustausch zu erfassen?

Um diese Frage zu beantworten, gehen wir von der Tatsache aus, daß wegen $Q_2 < 0$ für einen reversiblen Carnotschen Kreisprozeß aus (3.39) folgt

$$\frac{Q_1}{T_1} + \frac{Q_2}{T_2} = 0\,. \tag{3.43}$$

Man kann diesen Zusammenhang so auffassen, daß sich eine gewisse Größe S während eines Carnotschen Kreisprozesses bei den adiabatischen Teilprozessen nicht und bei den isothermen Teilprozessen einmal um $\Delta S_1 = Q_1/T_1$ und ein zweites Mal um $\Delta S_2 = Q_2/T_2$ ändert, wobei für den vollen Kreisprozeß dann

$$\Delta S = \Delta S_1 + \Delta S_2 = \frac{Q_1}{T_1} + \frac{Q_2}{T_2} = 0 \tag{3.44}$$

gilt. Den Quotienten aus der übertragenen Wärme Q und der dabei vorliegenden Temperatur T nennt man *reduzierte Wärme*.

Diese Betrachtungen sind verallgemeinerungsfähig. Da man einen beliebigen reversiblen Kreisprozeß in eine Summe differentieller Carnotscher Kreisprozesse zerlegen kann, bei denen jeweils differentielle Wärmemengen übertragen werden, kann man den Grenzübergang zum Integral durchführen und (3.44) als Spezialfall von

$$\oint \frac{\delta Q_{\text{rev}}}{T} = 0 \tag{3.45}$$

auffassen. In (3.45) und im folgenden sollen die in einem reversiblen Prozeß übertragenen Wärmemengen durch einen entsprechenden Index charakterisiert werden, um sie von den in irreversiblen Prozessen auftretenden Wärmemengen zu unterscheiden. Die Gleichung (3.45) bringt die Wegunabhängigkeit der Größe S zum Ausdruck. Sie ist daher eine Zustandsgröße, und man nennt sie **Entropie**. Ihr Differential ist durch

$$\boxed{\mathrm{d}S = \frac{\delta Q_{\text{rev}}}{T}} \tag{3.46}$$

gegeben und beschreibt also das Verhältnis aus der in einem infinitesimalen reversiblen Prozeß abgegebenen Wärmemenge und der dabei vorliegenden Temperatur. Man beachte: Die Prozeßgröße δQ wird also nach Division durch T zu einer Zustandsgröße. Mathematisch betrachtet, spielt der Ausdruck $1/T$ daher die Rolle eines *integrierenden Faktors*. Bei einem reversiblen Übergang von einem Zustand 1 in einen Zustand 2 ändert sich die Entropie gemäß

$$S_2 - S_1 = \int_1^2 \frac{\delta Q_{\mathrm{rev}}}{T} \, . \tag{3.47}$$

Schließen wir nun auch irreversible Prozesse in die Betrachtungen mit ein, dann folgt wegen (3.36) und (3.38)

$$\frac{Q_1 - |Q_2|}{Q_1} = 1 - \frac{|Q_2|}{Q_1} \leq \frac{T_1 - T_2}{T_1} = 1 - \frac{T_2}{T_1}$$

bzw. wieder wegen $Q_2 < 0$

$$\frac{Q_1}{T_1} + \frac{Q_2}{T_2} \leq 0 \, .$$

Unter Berücksichtigung aller Prozesse, egal ob reversibel oder irreversibel, muß (3.45) daher durch

$$\boxed{\oint \frac{\delta Q}{T} \leq 0} \tag{3.48}$$

ersetzt werden, wobei das Gleichheitszeichen nur für reversible Prozesse gilt. Führt man einen Prozeß nun irreversibel von einem Zustand 1 in den Zustand 2 und danach reversibel zurück in den Zustand 1, so findet man wegen (3.47) und (3.48)

$$\oint \frac{\delta Q}{T} = \int_1^2 \frac{\delta Q}{T} + \int_2^1 \frac{\delta Q_{\mathrm{rev}}}{T} = \int_1^2 \frac{\delta Q}{T} + (S_1 - S_2) \leq 0$$

oder

$$S_2 - S_1 \geq \int_1^2 \frac{\delta Q}{T} \, . \tag{3.49}$$

Setzt man nun ein abgeschlossenes System voraus, was u. a. bedeutet, daß kein Wärmeaustausch mit der Umgebung stattfindet ($\delta Q = 0!$), so wird (3.49) zu

$$S_2 - S_1 \geq 0 \, .$$

In einem solchen System laufen alle Vorgänge ohne äußere Einwirkungen ab, und wir können daher schließen:

In einem abgeschlossenen System laufen von selbst nur Vorgänge ab, bei denen die Entropie nicht abnimmt.

Diese Aussage ist eine weitere Möglichkeit, den zweiten Hauptsatz der Thermodynamik zu formulieren.

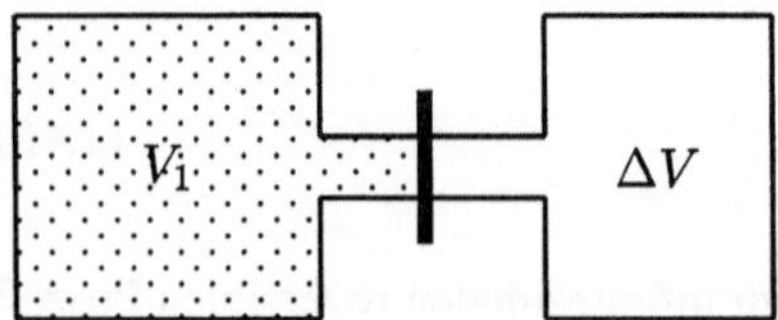

Bild 3.14
Gay-Lussacscher Versuch

Im Gegensatz zu thermodynamischen Größen, wie etwa Temperatur und Wärme, die uns aus dem Alltag bekannt sind, ist die Entropie eine weniger anschauliche Größe. Der Umgang mit ihr verlangt Sorgfalt. So ist die Charakterisierung der Wärmemenge in (3.47) durch den Zusatz „reversibel" für die Berechnung von Entropiedifferenzen entscheidend. Betrachten wir dazu den berühmten *Gay-Lussacschen Versuch* zum Nachweis der Volumenunabhängigkeit der Inneren Energie eines idealen Gases (Bild 3.14): Ein ideales Gas strömt dabei nach Öffnen eines Ventils aus einem Gefäß mit dem Volumen V_1 in ein vorher evakuiertes Gefäß und dehnt sich dabei auf das Volumen $V_2 = V_1 + \Delta V$ aus. Dabei kann keine Temperaturänderung des Gases nachgewiesen werden, der Prozeß ist also isotherm. Außerdem erfolgt die Expansion so schnell, daß der Prozeß auch adiabatisch verläuft. Es ist daher $\delta Q = 0$, was jedoch keineswegs den Schluß zuläßt, daß sich die Entropie dabei nicht ändert. Der diskutierte Prozeß ist nämlich extrem irreversibel (niemand hat wohl je beobachtet, daß sich ein Gas von selbst auf ein kleineres Volumen zurückzieht!), und die entsprechende Zustandsänderung muß in einem gedachten reversiblen Ersatzprozeß vorgenommen werden, um gemäß (3.47) ΔS berechnen zu können. Ein solcher Ersatzprozeß wäre eine isotherme Expansion von V_1 auf V_2. Wegen (3.24) ist $\mathrm{d}U = 0$, und zusammen mit der Zustandsgleichung des idealen Gases (3.9) und dem ersten Hauptsatz (3.21) folgt

$$\mathrm{d}S = \frac{\delta Q_{\mathrm{rev}}}{T} = \frac{\mathrm{d}U + p\,\mathrm{d}V}{T} = \frac{p\,\mathrm{d}V}{T} = \mu R \frac{\mathrm{d}V}{V} \,.$$

Integration von V_1 nach V_2 liefert

$$\Delta S = S_2 - S_1 = \mu R \int_{V_1}^{V_2} \frac{\mathrm{d}V}{V} = \mu R \ln \frac{V_2}{V_1} \,. \tag{3.50}$$

Wegen $V_2 > V_1$ ist ΔS positiv, wie man es für einen irreversiblen Prozeß nach dem zweiten Hauptsatz erwartet.

Im Zusammenhang mit den Eigenschaften der Entropie drängt sich natürlich die Frage auf: Was passiert eigentlich bei einem irreversiblen Prozeß, das zu einem Anwachsen der Entropie führt und das ihn in seinem zeitlichen Ablauf unumkehrbar macht? Diese Fragestellung ist insbesondere vom österreichischen Physiker L. Boltzmann (1844–1906) intensiv diskutiert worden. Ihm gelang es, einen Zusammenhang zwischen der Entropie S eines Zustandes und der sogenannten thermodynamischen Wahrscheinlichkeit P für seine mikroskopische Realisierung herzustellen. Es gilt

$$\boxed{S = k_B \ln P \,,} \tag{3.51}$$

wobei k_B die bereits bekannte Boltzmann-Konstante ist. Dieser Zusammenhang soll im folgenden etwa eingehender erläutert werden: Untersucht werden soll wieder die Expansion eines Gases

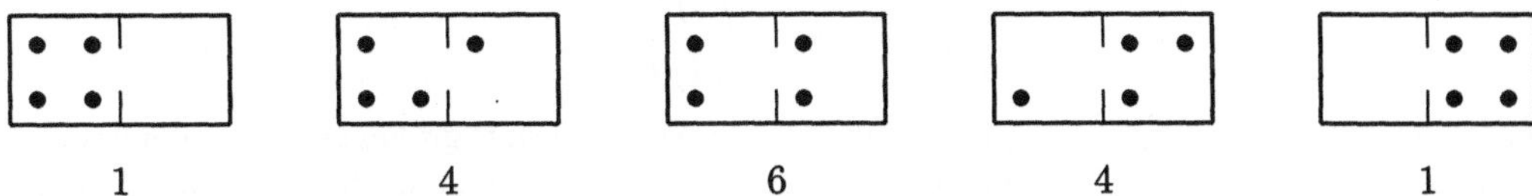

Bild 3.15 Realisierungsmöglichkeiten der verschiedenen Zustände eines Modellgases mit 4 Atomen

vom Volumen V_1 auf das Volumen V_2 im Sinne des Gay-Lussacschen Versuches. Dazu betrachten wir zuerst einmal ein Modellgas aus nur 4 Atomen und untersuchen die Verteilung dieser Atome auf die beiden Hälften eines gegebenen Volumens. Numerieren wir die Teilchen mit den Zahlen 1 bis 4, so gibt es insgesamt 16 unterschiedliche mikroskopische Verteilungen, die sich in 5 verschiedene Zustände des Gases aufteilen. So lassen sich die Zustände „alle Atome rechts bzw. links“ je einmal realisieren, die Zustände mit einer Aufteilung von „3 zu 1“ je viermal und der Zustand „2 zu 2“ sechsmal (Bild 3.15). Der Endzustand mit einer gleichmäßigen Verteilung der Atome ist also sechsmal wahrscheinlicher als der Ausgangszustand. Für ein Modellgas aus 10 Atomen wäre der Endzustand schon 256mal wahrscheinlicher als der Anfangszustand, und für 1 mol eines Gases wäre dieses Verhältnis in der Größenordnung von $2^{6\cdot 10^{23}}$. Meßbare Abweichungen von diesem wahrscheinlichsten Zustand, sogenannte **Schwankungen**, sind also im makroskopischen Bereich extrem unwahrscheinlich und eine selbständige Entmischung wegen des zufälligen Charakters dieser Schwankungen praktisch ausgeschlossen.

Betrachten wir nun die Expansion von V_1 auf V_2: Die Wahrscheinlichkeit dafür, ein herausgegriffenes Gasatom nach der Öffnung des Ventils im ursprünglichen Volumen V_1 anzutreffen, ist dann V_1/V_2. Die Wahrscheinlichkeit, alle N Atome dort anzutreffen, ist dementsprechend $P_1 = (V_1/V_2)^N$. Für große N ist dies eine sehr kleine Zahl, während die entsprechende Wahrscheinlichkeit für einen Zustand mit gleichmäßig über V_2 verteilten Atomen praktisch $P_2 = 1$ ist. Damit folgt für die Entropieänderung gemäß (3.51)

$$\Delta S = S_2 - S_1 = k \ln P_2 - k \ln P_1 = kN \ln \frac{V_2}{V_1} \; .$$

Besteht das Gas aus μ Mol, dann gilt $N = \mu N_A = \mu R/k_B$, und es folgt wieder (3.50). Die Äquivalenz der makroskopischen und mikroskopischen Definitionen der Entropie in (3.49) beziehungsweise (3.51) ist damit für den hier behandelten speziellen Fall nachgewiesen.

Die irreversible Expansion eines Gases erweist sich also mikroskopisch als Übergang eines Systems von einem unwahrscheinlicheren in einen wahrscheinlicheren Zustand. Weitere irreversible Prozesse, wie der Temperaturausgleich zwischen zwei sich im thermischen Kontakt befindenen Körpern oder das Mischen von kaltem mit warmem Wasser, führen ebenfalls zu einer Entropieerhöhung. Wir demonstrieren diesen Sachverhalt noch an einem weiteren Beispiel: Es soll die Entropieänderung berechnet werden, wenn zwei Körper mit den Temperaturen T_1 bzw. T_2 in thermischen Kontakt gebracht werden. Zur Vereinfachung sollen beide die gleiche Masse m und die gleiche spezifische Wärmekapazität c haben. Der Temperaturausgleich erfolgt hier allerdings irreversibel; um daher die Entropieänderung für diesen Prozeß zu berechnen, müssen die beiden Körper durch einen reversiblen Ersatzprozeß auf die Mischungstemperatur $T_m = (T_1+T_2)/2$ gebracht werden. Man erreicht dies in differentiellen Schritten durch Austausch der Wärmemengen $\delta Q_{\text{rev}} = mc\,\mathrm{d}T$. Für die gesamte Entropieänderung liefert dies

$$\Delta S = \int_{T_1}^{T_m} \frac{mc}{T}\,\mathrm{d}T + \int_{T_2}^{T_m} \frac{mc}{T}\,\mathrm{d}T = mc\left[\ln\left(\frac{T_m}{T_1}\right) + \ln\left(\frac{T_m}{T_2}\right)\right] ,$$

was sich auch als

$$\Delta S = mc \ln\left(\frac{T_m^2}{T_1 T_2}\right)$$

schreiben läßt. Wegen $T_m^2 > T_1 T_2$ (das arithmetische Mittel ist stets größer als das geometrische!) ergibt sich somit $\Delta S > 0$. Man kann übrigens den Wärmeausgleich auch insgesamt reversibel führen. Dann muß $\Delta S = 0$ sein, was die Mischungstemperatur zu $T_m = \sqrt{T_1 T_2}$ festlegt. Diese liegt etwas tiefer als bei der obigen irreversiblen Mischung, so daß der wärmere Körper mehr Wärme abgibt, als der kältere aufnehmen muß. Die Differenz wird in Arbeit verwandelt.

Zusammenfassend stellen wir fest: In seiner mikroskopischen Interpretation sagt der zweite Hauptsatz aus, daß makroskopische Systeme von selbst nur von einem geordneten zu einem ungeordneteren Zustand übergehen. Die Wahrscheinlichkeiten für umgekehrte Prozesse sind vernachlässigbar klein, so daß sie praktisch nicht vorkommen.

Thermodynamische Potentiale: Wir haben im Verlauf unserer bisherigen Beschäftigung mit der Thermodynamik bereits eine Reihe von Zustandsgrößen kennengelernt. Zu ihnen gehören Temperatur, Volumen, Druck, Innere Energie und Entropie. Da der Zustand einfacher Systeme, wie Flüssigkeiten oder Gase, bereits durch zwei Zustandsgrößen, etwa Temperatur und Volumen, festgelegt ist, müssen sich alle anderen Zustandsgrößen durch diese beiden ausdrücken lassen. So kann man etwa gemäß (3.42) die Innere Energie als Funktion von T und V auffassen. Mit Hilfe des Zusammenhangs (3.46) zwischen Wärme und Entropie kann man die Innere Energie aber auch als Funktion der Variablen V und S darstellen und schreiben

$$\mathrm{d}U = T\,\mathrm{d}S - p\,\mathrm{d}V\ . \tag{3.52}$$

Dabei gilt

$$T = \left(\frac{\partial U}{\partial S}\right)_V , \qquad p = -\left(\frac{\partial U}{\partial V}\right)_S .$$

Gegenüber anderen Darstellungen der Inneren Energie ist gerade diese Form der Darstellung besonders zweckmäßig. Entropie S und Temperatur T erweisen sich nämlich als die sogenannten *natürlichen Variablen* der Inneren Energie, die in dieser Darstellung alle Informationen eines thermodynamischen Systems enthält. Das bedeutet, daß nicht nur T und p, sondern auch alle anderen Zustandsgrößen und Materialgrößen des Systems durch Differentation und Variablensubstitution aus U bestimmt werden können.

Die Wahl von Entropie und Volumen als unabhängige Variable erweist sich allerdings in verschiedener Hinsicht als nicht zweckmäßig. Hat man kompliziertere Systeme als ein ideales Gas, so kann ein Zusammenhang zwischen den Zustandsgrößen nur durch Messungen bestimmt werden. Da insbesondere die Entropie experimentell schwer zugänglich ist, bereitet die Bestimmung der Funktion $U(S,T)$ dann große Probleme. Wesentlich leichter meßbar sind Temperatur und Druck, so daß ihre Wahl als natürliche Variable vorzuziehen ist. Viele in der Praxis vorkommende Prozesse verlaufen außerdem bei konstanter Temperatur und/oder konstantem Druck ab, so daß sie sich durch die Wahl dieser Größen als unabhängige Variable besonders einfach darstellen lassen.

Ausgehend von der Inneren Energie läßt sich nun eine Reihe von Zustandsgrößen angeben, die bei der Untersuchung thermodynamischer Prozesse, die wir zuerst einmal als reversibel voraussetzen wollen, eine wichtige Rolle spielen. Stets kann man aus ihnen durch Differentation alle anderen Zustandsgrößen herleiten. Dies erinnert an die Ableitung der Kraft aus der potentiellen Energie in der Mechanik, und man nennt diese Zustandsgrößen daher **thermodynamische Potentiale**. Jedes thermodynamische Potential ist dabei durch eine individuelle, gewissermaßen „natürliche" Wahl der unabhängigen Variablen charakterisiert.

Der Übergang von einem bestimmten Paar natürlicher Variablen auf ein anderes erfolgt stets nach einem festen Schema: Will man etwa von den Variablen S und T der Inneren Energie zu den Variablen V und T übergehen, so nutzt man die Kettenregel $\mathrm{d}(TS) = S\,\mathrm{d}T + T\,\mathrm{d}S$ und findet

$$\mathrm{d}U = \mathrm{d}(TS) - S\,\mathrm{d}T - p\,\mathrm{d}V\ .$$

Führt man nun durch

$$F = U - TS \tag{3.53}$$

eine neue Zustandsgröße – die **Freie Energie** – ein, so schreibt sich ihr Differential als

$$\mathrm{d}F = \mathrm{d}(U - TS) = -p\,\mathrm{d}V - S\,\mathrm{d}T\ . \tag{3.54}$$

Die Freie Energie besitzt damit die gewünschten natürlichen Variablen V und T.

Ebenso kann man aus (3.52) mittels $\mathrm{d}(pV) = p\,\mathrm{d}V + V\,\mathrm{d}p$ für die Zustandsgröße

$$H = U + pV \tag{3.55}$$

das Differential

$$\mathrm{d}H = T\,\mathrm{d}S + V\,\mathrm{d}p$$

ableiten. Sie trägt den Namen **Enthalpie** und besitzt die natürlichen Variablen S und p. Ausgehend von F oder H kann schließlich durch eine weitere Transformation die **Freie Enthalpie**

$$G = U - TS + pV$$

eingeführt werden. Sie hat die natürlichen Variablen T und p und ihr Differential ergibt sich zu

$$\mathrm{d}G = -S\,\mathrm{d}T + V\,\mathrm{d}p\,.$$

Entsprechend ihrer unabhängigen Variablen spielen die jeweiligen thermodynamischen Potentiale bei der Charakterisierung bestimmter Prozeßarten eine zentrale Rolle. Betrachten wir als Beispiel die uns später noch begegnende Enthalpie: Für einen isobaren Prozeß folgt aus (3.55) $\mathrm{d}H = \mathrm{d}U + p\,\mathrm{d}V$, und nach dem 1. Hauptsatz (3.21) zusammen mit (3.18) ergibt dies weiter $\mathrm{d}H = \delta Q - p\,\mathrm{d}V + p\,\mathrm{d}V = \delta Q$. Das bedeutet, daß die einem System bei einem isobaren Prozeß zugeführte Wärmemenge gleich der Änderung seiner Enthalpie ist. Die Wärme verändert im allgemeinen also die Innere Energie des Systems und leistet Ausdehnungsarbeit. In ähnlicher Weise kann man zeigen, daß die Arbeit, die in einem isothermen Prozeß von einem System abgegeben werden kann, der Abnahme der Freien Energie entspricht.

Schließlich lassen sich mittels der thermodynamischen Potentiale die Bedingungen für das thermodynamische Gleichgewicht von Systemen formulieren. Zieht man auch irreversible Prozesse in die Betrachtungen mit ein, so ist (3.52) wegen der aus (3.49) folgenden Ungleichung $\delta Q \leq T\,\mathrm{d}S$ durch

$$\mathrm{d}U \leq T\,\mathrm{d}S - p\,\mathrm{d}V$$

zu ersetzen. Für die Freie Energie ergibt sich damit

$$\mathrm{d}F \leq -p\,\mathrm{d}V - S\,\mathrm{d}T\,. \tag{3.56}$$

Betrachten wir nun einen isotherm-isochoren Prozeß als Beispiel: Für diesen gilt $\mathrm{d}T = \mathrm{d}V = 0$, und wegen (3.56) heißt das $\mathrm{d}F \leq 0$. Bei irreversiblen Prozessen, die isotherm und isochor verlaufen, nimmt also die Freie Energie ab und hat im thermodynamischen Gleichgewicht ein Minimum. Ebenso kann die Freie Enthalpie bei isotherm-isobaren Prozessen nicht zunehmen und besitzt im Gleichgewicht ebenfalls ein Minimum.

Übungen:

■ **3.15**: Stellen Sie einen Carnotschen Kreisprozeß in einem TS-Diagramm dar.

■ **3.16**: Berechnen Sie die Entropieänderung, wenn 1 kg Wasser von $\vartheta_1 = 100\,°\mathrm{C}$ mit 2 kg Wasser von $\vartheta_2 = 25\,°\mathrm{C}$ zusammengegossen werden. Wasser hat die spezifische Wärmekapazität $c = 4{,}185\,\mathrm{kJ/kg\,K}$.
Welche Mischungstemperatur würde sich bei einer reversiblen Mischung ergeben?

■ **3.17**: Überzeugen Sie sich durch Berechnung der Entropieänderung davon, daß die Abkühlung eines erhitzten Körpers an der Luft ein irreversibler Prozeß ist.

3.4 Phasen und Phasenübergänge

3.4.1 Schmelzwärme und Verdampfungswärme

Wir haben schon des öfteren von festen, flüssigen und gasförmigen Stoffen gesprochen. Die Charakterisierung eines Stoffes in dieser Weise ist jedoch nicht fest vorgegeben, sondern derselbe Stoff kann in Abhängigkeit von seiner Temperatur in unterschiedlichen Erscheinungsformen – man spricht von **Aggregatzuständen** oder **Phasen** – existieren. Allgemein ist der Begriff Phase der umfassendere. Neben den verschiedenen Aggregatzuständen schließt er auch verschiedene mögliche Modifikationen im selben Aggregatzustand ein.

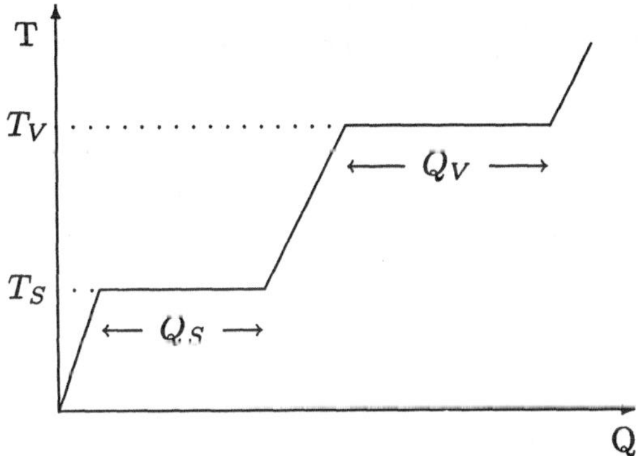

Bild 3.16
Qualitatives Verhalten der Temperatur eines Stoffes in Abhängigkeit von der ihm zugeführten Wärmemenge

In Bild 3.16 ist das qualitative Verhalten der Temperatur eines Stoffes in Abhängigkeit von der ihm zugeführten Wärmemenge dargestellt. Die Temperatur steigt nicht streng monoton an, sondern man beobachtet Bereiche, in denen T trotz Wärmezufuhr konstant bleibt. Diese Bereiche charakterisieren den Übergang zwischen zwei Aggregatzuständen. Bei der **Schmelztemperatur** T_S erfolgt der Übergang fest-flüssig unter Verbrauch der **Schmelzwärme** Q_S, und bei der **Siedetemperatur** T_V kommt es zum Übergang flüssig-gasförmig, wobei die **Verdampfungswärme** Q_V verbraucht wird. Mikroskopisch gesehen werden bei der Schmelztemperatur die Molekülschwingungen so groß, daß die Moleküle sich von ihren Plätzen im Kristall entfernen können; beim Verdampfen beginnen die Moleküle, die Flüssigkeit zu verlassen. Bei diesen Prozessen wird Energie verbraucht, die dann nicht zur Temperaturerhöhung zur Verfügung steht. Erfolgt die Änderung des Aggregatzustandes in umgekehrter Richtung, dann werden die entsprechenden Energiemengen ebenfalls ohne Temperaturänderung beim *Erstarren* bzw. *Kondensieren* frei. Man bezeichnet sie als **latente Wärme**. Da Schmelz- und Verdampfungswärmen meistens bei konstantem Druck gemessen werden, spricht man aus den im Zusammenhang mit den thermodynamischen Potentialen am Ende von Abschnitt 3.3.4 dargelegten Gründen besser von **Schmelzenthalpie** und **Verdampfungsenthalpie**.

Es ist einleuchtend, daß die Schmelz- oder die Verdampfungsenthalpie einer gegebenen Stoffmenge ihrer Masse m proportional ist. Damit kann man diese Prozesse durch die **spezifische Schmelzenthalpie** λ_S bzw. die **spezifische Verdampfungsenthalpie** λ_V charakterisieren, die durch

$$Q_S = \lambda_S m \tag{3.57}$$

und

$$Q_V = \lambda_V m$$

Tabelle 3.3 Schmelzpunkt und spezifische Schmelzenthalpie einiger Substanzen bei Normdruck

Substanz	$T_S/°C$	$\lambda_S/\mathrm{kJ\,kg^{-1}}$
Eis	0,0	334
Eisen	1535,0	270
Aluminium	660,1	404
Quecksilber	−38,9	12
Wolfram	3380,0	193

definiert sind. Sie messen die Wärmemengen, die nötig sind, um 1 kg einer Substanz bei konstantem Druck zu schmelzen oder zu verdampfen. Für einige Stoffe sind die entsprechenden Werte in den Tabellen 3.3 und 3.4 zusammengestellt.

Tabelle 3.4 Siedepunkt und spezifische Verdampfungsenthalpie einiger Substanzen bei Normdruck

Substanz	$T_V/°C$	$\lambda_V/\mathrm{kJ\,kg^{-1}}$
Wasser	100,0	2256
Quecksilber	357,0	285
Ammoniak	−33,4	1368
Frigen 12 (CF_2Cl_2)	−30,0	167

Wir wollen an dieser Stelle nochmals auf kalorimetrische Untersuchungen eingehen und speziell das Problem der Berücksichtigung von Phasenübergängen behandeln. Wir stützen uns dabei auf den Energieerhaltungssatz in Gestalt des 1. Hauptsatzes der Thermodynamik. Führt man einem System die Wärmemenge δQ zu, so kann diese die Innere Energie des Systems erhöhen oder das System kann Arbeit verrichten. Aus (3.21) und (3.18) folgt $\delta Q = \mathrm{d}U + p\,\mathrm{d}V$. Die Ausdehnungsarbeit ist im allgemeinen klein und kann vernachlässigt werden (vgl. folgende Übungen). Die Änderung der Inneren Energie kann einmal die kinetische Energie der Moleküle des Systems erhöhen, was sich in einer Temperaturerhöhung bemerkbar macht. Sie kann aber auch genutzt werden, um die potentielle Energie der vorliegenden molekularen Struktur zu verändern. Dabei wird Arbeit gegen die Molekülkräfte verrichtet, die als Schmelz- oder Verdampfungswärme in Erscheinung tritt.

Als Beispiel behandeln wir das folgende Problem der Kalorimetrie: Ein fester Stoff der Masse m_1, der spezifischen Wärmekapazität c_1 im festen Zustand bzw. $\bar{c}_1$ im flüssigen Zustand und mit der Schmelztemperatur T_S wird mit einer Anfangstemperatur $T_1 < T_S$ in ein Kalorimeter gebracht, welches Wasser der Masse m_2, der spezifischen Wärme c_2 und der Anfangstemperatur $T_2 > T_S$ enthält. Nach dem vollständigen Schmelzen des Stoffes erreicht das System eine Mischtemperatur T_m. Wie groß ist die spezifische Schmelzenthalpie des untersuchten Stoffes? Während des Temperaturausgleiches wird die vom Wasser abgegebene Wärmemenge $m_2 c_2(T_2 - T_m)$ verwendet, um einerseits den festen Stoff auf seine Schmelztemperatur zu bringen, was die Wärmemenge $m_1 c_1(T_S - T_1)$ erfordert, andererseits den festen Stoff zu schmelzen, was gemäß (3.57) die Wärmemenge $\lambda_S m_1$ verlangt, und schließlich den nunmehr flüssigen Stoff auf die Mischtemperatur zu erwärmen, wofür die Wärmemenge $m_1 \bar{c}_1(Tm - T_S)$ gebraucht wird. Insgesamt hat man damit die Gleichung

$$m_2 c_2(T_2 - T_m) = m_1 c_1(T_S - T_1) + \lambda_S m_1 + m_1 \bar{c}_1(T_m - T_S)\ ,$$

aus der sich durch Umstellen

$$\lambda_S = c_2 \frac{m_2}{m_1}(T_2 - T_m) - c_1(T_S - T_1) - \bar{c}_1(T_m - T_S) \tag{3.58}$$

ergibt.

Die Temperaturen, bei denen die Umwandlung zwischen zwei Aggregatzuständen erfolgt, ist auch vom Druck abhängig. Eine Druckerhöhung erhöht im allgemeinen Schmelz- und Siedepunkt einer Substanz. Man nutzt dies z. B. im Schnellkochtopf bei der Essenzubereitung, die unter erhöhtem Druck und damit in heißerem Wasser eine kürzere Zeit in Anspruch nimmt. Der Schmelzpunkt des Wassers bildet eine Ausnahme und erniedrigt sich mit zunehmendem Druck (etwa $7 \cdot 10^{-8}$ K/Pa). Eis schmilzt z. B. unter dem Druck der Schlittschuhkufen und der entstehende Wasserfilm ermöglicht eine gleitende Fortbewegung.

Von besonderem Interesse ist natürlich die physikalische Beschreibung eines solchen Phasenüberganges. Die Koexistenz von flüssiger und gasförmiger Phase läßt sich gut in einem abgeschlossenen Volumen untersuchen. In das Vakuum über dem Quecksilber beim Toricellischen Versuch verdampft ein Teil des Quecksilbers, und es stellt sich ein Gleichgewicht mit einem charakteristischen **Sättigungsdampfdruck** ein. Dieser ist nicht vom Volumen abhängig. Eine Temperaturerhöhung führt auch zu einer Erhöhung dieses Dampfdruckes (Bild 3.17).

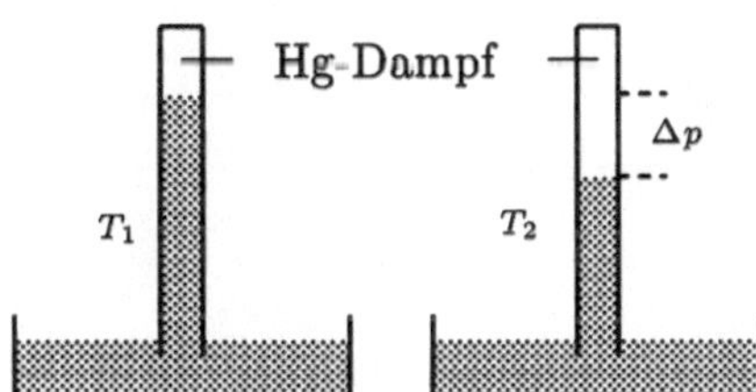

Bild 3.17
Zur Temperaturabhängigkeit des Dampfdruckes

Befindet sich nun eine Flüssigkeit in einem offenen Gefäß, so kann der Sättigungsdampfdruck nicht erreicht werden, und die Flüssigkeit verdampft langsam vollständig. Diese Erscheinung nennt man **Verdunsten**; die dazu nötige Verdunstungswärme wird der Umgebung und der Flüssigkeit selbst entnommen. Selbst an warmen Sommertagen spüren wir die Verdunstungskälte nach einem Bad; starke Verdunstung von Ethylchlorid wird zur örtlichen Betäubung (Vereisung) der Haut eingesetzt.

Für Dämpfe in Koexistenz mit der entsprechenden Flüssigkeit und allgemein für Gase in der Umgebung des Phasenüberganges gasförmig-flüssig sind deutliche Abweichungen vom Verhalten eines idealen Gases zu erwarten. Wir wollen nun ein physikalisches Modell kennenlernen, in dem die wesentlichen Aspekte dieses speziellen Phasenüberganges reproduziert werden.

Übungen:

3.18: Entsprechend Tabelle 3.4 benötigt man 2256 kJ, um 1 kg Wasser bei Normdruck zu verdampfen. Berechnen Sie den Anteil, der dabei durch die Ausdehnungsarbeit verbraucht wird. Hinweis: Behandeln Sie den Wasserdampf näherungsweise als ideales Gas. ■

3.19: Wie muß die Gleichung (3.58) verändert werden, um die Wärmekapazität des Kalorimeters C_K mit zu berücksichtigen? ■

3.20: Ein auf 200 °C erhitztes Stück Aluminium mit der Masse 537 g wird in 400 g Wasser von 16 °C getaucht. Dabei verdampft ein Teil des Wassers, und das verbleibende Wasser nimmt die Temperatur 50 °C an. Zu bestimmen ist die Masse des verdampften Wassers. ■

3.4.2 Die van der Waalssche Zustandsgleichung

Untersucht man Gase bei hinreichend tiefen Temperaturen, so zeigen sich im Verhalten Abweichungen gegenüber einem idealen Gas. Um solche **realen Gase** in der Nähe ihrer Verflüssigungstemperatur zu beschreiben, muß die Zustandsgleichung modifiziert werden. Man erkennt dies sofort, wenn man bei festem T in (3.9) den Grenzfall großer p-Werte betrachtet. Dabei müßte V verschwinden, was wegen der endlichen Molekülgröße ausgeschlossen ist. Außerdem werden intermolekulare Kräfte zu berücksichtigen sein, die analog zur Oberflächenspannung auf Moleküle in der Umgebung der Gefäßwände eine nach innen gerichtete Resultierende erzeugen. Es soll nun eine Gasmenge von 1 mol vorausgesetzt werden. Dann werden an der Zustandsgleichung idealer Gase folgende Änderungen vorgenommen:

- Im Grenzfall $p \to \infty$ darf das Gasvolumen nicht verschwinden. Deshalb setzt man

  $$V_m \to V_m - b\,,$$

  wobei b **Kovolumen** heißt.

- Infolge der intermolekularen Wechselwirkung ist der Druck im Gasinneren gegenüber dem Druck auf die Gefäßwand um den **Binnendruck** p_i vergrößert. Man kann zeigen, daß $p_i \sim V_m^{-2}$ ist.[4]

  Führt man den Proportionalitätsfaktor a ein, dann folgt

  $$p \to p + \frac{a}{V_m^2}\,.$$

Damit folgt die **Zustandsgleichung von van der Waals** (J. D. van der Waals, 1837–1923) für reale Gase

$$\boxed{\left(p + \frac{a}{V_m^2}\right)(V_m - b) = RT\,.} \tag{3.59}$$

Das Verhalten der Isothermen eines realen Gases ist gemäß (3.59) wesentlich vielfältiger, als es die Hyperbeln eines idealen Gases sind. Bei festem p und T repräsentiert (3.59) eine kubische Gleichung in V_m, so daß eine Parallele zur V-Achse bis zu dreimal eine Isotherme schneiden kann (Bild 3.18). Extremwerte und Wendepunkt folgen aus den Gleichungen

$$\begin{aligned}\frac{\mathrm{d}p}{\mathrm{d}V_m} &= -\frac{RT}{(V_m - b)^2} + \frac{2a}{V_m^3} = 0\\ \frac{\mathrm{d}^2p}{\mathrm{d}V_m^2} &= \frac{2RT}{(V_m - b)^3} - \frac{6a}{V_m^4} = 0\,.\end{aligned}$$

Unter allen Isothermen gibt es eine, bei der der Wendepunkt eine horizontale Tangente besitzt. Sie trennt die monoton verlaufenden Isothermen, die an das ideale Gas erinnern, von denen, die Extremwerte besitzen. Für die Koordinaten des kritischen Punktes K findet man

[4] Sowohl die Zahl der Moleküle, die pro Zeiteinheit die Gefäßwand treffen, als auch die von inneren Molekülen verursachten Anziehungskräfte auf wandnahe Moleküle sind der Teilchendichte n proportional. Damit hat man $p_i \sim n^2$, wobei $n = N_A/V_m$ wiederum zu V_m umgekehrt proportional ist (vgl. Abschnitt 3.1.5).

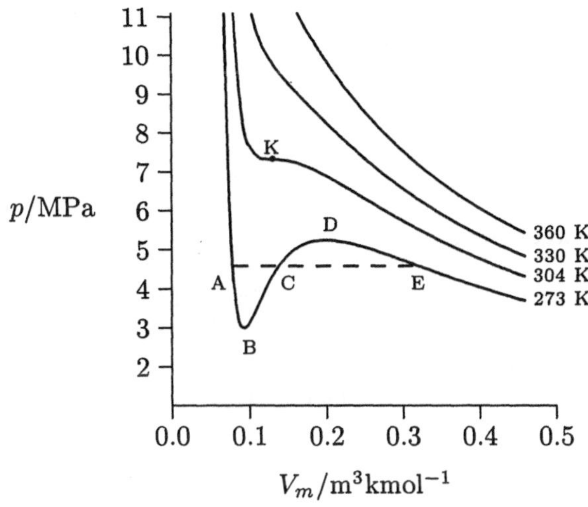

Bild 3.18
Isothermen des Kohlendioxids nach van der Waals mit den Parametern $a = 3,69 \cdot 10^5\ \mathrm{Nm^4 kmol^{-2}}$ und $b = 4,33 \cdot 10^{-2}\ \mathrm{m^3 kmol^{-1}}$

$$T_k = \frac{8a}{27bR} \quad p_k = \frac{a}{27b^2} \quad V_k = 3b\,. \tag{3.60}$$

Der nichtmonotone Verlauf der Isothermen für $T < T_k$ ist ein „Kunstfehler" der van der Waalsschen Gleichung (auch wenn sich unter bestimmten experimentellen Bedingungen Teilstücke realisieren lassen!). Gemessene Isothermen verlaufen in diesem Bereich horizontal. J. Cl. Maxwell (1831–1879) konnte zeigen, daß auf Grund des 2. Hauptsatzes die Horizontale ACE im pV-Diagramm von Bild 3.18 so gelegt werden muß, daß die gekennzeichneten Flächeninhalte CDE oberhalb und ABC unterhalb dieser Horizontalen betragsmäßig gleich sind.

Bild 3.18 gestattet die folgende Interpretation: Komprimiert man ein Gas bei einer Temperatur $T < T_k$, so steigt zunächst der Druck bis zu einem bestimmten Wert – dem Sättigungsdampfdruck – an. Nun beginnt die Kondensation, und mehr und mehr Dampf verwandelt sich in Flüssigkeit. Ist der Phasenübergang abgeschlossen, so ist ein weiteres Komprimieren mit einem sehr starken Druckanstieg verbunden. Wir erinnern uns daran, daß Flüssigkeiten nahezu inkompressibel sind! Die van der Waalssche Gleichung beschreibt also den Phasenübergang gasförmig-flüssig.

Die Kompression eines Gases für $T > T_k$ erfolgt auf Isothermen oberhalb der kritischen Isotherme. Sie zeigen keinen Phasenübergang. Offensichtlich ist für Temperaturen oberhalb von T_k die mittlere kinetische Energie der Moleküle bereits größer als die potentielle Energie ihrer gegenseitigen Wechselwirkung, und das Gas verhält sich bereits nahezu wie ein ideales Gas. Wir schließen daraus:

Für jedes Gas existiert eine kritische Temperatur, oberhalb der es durch keine auch noch so starke Kompression verflüssigt werden kann.

Diese Tatsache hat wichtige Konsequenzen für die technische Verflüssigung von Gasen. Bevor man sie durch Kompression verflüssigen kann, müssen sie unter T_k vorgekühlt werden. Die kritischen Daten einiger Gase enthält Tabelle 3.5.

Tabelle 3.5 Kritische Punkte für einige Gase

Gas	He	H_2	O_2	N_2	Luft	CO_2
T_k/K	5,2	33,3	154,8	126,3	132,5	304,2
p_k/bar	2,3	13,0	50,8	35,0	37,2	72,9

3.4.3 Der Joule-Thomson-Effekt, Gasverflüssigung

Für ein ideales Gas sind die Wechselwirkungen der Atome untereinander vernachlässigbar. Adiabatische Volumenänderungen ohne Arbeitsverrichtung, wie z. B. im Versuch von Gay-Lussac beschrieben (vgl. Bild 3.14), laufen daher ohne Temperaturänderung ab, und dies ist in Übereinstimmung mit (3.22), wonach die Innere Energie nicht vom Volumen abhängt.

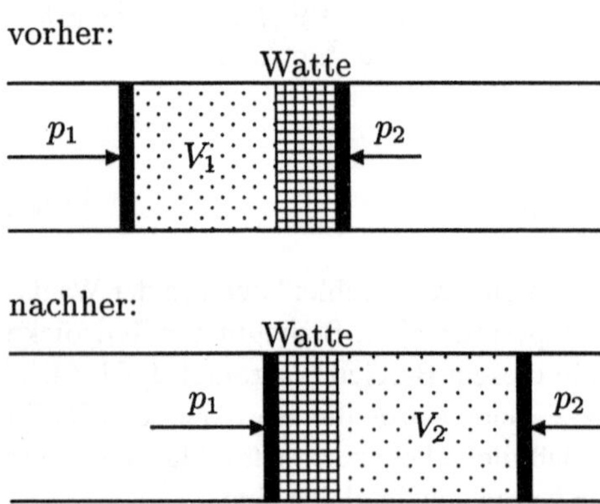

Bild 3.19
Joule-Thomson-Effekt

Für reale Gase setzt sich nun infolge der intermolekularen Wechselwirkung die Innere Energie aus der kinetischen und der potentiellen Energie der Moleküle zusammen. Wird ein reales Gas daher entspannt, ohne Wärme mit der Umgebung auszutauschen (adiabatisch) und ohne Arbeit zu leisten (gedrosselt), dann ändert sich infolge der Volumenänderung seine potentielle Energie und damit zwangsläufig seine kinetische Energie. Dies drückt sich in einer Änderung der Temperatur des Gases aus, die ja bekanntlich ein Maß für die mittlere kinetische Energie der Moleküle ist. Das beschriebene Phänomen nennt man nach seinen Entdeckern J. P. Joule (1818–1889) und W. Thomson (1824–1907) **Joule-Thomson-Effekt**. Der experimentelle Nachweis wird mit folgendem Versuch geführt (Bild 3.19): In einem möglichst gut wärmeisolierten Gefäß wird ein Gas bei konstant gehaltenem Druck p_1 durch einen Wattebausch gepreßt und gelangt in ein Gebiet mit ebenfalls konstantem Druck $p_2 < p_1$. Dabei wird sich das ursprüngliche Gasvolumen V_1 zu V_2 verändern. Bei dem beschriebenen Prozeß kann im allgemeinen eine kleine Temperaturänderung nachgewiesen werden. Für CO_2, O_2, N_2 oder Luft nimmt die Temperatur ab (positiver Joule-Thomson-Effekt); für H_2 und He nimmt sie zu (negativer Joule-Thomson-Effekt). Wegen $\delta Q = 0$ sowie der Konstanz der Drücke auf beiden Seiten gilt nach dem ersten Hauptsatz der Thermodynamik $\mathrm{d}U - \delta W = 0$ bzw.

$$U_1 + p_1 V_1 = U_2 + p_2 V_2 \ .$$

Die Größe $H = U + pV$ kennen wir bereits als thermodynamisches Potential. Sie ist eine weitere

Zustandsgröße der Thermodynamik, die man Enthalpie nennt. Sie bleibt beim Joule-Thomson-Effekt erhalten (isenthalpischer Prozeß).

Ein detailliertes Verständnis der Prozesse beim Joule-Thomson-Effekt ist ziemlich kompliziert. Man kann zeigen, daß das Vorzeichen der Temperaturänderung beim obigen Versuch durch den relativen Einfluß zweier Wirkungen bestimmt wird. Dies ist einmal die Arbeitsleistung beim Hindurchpressen des Gases durch den Wattebausch und zum anderen die Überwindung der Kohäsionskräfte bei der Volumenvergrößerung. Bei hinreichend tiefen Temperaturen überwiegt stets der letztere Einfluß. Die gegen die Kohäsionskräfte zu verrichtende Arbeit wird dann auf Kosten der kinetischen Energie des Gases, d. h. durch Temperaturerniedrigung aufgebracht. Tatsächlich wird unterhalb von ca. $-80\,^\circ\mathrm{C}$ auch für H_2 der Joule-Thomson-Effekt positiv, und für sehr tiefe Temperaturen schließlich auch für He. Die Vorzeichenwechsel erfolgen bei den sogenannten **Inversionstemperaturen**. Diese lassen sich recht genau gemäß

$$T_i = \frac{2a}{Rb} \tag{3.61}$$

aus den van der Waalsschen Konstanten a und b berechnen.

Erzeugung tiefer Temperaturen und Gasverflüssigung: Temperaturen bis zu etwa $-78\,^\circ\mathrm{C}$ können relativ leicht durch Trockeneis (festes CO_2) erzeugt werden.

Beim Verdampfen von Flüssigkeiten unter erniedrigtem Druck erreicht man vergleichbare und sogar tiefere Temperaturen. Mit Ethylen (C_2H_4) kann man sogar unter die kritische Temperatur von Sauerstoff kommen und diesen dann durch Kompression verflüssigen. Flüssige Luft läßt sich im Prinzip ebenso herstellen.

Bei adiabatischer Expansion hochkomprimierter Gase unter Verrichtung von Arbeit können noch tiefere Temperaturen erreicht werden, die sogar zur Verflüssigung von H_2 und He ausreichen.

Den Joule-Thomson-Effekt bei einer adiabatischen und gedrosselten Expansion in Verbindung mit einer Gegenstromvorkühlung nutzt man bei dem Luftverflüssigungverfahren nach K. v. Linde (1895), welches noch heute großtechnische Anwendung findet. Eine alternative Methode zur Luftverflüssigung ist durch die bei der Firma Philips entwickelte **Gaskältemaschine** entstanden, die auf einem linksläufigen Stirling-Prozeß (umgekehrt laufender Heißgasmotor) beruht. Mit Helium als Arbeitsgas können Temperaturen unter der Inversionstemperatur von H_2 und He erreicht werden, so daß die Gaskältemaschine zum Vorkühlen für die Linde-Verflüssigung dieser Gase eingesetzt werden kann.

Zur Erzeugung von Temperaturen im Bereich unter 1 K müssen völlig andere Verfahren genutzt werden. Sie beruhen auf der sogenannten *adiabatischen Entmagnetisierung paramagnetischer Salze*.

Übungen:

3.21: Berechnen Sie die kritische Temperatur und den kritischen Druck für Ammoniak (NH_3). ■
Welches Volumen nehmen 2 mol dieses Gases am kritischen Punkt ein? Hinweis: Für NH_3 hat man die van der Waalsschen Konstanten $a = 0,424\,\mathrm{Nm^4\,mol^{-2}}$ und $b = 3,72 \cdot 10^{-5}\,\mathrm{m^3\,mol^{-1}}$.

3.22: Entsprechend der van der Waalsschen Gleichung existiert ein Zusammenhang zwischen kritischer Temperatur und Inversionstemperatur. Finden Sie diesen Zusammenhang und berechnen Sie die Inversionstemperaturen von He, H_2 und Luft unter Verwendung der Tabelle 3.5. ■

3.4.4 Phasendiagramme und Tripelpunkt

Aus der Diskussion des Übergangs vom flüssigen in den gasförmigen Zustand wissen wir, daß der Sättigungsdruck eine Funktion der Temperatur ist. Man kann diese Abhängigkeit berechnen, indem man das folgende Gedankenmodell untersucht (Bild 3.20): Betrachtet wird ein infinitesimaler Carnotscher Kreisprozeß, bei dem eine Flüssigkeit bei T und dem Sättigungsdruck p durch Aufnahme der Verdampfungswärme Q_V verdampft (1-2), das Gas dann durch adiabatische Expansion auf $T - \mathrm{d}T$ abgekühlt wird (2-3), bei dieser Temperatur wieder isotherm beim Sättigungsdruck $p - \mathrm{d}p$ unter Abgabe der freiwerdenden Wärme verflüssigt wird (3-4), und schließlich die dabei entstandene Flüssigkeit adiabatisch in den Ausgangszustand zurückkehrt (4-1). Hat das Gas das Volumen V_2 und die Flüssigkeit das Volumen V_1, so ist die gewonnene Arbeit bis auf Größen höherer Ordnung $\delta W = \mathrm{d}p\,(V_1 - V_2)$ und wegen (3.36) und (3.37) folgt

$$\frac{(V_1 - V_2)\,\mathrm{d}p}{Q_V} = \frac{\mathrm{d}T}{T}\,.$$

Damit folgt die **Clausius-Clapeyronsche Gleichung**

$$\frac{\mathrm{d}p}{\mathrm{d}T} = \frac{Q_V}{(V_1 - V_2)\,T}\,, \tag{3.62}$$

die die Abhängigkeit des Sättigungsdruckes von der Temperatur beschreibt.

Neben *Verdampfen/Kondensieren* gibt es noch den Phasenübergang *Schmelzen/Erstarren*, und unter bestimmten Bedingungen kann auch ein Übergang fest-gasförmig vorkommen. Man spricht dann von *Sublimieren/Desublimieren.* Da bei der Ableitung von (3.62) nirgends von der Art des Phasenüberganges Gebrauch gemacht wurde, gelten ähnliche Beziehungen auch für den Schmelzdruck und den Sublimationsdruck. Diese Übergänge können in einem **Phasendiagramm** (pT-Diagramm) dargestellt werden. Für Wasser sind die Verhältnisse in Bild 3.21 veranschaulicht. So wie die Dampfdruckkurve (1) die flüssige von der gasförmigen Phase trennt, werden flüssige und feste Phase durch die Schmelzdruckkurve (2) bzw. feste und gasförmige Phase durch die Sublimationsdruckkurve (3) getrennt. Zwei Besonderheiten fallen auf: Einmal endet die Dampfdruckkurve im kritischen Punkt K, da bekanntlich für höhere Temperaturen der zugeordnete Phasenübergang nicht mehr möglich ist, und zum anderen gibt es im Phasendiagramm einen Punkt Tr, in dem alle drei Phasen koexistieren können. Man nennt ihn den **Tripelpunkt**. Er liegt für Wasser bei $T = 273,16$ K und $p = 6,12 \cdot 10^{-3}$ bar, so daß man Dampf neben Eis und Wasser nur bei einem Druck weit unterhalb des Luftdruckes gemeinsam beobachten kann. Für CO_2 liegt der Tripelpunkt bei $T = 216,6$ K und $p = 5,2$ bar. Bei normalem Luftdruck befinden wir uns daher in einem Gebiet des Phasendiagramms, wo Kohlendioxid sublimiert, also direkt vom

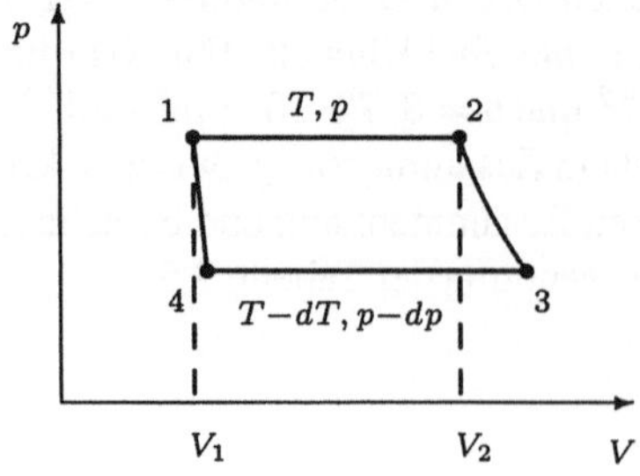

Bild 3.20
Zur Ableitung der Clausius-Clapeyronschen Gleichung

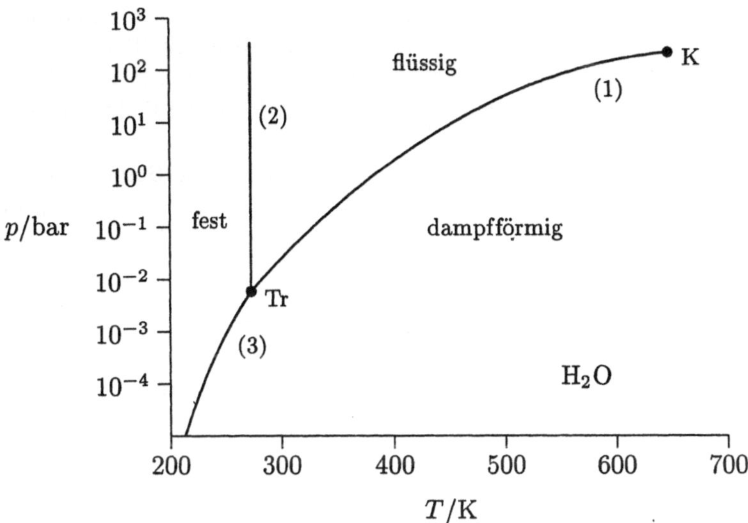

Bild 3.21 Phasendiagramm für Wasser

festen in den gasförmigen Zustand übergeht. Dieser Vorgang bietet eine Möglichkeit, Nebel auf Showbühnen und in Diskotheken zu erzeugen.

3.5 Wärmetransport und Diffusion

3.5.1 Mechanismen des Wärmetransports

Wie gelangt Wärme eigentlich von einer Stelle zur anderen, oder wie geht sie von einem System auf ein anderes über? Es gibt verschiedene Mechanismen des Wärmetransportes.

Wärmeströmung bzw. **Konvektion** ist eine Form des Wärmetransports, bei dem makroskopische Bereiche einer Substanz ihren Ort ändern. Sie kann durch Umwälzpumpen als *erzwungene* Konvektion realisiert werden, oder sie kann, wie in kleineren Warmwasserheizungen, durch temperaturbedingte Dichteunterschiede als *freie* Konvektion ablaufen.

Unter **Wärmeleitung** versteht man eine Form des Wärmetransportes auf mikroskopischer Ebene. Dabei erfolgt eine Energie- und Impulsübertragung im molekularen und submolekularen Bereich durch Teilchenstöße.

Den **Wärmestrom** Φ durch eine Fläche A definiert man als die Wärmemenge, die pro Zeiteinheit diese Fläche passiert. Der innerhalb eines homogenen Materials mit einem Temperaturgradienten in x-Richtung durch Wärmeleitung hervorgerufenen Wärmestrom erweist sich als proportional zum Querschnitt des Materials und zum Temperaturgradienten. Dies führt auf einen Zusammenhang der Form

$$\boxed{\Phi = \dot{Q} = -\lambda A \frac{\mathrm{d}T}{\mathrm{d}x}\,,} \tag{3.63}$$

wobei die Größe λ das Material charakterisiert und **Wärmeleitfähigkeit** heißt. Man hat z. B. $\lambda_{\mathrm{Ag}} = 418{,}6\,\mathrm{W/m\,K}$, $\lambda_{\mathrm{Al}} = 209{,}6\,\mathrm{W/m\,K}$, $\lambda_{\mathrm{Cu}} = 377{,}8\,\mathrm{W/m\,K}$, $\lambda_{\mathrm{Holz}} = 0{,}2\,\mathrm{W/m\,K}$ und $\lambda_{\mathrm{Luft}} = 0{,}023\,\mathrm{W/m\,K}$. Es ist festzustellen, daß Metalle eine sehr gute Wärmeleitfähigkeit besitzen. Wir werden später sehen, daß sie auch den elektrischen Strom sehr gut leiten. Dieser Zusammenhang ist nicht zufällig, sondern er weist auf die wesentliche Rolle der Elektronen bei der Wärmeleitung in Metallen hin.

Durch Wärmeleitung ändert sich im allgemeinen die Temperaturverteilung. Betrachten wir in unserem homogenen Medium ein Volumenelement zwischen x und $x + \mathrm{d}x$, so wird diesem gemäß (3.63) im Zeitintervall $\mathrm{d}t$ die Wärmemenge

$$Q_x - Q_{x+\mathrm{d}x} = -\lambda A \left[\left(\frac{\partial T}{\partial x}\right)_x - \left(\frac{\partial T}{\partial x}\right)_{x+dx} \right] \mathrm{d}t$$

durch Wärmeleitung (in x-Richtung) zugeführt. Wegen der Entwicklung (Taylorreihe)

$$\left(\frac{\partial T}{\partial x}\right)_{x+\mathrm{d}x} = \left[\left(\frac{\partial T}{\partial x}\right)_x + \frac{\partial^2 T}{\partial x^2}\,\mathrm{d}x \right]$$

kann dies als

$$Q_x - Q_{x+\mathrm{d}x} = \lambda A \frac{\partial^2 T}{\partial x^2}\,\mathrm{d}x\,\mathrm{d}t \tag{3.64}$$

geschrieben werden. Der Strom von Wärme führt im betrachteten Volumenelement zu einer Temperaturerhöhung $\mathrm{d}T$, die sich wegen (3.19) aus

$$Q_{x+\mathrm{d}x} - Q_x = mc\,\mathrm{d}T = \varrho A c\,\mathrm{d}x\,\mathrm{d}T \tag{3.65}$$

mit ϱ als Dichte des Mediums bestimmt. Der Vergleich der letzten beiden Gleichungen liefert die (eindimensionale) **Wärmeleitungsgleichung**

$$\boxed{\frac{\partial T}{\partial t} = \frac{\lambda}{\varrho c}\frac{\partial^2 T}{\partial x^2}}\,, \tag{3.66}$$

aus der sich die zeitabhängige Temperaturverteilung $T(x,t)$ bei Vorgabe geeigneter Randbedingungen berechnen läßt. Das Ergebnis kann leicht auf den dreidimensionalen Fall verallgemeinert werden. Es ergibt sich die Wärmeleitungsgleichung

$$\boxed{\frac{\partial T}{\partial t} = \frac{\lambda}{\varrho c}\left(\frac{\partial^2 T}{\partial x^2} + \frac{\partial^2 T}{\partial y^2} + \frac{\partial^2 T}{\partial z^2}\right)} \tag{3.67}$$

für das Temperaturfeld $T(x,y,z,t)$.

Ein Wärmeübergang erfolgt auch durch **Wärmestrahlung** – ein Vorgang, der durch Absorption und Emission elektromagnetischer Strahlung charakterisiert ist. Für die quantitative Beschreibung ist ein **schwarzer Körper** ein zweckmäßiger Ausgangspunkt:

Ein Körper, der die gesamte auf ihn fallende Strahlung absorbiert, heißt schwarzer Körper.

Hat ein solcher Körper die Oberfläche A und die Temperatur T_1, und ist die Umgebungstemperatur T_2, dann gilt das **Stefan-Boltzmann-Gesetz**

$$\boxed{\Phi = \sigma A(T_1^4 - T_2^4)\ ,} \tag{3.68}$$

mit

$$\sigma = 5,67 \cdot 10^{-8}\,\mathrm{W\,m^{-2}\,K^{-4}}\ .$$

Die Wärmestrahlung von realen Körpern, die nicht alle einfallende Strahlung absorbieren, kann daraus mit Hilfe von Korrekturen beschrieben werden, die durch sein Emissionsgrad ε bestimmt sind. Dieser mißt das Verhältnis aus der tatsächlich von einem Körper emittierten Strahlung zu der eines schwarzen Körpers gleicher Temperatur. Charakteristisch für die Wärmestrahlung ist die starke Temperaturabhängigkeit ($\propto T^4$).

Das Verständnis der Wärmestrahlung ist untrennbar mit der Entwicklung der Quantentheorie verknüpft. Eine genauere Darlegung dieser Zusammenhänge setzt jedoch Kenntnisse des Elektromagnetismus und der Optik voraus und soll auf das Kapitel „Quanten und Atome" verschoben werden.

3.5.2 Wärmeübergang und Wärmedurchgang

An der Grenzfläche zweier Medien (z. B. Mauerwerk-Luft) erfolgt ein **Wärmeübergang**. Liegt zwischen den beiden Medien die Temperaturdifferenz $T_1 - T_2$ vor und ist ihre Berührungsfläche A, so gilt nach Newton

$$\Phi = \alpha A(T_1 - T_2)\ . \tag{3.69}$$

Man nennt α den **Wärmeübergangskoeffizienten**. Sein Wert ist von der Natur der Grenzfläche stark abhängig. Oft liegt er aber in der Größenordnung von $\sim 6\,\mathrm{W/m^2K}$, was damit im Zusammenhang steht, daß beim Wärmeübergang die Wärmestrahlung meist eine wesentliche Rolle spielt (vgl. die folgenden Übungen).

Für die durch Wärmeübergang bedingte Abkühlung eines Körpers ergibt sich das **Newtonsche Abkühlungsgesetz**. Hat ein Körper die Anfangstemperatur T_1, die Oberfläche A, die Masse m und die spezifische Wärme c, und ist die Umgebungstemperatur $T_2 < T_1$, dann erhält man wegen (3.19) und (3.69) für die Temperatur des Körpers T als Funktion der Zeit t zunächst

$$\Phi = -\dot{Q} = -mc\dot{T} = \alpha A(T - T_2)$$

und nach Integration dieser Differentialgleichung das folgende Abkühlungsgesetz:

$$T = T_2 + (T_1 - T_2)e^{-t/\tau}\ .$$

Die Geschwindigkeit der Temperaturabnahme wird durch die Abklingkonstante $\tau = mc/\alpha A$ bestimmt.

Von besonderer praktischer Bedeutung ist der **Wärmedurchgang** durch eine Wand der Dicke l, die zwei Medien mit unterschiedlicher Temperatur voneinander trennt. In Analogie zum Wärmeübergang kann man ansetzen

$$\Phi = kA(T_1 - T_2)\ . \tag{3.70}$$

Man nennt k den **Wärmedurchgangskoeffizienten**. Es ist klar, daß k durch die Größen α_1, α_2 und λ der beim Wärmedurchgang beteiligten Teilprozesse bedingt ist. Unter stationären Bedingungen wird der Wärmestrom überall entlang der Strömungsrichtung gleich sein. Wegen $\Phi = const.$ folgt in diesem Fall mit (3.63) und (3.69)

$$\begin{aligned} T_1 - T_1' &= \frac{\Phi}{\alpha_1 A} \\ T_1' - T_2' &= \frac{\Phi l}{\lambda A} \\ T_2' - T_2 &= \frac{\Phi}{\alpha_2 A} \, . \end{aligned}$$

Addition dieser Gleichungen und Vergleich mit der aus (3.70) folgenden Gleichung

$$T_1 - T_2 = \frac{\Phi}{kA}$$

liefert den Zusammenhang

$$\frac{1}{k} = \frac{1}{\alpha_1} + \frac{l}{\lambda} + \frac{1}{\alpha_2} \, .$$

Er gestattet die Berechnung des Wärmedurchgangskoeffizienten aus den beiden Wärmeübergangskoeffizienten und der Wärmeleitfähigkeit des Wandmaterials.

3.5.3 Diffusion

Gemäß (3.63) kann man die Wärmeleitung als Folge eines Temperaturgradienten auffassen. Sie ist bestrebt, durch Energietransport die bestehende Temperaturdifferenz auszugleichen. Ebenso werden in einem System bestehende Konzentrationsunterschiede bzw. Dichteunterschiede für eine Substanz im Laufe der Zeit durch Teilchentransport ausgeglichen. Man nennt diesen Vorgang **Diffusion**. Die Diffusion ist eine Folge der thermischen Bewegung der Atome und Moleküle. Aufgrund der Stöße zwischen den Teilchen erfolgt der Teilchentransport mit einer im Vergleich zu ihrer mittleren thermischen Geschwindigkeit viel geringeren Geschwindigkeit. Die Diffusion erfolgt am schnellsten in Gasen, langsamer in Flüssigkeiten und extrem langsam in Festkörpern.

Im folgenden soll die Diffusion von Gasen quantitativ beschrieben werden. Das Gesetz der Wärmeleitung kann dabei als Vorbild gelten. Erzeugte bei der Wärmeleitung ein Temperaturgradient einen Wärmestrom, so ist nun ein Teilchendichtegradient für einen Teilchentransport verantwortlich. Wir setzen wieder einen solchen Gradienten in x-Richtung voraus. Für die **Teilchenstromdichte** j_n, d. h. für die Zahl der Teilchen, die pro Zeiteinheit durch eine zur Stromrichtung senkrecht stehende Flächeneinheit transportiert wird, findet man in Analogie zu (3.63) das **1. Ficksche Gesetz**

$$\boxed{j_n = -D\frac{\mathrm{d}n}{\mathrm{d}x}} \, , \tag{3.71}$$

wobei die **Diffusionskonstante** D die Maßeinheit m^2/s besitzt. D liegt für Gase in der Größenordnung von 10^{-4}–$10^{-5}\,\mathrm{m}^2/\mathrm{s}$, für Flüssigkeiten etwa bei 10^{-9}–$10^{-10}\,\mathrm{m}^2/\mathrm{s}$, und in Festkörpern können Werte bis hinunter zu $10^{-20}\,\mathrm{m}^2/\mathrm{s}$ gefunden werden. Allgemein ist die Diffusion ein dreidimensionales Problem. Sie wird dann durch den Vektor der Teilchenstromdichte $\vec{j}_n$ beschrieben, und (3.71) ist dann zu verallgemeinern auf

$$\boxed{\vec{j}_n = -D\,\mathrm{grad}\,n\ .} \tag{3.72}$$

Die Analogie zur Wärmeleitung geht noch weiter: So wie sich durch Wärmeleitung die Temperaturverteilung ändert, ändert sich durch Diffusion die Dichteverteilung $n(x,t)$ der Teilchen. Sie bestimmt sich aus dem **2. Fickschen Gesetz**, welches nun in Korrespondenz zur Wärmeleitungsgleichung (3.66) steht. Im Eindimensionalen gilt

$$\boxed{\frac{\partial n}{\partial t} = D\frac{\partial^2 n}{\partial x^2}\ .} \tag{3.73}$$

Übungen:

3.23: Es ist zu zeigen, daß der Wärmeübergangskoeffizient bei Zimmertemperatur für kleine Temperaturdifferenzen zwischen Körper und Umgebung näherungsweise den Wert 6 $\mathrm{Wm^{-2}K^{-1}}$ besitzt, wenn man davon ausgeht, daß der Wärmeübergang durch Wärmestrahlung erfolgt. Hinweis: Gehen Sie von (3.68) aus und entwickeln Sie T_1 in eine Taylorsche Reihe an der Stelle T_2 ■

3.24: In welcher Zeit kühlt sich ein mit Wasser gefüllter geschlossener zylindrischer Behälter (Höhe $h = 1$ m, Radius $r = 40$ cm) von seiner Anfangstemperatur 80°C auf 40°C ab, wenn sein Wärmedurchgangskoeffizient $k = 8\,\mathrm{W\,m^{-2}K^{-1}}$ und die Außentemperatur 18°C beträgt? Die spez. Wärmekapazität von Wasser ist $4,18\,\mathrm{kJ\,kg^{-1}K^{-1}}$. ■

4 Elektrizität und Magnetismus

4.1 Elektrostatik

4.1.1 Elektrische Ladungen und das Coulombsche Gesetz

Experimente zeigen, daß Körper sich in einem elektrisierten (aufgeladenen) Zustand befinden können.[1] Wir bemerken diesen Zustand an den Kraftwirkungen, die ein solcher Körper auf andere Körper ausübt. Reibt man z. B. einen Glasstab mit einem Lederlappen und nähert ihn dann kleinen leichten Körpern, wie Styroporkügelchen oder Papierschnipseln, so werden diese vom Glasstab angezogen. Berührt man zwei Kügelchen mit dem Glasstab, dann stoßen sie sich gegenseitig ab; berührt man jedoch eines der beiden mit dem Lederlappen, dann ist eine anziehende Wirkung zu beobachten. Im einzelnen kann festgestellt werden:

- Es existieren zwei verschiedene Zustände der Elektrizität: Den Zustand, den Glas nach dem Reiben mit Leder repräsentiert, wollen wir *positiv* geladen nennen (Vorzeichen +), und den Zustand des Leders, welches zum Reiben verwendet wurde, wollen wir *negativ* geladen nennen (Vorzeichen −).
- Gleichnamige Ladungen stoßen sich ab, ungleichnamige Ladungen ziehen sich an.
- Ladungen können offensichtlich nicht erzeugt werden. Sie können in einem ursprünglich elektrisch *neutralen* Körper nur getrennt und dann auf unterschiedliche Körper verteilt werden: *In einem geschlossenen System bleibt die Summe aus positiven und negativen Ladungen konstant (Gesetz von der Erhaltung der Ladung).*
- Hinsichtlich ihres elektrischen Verhaltens können Materialien in zwei Klassen eingeteilt werden: Stoffe, die die Elektrizität übertragen, werden **Leiter** genannt; Stoffe, die die Elektrizität nicht übertragen, bezeichnet man als **Nichtleiter**. Für letztere existieren auch die Synonyme **Isolator** oder **Dielektrikum**.
- Nichtleiter (z. B. Glas oder Hartgummi) können einfach durch Reibung geladen werden; Leiter dagegen nur, wenn sie durch Nichtleiter vom menschlichen Körper und der Erde getrennt sind. Als Leiter kennen wir vor allem Metalle, Salze und Säuren sowie stark erhitzte Gase. Aber auch Kohle und der menschliche Körper leiten.

Elektrische Ladungen können mit einem **Elektrometer** gemessen werden. Das zugrundeliegende Prinzip zeigt Bild 4.1. Streift man z. B. die durch Reibung erzeugte Ladung eines Glasstabes an der gegen das Gehäuse G isolierten Elektrode E ab, so verteilt sich diese auf den festen Metallstab M und den leitend mit diesem verbundenen Zeiger Z. Da M und Z Ladung gleichen Vorzeichens aufnehmen, führt dies zu einer gegenseitigen Abstoßung, deren Größe auf einer Skala angezeigt wird und ein Maß für die Ladungsmenge ist.

[1] Wahrscheinlich hat der Grieche Thales v. Milet die Wirkung der Elektrizität am Bernstein erstmals beobachtet (Bernstein – $\eta\lambda\varepsilon\kappa\tau\rho o\nu$).

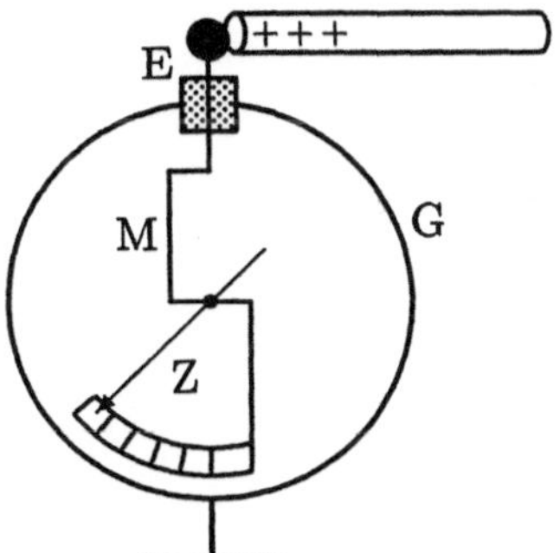

Bild 4.1
Ein Elektrometer dient zur Messung von Ladungen

Die Maßeinheit der Ladung ist das **Coulomb** (C), welches in SI-Einheiten eine Amperesekunde (As) ist. Wir werden gleich sehen, daß die Ladung 1 C eine außerordentlich große Ladung darstellt (vgl. Übungen).

Auf mikroskopischer Skala ist Ladung stets diskret. Sie tritt immer als ganzzahliges Vielfaches der Elementarladung

$$e = 1,6 \cdot 10^{-19}\,\mathrm{C}$$

auf. Diese ist eine Naturkonstante und repräsentiert die Ladung eines Protons bzw., mit negativem Vorzeichen, die eines Elektrons. In den meisten Fällen sind auf makroskopischen Körpern riesige Mengen von Elementarladungen verteilt. Dann ist es zweckmäßig, die Ladung als eine kontinuierliche Größe zu behandeln und durch eine Ladungsdichte $\rho(\vec{r})$ zu beschreiben. In Analogie zur Definition der Massendichte (2.49) betrachtet man die Ladung ΔQ in einem Volumenelement ΔV um die Stelle $\vec{r}$ und führt durch

$$\rho(\vec{r}) = \lim_{\Delta V \to 0} \frac{\Delta Q}{\Delta V}$$

die **Ladungsdichte** am Ort $\vec{r}$ ein. Die Gesamtladung Q eines Systems erhält man in bekannter Weise durch Integration der Ladungsdichte über das Volumen, d. h.

$$Q = \iiint_V \rho(\vec{r})\,\mathrm{d}V\,. \tag{4.1}$$

Messungen zeigen weiter, daß im Vakuum zwei punktförmige Ladungen Q_1 und Q_2 im Abstand r mit der Kraft

$$\boxed{\vec{F} = \frac{1}{4\pi\varepsilon_0}\frac{Q_1 Q_2}{r^2}\,\vec{r_0}\,.} \tag{4.2}$$

aufeinander wirken. Diesen Zusammenhang bezeichnet man nach dem französischen Physiker Ch. A. Coulomb (1736–1806) als **Coulombsches Gesetz**. Dabei ist $\vec{r_0} = \vec{r}/r$ der Einheitsvektor in Richtung der Verbindungslinie der beiden Ladungen. Der Proportionalitätsfaktor $1/(4\pi\varepsilon_0)$ definiert die **Dielektrizitätskonstante des Vakuums** oder auch **elektrische Feldkonstante** ε_0. Sie ist eine Naturkonstante mit dem Wert

$$\varepsilon_0 = 8,86 \cdot 10^{-12}\,(\mathrm{As})^2/\mathrm{Nm}^2\,.$$

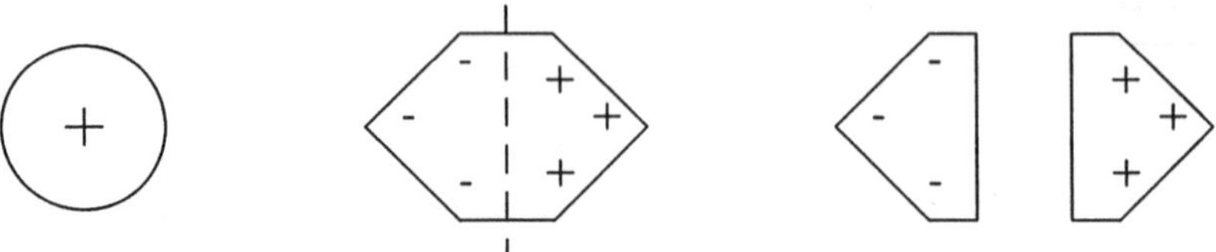

Bild 4.2 Elektrisierung durch Influenz

Nähern wir einem neutralen, isolierten Leiter einen geladenen Körper, dann erfolgt in dem neutralen Leiter eine Ladungstrennung. Dieser Vorgang wird **Influenz** genannt. Besteht der Leiter aus zwei Teilen, dann können wir durch Trennung der beiden Teile elektrisierte Körper erzeugen (vgl. Bild 4.2). Dies bestätigt uns, daß Körper auch im neutralen Zustand offensichtlich Ladungen beider Vorzeichen enthalten, die sich allerdings kompensieren.

Übungen:

■ **4.1**: Welche Kraft üben zwei Ladungen von je 1 C aufeinander aus, wenn ihr gegenseitiger Abstand 1 m ist?

■ **4.2**: Zwei geladene Kugeln der Masse $m = 0,1$ g sind am gleichen Punkt im Schwerefeld an Fäden der Länge $l = 25$ cm aufgehängt. Dabei haben sie einen gegenseitigen Abstand von 5 cm. Man berechne die Ladung dieser Kugeln.

4.1.2 Elektrisches Feld und elektrostatisches Potential

Das Coulombsche Gesetz (4.2) läßt sich für die zwei Ladungen Q_0 und Q auch in der Form

$$\vec{F} = Q\left(\frac{1}{4\pi\varepsilon_0}\frac{Q_0}{r^2}\vec{r_0}\right) = Q\vec{E(\vec{r})} \tag{4.3}$$

schreiben, wodurch wir zunächst rein formal die durch Q_0 hervorgerufene **elektrische Feldstärke** $\vec{E}$ am Ort der „Probeladung" Q definieren. Für sie gilt

$$\vec{E(\vec{r})} = \frac{1}{4\pi\varepsilon_0}\frac{Q_0}{r^2}\vec{r_0}\ . \tag{4.4}$$

Man kann nun die Probeladung Q beliebig im Raum verschieben und damit $\vec{E}$ als eine Vektorfunktion des Ortes auffassen.

Diese Darstellung (4.2) erlaubt zwei verschiedene Interpretationen. Einmal läßt sich wie folgt argumentieren: Im Coulombschen Gesetz kommen nur die beiden Orte der Ladungen vor, d. h. die zwischen ihnen wirkende Kraft nimmt in keiner Weise Bezug auf den dazwischenliegenden Raum, so als ob sie „aus der Ferne" wirken würde (**Fernwirkungshypothese**); die elektrische Feldstärke ist dann nur eine formale Größe, die gemäß (4.3) die Kraft pro Ladungseinheit angibt.

M. Faraday (1791–1867) folgend kann man sich aber auch vorstellen, daß die Kraftwirkungen durch eine Zustandsänderung des Raumes – das elektrische Feld – übertragen werden. Dem elektrischen Feld wird damit eine selbständige Existenz zugeschrieben, die sich durch die Wirkung am Ort der Probeladung manifestiert. Diese als **Nahwirkungshypothese** bezeichnete Vorstellung hat sich in der Physik als äußerst fruchtbringend erwiesen. Sie war insbesondere Voraussetzung für theoretische Vorhersage und experimentelle Entdeckung elektromagnetischer Wellen.

Damit nun aber die Probeladung Q selbst den Feldverlauf nicht stört, muß sie vernachlässigbar klein sein, was wir symbolisch in der Definition

$$\vec{E} = \lim_{Q \to 0} \left(\frac{\vec{F}}{Q} \right)$$

zum Ausdruck bringen.

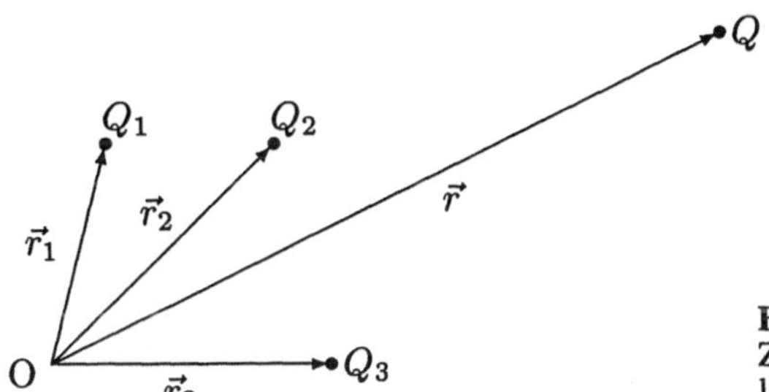

Bild 4.3
Zur Definition der von einem System von drei Punktladungen erzeugten elektrischen Feldstärke

Unsere Betrachtungen sind verallgemeinerungsfähig: Es mögen sich im Raum n punktförmige Ladungen $Q_1, \ldots, Q_n$ an den Orten $\vec{r_1}, \ldots, \vec{r_n}$ befinden. Bild 4.3 veranschaulicht die Situation für drei Ladungen. Auf eine Probeladung Q am Orte $\vec{r}$ wirkt dann nach dem Coulombschen Gesetz die Kraft

$$\vec{F} = \frac{Q}{4\pi\varepsilon_0} \left\{ \frac{Q_1(\vec{r} - \vec{r_1})}{|r - r_1|^3} + \cdots + \frac{Q_n(\vec{r} - \vec{r_n})}{|r - r_n|^3} \right\} = Q\,\vec{E}(\vec{r}) \,, \tag{4.5}$$

wodurch nun die vom untersuchten Ladungssystems hervorgerufene elektrische Feldstärke am Ort der Probeladung definiert wird.

Die elektrische Feldstärke verdeutlicht man zweckmäßig durch sogenannte Kraftlinien oder Feldlinien, die immer der Richtung der Feldstärke folgen. Der Richtungssinn wird von den positiven zu den negativen Ladungen festgelegt, und die Zahl der Feldlinien pro Flächeneinheit ist ein Maß für den Betrag der Feldstärke. Es sei daran erinnert, daß in analoger Weise das Geschwindigkeitsfeld einer strömenden Flüssigkeit beschrieben wurde. Beispiele für Feldlinienverläufe zeigt Bild 4.4. Links und in der Mitte sind die radial verlaufenden elektrischen Felder

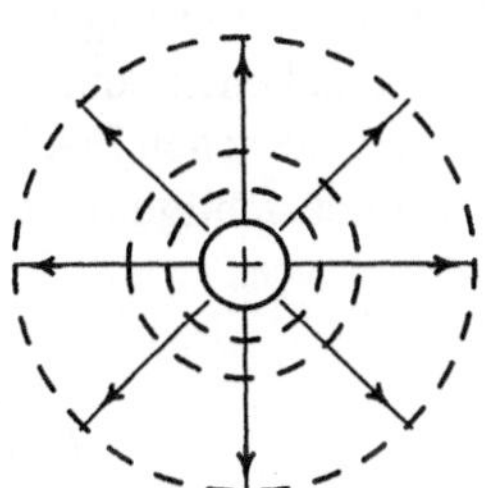

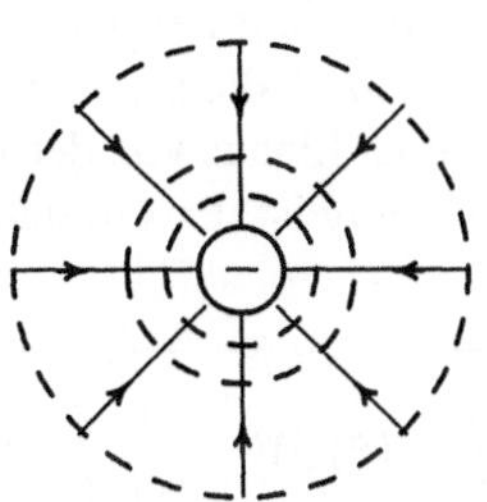

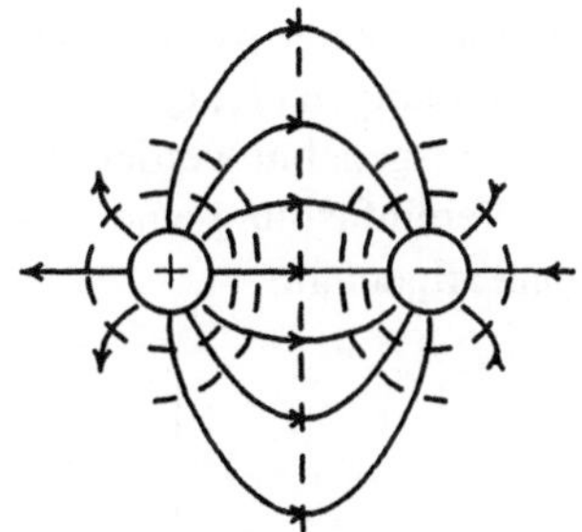

Bild 4.4 Schnitt durch den Verlauf von Feldlinien (durchgezogen) und Äquipotentialflächen (gestrichelt) für eine positive und negative Punktladung sowie für einen elektrischen Dipol.

einer positiven und einer negativen Punktladung gezeigt; ganz rechts ist der Feldverlauf eines sogenannten **elektrischen Dipols** dargestellt. Darunter versteht man zwei betragsmäßig gleiche, aber entgegengesetzt geladene Punktladungen, die voneinander einen festen Abstand l haben.

Die zentrale Aufgabe der Elektrostatik besteht nun darin, die Feldverteilungen von gegebenen Ladungssystemen zu bestimmen. Es hat sich dabei als sehr zweckmäßig erwiesen, den Zusammenhang zwischen der Ladungsverteilung und der von ihr verursachten Feldstärke durch den *elektrischen Fluß* zu charakterisieren. Diese Größe mißt die Zahl der Feldlinien, die eine vorgegebene Fläche A durchsetzen; wir haben sie in Bild 4.5 veranschaulicht. Um den Fluß zu

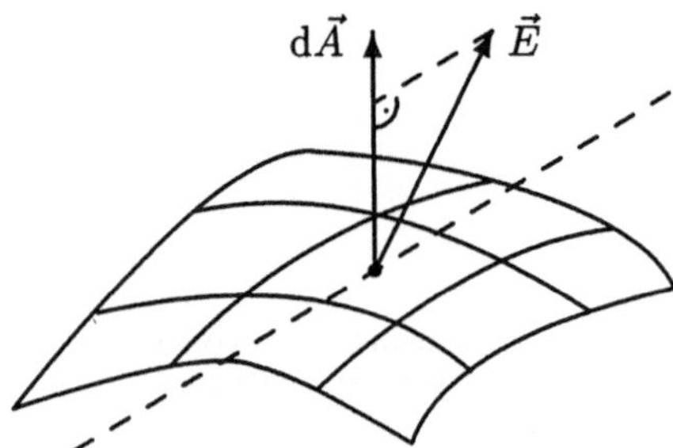

Bild 4.5
Zur Definition des Flußintegrals über die elektrische Feldstärke

berechnen, zerlegt man die Fläche A in eine Summe von vektoriellen, infinitesimalen Flächenelementen $\mathrm{d}\vec{A}$, deren Betrag $\mathrm{d}A$ ist, und deren Richtung mit der Flächennormalen übereinstimmt. Im Fall einer geschlossenen Fläche sei zusätzlich der Richtungssinn dadurch festgelegt, daß die Flächennormale stets nach außen zeigt. Da die Richtung von $\vec{E}$ im allgemeinen nicht mit der von $\mathrm{d}\vec{A}$ übereinstimmt, ist für den elektrischen Fluß Φ_{el} nur die Projektion von $\vec{E}$ aus $\mathrm{d}\vec{A}$ relevant. Wir definieren daher

$$\Phi_{\mathrm{el}} = \iint_A \vec{E} \cdot \mathrm{d}\vec{A} \,. \tag{4.6}$$

Umschließen wir nun eine Ladung Q_0 durch eine Kugel mit dem Radius R und berechnen wir den elektrischen Fluß über die geschlossene Kugeloberfläche A, dann findet man, da ihre elektrische Feldstärke $\vec{E}$ gemäß (4.4) auf der Kugeloberfläche senkrecht steht und dort überall betragsmäßig gleich ist,

$$\Phi_{\mathrm{el}} = \frac{1}{4\pi\varepsilon_0} \iint_A \frac{Q_0}{R^2}\,\mathrm{d}A = \frac{1}{4\pi\varepsilon_0}\frac{Q_0}{R^2}\,4\pi R^2 = \frac{1}{\varepsilon_0} Q_0 \,.$$

Es kann nun gezeigt werden, daß dieses Resultat auf den Fall einer beliebigen Verteilung von diskreten Ladungen $Q_1, Q_2, \cdots$ bzw. auf eine durch die Ladungsdichte $\rho(\vec{r})$ gegebene Ladungsverteilung ausgedehnt werden kann und darüber hinaus von der Form der geschlossenen Fläche (hier zur Vereinfachung eine Kugel!) unabhängig ist. Es gilt daher unter Berücksichtigung von (4.1) ganz allgemein

$$\boxed{\Phi_{\mathrm{el}} = \frac{1}{\varepsilon_0} \iiint_V \rho(\vec{r})\,\mathrm{d}V = \frac{1}{\varepsilon_0}\sum_i Q_i \,.} \tag{4.7}$$

Dieser Zusammenhang ist ein Grundgesetz der Elektrostatik und wird nach C. F. Gauß (1777–1855) als **Gaußscher Satz** bezeichnet (vgl. auch den mathematischen Anhang). Er läßt sich noch einfacher interpretieren, wenn wir durch

$$\boxed{\vec{D} = \varepsilon_0 \vec{E}} \tag{4.8}$$

eine zweite Feldgröße einführen, die **elektrische Verschiebungsdichte** oder **dielektrische Verschiebung** heißt. Da $\vec{D}$ im Vakuum bis auf die Konstante ε_0 mit $\vec{E}$ identisch ist, enthält sie keine neuen Informationen. Ihre Einführung erfolgt daher hier rein formal. Erst bei der Entwicklung der Elektrostatik in Medien wird die neue Feldgröße eigenständige Bedeutung erlangen und die dielektrischen Eigenschaften des Mediums charakterisieren. Wegen (4.6), (4.7) und (4.8) ergibt sich

$$\boxed{\iint_A \vec{D} \cdot \mathrm{d}\vec{A} = \iiint_V \rho(\vec{r})\,\mathrm{d}V = \sum_i Q_i\,.} \tag{4.9}$$

Wir können daher feststellen:

Der Fluß der dielektrischen Verschiebung durch eine geschlossene Fläche ist gleich der Summe der von dieser Fläche umschlossenen Ladungen.

Der Gaußsche Satz kann in eleganter Weise zur Berechnung von elektrischen Feldern eingesetzt werden. Wir demonstrieren dies am Beispiel der Berechnung des elektrischen Feldes außerhalb eines (unendlich langen) zylindrischen Drahtes, der mit einer homogen verteilten Ladung q pro Längeneinheit belegt ist. Aus Symmetriegründen erwarten wir ein zylindersymmetrisches

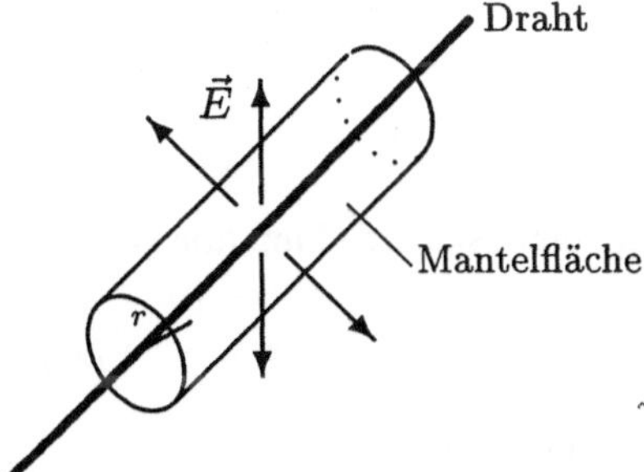

Bild 4.6
Zur Berechnung des elektrischen Feldes eines zylindrischen Drahtes mit Hilfe des Gaußschen Satzes. Beiträge liefert nur die Mantelfläche $A = 2\pi r l$

Feld, welches überall senkrecht auf der Drahtoberfläche steht. Umgeben wir daher ein Stück des Drahtes der Länge l, wie in Bild 4.6 gezeigt, mit einem Zylinder (Radius r), so liefern die beiden Kreisflächen keinen Beitrag zum Flußintegral, und man erhält von der Mantelfläche A, auf der $\vec{E}$ senkrecht steht, den Beitrag

$$\Phi_{\text{el}} = \iint_A \vec{E} \cdot \mathrm{d}\vec{A} = 2\pi r l E\,.$$

Die gesamte umschlossene Ladung ergibt sich zu lq, so daß der Gaußsche Satz (4.7) für die elektrische Feldstärke

$$\vec{E} = \frac{q}{2\pi\varepsilon_0 r}\,\vec{r}_0 \tag{4.10}$$

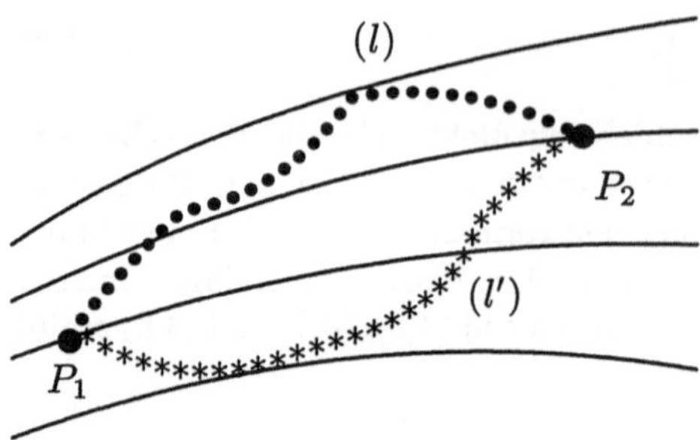

Bild 4.7
Zur Wegunabhängigkeit der Arbeit im elektrostatischen Feld

liefert. Der Betrag der Feldstärke fällt also mit dem Abstand vom Draht wie r^{-1}, während er für eine geladene Kugel proportional zu r^{-2} abnimmt (vgl. Übungen).

Verschiebt man eine Ladung Q im elektrischen Feld $\vec{E}$ zwischen zwei Punkten P_1 und P_2, so muß Arbeit verrichtet werden. Sie ist entsprechend unserer Überlegungen aus Abschnitt 2.1.5.3 durch das Linienintegral (vgl. Bild 4.7)

$$W_{12} = \int_{(l)} \vec{F} \cdot \mathrm{d}\vec{s} = Q \int_{(l)} \vec{E} \cdot \mathrm{d}\vec{s} \,, \tag{4.11}$$

bestimmt, wobei (l) den konkreten Weg zwischen den beiden Punkten charakterisiert. Da das statische elektrische Feld stets an den positiven Ladungen entspringt und an den negativen Ladungen endet, hat es keine geschlossenen Feldlinien. Die Arbeit ist daher vom Weg unabhängig[2]. Damit verschwindet das Kurvenintegral von $\vec{E}$ über einen geschlossenen Weg, d. h.

$$\oint \vec{E} \cdot \mathrm{d}\vec{s} = 0 \,. \tag{4.12}$$

Aus der Mathematik wissen wir, daß $\vec{E}$ dann auch als Gradient einer skalaren Funktion geschrieben werden kann. Es gilt also

$$\vec{E}(\vec{r}) = -\mathrm{grad}\, \phi(\vec{r}) \,, \tag{4.13}$$

womit das **elektrostatische Potential** ϕ definiert wird. Aus (4.11) folgt dann

$$W_{12} = -Q(\phi(P_2) - \phi(P_1)) = Q(\phi_1 - \phi_2) = QU_{12} \,. \tag{4.14}$$

U_{12} nennt man die **Spannung** zwischen den Punkten P_1 und P_2. Sowohl Potential als auch Spannung werden nach dem italienischen Forscher A. Volta (1745–1827) in **Volt** (V) gemessen. Es gilt 1V=1Nm/As.

Das Potential selbst ist als Integral über die Feldstärke nur bis auf eine Konstante festgelegt und kann an irgendeiner Stelle Null gesetzt werden. Dazu wählt man entweder einen unendlich fernen Punkt oder einen Punkt auf der Erdoberfläche.

Mittels des elektrostatischen Potentials kann man das elektrische Feld auch durch seine **Äquipotentialflächen** charakterisieren. Das sind die Flächen, in denen alle Punkte gleicher Feldstärke liegen (vgl. Bild 4.4). Da der Gradient von ϕ stets senkrecht auf seinen Äquipotentialflächen steht, durchstoßen die elektrischen Feldlinien die Äquipotentialflächen stets senkrecht.

[2] Die Unabhängigkeit dieses Wegintegrals für statische elektrische Felder kann auch aus thermodynamischen Überlegungen gefolgert werden. In einem einmal durch Arbeitsaufwand erzeugten Feld könnte man nämlich andernfalls durch Verschieben einer Ladung entlang eines geschlossenen Weges ein Perpetuum mobile erzeugen.

Für das Potential einer Punktladung Q_0 wieder bei $\vec{r_0} = 0$ hat man gemäß (4.4)

$$\phi(\vec{r}) = \phi(r) = -\int_{-\infty}^{r} E(r)\mathrm{d}r = \frac{1}{4\pi\varepsilon_0}\frac{Q_0}{r}\,, \tag{4.15}$$

was man auch leicht durch Bildung des Gradienten verifizieren kann. Damit ergibt sich für die Arbeit, die nötig ist, um eine Probeladung Q in einem durch Q_0 erzeugten Feld aus weiter Entfernung in den Abstand r zu bringen, nach (4.14)

$$W = \phi(\infty) - \phi(r) = -\frac{1}{4\pi\varepsilon_0}\frac{QQ_0}{r}\,. \tag{4.16}$$

Sie ist in Form von potentieller elektrostatischer Energie in diesem Ladungssystem gespeichert.

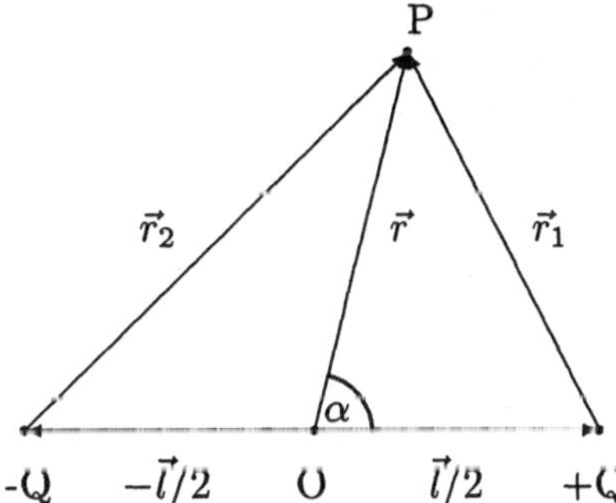

Bild 4.8
Zum Potential eines elektrischen Dipols

In einem weiteren Beispiel wird nun das Potential eines elektrischen Dipols bestimmt. Wie bereits erläutert, sind das zwei betragsmäßig gleiche, aber mit entgegengesetztem Vorzeichen behaftete Ladungen im Abstand l. Allgemein gilt

$$\phi = \frac{Q_0}{4\pi\varepsilon_0}\left(\frac{1}{r_1} - \frac{1}{r_2}\right) = \frac{Q_0}{4\pi\varepsilon_0}\frac{r_2 - r_1}{r_1 r_2}\,.$$

Ist nun $r \gg l$, dann kann man $r_1 r_2 = r^2$ und $r_2 - r_1 = l\cos\alpha$ setzen[3] und bekommt

$$\phi = \frac{1}{4\pi\varepsilon_0}\frac{M\cos\alpha}{r^2}\,. \tag{4.17}$$

Die Größe $M = Q_0 l$ wird **Dipolmoment** genannt. Die Berechnung der entsprechenden Feldstärke ist etwas komplizierter und soll hier nicht durchgeführt werden.

Die Wechselwirkung zwischen solchen elektrischen Dipolen ist die Ursache für die sogenannten *van der Waalsschen Kräfte*. Sie spielen beim Verständnis der intermolekularen Wechselwirkungen in Stoffen (Kohäsion, Adhäsion) eine wichtige Rolle. Wir gehen im Abschnitt 8.3 ausführlicher darauf ein.

Übungen:

4.3: Berechnen Sie das Potential einer homogen geladenen Vollkugel (Radius R) außerhalb und innerhalb der Kugel. Hinweis: Man umschließe den Kugelmittelpunkt durch eine Kugelfläche (Radius r) und wende den Gaußschen Satz an. Dabei sind die Fälle $r \geq R$ und $r < R$ zu unterscheiden. ■

4.4: Berechnen Sie den Potentialverlauf außerhalb a) einer homogenen Vollkugel und b) eines zylindrischen Drahtes. ■

[3] Der Cosinussatz liefert $r_1^2 = r^2 + \frac{l^2}{4} - rl\cos\alpha$ bzw. $r_2^2 = r^2 + \frac{l^2}{4} + rl\cos\alpha$. Wegen $r_2^2 - r_1^2 = (r_2 + r_1)(r_2 - r_1) \approx 2r(r_2 - r_1)$ folgt die letzte Relation.

4.1.3 Elektrische Ladungen auf Leitern

Da die Ladungen innerhalb eines Leiters frei verschiebbar sind, gilt im Gleichgewicht:

Der Vektor der elektrischen Feldstärke steht an jeder Stelle der Leiteroberfläche auf dieser senkrecht. Im Innern des Leiters verschwindet die Feldstärke, d. h. das Potential ist dort konstant.

Wäre nämlich eine dieser Feststellungen verletzt, dann würde innerhalb des Leiters oder an seiner Oberfläche so lange ein Ladungstransport stattfinden, bis alle Potentialunterschiede ausgeglichen wären und auch an der Oberfläche keine tangentiale Komponente der Feldstärke mehr existieren würde.

Diese Eigenschaften von Leitern kann man sich u. a. zunutze machen, um einen gewünschten Raum von elektrischen Feldern freizuhalten. Dazu umgibt man ihn mit einem metallischen Gehäuse, das man zu Ehren von M. Faraday (1791–1867) als **Faradayschen Käfig** bezeichnet.

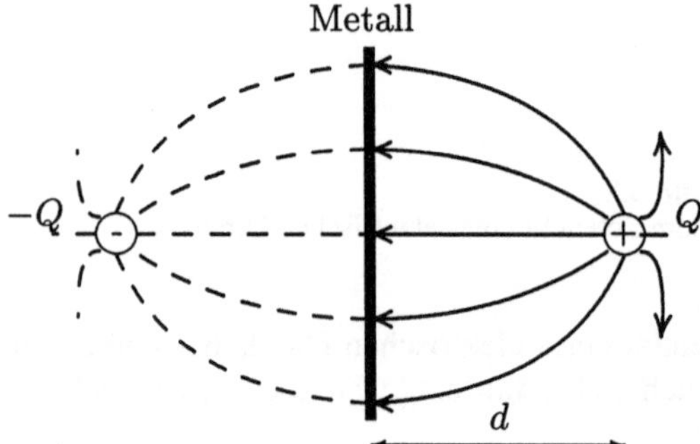

Bild 4.9
Zur Ableitung der Bildkraft

Versuchen wir, unser Wissen über Ladungen auf Leitern zu nutzen, um zu verstehen, warum eine positive Punktladung Q von einer „geerdeten“ Metallplatte angezogen wird (Bild 4.9). Da die von der Punktladung ausgehenden Feldlinien senkrecht auf der Metalloberfläche zu stehen haben, muß dort durch Influenz eine solche Ladungsverteilung realisiert werden, die dieser Gleichgewichtsbedingung genügt. Dazu werden negative Ladungen von der Erde auf die Platte fließen müssen. Wir ersehen aus Bild 4.9, daß ein solcher Feldverlauf auf der rechten Seite der Platte genau dadurch erzeugt werden kann, daß man sich eine betragsmäßig gleichgroße negative *Spiegelladung* $-Q$ hinter der Platte vorstellt. Dies bedeutet aber, daß die Ladung Q von der Metallplatte angezogen wird. Aus dem Coulombschen Gesetz findet man dann für die Anziehungskraft

$$F = -\frac{1}{4\pi\varepsilon_0}\frac{Q^2}{4d^2} ,$$

die man als **Bildkraft** bezeichnet.

Das Experiment zeigt, daß verschiedene Leiter, die mit der gleichen Elektrizitätsmenge aufgeladen werden, verschiedene Potentiale besitzen. Umgekehrt hat man bei gleichen Potentialen eine unterschiedliche Aufladung. Dieses Verhalten charakterisiert man mit dem Begriff „**Kapazität**“. Wir definieren:

Unter der Kapazität (C) versteht man die Ladungsmenge, die man auf einen isolierten Leiter bringen muß, um ihn auf das Potential 1 V *zu bringen.*

Als Formel hat man damit

$$\boxed{C = \frac{Q}{\phi} .} \tag{4.18}$$

Die Maßeinheit der Kapazität ist das **Farad** (F), und es gilt 1F=1C/V. Das Farad ist eine äußerst große Einheit, so daß man es in der Praxis mit Kapazitäten der Größenordnung μF, nF und pF zu tun hat. Zur Demonstration berechnen wir die Kapazität unserer Erdkugel: Diese habe die Ladung Q, was an ihrer Oberfläche ein Potential (vgl. die Übungsaufgaben zur Vollkugel am Ende dieses Abschnitts)

$$\phi = \frac{1}{4\pi\varepsilon_0}\frac{Q}{R}$$

impliziert, wobei R der Erdradius sei. Für C heißt das

$$C = 4\pi\varepsilon_0 R . \tag{4.19}$$

Dies ergibt dann mit $R = 6370\,\text{km}$ „nur" eine Kapazität von $C = 708\,\mu\text{F}$.

Im allgemeinen hängt die Kapazität – das Fassungsvermögen – auch von der gesamten Umgebung des Leiters ab, wie z. B. von der Existenz und Lage anderer benachbarter Körper. In der Praxis ist aber eine Ladungsspeicherung in wohldefinierter Weise erwünscht. Dazu muß der Einfluß der Umgebung auf die betrachteten Leiter möglichst unterdrückt werden, indem man das elektrische Feld räumlich konzentriert. Dies realisiert man in **Kondensatoren**, von denen zwei Typen in Bild 4.10 dargestellt sind. Beim Kugelkondensator ist das Feld in idealer Weise

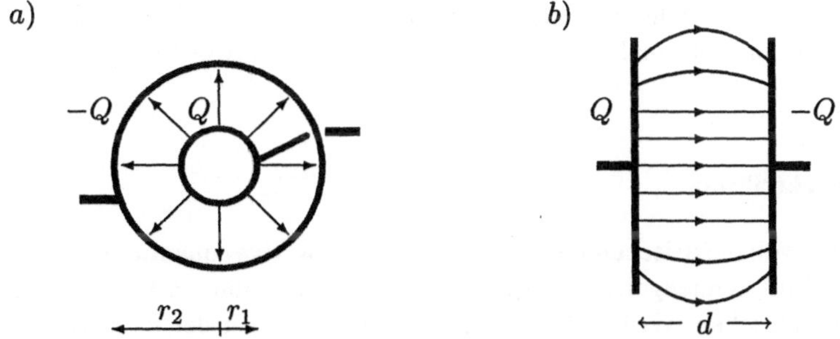

Bild 4.10 a) Kugelkondensator, b) Plattenkondensator

auf den Bereich zwischen den Kugeln konzentriert. Die innere Kugel sei mit Q geladen und die äußere geerdet. Durch Influenz hat letztere dann die Ladung $-Q$. Das Potential an der Oberfläche der inneren Kugel findet man als Summe des Potentials der inneren Kugel und des konstanten Potentials $-Q/r_2$ der äußeren Kugel (vgl. Übungen)

$$\phi = \phi_1 + \phi_2 = \frac{1}{4\pi\varepsilon_0}\left\{\frac{Q}{r_1} - \frac{Q}{r_2}\right\}$$

und damit

$$\boxed{C_{\text{Kugel}} = 4\pi\varepsilon_0 \frac{r_1 r_2}{r_2 - r_1} .} \tag{4.20}$$

Den Plattenkondensator erhält man einfach als Grenzfall eines Kugelkondensators mit $r_2 - r_1 = const.$ und $r_1, r_2 \to \infty$. Ist die Differenz $r_2 - r_1 = d$ klein gegen die Radien, also $r_1 r_2 \approx r^2$, dann kann man schreiben

$$\boxed{C_{\mathtt{Platten}} = \varepsilon_0 \frac{A}{d}\ .} \tag{4.21}$$

Die Größe $A = 4\pi r^2$ ist die Plattenfläche. Zwischen den Platten ist das elektrische Feld konstant, und sein Betrag ergibt sich aus (4.13) wegen $-\text{grad}\,\phi = U/d$ einfach zu

$$E = \frac{U}{d}\ . \tag{4.22}$$

Kondensatoren spielen als Bauelement in der Elektronik eine wesentliche Rolle. Sie dienen u. a. zur Ladungsspeicherung, werden in Schwingkreisen eingesetzt und erlauben eine Trennung von Gleichstrom- und Wechselstromanteilen. Man kann sie in vielfältigen Ausführungen antreffen. Zur Kapazitätserhöhung wird der Raum zwischen den metallischen Flächen mit einem Isolator ausgefüllt. Als *Dielektrika* finden dabei Papier, Keramik, Kunststoffe und auch Oxidschichten Anwendung. Bringt man zwei Metallplatten (Aluminium, Tantal) in einen Elektrolyten, dann entsteht ein *Elektrolytkondensator*. Die Anode überzieht sich beim Anlegen einer Spannung mit einer sehr dünnen, aber gut isolierenden Oxidschicht, die das Dielektrikum bildet. Mit solchen Kondensatoren können sehr große Kapazitäten erreicht werden. Beim *Drehkondensator* kann man durch drehbare Platten die wirksame Plattenfläche und damit die Kapazität variieren.

Übungen:

■ **4.5**: Wie groß ist das Potential im Innern einer leitenden Kugelfläche?

■ **4.6**: Man zeige, daß für metallische Kugeln bei konstantem Potential die Flächenladungsdichte (Ladung pro Fläche!) umgekehrt proportional zum Radius ist. Kennen sie Anwendungen dieser Tatsache?

4.1.4 Elektrostatik im Dielektrikum

Bisher haben wir das Verhalten von elektrischen Feldern im Vakuum bzw. (was quantitativ kaum einen Unterschied macht!) in Luft kennengelernt. In diesem Abschnitt soll nun der Einfluß von Materie auf solche Felder beschrieben werden. Dazu stützen wir uns neben der elektrischen Feldstärke $\vec{E}$ auch auf die im Zusammenhang mit dem Gaußschen Satz bereits eingeführte dielektrische Verschiebungsdichte. Wir können die Bedeutungen von $\vec{E}$ und $\vec{D}$ dabei in folgender Weise unterscheiden: Die Ladungen sind wegen (4.7) die Quellen des Feldvektors $\vec{D}$, während der Feldvektor $\vec{E}$ wegen (4.5) die Kraftwirkung auf eine Probeladung beschreibt.

In ein Dielektrikum kann ein elektrisches Feld eindringen. Dies unterscheidet es von Metallen, in denen ja bekanntlich die elektrische Feldstärke im Gleichgewicht stets verschwindet. Bringt man ein solches Dielektrikum zwischen die Platten eines Kondensators, dann kann folgendes beobachtet werden:

- Lädt man den Kondensator bei Anwesenheit des Dielektrikums, dann kann eine größere Ladungsmenge auf seine Platten gebracht werden.
- Bringt man das Dielektrikum erst nach dem Laden ein, dann kann sich die Plattenladung nicht mehr ändern, aber ein Spannungsmeßgerät registriert eine Verringerung der Spannung zwischen den Platten.

Aus diesen Feststellungen folgern wir, daß das Vorhandensein des Dielektrikums die Kapazität des Kondensators vergrößert. Wir definieren durch

$$\varepsilon_r = \frac{C}{C_{\mathrm{Vak}}}$$

die **relative Dielektrizitätskonstante** des entsprechenden Mediums. Sie ist eine dimensionslose Größe und variiert, wie Tabelle 4.1 zeigt, für die verschiedenen Materialien in einem großen Bereich.

Tabelle 4.1 Relative Dielektrizitätskonstante einiger Stoffe

Stoff	Luft	Paraffin	Hartgummi	Glas	Wasser	Keramik
ε_r	≈ 1	2,2	2,5–4	5–10	81	10–10^4

Aus (4.21) ergibt sich die Kapazität eines Plattenkondensators mit Dielektrikum zu

$$\boxed{C = \varepsilon_r \varepsilon_0 \frac{A}{d}\,.} \tag{4.23}$$

Während sich die Kapazität im Dielektrikum vergrößert, nehmen Kraftwirkungen zwischen Ladungen und elektrische Feldstärke dort ab. Für das Coulombsche Gesetz im Dielektrikum ergibt sich damit in Verallgemeinerung von (4.2)

$$\boxed{\vec{F} = \frac{1}{4\pi\varepsilon_0\varepsilon_r}\frac{Q_1 Q_2}{r^2}\vec{r_0}\,.} \tag{4.24}$$

Wir betrachten nun die Situation an einem solchen Kondensator genauer: Dazu laden wir ihn ohne Dielektrikum mit der Ladung Q_0 auf, was mit einer Spannung $U_0 = E_0 d$ korrespondieren soll. Beim Einbringen des Dielektrikums fallen dann Spannung und elektrische Feldstärke zwischen den Platten auf $U = U_0/\varepsilon_r$ bzw. $E = E_0/\varepsilon_r$. Dies ist nur so zu deuten, daß die felderzeugende Ladung innerhalb des Dielektrikums scheinbar ebenfalls um den Faktor $1/\varepsilon_r$ auf $Q = Q_0/\varepsilon_r$ verringert worden ist. Dazu müssen durch den Einfluß des eindringenden elektrischen Feldes an den Oberflächen des Dielektrikums zusätzliche Ladungen erzeugt worden sein. Man nennt diesen Vorgang **Polarisation** (Bild 4.11).

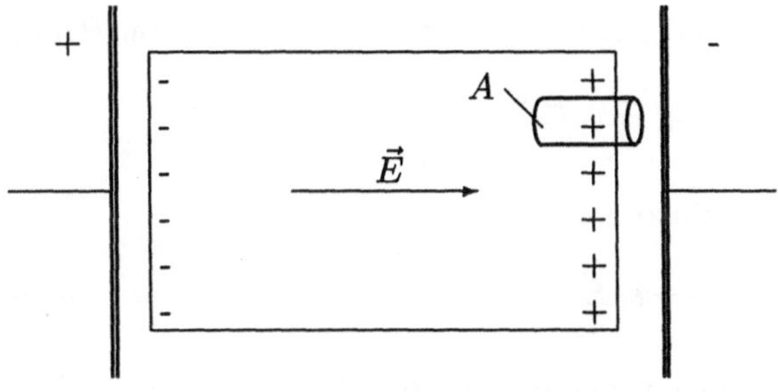

Bild 4.11
Ladungsverteilung im Dielektrikum unter Einfluß eines elektrischen Feldes

Wir wenden nun den Gaußschen Satz (4.7) auf die geschlossene Oberfläche der eingezeichneten Trommel an, welche einen Teil der Grenzfläche Vakuum-Dielektrikum enthält: Die im Dielektrikum liegende Kreisfläche liefert zum Flußintegral (4.6) einen Beitrag $-EA$ ($\vec{E}$ und $\vec{A}$ sind entgegengesetzt gerichtet!) und die außerhalb des Dielektrikums entsprechend E_0A. Von der Mantelfläche gibt es keinen Beitrag, da $\vec{E}$ zu dieser parallel ist. Damit findet man für die durch Polarisation in dieser Trommel erzeugte Ladung Q_p

$$Q_p = \varepsilon_0 E_0 A - \varepsilon_0 E A = \varepsilon_0 E_0 A \frac{\varepsilon_r - 1}{\varepsilon_r} \,. \tag{4.25}$$

Die Polarisation kann über zwei Mechanismen erfolgen: Ohne Einfluß eines elektrischen Feldes sind die Atome nach außen neutral, und auch ihr Dipolmoment verschwindet. Infolge des elektrischen Feldes können sich die positiven und negativen Ladungsschwerpunkte aus ihren Gleichgewichtslagen verschieben und dadurch ein elektrisches Dipolmoment erzeugen. Wir nennen diesen Vorgang **Verschiebungspolarisation**.

Moleküle können aber auch schon im feldfreien Fall ein inneres Dipolmoment besitzen. Ein Beispiel eines solchen polaren Moleküls ist das Wassermolekül. Die einzelnen Momente kompensieren sich durch die thermische Wärmebewegung der Moleküle jedoch im Mittel. Ein elektrisches Feld schafft nun eine Vorzugsrichtung für die Dipole, und es resultiert eine **Orientierungspolarisation**. Beide Formen sind in Bild 4.12 graphisch veranschaulicht. Durchschneidet man ein Dielektrikum senkrecht zum elektrischen Feld, so findet man auf den

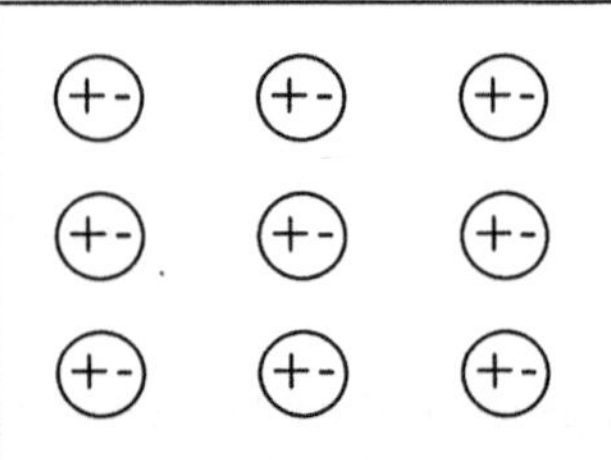

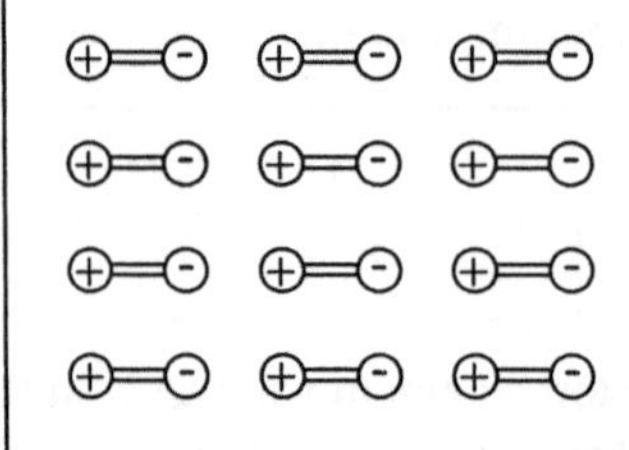

Bild 4.12 Mechanismen der Polarisation: a) Verschiebungspolarisation, b) Orientierungspolarisation

beiden Schnittflächen stets gleichgroße Polarisationsladungen mit entgegengesetztem Vorzeichen. Im Innern des Dielektrikums heben sich diese Ladungen in ihrer Wirkung auf, so daß effektiv nur die bereits beschriebenen Polarisationsladungen an seinen Oberflächen entstehen.

Betrachten wir nun im Innern des Dielektrikums ein kleines Volumenelement (Stirnflächen A, Länge l) senkrecht zum elektrischen Feld, dann besitzt dieses an seinen Stirnflächen ebenfalls die Polarisationsladungen $+Q_p$ bzw. $-Q_p$ und gemäß (4.25) folglich ein Dipolmoment vom Betrage

$$M = Q_p l = \varepsilon_0 E_0 \frac{\varepsilon_r - 1}{\varepsilon_r} A l = \varepsilon_0 E_0 \frac{\varepsilon_r - 1}{\varepsilon_r} V \,.$$

Definieren wir den Vektor der **dielektrischen Polarisation** $\vec{P}$ durch

$$\vec{P} = \frac{\varepsilon_r - 1}{\varepsilon_r} \varepsilon_0 \vec{E}_0 \,, \tag{4.26}$$

dann mißt sein Betrag daher gerade das Dipolmoment pro Volumeneinheit. Wegen $\vec{E} = \vec{E}_0/\varepsilon_r$ gilt auch

$$\boxed{\vec{P} = (\varepsilon_r - 1)\varepsilon_0\vec{E} = \chi_e\varepsilon_0\vec{E}\ .} \tag{4.27}$$

Die Größe $\chi_e = (\varepsilon_r - 1)$ wird **dielektrische Suszeptibilität** genannt. Sie kann in gleicher Weise wie ε_r ein Dielektrikum charakterisieren und wird vorzugsweise in der englischsprachigen Literatur verwendet.

Nachdem wir nun die Vorgänge in einem Dielektrikum erarbeitet haben, kommen wir auf die unterschiedlichen Bedeutungen der Feldgrößen $\vec{E}$ und $\vec{D}$ zurück. Zur Erinnerung: Im Vakuum galt $\vec{D} = \varepsilon_0\vec{E}$. Bei Anwesenheit eines Dielektrikums nimmt das elektrische Feld im Inneren ab, da sich die erzeugenden *wahren* Ladungen Q_0 dort um den Betrag der Polarisationsladungen Q_p auf die *scheinbaren* Ladungen Q verringern. Wir definieren nun die dielektrische Verschiebung in Verallgemeinerung von (4.8) durch

$$\boxed{\vec{D} = \varepsilon_r\varepsilon_0\vec{E}\ .} \tag{4.28}$$

Im Dielektrikum kompensiert dann ε_r die gerade beschriebene Abnahme von $\vec{E}$, so daß $\vec{D}$ im Gegensatz zu $\vec{E}$ ungeschwächt das Dielektrikum durchdringt. Der Unterschied zwischen den beiden Vektorfeldern kann daher auch wie folgt beschrieben werden: Die Quellen des elektrischen Feldes sind die scheinbaren Ladungen, während die Quellen der elektrischen Verschiebungsdichte die wahren Ladungen sind. Dies wird auch in der Formel

$$\boxed{\vec{D} = \varepsilon_0\vec{E} + \vec{P}} \tag{4.29}$$

deutlich, die man aus (4.27) und (4.28) erhält.

In jedem elektrischen Feld ist Energie gespeichert. Wir werden jetzt zeigen, daß sich diese durch die Feldgrößen $\vec{E}$ und $\vec{D}$ ausdrücken läßt. Dazu betrachten wir die Aufladung eines Plattenkondensators mit Dielektrikum mit der Ladung Q. Da der Arbeitsaufwand für das Hinzufügen einer bestimmten Ladungsmenge mit der bereits vorhandenen Plattenladung zunimmt, bringen wir die Ladung in infinitesimalen Portionen $\mathrm{d}Q$ auf die Platten. Liegt zwischen den Platten beim Hinzufügen von $\mathrm{d}Q$ gerade die Spannung U, so ergibt sich für die entsprechende Teilarbeit wegen (4.14) und $U = Q/C$

$$\mathrm{d}W_{\mathrm{el}} = U\,\mathrm{d}Q = \frac{Q}{C}\,\mathrm{d}Q\ .$$

Die Gesamtarbeit erhält man durch Integration zu

$$W_{\mathrm{el}} = \int_0^Q \frac{Q}{C}\,\mathrm{d}Q = \frac{1}{2}\frac{Q^2}{C}\ . \tag{4.30}$$

Ersetzt man die Ladung gemäß $Q = UC$ durch die Spannung, so kann man auch

$$W_{\mathrm{el}} = \frac{1}{2}CU^2 \tag{4.31}$$

schreiben.

Die Arbeit W_{el} ist in Form von elektrostatischer Energie im Raum zwischen den Kondensatorplatten gespeichert. Wir können diese Feldenergien noch in eine andere, allgemeingültige Form bringen: Wegen $C = \varepsilon_r\varepsilon_0 A/d$ und $U = Ed$ (vgl. (4.23) und (4.22)) folgt zusammen mit (4.28) für die elektrische Energie

$$E_{\text{el}} = \frac{1}{2}\frac{A}{d}\varepsilon_r\varepsilon_0(Ed)^2 = \frac{1}{2}\varepsilon_r\varepsilon_0 E^2 Ad = \frac{1}{2}EDV ,$$

wobei V das Volumen zwischen den Kondensatorplatten ist. Für die Energiedichte w_{el} (Energie pro Volumeneinheit) des elektrischen Feldes folgt damit

$$\boxed{w_{\text{el}} = \frac{1}{2}ED .} \tag{4.32}$$

Neben Reibung und Influenz gibt es noch andere Möglichkeiten, Elektrizität zu erzeugen. So führt in gewissen Kristallen, wie Quarz, Turmalin oder Zinkblende, Druck oder Dehnung in spezielle Richtungen zum Auftreten von positiven und negativen Ladungen auf den Kristallflächen. Dies ist als **piezoelektrischer Effekt** bekannt und hat große praktische Bedeutung. Erwähnt sei die Möglichkeit von Druckmessungen auf elektrischem Wege.

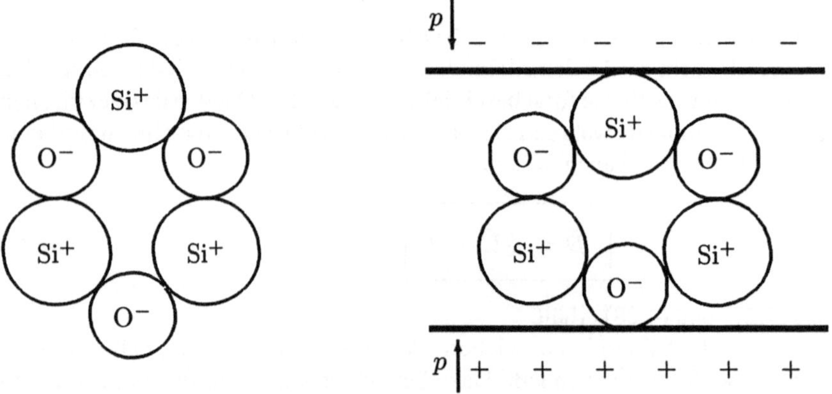

Bild 4.13 Zur Erklärung der Piezoelektrizität: Struktur eines Quarzkristalls (schematisch) ohne und mit Einwirkung von Druck

Der beschriebene Effekt ist umkehrbar. Bringt man auf die Kristallflächen Ladungen durch Anlegen einer Spannung, dehnt sich der Kristall aus oder zieht sich zusammen. Dieser *reziproke* piezoelektrische Effekt dient zur Erzeugung von Ultraschall und bietet in der Hochfrequenztechnik vielfältige Möglichkeiten. Zur Erklärung der Piezoelektrizität sehen wir uns die Struktur eines Quarzkristalls an (Bild 4.13): Infolge des Drucks rückt das obere Si-Atom zwischen die benachbarten O-Atome und entsprechend das untere O-Atom zwischen die benachbarten Si-Atome. An den Oberflächen des Kristalls entsteht dadurch oben eine negative und unten eine positive Nettoladung.

Erwähnt sei noch kurz, daß das einfache Erwärmen oder Abkühlen von gewissen Kristallen, wie Turmalin, ebenfalls zum Auftreten von Ladungen führt. Dieses Phänomen heißt **Pyroelektrizität**.

4.2 Grundgesetze des Gleichstroms

4.2.1 Stromstärke und Widerstand – Das Ohmsche Gesetz

Verbindet man die Platten eines aufgeladenen Kondensator durch einen Metalldraht, so ist die freie Beweglichkeit der Ladungen im Metall Ursache eines Ladungstransportes, der die vorliegende Potentialdifferenz auszugleichen sucht – es fließt ein elektrischer Strom. Natürlich entsteht sofort die Frage nach der Natur der Ladungsträger und dem Grund ihrer freien Beweglichkeit. Eine völlig befriedigende Beantwortung dieser Frage verlangt jedoch detailliertere Kenntnisse über die atomare Struktur der Materie, die wir erst in den Kapiteln „Quanten und Atome“ und „Festkörperphysik“ erarbeiten werden. Vorläufig bemerken wir dazu: Alle Stoffe sind aus Atomen aufgebaut. Diese wiederum bestehen aus positiv geladenen Atomkernen und negativ geladenen Elektronen, wobei letztere den Kern umkreisen und infolge der Coulomb-Anziehung mehr oder weniger stark an den Atomkern gebunden sind. In Metallen gehen die Atome nun solche chemische Bindungen ein, daß die am schwächsten gebundenen Elektronen (Valenzelektronen) im Metall nahezu frei beweglich sind. In einer Flüssigkeit können Atome enthalten sein, die Elektronen abgeben und dadurch positiv geladen werden, während andere Atome Elektronen aufnehmen und dann eine negative Ladung besitzen. Es entstehen Ionen, die unter Einfluß eines elektrischen Feldes in der Flüssigkeit wandern können (vgl. Abschnitt 4.3). Zusammenfassend halten wir also fest:

In Metallen sind es die Elektronen, die den Ladungstransport realisieren; in anderen Stoffen, wie Flüssigkeiten und Gasen, können diese Aufgabe auch Ionen übernehmen.

Hätten wir nun einen Kondensator mit hinreichend hoher Kapazität, könnte dieser Stromfluß für längere Zeit stationär gehalten werden. Ein solcher zeitlich konstanter Stromfluß wird **Gleichstrom** genannt. Praktische Möglichkeiten der Stromerzeugung werden wir in Abschnitt 4.3.2 bzw. 4.4.7 kennenlernen.

Als **Stromstärke** definiert man die Ladungsmenge, die pro Zeiteinheit durch eine gegebene Leiterfläche fließt, also

$$I = \frac{\Delta Q}{\Delta t} . \tag{4.33}$$

Die Stromstärke wird zu Ehren des französischen Physiker A. M. Ampère (1775–1836) in der Maßeinheit **Ampere** (A) gemessen, die eine der Basiseinheiten des SI-Systems ist. Auch wenn ein physikalisches Verständnis der Definition Kenntnisse des Abschnitts 4.4 voraussetzt, soll sie hier angegeben werden:

Befinden sich zwei geradlinige, unendlich lange und parallele Leiter mit vernachlässigbaren Querschnitten im Abstand von 1 m *voneinander, dann fließt durch sie die Stromstärke von* 1 A, *wenn je Meter Länge die Kraft von* $2 \cdot 10^{-7}$ N *hervorgerufen wird.*

Die Kenntnis von I sagt uns noch nichts hinsichtlich der Richtung des Ladungstransports und der Verteilung des Stromflusses über den Leiterquerschnitt. Zur Charakterisierung des Stroms wird daher oft auch der Vektor der **Stromdichte** $\vec{j}$ verwendet. Dieser hat aus historischen Gründen die Richtung der positiven Ladungen. Die Stromrichtung ist daher immer von „Plus“ nach „Minus“ und damit entgegengesetzt zur Elektronenbewegung. Den Betrag der Stromdichte an einem bestimmten Ort erhält man, indem man den Betrag der Ladungsmenge $|\mathrm{d}Q|$ bestimmt, die pro Zeiteinheit durch ein dort senkrecht zur Stromrichtung orientiertes infinitesimales Flächenelement $\mathrm{d}A$ fließt und diese dann durch die entsprechende Fläche dividiert. Haben die Elektronen die mittlere Geschwindigkeit v und ist n ihre Teilchendichte, dann passieren $nv\,\mathrm{d}A$ Ladungsträger mit $|\mathrm{d}Q| = e$ pro Zeiteinheit die Fläche $\mathrm{d}A$. Sie transportieren den Strom $I = env\,\mathrm{d}A$, so daß man für den Betrag der Stromdichte $j = env$ erhält. Beachtet man noch, daß für Elektronen $\vec{j}$ und $\vec{v}$ entgegengesetzt gerichtet sind, so hat man schließlich

$$\vec{j} = -en\vec{v} \tag{4.34}$$

erhalten. Verteilt sich der Strom homogen über den Querschnitt A des durchflossenen Leiters, dann gilt einfach

$$j = \frac{I}{A} \,. \tag{4.35}$$

Das Zustandekommen eines Stromes ist natürlich verursacht durch eine bestehende Potentialdifferenz. Der Zusammenhang zwischen diesen beiden Größen kann in Abhängigkeit von dem jeweils stromdurchflossenen elektrischen Bauelement sehr verschieden sein. Für eine Diode findet man z. B. ein exponentielles Anwachsen des Stromes mit der Spannung (vgl. Abschnitt 4.3.3), während für einen Kohlebogen umgekehrt eine Abnahme der Spannung bei hinreichend starkem Stromfluß beobachtet wird. In vielen Fällen kann die Abhängigkeit zwischen Strom und Spannung allerdings durch das **Ohmsche Gesetz** beschrieben werden (G. S. Ohm, 1789–1854). Es stellt fest, daß der Strom der treibenden Spannung proportional ist, d. h.

$$\boxed{I = \frac{U}{R} \,.} \tag{4.36}$$

Die durch den Proportionalitätsfaktor eingeführte Größe R charakterisiert das stromdurchflossene System und heißt **Widerstand**, zur Unterscheidung von anderen Widerstandsarten auch genauer Ohmscher Widerstand. Die Maßeinheit ist das **Ohm** (Ω), für die man aus (4.36) die Definition $1\Omega = 1\mathrm{V/A}$ findet.

Der Widerstand ist neben seiner Abhängigkeit von der Art des stromdurchflossenen Materials auch durch dessen Geometrie bestimmt. Für einen Draht der Länge l und mit dem Querschnitt A gilt

$$R = \varrho \frac{l}{A} \,. \tag{4.37}$$

Die das Material charakterisierende Größe ϱ heißt **spezifischer Widerstand**, ihr Kehrwert σ ist die **elektrische Leitfähigkeit**. Beide Größen haben die bemerkenswerte Eigenschaft, zwischen unterschiedlichen Materialien um viele Größenordnungen zu variieren; für Leiter wie Silber und Kupfer findet man $\varrho_{\mathrm{Ag}} = 1.6 \cdot 10^{-6}\,\Omega\,\mathrm{cm}$ bzw. $\varrho_{\mathrm{Cu}} = 1.7 \cdot 10^{-6}\,\Omega\,\mathrm{cm}$, während Hartgummi als Isolator ein ϱ in der Größenordnung von $10^{15}\,\Omega\,\mathrm{cm}$ aufweist.

Mikroskopisch betrachtet, wird der Widerstand in Festkörpern durch Stöße zwischen den Ladungsträgern und den Kristallbausteinen verursacht. Da letztere thermische Bewegungen um ihre Gleichgewichtslagen ausführen, ist der spezifische Widerstand auch temperaturabhängig. Für Metalle nimmt die Zahl der Stöße und daher ϱ mit der Temperatur zu, während in Halbleitern ansteigende Temperaturen die Ladungsträgerkonzentration anwachsen läßt und so zu einer Abnahme des Widerstandes führen. Darüber hinaus verschwindet für einige Metalle bei extrem tiefen Temperaturen der Widerstand völlig – eine Erscheinung, die **Supraleitung** genannt wird. Einige dieser Sachverhalte werden im Kapitel „Festkörperphysik“ noch weiter vertieft.

Fließt eine Elektrizitätsmenge ΔQ durch einen Leiter von einem Punkt mit dem Potential ϕ_1 zu einem Punkt mit dem Potential ϕ_2, dann verliert sie gemäß (4.14) die potentielle Energie $\Delta Q\ (\phi_1 - \phi_2) = \Delta Q\, U$. Pro Zeiteinheit kann durch den Ladungsfluß daher die Arbeit $(\Delta Q/\Delta t)\, U = IU$ verrichtet werden. Für die Leistung P des Stromes gilt somit

$$\boxed{P = IU} \tag{4.38}$$

und für die in der Zeit t verrichtete Arbeit

$$\boxed{W = IUt = I^2 Rt\,.} \tag{4.39}$$

Später werden wir es auch mit zeitlich veränderlichen Strömen und daher mit zeitlich veränderlichen Leistungen zu tun haben. In Verallgemeinerung von (4.39) gilt dann für die Arbeit, die zwischen den Zeitpunkten 0 und t verrichtet wird

$$\boxed{W = \int_0^t P(t)\,\mathrm{d}t\,.} \tag{4.40}$$

Im Zusammenhang mit dem Verlust an potentieller Energie werden entsprechend der verschiedenen Wirkungen des Stromes andere Energieformen, wie Wärme, mechanische oder chemische Energie, erzeugt.

Übung:
4.7: In der obigen Form des Ohmschen Gesetzes stehen die makroskopischen Größen U, I und R. Versuchen Sie, eine mikroskopische Formulierung dieses Gesetzes mit den entsprechenden lokalen Größen E, j und σ abzuleiten. ■

4.2.2 Die Kirchhoffschen Gesetze des verzweigten Stromkreises

Verbindet man die Pole einer Spannungsquelle unter Einbeziehung elektrischer Geräte oder Bauelemente miteinander, dann entsteht ein elektrischer Stromkreis. Bisher kennen wir nur die Gleichspannungsquelle selbst und den Ohmschen Widerstand, für die bei der Darstellung von Schaltkreisen die in Bild 4.14 gezeigten Schaltzeichen üblich sind.

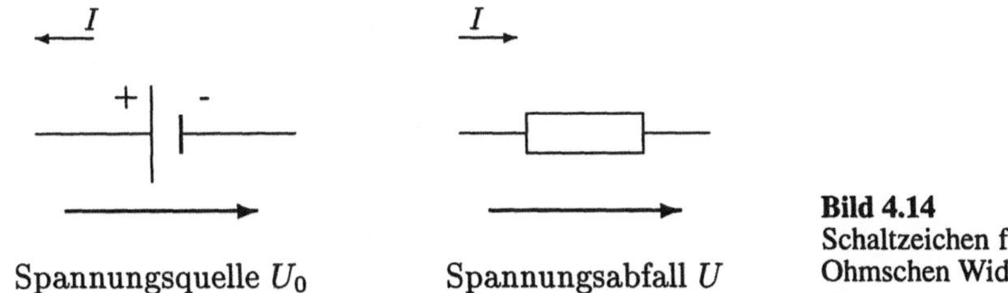

Bild 4.14
Schaltzeichen für Spannungsquelle und Ohmschen Widerstand

Eine zentrale Aufgabenstellung der Elektrizitätslehre ist nun die Berechnung verzweigter Stromkreise, wo uns Strom, Spannungsabfälle und Gesamtwiderstand bei gegebener Anordnung von Spannungsquellen und Einzelwiderständen interessieren. Solche Rechnungen können auf der Grundlage der nach G. R. Kirchhoff (1824–1887) benannten **Kirchhoffschen Gesetze** durchgeführt werden. Treffen sich mehrere Leiter wie in Bild 4.15 an einem Punkt (Stromknoten) und geben wir allen auf den Knoten zuführenden Strömen ein positives und allen wegführenden ein negatives Vorzeichen, so folgt aufgrund der Ladungserhaltung das **1. Kirchhoffsche Gesetz:**

Die Summe aller auf einen Stromknoten zufließenden und von ihm abfließenden Ströme ist gleich Null (Knotensatz).

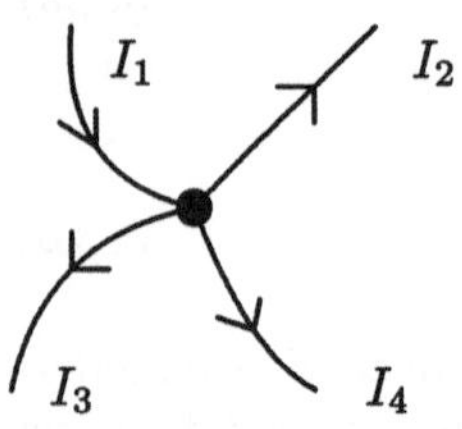

Bild 4.15
Verzweigung von Strömen an einem Stromknoten

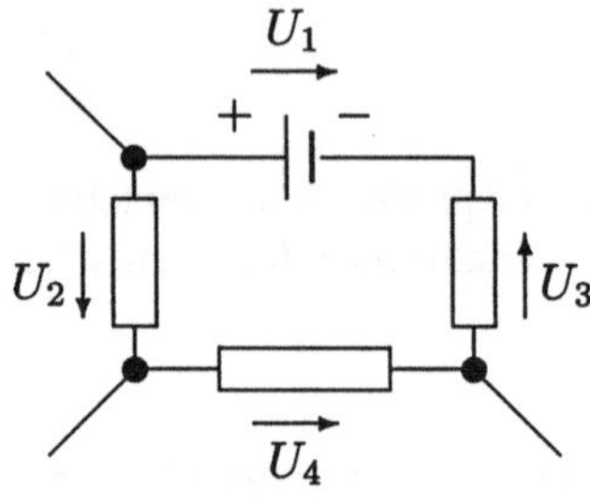

Bild 4.16
Spannungsbilanz in einer Masche

Weiter gilt als Folge des Energieerhaltungssatzes, daß für jeden geschlossenen Stromkreis (Masche) eines Leitersystems die durch Spannungsquellen zugeführte Energie gleich der an den Spannungsabfällen abgegebenen sein muß (Bild 4.16). Dieser Sachverhalt bildet den Inhalt des **2. Kirchhoffschen Gesetzes**. Unter Beachtung der in Bild 4.14 durch die Pfeile festgelegten Vorzeichenwahl für Spannungsquellen und Spannungsabfälle wird die Spannung zu einer gerichteten Größe, und wir können feststellen:

Die Summe aller gerichteten Spannungen in einer Masche verschwindet (Maschensatz).

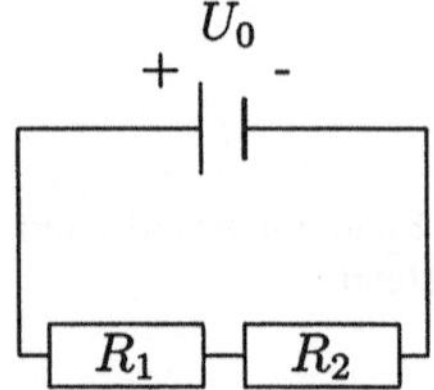

Bild 4.17
Reihenschaltung zweier Widerstände

Wir geben gleich zwei wichtige Anwendungen dieser Gesetze und betrachten die Reihenschaltung und Parallelschaltung zweier Widerstände R_1 und R_2 mit den Spannungsabfällen U_1 bzw. U_2: Die Reihenschaltung in Bild 4.17 besteht nur aus einer Masche und der Maschensatz lautet $U_O - U_1 + U_2 = 0$, was man auch als

$$U_0 = U_1 + U_2 = IR_1 + IR_2 = I(R_1 + R_2) = IR$$

schreiben kann. Damit folgt sofort

$$R = R_1 + R_2 \, . \tag{4.41}$$

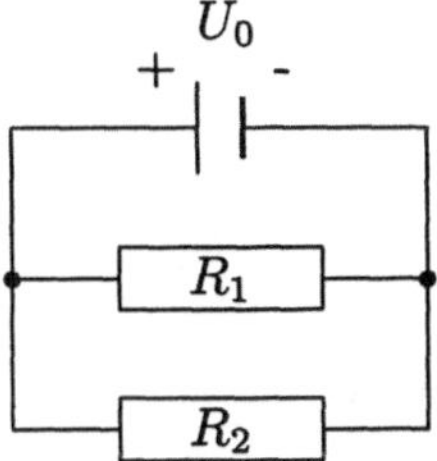

Bild 4.18
Parallelschaltung zweier Widerstände

Für die Parallelschaltung in Bild 4.18 ergibt der Knotensatz

$$I_0 = I_1 + I_2 \, ,$$

und der Maschensatz, auf zwei der drei Maschen des Stromkreises angewandt, führt auf

$$U_0 = U_1 = U_2 \, .$$

Dies ergibt

$$I_0 = \frac{U_0}{R} = \frac{U_0}{R_1} + \frac{U_0}{R_2}$$

bzw.

$$\frac{1}{R} = \frac{1}{R_1} + \frac{1}{R_2} \, . \tag{4.42}$$

Wir finden also:

> *Beim Hintereinanderschalten zweier Widerstände ist der Gesamtwiderstand gleich der Summe der Einzelwiderstände $R = R_1 + R_2$; beim Parallelschalten addieren sich die reziproken Einzelwiderstände zum reziproken Gesamtwiderstand $1/R = 1/R_1 + 1/R_2$.*

Eine weitere Anwendung der Kirchhoffschen Gesetze liefert die **Wheatstonesche Meßbrücke** zur Bestimmung eines unbekannten Widerstandes durch Vergleich mit einem bereits bekannten (Bild 4.19). Um R_x zu messen, wählt man die Stellung des Gleitkontaktes (Punkt D) so, daß kein Strom durch die Brücke von C nach D fließt. Der einheitliche Widerstandsdraht zwischen A und B wird dabei entsprechend der Längen l_1 und l_2 in die Widerstände R_1 und R_2 unterteilt. Für die Masche ACD gilt nun

$$R_x I_1 - R_1 I_2 = 0$$

und für die Masche CBD entsprechend

$$R_3 I_1 - R_2 I_2 = 0 \, .$$

Damit folgt mit (4.37) für den zu messenen Widerstand

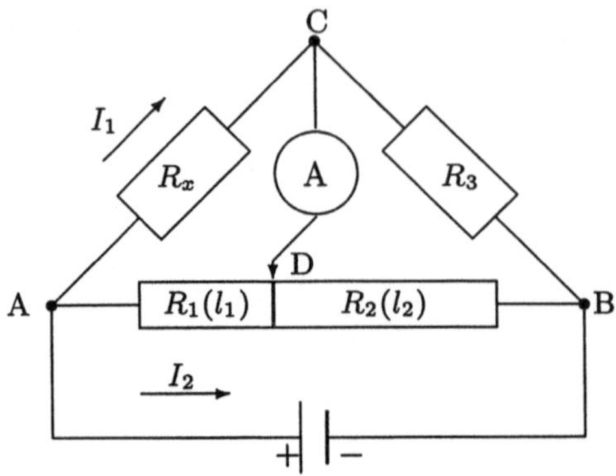

Bild 4.19
Die Wheatstonesche Meßbrücke

$$R_x = \frac{R_1}{R_2} R_3 = \frac{l_1}{l_2} R_3 . \tag{4.43}$$

Die Messung eines unbekannten Widerstandes ist somit auf die Messung der Stromlosigkeit der Brücke zurückgeführt worden, und es entsteht daher die Frage, wie Ströme und auch Spannungen gemessen werden können. Wir werden uns diesem Problem in den Abschnitten 4.2.3 und 4.4.8 widmen.

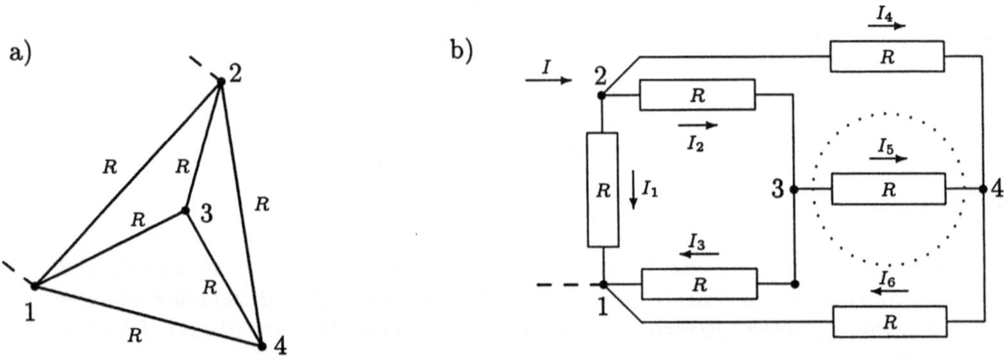

Bild 4.20 Tetraedrische Anordnung von gleichen Widerständen R und äquivalentes Ersatzschaltbild

Wir beschließen die Ausführungen zur Berechnung von Stromkreisen mit einem etwas komplizierteren Beispiel: Zu berechnen ist der Gesamtwiderstand der in Bild 4.20a gezeigten tetraedrischen Anordnung von gleichen Widerständen R entlang der Tetraederkanten. In Bild 4.20b ist ein äquivalentes ebenes Ersatzschaltbild dargestellt.

1. Lösungsweg: Wir lösen das Problem zuerst mittels der Kirchhoffschen Gesetze. Die 4 Knoten liefern nur drei unabhängige Gleichungen, da die Strombilanz an einem Knoten stets aus den Bilanzgleichungen aller anderen folgt (vgl. Übungen). Für die Knoten 1, 2, 3 ergeben sich $I_1 + I_3 + I_6 = I$, $I_1 + I_2 + I_4 = I$ und $I_2 - I_3 - I_5 = 0$.

Um die 6 unbekannten Stromanteile bestimmen zu können, benötigt man noch drei weitere Gleichungen. Diese liefert der Maschensatz. Angewandt auf die Masche 231 sagt er aus, daß der

Spannungsabfall U_{23} plus der Spannungsabfall U_{31} gleich dem Spannungsabfall U_{21} sein muß, d. h. $I_2R+I_3R-I_1R=0$. Analog ergibt sich für die Masche 243 $I_4R-I_5R-I_2R=0$ und für die Masche 341 $I_5R+I_6R-I_3R=0$. Kürzt man aus diesen Gleichungen noch R, so resultiert aus Knoten- und Maschensatz insgesamt das folgende lineare Gleichungssystem

$$\begin{array}{rrrrrrcl} I_1 & + I_2 & & + I_4 & & & = & I \\ I_1 & & + I_3 & & & + I_6 & = & I \\ & I_2 & - I_3 & & - I_5 & & = & 0 \\ I_1 & - I_2 & - I_3 & & & & = & 0 \\ & - I_2 & & + I_4 & - I_5 & & = & 0 \\ & & - I_3 & & + I_5 & + I_6 & = & 0 \end{array} \tag{4.44}$$

für die Teilströme $I_1, I_2, \ldots, I_6$. Um den Gesamtwiderstand R_g der Schaltung zu finden, benötigen wir allerdings nur I_1. Liegt nämlich zwischen 1 und 2 die Spannung U, so muß $IR_g = I_1R$ gelten. Die Rechnung liefert $I_1 = I/2$, so daß sich

$$R_g = \frac{R}{2}$$

ergibt.

In der modernen *Netzwerkanalyse* von komplizierteren integrierten Schaltungen treten lineare Gleichungssysteme wie (4.44) mit hunderten oder gar tausenden von Variablen auf, die auf schnellen Rechnern gelöst werden.

2. Lösungsweg: Die Berechnung von Schaltungen läßt sich unter Berücksichtigung von eventuellen Symmetrien wesentlich vereinfachen. Betrachten wir die Schaltung in Bild 4.20b genauer, so kann festgestellt werden, daß der Spannungsabfall von 1 nach 3 gleich dem Spannungsabfall von 1 nach 4 sein muß. Daher liegen die Punkte 3 und 4 auf gleichem Potential, und durch die diese Punkte verbindende Leitung fließt demzufolge kein Strom. Man kann sie daher aus der Schaltung entfernen, ohne irgendwelche Änderungen hervorzurufen. Die so entstehende Ersatzschaltung besteht nun einfach aus der Parallelschaltung der drei Widerstände R, $2R$ und nochmals $2R$. Zweimalige Anwendung von (4.42) liefert wieder den Gesamtwiderstand $R_g = R/2$.

Übungen:

4.8: Welche Kapazität resultiert bei der a) Parallelschaltung und b) Reihenschaltung zweier Kondensatoren mit den Kapazitäten C_1 und C_2? ■

4.9: Zeigen Sie, daß sich die Strombilanz am Knoten 4 als Folge der Anwendung der Knotensätze auf die ersten drei Knoten ergibt. ■

4.10: Berechnen Sie den Gesamtwiderstand eines Systems von gleichen Widerständen R, die sich jeweils entlang der Kanten eines Würfels befinden, wenn die Spannungsquelle über einer Raumdiagonalen angeschlossen wird. ■

4.2.3 Über die Messung von Stromstärke und Spannung

Zur Messung von Strom kann man prinzipiell jede seiner Wirkungen ausnutzen, wie z. B. seine Eigenschaft, Wärme zu erzeugen und damit Längenänderungen von Drähten hervorzurufen (**Hitzdrahtinstrumente**). Auf seiner magnetischen Wirkung, die wir später kennenlernen werden, beruhen **Drehspul-** und **Weicheiseninstrumente** (vgl. Abschnitt 4.4.8).

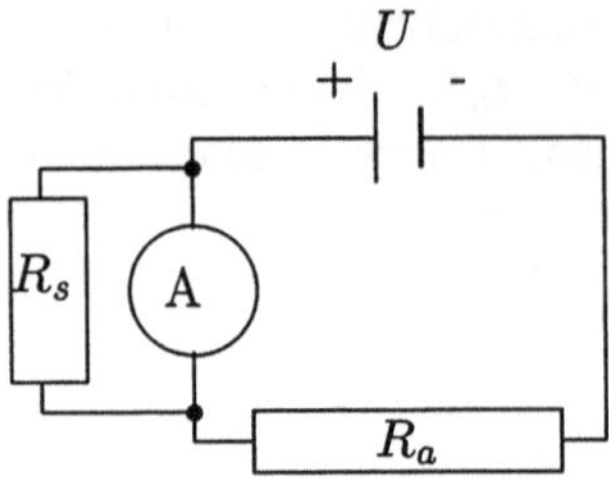

Bild 4.21
Amperemeter mit Nebenwiderstand

Um einen Strom zu messen, muß das entsprechende **Amperemeter** vom Strom durchflossen werden, es muß also in Reihe mit den Geräten der Masche liegen, deren Strom bestimmt werden soll. Um den Strom nicht zu verfälschen, muß das Amperemeter selbst einen möglichst kleinen Innenwiderstand R_i haben.

Zur Messung von größeren Strömen kann eine Meßbereichserweiterung nötig sein. Dazu schaltet man einen *Nebenwiderstand (Shunt)* R_s parallel zum Amperemeter, wie in Bild 4.21 gezeigt ist. Bezeichnet I_0 die maximal für das Gerät verträgliche Stromstärke und soll ein Strom $I > I_0$ gemessen werden, dann muß $I - I_0$ in der aus Nebenwiderstand und Amperemeter bestehenden Masche über R_s umgeleitet werden. Der Maschensatz zusammen mit dem Ohmschen Gesetz liefert für den benötigten Nebenwiderstand $(I - I_0)R_s = I_0 R_i$ oder

$$R_s = \frac{I_0}{I - I_0} R_i \; .$$

Spannungen lassen sich mit dem gleichen Meßinstrument messen. Dazu muß das Meßgerät aber parallel zu dem Stromkreisbereich geschaltet werden, dessen Spannungsabfall zu bestimmen ist. Das Gerät dient dann als **Voltmeter**, dessen Innenwiderstand R_i nun möglichst groß sein sollte, damit kaum Strom durch das Gerät fließt. Dieser würde nämlich den Stromfluß im zu untersuchenden Stromkreisbereich verringern und damit den zu messenden Spannungsabfall verfälschen.

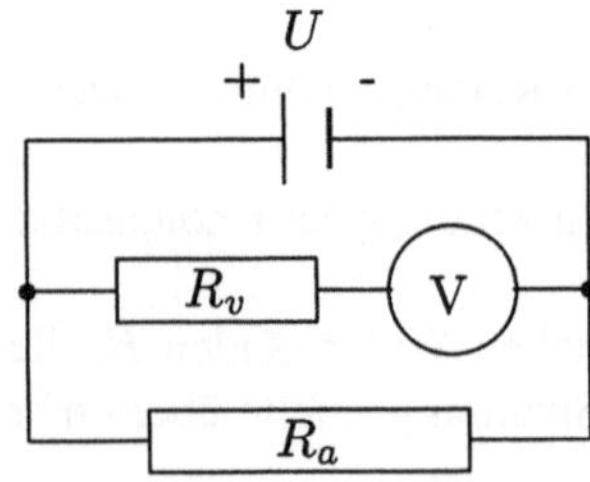

Bild 4.22
Voltmeter mit Vorwiderstand

Eine eventuelle Meßbereichserweiterung kann durch einen Vorwiderstand R_v realisiert werden. In Reihe zum Voltmeter geschaltet, kann dort der die Höchstspannung übersteigende Anteil der zu messenden Spannung abfallen (Bild 4.22). Ist U_0 die maximal für das Gerät verträgliche Spannung und $U > U_0$ die zu messende Spannung, dann muß $U - U_0$ am Vorwiderstand abfallen. Ist nun I der gemeinsam durch R_i und R_v fließende Strom, dann muß gelten $I = (U - U_0)/R_v = U_0/R_i$ und damit

$$R_v = \left(\frac{U}{U_0} - 1\right) R_i \; .$$

4.2.4 Innenwiderstände von Spannungsquellen

Obwohl die Prozesse in Spannungsquellen erst später besprochen werden, wollen wir hier schon eine ihrer Eigenschaften kennenlernen, die für die Berechnung von Stromkreisen von großer Bedeutung ist: Alle Spannungsquellen besitzen einen **Innenwiderstand**, der durch den Stromfluß innerhalb der Spannungsquelle verursacht wird. Wir demonstrieren den Einfluß eines solchen Innenwiderstandes durch folgende Überlegung: Fließt ein Strom I und ist die von der Quelle erzeugte **Urspannung** U_0 – man spricht auch von der **elektromotorischen Kraft** (EMK) –, dann kommt es am Innenwiderstand zu einem Spannungsabfall $U_i = IR_i$, und an den Elektroden ist nur noch die **Klemmspannung** $U_K = U_0 - U_i = U_0 - IR_i$ verfügbar. Die Stromstärke selbst bestimmt sich aus dem Ohmschen Gesetz zu $I = U_0/(R_a + R_i)$ und liefert für die Klemmspannung

$$U_K = U_0 - \frac{U_0}{R_a + R_i} R_i = U_0 \frac{R_a}{R_a + R_i} \,. \tag{4.45}$$

Eine wichtige Rolle spielt das Verhältnis von innerem zu äußerem Widerstand auch beim Zusammenschalten von Spannungsquellen. Für eine Reihenschaltung aus n identischen Spannungsquellen mit dem Innenwiderstand R_i hat man die Urspannung nU_0 und den Strom $I = nU_0/(R_a + nR_i)$. Ist nun $R_a \gg nR_i$, dann folgt daraus $I \approx nU_0/R_a$, und die Stromstärke nimmt proportional zur Anzahl der Spannungsquellen zu. Im umgekehrten Fall $R_a \ll nR_i$ findet man $I \approx U_0/R_i$, d. h. die Stromstärke bleibt etwa die der einzelnen Spannungsquelle. Den Fall der Parallelschaltung überlassen wir der nachfolgenden Übung.

Übung:
4.11: Untersuchen Sie die Parallelschaltung von Spannungsquellen in Abhängigkeit vom Verhältnis R_i/R_a. ■

4.2.5 Kontaktpotentialdifferenz

Im Jahre 1797 entdeckte der Italiener A. Galvani rein zufällig beim Experimentieren mit Froschschenkeln, die auf metallische Haken gespießt waren, daß sich bei der Berührung zweier Metalle zwischen diesen eine Potentialdifferenz von bis zu einigen Volt herausbildet. Systematische Untersuchungen des italinischen Physikers A. Volta zeigten dann, daß man die Metalle in einer Spannungsreihe so anordnen kann, daß der Kontakt eines ausgewählten Metalls mit einem rechts von ihm in der Reihe stehenden das ausgewählte Metall stets positiv auflädt. Für einige bekannte Metalle lautet die Reihe der *Voltaschen Kontaktspannungen*:

... Al, Zn, Pb, Sn, Fe, Cu, Ag, Au, ...

Wodurch ist nun diese **Kontaktpotentialdifferenz** bedingt? Innerhalb des Metalls sind die Elektronen frei beweglich; befinden sich aber dort durch die Bindung an die Atome in einer Art Potentialmulde. Sie können daher das Metall nur nach Überwindung einer **Austrittsarbeit** W_A verlassen, deren Größe ihrerseits von den speziellen Eigenschaften des Metalls und seiner Oberfläche abhängt (Bild 4.23). Berühren sich nun zwei Metalle, dann gelingt es Elektronen mit einer entsprechend hohen thermischen Energie, die jeweilige Austrittsarbeit zu überwinden und durch ihre Wärmebewegung von einem Metall auf das andere überzugehen. Im Mittel werden dabei mehr Elektronen vom Metall B mit der kleineren Austrittsarbeit auf das Metall A mit der größeren Austrittsarbeit übergehen als umgekehrt. Dadurch lädt sich B positiv und A negativ

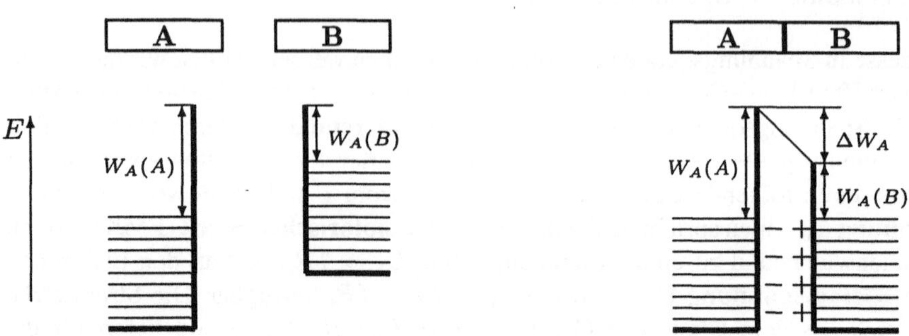

Bild 4.23 Zur Entstehung einer elektrischen Doppelschicht beim Kontakt zweier Metalle unterschiedlicher Austrittsarbeit

auf, und es bildet sich eine elektrische Doppelschicht aus. Gleichgewicht ist erreicht, wenn das dadurch erzeugte elektrische Feld einen weiteren Ladungstransfer unterbindet.

Austrittsarbeiten werden in einer speziellen Maßeinheit angegeben – dem **Elektronenvolt** (eV):

> *Ein Elektronenvolt ist die Energie, die ein Elektron beim Durchlaufen einer Potentialdifferenz von 1 Volt aufnimmt.*

Das Elektronenvolt ist eine sehr kleine Energieeinheit und eignet sich daher besonders zur Charakterisierung von Energien im atomaren Bereich. Es gilt:

$$\boxed{1\text{eV} = 1,602 \cdot 10^{-19}\,\text{J}\,.} \tag{4.46}$$

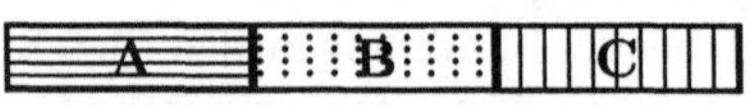

Bild 4.24
Zur Kontaktpotentialdifferenz in einer Reihe aus verschiedenen Metallen.

Man kann zeigen, daß die Potentialdifferenz zwischen den Enden einer aus mehreren Metallen gebildeten Reihe nur von der Art der äußeren Metalle abhängt (Bild 4.24). Es gilt nämlich $U_{\text{AC}} = U_{\text{AB}} + U_{\text{BC}} = \phi_{\text{A}} - \phi_{\text{B}} + \phi_{\text{B}} - \phi_{\text{C}} = \phi_{\text{A}} - \phi_{\text{C}}$. Dies bedeutet nun aber, daß bei Bildung eines geschlossenen Kreises aus mehreren Metallen (bei gleicher Temperatur!) infolge der Kontaktpotentialdifferenzen keine Urspannung erzeugt werden kann. Verbindet man in unserem Beispiel A mit C, dann folgt $U_{\text{AB}} + U_{\text{BC}} + U_{\text{CA}} = 0$.

Eine EMK kann jedoch erzeugt werden, wenn die Kontakte unterschiedliche Temperaturen haben. Dieses Phänomen ist als **Thermoelektrizität** (Th. J. Seebeck, 1822) bekannt. In *Thermoelementen* nutzt man das Auftreten einer Thermospannung zwischen zwei Kontakten unterschiedlicher Temperatur zur Temperaturmessung. Dazu verbindet man zwei verschiedene Metalle an beiden Enden fest miteinander, hält den einen Kontakt des Thermoelementes auf bekannter Temperatur und bringt den anderen Kontakt an die Stelle, deren Temperatur zu messen ist. Aus der dabei erzeugten Thermospannung kann die Temperaturdifferenz der Kontakte erhalten werden. Die Änderungen der Thermospannung mit der Temperatur liegt je nach verwendeter Materialkombination in der Größenordnung von einigen bis zu einigen hundert $\mu\text{V}/\text{K}$.

Auch das Phänomen der Thermoelektrizität ist umkehrbar. Wird ein Strom durch einen oben beschriebenen Stromkreis geleitet, so kühlt sich ein Kontakt ab, während sich der andere erwärmt (J. Ch. A. Peltier, 1834). Der **Peltier-Effekt** wird u. a. in Kühlaggregaten oder zur Kühlung von Schaltkreisen eingesetzt.

Eine andere Möglichkeit, eine EMK zu erzeugen, besteht in der Kombination von Metallen mit sogenannten **Elektrolyten**. Letztere sind Flüssigkeiten, in denen gelöste Salze, Säuren oder Laugen in ihre ionischen Bestandteile zerfallen sind und der Stromtransport durch diese Ionen erfolgt. Die EMK wird hier durch Umwandlung chemischer Energie aufrechterhalten.

Bevor wir uns mit solchen Prozessen befassen, soll zum Abschluß des Abschnitts das Kontaktpotential noch in einem anderen Zusammenhang betrachtet werden. Am Anfang der Elektrostatik haben wir die gegenseitige Reibung zweier Isolatoren als Methode zur Trennung von Ladungen kennengelernt. Dieser Effekt kann nun genauer als Folge einer Kontaktpotentialdifferenz charakterisiert werden, die hier zwischen Isolatoren entsteht. Das Reiben ist dabei eigentlich nur eine besonders intensive Art, den Kontakt herzustellen.

Übung:
4.12: Welche Geschwindigkeit erreicht ein Elektron, wenn es in einem elektrischen Feld der Stärke 10^2 V/m die Strecke von 1 cm zurücklegt, und welche Energie besitzt es dann? ■

4.3 Ladungstransport in Flüssigkeiten und Gasen

4.3.1 Ladungstransport in Flüssigkeiten

Bringt man zwei Metallplatten (**Elektroden**) in möglichst reines (destilliertes) Wasser und legt an diese eine elektrische Spannung, so fließt kein Strom. Die Situation ändert sich aber, wenn man durch Zugabe von Salzen, Säuren oder Laugen einen Elektrolyten herstellt. Ein angeschlossenes Amperemeter zeigt nun einen merklichen Stromfluß an (Bild 4.25). Die Ladungsträger entstehen dabei durch **Dissoziation** der Moleküle in positive und negative Ionen. Die große Dielektrizitätskonstante und die polare Bindung von Wasser begünstigen diesen Effekt. Die Wassermoleküle lagern sich nämlich um die Ionen und schirmen die elektrostatischen Bindungskräfte zwischen ihnen stark ab.

Man nennt die an den negativen Pol der Spannungsquelle angeschlossene Elektrode **Kathode** und die mit dem positiven Pol verbundene **Anode**. Dementsprechend heißen die zur Kathode wandernden positiven Ionen **Kationen** und die zur Anode wandernden negativen Ionen **Anionen**. Erstere nehmen an der Kathode Elektronen auf und scheiden sich dort als neutrale Teilchen ab;

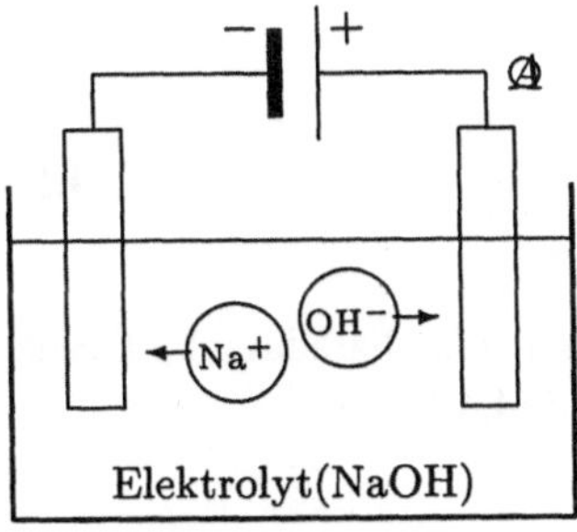

Bild 4.25
Dissoziation und Ionenleitung am Beispiel eines Elektrolyten aus Natronlauge (NaOH)

letztere geben an der Anode Elektronen ab und werden ebenfalls zu neutralen Teilchen. Den Vorgang der Ionenwanderung in einem Elektrolyten unter Einfluß eines elektrischen Feldes und die damit verbundenen stofflichen Veränderungen nennt man **Elektrolyse**. Faraday hat die Elektrolyse untersucht und in zwei Gesetzen quantitativ beschrieben. Das **1. Faradaysche Gesetz** stellt fest:

> *Die Masse m eines abgeschiedenen Stoffes ist der durch den Elektrolyten gegangenen Ladungsmenge Q proportional.*

Man nennt den materialspezifischen Proportionalitätsfaktor das **elektrochemische Äquivalent** k und hat damit

$$\boxed{m = kQ = kIt\,.} \tag{4.47}$$

Das elektrochemische Äquivalent gibt also an, welche Menge eines Stoffes beim Ladungsdurchgang von 1 C abgeschieden wird. Die elektrochemischen Daten einiger Stoffe sind in der Tabelle 4.2 zusammengestellt. Dividiert man die Masse m eines Stoffes durch seine molare

Tabelle 4.2 Elektrochemische Daten einiger Stoffe

Element	Wasserstoff	Sauerstoff	Kupfer	Aluminium	Silber
Wertigkeit	1	2	2	3	1
k in mg/C	0,0105	0,0829	0,3295	0,0932	1,1182
M_m in g/mol	1,008	15,999	63,54	26,982	107,870

Masse M_m, so erhält man, wie aus der Thermodynamik bekannt, die Stoffmenge μ als Zahl der Mole, die diese Masse repräsentiert. Da die Zahl der abgeschiedenen Ionen pro Mol durch die nach dem italienischen Forscher A. Avogadro (1776–1856) benannte Avogadrosche Zahl N_A gegeben ist (vgl. Abschnitt 3.1.5), transportieren Ionen der Wertigkeit z pro Mol die Ladung zeN_A. Beim Abscheiden der Masse m wird daher die Ladung

$$Q = \mu z e N_A \tag{4.48}$$

bewegt. Das Produkt aus Elementarladung e und Avogadroscher Zahl N_A nennt man **Faraday-Konstante** F. Sie ist gegeben durch

$$F = eN_A = 96486\,\mathrm{C/mol}\,. \tag{4.49}$$

Sie ist eine stoffunabhängige universelle Naturkonstante. Setzt man (4.48) in (4.47) ein, so findet man $m = \mu M_m = kz\mu eN_A$ bzw. mit (4.49)

$$\boxed{k = \frac{M_m}{zF}\,.} \tag{4.50}$$

Diese Darstellung des elektrochemischen Äquivalentes ist bereits das 2. Faradaysche Gesetz. Man kann seinen Inhalt auch anders formulieren: Wegen (4.50) und (4.47) gilt

$$k = \frac{m}{Q} = \frac{M_m}{zF}\,.$$

Werden nun für zwei verschiedene Stoffe mit den elektrochemischen Äquivalenten k_1 und k_2 bei gleicher Ladung Q die Massen m_1 bzw. m_2 abgeschieden, dann gilt

$$\boxed{\frac{k_1}{k_2} = \frac{m_1}{m_2} = \frac{M_{m1}}{z_1} : \frac{M_{m2}}{z_2}\ .} \tag{4.51}$$

Damit stellt das **2. Faradaysche Gesetz** fest:

Die von gleichen Elektrizitätsmengen abgeschiedenen Massen zweier Stoffe verhalten sich wie ihre elektrochemischen Äquivalente bzw. wie ihre Molmassen pro Wertigkeit.

Die Elektrolyse findet in der Technik zahlreiche Anwendungsmöglichkeiten. Da Metallionen immer Kationen sind, kann man Metalle aus einer Schmelze an der Kathode abscheiden. Die *Schmelzfluß-Elektrolyse* wird z. B. zur Gewinnung von Aluminium oder Kupfer genutzt. Beim *Galvanisieren* werden Gegenstände mit metallischen Schichten überzogen. Am bekanntesten sind Verchromen, Vernickeln, Versilbern und Vergolden. Die Tatsache, daß an der Anode Oxidschichten abgeschieden werden können, nutzt man bei der *anodischen Oxidation*. Beim *Eloxialverfahren* entsteht so elektrolytisch oxidiertes Aluminium. Bekannt ist schließlich auch die Zersetzung von Wasser zur Herstellung von *Knallgas*.

Übungen:

4.13: Nach dem 2. Faradayschen Gesetz muß für jede Substanz der Ausdruck M_m/zk die universelle Konstante F ergeben. Prüfen Sie dies für die Elemente der Tabelle 4.2. ■

4.14: Wie lange dauert es, bis ein Strom von 50 A die Masse von 1 g Wasser zersetzt? ■

4.3.2 Galvanische Elemente und Akkumulatoren

Taucht man ein Metall in einen Elektrolyten, dann gehen positiv geladene Metallionen in die Lösung über. Die Metallelektrode wird dabei negativ geladen. Es gehen solange Metallionen in Lösung, bis die Gegenkraft des entstehenden elektrischen Feldes diesen Prozeß stoppt. Dadurch kommt es zur Herausbildung einer elektrischen Doppelschicht und einer Kontaktpotentialdifferenz. Zur Messung dieser Potentialdifferenz wird eine sogenannte *Normalwasserstoffelektrode* als Bezugselektrode verwendet. Sie ist eine von Wasserstoff umspülte platinüberzogene Elektrode, die in eine 1-normale Säure (1 mol Wasserstoffionen pro Liter) getaucht ist. Ordnet man ihr willkürlich das Potential Null zu, so können die Metalle in einer **elektrochemischen Spannungsreihe** angeordnet werden (Tabelle 4.3). Geordnet sind die Metalle dabei nach der jeweiligen Spannung zwischen der Normalelektrode und einer aus dem jeweiligen Metall bestehenden Elektrode. Letztere muß sich dabei in einer 1-normalen Elektrolytlösung befinden, welche dieselben Metallionen enthält. Wie einige Abweichungen zeigen, ist die elektrochemische Spannungsreihe prinzipiell von der Voltaschen Spannungsreihe aus Abschnitt 4.2.5 zu unterschieden.

Tabelle 4.3 Elektrochemische Spannungsreihe für einige Metalle

Metall	Li	Zn	Fe	Sn	Pb	H	Cu	Ag	Au
U in V	$-3,02$	$-0,76$	$-0,44$	$-0,136$	$-0,126$	$0,00$	$+0,34$	$+0,80$	$+1,5$

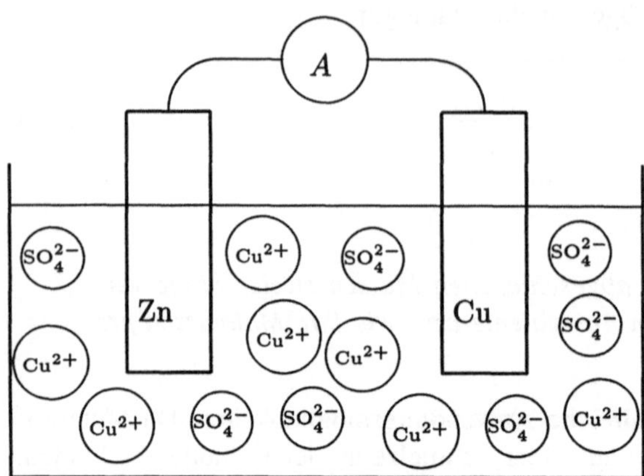

Bild 4.26
Das Zink-Kupfer-Element

Bringt man zwei Metalle in eine elektrolytische Lösung, dann entsteht ein **Galvanisches Element**. Beim *Zink-Kupfer-Element* verwendet man z. B. die Metalle Zn und Cu sowie H_2SO_4 bzw. $CuSO_4$ als Elektrolyten (Bild 4.26). Diese Kombination verursacht die folgenden irreversiblen Prozesse: An der Zn-Elektrode gehen Zn^{2+}-Ionen in Lösung und jedes läßt zwei Elektronen zurück; die Zn-Elektrode bildet also die Kathode. Diese Elektronen wandern zur Cu-Elektrode, die die Anode bildet, und werden dort verbraucht, um ein Cu^{2+}-Ion als neutrales Cu abzuscheiden. Dieser Prozeß setzt sich solange fort, wie Cu in der Lösung ist. Die erzeugte Spannung ist entsprechend der elektrochemischen Spannungsreihe 1,1 V. Galvanische Elemente, auch Primärelemente genannt, finden z. B. in gewöhnlichen Batterien für Taschenlampen oder Radios ihren Einsatz. Neben *Zink*-Systemen sind auch *Lithium*-Systeme von großer Bedeutung, deren Anwendung wir von Computern und Kameras kennen.

Eine weitgehend reversible Spannungsquelle ist der **Akkumulator**, der z. B. als Autobatterie genutzt wird. Beim Bleiakkumulator bringt man zwei Bleiplatten in eine Schwefelsäurelösung, die sich dann mit $PbSO_4$ überziehen. Legt man an die Elektroden eine Spannung – man spricht vom „Aufladen“ –, dann laufen die folgenden Prozesse ab:

$$PbSO_4 + 2H^+ + 2e^- \longrightarrow Pb + H_2SO_4 \quad \text{(Kathode)}$$
$$PbSO_4 + 2OH^- \longrightarrow PbO_2 + H_2SO_4 + 2e^- \quad \text{(Anode)}\,.$$

Aus den ursprünglich gleichen Elektroden ist ein sogenanntes Sekundärelement entstanden. An den Elektroden ist eine Spannung von ca. 2 V verfügbar, wobei die reine Bleiplatte den Minuspol und die Bleioxidplatte den Pluspol darstellt. Man kann dem Akkumulator nun einen Strom entnehmen, wobei dann die umgekehrten chemischen Prozesse ablaufen.

Neben den Bleiakkumulatoren finden auch Nickel-Cadmium- und Eisen-Nickel-Akkumulatoren Anwendung.

Übung:

■ **4.15**: Zur Überprüfung des Ladungszustandes eines Bleiakkumulators mißt man die Dichte der Schwefelsäure. Erläutern Sie diesen Zusammenhang.

4.3.3 Erzeugung freier Ladungsträger im Vakuum und in Gasen

Wir wollen nun einiges über das Verhalten geladener Teilchen im Vakuum und in Gasen lernen. Am Anfang steht natürlich die Frage, wie man solche Teilchen dort erzeugen kann. Beginnen wir mit den Möglichkeiten einer externen Ladungsträgererzeugung.

Erhitzt man eine negativ geladene Metallplatte (wir wissen bereits, daß dies eine Kathode ist) auf hinreichend hohe Temperaturen von einigen Tausend Grad, dann können Elektronen das Metall verlassen und stehen im umgebenden Vakuum bzw. Gas für den Ladungstransport zur Verfügung. Diesen Vorgang nennt man **Glühemission** (O. W. Richardson, 1901). Dazu müssen die Elektronen die Austrittsarbeit des Metalls von einigen Elektronenvolt überwinden (vgl. Abschnitt 4.2.5).

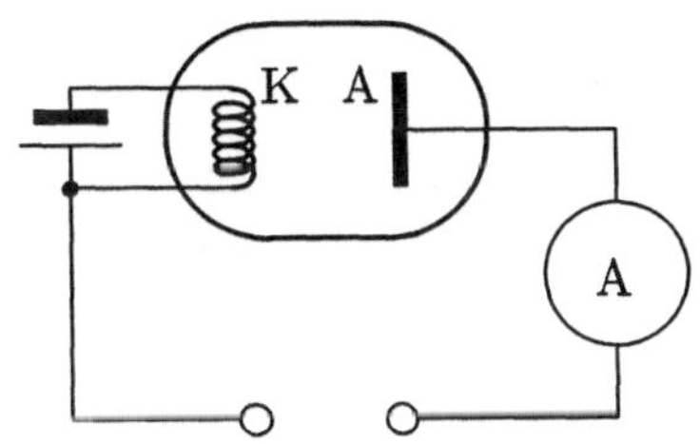

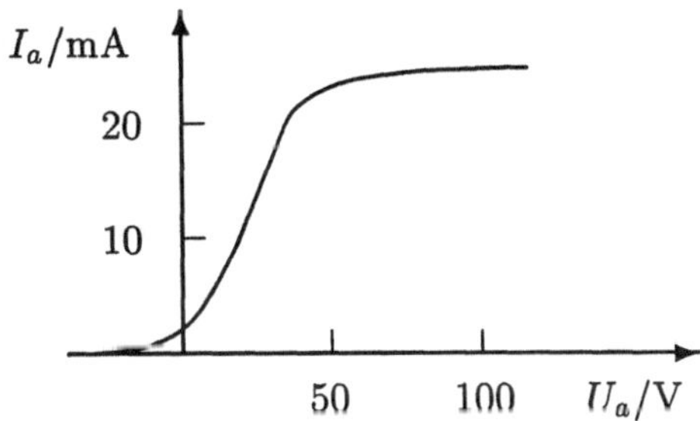

Bild 4.27 Vakuumdiode und ihre Kennlinie

Stellt man in einer Vakuumröhre der Kathode eine Anode gegenüber, dann entsteht eine **Diode**. Elektronen werden bei negativer Glühkathode zur Anode beschleunigt, und es fließt ein Strom. Liegt jedoch eine positive Spannung an der Kathode, dann werden die thermisch emittierten Elektronen wieder eingefangen, und die Diode sperrt in dieser Richtung. Solche Röhrendioden können zum Gleichrichten von Wechselströmen verwendet werden (Bild 4.27); sie sind jedoch weitgehend durch Halbleiterdioden verdrängt worden (vgl. Kapitel „Festkörperphysik"). Betrachtet man den Strom als Funktion der Spannung, dann hat man hier ein erstes Beispiel eines stark nichtlinearen Verhaltens. Der Widerstand einer solchen Diode unterscheidet sich daher in seinem Verhalten grundlegend von einem Ohmschen Widerstand. Man spricht auch von *nicht ohmschem* Verhalten.

Auch durch Bestrahlung mit Licht, kann man Elektronen aus Metallen herauslösen. Dieser **Photoeffekt** oder **lichtelektrische Effekt** (W. Hallwachs, 1888) und seine Erklärung wird uns im Kapitel „Quanten und Atome" genauer interessieren. Man nutzt diesen Effekt z. B. in der **Photozelle**, wo die Stromstärke in einem Stromkreis von der auffallenden Lichtintensität gesteuert wird (Bild 4.28).

Außerdem ist es möglich, Elektronen durch **Feldemission**, d. h. durch starke elektrische Felder, freizusetzen. Dazu nutzt man eine als Spitze geformte Kathode, um bei einer möglichst geringen Spannung die erforderliche Feldstärke zu erzielen.

Neben solchen externen Mechanismen der Ladungsträgererzeugung können in Gasen auch noch die Gasatome selbst ionisiert werden. Dies kann durch energiereiche Strahlung (UV, Röntgenstrahlung, radioaktive Strahlung) erfolgen, aber auch durch Zusammenstoß von bereits freien Elektronen bzw. Ionen mit Gasatomen, was man als **Stoßionisation** bezeichnet.

Wozu lassen sich nun die freien Ladungsträger praktisch nutzen? Im Vakuum können sie durch elektrische Felder beschleunigt oder auch abgelenkt werden; später werden wir finden, daß auch

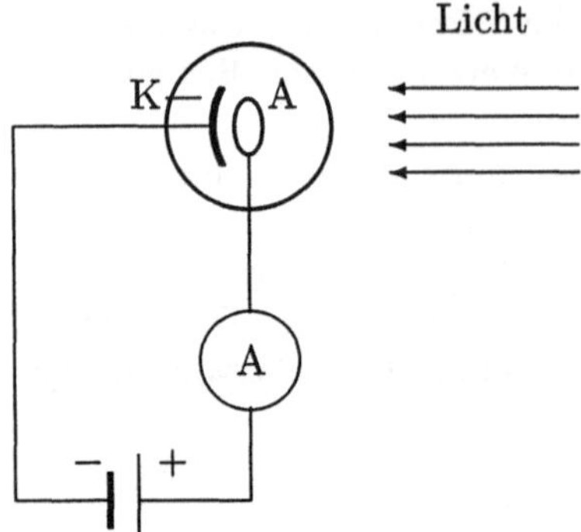

Bild 4.28
Prinzip einer Photozelle

magnetische Felder ihre Bahnkurve beeinflussen (vgl. Abschnitt 4.4.2 und 4.3.3).

Beim **Elektronenstrahloszilloskop** nutzt man die Steuerung von Elektronen durch elektrische Felder (Bild 4.29): Die Elektronen werden im Gebiet zwischen Glühkathode und Anode

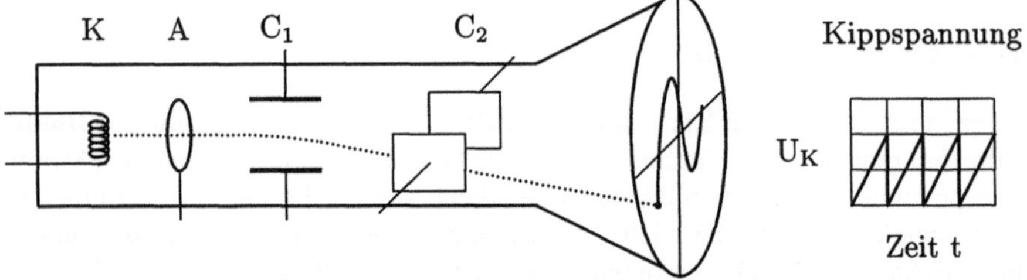

Bild 4.29 Elektronenstrahloszilloskop in schematischer Darstellung

beschleunigt und können dann infolge ihrer Trägheit als **Kathodenstrahlen** durch ein Loch in der Anode dieses Gebiet verlassen. Sie werden dann im Feld des Kondensators C_1 abgelenkt und treffen schließlich auf den Bildschirm S. Legt man noch eine sogenannte **Kippspannung** an den sich hinter C_1 befindenden, um 90° gedrehten Kondensator C_2, dann kann man auf dem Bildschirm den zeitlichen Verlauf des an C_1 anliegenden Signals sichtbar machen. In ähnlicher Weise, jedoch mit magnetischer Ablenkung, funktioniert auch die Fernsehröhre.

4.3.4 Gasentladungen

Entladungsphänomene in Gasen bei normalem Druck verlaufen im allgemeinen als **unselbständige Entladung**, d. h. der Strom muß durch äußere Einflüsse aufrechterhalten werden. Intern oder extern erzeugte Ladungsträger treffen relativ schnell auf entgegengesetzt geladene Teilchen und neutralisieren sich so. Man nennt diesen Vorgang **Rekombination**. Bei geringen Gasdrücken oder sehr hohen Temperaturen nehmen die Gasatome aus dem elektrischen Feld so viel Energie auf, daß sie durch Stöße mit neutralen Atomen diese ionisieren können. Stoßionisation spielt die zentrale Rolle bei der **selbständigen Gasentladung** und verursacht auch das Aufleuchten der gestoßenen Atome oder Moleküle.

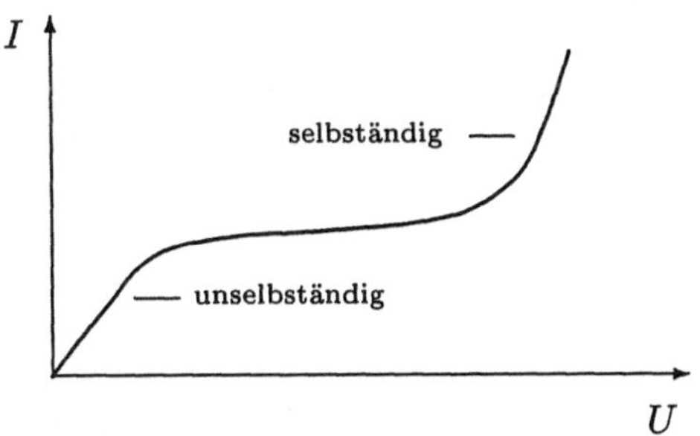

Bild 4.30
Kennlinie einer Gasentladung (qualitativ) mit den Bereichen der unselbständigen und selbständigen Entladung

Die Strom-Spannungs-Kennlinie einer Gasentladung ist in Bild 4.30 schematisch dargestellt. Bei kleineren Spannungen tragen einige wenige, durch äußere Einflüsse erzeugte Ladungsträger den Strom. Dieser wächst mit zunehmender Spannung an, bis alle erzeugten Träger sofort zu den Elektroden transportiert werden und *Sättigung* eintritt. Eine Zunahme von U kann den Strom erst einmal nicht weiter erhöhen. Bei hinreichend hohen Spannungen steigt der Strom infolge der Stoßionisation wieder stark an.

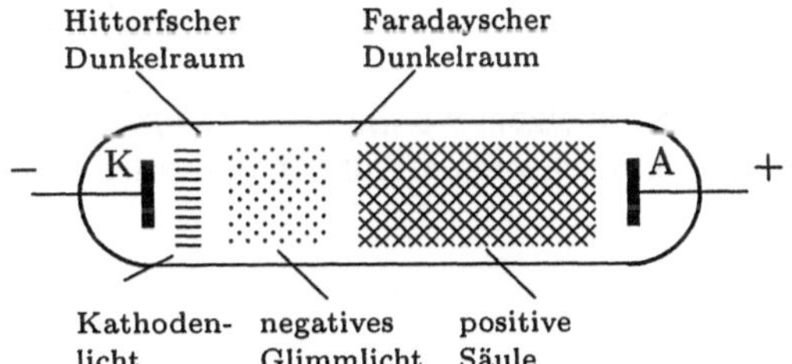

Bild 4.31
Charakteristische Leuchterscheinungen bei einer Glimmentladung

Verringert man in einer mit Gas gefüllten Glasröhre, an der eine Spannung von einigen Tausend Volt anliegt, allmählich den Gasdruck, dann beobachtet man unter etwa 50 hPa entlang der Röhre verschiedene Leuchterscheinungen. Man bezeichnet diese Erscheinung als **Glimmentladung**. Ihr Charakter ändert sich mit weiter abnehmendem Druck in vielfältiger Weise. Die markantesten Bereiche einer Glimmentladung zeigt Bild 4.31. Wir haben es hierbei mit sehr komplexen physikalischen Prozessen zu tun. Die wesentlichen Mechanismen dieser selbständigen Entladung bei niedrigen Drücken erklären sich folgendermaßen: Durch äußere Einflüsse sind stets einige Ladungsträger in der Luft vorhanden. Die freie Weglänge der positiven Ionen nimmt mit abnehmendem Druck zu. Sie nehmen aus dem elektrischen Feld genug Energie auf, um beim Aufprall auf die Kathode Elektronen herauszulösen. Anodenseitig an das *Kathodenlicht*, welches von rekombinierenden Ionen erzeugt wird, schließt sich der *Hittorfsche Dunkelraum* an. Dort ist die Feldstärke am größten; die abgelösten Elektronen erreichen hohe Energien, die im Bereich des *negativen Glimmlichtes* durch Stoßionisation neue Elektronen und Ionen erzeugen. Dabei wird ein Teil der Energie in Lichtstrahlung verwandelt. Die Ionen werden auf die Kathode zu beschleunigt und lösen dort weitere Elektronen aus. Im stationären Fall werden immer genausoviel Ladungsträger erzeugt wie durch Rekombination verlorengehen. Nach dem Passieren des *Faradayschen Dunkelraumes* gelangen die Elektronen in das Gebiet der *positiven Säule*. Die Feldstärke ist hier nur gering. Etwa gleichviele Elektronen und positive Ionen bilden ein sogenanntes *Plasma*. Sie rekombinieren vorwiegend an der Gefäßwand; durch angeregte Ionen entsteht die für Luftfüllung charakteristische rosa Lichtstrahlung. Die positive Säule erfüllt den größten Teil der Entladungsröhre; ihr Licht wird für Beleuchtungszwecke genutzt.

Unterhalb von etwa 3 Pa verschwinden diese Phänomene wieder, und ein grünliches Leuchten der Gefäßwände, bedingt durch eine fluoreszierende Wirkung der auftreffenden Elektronen, weist auf die Existenz der bereits aus dem Vakuum bekannten Kathodenstrahlen hin.

Solche Gasentladungen werden in *Glimmlampen* und *Entladungsröhren* praktisch genutzt. Letztere finden für Reklamezwecke Anwendung und leuchten je nach Gasfüllung in verschiedenen Farben, z. B. rot mit Neon oder gelb mit Helium. Die neben der sichtbaren Strahlung ebenfalls erzeugte ultraviolette Strahlung kann zur Anregung von Leuchtstoffen genutzt werden, mit denen die Röhren innen beschichtet werden und die dann selbst ein Teil der Energie als sichtbares Licht wieder abstrahlen. Auf diesem Prinzip beruht die **Leuchtstoffröhre**, die i. a. Quecksilber als Füllgas enthält. Gegenüber herkömmlichen Glühlampen haben Leuchtstoffröhren eine größere Lichtausbeute, eine höhere Lebensdauer, und die Farbe des Lichtes kann dem Anwendungszweck angepaßt werden. Eine Verzögerung der Betriebsbereitschaft durch den Zündvorgang und eventuell eine kompliziertere Beschaltung können sich als nachteilig erweisen.

Bei sehr hohen Strömen können selbständige Gasentladungen auch bei hohem Druck auftreten. Hierunter fallen Erscheinungen wie Spitzenentladungen, Funken und Lichtbögen. Technische Anwendung findet diese Form der Entladung z. B. bei der **Hochdruckdampflampe**: In einem Lampenkörper befindet sich ein Edelgas unter Druck in der Größenordnung von 100 Pa und eine bestimmte Menge Quecksilber. Beim Anlegen einer Spannung erfolgt die Zündung in Form einer Glimmentladung des Edelgases, die erst nach allmählicher Verdampfung des Quecksilbers in eine Bogenentladung übergeht.

Weitere technische Anwendungen findet man beim Schmelzen, wo die hohe Temperatur in einem Lichtbogen ebenso ausgenutzt wird wie beim Elektroschweißen. Außerdem werden Kohlebögen in Projektionsgeräten als Lichtquelle genutzt.

4.4 Elektromagnetische Erscheinungen

4.4.1 Magnetfelder in der Umgebung eines Leiters

In der Natur gibt es Stoffe (z. B. Magneteisen $FeO \cdot Fe_2O_3$), die die Fähigkeit besitzen, Eisenteilchen anzuziehen. Neben der elektrostatischen Wechselwirkung, die wir schon kennengelernt haben, gibt es also noch eine andere Form der Wechselwirkung zwischen Materie – den **Magnetismus**[4]. Körper die diese Wirkung hervorrufen, nennt man Magnete. Neben den oben erwähnten *natürlichen* Magneten, kann man auch *künstliche* Magnete herstellen, indem man z. B. Eisen mit einem Magneten bestreicht.

Die von einem Magneten ausgehende Kraftwirkung kann durch die von ihm erzeugte **magnetische Feldstärke** $\vec{H}$ erfaßt werden. Das Vektorfeld $\vec{H}$ läßt sich dabei durch eine Magnetnadel ausmessen und wie jedes vektorielle Feld durch Feldlinien veranschaulichen. Der Feldlinienverlauf in der Umgebung eines Stabmagneten ist in Bild 4.32 durch Eisenfeilspäne sichtbar gemacht worden, die sich genauso wie eine Magnetnadel im Magnetfeld ausrichten.

Bringt man einen Magneten in die Umgebung eines anderen Magneten, so kann es je nach seiner Orientierung zu einer Anziehung bzw. Abstoßung kommen (Bild 4.33). Ein Magnet besitzt offensichtlich zwei Pole mit unterschiedlichen Eigenschaften. Um sie zu charakterisieren, nutzt

[4] Sie ist benannt nach der Stadt Magnesia in Kleinasien, wo angeblich erstmals Erze mit der beschriebenen Eigenschaft gefunden wurden.

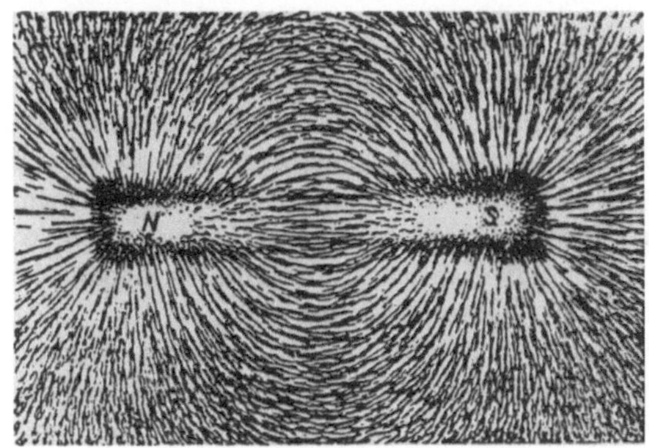

Bild 4.32
Feldlinienverlauf um einen Stabmagneten durch Eisenfeilspäne sichtbar gemacht (Grimsehl, Lehrbuch der Physik, Band 2, BG Teubner Verlagsgesellschaft, 1978)

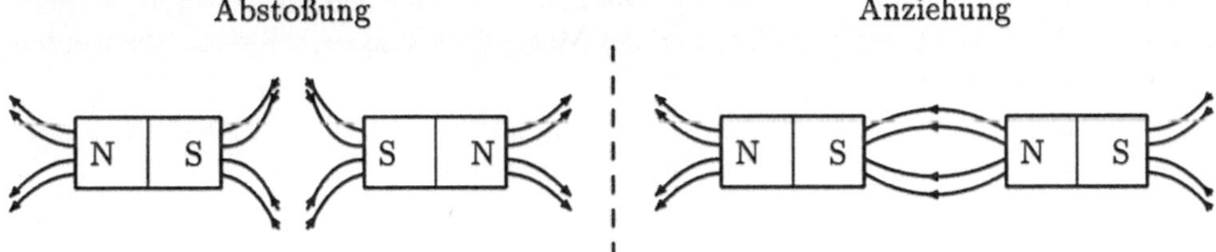

Bild 4.33 Wechselwirkung zwischen Magneten: Gleichnamige Pole stoßen sich ab; ungleichnamige Pole ziehen sich an

man die Tatsache, daß unsere Erde ebenfalls ein riesiger natürlicher Magnet ist. Man erkennt dies daran, daß sich eine gegen die Einflüsse anderer Magnetfelder abgeschirmte frei drehbare Magnetnadel auf der Erde stets etwa in Nord-Süd-Richtung ausrichtet. Man nennt den nach Norden weisenden Pol den Nordpol und den anderen entsprechend den Südpol. Es zeigt sich nun, daß damit für die von zwei Magneten aufeinander ausgeübten Kräfte gilt:

Gleichnamige Pole stoßen sich ab und ungleichnamige Pole ziehen sich an.

In bekannter Weise läßt sich nun das Magnetfeld durch Feldlinien veranschaulichen: Die Richtung von $\vec{H}$ wird wieder durch die Tangente an die Kraftlinie im betrachteten Punkt gegeben, und die Zahl der Kraftlinien pro Fläche bestimmt den Betrag von $\vec{H}$. Der Richtungssinn wird schließlich so festgelegt, daß der Nordpol der Magnetnadel die positive Richtung anzeigt. Für einen natürlichen Magneten verlassen die Feldlinien damit am Nordpol den Magneten und treten am Südpol wieder in ihn ein.

Konkret erfolgt die Messung der magnetischen Feldstärke über die Messung des auf die Magnetnadel ausgeübten Drehmomentes $\vec{M}$. Das Experiment zeigt, daß die Beträge dieser beiden Vektoren zueinander proportional sind. Allgemein gilt[5]

$$\vec{M} = \vec{\mu}' \times \vec{H} \,. \tag{4.52}$$

Eine Magnetnadel verhält sich im Magnetfeld also ganz ähnlich wie ein Dipol im elektrischen Feld. Daher nennt man $\vec{\mu}'$ das **magnetische Dipolmoment** der Magnetnadel.

[5] Wir wählen hier die Bezeichnung $\vec{\mu}'$, um uns die Bezeichnung $\vec{\mu}$ für eine noch später einzuführende, modifizierte Definition des magnetischen Momentes freizuhalten.

Was wir bisher über den Magnetismus gehört haben, legt keinesfalls den Schluß nahe, daß er in irgendeinem Zusammenhang mit der Elektrizität steht. Zwar gibt es gewisse Analogien, wie etwa die zwei Arten von Ladungen bei der Elektrizität und die zwei Pole beim Magnetismus, aber auch deutliche Indizien für einen unterschiedlichen Ursprung der beiden Formen der Wechselwirkung zwischen Materie. Während sich nämlich Ladungen etwa durch Influenz trennen lassen, kann man die beiden Pole eines Magneten niemals trennen. Zerschneidet man etwa einen Stabmagneten, so entsteht an der Schnittstelle der Nordpolseite ein neuer Südpol, an der Schnittstelle der Südpolseite ein neuer Nordpol, so daß man dadurch insgesamt zwei kleinere Magnete erhält.

Es war einer der großen Zufälle in der Geschichte der Physik, als der dänische Physiker H. Chr. Oerstedt im Jahre 1820 beobachtete, daß eine Magnetnadel in der Umgebung eines stromdurchflossenen Leiters ebenfalls eine Kraftwirkung anzeigte. Damit war der Nachweis erbracht, daß auch Ströme eine magnetische Wirkung ausüben. Diese Erkenntnis gab nicht nur einen ersten Hinweis auf einen Zusammenhang zwischen Elektrizität und Magnetismus, sondern auch darauf, wo die mikroskopischen Ursachen des Magnetismus zu suchen sind. Wir werden darauf später zurückkommen.

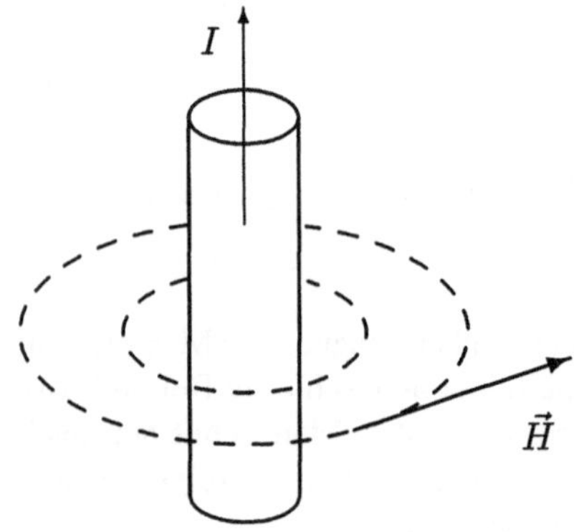

Bild 4.34
Ein stromdurchflossener Leiter umgibt sich mit einem axialsymmetrischen Magnetfeld. Aus der Flußrichtung des Stromes kann der Richtungssinn dieses Feldes nach der Rechte-Hand-Regel bestimmt werden.

Für einen stromdurchflossenen Leiter findet man, daß $\vec{H}$ sich proportional zur Stromstärke und umgekehrt proportional zum Abstand vom Leiter verhält. Wir können daher schreiben

$$\boxed{H = \frac{I}{2\pi r}\,,} \tag{4.53}$$

woraus wir für die Maßeinheit der **magnetischen Feldstärke** A/m entnehmen. Die Ausrichtung einer Magnetnadel zeigt, daß die Feldlinien geschlossene konzentrische Kreise um den stromdurchflossenen Leiter bilden und die Feldrichtung aus der Rechte-Hand-Regel bestimmt werden kann (Bild 4.34):

Zeigt der Daumen der rechten Hand in Stromrichtung, dann geben die gekrümmten Finger die Richtung des Feldes an.

Wir haben es beim Magnetfeld eines stromdurchflossenen Leiters mit einem Vektorfeld zu tun, was sich prinzipiell vom elektrischen Feld der Elektrostatik unterscheidet. Dort hatten wir ein wirbelfreies Feld (keine geschlossenen Feldlinien!), dessen Quellen und Senken die elektrischen Ladungen waren. Hier nun lernen wir ein quellenloses Wirbelfeld kennen. Damit ist klar, daß ein Linienintegral der magnetischen Feldstärke über einen geschlossenen Weg von Null verschieden ist, wenn der Weg entlang eines Wirbels geführt wird. Es zeigt sich, daß sein Wert gerade durch den Gesamtstrom bestimmt wird, der durch die vom Weg umspannte Fläche fließt. Damit gilt das **Durchflutungsgesetz**:

$$\oint \vec{H} \cdot d\vec{s} = \int_A \vec{j} \cdot d\vec{A} = I_{\text{gesamt}} \,. \tag{4.54}$$

Als ein Anwendungsbeispiel soll das Feld einer langen, stromdurchflossenen Spule berechnet werden. Der Feldlinienverlauf ist außerhalb der Spule ähnlich zu dem eines Stabmagneten und kann im Inneren der Spule als homogen angenommen werden (Bild 4.35).

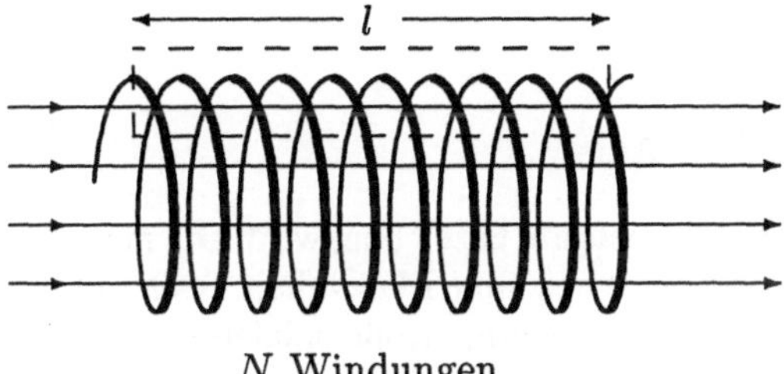

Bild 4.35
Magnetfeld einer stromdurchflossenen Spule

Wenden wir das Durchflutungsgesetz auf den eingezeichneten Weg an und beachten, daß außerhalb der Spule und auf den vertikalen Wegstrecken keine Beiträge zum Linienintegral entstehen, dann folgt

$$\oint \vec{H} \cdot d\vec{s} = Hl + 0 + 0 + 0 = NI$$

und damit

$$H = \frac{N}{l} I \,. \tag{4.55}$$

Beim Gesamtstrom ist berücksichtigt, daß unser Weg N Windungen umschließt. Die Stärke des Magnetfeldes ist also proportional zur Stromstärke und zur Anzahl der Windungen pro Längeneinheit.

Übung:

4.16: Zeigen Sie, daß (4.53) ebenfalls aus dem Durchflutungsgesetz folgt. Berechnen Sie weiterhin das magnetische Feld im Innern einer dicht gewickelten, als Ring geformten Spule, wenn der Radius R und die Zahl der Windungen N ist.

4.4.2 Die Lorentz-Kraft und der Hall-Effekt

Da nun ein stromdurchflossener Leiter ein Magnetfeld erzeugt, muß auf einen solchen Leiter bei Anwesenheit eines zusätzlichen äußeren Magnetfeldes infolge der magnetischen Wechselwirkung eine Kraft wirken. Ebenso müssen zwei stromdurchflossene Leiter gegenseitig aufeinander Kräfte ausüben. Wir erwähnten diese Kräfte bereits in Abschnitt 4.2.1; sie dienten uns zur Festlegung der Stromstärkeeinheit.

Jeder Strom beruht auf einer Verschiebung von geladenen Teilchen (Elektronen, Ionen, ...). Wir können daraus schließen, daß diese Kraftwirkungen durch Kräfte bedingt sind, die ein Magnetfeld auf die einzelnen Ladungsträger ausübt. Nach H. A. Lorentz (1853–1928) wirkt auf ein Teilchen der Ladung Q und der Geschwindigkeit $\vec{v}$ stets eine Kraft

$$\boxed{\vec{F} = Q(\vec{v} \times \vec{B})\ .} \tag{4.56}$$

Diese Kraftwirkung kann ebenfalls ein magnetisches Feld charakterisieren. Sie wird durch eine zweite Feldgröße $\vec{B}$ beschrieben, die man als **magnetische Induktion** bzw. **magnetische Flußdichte** bezeichnet.[6] Sie läßt sich ebenfalls durch Feldlinien darstellen und muß zumindest im Vakuum zur magnetischen Feldstärke proportional sein. Man setzt

$$\boxed{\vec{B} = \mu_0 \vec{H}\ ,} \tag{4.57}$$

wobei der Proportionalitätsfaktor

$$\mu_0 = 1.26 \cdot 10^{-6} \mathrm{Vs/Am}$$

als **Induktionskonstante** oder auch **magnetische Feldkonstante** bezeichnet wird. Die magnetische Induktion $\vec{B}$ hat damit die nach N. Tesla (1856–1943) benannte Maßeinheit **Tesla** (T) mit $1\mathrm{T} = 1\mathrm{Vs/m}^2$. Sie wird in den folgenden Abschnitten eine wichtige Rolle spielen. Wie (4.56) zeigt, steht die **Lorentz-Kraft** immer senkrecht auf den Vektoren $\vec{v}$ und $\vec{B}$.

Die Lorentz-Kraft ist die Ursache für den **Hall-Effekt** (E. H. Hall, 1855–1938), der anhand von Bild 4.36 beschrieben werden soll. Führt man den Strom in der gezeigten Weise durch die leitende Metallplatte, so werden infolge der Lorentz-Kraft die Elektronen sich an der (vom Betrachter aus gesehen) linken Plattenseite sammeln, wodurch an der linken Seite ein Elektronenmangel

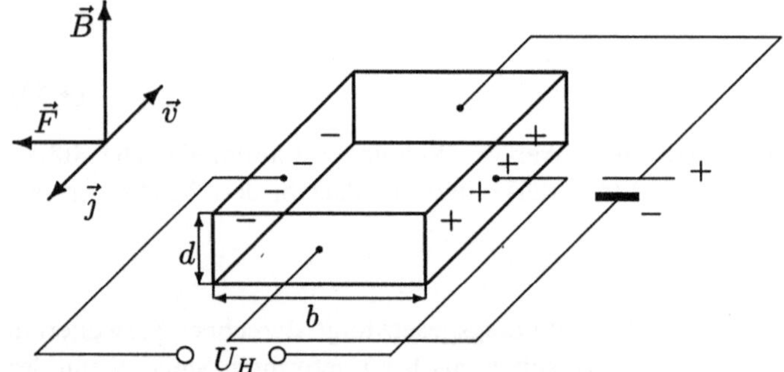

Bild 4.36
Zum Hall-Effekt

erzeugt wird. Es kommt damit zur Ausbildung eines elektrischen Feldes quer zur Stromrichtung, was von einem Voltmeter als sogenannte *Hall-Spannung* U_H nachgewiesen werden kann. Im Gleichgewicht kompensieren sich die vom elektrischen bzw. magnetischen Feld hervorgerufenen Kräfte, so daß gemäß (4.5) und (4.56)

$$-eE_H - evB = 0$$

gilt. Für die Hall-Spannung hat man dann

$$U_H = E_H b = -vBb\ .$$

[6]In Analogie zu den elektrischen Eigenschaften, die durch die beiden Feldgrößen $\vec{E}$ und $\vec{D}$ charakterisiert werden, werden nun die magnetischen Eigenschaften durch die Feldgrößen $\vec{B}$ und $\vec{H}$ beschrieben.

Durch Einführen der Stromdichte $j = -env = I/bd$, mit n als Elektronenkonzentration (vgl. (4.34)), ergibt sich schließlich

$$\boxed{U_H = R_H \frac{IB}{d}} \,. \tag{4.58}$$

Den Faktor $R_H = 1/ne$ nennt man *Hall-Konstante*. Seine Messung kann u. a. zur Bestimmung der Natur der Ladungsträger (+ oder −) und ihrer Konzentration dienen. In der Halbleiterphysik findet dies ein wichtiges Anwendungsfeld, da hier Ladungsträger beiderlei Vorzeichen (Elektronen und Löcher) auftreten können. Am Vorzeichen von R_H kann man zwischen beiden unterscheiden. Da die Hall-Spannung zu B proportional ist, kann man mittels einer *Hall-Sonde* Magnetfelder ausmessen.

Die Lorentz-Kraft ist weiterhin auch dafür verantwortlich, daß in einem Magnetfeld auf einen stromdurchflossenen Leiter eine Kraft wirkt oder auf eine stromdurchflossene Leiterschleife ein Drehmoment. Um diese Effekte quantitativ zu erfassen, schreibt man zweckmäßig den Ausdruck (4.56) für die Lorentz-Kraft in einer anderen Form. Wir charakterisieren den Leiter bzgl. Länge, Richtung und Stromflußrichtung durch einen Vektor $\vec{l}$. Sein Betrag l legt dabei die Leiterlänge fest. Hat das Leitermaterial weiter eine Elektronenkonzentration n, so enthält der Leiter also nlA Elektronen. Da auf jedes die Lorentz-Kraft wirkt, ergibt sich eine Gesamtkraft $F = -enAl(\vec{v} \times \vec{B})$. Beachtet man nun noch (4.34), (4.35) und die Tatsache, daß $\vec{l}$ in Richtung und Richtungssinn mit $\vec{v}$ übereinstimmt, dann folgt schließlich

$$\vec{F} = I(\vec{l} \times \vec{B}) \,. \tag{4.59}$$

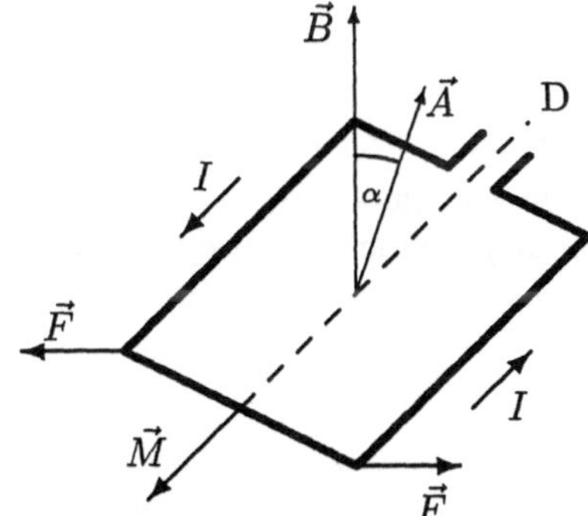

Bild 4.37
Auf eine stromdurchflossene Leiterschleife wirkt im Magnetfeld ein Kräftepaar

Auf die in Bild 4.37 gezeigte Leiterschleife wirkt damit wegen (4.59) ein Kräftepaar, welches eine Drehung um die Drehachse D verursacht. Berechnet man das entsprechende Drehmoment (vgl. Übungen), dann liefert uns (4.52) für die Leiterschleife mit der Fläche A ein magnetisches Dipolmoment

$$\vec{\mu}' = \frac{I\vec{A}}{\mu_0} \,. \tag{4.60}$$

Abweichend von (4.52) wird das magnetische Moment oft auch durch

$$\vec{M} = \vec{\mu} \times \vec{B}$$

definiert. Es ist dann nicht mit $\vec{H}$, sondern mit $\vec{B}$ korreliert. Anstelle von (4.60) gilt in diesem Fall

$$\vec{\mu} = I\vec{A} \,. \tag{4.61}$$

Übungen:

- **4.17**: Zeigen Sie, daß der Betrag des magnetischen Dipolmoments der in Bild 4.37 gezeigten Leiterschleife durch die Formel (4.60) bestimmt ist.
- **4.18**: Zwei zueinander benachbarte parallele Leiter der Länge l werden von Strömen I_1 und I_2 in gleicher oder entgegengesetzter Richtung durchflossen. a) Untersuchen Sie qualitativ die magnetische Kraftwirkung zwischen solchen Leitern und entscheiden Sie, wann die Kraft zwischen den Leitern anziehend oder abstoßend ist. b) Berechnen Sie die Kraft zwischen diesen Leitern. Hinweis: Bestimmen Sie die Gesamtladung in einem solchen Leiter und berechnen Sie die Lorentz-Kraft, die im Magnetfeld des anderen entsteht.

4.4.3 Geladene Teilchen in elektrischen und magnetischen Feldern

Die Steuerung der Bewegung von Ladungsträgern in elektrischen und magnetischen Feldern findet vielfältige wissenschaftlich-technische Anwendung. Am Beispiel der Vakuumdiode haben wir bereits die Beschleunigung von Elektronen in Richtung des elektrischen Feldes zwischen Kathode und Anode kennengelernt, und für die Funktionsweise eines Oszilloskops spielt die Ablenkung von Elektronen in einem senkrecht zur Bewegungsrichtung orientierten elektrischen Feld eine zentrale Rolle.

Infolge der Lorentz-Kraft können Ladungsträger auch durch magnetische Felder beeinflußt werden. Da diese stets senkrecht auf der Bewegungsrichtung des Ladungsträgers steht, kann sie allerdings nur seine Bewegungsrichtung nicht aber seine Energie verändern. Es soll nun an zwei Beispielen die Bewegung von Ladungsträgern in homogenen Feldern behandelt werden:

a) Bewegung einer Ladung Q der Masse m senkrecht zu einem homogenen elektrischen Feld $\vec{E}$

Während ein elektrisches Feld in Bewegungsrichtung eines Ladungsträgers diesen beschleunigt bzw. bremst, resultiert in unserem Fall eine Ablenkung von der ursprünglichen Bewegungsrichtung. Mit den Festlegungen aus Bild 4.38a haben wir die Newtonschen Bewegungsgleichungen

$$m\ddot{x} = 0, \qquad m\ddot{y} = QE \,,$$

die wir unter den Anfangsbedingungen $x(0) = y(0) = 0, \dot{x}(0) = v_{0x}$ und $\dot{y}(0) = 0$ lösen wollen. Da das Problem zu dem des Wurfes im Schwerefeld der Erde von Abschnitt 2.1.4 äquivalent ist, geben wir die Lösung gleich an

$$x(t) = v_{0x}t \qquad y(t) = \frac{QE}{2m}t^2 \,.$$

Eliminiert man t aus diesen Gleichungen, dann folgt die parabolische Bahnkurve

$$y = \frac{QE}{2mv_{0x}^2}x^2 \,. \tag{4.62}$$

Bei gegebenen Werten für Q, m, E und v_{0x} kann man die Größe der seitlichen Ablenkung etwa zwischen den Kondensatorplatten in einem Oszilloskop berechnen (vgl. Übungen).

b) Bewegung einer Ladung Q der Masse m in einem senkrecht zur Bewegungsrichtung orientierten, homogenen Magnetfeld $\vec{B}$

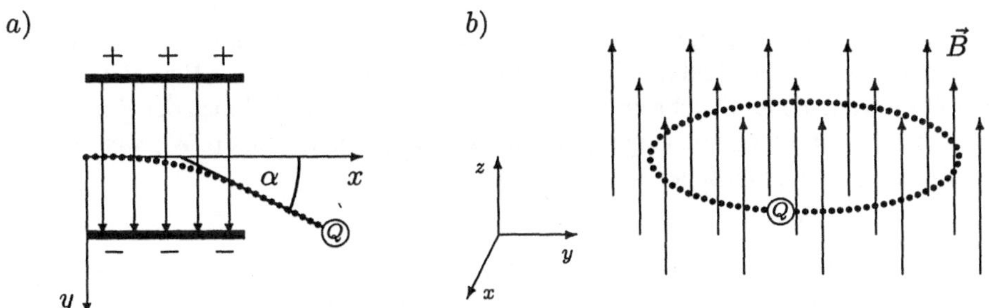

Bild 4.38 In einem senkrecht zur Bewegung orientierten elektrischen Feld wird eine Ladung Q (hier positiv) seitlich abgelenkt (a); existiert ein Magnetfeld senkrecht zur Bewegungsrichtung, so erfolgt die Bewegung auf einer Kreisbahn.

Die Bewegung erfolge in der xy-Ebene, so daß $\vec{B}$ in z-Richtung zeigt. Mit (4.56) ergeben sich die folgenden Bewegungsgleichungen:

$$m\ddot{x} = Q\dot{y}B \qquad \text{und} \qquad m\ddot{y} = -Q\dot{x}B$$

Beachtet man $v_x = \dot{x}$ sowie $v_y = \dot{y}$ und führt durch

$$\omega_Z = \frac{QB}{m}$$

die sogenannte *Zyklotronfrequenz* ein, dann lassen sich diese Gleichungen auch in der Form

$$\dot{v}_x = \omega_Z v_y \qquad \text{und} \qquad \dot{v}_y = \omega_Z v_x \tag{4.63}$$

schreiben. Die Lösung des Systems ist durch

$$v_x = C\cos(\omega_Z t + \alpha) \ , \qquad v_y = C\sin(\omega_Z t + \alpha)$$

gegeben, wobei man durch Quadrieren der Gleichungen und anschließender Addition die Konstante C zu $C = |v| = \sqrt{v_x^2 + v_y^2}$ bestimmt. Der Betrag von v bleibt also während der Bewegung konstant. Nochmalige Integration von v_x und v_y liefert schließlich

$$\begin{aligned} x(t) &= x_0 + r\sin(\omega_Z t + \alpha) \\ y(t) &= y_0 + r\cos(\omega_Z t + \alpha) \ , \end{aligned} \tag{4.64}$$

wobei

$$r = \frac{|v|}{\omega_Z} = \frac{|v|m}{QB} \tag{4.65}$$

ist. Die Ladung bewegt sich im senkrecht orientierten Magnetfeld auf Kreisbahnen, wobei sich der Radius r und der Kreismittelpunkt bei (x_0, y_0) aus den Anfangsbedingungen bestimmen.

Die eventuelle zusätzliche Bewegung der Ladung in z-Richtung erfolgt bezüglich $\vec{B}$ kräftefrei. Damit überlagert sich im allgemeinen Fall die geradlinig gleichförmige Bewegung in dieser Richtung mit der kreisförmigen Bewegung in der xy-Ebene, und es resultiert eine schraubenförmige Bahnkurve (vgl. Übungen).

Neben den schon erwähnten praktischen Anwendungen nutzt man die Steuerung von Ladungsträgern in elektrischen und magnetischen Feldern z. B. auch zur Trennung von Teilchen mit unterschiedlicher spezifischer Ladung Q/m in Massenspektrometern, zur Beschleunigung von Teilchen in Zyklotronen oder Synchrotronen für Untersuchungen im Rahmen der Hochenergiephysik und auch zur Abbildung von Gegenständen im Elektronenmikroskop. Wir werden auf diese Anwendungen später ausführlicher zu sprechen kommen.

Übungen:

- **4.19**: Man berechne die Größe der Ablenkung eines Elektrons in einem Kondensator der Länge l sowie den Winkel, unter dem das Elektron den Kondensator verläßt.
- **4.20**: Untersuchen Sie das Problem einer Ladung im homogenen Magnetfeld, wenn auch eine Bewegung in z-Richtung zusätzlich möglich ist.

4.4.4 Elektromagnetische Induktion

Die Verquickung von elektrischen und magnetischen Eigenschaften geht noch viel weiter, wenn wir nun zeitlich veränderliche Felder in die Betrachtungen einbeziehen. Ein Strom erzeugt nicht nur ein Magnetfeld, sondern ein zeitlich veränderliches Magnetfeld erzeugt umgekehrt auch eine elektrische Spannung und damit gegebenenfalls einen elektrischen Strom. Diese Erscheinung, die man **elektromagnetische Induktion** nennt, hat Faraday durch vielfältige Experimente erforscht, wobei er sich einer Leiterschleife bediente (Bild4.39). Als entscheidende Größe für den

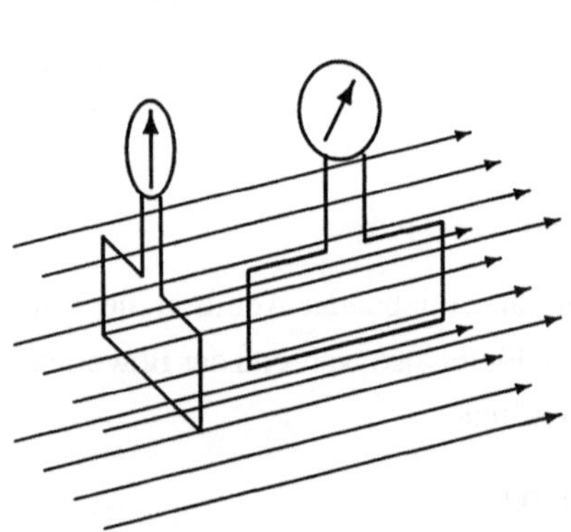

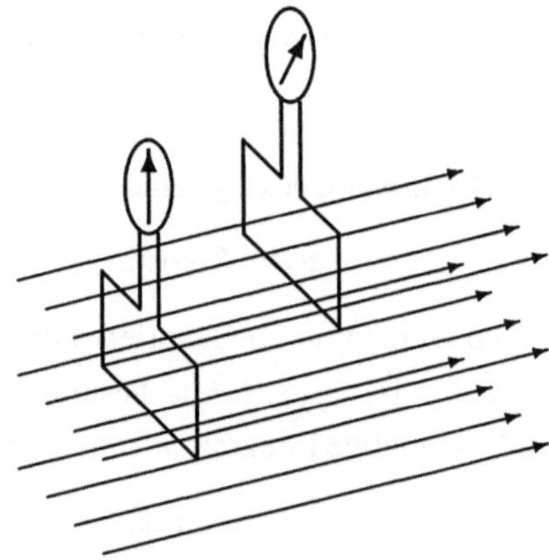

Bild 4.39 Drehen oder Verschieben einer Leiterschleife ändert den magnetischen Fluß. Durch jede zeitliche Änderung des magnetischen Flusses wird eine Spannung induziert.

Induktionsvorgang erwies sich die Änderung des *magnetischen Flusses* Φ_{mag}, eine Größe, die die Zahl der von der Leiterschleife umschlossenen $\vec{B}$-Feldlinien charakterisiert. Vom Gaußschen Satz der Elektrostatik wissen wir, daß eine solche Größe durch ein Flußintegral der Form

$$\boxed{\Phi_{\text{mag}} = \int_A \vec{B} \cdot \mathrm{d}\vec{A}} \tag{4.66}$$

beschrieben wird. Faradays Experimente zeigten, daß jede Änderung des magnetischen Flusses durch eine Leiterschleife in dieser eine Spannung induziert. Quantitativ lassen sich die Ergebnisse in folgendem **Induktionsgesetz** zusammenfassen:

Die zeitliche Änderung des magnetischen Flusses ist gleich der induzierten Spannung.

In mathematischer Form hat man

$$U_{\mathrm{ind}}(t) = -\frac{\mathrm{d}\Phi_{\mathrm{mag}}(t)}{\mathrm{d}t} \,. \tag{4.67}$$

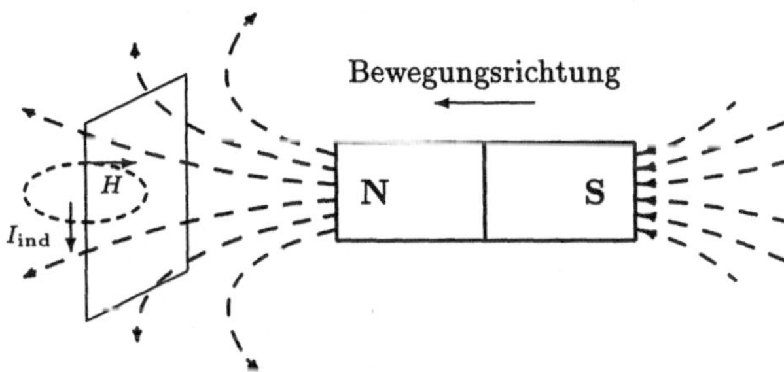

Bild 4.40
Zur Lenzschen Regel

Durch das Minuszeichen in (4.67) definieren wir die Spannung als positiv (Stromfluß in Uhrzeigerrichtung!), wenn sie durch eine Abnahme des Flusses induziert wird. Betrachten wir dazu ein Beispiel (Bild 4.40): Bewegt man den Nordpol in Richtung der Leiterschleife, dann nimmt der Fluß durch diese zu. Die induzierte Spannung ist dann nach (4.67) negativ, und es wird ein Strom im Gegenuhrzeigersinn induziert. Dieser erzeugt nach dem Oerstedtschen Gesetz (Rechte-Hand-Regel) wiederum ein Magnetfeld, welches den Stabmagneten abstößt und der Zunahme des Flusses damit entgegenwirkt. Dieses Verhalten ist für Induktionsvorgänge charakteristisch. Es gilt stets die **Lenzsche Regel**:

Der in einem geschlossenen Kreis induzierte Strom hat eine solche Richtung, daß sein Magnetfeld der Induktionsursache entgegenwirkt.

Die Lenzsche Regel ist übrigens eine Folge des Energieerhaltungssatzes, was in einer folgenden Übung untersucht werden soll.

Das Induktionsgesetz läßt sich noch allgemeiner formulieren: Die Erzeugung einer induzierten Spannung infolge der Änderung des magnetischen Flusses ist nämlich nicht an das Vorhandensein einer Leiterschleife gebunden. Betrachtet man eine beliebige geschlossene Kurve im Raum, dann erzeugt eine Änderung des magnetischen Flusses durch eine von dieser Kurve begrenzte Fläche entlang der Begrenzungslinie eine sogenannte Ringspannung. Diese kann durch ein geschlossenes Kurvenintegral über die elektrische Feldstärke ausgedrückt werden. Anstelle von (4.12)[7] hat man nun gemäß (4.66) und (4.67)

$$\boxed{\oint \vec{E} \cdot \mathrm{d}\vec{s} = -\frac{\partial \Phi_{\mathrm{mag}}}{\partial t}} \tag{4.68}$$

als Induktionsgesetz in seiner allgemeinen Fassung.

[7] Dort war kein magnetischer Fluß vorhanden, das Linienintegral also gleich Null.

Wirbelströme: Bewegt man ausgedehnte Leiter, wie etwa metallische Platten, in einem inhomogenen Magnetfeld, so ändert sich die magnetische Flußdichte durch jedes Flächenelement des Leiters. Die dadurch induzierten Ringspannungen führen zum Auftreten von **Wirbelströmen**. Die geschlossenen Stromlinien dieser Ströme umgeben sich ihrerseits mit einem Magnetfeld, welches nach der Lenzschen Regel der ursprünglichen Flußänderung entgegenwirkt und somit die Bewegung des Leiters hemmt.

Die beschriebene Eigenschaft von Wirbelströmen nutzt man u. a. bei der *Wirbelstrombremse* oder zur *Wirbelstromdämpfung* von Meßgeräten. Wirbelströme bedingen Energieverluste beim Transformator (Abschnitt 4.4.8) und verursachen weiterhin den Skineffekt bei hochfrequenten Wechselströmen (Abschnitt 4.4.7).

Übung:

■ **4.21**: Erläutern Sie, warum es zwischen Lenzscher Regel und Energieerhaltungssatz einen Zusammenhang gibt.

4.4.5 Selbstinduktion und Gegeninduktion

Elektromagnetische Induktion wird immer dann beobachtet, wenn sich der magnetische Fluß durch die von einem Leiter umschlossene Fläche zeitlich ändert. Fließt daher ein zeitlich veränderlicher Strom durch einen Leiter, dann erzeugt dieser nach dem Oerstedtschen Gesetz ein zeitlich veränderliches Magnetfeld. Dieses wiederum ruft eine Änderung des Flusses durch die vom Leiter umschlossene Fläche hervor, was schließlich zu einer induzierten Spannung im Leiter Anlaß gibt. Somit führt eine Änderung des Stromes in einem Stromkreis dort zum Auftreten einer induzierten Spannung. Man bezeichnet diesen Vorgang als **Selbstinduktion**. Natürlich gilt aus energetischen Gründen wieder die Lenzsche Regel, so daß die induzierte Spannung den Stromfluß zu schwächen sucht. Da die Änderung des Flusses der Änderung der Stromstärke proportional ist, ist auch die induzierte Spannung der Änderung des Stromes proportional, und wir schreiben

$$\boxed{U_{\text{ind}} = -L\frac{\mathrm{d}I}{\mathrm{d}t}\,.} \tag{4.69}$$

Die Größe L nennt man **Induktivität**; ihre Maßeinheit ist **Henry** (J. Henry, 1797–1878), und es gilt 1 H = 1 Vs/A. Wie groß L ist, hängt von den Eigenschaften des Stromkreises ab. Besonders ausgeprägt wird die Selbstinduktion an Spulen zu beobachten sein, da hier große Änderungen des magnetischen Flusses auftreten. Aus (4.55), (4.67) und (4.69) findet man für eine sehr lange Spule (Länge l, Querschnitt A)

$$U_{\text{ind}} = -\frac{\mathrm{d}\Phi_{\text{mag}}}{\mathrm{d}t} = -\mu_0\frac{\mathrm{d}}{\mathrm{d}t}\int_A \vec{H}\cdot\mathrm{d}\vec{A} = -\mu_0 AN\frac{\mathrm{d}H}{\mathrm{d}t} = -\mu_0 A\frac{N^2}{l}\frac{\mathrm{d}I}{\mathrm{d}t}$$

und daraus

$$\boxed{L = \mu_0\frac{N^2}{l}A\,.} \tag{4.70}$$

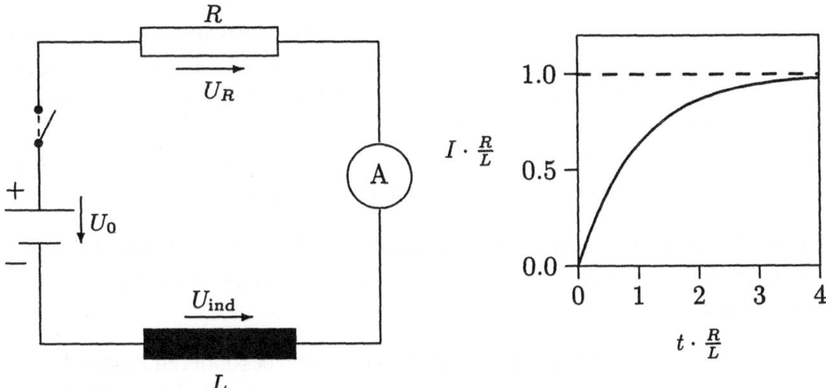

Bild 4.41 Zum Einfluß der Selbstinduktion auf den Einschaltvorgang in einem Stromkreis

Zur Demonstration des Einflusses der Selbstinduktion betrachten wir als Beispiel den Einschaltvorgang in dem in Bild 4.41 gezeigten Stromkreis. Schließt man den Schalter zum Zeitpunkt $t = 0$, so beginnt ein Strom zu fließen. Dieser erzeugt nun allerdings in der Spule ein Magnetfeld, welches nach der Lenzschen Regel einem Anwachsen des Stromes entgegenwirkt. Dadurch vergeht eine gewisse Zeit, bis der Strom seinen durch R bestimmten stationären Endwert erreicht. Die für diesen Einschaltvorgang charakteristische Zeit τ [s] wird mit zunehmender Induktivität L [V A^{-1}] der Spule größer werden, während sie mit zunehmendem Widerstand R [s V A^{-1}] kleiner werden wird, da der stationäre Endwert von I dann geringer wird. Ein Blick auf die Maßeinheiten der beteiligten Größen zeigt, daß diese Abhängigkeiten aus Dimensionsgründen nur durch $\tau \sim L/R$ ausgedrückt werden können.

Unsere Überlegungen werden durch die folgenden Rechnungen bestätigt. Liefert die Spannungsquelle die Spannung U_0, erfolgt am Ohmschen Widerstand ein Spannungsabfall RI, und ist die infolge der Selbstinduktion in der Spule induzierte Spannung U_{ind}, so liefert der Kirchhoffsche Maschensatz $U_0 + U_{\text{ind}} = RI$ (man beachte, daß die Richtung von U_{ind} wegen (4.69) mit der von U_0 übereinstimmt!). Man hat damit die Differentialgleichung

$$\frac{\mathrm{d}I}{\mathrm{d}t} + \frac{R}{L} I - \frac{U_0}{L} = 0 \,, \tag{4.71}$$

die für das Anfangswertproblem mit der Lösung $I(0) = 0$ die Lösung

$$I(t) = \frac{U_0}{R} \left(1 - \exp\left(-\frac{R}{L} t \right) \right) \tag{4.72}$$

besitzt. Der Strom nähert sich also exponentiell seinem stationären Wert U_0/R, was in Bild 4.41 ebenfalls dargestellt ist.

Tritt in einem Stromkreis eine Änderung des Stromes auf, dann kann diese auch in einem benachbarten Stromkreis eine Spannung induzieren. Auf der Anwendung dieser **Gegeninduktion** beruht z. B. der Transformator (vgl. Abschnitt 4.4.8).

4.4.6 Magnetische Erscheinungen in Materie

Unsere bisherigen Ausführungen zu magnetischen Feldern gelten streng genommen nur im Vakuum, jedoch ist ihr Verhalten in Luft, ebenso wie bei elektrostatischen Feldern, praktisch mit dem im Vakuum identisch.

Wie in der Elektrostatik interessiert im Zusammenhang mit dem Magnetismus die Frage nach dem Einfluß eines Mediums auf die magnetischen Feldgrößen. Es ist klar, daß diese Frage eng korreliert ist mit einem Verständnis der Ursachen des natürlichen Magnetismus, mit dem wir ja bereits elektrische Ströme in Verbindung gebracht haben.

Magnetische Eigenschaften lassen sich in weitgehender Analogie zu den elektrostatischen Eigenschaften beschreiben, auch wenn es einen prinzipiellen Unterschied gibt:

> *Es gibt für den Magnetismus keine mit den elektrischen Ladungen vergleichbare Objekte. Magnetische Pole lassen sich nämlich nicht trennen, so daß sich Magnete immer wie Dipole verhalten.*

Bringt man Materie in ein magnetisches Feld, dann geht diese in einen besonderen Zustand über. Die Materie wird magnetisiert, oder, man sagt auch, sie wird magnetisch polarisiert. Als Folge dessen erfahren die magnetischen Feldgrößen im allgemeinen Änderungen. Bringt man etwa einen Eisenkern in den von einer Spule umschlossenen Raum, so läßt sich eine starke Vergrößerung ihrer Induktivität feststellen. Andere Stoffe, wie Kupfer oder Aluminium, beeinflussen ebenfalls ihre Induktivität, allerdings wesentlich schwächer. Da die induzierte Spannung wegen (4.67) durch die zeitliche Änderung von Φ_{mag} bestimmt wird, weist eine Änderung der Induktivität aufgrund von (4.66) auf eine entsprechende Änderung der magnetischen Flußdichte hin. Hat man im Vakuum die Flußdichte $\vec{B}_0$, dann kann man für die Flußdichte in Materie

$$\vec{B} = \vec{B}_0 + \mu_0 \vec{M}$$

schreiben, und damit den Vektor $\vec{M}$ der **Magnetisierung** einführen. Damit hat die Flußdichte $\vec{B}$ in Materie zwei unterschiedliche Quellen: Während $\vec{B}_0$ den Beitrag der durch einen Draht oder eine Spule fließenden *freien* Ströme liefert, charakterisiert $\vec{M}$ den durch den Einfluß des Magnetfeldes auf die Materie entstehenden zusätzlichen Beitrag.

Unser zweiter Feldvektor, die magnetische Feldstärke $\vec{H}$, soll weiterhin nur durch die freien Ströme erzeugt werden. Deshalb definieren wir ihn nun durch

$$\vec{H} = \frac{1}{\mu_0}\vec{B} - \vec{M} ,$$

was durch Umstellen nach $\vec{B}$ auf

$$\vec{B} = \mu_0(\vec{H} + \vec{M}) \tag{4.73}$$

führt. Im materiefreien Raum folgt daraus in Übereinstimmung mit unserer früheren Festlegung (4.57) $\vec{B} = \vec{B}_0 = \mu_0 \vec{H}$.

Für viele Substanzen, ausgenommen Ferromagnetika (!), kann man die Magnetisierung $\vec{M}$ als proportional zur magnetischen Feldstärke $\vec{H}$ annehmen. Es läßt sich dann

$$\vec{M} = \chi_m \vec{H}$$

schreiben, wobei die dimensionslose Größe χ_m **magnetische Suszeptibilität** heißt. Mit (4.73) ergibt sich so

$$\boxed{\vec{B} = \mu_0(1 + \chi_m)\vec{H} .} \tag{4.74}$$

Das Verhältnis der Beträge der unter den genannten Bedingungen parallelen Vektoren $\vec{B}$ und $\vec{B}_0$ nennt man **relative Permeabilität** μ_r und hat wegen (4.74)

$$\mu_r = 1 + \chi_m \ .$$

Damit gilt

$$\boxed{\vec{B} = \mu_r \vec{B}_0 = \mu_r \mu_0 \vec{H} \ .} \qquad (4.75)$$

Dem Leser wird bei der gerade dargestellten Beschreibung der magnetischen Eigenschaften in Materie sicherlich die Analogie zur Behandlung der Dielektrika in Abschnitt 4.1.4 aufgefallen sein. Dort haben wir festgestellt, daß das elektrische Feld im Dielektrikum durch Polarisation elektrische Dipole erzeugt oder ausrichtet. Ebenfalls in Analogie dazu bedingt nun ein Magnetfeld durch Magnetisierung das Auftreten von magnetischen Dipolmomenten. Man kann sogar weiter zeigen, daß das magnetische Dipolmoment pro Volumeneinheit genauso durch die Magnetisierung $\vec{M}$ gegeben ist, wie das elektrische Dipolmoment pro Volumeneinheit durch den Polarisationsvektor $\vec{P}$.

Tabelle 4.4 Magnetische Suszeptibilitäten einiger Materialien bei 20 °C

Material	χ_m	Material	χ_m
Wismut	$-1,4 \cdot 10^{-5}$	Tantal	$+1,8 \cdot 10^{-5}$
Quecksilber	$-3,3 \cdot 10^{-5}$	Aluminium	$+2,4 \cdot 10^{-5}$
Kupfer	$-1,0 \cdot 10^{-5}$	Platin	$+2,6 \cdot 10^{-4}$
Gold	$-2,9 \cdot 10^{-5}$	Wolfram	$+6,8 \cdot 10^{-5}$

Ein Blick auf die Tabelle 4.4 zeigt, daß neben den vielen Gemeinsamkeiten zwischen Elektrizität und Magnetismus auch wesentliche Unterschiede existieren. Während ε_r stets größer als eins ist, kann μ_r offensichtlich sowohl größer als auch kleiner als eins sein. Für die magnetischen Suszeptibilitäten entspricht dies positiven als auch negativen Werten. Daß sich Magnete immer wie Dipole verhalten, hatten wir bereits erwähnt. Das Verhalten dieser Dipole ist aber offensichtlich vielfältiger als das elektrischer Dipole. Während letztere sich stets so orientieren, daß sie das Feld schwächen, können die magnetischen Dipole das Magnetfeld unter bestimmten Bedingungen schwächen und unteranderen Bedingungen verstärken.

Damit kommen wir zu den Ursachen des Magnetismus. Das Oerstedtsche Gesetz (4.53) stellt einen Zusammenhang zwischen Magnetismus und makroskopischen Strömen her; das magnetische Moment einer Leiterschleife ist nach (4.61) ebenfalls durch den fließenden Strom bestimmt. Damit liegt die Vermutung nahe, daß der Magnetismus in Materie durch mikroskopische Ströme bedingt ist. Der französische Physiker Ampère behauptete dies als erster. In seiner Vorstellung war das Verhalten von Materie im Magnetfeld auf die Existenz von sogenannten Kreisströmen zurückzuführen. Diese sollten sich entweder unter dem Einfluß des magnetischen Feldes bilden oder bereits in der Materie existierende Kreisströme, deren Flußrichtungen ohne Feld statistisch verteilt sind, sollten sich in einer Vorzugsrichtung orientieren. Diese *gebundenen* Ströme mikroskopischen Ursprungs addieren sich nun zu den freien Strömen in den Drähten und sind für die Änderungen der magnetischen Flußdichte verantwortlich. Während also $\vec{H}$ allein durch die mikroskopischen, freien Ströme erzeugt wird, tragen zu $\vec{B}$ zusätzlich auch die gebundenen Ströme bei.

Als Möglichkeit des Zustandekommens von solchen Kreisströmen muß zu allererst der Induktionsvorgang in Betracht gezogen werden: Mikroskopisch entstehen Kreisströme u. a. dadurch, daß sich Elektronen auf ihren Bahnen um den Atomkern bewegen. Sie besitzen dabei ein Bahndrehmoment, und wenn sie der Wirkung eines Magnetfeldes ausgesetzt werden, werden sie wie ein

Kreisel eine Präzession um die $\vec{B}$-Achse ausführen. Es zeigt sich, daß dabei nach der Lenzschen Regel eine Schwächung der magnetischen Flußdichte resultiert.

Stoffe, in denen dieser Effekt dominiert, heißen **diamagnetisch**. Als Beispiele seien Wismut, Quecksilber, Gold und Kupfer erwähnt. Für sie ist $\mu_r < 1$ bzw. $\chi_m > 0$.

Eine zweite Klasse von Stoffen bilden solche, die bereits von Natur aus magnetische Momente besitzen. Aufgrund der ungeordneten thermischen Bewegung mitteln sich die Momente zu Null; im Magnetfeld werden sich jedoch einige trotz der thermischen Bewegung ausgerichtet und das äußere Feld verstärken. Dieser Mechanismus überwiegt z. B. in Wolfram, Aluminium oder Platin gegenüber den stets vorhandenen Ursachen des Diamagnetismus, und es resultiert ein $\mu_r > 1$ bzw. $\chi_m > 0$. Das magnetische Moment solcher **paramagnetischen** Stoffe ist allerdings keine Folge der Bahnbewegung der Elektronen, sondern beruht auf der Existenz eines Eigendrehmomentes der Elektronen (Elektronenspin) und ist ein Quantenphänomen (vgl. Kapitel „Quanten und Atome").

Neben diesen beiden Arten des Magnetismus, für die sich μ_r nur sehr wenig von Eins unterscheidet, kennt man noch Stoffe mit sehr hoher Magnetisierung (μ_r-Werte bis zu einigen Zehntausend, die sich aber in Abhängigkeit vom äußeren Magnetfeld verändern). Zu ihnen gehören z. B. Eisen, Nickel und Kobalt sowie Legierungen dieser Metalle; man nennt sie **ferromagnetisch**. Bringt man, wie bereits erwähnt, einen Eisenkern in eine Spule ein, so nimmt die magnetische Flußdichte dort um den Faktor $\mu_r(\text{Fe})$ zu. Damit vergrößert sich auch die Induktivität der Spule um diesen Faktor, und (4.70) lautet im Medium

$$\boxed{L = \mu_r \mu_0 \frac{N^2}{l} A\,.} \tag{4.76}$$

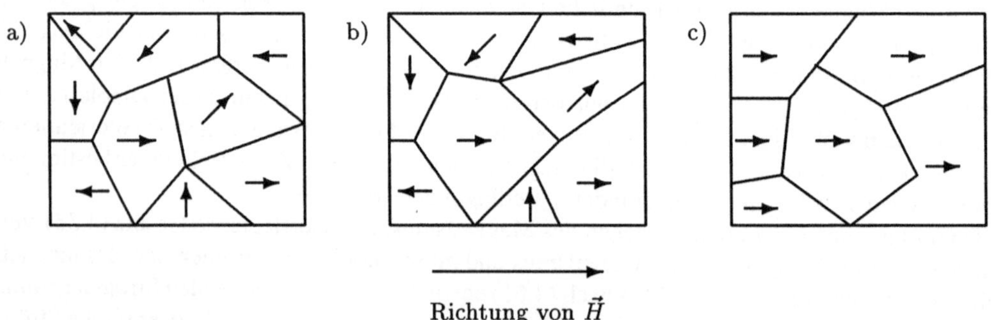

Bild 4.42 Weißsche Bezirke im feldfreien Fall (a), nach Vergrößerung der spontan korrekt orientierten Bezirke durch Verschiebung von Blochwänden im schwachen Magnetfeld (b) und nach vollständiger Ausrichtung aller Bezirke durch Umklapp-Prozesse und weitere Wandverschiebungen in einem hinreichend starken Magnetfeld (c)

Die Theorie des Ferromagnetismus ist kompliziert, so daß wir hier nur einige Aspekte erwähnen können. Er ist ein festkörperspezifisches Quantenphänomen und eine Folge von Elektronenspin und quantenmechanischer Austauschwechselwirkung. Letztere ist eine spezielle, mit dem Pauli-Prinzip in Zusammenhang stehende Kraftwirkung quantenmechanischen Ursprungs. Sie sorgt in Festkörpern, die Elektronen in nichtabgeschlossenen inneren Schalen enthalten, bereits für eine spontane Magnetisierung in kleinen Raumgebieten (100 - 10000 Atome), den **Weißschen Bezirken**. Die einzelnen Weißschen Bezirke sind durch Übergangszonen voneinander getrennt, die man **Blochsche Wände** nennt. Diese Bezeichnungen erfolgten zu Ehren des französischen

Physiker P. Weiß (1865–1940) und des amerikanischen Physikers F. Bloch (1881–1956). In den einzelnen Bezirken sind die Magnetisierungrichtungen allerdings statistisch verteilt, so daß keine meßbare makroskopische Magnetisierung resultiert (Bild 4.42). Legt man ein langsam ansteigendes äußeres Magnetfeld an, so kommt es zuerst zu einer Verschiebungen der Blochschen Wände zwischen den einzelnen Bezirken, wobei sich Gebiete mit einer zufälligen Magnetisierung in Feldrichtung auf Kosten anderer vergrößern. Höhere Feldstärken führen dazu, daß zusätzlich ursprünglich anders orientierte Bezirke in Feldrichtung klappen. Einige dieser Prozesse sind für die Hysteresis verantwortlich, da sie sich erst durch ein hinreichend hohes Gegenfeld wieder rückgängig machen lassen.

Bringt man eine ferromagnetische Probe in eine Spule, so werden durch das Umklappen der Weißschen Bezirke Spannungsstöße induziert. Nach geeigneter Verstärkung lassen sich diese durch einen Lautsprecher als prasselndes Geräusch hörbar machen. Nach seinem Entdecker, H. Barkhausen (1881–1956), wird dieses Phänomen als **Barkhausen-Effekt** bezeichnet.

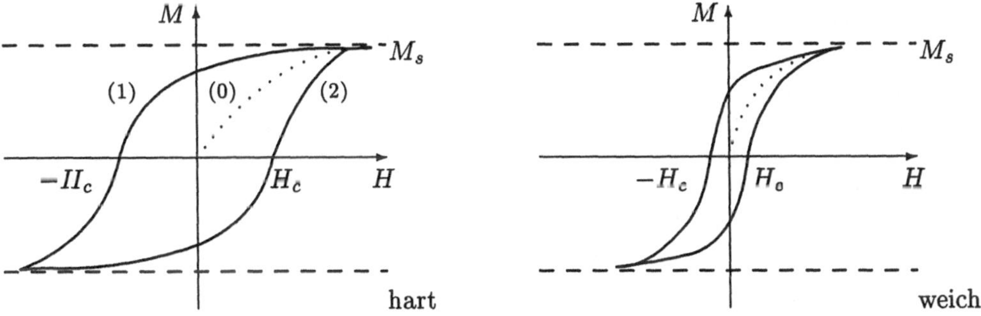

Bild 4.43 In einer ferromagnetischen Substanz ist die Magnetisierung von ihrer Vorgeschichte und der äußeren Feldstärke $\vec{H}$ abhängig (Hysteresis).

Diskutieren wir das Verhalten ferromagnetischer Stoffe noch etwas genauer: Neben einem großen χ_m ist dieses und damit auch $\vec{M}$ in ferromagnetischen Substanzen selbst von $\vec{H}$ abhängig. Wie Bild 4.43 zeigt, ist diese Abhängigkeit sogar mehrdeutig. Setzt man ein noch nie magnetisiertes Stück Eisen einem wachsenden Magnetfeld aus, dann erreicht die Magnetisierung auf der *Neukurve* (0) einen Sättigungswert J_s. Für Eisen liegt dieser bei etwa $1,7 \cdot 10^6$ A/m. Bei anschließender Verringerung des Feldes verläuft die Magnetisierung entlang der Kurve (1). Für $H = 0$ bleibt eine Restmagnetisierung erhalten (**Remanenz**), und die Magnetisierung erreicht den Wert Null erst bei einem Gegenfeld vom Betrage H_c (**Koerzitivfeldstärke**). Hat man Sättigung in umgekehrter Feldrichtung erreicht, führt erneute Umkehrung der Feldrichtung entlang der Kurve (2). Die genaue Form einer solchen **Hysteresisschleife** ist stark vom Material abhängig. Stoffe mit kleinem H_c heißen *magnetisch weich*, während Stoffe mit großem H_c *magnetisch hart* heißen. Weich sind z. B. Eisen und Stahl mit $H_c \leq 20$ A/m, hart dagegen sind Chromstähle, Kobaltstähle und Oxidmagnete mit H_c-Werten bis zu 100 000 A/m und mehr.

Bei einer hinreichend hohen Temperatur T_c geht die ferromagnetische Eigenschaft einer Substanz verloren. Diese *Curie-Temperatur* beträgt z. B. für Eisen 1017 K, für Nickel 645 K und für Kobalt 1404 K.

Um in einer Spule das Magnetfeld aufzubauen, muß der sie durchfließende Strom Arbeit verrichten. Da dieser Strom gemäß (4.72) von Null ($t = 0$) auf I ($t = \infty$) ansteigt und dabei stets $u = -u_{\text{ind}}$ ist, können wir diese Arbeit wegen (4.38), (4.40) und (4.69) in folgender Weise berechnen:

$$W_{\text{mag}} = \int_0^\infty ui\,\mathrm{d}t = -\int_0^\infty u_{\text{ind}} i\,\mathrm{d}t = \int_0^I Li\,\mathrm{d}i = \frac{1}{2}LI^2\,. \tag{4.77}$$

Vergleicht man diese Ergebnis mit der Berechnung der elektrischen Arbeit beim Laden eines Kondensators (4.31), so stellt man fest, daß nun einfach C durch L sowie U durch I ersetzt ist.

Diese Analogie läßt sich noch weiter vertiefen: Die verrichtete Arbeit W_{mag} ist nun in Form von magnetischer Energie E_{mag} in der Spule gespeichert, und mit $L = \mu_r\mu_0 AN^2/l$ und $H = IN/l$ (vgl. (4.55) und (4.76)) sowie (4.75) findet man

$$E_{\text{mag}} = \left(\frac{1}{2}\mu_r\mu_0 AN^2/l\right)\left(\frac{Hl}{N}\right)^2 = \frac{1}{2}\mu_r\mu_0 H^2 Al = \frac{1}{2}HBV\,. \tag{4.78}$$

Für die Energiedichte w_{mag} des magnetischen Feldes ergibt dies also

$$\boxed{w_{\text{mag}} = \frac{1}{2}HB\,.} \tag{4.79}$$

Übungen:

- **4.22**: Welche gegenseitige Zuordnung von elektrischen und magnetischen Feldgrößen würden Sie aus einer Analogiebetrachtung zwischen Magnetostatik und Elektrostatik treffen?
- **4.23**: Das mittlere Magnetfeld der Erde beträgt nur etwa 38 A/m, während man mit Elektromagneten im Impulsbetrieb $5 \cdot 10^6$ A/m erreichen kann. Welche magnetischen Flußdichten korrespondieren zu diesen Werten?

4.4.7 Wechselstrom

Die elektromagnetische Induktion ist von grundlegender Bedeutung für die industrielle Nutzung der Elektroenergie, stellt sie uns doch eine einfache und auch großtechnisch nutzbare Methode zur Verfügung, mechanische Energie in elektrische umzuwandeln. Dreht man in einem homo-

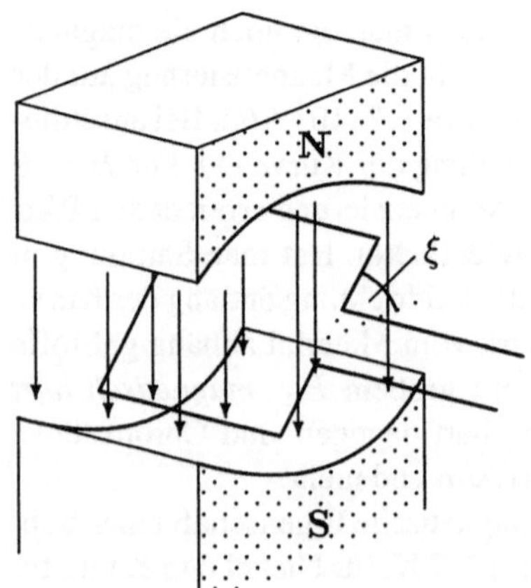

Bild 4.44
Prinzip eines Drehspulgenerators

genen Magnetfeld, wie es etwa zwischen den Polen des Generators in Bild 4.44 vorliegt, eine Leiterschleife mit konstanter Winkelgeschwindigkeit ω, dann erzeugt man den zeitabhängigen Fluß

$$\Phi_{\text{mag}}(t) = AB\cos\xi \ .$$

Setzt man $\xi = \omega t + \alpha$, dann findet man mittels (4.67) eine harmonische Wechselspannung der Form[8]

$$u(t) = u_0 \sin(\omega t + \alpha) \ . \tag{4.80}$$

Verbindet man die beiden Enden der Leiterschleife über einen Ohmschen Widerstand R, so resultiert damit ein Wechselstrom

$$i(t) = \frac{u(t)}{R} = i_0 \sin(\omega t + \alpha) \ , \tag{4.81}$$

mit $i_0 = u_0/R$. Den Winkel α nennt man „Phase" (vgl. Kapitel „Schwingungen und Wellen"), und wir finden hier also, daß Spannung und Strom mit gleicher Phase schwingen. Dies ist allerdings nur bei alleiniger Existenz eines Ohmschen Widerstandes so. Infolge der Selbstinduktion kommt es bei Anwesenheit von Spulen im Stromkreis zu Phasenverschiebungen zwischen Spannung und Strom. Auch Kondensatoren erzeugen solche Verschiebungen.

Sehen wir uns zuerst die Situation an, wenn eine Spule hinzugenommen wird: Soll $u(t)$ weiter durch (4.80) gegeben sein, dann muß $i(t)$ nach dem Maschensatz so bestimmt werden, daß die Gleichung

$$u(t) - L\frac{\mathrm{d}i(t)}{\mathrm{d}t} = i(t)R \tag{4.82}$$

erfüllt ist (vgl. die Herleitung von (4.71)). Wir beschränken uns hier auf den Grenzfall $R = 0$ und finden

$$i(t) = -\frac{u_0}{\omega L}\cos(\omega t + \alpha) = i_0 \sin(\omega t + \alpha - \frac{\pi}{2}) \ , \tag{4.83}$$

mit $i_0 = u_0/\omega L$. Es läßt sich daher feststellen:

> *Der durch eine Spule fließende Wechselstrom bleibt hinter der zugehörigen Wechselspannung um $\pi/2$ zurück.*

Mit Berücksichtigung von R kann man $u(t)$ gemäß (4.80) ansetzen und eine Lösung von (4.82) mit dem Ansatz $i(t) = i_0 \sin(\omega t - \beta)$ erhalten (vgl. Übungen).

Am Kondensator hat man nun (wieder ohne Berücksichtigung von Ohmschen Widerständen) einmal den vollen Spannungsabfall $u(t) = Q(t)/C$ und zum anderen den Zusammenhang $i = \dot{Q}(t)$. Dies liefert $i(t) = C\dot{u}(t)$ und damit

$$i(t) = \omega C u_0 \cos(\omega t + \alpha) = i_0 \sin(\omega t + \alpha + \frac{\pi}{2}) \ . \tag{4.84}$$

Hier ist $i_0 = u_0\,\omega C$. Im Gegensatz zur Spule gilt nun:

> *Der durch einen Kondensator fließende Wechselstrom eilt der zugehörigen Wechselspannung um $\pi/2$ voraus.*

Durch geeignete Kombination von Spulen, Kondensatoren und Ohmschen Widerständen kann man jede beliebige Phasenverschiebung erzeugen.

---

[8] Wir wollen uns in diesem Abschnitt einer gebräuchlichen Konvention anschließen und Spannung und Stromstärke für Wechselströme mit kleinen Buchstaben bezeichnen. Um Verwechslungen mit der Stromstärke zu vermeiden, werden wir die imaginäre Einheit dazu vorübergehend mit „j" bezeichnen.

Der Widerstand kann als Proportionalitätsfaktor zwischen Spannung u_0 und Strom i_0 aufgefaßt werden. Man nennt ihn Wechselstromwiderstand oder **Impedanz** Z. Um der Phasendifferenz zwischen Spannung und Strom Rechnung zu tragen, werden Widerstände im Fall von Wechselströmen zweckmäßig durch komplexe Größen $Z = R + jX$ in der Gaußschen Zahlenebene beschrieben (Zeigerdarstellung, j ist die imaginäre Einheit). Eine Drehung um $\pi/2$ kann dort z. B. einfach als Multiplikation mit dem Phasenfaktor $j = \exp(j\pi/2)$ aufgefaßt werden[9]. Eine Drehung um $-\pi/2$ erfolgt analog durch Multiplikation mit $-j = 1/j$. Um daher die richtigen Phasenverschiebungen zu erhalten, muß für die Spule auf Grund von (4.83) ein rein imaginärer, **induktiver Widerstand**

$$jX = jX_L = j\omega L$$

festgelegt werden. Der Kondensator hat ebenfalls einen rein imaginären Widerstand, der gemäß (4.84) durch

$$jX = jX_C = -j\,\frac{1}{\omega C}$$

gegeben ist. Man nennt ihn **kapazitiven Widerstand**.

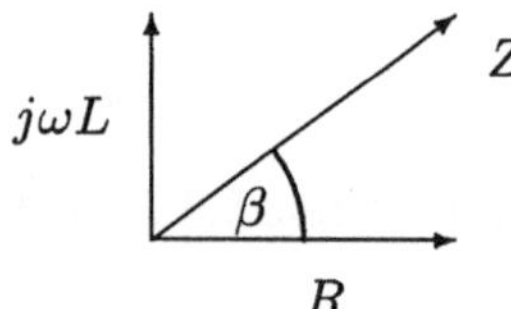

Bild 4.45
Wechselstromwiderstände in komplexer Darstellung für eine Reihenschaltung von induktivem und Ohmschem Widerstand

Das Konzept der Beschreibung von Wechselströmen durch komplexe Größen ist verallgemeinerungsfähig und wird in der Wechselstromtechnik vorteilhaft genutzt. Dabei zeigt sich, daß man mit komplexen Widerständen so rechnen kann, wie es nach den Gesetzen des Gleichstroms bekannt ist. Betrachten wir eine Reihenschaltung von Spule und Ohmschem Widerstand: Da sich Ohmscher und induktiver Widerstand hier addieren müssen, findet man für den komplexen Widerstand $Z = R + j\omega L$ und damit nach Bild 4.45

$$\begin{aligned} |Z| &= \sqrt{R^2 + \omega^2 L^2} \\ \tan\beta &= \frac{\omega L}{R}\,. \end{aligned} \tag{4.85}$$

Zum gleichen Ergebnis kommt man natürlich auch durch Lösung der Differentialgleichung (4.82), wovon man sich in den folgenden Übungen überzeugen kann.

Läßt man auch noch einen kapazitiven Widerstand zu und beachtet, daß im Fall der Reihenschaltung sich nun alle drei Widerstände addieren, so erhält man analog $Z = R + j(X_L + X_C)$ bzw.

$$|Z| = \sqrt{R^2 + \left(\omega L - \frac{1}{\omega C}\right)^2}$$

[9]Die Beschreibung von Wechselstromkreisen mittels komplexer Zahlen beruht auf der Eulerschen Identität

$$e^{j\phi} = \cos\phi + j\sin\phi,$$

mit der sich z. B. der Wechselstrom (4.83) als $i = -i_0\, Re[\exp(j\omega t + \alpha)]$ und die Wechselspannung (4.80) z. B. als $u = u_0\, Re[\exp(j\omega t + \alpha + \pi/2)]$ schreiben lassen.

und

$$\tan\beta = \frac{\omega L - \dfrac{1}{\omega C}}{R}$$

als Betrag und Phase des komplexen Gesamtwiderstandes. Zur Analyse von Parallelschaltungen und gemischten Schaltungen kann man sich ebenfalls dieser Methode bedienen.

Das geschilderte Verhalten von Wechselstromkreisen hat wichtige Kosequenzen für ihre mögliche Leistungsabgabe. Die Leistung, für Gleichstrom definiert als Produkt aus Spannung und Stromstärke, können wir nach (4.40) für Wechselstrom bestimmen, indem wir die in einer Periode abgegebene Arbeit berechnen und anschließend durch die Periodendauer dividieren. Diese mittlere Leistung oder auch **Wirkleistung** schreibt sich also als

$$P_W = \frac{1}{T}\int_0^T i(t)\,u(t)\,\mathrm{d}t\,. \tag{4.86}$$

Nehmen wir eine Phasenverschiebung β zwischen Strom und Spannung an, so können wir $u = u_0 \sin\omega t$ und $i = i_0 \sin(\omega t + \beta)$ setzen und finden

$$P_W = u_0 i_0 \frac{1}{T}\int_0^T \sin\omega t\,\sin(\omega t + \beta)\,\mathrm{d}t = \frac{1}{2}u_0 i_0 \cos\beta = \frac{u_0}{\sqrt{2}}\frac{i_0}{\sqrt{2}}\cos\beta\,.$$

Durch Einführung der **Effektivwerte** $I_{\text{eff}} = i_0/\sqrt{2}$ für Strom und $U_{\text{eff}} = u_0/\sqrt{2}$ für Spannung kann man die Wirkleistung schließlich als

$$P_W = U_{\text{eff}}\,I_{\text{eff}}\,\cos\beta \tag{4.87}$$

schreiben.

Für einen rein Ohmschen Widerstand ist $\beta = 0$ und damit $\cos\beta = 1$. Damit in diesem Fall eine Wechselspannungsquelle die gleiche Leistung abgibt wie eine Gleichspannungsquelle von 220 V, muß sie einen Spitzenwert von $220\,\text{V}\cdot\sqrt{2} \approx 310\,\text{V}$ haben.

Durch eine mögliche Phasenverschiebung $\beta \neq 0$ zwischen Spannung und Strom haben diese Größen während einer Periode manchmal gleiches und manchmal entgegengesetztes Vorzeichen (Bild 4.46). Dadurch nimmt die Wirkleistung ab und ist dann von der sogenannten **Scheinleistung**

$$P_W = U_{\text{eff}}\,I_{\text{eff}} \tag{4.88}$$

verschieden. Speziell für $\beta = \pm\pi/2$ wird überhaupt keine Wirkleistung verbraucht. Was die Quelle in einer halben Periode abgibt, bekommt sie in der anderen Hälfte durch den Abbau von elektrischen Feldern in Kondensatoren oder magnetischen Feldern in Spulen zurück. Man nennt diese Art der Leistungaufnahme **Blindleistung** und definiert sie durch

$$P_B = U_{\text{eff}} I_{\text{eff}} \sin\beta\,. \tag{4.89}$$

Es ist leicht zu sehen, daß zwischen den drei Leistungen die folgende Beziehung besteht:

$$P_S = \sqrt{P_W^2 + P_B^2}\,.$$

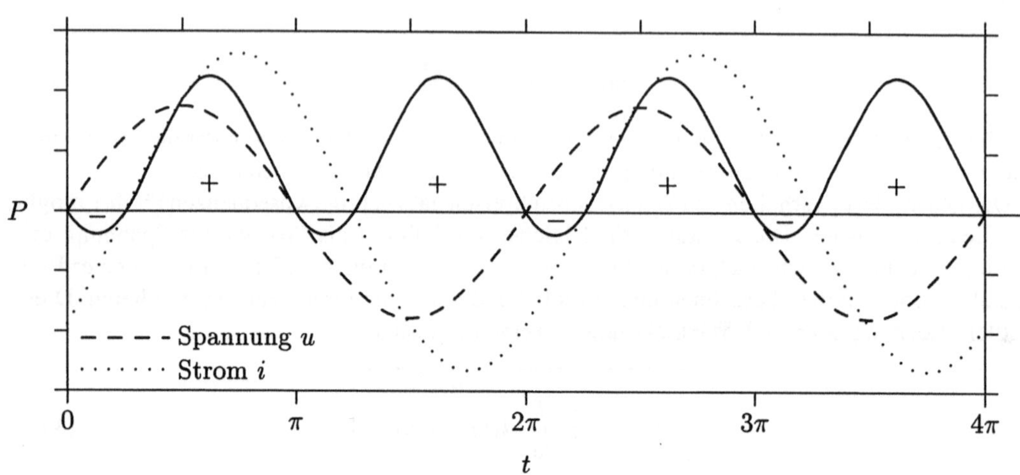

Bild 4.46 Zur Leistung des Wechselstroms bei einer Phasenverschiebung zwischen Strom und Spannung

Betreibt man einen Generator, wie er in Bild 4.44 gezeigt ist, mit drei jeweils gegeneinander um 120° geneigten Leiterschleifen, so werden drei ebenfalls um 120° phasenverschobene Wechselspannungen induziert. An den jeweils zwei Anschlüssen pro Spule können entsprechend phasenverschobene Wechselströme abgeführt werden. Die insgesamt sechs Anschlüsse lassen sich jedoch durch geeignete Verkettung auf drei bzw. vier Anschlüsse reduzieren. Für solche **Drehströme**, die wegen ihrer drei Phasen (R, S, T) auch **Dreiphasenströme** heißen, wird die **Sternschaltung** bzw. die **Dreiecksschaltung** verwendet (Bild 4.47). Bei der Sternschaltung besitzt jede Phase eine effektive Spannung von 220 V gegen den Mittelpunkts- oder Nulleiter M, während zwischen zwei Phasen 380 V liegen. Letzteres kann man aus dem Spannungsdreieck der Sternschaltung sofort ablesen, denn z. B. zwischen R und T liegt die Spannung $U_R\sqrt{3}/2 + U_T\sqrt{3}/2$, was mit $U_R = U_T = 220\,\text{V}$ gerade 380 V liefert. Nur wenn alle Phasen gleichmäßig belastet werden, dann fließen auch gleiche Wechselströme, die sich infolge ihrer Phasenverschiebung auf dem Nulleiter vollständig kompensieren. Bei ungleicher Belastung ist der Mittelpunktsleiter jedoch von einem Strom durchflossen.

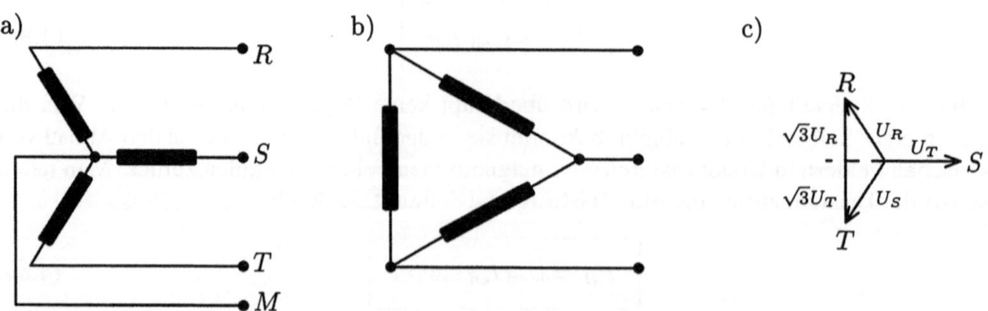

Bild 4.47 Sternschaltung (a) und Dreiecksschaltung (b) zur Erzeugung von Drehstrom sowie Spannungsdreieck für die Sternschaltung (c)

Da sich die drei Spannungen zu Null addieren, kann man die drei Spulen in Reihe in eine geschlossene Masche schalten. Es entsteht die Dreiecksschaltung, bei der zwischen je zwei Phasen die Spannung gleich der in der entsprechenden Spule ist. Erhöht wird in dieser Schaltung aber der Strom um den Faktor $\sqrt{3}$.

Im öffentlichen Stromnetz erfolgt die Stromversorgung durch Drehstrom. Dies ermöglicht eine entsprechende Leistung mit weniger Material (weniger Kabel) zu übertragen.

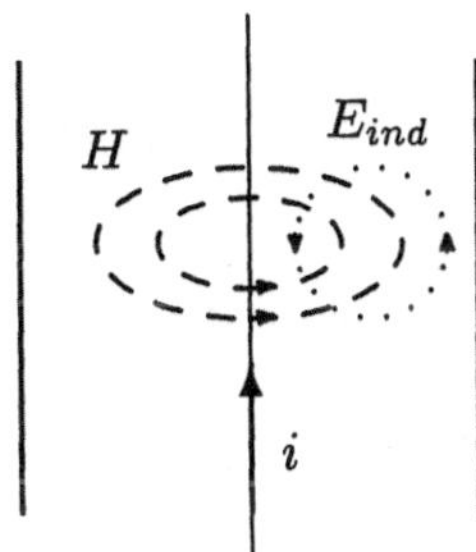

Bild 4.48
Zur Entstehung des Skineffekts

Bei Wechselströmen höherer Frequenzen führt die Selbstinduktion zu einer praktisch außerordentlich bedeutsamen Konsequenz. Der Strom verteilt sich dann nämlich nicht mehr gleichmäßig über dem gesamten Leiterquerschnitt, sondern fließt nur in einer dünnen Schicht an der Leiteroberfläche. Ein genaues Verständnis dieser Stromverdrängung auf die „Haut" (Haut, engl. skin) des Leiters ist ziemlich kompliziert. Bild 4.48 versucht, die Entstehung des **Skineffektes** zu verdeutlichen: Wir stellen uns den Stromfluß in dem gezeigten Leiter aus einzelnen, parallel zueinander fließenden Stromfäden zusammengesetzt vor und nehmen an, daß der von unten nach oben fließende Strom gerade zunimmt. Ein Stromfaden umgibt sich dann mit einem veränderlichen Magnetfeld, welches nach der Lenzschen Regel seinerseits ein elektrisches Wirbelfeld erzeugt, das dem ursprünglichen Feld in der Mitte des Leiters entgegenwirkt. Der Stromfluß wird damit dort behindert, während er an der Leiteroberfläche verstärkt wird. Damit erhöht sich insgesamt der Widerstand des Leiters. Andererseits kann man hochfrequente Ströme durch dünnwandige Röhren leiten und dadurch Material sparen. Für sehr große Frequenzen ist nämlich der Stromfluß nahezu auf die Leiteroberfläche konzentriert.

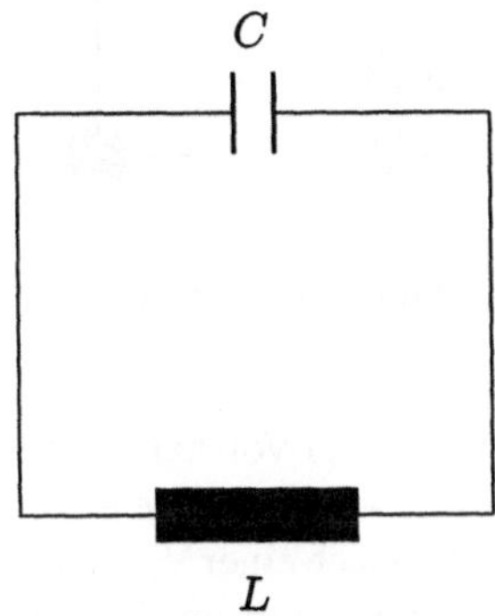

Bild 4.49
Ungedämpfter elektrischer Schwingkreis

Interessant ist die Untersuchung eines Stromkreises, der keinen Ohmschen Widerstand, sondern nur eine Spule und einen Kondensator enthält (Bild 4.49). Der Kondensator sei durch eine in der Abbildung nicht dargestellte Spannungsquelle von außen mit der Ladung Q aufgeladen, so daß an ihm eine Spannung $U = Q/C$ anliegt. Zum Zeitpunkt $t = 0$ werde dann die äußere Spannungsquelle abgeschaltet. Der Maschensatz liefert

$$U = \frac{1}{C}Q(t) + L\frac{\mathrm{d}i(t)}{\mathrm{d}t} = const. ,$$

und nach Differentation bzgl. t unter Beachtung von $i = \dot{Q}$ ergibt sich

$$\boxed{\frac{\mathrm{d}^2 i}{\mathrm{d}t^2} + \frac{1}{LC}i = 0 .} \tag{4.90}$$

Diese Differentialgleichung beschreibt eine ungedämpfte Schwingung, wie wir sie vom mathematischen Pendel oder Federschwinger bereits kennen. Der Strom ergibt sich zu

$$i(t) = i_0 \sin(\omega t + \alpha) ,$$

wobei sich die Kreisfrequenz aus

$$\omega = \sqrt{\frac{1}{LC}}$$

bestimmt.

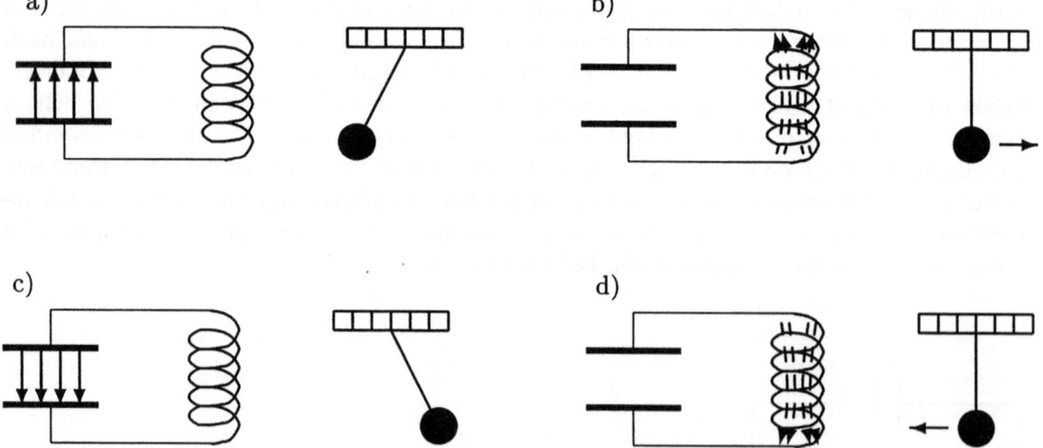

Bild 4.50 Die einzelnen Phasen einer elektrischen Schwingung im Vergleich mit der Schwingung eines Pendels

Bild 4.50 zeigt die einzelnen Phasen der Schwingung. Ausgangspunkt sei der vollständig geladene Kondensator (a). Der bei der Entladung des Kondensators über die Spule fließende Strom erzeugt ein Magnetfeld in der Spule, welches dem Stromfluß entgegenwirkt. Nach einer Viertelperiode hat sich der Kondensator völlig entladen. Das Magnetfeld der Spule ist maximal und beginnt wieder abzunehmen (b). Dabei wird in der Spule eine Spannung induziert, die ein Weiterfließen des Stromes bewirkt. Nach einer halben Periode hat sich der Kondensator umgekehrt aufgeladen (c); er entlädt sich dann in anderer Richtung, baut dabei ein nun entgegengesetzt orientiertes

Magnetfeld auf (d), und dieses erzeugt schließlich wieder den ursprünglichen Ladungszustand des Kondensators. Der gesamte Vorgang stellt eine elektrische Schwingung dar, die in diesem idealisierten verlustfreien Fall sich ständig wiederholt. Auf solche elektrischen Schwingkreise kommen wir im Kapitel „Schwingungen und Wellen" zurück.

Analog zur ständigen gegenseitigen Umwandlung von kinetischer und potentieller Energie beim Pendel (Bild 4.50) oder Federschwinger (vgl. Kapitel „Schwingungen und Wellen") wandeln sich im elektrischen Schwingkreis elektrische und magnetische Feldenergie ineinander um. Dabei bleibt die Summe beider Energien zeitlich konstant.

Wir wissen aus der Mechanik, daß man bei Gültigkeit des Energieerhaltungssatzes diesen zur Lösung eine Problems ausnutzen kann. So kann man auch bei der Behandlung des elektrischen Schwingkreises unter Beachtung von (4.30) und (4.77) von

$$\frac{1}{2}\frac{Q^2}{C} + \frac{1}{2}Li^2 = const.$$

ausgehen. Differentation nach t liefert nach der Kettenregel

$$CQ\frac{\mathrm{d}Q}{\mathrm{d}t} + Li\frac{\mathrm{d}i}{\mathrm{d}t} = 0\,,$$

was wegen $i = \dot{Q}$ nach Division durch i und nochmaliger Differentation nach t tatsächlich die Schwingungsgleichung (4.90) liefert.

MHD-Generator: Als eine Alternative zum Drehspulgenerator werden magnetohydrodynamische Generatoren (**MHD-Generatoren**) für die großtechnische Stromerzeugung diskutiert und in verschiedenen Ausführungen erprobt. Dabei strömt ein einige Tausend Grad heißes, ionisiertes Gas (Plasma) mit möglichst hoher Geschwindigkeit $\vec{v}$ durch ein senkrecht zur Strömungsrichtung orientiertes Magnetfeld $\vec{B}$. Infolge der Lorentz-Kraft werden die positiven und negativen Ladungsträger senkrecht zu $\vec{B}$ und $\vec{v}$ abgelenkt. Analog zum Hall-Effekt resultiert daraus eine Spannung an den in dieser Richtung angebrachten Elektroden, und es kann Strom und damit elektrische Energie entnommen werden.

Das beschriebene Konzept ist in Prototypen bereits realisiert. Da diese Generatoren im Gegensatz zu den Drehspulgeneratoren keine rotierenden Teile enthalten, werden höhere Wirkungsgrade erwartet. Die technische Beherrschung solcher heißen Plasmen bereitet jedoch noch beträchtliche Schwierigkeiten.

Übungen:

4.24: Welche Phasendifferenz haben Spannung (Kreisfrequenz ω) und Strom in einem Stromkreis, in dem ein Ohmscher Widerstand R und eine Spule L in Reihe liegen? Versuchen Sie, (4.85) aus der Lösung der entsprechenden Differentialgleichung zu reproduzieren. ■
Hinweis: Man nehme $u(t) = u_0 \sin\omega t$ an und versuche, eine Lösung mit dem Ansatz $i(t) = i_0 \sin(\omega t - \alpha)$ zu finden.

4.25: An eine Spule mit einer Selbstinduktivität von $L = 0{,}023\,\mathrm{H}$ und einem dazu in Reihe geschalteten Ohmschen Widerstand von $R = 20\,\Omega$ werden nacheinander Wechselspannungen mit einer Amplitude von jeweils 100 V und den Frequenzen 50 Hz, 250 Hz und 500 Hz angeschlossen. a) Man berechne die entsprechenden Amplituden der fließenden Wechselströme. b) Welche Wirkleistungen nimmt die Spule in den drei Fällen auf? ■

4.4.8 Einige weitere Anwendungen des Elektromagnetismus

Wir hatten schon im Abschnitt 4.2.3 auf die Bedeutung der elektromagnetischen Erscheinungen für die Messung von Strom und Spannung hingewiesen. Beim **Drehspulinstrument** (Bild 4.51) befindet sich eine vom zu messenden Strom durchflossene Spule im Feld eines Permanentmagneten. Diese Spule erfährt ein zur Stromstärke proportionales Drehmoment, welches zum Spannen einer Spiralfeder dient. Dadurch zeigt ein mit der Spule verbundener Zeiger eine ebenfalls zum Strom proportionale Auslenkung an. Infolge der Trägheit kann der Zeiger einem Wechselstrom nicht folgen, und das Gerät kann nur Gleichströme messen.

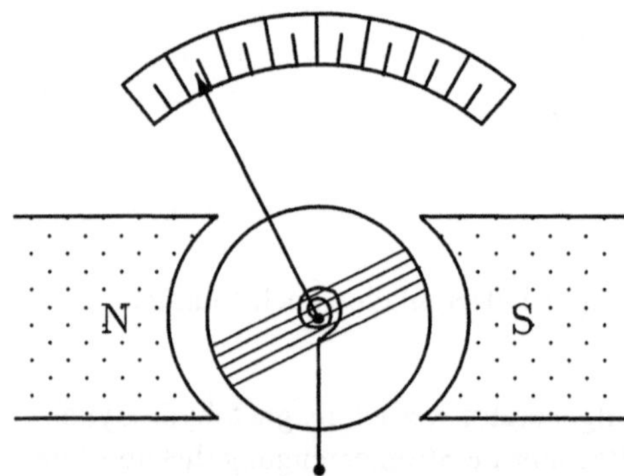

Bild 4.51
Prinzip eines Drehspulinstruments

Um Wechselströme zu messen, kann ein Gleichrichter vorgeschaltet werden. Eine weitere Möglichkeit besteht darin, den Permanentmagneten durch einen Elektromagneten zu ersetzen, durch den ebenfalls der zu messende Strom geführt wird. Der Zeigerausschlag ist dann dem Quadrat des Stromes proportional, und man kann auch Wechselströme messen (**elektrodynamisches Meßwerk**).

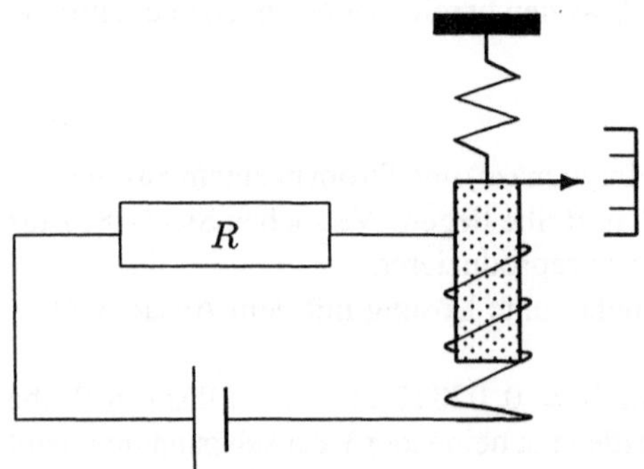

Bild 4.52
Prinzip eines Weicheiseninstruments

Schließlich finden sogenannte **Weicheiseninstrumente** sowohl für Gleich- als auch Wechselstrom Anwendung. Hier nutzt man den Effekt, daß Eisen im Feld einer stromdurchflossenen Spule magnetisiert und dadurch in die Spule hineingezogen wird. Die Verschiebung des Eisenkerns kann wieder auf einen Zeiger übertragen werden (Bild 4.52).

Eine elektrotechnisch äußerst wichtige Anwendung der Induktion ist der **Transformator**. Er gestattet die Verstärkung von Wechselspannungen bzw. Wechselströmen. Zwei Spulen mit den Windungszahlen N_1 bzw. N_2 befinden sich auf einem gemeinsamen Eisenkern, so daß eine starke induktive Kopplung resultiert (Bild 4.53).

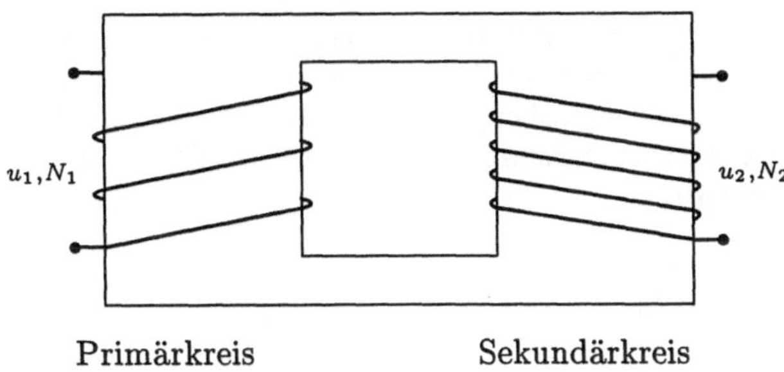

Bild 4.53
Prinzip eines Transformators

Liegt an den Klemmen der Primärspule die Wechselspannung u_1, dann erzeugt diese eine Flußänderung, die beim *idealen* Transformator ($R = 0$) im Primärstromkreis wiederum die Spannung

$$\tilde{u}_1 = -N_1 \dot{\Phi}_{mag} = -u_1$$

induziert, wobei $\dot{\Phi}_{mag}$ hier die Änderung des Flusses pro Windung ist. In der offenen Sekundärspule, die ohne Berücksichtigung von Verlusten derselben Flußänderung ausgesetzt ist, wird gleichzeitig die Spannung

$$u_2 = -N_2 \dot{\Phi}_{mag}$$

induziert. Damit findet man

$$\frac{u_1}{u_2} = -\frac{N_1}{N_2} ,$$

d. h. die Spannungen verhalten sich wie die Windungszahlen. Das negative Vorzeichen zeigt an, daß die Spannungen jedoch um den Winkel π phasenverschoben sind.

Transformatoren gestatten die Energieübertragung zwischen zwei Stromkreisen mit sehr hohem Wirkungsgrad. Um die Verluste durch Wirbelströme minimal zu halten, werden die Eisenkerne parallel zum Magnetfeld aus dünnen aufeinandergelegten Blechen geformt. Die im Sekundärkreis verbrauchte Leistung ist daher nahezu gleich der im Primärkreis aufgenommenen Leistung. Eine Transformation auf höhere Spannungen hat damit also eine entsprechende Abnahme der

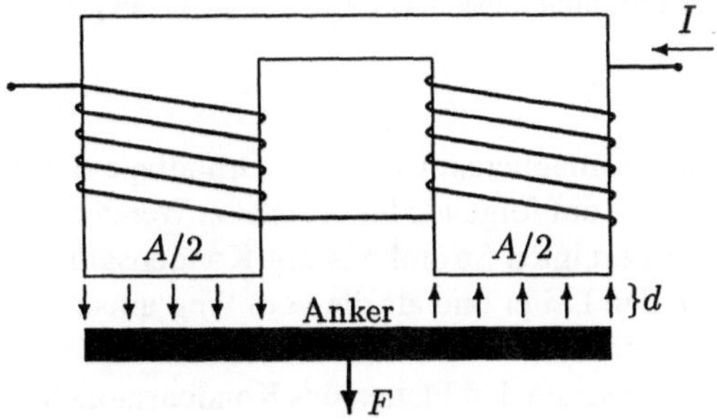

Bild 4.54
Prinzip eines Elektromagneten

Stromstärken zur Folge und umgekehrt. Durch ein Herauftransformieren der Spannung fließen beim Transport von elektrischer Energie nur geringe Ströme, wodurch die Verluste an Leistung wegen $P = I^2 R$ gering gehalten werden.

Bringt man einen Eisenkern in eine stromdurchflossene Spule, dann entsteht ein Elektromagnet. Durch die starke Erhöhung der Flußdichte können solche Elektromagnete Massen von vielen Tonnen heben, wobei Spulenströme von 100 A und mehr fließen. Man kann die Tragkraft eines solchen Magneten durch folgende Überlegung bestimmen: Im Luftspalt ist wegen (4.79) die magnetische Feldenergie $HB\,V/2$ gespeichert, wobei $V = Ad$ ist. Wirkt am Anker eine Kraft F und wird dieser vom Eisenkern angezogen, so kann dabei genau so viel Arbeit Fd verrichtet werden, wie an Feldenergie zur Verfügung steht. Berücksichtigt man noch, daß in Luft $H = B/\mu_0$ gilt, so findet man nach dem Energieerhaltungssatz $HBV/2 = B^2 Ad/(2\mu_0) = Fd$ bzw.

$$F = \frac{B^2 A}{2\mu_0} .$$

Übung:

■ **4.26**: Warum bestehen die Eisenkerne von Transformatoren aus magnetisch weichem Material, und warum werden Magnetspeicher aus hartem Material gefertigt?

4.4.9 Verschiebungsstrom und Maxwellsche Gleichungen

Im Laufe der Untersuchungen von Elektrizität und Magnetismus haben wir feststellen können, daß beide Erscheinungen eng miteinander verflochten sind. Zusammenfassend spricht man daher vom Elektromagnetismus. In der Elektrostatik wird gezeigt, daß Ladungen die Quellen des elektrischen Feldes sind (*Gaußscher Satz*). Bewegte Ladungen geben Anlaß zu magnetischen Wirbelfeldern (*Durchflutungsgesetz*), und zeitlich veränderliche magnetische Felder erzeugen umgekehrt elektrische Wirbelfelder (*Induktionsgesetz*). Diese drei Gesetze werden ergänzt von der Feststellung, daß keine Quellen der magnetischen Flußdichte existieren, da es keine magnetischen Ladungen gibt.

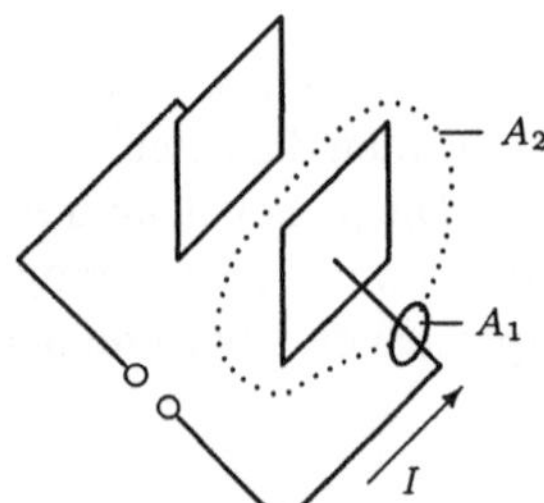

Bild 4.55
Um einen gleichen Fluß der Stromdichte durch die Flächen A_1 und A_2 zu erhalten, muß das Durchflutungsgesetz um den Verschiebungsstrom erweitert werden.

Beim Versuch, eine geschlossene Theorie des Elektromagnetismus auf der Grundlage dieser Gesetze zu entwickeln, stieß J. Cl. Maxwell (1831–1879) auf folgende Inkonsistenz: Wendet man das Durchflutungsgesetz (4.54) auf den in Bild 4.55 gezeigten Stromkreis mit Kondensator an, wählt dazu einen kreisförmigen Integrationsweg um den Leiter und als die vom Weg umschlossene Fläche zuerst einmal die Kreisfläche A_1, dann ergibt sich leicht das Oerstedtsche Gesetz (4.53). Wählt man aber als umschlossene Fläche die zwischen den Platten des Kondensators hindurchführende Fläche A_2, so findet man nun $H = 0$, da zwischen den Kondensatorplatten und damit durch A_2 kein Strom fließt. Es muß daher festgestellt werden: Das Durchflutungsgesetz in der Form (4.54) erlaubt keine eindeutige Berechnung des Magnetfeldes aus der Stromdichte.

Maxwells Idee bestand nun darin, durch Hinzufügen eines Korrekturterms im Durchflutungsgesetz diese Schwierigkeit zu beheben. Die Struktur eines solchen Terms legt die Betrachtung des Verhaltens eines Dielektikums zwischen zwei Kondensatorplatten nahe: Beim Laden eines Kondensators fließt ein Strom durch die Zuleitungen und erzeugt folglich ein Magnetfeld. Dieser Leitungsstrom endet an den Kondensatorplatten. Das Dielektrikum wird aber beim Laden polarisiert, und wir wissen, daß sich dabei Polarisationsladungen verschieben (positive Ladungen orientieren sich zur negativen Kondensatorplatte und umgekehrt). Damit fließt also auch dort ein Strom. Wegen (4.25) und (4.26) ist seine Stromdichte durch $\dot{P} = \dot{Q}_p/A$ bestimmt. Es zeigt sich aber, daß eine konsistente Berücksichtigung dieses Stromanteils nicht nur den von einem Dielektrikum stammenden Beitrag $\dot{\vec{P}}$ enthalten darf, sondern auch einen schon im Vakuum existenten Anteil $\varepsilon_0\dot{\vec{E}}$ enthalten muß. Insgesamt muß also ein zusätzlicher Stromanteil angenommen werden, der durch die zeitliche Änderung der dielektrischen Verschiebung $\dot{\vec{D}}$ gegeben ist. Er heißt **Verschiebungsstrom**, ist auch im Vakuum existent und soll nach Maxwell genau wie der gewöhnliche Leitungsstrom zum Magnetfeld beitragen. Im Durchflutungsgesetz wird er zusätzlich zum Leitungsstrom berücksichtigt, so daß prinzipiell dort immer $\vec{j}$ und $\dot{\vec{D}}$ als Quellen des Magnetfeldes auftreten.

Warum ist dieser Verschiebungsstrom aber den Physikern vor Maxwell verborgen geblieben? Man kann zeigen, daß das Verhältnis der Amplituden von Leitungsstrom und Verschiebungsstrom in Leitern durch $\omega\varepsilon_0\varepsilon_r/\sigma$ bestimmt wird. Geht man für Leiter von $\varepsilon_r < 10$ aus und nimmt für die Leitfähigkeit $\sigma = 10^7\,\Omega^{-1}\mathrm{m}^{-1}$ an, so kann leicht gezeigt werden, daß das Verhältnis der beiden Ströme für realistische Frequenzen extrem klein ist, der Verschiebungsstrom in Leitern also beim Stromtransport keine Rolle spielt. Dennoch, die Einführung des Verschiebungsstromes und die durch ihn prinzipiell verursachte weitere Verkopplung von elektrischem und magnetischem Feld ist für die Maxwellsche Theorie und viele ihrer experimentellen Konsequenzen jedoch von entscheidender Bedeutung. Insbesondere ist die Existenz räumlich und zeitlich periodischer Lösungen dieser Gleichungen (elektromagnetischer Wellen) eine unmittelbare Folge dieses Verschiebungsstromes.

Mit Hilfe der Vektoranalysis ergibt sich nun unter Berücksichtigung des Verschiebungsstromes das folgende äußerst komplizierte System der **Maxwellschen Gleichungen** in differentieller bzw. äquivalenter integraler Form[10]:

Differentielle Form:

$$\mathrm{rot}\vec{H} = j + \dot{\vec{D}} \qquad \mathrm{rot}\vec{E} = -\dot{\vec{B}} \qquad (4.91)$$

$$\mathrm{div}\vec{D} = \varrho \qquad \mathrm{div}\vec{B} = 0 \qquad (4.92)$$

Integrale Form:

[10]Dem mathematisch interessierten Leser sei mitgeteilt, daß eine Umwandlung zwischen den beiden Formen leicht mittels der Integralsätze von Gauß und Stokes erfolgen kann.

$$\oint \vec{H}\,\mathrm{d}\vec{s} = \int_A (\vec{j} + \dot{\vec{D}})\,\mathrm{d}\vec{A} \qquad\qquad \int_A \vec{D}\,dA = Q$$

$$\oint \vec{E}\,\mathrm{d}\vec{s} = -\int_A \frac{\mathrm{d}\vec{B}}{\mathrm{d}t}\,\mathrm{d}\vec{A} \quad (4.93) \qquad \int_A \vec{B}\,dA = 0 \quad (4.94)$$

Zusätzlich hat man

$$\begin{aligned} \vec{D} &= \varepsilon_r \varepsilon_0 \vec{E} \\ \vec{B} &= \mu_r \mu_0 \vec{H}\,. \end{aligned} \qquad (4.95)$$

Die beiden letzten Gleichungen werden als *Materialgleichungen* bezeichnet. Es ist Aufgabe der Theoretischen Physik, Lösungen unter den jeweils in der Praxis vorliegenden Randbedingungen zu finden. In Worten läßt sich dieses komplizierte System von partiellen Differentialgleichungen in folgender Weise interpretieren:

> *Jedes zeitlich veränderliche elektrische Feld erzeugt ein magnetisches Wirbelfeld, und umgekehrt erzeugt jedes zeitlich veränderliche magnetische Feld ein elektrisches Wirbelfeld.*

Mit Maxwells Verschiebungsstrom hat man nun eine vollständige Kopplung zwischen elektrischem und magnetischem Feld, die gemeinsam das **elektromagnetische Feld** bilden. Die Maxwellsche Theorie sagte die Existenz von elektromagnetischen Wellen vorher, die H. Hertz (1857–1894) wenig später experimentell nachweisen konnte. Dies war eine eindrucksvolle Bestätigung der Maxwellschen Vorstellungen. Wir kommen darauf im folgenden Kapitel „Schwingungen und Wellen“ zurück.

5 Schwingungen und Wellen

5.1 Schwingungen

5.1.1 Allgemeines über (harmonische) Schwingungen

Aus der Mechanik kennen wir den Federschwinger und das mathematische Pendel; für ihre Bewegung ist eine zeitliche Periodizität charakteristisch. In der Elektrizitätslehre haben wir Schaltkreise kennengelernt, in denen Spannung und Stromstärke ebenfalls ein solches zeitlich periodisches Verhalten aufweisen. Dies sind nur einige Beispiele dafür, daß physikalische Systeme, wenn sie aus dem stabilen Gleichgewicht gebracht werden, zeitlich periodische Bewegungen ausführen können. Eine solche Form der Bewegung nennt man **Schwingung**. Für alle diese unterschiedlichen Phänomene sind gemeinsame charakteristische Eigenschaften kennzeichnend, die nun genauer untersucht werden sollen.

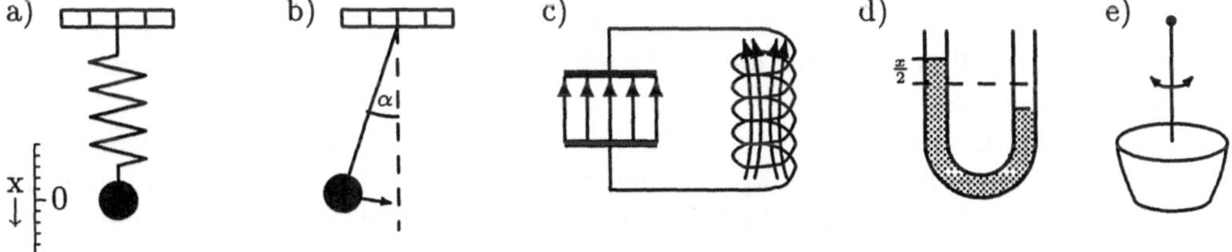

Bild 5.1 Beispiele für schwingungsfähige physikalische Systeme: a) Federschwinger, b) Pendel, c) elektrischer Schwingkreis, d) Flüssigkeit in einem U-Rohr, e) Torsionspendel

In den Fällen, in denen die rücktreibende Kraft der Auslenkung x proportional ist, also $F = -kx$, haben wir eine dem Federschwinger analoge Bewegungsgleichung für die periodische Größe $x(t)$ mit der Lösung

$$x(t) = A\cos(\omega t + \alpha)\ . \tag{5.1}$$

Schwingungen dieser Form nennt man harmonisch, und der Federschwinger heißt daher auch **harmonischer Oszillator**. Die Charakteristika einer Schwingung sind die momentane Auslenkung x, die man **Elongation** nennt, die maximale Auslenkung oder **Amplitude** A, die **Kreisfrequenz** $\omega = 2\pi/T$ mit T als **Periodendauer** und schließlich die **Phase** α. Die **Frequenz** $f = 1/T$ mißt die Zahl der Schwingungen pro Sekunde und wird ebenfalls verwendet. Speziell für einen Federschwinger mit der Masse m und der Federkonstanten k galt $\omega^2 = k/m$ (vgl. Abschnitt 2.1.4.2).

Mehr Einblick in die Natur der Bewegung eines Federschwingers erhalten wir durch die Untersuchung seiner Geschwindigkeit und Beschleunigung. Differentation von (5.1) liefert:

$$\begin{aligned} v &= \dot{x} = -A\omega\sin(\omega t + \alpha) = v_0\sin(\omega t + \alpha) \\ a &= \ddot{x} = -A\omega^2\cos(\omega t + \alpha) = a_0\cos(\omega t + \alpha)\ . \end{aligned} \tag{5.2}$$

Für die kinetische Energie folgt damit

$$E_{\text{kin}} = \frac{m}{2}v^2 = \frac{m}{2}A^2\omega^2 \sin^2(\omega t + \alpha) . \tag{5.3}$$

Zusammen mit der potentiellen Energie $E_{\text{pot}} = kx^2/2$ hat man

$$E = E_{\text{kin}} + E_{\text{pot}} = \frac{m}{2}A^2\omega^2 \sin^2(\omega t + \alpha) + \frac{k}{2}A^2 \cos^2(\omega t + \alpha) ,$$

was mit $\omega^2 = k/m$ und der Maximalgeschwindigkeit $v_0 = A\omega$ zu dem Ergebnis

$$\boxed{E = \frac{k}{2}A^2 = \frac{mv_0^2}{2}} \tag{5.4}$$

führt. Für spätere Untersuchungen halten wir fest:

Die zeitlich konstante Gesamtenergie einer Schwingung ist dem Quadrat der Amplitude proportional; potentielle und kinetische Energie sind jedoch zeitlich periodische Größen und wandeln sich ständig ineinander um.

Übungen:

■ **5.1**: Berechnen Sie die Kreisfrequenz einer in einem U-Rohr mit dem Querschnitt A schwingenden Flüssigkeit der Masse M und der Dichte ϱ. Hinweis: Betrachten Sie dazu z. B. die in Bild 5.1d dargestellte Situation, bestimmen Sie die auf die Flüssigkeit wirkende Kraft, und stellen Sie die Bewegungsgleichung auf.

■ **5.2**: Bestimmen Sie die Periodendauer eines Torsionspendels (Bild 5.1e) unter der Annahme, daß der am verdrillten Faden hängende Körper bezüglich der Drehachse das Massenträgheitsmoment J_A und der Faden die Winkelrichtgröße D besitzt. Hinweis: Das rücktreibende Drehmoment M sei gemäß $M = -D\alpha$ dem Drehwinkel α proportional.

5.1.2 Gedämpfte und erzwungene Schwingungen

Das im vorigen Abschnitt beschriebene Schwingungsverhalten entspricht einer freien, ungedämpften Schwingung. Reibungskräfte, z. B. der Luftwiderstand beim Federschwinger oder ein Ohmscher Widerstand beim elektrischen Schwingkreis, wandeln die Schwingungsenergie sukzessiv in Wärme um und erzeugen gedämpfte Schwingungen. In Abhängigkeit von der Natur der Reibung resultieren verschiedene Ansätze für diese Kräfte. Zur Beschreibung des Federschwingers kann man für hinreichend kleine Geschwindigkeiten die Reibungskraft als zu dieser proportional annehmen, d. h. $F_R = -r\dot{x}$ (Stokessche Reibung, vgl. Kapitel „Mechanik“). Das Minuszeichen trägt der Tatsache Rechnung, daß die Kraft entgegengesetzt zur Geschwindigkeit gerichtet ist. Zusammen mit der Federkraft findet man die Bewegungsgleichung

$$m\ddot{x} = F_{\text{ges}} = F + F_R = -kx - r\dot{x} ,$$

die mit den Abkürzungen $k/m = \omega_0^2$ und $r/m = 2\beta$ uns die folgende Differentialgleichung 2. Ordnung mit konstanten Koeffizienten liefert:

$$\boxed{\ddot{x} + 2\beta\dot{x} + \omega_0^2 x = 0 .} \tag{5.5}$$

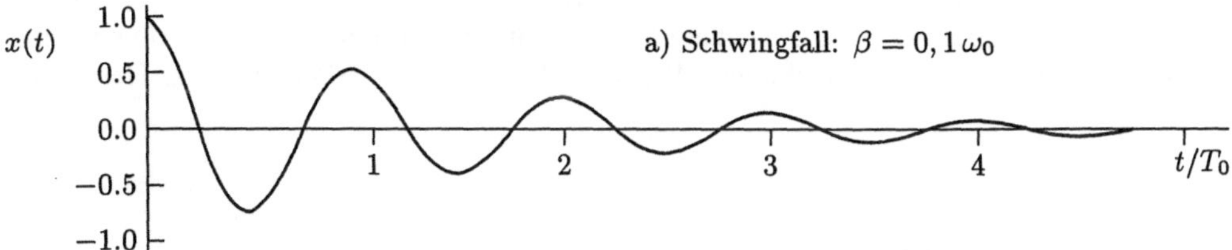

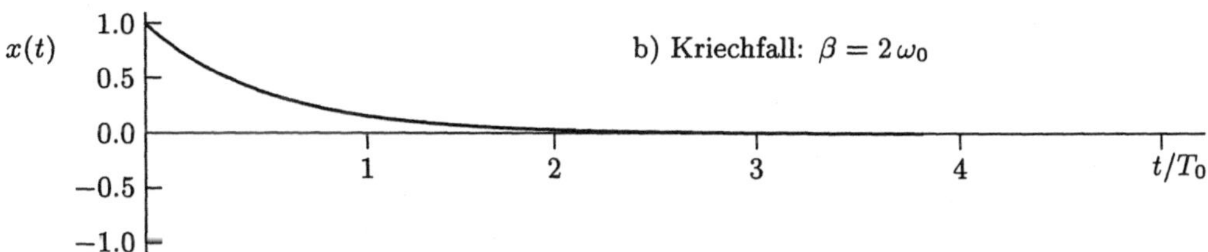

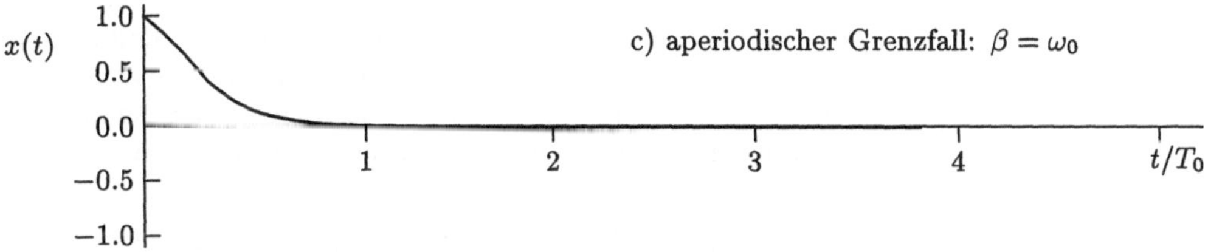

Bild 5.2 Illustration der drei Lösungen für die gedämpfte Schwingung: In allen Fällen wurde als Anfangsbedingung $x(0) = 1$ und $\dot{x}(0) = 0$ gewählt. Die Zeiteinheit ist $T_0 = 2\pi/\omega_0$.

Die Lösung dieser homogenen Differentialgleichung mit konstanten Koeffizienten unterscheidet die folgenden drei Fälle (vgl. auch den mathematischen Anhang):

Fall a) $\omega_0 > \beta$ (Schwingfall)

$$x = A_1 \cos\omega t + A_2 \sin\omega t = A_0 e^{-\beta t} \cos(\omega t + \alpha) \tag{5.6}$$

Fall b) $\omega_0 < \beta$ (Kriechfall)

$$x = A_1 e^{(-\beta + \sqrt{\beta^2 - \omega_0^2})t} + A_2 e^{(-\beta - \sqrt{\beta^2 - \omega_0^2})t}$$

Fall c) $\omega_0 = \beta$ (aperiodischer Grenzfall)

$$x = (A_1 + A_2 t)e^{-\beta t} \ ,$$

wobei $\omega = \sqrt{\omega_0^2 - \beta^2}$ ist. Die beiden Integrationskonstanten A_0 und α bzw. A_1 und A_2 hängen gemäß $A_1 = A_0 \cos\alpha$ und $A_2 = -A_0 \sin\alpha$ miteinander zusammen und werden durch die konkreten Anfangsbedingungen bestimmt. In Bild 5.2 sind diese drei Lösungen illustriert. Im Schwingfall hat man gegenüber der ungedämpften Schwingung eine verringerte Frequenz und eine zeitliche Abnahme der Amplitude. In den beiden anderen Fällen haben wir aperiodische Bewegungen. Liegt der aperiodische Grenzfall vor, dann geht ein ausgelenktes schwingungsfähiges System am schnellsten in seine Ruhelage zurück. Man nutzt dies bei der Dämpfung von Meßinstrumenten.

Bringen wir in den aus der Elektrizitätslehre bereits bekannten elektrischen Schwingkreis einen Ohmschen Widerstand (Bild 5.3), dann läßt sich die Beschreibung dieses Problems mathematisch exakt auf das soeben diskutierte Problem abbilden: Als Alternative zur Herleitung

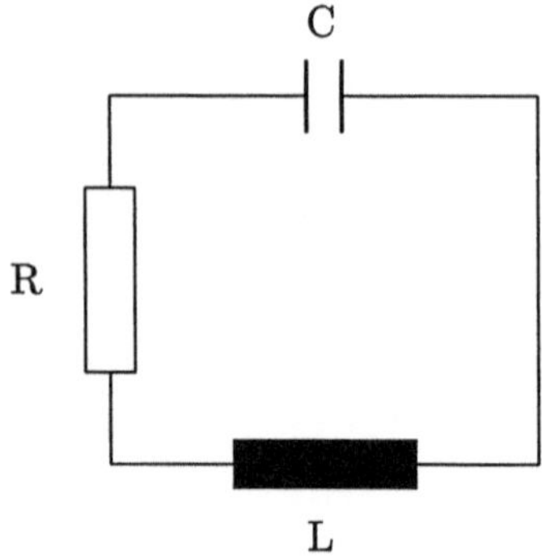

Bild 5.3
Durch einen Ohmschen Widerstand gedämpfter elektrischer Schwingkreis

für den mechanischen Fall gehen wir bei der Aufstellung der Schwingungsgleichung diesmal vom Energieerhaltungssatz aus und nutzen die Ergebnisse (4.30) und (4.77) für die elektrische bzw. magnetische Energie von Kondensator und Spule. Die zeitliche Abnahme der Summe aus magnetischer und elektrischer Energie muß danach gleich der in R erzeugten Jouleschen Wärme sein, d. h.

$$-\frac{\mathrm{d}}{\mathrm{d}t}(W_{\mathrm{mag}} + W_{\mathrm{el}}) = -\frac{\mathrm{d}}{\mathrm{d}t}(\frac{1}{2}Li^2 + \frac{1}{2}\frac{Q^2}{C}) = Ri^2 \ .$$

Dies liefert unter Beachtung von $i = \dot{Q}$ und nach Division durch i

$$L\frac{\mathrm{d}i}{\mathrm{d}t} + Ri + \frac{Q}{C} = 0$$

und nach nochmaligem Differenzieren

$$\boxed{\frac{\mathrm{d}^2 i}{\mathrm{d}t^2} + \frac{R}{L}\frac{\mathrm{d}i}{\mathrm{d}t} + \frac{1}{CL}i = 0 \ .} \tag{5.7}$$

Aus dem Vergleich von (5.5) und (5.7) lesen wir die korrespondierenden Größen unmittelbar ab. Sie sind in der Tabelle 5.1 gegenübergestellt. Zur Lösung des Problems „elektrischer Schwingkreis" sind die entsprechenden Ersetzungen für die Fälle a) - c) durchzuführen.

Zusammenfassend stellen wir also fest: Infolge von Reibung bildet sich also entweder wie im Kriechfall und aperiodischen Grenzfall erst gar keine Schwingung aus, oder ihre Amplitude nimmt wie im Schwingfall exponentiell mit der Zeit ab, da die Schwingungsenergie allmählich in Wärme umgewandelt wird.

Um eine Schwingung aufrecht zu erhalten, muß man ihr Energie zuführen. Dies kann z. B. durch Einwirkung einer äußeren Kraft $F_a(t)$ erfolgen. Diese sei im folgenden selbst als harmonisch angenommen, so daß wir ansetzen $F_a(t) = F_0 \cos(\omega_F t)$. Damit resultiert dann zusammen mit der Federkraft F und der Reibungskraft F_R die Bewegungsgleichung

$$\boxed{\ddot{x} + 2\beta\dot{x} + \omega_0^2 x = \frac{F_0}{m}\cos(\omega_F t) \ .} \tag{5.8}$$

Tabelle 5.1 Korrespondenz zwischen freien und gedämpften mechanischen und elektrischen Schwingungen

physikalische Größe	Federschwinger	elektrische Schwingung
Kreisfrequenz ω_0	$\sqrt{\frac{k}{m}}$	$\sqrt{\frac{1}{LC}}$
Dämpfungsfaktor β	$\frac{r}{2m}$	$\frac{R}{2L}$
Kreisfrequenz ω	$\sqrt{\omega_0^2 - (r/2m)^2}$	$\sqrt{\omega_0^2 - (R/2L)^2}$

Sie ist eine inhomogene Differentialgleichung 2. Ordnung, deren homogene Version wir bereits aus (5.5) kennen. Entsprechend der allgemeinen Lösungstheorie muß eine partikuläre Lösung gesucht werden. Dies gelingt mit dem Ansatz

$$x = C\,\cos(\omega_F t - \alpha) = C[\cos\omega_F t\cos\alpha + \sin\omega_F\sin\alpha]\ ,$$

der, in (5.8) eingesetzt, die Konstanten C und α zu

$$\begin{aligned} C &= \frac{F_0}{m\sqrt{(\omega_0^2-\omega_F^2)^2+4\beta^2\omega_F^2}} \\ \tan\alpha &= \frac{2\beta\omega_F}{\omega_0^2-\omega_F^2} \end{aligned} \tag{5.9}$$

bestimmt (vgl. Übungen). Die allgemeine Lösung von (5.8) setzt sich nun zusammen aus der partikulären Lösung plus der allgemeinen Lösung der homogenen Gleichung. Letztere beschreibt nun aber gerade die freie gedämpfte Schwingung, und da wir gesehen hatten, daß die Amplitude einer solchen Schwingung mit der Zeit abnimmt, wird also die durch die Kraft $F_a(t)$ **erzwungene Schwingung** nach einem sogenannten *Einschwingvorgang* allein von der partikulären Lösung beschrieben. Das Bild 5.4 zeigt das Einschwingverhalten und die Herausbildung des stationären Zustandes, der allein durch die partikuläre Lösung beschrieben ist, an einem Beispiel.

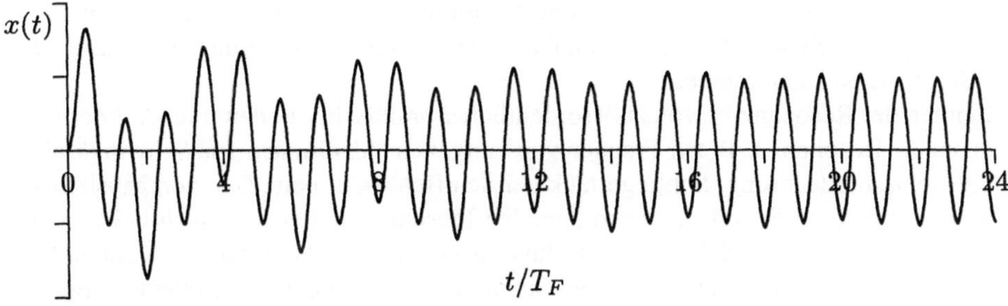

Bild 5.4 Einschwingvorgang und die Herausbildung einer stationären erzwungenen Schwingung: Im gezeigten Fall ist die Dämpfungskonstante $\beta = 0.1\,\omega_0$ und die Erregerfrequenz $\omega_F = 4\,\omega_0$. Die Zeit ist in Einheiten von $T_F = 2\pi/\omega_F$ angeben.

Untersuchen wir die Amplitude C, so wird diese maximal, wenn der Radikand der Wurzel in (5.9) minimal wird. Bestimmt man die entsprechende Frequenz ω_F aus dem Verschwinden der 1. Ableitung von $(\omega_0^2 - \omega_F^2)^2 + 4\beta^2\omega_F^2$ nach ω_F, so folgt

$$\omega_R = \omega_0\sqrt{1 - \left(\frac{2\beta}{\omega_0}\right)^2} .$$

Für kleine Dämpfungen wird die Amplitude also maximal, wenn die Frequenz der äußeren Kraft ω_F etwa gleich der **Eigenfrequenz** ω_0 des schwingungsfähigen Systems ist. Die Amplitude wird dann nur noch von der Reibung, beschrieben durch β, begrenzt – es liegt **Resonanz** vor. Ist die Dämpfung zu klein, so können die Amplituden so stark anwachsen, daß das schwingende System zerstört wird – es kommt zur **Resonanzkatastrophe**.

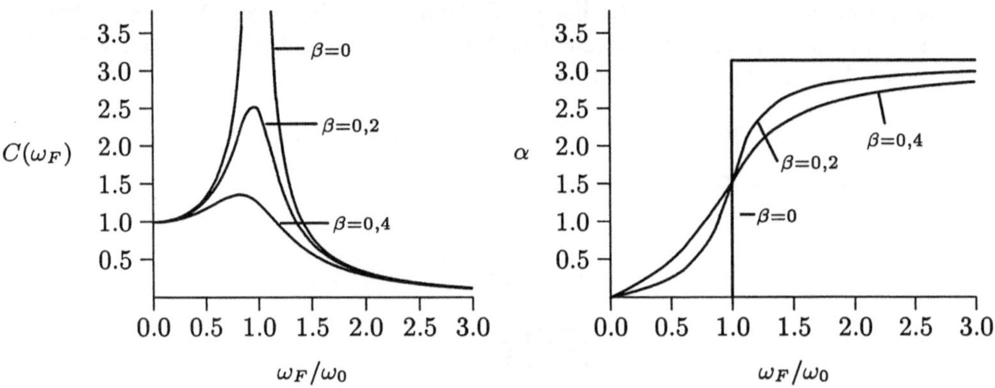

Bild 5.5 Amplituden- und Phasenverhalten in der Umgebung der Resonanzstelle

Aus (5.9) ergibt sich, daß für kleine ω_F der Schwinger der äußeren Kraft stets folgen kann, denn α strebt für $\omega_F \to 0$ selbst gegen Null. Nähert man sich von kleineren Erregerfrequenzen aus der Resonanz, so ergibt sich für die Phasenverschiebung aus $\tan\alpha \to \infty$ der Wert $\alpha = \pi/2$; die Schwingung hinkt der äußeren Kraft also um eine viertel Periode nach. Oberhalb der Resonanz strebt die Phasenverschiebung mit wachsendem ω_F gegen π. Der Schwinger kann der äußeren Erregung immer schlechter folgen, was auch in der Abnahme seiner Amplitude zum Ausdruck kommt.

In Bild 5.5 ist die Amplitude in Abhängigkeit von der Erregerfrequenz für verschiedene Dämpfungsgrade dargestellt. Das steile Anwachsen der Amplitude in der Umgebung der Resonanz ist für geringe Dämpfung ebenso deutlich erkennbar, wie die rasche Änderung der Phase beim Durchgang durch die Resonanzstelle.

Das Phänomen der Resonanz ist von außerordentlicher praktischer Bedeutung. Auf der einen Seite nutzt man die Resonanz z. B. zur Frequenzmessung, zum Abstimmen von Schwingkreisen, zur Gleichgewichtsstabilisierung (Schlingertank bei Schiffen) oder beim Bau von Musikinstrumenten. Andererseits kann Resonanz bei rotierenden Maschinenteilen oder auch bei der Konstruktion von Bauwerken, z. B. Brücken, destruktiv wirken und muß unterdrückt werden. Dazu ist die genaue Kenntnis der sogenannten Eigenschwingungen des speziellen Systems nötig.

Übungen:

■ **5.3**: Lösen Sie die Schwingungsgleichung (5.5) mit dem Ansatz $x(t) = A\ \exp(\lambda t)$ und diskutieren Sie die einzelnen Fälle.

5.4: Berechnen Sie den Verlust an mechanischer Energie während einer Periode für den Schwingfall in Abhängigkeit von der Dämpfung β und Periodendauer T. ■
5.5: Leiten Sie die Ausdrücke für die Amplitude C und die Phase α her. ■
5.6: Das Verhältnis aus dem Wert der Amplitude an der Resonanzstelle und dem entsprechenden statischen Wert für $\omega_F = 0$ wird als „Gütefaktor" Q bezeichnet. Zeigen Sie, daß für kleine Dämpfung $Q = \omega_0/2\beta$ gilt. ■
5.7: An einer Feder mit der Federkonstanten k_1 hängt eine Feder mit der Federkonstanten k_2 und an dieser wiederum eine Masse m. Man berechne die Periodendauer der harmonischen Schwingung, die diese Masse ausführt, wenn man sie aus der Gleichgewichtslage auslenkt und dann losläßt. Vom Einfluß der Schwerkraft soll dabei abgesehen werden. ■

5.1.3 Überlagerung von Schwingungen

Wir beschränken uns nun wieder auf die freien, ungedämpften harmonischen Schwingungen. Die Schwingungsgleichungen sind linear, d. h. mehrere Schwingungen können sich ungestört überlagern. Dabei resultieren interessante Bewegungsformen, von denen wir einige vorstellen wollen:

Zwei Schwingungen $x_1 = A\cos\omega_1 t$ und $x_2 = A\cos\omega_2 t$ in gleicher Richtung mit gleicher Amplitude aber unterschiedlicher Frequenz

Addieren der beiden Schwingungen liefert[1]

$$\begin{aligned} x = x_1 + x_2 &= A\left[\cos\omega_1 t + \cos\omega_2 t\right] \\ &= 2A\cos\left(\frac{\omega_1 - \omega_2}{2}t\right)\cos\left(\frac{\omega_1 + \omega_2}{2}t\right) . \end{aligned} \tag{5.10}$$

Sind die beiden Frequenzen nur wenig voneinander verschieden, dann schreiben wir $\omega_1 = \omega$, $\omega_2 = \omega + \Delta\omega$ und finden mit $\omega_1 + \omega_2 \approx 2\omega$ und $\omega_2 - \omega_1 = \Delta\omega$

$$x = 2A\cos\left(\frac{\Delta\omega}{2}t\right)\cos\omega t . \tag{5.11}$$

Die resultierende Bewegung läßt sich als eine harmonische Schwingung mit der Kreisfrequenz ω auffassen, deren Amplitude zeitlich periodisch zwischen den Grenzen 0 und $2A$ mit der Kreisfrequenz $\Delta\omega/2$ variiert. Diese Schwingungsform nennt man **Schwebung**. Da die Cosinusfunktion pro Periode zu jeweils zwei Nullstellen der Amplitude Anlaß gibt, ist die Frequenz der Schwebung gerade durch $\Delta\omega$ gegeben. Sie ist in Bild 5.6 dargestellt.

Schwebungen von Schallschwingungen kann man z. B. beim Stimmen von Musikinstrumenten ausnutzen; eine genaue Übereinstimmung der Frequenzen liegt dann vor, wenn die Schwebung verschwindet.

Zwei Schwingungen $x = A_1\cos\omega_1 t$ und $y = A_2\cos(\omega_2 t + \alpha)$ in zueinander senkrechter Richtung mit unterschiedlicher Frequenz und beliebiger Phasendifferenz

Wir setzen zunächst einmal die Frequenzen gleich, d. h. $\omega_1 = \omega_2 = \omega$, und variieren nur die Phasendifferenz. Unter Ausnutzung der Additionstheoreme folgt dann

[1] Hier und im folgenden nutzen wir oft die trigonometrische Beziehung

$$\cos\alpha + \cos\beta = 2\cos\left(\frac{\alpha - \beta}{2}\right)\cos\left(\frac{\alpha + \beta}{2}\right) .$$

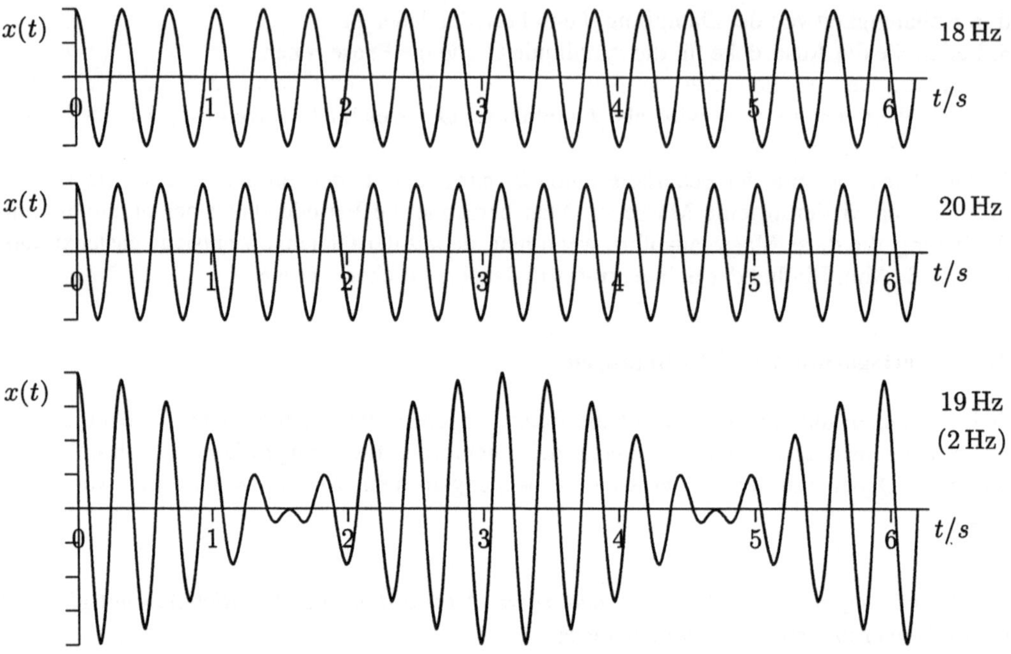

Bild 5.6 Entstehung einer Schwebung mit der Kreisfrequenz 2 Hz durch Überlagerung zweier Schwingungen von 18 Hz und 20 Hz

$$y = A_2 \left[\cos\omega t \, \cos\alpha - \sin\omega t \, \sin\alpha\right] .$$

Mit $\cos\omega t = \dfrac{x}{A_1}$ und $\sin\omega t = \sqrt{1 - \left(\dfrac{x}{A_1}\right)^2}$ ergibt sich weiter

$$\frac{y}{A_2} - \frac{x}{A_1} \cos\alpha = \sqrt{1 - \left(\frac{x}{A_1}\right)^2} \sin\alpha ,$$

und durch Quadrieren findet man schließlich die Gleichung einer Ellipse der Gestalt

$$\frac{y^2}{A_2^2} + \frac{x^2}{A_1^2} = \sin^2\alpha + \frac{2yx}{A_1 A_2} \cos\alpha . \tag{5.12}$$

Die Phasendifferenz bestimmt die Form der Auslenkung. Die Gleichung (5.12) enthält die folgenden Grenzfälle:

$\alpha = 0$	$y = (A_2/A_1)\, x$	Gerade mit dem Anstieg A_2/A_1
$\alpha = \pi/2$	$y^2/A_2^2 + x^2/A_1^2 = 1$	Ellipse mit den Hauptachsen in Richtung der Koordinatenachsen, Spezialfall: $A_1 = A_2$ (Kreis)
$\alpha = \pi$	$y = (-A_2/A_1)\, x$	Gerade mit dem Anstieg $-A_2/A_1$

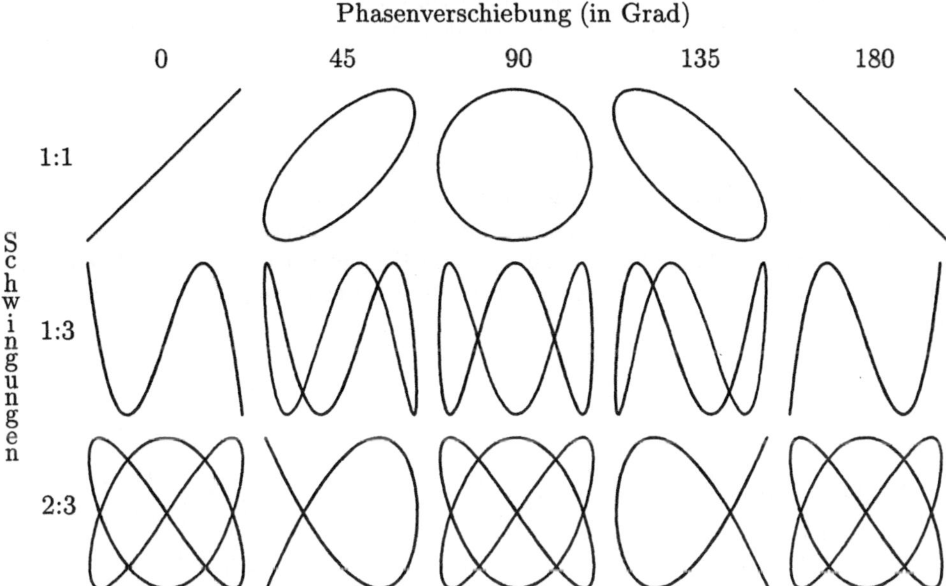

Bild 5.7 Lissajous-Figuren für die Frequenzverhältnisse 1:1, 1:3 sowie 2:3 bei verschiedenen Phasendifferenzen

Diese speziellen Formen sind im oberen Teil von Bild 5.7 dargestellt. Sind die Frequenzen verschieden, ihr Verhältnis jedoch eine rationale Zahl, dann beschreibt die Auslenkung komplizierte geschlossene Kurven, die als **Lissajous-Figuren** (J. A. Lissajous, 1822–1880) bekannt sind; in allen anderen Fällen resultieren keine geschlossenen Kurven. Einige Beispiele solcher Lissajous-Figuren zeigt ebenfalls Bild 5.7.

Modulation

Eine technisch bedeutsame Form der Überlagerung von Schwingungen verschiedener Frequenz ist die Modulation, die z. B. zur Übertragung von Sprache oder Musik mittels elektromagnetischer Wellen verwendet wird. Bei der **Amplitudenmodulation** wird die Amplitude einer hochfrequenten Schwingung $x_H = A_H \cos\omega_H t$ gemäß $A = A_H + A_N \cos(\omega_N t + \beta)$ durch eine niederfrequente Schwingung moduliert (Bild 5.8). Führt man den *Modulationsgrad* $m = A_N/A_H$ ein, dann gilt:

$$x = A_H[1 + m \cos(\omega_N t + \beta)] \cos\omega_H t \, .$$

Mit Hilfe der Additionstheoreme läßt sich dies auch als

$$x = A_H \cos\omega_H t + A_H \frac{m}{2} \cos[(\omega_H + \omega_N)t + \beta] + A_H \frac{m}{2} \cos[(\omega_H - \omega_N)t - \beta]$$

schreiben. Die modulierte Schwingung enthält also außer der Grundschwingung noch zwei *Seitenbanden* mit den Frequenzen $\omega_H \pm \omega_N$. Im allgemeinen werden verschiedene Frequenzen übertragen, so daß einem Sender ein ganzes Frequenzband zwischen $\omega_H \pm \max(\omega_N)$ zur ungestörten Übertragung zur Verfügung stehen muß. Um genügend Sender im Mittelwellenbereich unterzubringen, muß das Frequenzband eingeschränkt werden. Diese Art der Modulation findet bei Radioübertragungen auf der Kurz-, Mittel- und Langwelle sowie beim Fernsehen Anwendung. UKW-Sender bedienen sich dagegen der Frequenzmodulation (FM). Sie läßt sich durch einen Ausdruck der Form

$$x = A_H \cos \int_0^t (\omega_H + \Delta\omega \cos \omega_N t)$$

darstellen, wobei $\Delta\omega$ den *Frequenzhub* charakterisiert. Dieser Ausdruck ist schwieriger zu analysieren. Wir bemerken dazu nur, daß nun neben der Grundfrequenz unendlich viele Seitenbanden auftreten. Die Frequenzmodulation verlangt ein breiteres Frequenzband und ist im allgemeinen störungsfreier, da sich Frequenzen im allgemeinen durch Störungen weniger beeinflussen lassen als Amplituden.

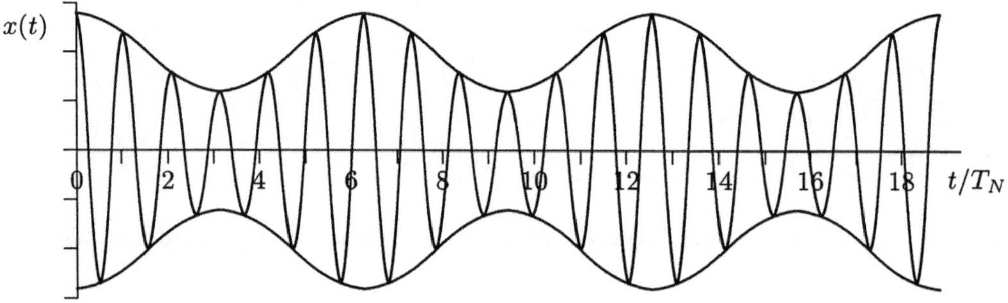

Bild 5.8 Amplitudenmodulation

Wegen der hohen Trägerfrequenz und auch begünstigt durch die geringen Reichweiten dieser Sender können die erforderlichen großen Bandbreiten zugelassen werden.

5.1.4 Nichtharmonische Schwingungen – Fourier-Analyse

Bisher haben wir uns nur auf harmonische Schwingungen beschränkt. Diese Schwingungsform ist an eine lineare Abhängigkeit der Kraft von der Auslenkung gebunden. Für größere Auslenkungen können Abweichungen vom Hookeschen Gesetz und damit Nichtlinearitäten relevant werden. Das bekannteste Beispiel ist vielleicht das **mathematische Pendel** (Bild 5.9). Um seine Bewegungsgleichung aufzustellen, wenden wir den Energieerhaltungssatz an. Wird die potentielle Energie des Massenpunktes m in der tiefsten Lage ($\phi = 0$) als Energienullpunkt gewählt, dann ist die potentielle Energie bei einer Auslenkung um ϕ durch $mgl(1-\cos\phi)$ gegeben. Wegen $v = l\dot{\phi}$ ist die kinetische Energie $m(l\dot{\phi})^2/2$. Der Energieerhaltungssatz verlangt

$$E_{\text{ges}} = \frac{ml^2\dot{\phi}^2}{2} + mgl(1-\cos\phi) = const. \;,$$

oder das Verschwinden der zeitlichen Ableitung von E_{ges}. Differenzieren liefert nach Division durch $ml^2\dot{\phi}$

$$\ddot{\phi} + \frac{g}{l}\sin\phi = 0 \;, \tag{5.13}$$

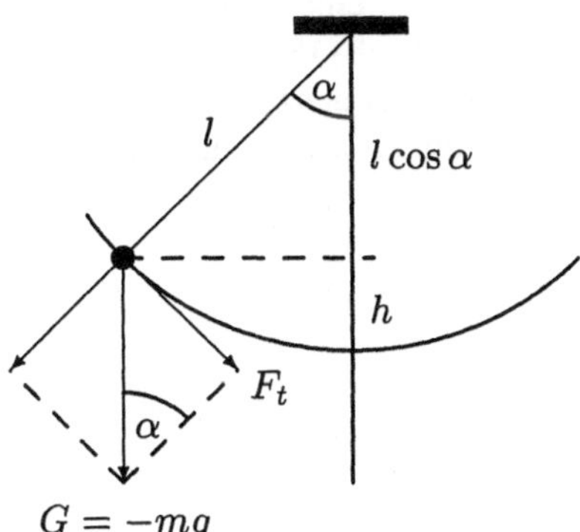

Bild 5.9
Zur Bewegungsgleichung des mathematischen Pendels

was eine nichtlineare Differentialgleichung ist. Nur für kleine Winkel ($\sin \phi \approx \phi$) geht sie in die bereits für harmonische Schwingungen bekannte lineare Gleichung (2.15) über. Ein Vergleich der Koeffizienten ergibt $\omega^2 = g/l$ und liefert dann die Schwingungsdauer $T = 2\pi\sqrt{l/g}$.

Eine analytische Lösung von (5.13) ist nicht möglich; Korrekturen zur Schwingungsdauer für größere Auslenkungen können allerdings mit Hilfe von Näherungsverfahren berechnet werden. In niedrigster Ordnung ergibt sich in Abhängigkeit von der maximalen Auslenkung ϕ_0

$$T = 2\pi\sqrt{l/g}\left[1 + \frac{1}{4}\sin^2\frac{\phi_0}{2}\right] .$$

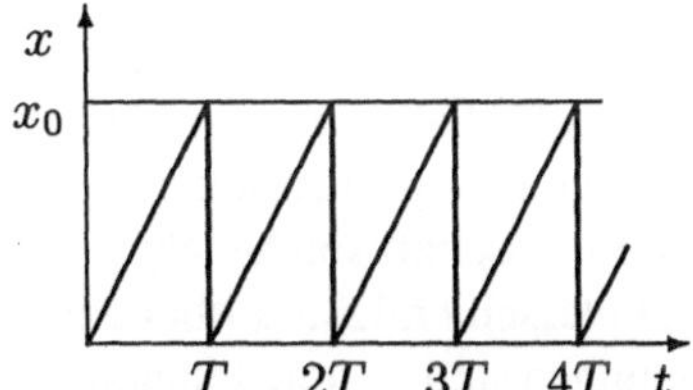

Bild 5.10
Zeitlicher Verlauf einer Kippschwingung

Neben dem mathematischen Pendel sind auch sogenannte **Kippschwingungen**, die uns z. B. vom Oszilloskop bekannt sind, Beispiele für anharmonische Schwingungen. Bild 5.10 zeigt den für eine solche Kippschwingung charakteristischen sägezahnförmigen zeitlichen Verlauf.

Charakteristisch für nichtharmonische Schwingungen ist, daß sie durch keine einzelne harmonische Funktion darstellbar sind. Aus der Mathematik wissen wir aber, daß die für eine Schwingung charakteristische zeitliche Periodizität $x(t) = x(t+T)$ zusammen mit der Erfüllung gewisser praktisch kaum einschränkender Forderungen an $x(t)$ eine Darstellung in Form einer Fourier-Reihe gestattet. Es gilt dabei

$$x(t) = \frac{A_0}{2} + \sum_{m=1}^{\infty}\left[A_m \cos\left(\frac{2\pi m}{T}t\right) + B_m \sin\left(\frac{2\pi m}{T}t\right)\right] , \qquad (5.14)$$

wobei die Koeffzienten A_m und B_m durch

$$A_m = \frac{2}{T}\int_0^T x(t)\cos\left(\frac{2\pi m}{T}t\right)\,\mathrm{d}t \quad \text{und} \quad B_m = \frac{2}{T}\int_0^T x(t)\sin\left(\frac{2\pi m}{T}t\right)\,\mathrm{d}t \qquad (5.15)$$

bestimmt sind. Die Zerlegung einer nichtharmonischen Schwingung in eine Summe von harmonischen Komponenten heißt *Fourier-Analyse* (R. B. J. Fourier, 1768–1830). Die kleinste vorkommende Frequenz nennt man **Grundschwingung**, die höheren Frequenzen entsprechend **Oberschwingungen**. Die in Bild 5.11 dargestellte Schwingung besteht z. B. aus 2 harmonischen Komponenten.

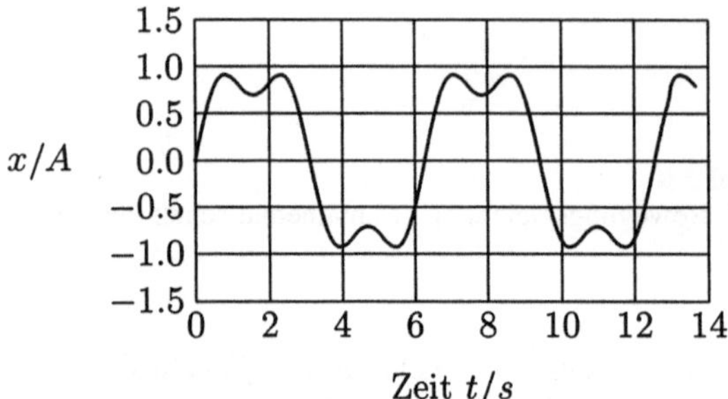

Bild 5.11
Beispiel einer nichtlinearen Schwingung, die aus den harmonischen Schwingungen $x_1(t) = A\sin\omega_1 t$ und $x_2(t) = 0,3A\sin\omega_2 t$ mit $\omega_1 = 1\,\mathrm{s}^{-1}$ und $\omega_2 = 3\,\mathrm{s}^{-1}$ zusammengesetzt ist.

Experimentell kann eine solche Analyse dadurch erfolgen, daß man die zu untersuchende Schwingung mit einem in der Frequenz abstimmbaren schwingungsfähigen System koppelt und die Resonanzfrequenzen aufsucht. Für Schallschwingungen besitzen wir z. B. mit der Basilarmembran unseres Ohres einen solchen „Analysator“ [2].

Man kann die Fourier-Darstellung natürlich auch umgekehrt dazu benutzen, um anharmonische Schwingungen durch Superposition von harmonischen Schwingungen mit ganzzahligen Frequenzverhältnissen zu generieren (*Fourier-Synthese*).

Nichtlineare Dynamik und Chaos: Wir haben bereits bei der Behandlung von Strömungen darauf aufmerksam gemacht, daß turbulente Strömungen chaotisches Verhalten zeigen können, welches sich im Rahmen einer theoretischen Beschreibung als Folge von Nichtlinearitäten in den entsprechenden Gleichungen erweist. Es ist eine charakteristische Eigenschaft solcher Systeme, daß bereits kleine Änderungen in den Anfangsbedingungen völlig unterschiedliche zeitliche Entwicklungen dieser Systeme zur Folge haben. Nichtlineare Schwingungen sind weitere Phänomene mit einer solchen nichtlinearen Dynamik.

Das mathematische Pendel für große Schwingungsamplituden ist ein solches Beispiel. Betrachtet man die labile Gleichgewichtssituation eines anfänglich um $\phi = 180°$ ausgelenkten Pendels, so wird die Schwierigkeit einer Vorhersage seiner zukünftigen Bewegung sofort deutlich. Jede noch so kleine äußere Störung entscheidet, ob das Pendel nach recht oder links die Anfangsposition verläßt. Jede folgende kleine Störung entscheidet darüber, ob das Pendel dann eine periodische Pendelschwingung oder eine ungleichförmige Drehbewegung ausführt.

Eine solche Störung kann nun etwa dadurch erzeugt werden, daß man das Pendel durch eine zeitlich periodische Kraft der Gestalt $F_a(t) = F_0\cos(\omega_F t)$ zu erzwungenen Schwingungen antreibt (vgl. Abschnitt 5.1.2). Nimmt man noch eine zur Winkelgeschwindigkeit proportionale Reibungskraft $-r\dot{\phi}$ an, so ergibt sich in Verallgemeinerung von (5.13) die Bewegungsgleichung des Pendels nun zu

$$ml\frac{\mathrm{d}^2\phi}{\mathrm{d}t^2} + \frac{r}{l}\frac{\mathrm{d}\phi}{\mathrm{d}t} + mg\sin\phi = F_0\cos(\omega_F t)\ . \tag{5.16}$$

[2] Die von Helmholtz (1821–1894) entwickelte Resonanztheorie des Hörens, nach der die einzelnen Fasern dieser Membran als Resonatoren fungieren, ist aus heutiger Sicht nicht sehr überzeugend. Eher scheinen wohl Eigenschwingungen der gesamten Basilarmembran die zentrale Rolle zu spielen.

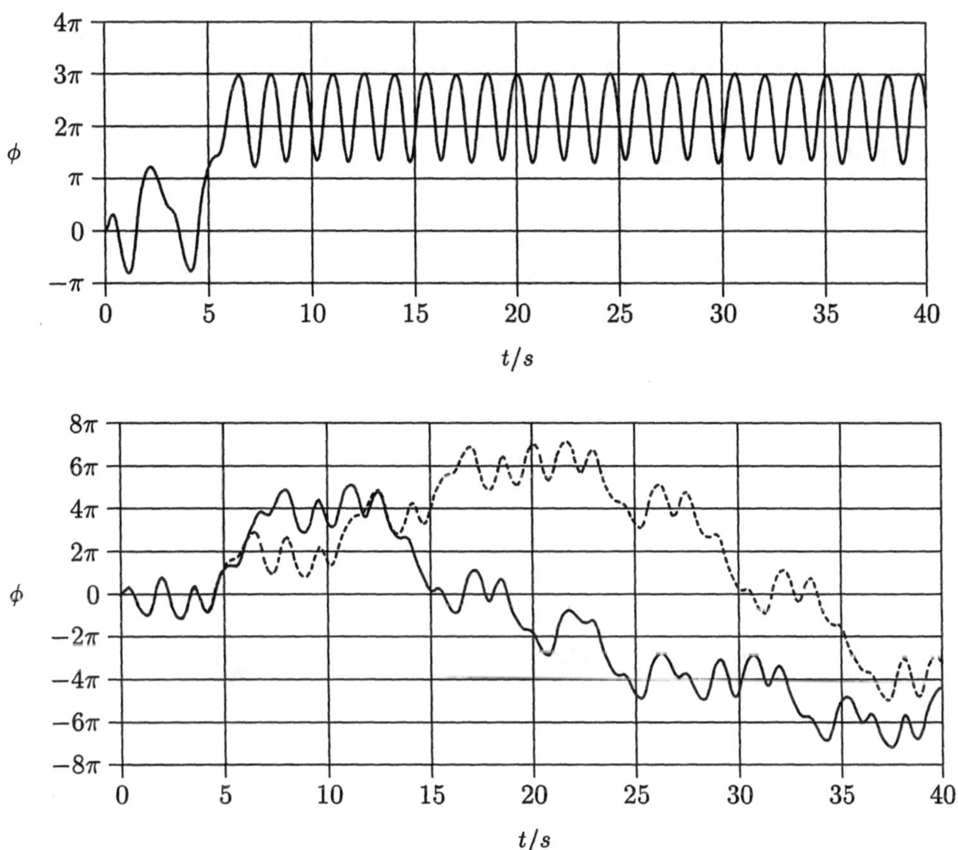

Bild 5.12 Nichtlineare Effekte im Verhalten eines getriebenen mathematischen Pendels ($m = 0,2$ kg, $l = 0,25$ m, $r = 0,16$ N s, $\omega_F = 4,176\,\mathrm{s}^{-1}$): Periodische Bewegung mit der Periodizität zwei für $F_0 = 2,14$ N (oben) und chaotische Bewegungen für $F_0 = 2,32$ N bzw. $F_0 = 2,324$ N (unten)

Wie Bild 5.12 am Beispiel der Variation von F_0 verdeutlicht, kann durch eine Veränderung dieses Parameters tatsächlich ein ganz unterschiedliches zeitliches Verhalten des Pendels hervorgerufen werden. Im Gegensatz zum Resonanzverhalten bei erzwungenen harmonischen Schwingungen können periodische Bewegungen mit unterschiedlichen Periodizitäten auftreten. Bild 5.12 zeigt im oberen Teil, wie sich nach einigen Überschlägen während des Einschwingvorgangs eine solche Bewegung mit der Periodizität zwei ausbildet. Für bestimmte Bereiche des Parameters zeigt die numerische Lösung der Schwingungsgleichung sogar chaotisches Verhalten. In Bild 5.12 sind unten die Bewegungen für $F_0 = 0,580$ N m (durchgezogen) und $F_0 = 0,581$ N m (gestrichelt) dargestellt. Man erkennt, daß dann selbst eine ganz kleine Änderung von F_0 zu unvorhersagbaren Änderungen in der durch zahlreiche Überschläge charakterisierten Bahnkurve des Pendels führt.

Unser Beispiel gibt nur einen kleinen Einblick in die Welt des Chaos. Die systematische Erforschung nichtlinearer dynamischer Systeme ist erst in den letzten Jahren durch den Einsatz von Computern möglich geworden. Dabei haben sich viele interessante und oft unerwartete Erkenntnisse ergeben. Dynamische Systeme aus den verschiedensten Bereichen der Naturwissenschaften aber auch der Gesellschaftswissenschaften zeigen gebietsübergreifende Gemeinsamkeiten und machen die nichtlineare Dynamik gegenwärtig zu einem der aufregendsten Forschungsgebiete.

Übung:

■ **5.8**: Führen Sie für die in Bild 5.10 dargestellte Kippschwingung eine Fourier-Analyse durch. Wie könnte eine solche Kippschwingung näherungsweise elektrisch erzeugt werden?

5.1.5 Gekoppelte Schwingungen

Bei den erzwungenen Schwingungen haben wir gesehen, wie eine äußere Kraft die Schwingungseigenschaften eines schwingungsfähigen System verändert. Ein interessanter Spezialfall liegt vor, wenn ein Schwinger mit einem zweiten in Wechselwirkung steht. Wir sprechen dann von **gekoppelten Schwingungen**. Bild 5.13 zeigt zwei gekoppelte Pendel, deren Verhalten jetzt untersucht werden soll.

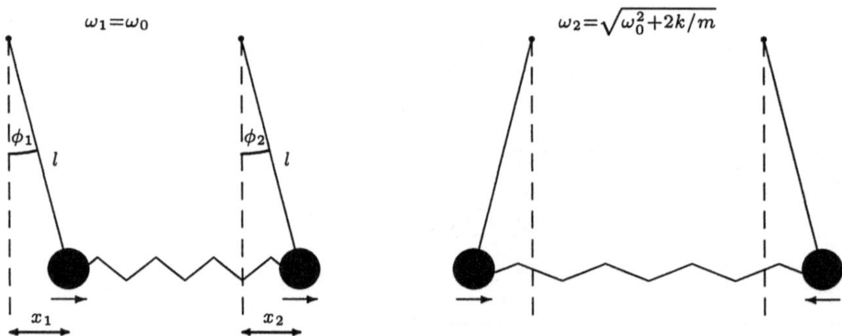

Bild 5.13 Momentaufnahme der Fundamentalschwingungen eines gekoppelten Pendels

Aus der Mechanik wissen wir, daß die durch die Schwerkraft erzeugte rücktreibende Kraft ein einzelnes Pendel für kleine Auslenkungen mit einer Kreisfrequenz $\omega_0^2 = g/l$ schwingen läßt. Besitzt die koppelnde Feder die Federkonstante k, dann wirkt neben der Schwerkraft noch die Federkraft auf die Pendel 1 bzw. 2. Wir bezeichnen die Auslenkungen mit x_1 bzw. x_2 und können für kleine Auslenkungen wegen $\sin \phi_i \approx \phi_i \approx x_i/l$ die Wirkung der Schwerkraft auf die Pendel durch $-mgx_1/l$ bzw. $-mgx_2/l$ und die der Feder durch $\mp k(x_1 - x_2)$ darstellen. Damit folgen die Newtonschen Bewegungsgleichungen

$$\begin{aligned} \ddot{x}_1 + \omega_0^2 x_1 + \frac{k}{m}(x_1 - x_2) &= 0 \\ \ddot{x}_2 + \omega_0^2 x_2 + \frac{k}{m}(x_2 - x_1) &= 0 \,. \end{aligned} \tag{5.17}$$

Wir überlassen die Lösung dieses Problems den Übungen und geben hier nur das Ergebnis an:

$$\begin{aligned} x_1 &= \frac{1}{2}[A_1 \cos(\omega_1 t + \alpha_1) + A_2 \cos(\omega_2 t + \alpha_2)] \\ x_2 &= \frac{1}{2}[A_1 \cos(\omega_1 t + \alpha_1) - A_2 \cos(\omega_2 t + \alpha_2)] \,, \end{aligned} \tag{5.18}$$

mit $\omega_1 = \omega_0$ und $\omega_2 = \sqrt{\omega_0^2 + 2k/m}$.

Jede Bewegung der gekoppelten Pendel läßt sich also als Überlagerung zweier **Fundamentalschwingungen** darstellen. Diese Schwingungsformen sind in Bild 5.13 dargestellt. Es ist klar, daß die gleichphasige Schwingung mit der Eigenfrequenz ω_1 der Pendel erfolgt, da sich die Pendel dabei nicht stören; beim gegenphasigen Schwingen ist die Frequenz infolge der zusätzlichen Federkraft auf ω_2 vergrößert.

Was erwarten wir z. B. von einem Experiment, bei dem wir Pendel 2 in seiner Gleichgewichtslage belassen, Pendel 1 um A auslenken und zum Zeitpunkt $t = 0$ das System loslassen? Die Forderungen $x_2(0) = 0$ und $x_1(0) = A$ sowie $\dot{x}_1(0) = \dot{x}_2(0) = 0$ führen auf $\alpha_1 = \alpha_2 = 0$ und $A_1 + A_2 = 2A$, was die allgemeine Lösung zu

$$x_1 = A \cos\left(\frac{\omega_1 + \omega_2}{2} t\right) \cos\left(\frac{\omega_1 - \omega_2}{2} t\right)$$
$$x_2 = A \sin\left(\frac{\omega_1 + \omega_2}{2} t\right) \sin\left(\frac{\omega_1 - \omega_2}{2} t\right) \tag{5.19}$$

spezialisiert. Die Analyse der obigen Lösungen führt zu dem Ergebnis, daß die Pendel mit der Frequenz $(\omega_1 + \omega_2)/2$ schwingen, während die Schwingungsenergie zeitlich periodisch von einem Pendel zum anderen mit der Frequenz $(\omega_1 - \omega_2)/2$ übergeht. Letztere ist maßgeblich durch die Stärke der Kopplung bestimmt. Wir können die Bewegungen der Pendel gemäß (5.11) auch als Schwebungen beschreiben, die um $\pi/2$ phasenverschoben sind.

An die Behandlung der gekoppelten Pendel wollen wir noch den folgenden Gedankengang anschließen: Wir stellen uns einmal vor, die Pendel würden sich in einem für uns nicht einsehbaren Kasten befinden. Wissen wir nun, daß sich in diesem Kasten ein schwingungsfähiges System befindet, dann könnten wir versuchen, durch Resonanzexperimente mit einem abstimmbaren Schwingkreis die möglichen Eigenfrequenzen des Systems zu bestimmen. Falls dies die Frequenzen ω_1 und ω_2 liefert, so ließe sich damit auf die Pendellänge und die Federkonstante schließen. Allgemeiner: Aus der Kenntnis der Eigenschwingungen eines Systems lassen sich Informationen über seine Struktur erhalten.[3]

Frequenzfilter und Schwingungstilgung: Interessante Eigenschaften offenbaren gekoppelte schwingungsfähige Systeme, wenn man sie zu erzwungenen Schwingungen anregt. Haben die Fundamentalschwingungen des Systems die Frequenzen ω_0 bzw. ω_1 und regt man etwa den Schwinger 1 mit einer zeitlich periodischen Kraft der Kreisfrequenz ω_F an, so ergibt sich für den Betrag des Amplitudenverhältnisses der beiden Schwinger (vgl. die folgenden Übungen)

$$\left|\frac{A_2}{A_1}\right| = \left|\frac{\omega_1^2 - \omega_0^2}{\omega_0^2 + \omega_1^2 - 2\omega_F^2}\right| .$$

Untersucht man diesen Ausdruck in Abhängigkeit von ω_F, so stellt man fest, daß er für $\omega_F < \omega_0$ mit abnehmender Erregerfrequenz sowie für $\omega_F > \omega_1$ mit zunehmender Erregerfrequenz immer kleiner wird. Diese Tendenz ist um so ausgeprägter, je geringer der Unterschied zwischen ω_0 und ω_1 im Vergleich zu ihrer Summe ist. Dem Schwinger 1 aufgeprägte Schwingungen mit Frequenzen außerhalb des Frequenzbandes zwischen ω_0 und ω_1 werden daher bei der Übertragung auf den Schwinger 2 stark unterdrückt. Das System der gekoppelten Schwingungen wirkt als *Bandpaßfilter*.

[3] Dieses Konzept – als Spektroskopie bekannt – hat sich als eines der fruchtbringendsten in der Atom- und Molekularphysik erwiesen. Es ist eine der wichtigsten Informationsquellen über die Geheimnisse der Mikrowelt. Wir werden diese Thematik in der Atomphysik weiter vertiefen.

Liegt andererseits die erregende Frequenz ω_F in der Umgebung der Nullstelle des Nenners, d. h. bei

$$\omega_0^2 + \omega_1^2 - 2\omega_F^2 = 0 ,$$

so wird das Amplitudenverhältnis sehr groß. Schwinger 2 nimmt dann einen großen Teil der durch den Erreger in das System gepumpten Energie auf, wobei für Schwinger 1 die Schwingungen stark unterdrückt werden. Koppelt man also an ein durch äußere Einwirkungen zu Schwingungen angeregtes System einen geeignet gewählten Schwinger, so kann dieser für das System als sogenannter Schwingungstilger wirken. Man nutzt dieses Konzept in der Technik zur *Schwingungstilgung* z. B. an Maschinen, empfindlichen Geräten oder beim Gütertransport.

Übungen:

- **5.9**: Versuchen Sie die Bewegungsgleichungen der gekoppelten Pendel zu lösen, indem Sie beide Gleichungen einmal addieren, einmal subtrahieren und die resultierenden Gleichungen für x_1+x_2 bzw. $x_1 - x_2$ zuerst untersuchen.
- **5.10**: Untersuchen Sie das Verhalten der gekoppelten Pendel, wenn Pendel 1 durch die Kraft $F(t) = F_0 \cos(\omega_F t)$ zu erzwungenen Schwingungen angeregt wird. Gehen Sie dabei davon aus, daß infolge von Dämpfung nach dem Einschwingvorgang allein die partikuläre Lösung die Bewegung beschreibt, und bestimmen Sie diese dann jedoch zur Vereinfachung unter der Annahme $\beta = 0$.

5.2 Wellen

5.2.1 Allgemeine Grundlagen der Wellenausbreitung

Am Beispiel der gekoppelten Pendel wurde gezeigt, daß durch Kopplung der Schwingungszustand und damit Schwingungsenergie eines Pendels auf das benachbarte übertragen werden kann. Sind nun viele Schwinger miteinander gekoppelt, dann kann sich der Schwingungszustand von Schwinger zu Schwinger fortpflanzen – es entsteht eine **Welle**.

Eine räumliche Ausbreitung eines Schwingungszustandes nennt man Welle. Die Schwinger bleiben dabei an ihren Orten, während sich Impuls und Energie räumlich ausbreiten.

Prinzipiell unterscheiden wir hinsichtlich der Konstellation zwischen Ausbreitungsrichtung und Schwingungsebene zwei Wellentypen (Bild 5.14): Schwingen die Oszillatoren senkrecht zur Ausbreitungsrichtung, dann sprechen wir von einer **Transversalwelle** (Querwelle); schwingen die Oszillatoren in Ausbreitungsrichtung, so liegt eine **Longitudinalwelle** (Längswelle) vor.

Die Frage, welche der beiden Wellentypen bei Anregung entsteht, hängt sowohl von der Natur des Mediums ab, in dem sich die Welle ausbreitet, als auch von der Art der Anregung. In Gasen sind nur Longitudinalwellen möglich, in Flüssigkeiten ohne innere Reibung ebenfalls. Transversalwellen setzen die Existenz von Scherkräften voraus, wie sie in Festkörpern existieren. Dort können beide Wellentypen vorkommen. Bei der Wellenausbreitung in den genannten Medien sind die Oszillatoren die für uns unsichtbaren Atome. Keinerlei Medium bedarf es für die Ausbreitung der noch zu besprechenden elektromagnetischen Wellen, die transversalen Charakter haben.

Zu den bereits bekannten Charakteristika einer Schwingung kommt für Wellen noch die **Wellenlänge** λ hinzu. Sie ist definiert als der kürzeste räumliche Abstand zwischen zwei gleichen Schwingungszuständen (Phasen). Um sich über eine solche Distanz auszubreiten, benötigt die

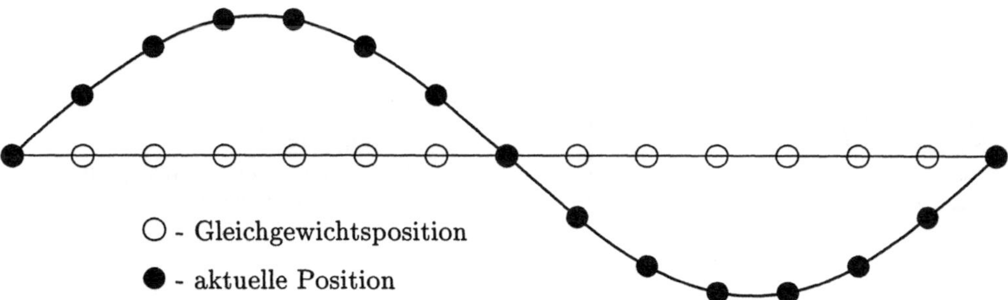

Bild 5.14 Darstellung einer Longitudinalwelle und einer Transversalwelle am Beispiel gekoppelter Massenpunkte

Welle genau die durch die Schwingungsdauer der Oszillatoren gegebene Zeit $T = 1/f$, so daß wir für die Ausbreitungsgeschwindigkeit der Welle

$$\boxed{c = \frac{\lambda}{T} = \lambda f} \tag{5.20}$$

erhalten.[4] Genauer gesagt, haben wir die Ausbreitungsgeschwindigkeit für einen Schwingungszustand – die sogenannte **Phasengeschwindigkeit** – bestimmt. Später wird noch von der Gruppengeschwindigkeit zu sprechen sein, die sorgfältig von der ersteren zu unterscheiden ist.

Neben der Unterteilung in Transversal- und Longitudinalwellen, können Wellen auch nach der Gestalt ihrer **Wellenflächen** klassifiziert werden. Eine solche Wellenfläche entsteht, wenn man alle benachbarten Punkte gleicher Phase betrachtet. Eine spezielle Wellenfläche ist die **Wellenfront**, unter der wir den geometrischen Ort aller Punkte verstehen, welche die Schwingung gerade erreicht hat. Punktförmige Erreger erzeugen z. B. im dreidimensionalen Raum **Kugelwellen**. Eine besonders einfache Wellenform ist die **ebene Welle**, bei der die Wellenflächen Ebenen sind (Bild 5.15).

5.2.2 Mathematische Beschreibung einer Welle

Wir betrachten zuerst einmal den Fall einer eindimensionalen harmonischen Welle. Sie ist vollständig beschrieben, wenn man zu jedem Zeitpunkt t an jedem Ort x die Elongation ξ des Oszillators kennt. Die Welle wird dann durch eine funktionale Beziehung $\xi = \xi(x,t)$ beschrieben, wobei ξ im folgenden als eine harmonische Funktion angenommen wird. Nehmen wir weiter an, daß der Schwinger am Ort $x = 0$ durch $\xi(0,t) = A\cos(\omega t + \alpha)$ beschrieben

[4] Für die Ausbreitungsgeschwindigkeit von Wellen soll im folgenden immer der Buchstabe c verwendet werden, während v die Geschwindigkeiten der Oszillatoren beschreiben soll. Für elektromagnetische Wellen ist damit c in üblicher Terminologie auch die Lichtgeschwindigkeit.

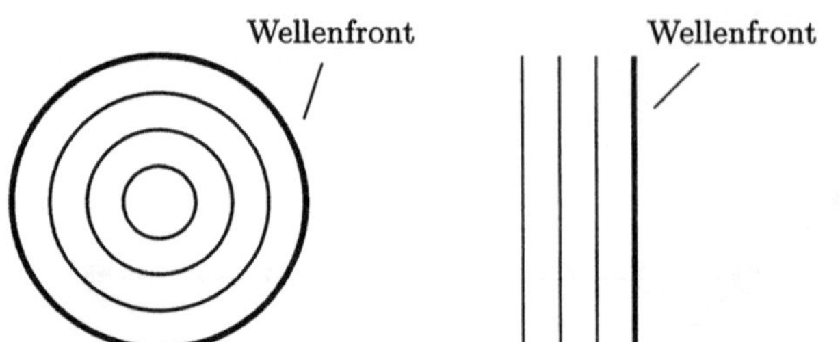

Bild 5.15
Zweidimensionale Analoga für eine Kugelwelle und eine ebene Welle

wird, dann ist die Schwingung am Ort x um $\Delta t = x/c$ verzögert. Damit finden wir die gesuchte Funktion ξ an dieser Stelle zu

$$\begin{aligned}\xi(x,t) &= A\cos[\omega(t-\Delta t)+\alpha] \\ &= A\cos[\omega t - \frac{\omega}{c}x + \alpha]\ .\end{aligned}$$

Es ist üblich, noch den **Wellenvektor** $\vec{k}$ einzuführen. Er steht auf den Wellenflächen senkrecht und zeigt in die Ausbreitungsrichtung der Welle; sein Betrag ist durch

$$k = \omega/c = 2\pi/\lambda$$

gegeben und wird als **Wellenzahl** bezeichnet. Damit finden wir schließlich

$$\boxed{\xi(x,t) = A\cos(\omega t - kx + \alpha)\ .} \tag{5.21}$$

Es ist leicht nachzurechnen (vgl. Übungen), daß $\xi(x,t)$ gemäß (5.21) der eindimensionalen Wellengleichung

$$\boxed{\frac{\partial^2\xi}{\partial t^2} = c^2\,\frac{\partial^2\xi}{\partial x^2}} \tag{5.22}$$

genügt, die ihrerseits ein Spezialfall der allgemeinen Wellengleichung

$$\boxed{\frac{\partial^2\xi}{\partial t^2} = c^2\left(\frac{\partial^2\xi}{\partial x^2} + \frac{\partial^2\xi}{\partial y^2} + \frac{\partial^2\xi}{\partial z^2}\right)} \tag{5.23}$$

ist. Die Herleitungen solcher Wellengleichungen für ein konkretes Medium liefert dann erst den Zusammenhang zwischen der Ausbreitungsgeschwindigkeit c und den das Medium bzw. den Wellentyp charakterisierenden Größen. So hat man z. B.

$c^2 = K/\rho$	Longitudinalwellen in Flüssigkeiten mit der Dichte ρ und dem Kompressionsmodul K
$c^2 = \kappa p/\rho$	Schallwellen in Gasen der Dichte ρ beim Druck p, $\kappa = C_{m,p}/C_{m,V}$ ist das Verhältnis der molaren Wärmekapazitäten des Gases,

wobei der zweite Fall im Abschnitt 5.2.6 ausführlich behandelt wird.

Wir haben die Wellengleichung aus der Darstellung einer eindimensionalen harmonischen Welle erschlossen. Als komplizierte partielle Differentialgleichung besitzt sie nicht nur (5.21), sondern eine unendliche Mannigfaltigkeit von Lösungen, die mögliche Wellenausbreitungen beschreiben. Wir gehen in der folgenden Übung etwas näher darauf ein und wenden uns dann im nächsten Abschnitt allgemeinen Welleneigenschaften zu.

Übung:
5.11: Zeigen Sie, daß ξ gemäß (5.21) eine Lösung der eindimensionalen Wellengleichung (5.22) ist. Prüfen Sie, ob nicht jede hinreichend differenzierbare Funktion der Gestalt $f(x + at)$ eine Lösung ist. ■

5.2.3 Interferenz, Beugung und Polarisation von Wellen

Die Wellengleichungen (5.22) bzw. (5.23) sind linear. Dies bedeutet mathematisch, daß mit ξ_1 und ξ_2 auch jede Linearkombination dieser Größen eine Lösung ist. Physikalisch heißt dies nun, daß sich Wellen ungestört überlagern. Die Phänomene, die auf dieser Tatsache beruhen, nennt man **Interferenz**. Wir diskutieren nun einige unterschiedliche Fälle.

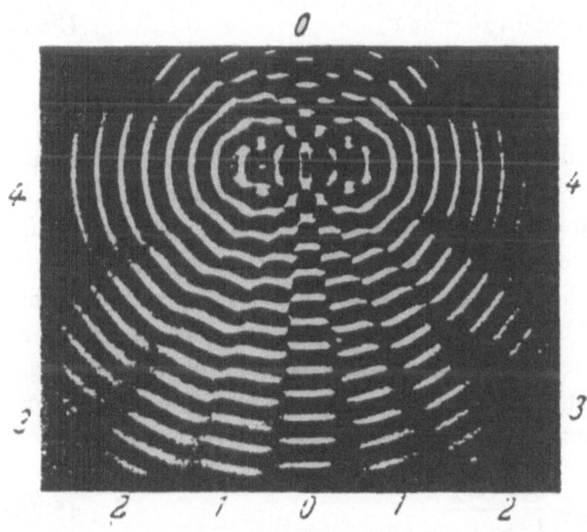

Bild 5.16
Momentbild eines flächenhaften Interferenzfeldes auf einer Wasseroberfläche, entstanden durch Überlagerung der von zwei Zentren ausgehenden Kreiswellen (R. W. Pohl, Einführung in die Physik, Erster Band, Springer Verlag, 1964)

Überlagerung von Wellen gleicher Frequenz

Nehmen wir eine Phasendifferenz α bzw. den Gangunterschied $\Delta = (\alpha/2\pi)\lambda$ (er mißt den der Phasenverschiebung entsprechenden räumlichen Abstand!) an und setzen zur Vereinfachung noch gleiche Amplituden voraus. Man findet dann bei Überlagerung zweier solcher Wellen

$$\begin{aligned} \xi = \xi_1 + \xi_2 &= A\cos(\omega t - kx) + A\cos(\omega t - kx + \alpha) \\ &= 2A\cos(\frac{\alpha}{2})\cos(\omega t - kx + \frac{\alpha}{2}) . \end{aligned} \tag{5.24}$$

Wir sind im Interpretieren solcher Ausdrücke nun schon geübt und können an diesem einfachsten Fall bereits das Wesentliche der Interferenz erkennen: Sei n eine ganze Zahl, dann haben wir für Phasendifferenzen $\alpha = n\,2\pi$ (Gangunterschied $\Delta = n\,\lambda$) eine Addition der Amplituden, während für $\alpha = (2n+1)\,\pi$ (Gangunterschied $\Delta = (2n+1)\,\lambda/2$) eine gegenseitige Auslöschung stattfindet.

Überlagerung von Wellen unterschiedlicher Frequenz

Dies ist der eigentlich stets in der Praxis vorliegende Fall. Erinnern wir uns z. B. an die Modulation bei Radio- und Fernsehübertragungen, bei der verschiedene Frequenzen einer hochfrequenten Schwingung überlagert werden oder an die Fourieranalyse von nichtharmonische Schwingungen (vgl. Abschnitt 5.1.4). Darüber hinaus wollen wir noch darauf hinweisen, daß jede Welle, mit der man Informationen übertragen will, durch Ein- und Ausschalten zu bestimmten Zeiten zeitlich begrenzt ist. Einer solche Wellenform kann prinzipiell nur durch Überlagerung von mehreren harmonischen Schwingungen unterschiedlicher Frequenz zu einem **Wellenpaket** dargestellt werden.

Wir setzen wieder gleiche Amplituden voraus und sehen zur Vereinfachung auch von einer Phasendifferenz ab. Eine generelle Addition oder Auslöschung ist nun aufgrund des Frequenzunterschiedes nicht mehr möglich, sie wird nur noch an gewissen zeitlich sich ändernden Orten auftreten. Man findet analog zu (5.11) für zwei Wellen

$$\begin{aligned} \xi = \xi_1 + \xi_2 &= A\,\cos(\omega_1 t - k_1 x) + A\,\cos(\omega_2 t - k_2 x) \\ &= 2A\,\cos\left(\frac{\omega_1 - \omega_2}{2}t - \frac{k_1 - k_2}{2}x\right)\,\cos\left(\frac{\omega_1 + \omega_2}{2}t - \frac{k_1 + k_2}{2}x\right). \end{aligned} \tag{5.25}$$

Sind die Frequenzen, wie bei der Schwebung, nicht allzu verschieden, dann kommt es zur Ausbildung einer sogenannten **Wellengruppe**, von der wir die zeitliche Entwicklung in Bild 5.17 veranschaulicht haben. In der Abbildung haben wir auch verdeutlicht, daß sich die Wellengruppe mit einer anderen Geschwindigkeit ausbreitet als die Phase. Die Ausbreitung der Phase ist in der Abbildung für einen Punkt maximaler Auslenkung angegeben. Die entsprechende Phasengeschwindigkeit bestimmt sich aus dem schnell oszillierenden zweiten Term in (5.25) zu $c = x/t = (\omega_1 + \omega_2)/(k_1 + k_2)$. Die Ausbreitung der gesamten Wellengruppe wird in der Abbildung für einen Punkt mit $\xi = 0$ verfolgt. Die Geschwindigkeit der Wellengruppe – die **Gruppengeschwindigkeit** – ergibt sich aus dem langsam oszillierenden ersten Term gemäß

$$c_{\mathrm{gr}} = \frac{\mathrm{d}x}{\mathrm{d}t} = \frac{\omega_1 - \omega_2}{k_1 - k_2}\,. \tag{5.26}$$

Wir stellen fest: Der Punkt konstanter Phase in Bild 5.17 überholt die betrachtete Stelle mit $\xi = 0$ und eilt der Wellengruppe voraus.

Für beliebige Wellenpakete, die man durch Fouriersynthese erzeugen kann, bestimmt sich die Gruppengeschwindigkeit in Verallgemeinerung von (5.26) zu[5]

$$\boxed{c_{\mathrm{gr}} = \frac{\mathrm{d}\omega}{\mathrm{d}k} = c - \lambda\frac{\mathrm{d}c}{\mathrm{d}\lambda}\,.} \tag{5.27}$$

[5] Zum Beweis des zweiten Teils der Gleichung gehen wir von $\omega = kc$ aus und nehmen c als von k abhängig an. Dies liefert dann

$$\frac{\mathrm{d}\omega}{\mathrm{d}k} = c + k\frac{\mathrm{d}c}{\mathrm{d}k} = c + k\frac{\mathrm{d}c}{\mathrm{d}\lambda}\frac{\mathrm{d}\lambda}{\mathrm{d}k} = c + k(-\frac{2\pi}{k^2})\frac{\mathrm{d}c}{\mathrm{d}\lambda} = c - \lambda\frac{\mathrm{d}c}{\mathrm{d}\lambda}\,.$$

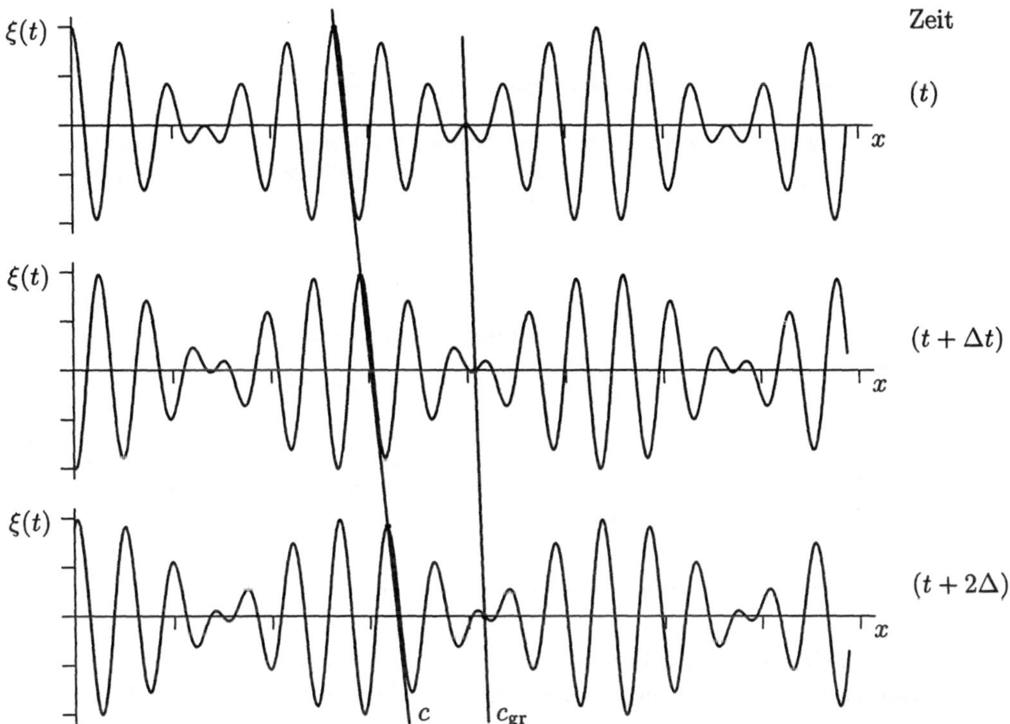

Bild 5.17 Zeitliche Entwicklung einer Wellengruppe

Es ist somit festzustellen:

> *Immer, wenn die Phasengeschwindigkeit von der Wellenlänge abhängt – man nennt dies Dispersion –, ist die Gruppengeschwindigkeit von der Phasengeschwindigkeit verschieden. Die Übertragung von Signalen (Informationen) erfolgt dabei stets mit der Gruppengeschwindigkeit.*

Dispersion spielt bei der Ausbreitung von Licht in Medien eine wichtige Rolle. Sie wird zur spektralen Zerlegung von Licht in Prismen verwendet (vgl. Kapitel „Optik").

Stehende Wellen

Ein besonderer Fall der Interferenz zweier Wellen sind die sogenannten **stehenden Wellen,** durch Überlagerung zweier ebener, sich entgegenlaufender Wellen gleicher Amplitude zustande kommen. Breitet sich $\xi_1 = A\,\cos(\omega t - kx)$ entlang der positiven x-Achse und $\xi_2 = A\,\cos(\omega t + kx)$ entlang der negativen x-Achse aus, so führt die Überlagerung auf eine stehende Welle der Form

$$\boxed{\xi(x,t) = \xi_1 + \xi_2 = 2A\,\cos kx\,\cos\omega t\;.} \qquad (5.28)$$

Tabelle 5.2 Unterschiede zwischen fortschreitenden und stehenden Wellen

fortschreitende Welle	stehende Welle
Das Wellenbild wandert mit der Phasengeschwindigkeit c.	Das Wellenbild steht.
Alle Oszillatoren schwingen mit gleicher Amplitude A.	Die Oszillatoren schwingen in Abhängigkeit von ihrer Position mit der Amplitude $2A \cos kx$. **Schwingungsbäuche** befinden sich damit an den Stellen $$x_n = n\,\lambda/2\,,$$ wobei n eine beliebige ganze Zahl ist, während **Schwingungsknoten** bei $$x_n = (2n+1)\,\lambda/4$$ auftreten.
Die Phase ändert sich stetig mit dem Ort x; gleiche Phasen haben den Abstand λ.	Jeweils zwischen zwei benachbarten Knoten schwingen alle Oszillatoren mit gleicher Phase.
Energie und Impuls werden räumlich transportiert.	Energie und Impuls sind ortsfest gespeichert.

Die Eigenschaften einer solchen stehenden Welle unterscheiden sich von denen der bisher untersuchten fortschreitenden Welle in verschiedener Weise. Einen Überblick gibt Tabelle 5.2.

Die soeben beschriebene Entstehung einer stehenden Welle setzt eine ungestörte Ausbreitung der beiden gegenläufig fortschreitenden Wellen voraus, was nur in einem unbegrenzt ausgedehnten und homogenen Medium möglich ist. In der Praxis werden stehende Wellen in räumlich begrenzten Medien und durch Reflexion einer Welle an der Grenzfläche dieses Mediums erzeugt. Solche stehenden Wellen treten u. a. in Musikinstrumenten auf; erwähnt sei die eingespannte Saite einer Gitarre oder die Orgelpfeife, in der eine Luftsäule schwingt (vgl. Abschnitt 5.2.7). Stehende Wellen in solchen begrenzten Systemen beschreiben komplexe Schwingungszustände. Man nennt sie auch **Eigenschwingungen** dieser Systeme.

Bei **Reflexion** (vgl. auch Abschnitt 5.2.4) sind zwei unterschiedliche Verhaltensweisen der Welle zu beobachten, die in (Bild 5.19) für das Beispiel einer Seilwelle gezeigt sind: Ist das Seil unmittelbar an einer Wand befestigt, die Reflexion erfolgt dann an einem *festen* Ende (man sagt auch an einem *dichteren* Medium), so muß an diesem Ende ein Schwingungsknoten liegen. Damit bei der Interferenz von einlaufender und reflektierter Welle dort aber stets die Amplitude verschwindet, muß bei der Reflexion daher ein Phasensprung um π erfolgen. Ist andererseits das Seil über eine dünne Schnur mit der Wand verbunden, so kann das Seilende frei ausschwingen. Bei der Reflexion an einem solchen *freien* Ende oder *dünneren* Medium kommt es zu keinem Phasensprung, so daß dort ein Schwingungsbauch entsteht. Aus diesen Überlegungen folgt:

> *Stehende Wellen bilden sich auf einem endlichen Wellenträger immer so aus, daß an den Grenzflächen zum dünneren Medium, wo also die Oszillatoren frei schwingen können, Schwingungsbäuche entstehen, während an Grenzflächen zum dichteren Medium, wo die Oszillatoren in ihrer Bewegung behindert sind, Schwingungsknoten entstehen.*

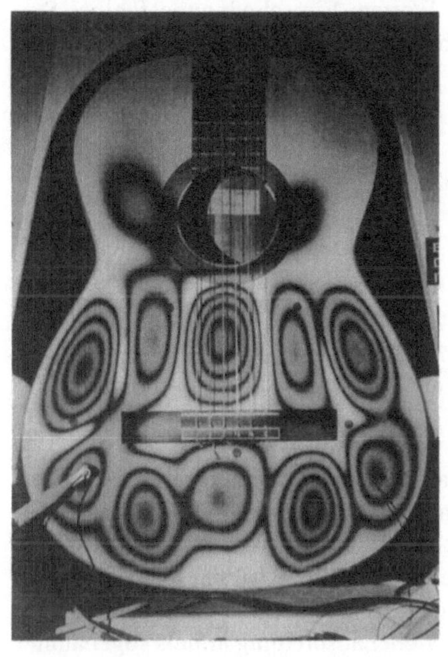

Bild 5.18
Holographisches Interferogramm einer Gitarrendecke, die in hochfrequenter Mode schwingt (Ch. Taylor, Der Ton macht die Physik, Vieweg Verlag, 1994)

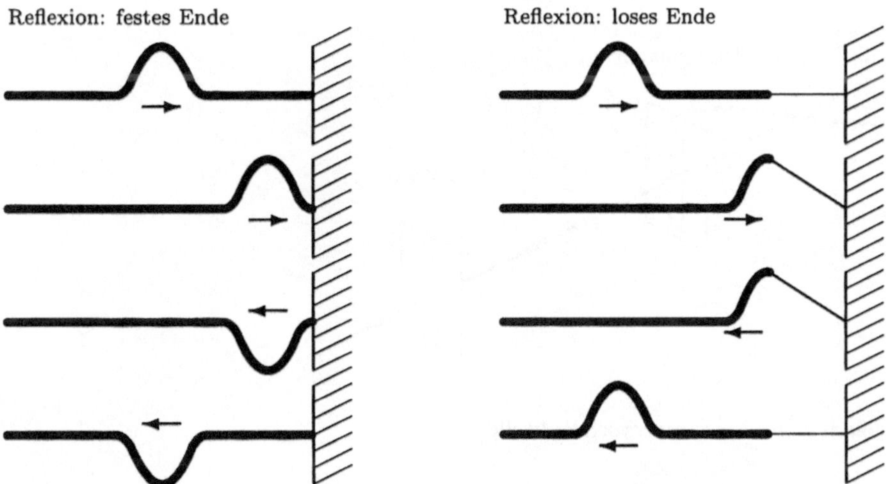

Bild 5.19 Reflexion am festen und losen Ende am Beispiel einer Seilwelle

Die Erfüllung dieser Randbedingungen schränkt die Möglichkeit der Ausbildung von stehenden Wellen in einem System ein. Es können nämlich Eigenschwingungen nur mit solchen Frequenzen auftreten, daß ein geradzahliges bzw. ungeradzahliges Vielfaches von $\lambda/4$ zwischen den jeweiligen Rändern des Systems Platz hat. Mit anderen Worten: Ein schwingungsfähiges System zusammen mit seinen Randbedingungen kann durch seine möglichen Eigenschwingungen charakterisiert werden.

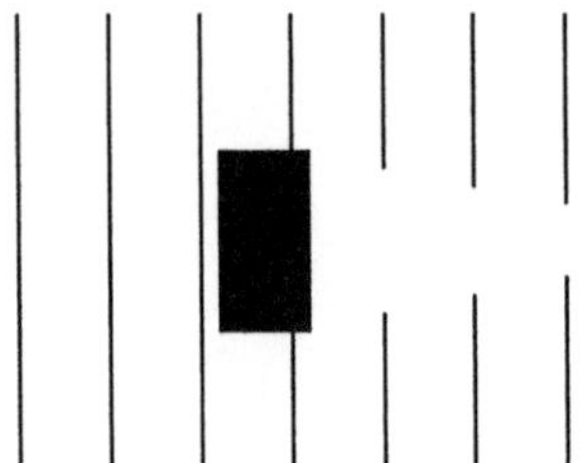

Bild 5.20
Infolge der Beugung dringt eine Welle in den geometrischen Schattenbereich eines Hindernisses ein.

Ein weiteres Wellenphänomen kann immer dann beobachtet werden, wenn eine Welle auf ein Hindernis trifft. An den Rändern des Hindernisses kommt es dabei zu einer Richtungsänderung der Wellenausbreitung, die man als **Beugung** bezeichnet. In Bild 5.20 ist skizziert, wie die Welle hinter dem Hindernis in den geometrischen Schattenbereich eindringt. Beugungserscheinungen sind immer dann besonders relevant, wenn die Ausdehnung der Hindernisse in der Größenordnung der Wellenlänge liegt. Durch eine Beschreibung der Wellenausbreitung mittels sogenannter Elementarwellen werden wir im folgenden Abschnitt ein Verständnis dieser Erscheinung gewinnen.

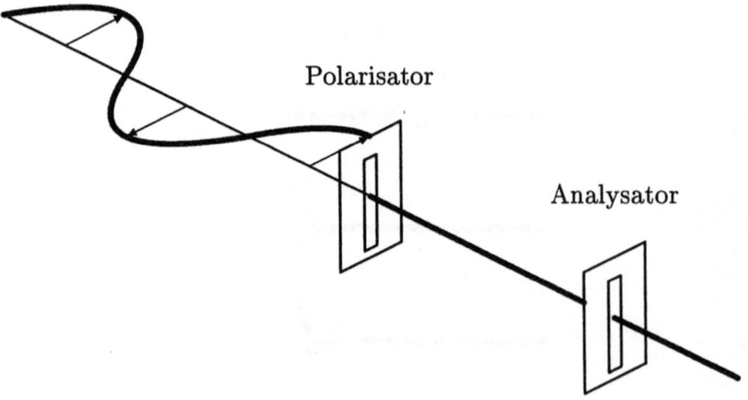

Bild 5.21 Zur Polarisation einer transversalen Seilwelle

Wie läßt sich experimentell eigentlich entscheiden, ob eine Welle transversal oder longitudinal ist? Dazu kann man eine besondere Eigenschaft von Transversalwellen nutzen – sie sind **polarisierbar**. Bleibt der Schwingungsvektor stets in einer Ebene, so nennt man die Welle *linear polarisiert.* Manchmal ändert der Schwingungsvektor seine räumliche Lage in wohldefinierter Weise, so daß sich die Spitze des Vektors auf einer Ellipse (Kreis) bewegt. Die Welle heißt dann *elliptisch (zirkular) polarisiert.* Um eine Welle linear zu polarisieren, muß eine bestimmte Schwingungsebene herausgefiltert werden. Dies realisiert man in **Polarisatoren**. In (Bild 5.21) übernimmt der erste Spalt diese Funktion. Er läßt nur die Anteile der Welle durch, deren Schwingungsebene in Spaltrichtung orientiert sind, und unterdrückt, wie dargestellt, senkrecht zum Spalt orientierte Schwingungsebenen. Im Prinzip kann man mit einer gleichen Vorrichtung die Polarisation nachweisen. Man nennt sie dann aber **Analysator**.

Übung:
5.12:Auf einem 10 m langen, elastischen Seil, welches mit einem Ende an einer Wand befestigt ist, werden stehende Wellen dadurch erzeugt, daß das andere Ende mit der Hand zu Schwingungen angeregt wird. Wieviel Schwingungsknoten kann man höchstens erzeugen, wenn die Anregung mit maximal 4 Hz erfolgen kann? Hinweis: Man nehme eine Ausbreitungsgeschwindigkeit der Welle von $c = 25$ m/s an und setze Wand und Hand als feste Enden voraus. ■

5.2.4 Das Huygens-Fresnelsche Prinzip

Schon im Jahre 1690 gab Chr. Huygens eine Methode an, wie man die Wellenfront zu einem bestimmten Zeitpunkt konstruieren kann, wenn diese im vorhergehenden Zeitpunkt bekannt ist. A. J. Fresnel (1819) gelang später eine physikalische Interpretation dieser Methode, so daß sie heute allgemein als **Huygens-Fresnelsches Prinzip** bekannt ist. Dieses lautet:

> *Jeder Punkt, den die Wellenfront erreicht, kann als Ausgangspunkt einer neuen kugelförmigen „Elementarwelle“ aufgefaßt werden. Die Einhüllende dieser Wellen ergibt dann die neue Wellenfront.*

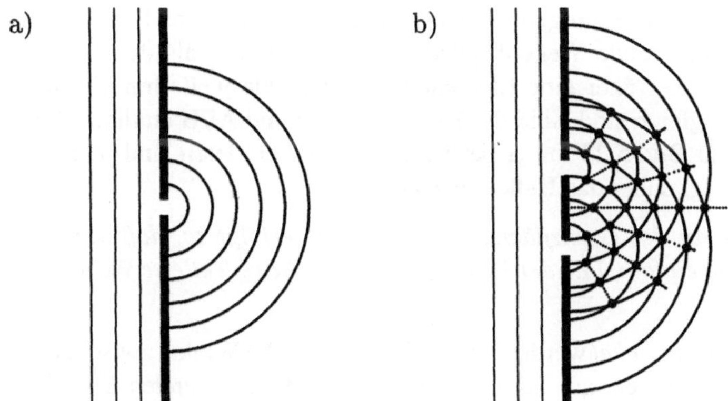

Bild 5.22 Beispiele für die Anwendung des Huygens-Fresnelschen Prinzips: a) Beugung an einem Spalt und b) Beugung am Doppelspalt

Bild 5.22 zeigt zwei Beispiele für die Anwendung dieses Prinzips, um die Wellenausbreitung an einem Spalt und an einem Doppelspalt zu bestimmen. Im ersten Fall ist der als punktförmig angenommene Spalt Ausgangpunkt einer neuen Elementarwelle, beim Doppelspalt kommt es zur Entstehung zweier Elementarwellen, die miteinander interferieren und zu Gebieten der Wellenverstärkung und Wellenauslöschung Anlaß geben. Maximale Verstärkung entsteht an den durch

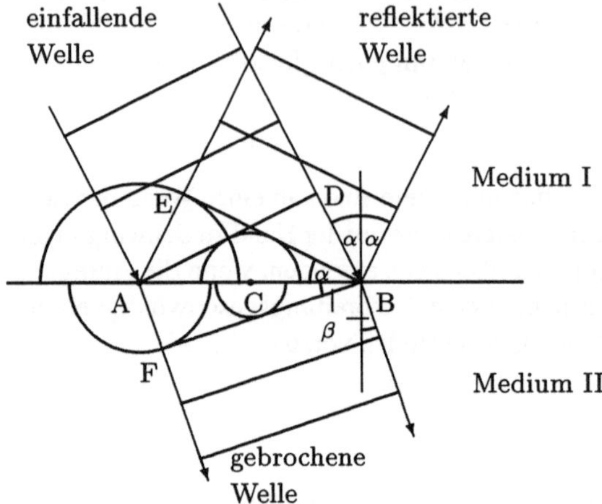

Bild 5.23
Interpretation von Reflexion (a) und Brechung (b) auf der Grundlage des Huygens-Fresnelschen Prinzips

Punkte hervorgehobenen Stellen, wo sich zwei Wellenberge treffen. Es ist Gegenstand der folgenden Übung zu zeigen, daß diese Punkte auf Hyperbeln liegen deren Brennpunkte gerade die beiden Spalten sind.

Auch andere Formen der Wellenausbreitung erlauben eine Interpretation im Rahmen dieses Prinzips. **Reflexion** und **Brechung** sind charakteristische Phänomene der Wellenausbreitung an der Grenzfläche zweier unterschiedlicher Medien. Als Reflexion bezeichnet man die Tatsache, daß eine Welle an einer solchen Grenzfläche zurückgeworfen wird, und als Brechung bezeichnet man die Änderung der Ausbreitungsrichtung einer Welle beim Übergang von einem Medium in ein anderes. Bild 5.23 erklärt diese Erscheinungen auf der Grundlage des Hyugens-Fresnelschen Prinzips. Da die in Medium I einfallende Wellenfront den Punkt A früher als den Punkt B erreicht, geht von ihm entsprechend früher eine Elementarwelle aus. Da weiterhin die Wege von D nach B und von A nach E gleich sind, sind die Dreiecke ABD und AEB ähnlich. Damit läßt sich leicht zeigen, daß alle in Bild 5.23 mit α bezeichneten Winkel gleich sind. Aus dem Huygens-Fresnelschen Prinzip folgt daher das **Reflexionsgesetz**

Die Reflexion einer Welle an der Grenzfläche zweier Medien erfolgt so, daß der Winkel, unter dem die Welle einfällt, und der Winkel, unter dem die reflektierte Welle ausläuft, gleich sind.

Der *Einfallswinkel* und der *Reflexionswinkel* werden im allgemeinen als die Winkel zwischen den Normalen auf die Wellenflächen und dem auf der Grenzfläche senkrecht stehenden *Einfallslot* definiert.

Ist die Ausbreitungsgeschwindigkeit im Medium II unterschiedlich (hier geringer!), dann kommt es zu einer Richtungsänderung der Wellenfront. Beachtet man, daß die Wege von A nach E bzw. von A nach F den entsprechenden Ausbreitungsgeschwindigkeiten der Welle in dem jeweiligen Medium proportional sind, dann folgt aus den rechtwinkligen Dreiecken AEB und AFB das **Brechungsgesetz**

$$\boxed{\frac{\sin\alpha}{\sin\beta} = \frac{c_1}{c_2}\,.} \qquad (5.29)$$

Wir werden im Kapitel „Optik“ die Gesetze der Reflexion und Brechung bei der Beschreibung der Ausbreitung des Lichtes anwenden und weiter vertiefen.

Übung:

5.13: Zeigen Sie, daß am Doppelspalt die Punkte maximaler Wellenverstärkung bzw. absoluter Auslöschung auf Hyperbeln liegen. ■

5.2.5 Der Doppler-Effekt

Ein interessantes Wellenphänomen wurde erstmals an Schallwellen im Jahre 1842 von Chr. Doppler entdeckt. Immer, wenn sich eine Quelle, die Wellen mit der Frequenz f_Q erzeugt, und ein Beobachter relativ zueinander bewegen, so mißt der Beobachter eine geänderte Frequenz f_B. Besonders eindrucksvoll beobachten wir diesen **Doppler-Effekt** am Straßenrand an vorbeifahrenden Autos, wobei eine deutlich hörbare Abnahme der Tonhöhe des Motorgeräusches während das Auto an uns vorbeifährt registriert wird. Zur Erklärung dieses Effektes sind zwei Fälle zu unterscheiden:

a) Quelle ruht, Beobachter bewegt sich mit der Geschwindigkeit v_B auf die Quelle zu

Hat die Welle die Geschwindigkeit c, dann haben eine bestimmte Phase und Beobachter die Relativgeschwindigkeit $c + v_B$, und er registriert pro Zeiteinheit $f_B = (c + v_B)/\lambda$ Schwingungen. Wegen $c = \lambda f_Q$ findet man also für diesen Fall

$$\boxed{f_B = f_Q\left(1 + \frac{v_B}{c}\right)\ .} \tag{5.30}$$

b) Quelle bewegt sich mit der Geschwindigkeit v_Q auf den Beobachter zu, Beobachter ruht

Bewegt sich die Quelle auf den Beobachter zu, dann verkürzt sich für die auf ihn zulaufende Welle die Wellenlänge scheinbar um den Weg, den die Quelle pro Periodendauer zurücklegt, d. h. $\lambda_B = \lambda - v_Q T$. Dies vergrößert die wahrgenommene Frequenz auf $f_B = c/\lambda_B$, und es ergibt sich nun wegen

$$f_B = \frac{c}{\lambda - v_Q T} = \frac{c}{\lambda}\frac{1}{1 - v_Q/c}$$

sowie $f_Q = c/\lambda$

$$\boxed{f_B = \frac{f_Q}{1 - \frac{v_Q}{c}}\ .} \tag{5.31}$$

Es ist also festzustellen, daß es einen Unterschied macht, ob sich die Quelle oder der Beobachter bewegt. Worin liegt nun die Ursache dafür, daß es beim Doppler-Effekt an Schallwellen nicht nur auf die Relativgeschwindigkeit ankommt, wie wir es später beim Licht feststellen werden? Der Grund liegt darin, daß neben den zwei Bezugssystemen, in denen einmal die Quelle und einmal der Beobachter ruhen, noch ein drittes Bezugssystem – das Ausbreitungsmedium für die Schallwellen – im Spiel ist. Somit ist der erste Fall genauer durch „Quelle und Medium ruhen“ und der zweite durch „Beobachter und Medium ruhen“ charakterisiert, was eben eine Unterscheidung zwischen absolut (d. h. im Medium!) ruhendem und relativ dazu bewegtem Bezugssystem ermöglicht (vgl. Übungen).

Die Kombination beider Fälle kann nun sicherlich leicht selbständig behandelt werden. Wir geben nur das Ergebnis

$$f_B = f_Q \frac{c + v_B}{c - v_Q} \tag{5.32}$$

an und bemerken dazu, daß wir in allen Fällen die Geschwindigkeit der Quelle als positiv festgelegt haben, wenn ihre Bewegungsrichtung mit der Ausbreitungsrichtung der Schallwelle übereinstimmt; die Geschwindigkeit des Beobachters wird jedoch als positiv betrachtet, wenn seine Bewegungsrichtung der Schallausbreitung entgegengerichtet ist.

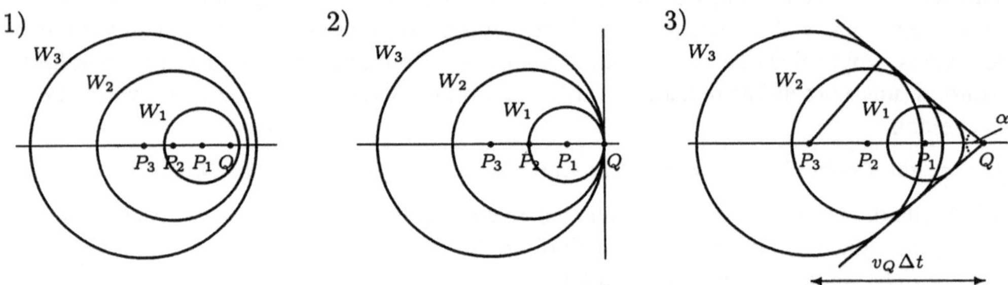

Bild 5.24 Zur Entstehung eines Machschen Kegels: Wellenflächen einer Quelle Q für 1) $v_Q < c$, 2) $v_Q = c$ und 3) $v_Q > c$. Die früheren Positionen P_i der Quelle beim Aussenden der Wellenfronten W_i sind als schwarze Punkte gezeichnet.

Es ist interessant, den Fall b) beim Doppler-Effekt weiter in Richtung höherer Quellengeschwindigkeiten zu verfolgen (Bild 5.24). Erhöht sich die Geschwindigkeit der Quelle, bis sie die Schallgeschwindigkeit erreicht, dann nähern sich die Wellenflächen in Bewegungsrichtung immer weiter (1), bis sie schließlich beim Erreichen der Schallgeschwindigkeit durch einen gemeinsamen Punkt gehen (2); es kommt zur Ausbildung der sogenannten **Schallmauer**. Ist schließlich die Quelle schneller als der Schall (3), dann bewegt sich die Quelle an der Spitze einer kegelförmigen Wellenfront, dem **Machschen Kegel** (E. Mach, 1836–1916). Aus seinem Öffnungswinkel kann man die Geschwindigkeit der Quelle gemäß Bild 5.24 bestimmen. In der Zeit Δt hat die Quelle die Strecke $v_Q \Delta t$ zurückgelegt, was dem Abstand von P_3 nach Q entsprechen soll. Die Wellenfront W_3 hat dann den Radius $c\Delta t$, und aus der Abbildung folgt

$$\sin \alpha = \frac{c}{v_Q} = \frac{1}{M} \, .$$

Die Größe M ist die **Machsche Zahl**, die die Geschwindigkeit der Quelle in Einheiten der Schallgeschwindigkeit angibt.

Solche kegelförmigen *Kopf-* oder *Stoßwellen* sind infolge der Addition der einzelnen Wellenfronten auf dem Kegelmantel von einer starken Verdichtung der Luft begleitet. Passiert die Wellenfront einen Beobachter, dann hört dieser einen explosionsartigen Knall. Einen solchen Überschallknall erzeugen Geschosse und Flugzeuge, aber auch der Peitschenknall (!) ist ein Überschallphänomen.

Kopfwellen können nicht nur beim Schall beobachtet werden, sondern auch Wasserwellen und elektromagnetische Wellen zeigen dieses Phänomen: Da sich Schiffe fast immer schneller bewegen, als sich die Wasserwellen ausbreiten, bildet sich die Bugwelle ebenfalls als Kopfwelle aus. Elektronen oder andere Elementarteilchen können aus dem Vakuum mit einer so hohen Geschwindigkeit in eine Substanz eindringen, daß diese über der Lichtgeschwindigkeit in dieser Substanz liegt. Dabei entsteht die nach ihrem Entdecker P. A. Tscherenkow (1934) benannte

Tscherenkow-Strahlung, bei der Licht ebenfalls in Form einer Kopfwelle abgestrahlt wird. Befinden sich radioaktive Substanzen im Wasser, wo die Lichtgeschwindigkeit nur ca. 225 000 km/h beträgt, so lassen sich z. B. von diesen Substanzen emittierte schnellere Elektronen (β-Strahlung) durch die von ihnen verursachte fahlblaue Tscherenkow-Strahlung nachweisen. Dazu müssen die Elektronen mindestens eine Energie von 260 keV besitzen. In der Kernphysik nutzt man diese Art des Strahlungsnachweises in Tscherenkow-Zählern.

Übungen:

5.14: Man zeige, daß der Unterschied zwischen den beiden Fällen a) und b) ein im Verhältnis von Relativgeschwindigkeit zu Schallgeschwindigkeit quadratischer Effekt ist. ■

5.15: Ein Flugzeug fliegt in 8000 m Höhe mit einer Geschwindigkeit, die der Machschen Zahl $M = 2$ entspricht. Welche Zeit vergeht für einen Beobachter zwischen dem Überfliegen und dem Hören des Überschallknalls? Hinweis: Für die Schallgeschwindigkeit in dieser Höhe soll $c = 300$ m/s angenommen werden! ■

5.2.6 Schallwellen

Wir sprechen schon seit einiger Zeit über Schallwellen, deren Existenz und Wirkungen uns aus dem Alltag bestens vertraut sind, ohne ihr Wesen näher beschrieben zu haben. Dies soll jetzt nachgeholt werden. Unter dem Begriff „Schallwelle“ faßt man im allgemeinen alle Arten von elastischen Wellen in deformierbaren Medien zusammen. Sie können sich daher in Festkörpern, Flüssigkeiten und Gasen ausbreiten.

Am vertrautesten ist uns sicherlich die Ausbreitung in Luft, also dem Medium, durch welches sie unser Ohr erreichen und von diesem für Frequenzen zwischen ca. 16 - 20 000 Hz (die obere Grenze nimmt mit zunehmendem Alter stark ab!) auch wahrgenommen werden können. Mechanische Wellen mit höheren Frequenzen werden als **Ultraschall** bezeichnet, und über 10^6 Hz spricht man von **Hyperschall**. Nach unseren früheren Ausführungen handelt es sich dann um Longitudinalwellen, bei denen sich periodische Luftdruckschwankungen räumlich fortpflanzen.

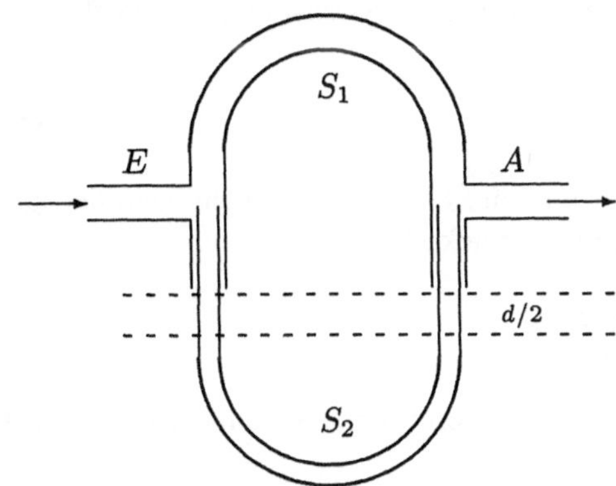

Bild 5.25
Quinckesches Resonanzrohr

Man kann den Wellencharakter des Schalls durch den Nachweis von Interferenz demonstrieren. Dazu kann das nach G. Quincke (1834–1924) benannte *Quinckesches Resonanzrohr* verwendet werden (Bild 5.25). Schall, der bei E in das Rohr eintritt, verteilt sich auf die beiden Schenkel S_1 und S_2 des Doppelrohres, von denen sich einer wie bei einer Posaune auseinanderziehen läßt. Dadurch gelangen die beiden Teilwellen nach A mit einem Phasenunterschied von d. Variation von d liefert unterschiedliche Interferenz, was sich in einer variierenden Tonstärke widerspiegelt.

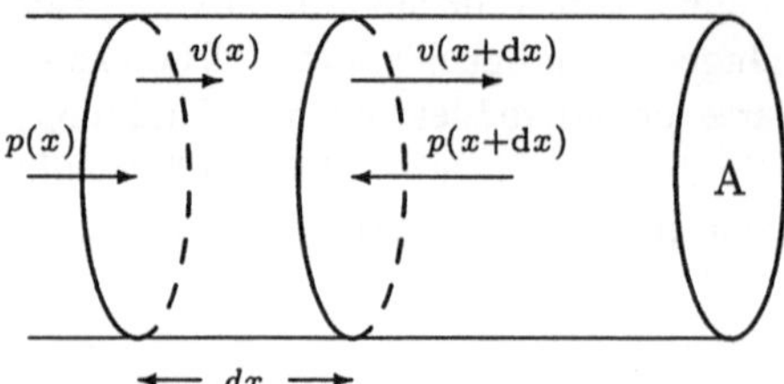

Bild 5.26
Zur Ausbreitung einer Schallwelle in einer Luftsäule

Um Schallwellen in Luft quantitativ zu beschreiben, soll die Wellengleichung (5.22) für diesen konkreten Fall nun abgeleitet werden. Betrachten wir dazu Bild 5.26, wo die Verhältnisse in einer Luftsäule dargestellt sind. Die sich räumlich und zeitlich ständig ändernden Werte des Druckes bzw. der Geschwindigkeiten der Luftmoleküle bestimmen die Bewegung eines herausgegriffenen Volumenelementes. Wir untersuchen die Bewegungsgleichung eines Volumenelementes der Länge $\mathrm{d}x$: Für die Kraft auf das Volumenelement findet man $F = A\,\mathrm{d}p$ und für die Masse $m = \rho\, A\, \mathrm{d}x$. Damit lautet die Newtonsche Gleichung

$$\rho A \mathrm{d}x\, \dot{v} = [p(x) - p(x + \mathrm{d}x)]\, A = -\frac{\partial p}{\partial x}\, \mathrm{d}x\, A$$

und man hat

$$\dot{v} = -\frac{1}{\rho}\frac{\partial p}{\partial x}\,. \tag{5.33}$$

Da die beiden Begrenzungsflächen der betrachteten Luftsäule unterschiedliche Geschwindigkeiten besitzen, kommt es zu einer Änderung ihres Volumens. Die Volumenänderung im Zeitintervall $\mathrm{d}t$ ist

$$\mathrm{d}V = A\,[v(x + \mathrm{d}x) - v(x)]\,\mathrm{d}t = A\,\frac{\partial v}{\partial x}\,\mathrm{d}x\,\mathrm{d}t = \frac{\partial v}{\partial x}\,\mathrm{d}t\, V\,,$$

und mit der Relation $\mathrm{d}V/V = -\mathrm{d}p/K$, in der K der Kompressionsmodul ist (vgl. Abschnitt 2.3.2.1), findet man

$$\dot{p} = -K\,\frac{\partial v}{\partial x}\,. \tag{5.34}$$

Differenzieren von (5.33) nach x und (5.34) nach t und anschließendes Gleichsetzen der gemischten Ableitungen ergibt die Wellengleichung für den Druck $p(x, t)$

$$\frac{\partial^2 p}{\partial t^2} = \frac{K}{\rho}\,\frac{\partial^2 p}{\partial x^2}\,. \tag{5.35}$$

Ein Vergleich mit der allgemeinen Wellengleichung (5.22) liefert für die Schallgeschwindigkeit den bereits früher angegebenen Zusammenhang

$$c = \sqrt{\frac{K}{\rho}}\,.$$

Man kann leicht nachrechnen, daß eine Lösung von (5.35) durch

$$p(x, t) = \bar{p} + p_0\,\cos(\omega t - kx + \alpha) \tag{5.36}$$

gegeben ist. Die Druckamplitude p_0 heißt **Schallwechseldruck**.

Um die entsprechende Geschwindigkeitsverteilung der Luftmoleküle in der Welle zu erhalten, differenziert man (5.36) nach x und setzt das Ergebnis in (5.33) ein. Anschließende Integration bezüglich t unter Beachtung von $\omega = kc$ liefert

$$v(x,t) = v_0 \cos(\omega t - kx + \alpha) \tag{5.37}$$

mit der sogenannten **Schallschnelle**

$$v_0 = p_0/(\rho c) \; . \tag{5.38}$$

Da die Kompression in einer Schallwelle in einer sehr kurzen Zeit erfolgt, kann die dabei erzeugte Wärme nicht schnell genug abgeführt werden, der Prozeß ist daher adiabatisch. Für einen solchen Prozeß ist der Kompressionsmodul durch $K = \kappa p$ gegeben (vgl. Übungen), und mit diesem Ergebnis folgt für die Schallgeschwindigkeit

$$c = \sqrt{\frac{\kappa p}{\rho}} \; . \tag{5.39}$$

Setzt man für die Zahl der Freiheitsgrade $f = 5$ voraus, so hat man gemäß (3.29) $\kappa = 1{,}4$. Unter Normbedingungen ($p = 101\,325\,\mathrm{Pa}$, $\varrho = 1{,}293\,\mathrm{kg\,m^{-3}}$) findet man damit $c = 331\,\mathrm{m/s}$. In flüssigen und festen Körpern kann die Schallgeschwindigkeit wesentlich größer sein; z. B. gilt $c_{\mathrm{Wasser}} = 1400\,\mathrm{m/s}$ oder $c_{\mathrm{Stahl}} = 5000\,\mathrm{m/s}$.

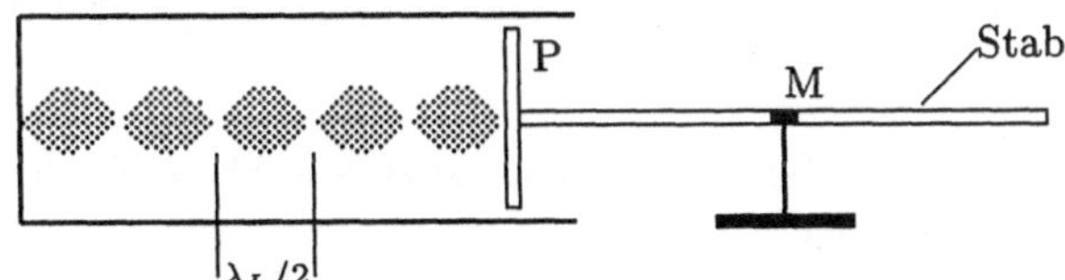

Bild 5.27
Kundtsches Rohr zur Bestimmung von Schallgeschwindigkeiten

Die Eigenschaften von stehenden Wellen werden im *Kundtschen Rohr* (A. Kundt, 1839–1894) genutzt, um die Schallgeschwindigkeit fester Stoffe zu bestimmen. In ein einseitig offenes Glasrohr, in dem etwas Korkmehl verteilt ist, ragt ein Stab der Länge l. Der Stab ist in unserem Fall genau in der Mitte bei M eingeklemmt, so daß er beim Schwingen dort einen Schwingungsknoten besitzen muß (eine weitere Möglichkeit der Einspannung des Stabes behandelt eine der folgenden Übungen). Erregt man, etwa durch Reiben mit einem Lappen, im Stab longitudinale Eigenschwingungen, so entstehen neben dem Knoten bei M Schwingungsbäuche an den freien Stabenden. Die Wellenlänge der Grundschwingung ist daher $\lambda_S = 2l$, also das Doppelte der Stablänge. Mittels einer leichten Endplatte P werden diese Schwingungen auf die Luft in der Glasröhre übertragen, und es entsteht dort ebenfalls eine stehende Welle zwischen der Platte und dem Röhrenende. Das leichte Korkmehl wird dabei an den Schwingungsbäuchen aufgewirbelt, während es an den Schwingungsknoten liegen bleibt. Seine Verteilung im Rohr erlaubt so die Bestimmung der Wellenlänge λ_L, die bei stehenden Wellen ja gerade der doppelte Abstand zwischen zwei benachbarten Knoten ist. Da an den Enden der stehenden Luftschwingung Schwingungsknoten liegen müssen, gelingt der Versuch besonders gut, wenn man durch horizontales Verschieben der Röhre die Länge der Luftsäule zu einem Vielfachen der halben Wellenlänge λ_L macht. Wegen $f_S = f_L$ gilt nun $c_S/\lambda_S = c_L/\lambda_L$. Damit findet man

$$c_S = c_L \frac{\lambda_S}{\lambda_L} = c_L \frac{2l}{\lambda_L} \; , \tag{5.40}$$

was bei bekanntem c_L und gemessenem λ_L die Bestimmung der Schallgeschwindigkeit des Stabmaterials gestattet.

Mit der Schallausbreitung ist ein Transport von Energie verbunden. Wegen (5.4) haben N Luftmoleküle im Volumen V die Energie $E = Nmv_0^2/2$. Für die Energiedichte w, also die Energie pro Volumeneinheit, findet man daher mit $m = \varrho \mathrm{d}V$ die Energiedichte $w = \mathrm{d}E/\mathrm{d}V = \rho v_0^2/2$, was mit (5.38)

$$\boxed{w = \frac{1}{2}\frac{p_0^2}{\rho c^2}} \tag{5.41}$$

liefert. Die Energie, die pro Zeiteinheit die Einheitsfläche passiert, heißt **Schallintensität**. Wie wir in den folgenden Übungen zeigen werden, läßt sie sich als $I = cw$ berechnen, und es ergibt sich daher

$$I = \frac{1}{A}\frac{\mathrm{d}E}{\mathrm{d}t} = \frac{1}{2}\frac{p_0^2}{\rho c} . \tag{5.42}$$

In der Praxis auftretende Schalldrücke variieren um mehr als sechs Zehnerpotenzen. Schallintensitäten variieren dann sogar um mehr als 13 Zehnerpotenzen und liegen etwa zwischen $10^{-12}\,\mathrm{W/m^2}$ und $10\,\mathrm{W/m^2}$. Mit dem **Schallpegel** L definiert man daher ein logarithmisches Maß

$$\boxed{L = 10 \log\left(\frac{I}{I_0}\right) ,} \tag{5.43}$$

wobei $I_0 = 10^{-12}\mathrm{W/m^2}$, die *untere Hörgrenze*, als Bezugsschallintensität gewählt wird. Die dimensionslose Größe L erhält die Maßeinheit **Dezibel** (dB).

Die von uns empfundene Lautstärke hat eine stark subjektive Komponente. Bei konstanter Frequenz empfindet man nun zwar gerade mehr oder weniger genau die Lautstärke als etwa dem Logarithmus des Verhältnisses aus der Intensität des Schalls I und der Intensität der Hörschwelle I_0 proportional (*Weber-Fechnersches Gesetz*); andererseits muß ein Flüsterton von 20 Hz etwa die 10^6fache Energie enthalten, um genauso laut empfunden zu werden wie ein Ton von 2000 Hz. Man vergleicht daher die Intensität eines gegebenen Tones mit einem Normalton von 1 kHz und variiert die Intensität des letzteren, bis er als ebenso laut empfunden wird wie dieser. Bezieht man die Hörschwelle ebenfalls auf diesen Normalton, dann mißt man die **Lautstärke** L_S als

$$\boxed{L_S(1000\,\mathrm{Hz}) = 10 \log\left(\frac{I(1000\,\mathrm{Hz})}{I_0(1000\,\mathrm{Hz})}\right) .} \tag{5.44}$$

Diese ebenfalls dimensionslose Größe erhält die Maßeinheit **Phon**.[6] Die logarithmische Abhängigkeit zwischen Lautstärke und Intensität hat einige, auf den ersten Blick merkwürdige Konsequenzen, die wir in der folgenden Übung kennenlernen wollen.

[6] Genauere Untersuchungen haben gezeigt, daß unser subjektives Lautstärkeempfinden durch das Weber-Fechnersche Gesetz nur unbefriedigend beschrieben wird. Da außerdem eine Lautstärkemessung in der beschriebenen Form sehr aufwendig ist, erfaßt man in der Praxis den Unterschied von Schallempfindungen und Schallpegel durch normierte Bewertungskurven. Am gebräuchlichsten ist die sogenannte Bewertungskurve A, die die Schallempfindung in der Maßeinheit dB(A) liefert. Schallpegelmesser berücksichtigen die Bewertungskurve, indem sie den Schall frequenzabhängig verstärken.

Zur Übertragung von Schall über weitere Strecken werden elektromagnetische Wellen verwendet. Die Umwandlung von Schall in elektrische Signale in Mikrophonen und die Zurückverwandlung in Lautsprechern erfolgt unter Ausnutzung der Wirkung des Schalldrucks in **elektroakustischen Wandlern**. Die Umwandlung von mechanischen Schallschwingungen in elektrische Schwingungen kann z. B. durch den piezoelektrischen Effekt (piezoelektrische Wandler) oder durch elektromagnetische Induktion (elektrodynamische oder elektromagnetische Wandler) erfolgen. In Fernsprechapparaten werden auch Kohlemikrophone verwendet. Dabei nutzt man die Tatsache, daß Kohlegrieß durch auftreffenden Schall unterschiedlich komprimiert wird und dabei seinen elektrischen Widerstand ändert.

Einiges über Ultraschall: Elastische Wellen oberhalb 20 kHz werden als Ultraschall bezeichnet. Prinzipiell gelten für den Ultraschall die gleichen Gesetze wie für die hörbaren Schallwellen. Die kurzen Wellenlängen und die großen Druckgradienten haben jedoch einige Besonderheiten zur Folge. So gelingt es, durch die zusätzliche Möglichkeit einer scharfen Bündelung der Wellen Reflexion, Brechung und Beugung von Ultraschall technisch ähnlich wie beim Licht zu nutzen.

Wie wir bereits wissen, kann Ultraschall u. a. leicht durch den reziproken piezoelektrischen Effekt erzeugt werden. Die dabei möglichen hohen Intensitäten gestatten viele praktische Anwendung. Die kurzen Wellenlänge ermöglicht die Bestimmung der Schallgeschwindigkeit in kleinen Proben und gibtInformationen über deren elastische Eigenschaften. Aus dem von einem Material zurückgeworfenen Ultraschall kann man auf Materialfehler, Inhomogenitäten und Phasengrenzen schließen. Dies ermöglicht den Einsatz von Ultraschall zur zerstörungsfreien Werkstoffprüfung. In ähnlicher Weise kann der menschliche Körper analysiert werden (Sonografie). Dies nutzt man in der Medizin ebenso, wie die durch Schallabsorption erzeugte Erwärmung in körperinnerem Gewebe. In Sonargeräten (sonar - sound navigation and ranging) nutzt man Ultraschall zur Ortung von Objekten unter der Wasseroberfläche. In der Natur orientieren sich einige Tiere wie Fledermäuse oder Delphine an den von ihnen ausgesandte und nach Reflexion an Hindernissen wieder empfangenen Ultraschallwellen.

Übungen:

5.16: Berechnen Sie mittels der Zustandsgleichung für adiabatische Prozesse die Kompressibilität K. ■

5.17: Untersuchen Sie den Zusammenhang zwischen c_S und c_L, wenn man beim Versuch mit dem Kundtschen Rohr den Stab bei $l/4$ und $3l/4$ einspannt. ■

5.18: Warum sind die Orte maximalen Druckes in einer Welle die Schwingungsknoten, während in den Schwingungsbäuchen der Druck minimal ist? ■

5.19: Versuchen Sie, den Ausdruck für die Schallintensität I aus der Gleichung für w herzuleiten. ■

5.20: Welche Lautstärke erzeugen zwei Schallquellen zusammen, wenn jede einzelne 0 Phon erzeugt? ■

Leises Flüstern einer Person erzeugt etwa 20 Phon, ein lauter Schrei etwa 90 Phon. Berechnen Sie den jeweiligen Lautstärkezuwachs, wenn 2 Personen flüstern bzw. schreien.

5.21: Die folgende Aufgabe demonstriert die erstaunliche Empfindlichkeit des Ohres: Man berechne den Schallwechseldruck und die maximale Auslenkung der Luftmoleküle für die untere Hörgrenze bei 1000 Hz. ■

5.2.7 Musikalische Akustik

Die akustische Empfindung, die man mit einer harmonischen Schwingung assoziiert, heißt **Ton**. Er ist charakterisiert durch seine *Lautstärke* (Quadrat der Amplitude), seine *Tonhöhe* (Frequenz) und seine *Phase*. Eine Überlagerung mehrerer Töne ergibt einen **Klang**, während man nichtperiodische Vorgänge als **Geräusch** empfindet. Ein nur kurzzeitiger akustischer Reiz wird schließlich als **Knall** empfunden.

Bringt man z. B. eine Gitarrensaite oder eine Luftsäule zum Schwingen, dann zeigt eine Fourier-Analyse, daß der erzeugte Ton neben einem Grundton ω_0, der die Tonhöhe festlegt, auch Obertöne mit Frequenzen $n\omega_0$ enthält. Die Intensitätsverteilung dieser Obertöne beeinflußt maßgeblich die Klangfarbe des Tons. Erzeugt man einen bestimmten Ton auf unterschiedlichen Instrumenten, so resultieren nun gerade solche unterschiedlichen Verteilungen seiner Obertöne. Nach dem Einschwingverhalten bei der Tonerzeugung ist dies der wesentlichste Aspekt bei der Erkennung und Unterscheidung von Musikinstrumenten.

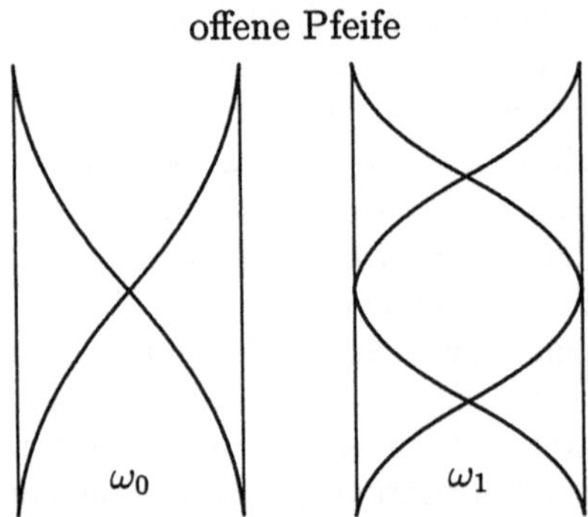

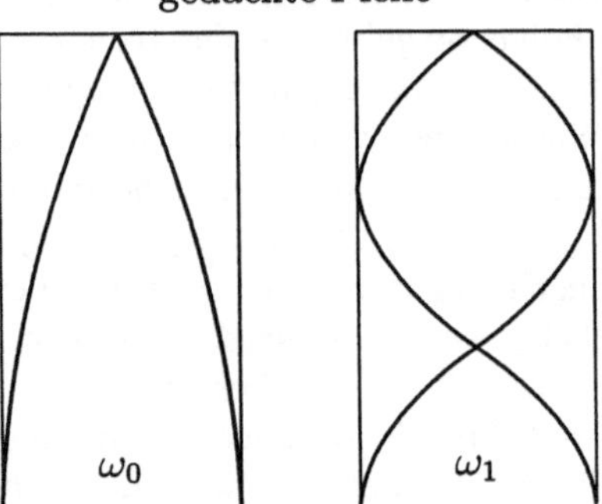

Bild 5.28 Stehende Wellen in Orgelpfeifen

Bild 5.28 zeigt Grundschwingung und 1. Oberschwingung für offene und gedackte Orgelpfeifen. Die Tonerzeugung erfolgt bei solchen Pfeifen dadurch, daß man von unten einen Luftstrom durch eine schmale Öffnung auf eine scharfe Kante am unteren, offenen Rand des Pfeifenkörpers leitet. Dabei entstehen periodische Luftwirbel, die ihrerseits die stehende Welle in der Luftsäule anregen. In einer offenen Pfeife erfolgt die Reflexion an beiden Enden am dünneren Medium, wo jeweils ein Wellenbauch entsteht. In einer gedackten Pfeife ist das obere Ende geschlossen, und dort entsteht ein Wellenknoten. Hat die Pfeife die Länge l, dann gilt also für die Frequenzen der Eigenschwingungen:

$$f_n = \frac{c}{2l}(n+1)\,, \quad \text{offene Pfeifen}$$

$$f_n = \frac{c}{4l}(2n+1)\,, \quad \text{gedackte Pfeifen}$$

Klingen mehrere Töne zusammen in einem Akkord, dann kann dies als wohlklingend (konsonant) oder auch als mißklingend (dissonant) empfunden werden. Schon der Grieche Pythagoras erkannte, daß Akkorde wohlklingen, wenn die einzelnen Töne im Verhältnis kleiner ganzer Zahlen stehen. Die Verhältnisse 2:1 (Oktave), 3:2 (Quinte) und 5:4 (Terz) bilden z. B. den Dur-Dreiklang. Er bildet die Grundlage der *reinen* Stimmung von Musikinstrumenten und begünstigt mehrstimmiges Musizieren. Die Frequenzverhältnisse der reinen Dur-Tonleiter und der im folgenden ebenfalls diskutierten pythagoräischen Tonleiter sind:

Ton	c	d	e	f	g	a	h	c’
rein	1	9/8	5/4	4/3	3/2	5/3	15/8	2
pythagoräisch	1	9/8	81/64	4/3	3/2	27/16	243/128	2

Man kann leicht prüfen, daß sich diese Tonleiter an der Bildung von Dreiklängen orientiert, indem man neben c - e - g etwa die Frequenzverhältnisse von f - a - c oder g - h - d' untersucht.

Die Konstruktion einer solchen Tonleiter ist keineswegs eindeutig. Eine Alternative ist die *pythagoräische* Stimmung, die nur auf der Oktave und der Quinte aufbaut. Sie entsteht, wenn man vom Grundton in Quinten fortschreitet und die so entstehenden Töne in den Bereich der ersten Oktave transformiert (vgl. Übungen).

Bei beiden Tonleitern bereitet es Schwierigkeiten, in einem Musikstück von einer Tonart in eine andere zu wechseln. Diese beruhen im Prinzip auf der Tatsache, daß sich das Verhältnis von 12 Quintenschritten zu 7 Oktavschritten geringfügig von der Zahl Eins unterscheidet (pythagoräisches Komma). Die Möglichkeit einer solchen freien Modulation zwischen Tonleitern mit verschiedenen Grundtönen erlaubt erst die *temperierte* Stimmung, bei der die Oktave gemäß $\sqrt[12]{2}^i (i = 0, 1, \ldots, 12)$ in 12 gleiche Halbtonschritte unterteilt wird. Dabei werden außer der Oktave alle Intervalle in einem allerdings erträglichen Rahmen unrein.[7]

Übungen:

5.22: Versuchen Sie, durch Aneinanderreihen von Quinten und Transformation auf die erste Oktave eine Dur-Tonleiter zu konstruieren. Welche Schwierigkeit entsteht dabei? ■

5.23: Wie lang ist eine Orgelpfeife, die den tiefsten Ton von 16 Hz erzeugt? ■

5.24: Zeichnen Sie Grundschwingung sowie 1. und 2. Oberschwingung für eine beidseitig eingespannte Saite (Gitarrensaite). Welchen Tönen entsprechen die Oberschwingungen, wenn die Grundschwingung den Ton c erzeugt? Welcher Ton wird erzeugt, wenn man die Saite im Abstand von 1/3 der Saitenlänge niederdrückt? ■

5.2.8 Elektromagnetische Wellen

Die Maxwellschen Gleichungen der Elektrodynamik besitzen u. a. auch wellenförmige Lösungen. Dies sei an einem einfachen Beispiel gezeigt: Wir suchen im Vakuum, wo weder Ladungen und Ströme ($j = \rho = 0$) noch Materie ($\varepsilon_r = \mu_r = 1$) vorhanden sind, Lösungen. Diese sollen ebenen Wellen in z-Richtung entsprechen. Dabei nehmen wir weiterhin an, daß $\vec{E}$ nur eine x-Komponente und $\vec{H}$ nur eine y-Komponente besitzt. Also

$$\begin{aligned} E_x(z,t) &= E_0 \cos(\omega t - kz) \\ H_y(z,t) &= H_0 \cos(\omega t - kz) . \end{aligned} \tag{5.45}$$

Es ist Gegenstand der folgenden Übungen zu zeigen, daß das komplizierte System der Maxwellschen Gleichungen (vgl. Abschnitt 4.4.9) sich dann auf das einfache System

$$\frac{-\partial H_y}{\partial z} = \varepsilon_0 \frac{\partial E_x}{\partial t} \quad \text{und} \quad \frac{\partial E_x}{\partial z} = -\mu_0 \frac{\partial H_y}{\partial t} \tag{5.46}$$

reduziert.

Differenziert man die erste Gleichung nach t und die zweite nach z bzw. die erste nach z und die zweite nach t und setzt jeweils die gemischten Ableitungen gleich, dann resultieren Wellengleichungen der Form

$$\begin{aligned} \frac{\partial^2 E_x}{\partial t^2} &= \frac{1}{\varepsilon_0 \mu_0} \frac{\partial^2 E_x}{\partial z^2} \\ \frac{\partial^2 H_y}{\partial t^2} &= \frac{1}{\varepsilon_0 \mu_0} \frac{\partial^2 H_y}{\partial z^2} , \end{aligned} \tag{5.47}$$

[7] Die temperierte Stimmung wurde vom Organisten A. Werckmeister (1691) begründet und durch J. S. Bachs Werke (Das Wohltemperierte Klavier) populär.

von denen wir bereits wissen, daß (5.45) Lösung ist mit der Ausbreitungsgeschwindigkeit

$$\boxed{c = \frac{1}{\sqrt{\varepsilon_0 \mu_0}}\,.} \tag{5.48}$$

Setzt man die Werte für ε_0 und μ_0 ein, so ergibt sich für c die Lichtgeschwindigkeit des Vakuums. Dies war historisch ein wichtiger Hinweis auf die elektromagnetische Natur des Lichtes.

Unsere Ergebnisse ergeben für fortschreitende elektromagnetische Wellen die folgenden Eigenschaften:

- Elektromagnetische Wellen sind stets transversal, die Feldvektoren $\vec{E}$, $\vec{H}$ und die Ausbreitungsrichtung stehen paarweise aufeinander senkrecht (Bild 5.29).
- In ebenen Wellen schwingen $\vec{E}$ und $\vec{H}$ in Phase. (Dies mag verwundern, da man vom Schwingkreis eine Phasenverschiebung gewohnt ist. Die Phasengleichheit entsteht auch erst weit ab von der Strahlungsquelle, wo man die Welle als eben ansehen kann.)
- Elektromagnetische Wellen breiten sich mit Lichtgeschwindigkeit aus. In einem Medium gilt

$$\boxed{c = \frac{1}{\sqrt{\varepsilon_0 \varepsilon_r \mu_0 \mu_r}}\,.} \tag{5.49}$$

- Elektromagnetische Wellen benötigen zu ihrer Ausbreitung kein Medium.[8] (Wir haben nicht nur gerade ihre Existenz im Vakuum als Lösung der Maxwellschen Gleichungen bestätigt, sondern wir kennen dies aus zahlreichen Anwendungen, wie Funkverkehr oder Satellitenübertragungen.)

Wie können nun elektromagnetische Wellen erzeugt werden? Nun, dazu muß es der in einem elektrischen Schwingkreis im Kondensator und in der Spule konzentrierten Energie möglich gemacht werden, sich räumlich auszubreiten. Dies verlangt eine Veränderung der Geometrie der Anordnung von Kapazität und Induktivität. Als gedanklichen Ausgangspunkt nutzen wir den elektrischen Schwingkreis von Bild 4.50 und zeigen drei verschiedene Möglichkeiten, wie eine räumliche Ausbreitung von Schwingungsenergie realisiert werden kann.

Hertzscher Dipol

Beim gewöhnlichen Schwingkreis bleiben die Felder praktisch auf die Räume zwischen den Kondensatorplatten und innerhalb der Spule beschränkt. Erst ein Öffnen und Verkleinern der Kondensatorplatten (Verringerung von C) verbunden mit einer Reduktion der Windungszahl der Spule bis hin zu einem einfachen Leiter (Verringerung von L), führt zu einer Verkopplung von elektrischem und magnetischem Feld und gestattet merkliche Abstrahlung (Bild 5.30). Dieses Konzept führt uns auf den nach seinem Erfinder H. Hertz (1857–1894) benannten **Hertzschen Dipol**, der nichts weiter ist als ein Draht, eventuell mit zwei metallischen Kugeln an seinen Enden, um die Kapazität etwas höher zu halten. Für das Verständnis vieler Eigenschaften elek-

[8] Lange Zeit war es unvorstellbar, daß sich Wellen ohne Medium ausbreiten könnten. Man erfand für die elektromagnetischen Wellen den berühmten „Äther", dessen Existenz jedoch nicht nachweisbar war. Im 19. Jahrhundert wurden immer geheimnisvollere Äthermodelle ersonnen, um die experimentellen Fakten zu erklären. Erst die Relativitätstheorie zeigte die Unnötigkeit des Äthers.

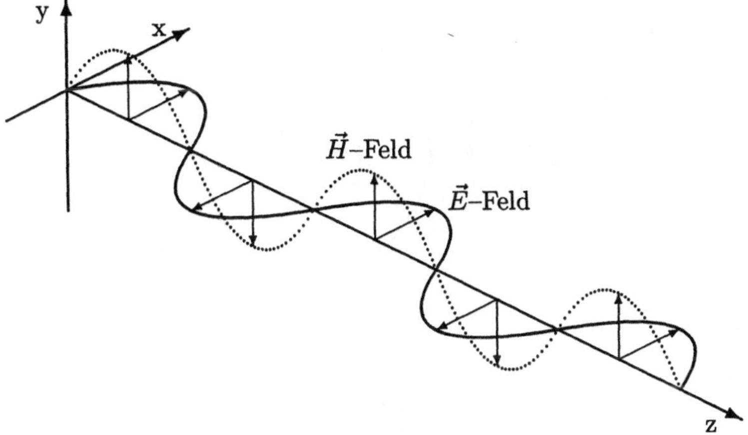

Bild 5.29 Zur Ausbreitung einer ebenen elektromagnetischen Welle

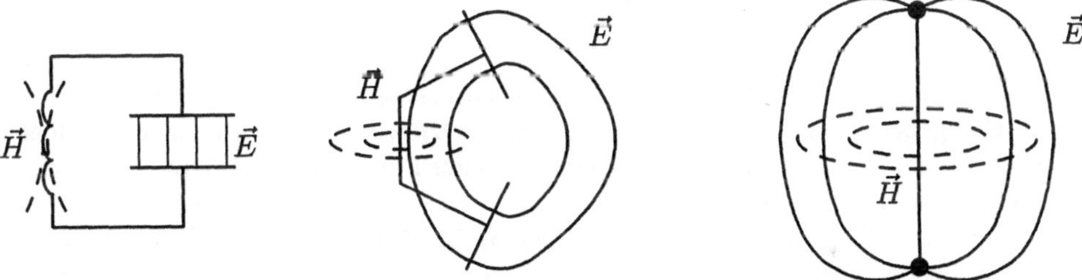

Bild 5.30 Entstehung eines Hertzschen Dipols durch Übergang von einem offenen zu einem geschlossenen Schwingkreis

tromagnetischer Wellen, wie etwa ihre Polarisation durch Reflexion (vgl. Abschnitt 6.3.2), ist die Winkelverteilung der Dipolstrahlung wesentlich. Wie Bild 5.30 vermuten läßt und Rechnungen bestätigen, gilt:

> *Die Intensität der Dipolstrahlung verschwindet entlang der Dipolachse und ist in der dazu senkrechten Ebene maximal.*

Wie die Abstrahlung von einem solchen Dipol erfolgt, ist in Bild 5.31 schematisch dargestellt: Anfänglich mögen die beiden Endpunkte des Dipols die Ladungen $+Q$ bzw. $-Q$ tragen ($t = 0$), die einen Ladungsausgleich anstreben. Durch die Ladungsbewegung im Dipol schnüren sich die elektrischen Feldlinien ein und lösen sich in Form von Wirbeln ab (elektrisches Wirbelfeld). Gleichzeitig erzeugt der Stromfluß ein magnetisches Feld. In vom Schwingkreis bekannter Weise laden sich dann die Dipolenden in entgegengesetzter Weise auf. Beim erneuten Ladungsausgleich löst sich ein elektrischer Wirbel mit entgegengesetztem Umlaufsinn, und auch das entstehende Magnetfeld hat entgegengesetzten Richtungssinn. Das Gesamtstrahlungsfeld zeigt die Verkopplung von elektrischem (durchgezogen) und magnetischem (gestrichelt) Feld zur elektromagnetischen Welle. Der Abstand zwischen den gezeichneten magnetischen Feldlinien beträgt jeweils $\lambda/2$.

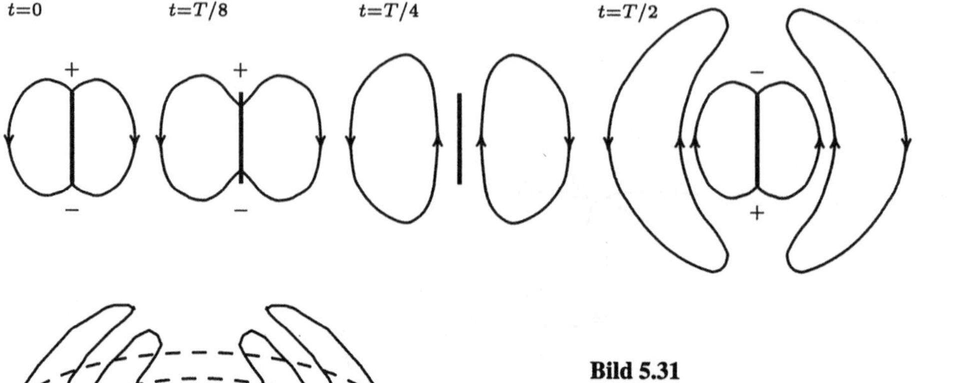

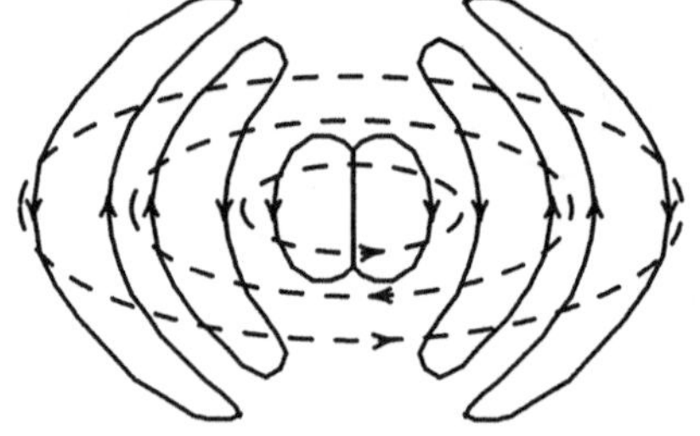

Bild 5.31
Abstrahlung elektomagnetischer Wellen von einem Hertzschen Dipol: Schematisch dargestellt ist die Ablösung eines elektrischen Wirbels (a) und die räumliche Struktur des Strahlungfeldes (b). Der Abstand zwischen zwei magnetischen Feldlinien beträgt jeweils $\lambda/2$.

Um die Aussendung elektromagnetischer Wellen aufrechtzuerhalten, muß die infolge der Abstrahlung abgegebene Energie ständig von außen ersetzt werden. Die Reichweite solcher, sich frei ausbreitender Wellen hängt entscheidend von ihrer Frequenz ab und vom Medium, in dem die Ausbreitung erfolgt. Für den Fall der Ausbreitung von elektromagnetischen Wellen in unserer Atmosphäre kann festgestellt werden: Lange Wellen können sich durch den Erdboden geführt als Bodenwellen über sehr große Entfernungen ausbreiten; mit kurzen Wellen lassen sich größere Reichweiten dadurch erzielen, daß man ihre gute Reflexion in der Ionosphärenschicht ausnutzt; im UKW-Bereich versagen diese beiden Möglichkeiten, und die Reichweite bleibt im wesentlichen auf den optischen Horizont beschränkt.

Lecher-Leitung

Elektromagnetische Wellen können sich auch entlang leitender Drähte ausbreiten. Wieder vom Schwingkreis ausgehend, kann man sich diese Art der Fortpflanzung in folgender Weise plausibel machen: Koppelt man Schwingkreise in der in Bild 5.32 dargestellten Weise, dann kann Schwingungsenergie von einem Schwingkreis zum nächsten übergehen und sich somit räumlich ausbreiten. Im Grenzfall immer kleiner werdender Kapazität und Induktivität kommen wir zu einer Doppelleitung aus zwei parallelen Drähten, die nach dem österreichischen Physiker E. Lecher (1890) als **Lecher-Leitung** bezeichnet wird. Eine elektromagnetische Anregung überträgt man auf diese Leitung, indem man etwa ein Ende dieser Leitung an einen Schwingkreis S koppelt.

Auf einer endlichen Leitung kommt es zur Ausbildung von stehenden Wellen für Spannung und Strom, die beide gegeneinander um eine Viertelperiode phasenverschoben sind (Bild 5.33). Die für $t = 0$ gezeigte Ladungsverteilung liefert zwischen den beiden Drähten Feldstärkemaxima bzw. Spannungsbäuche an den jeweils durch die Vorzeichen charakterisierten Stellen. Hat man nun bei $t = 0$ die dargestellte Spannungsverteilung, so erfolgt der Ladungsausgleich durch Stromfluß (jeweils von $+$ nach $-$, durch Vektorpfeile gekennzeichnet!), der für $t = T/4$ maximal wird. Das System schwingt dann über und zeigt für $t = T/2$ die umgekehrte Ladungsverteilung,

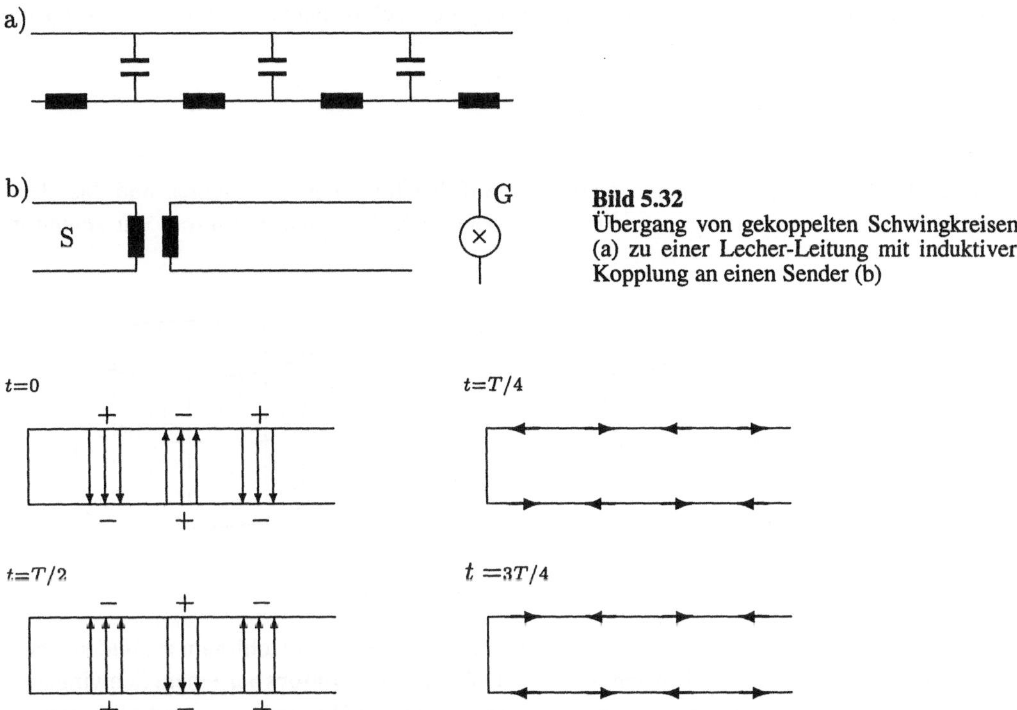

Bild 5.32
Übergang von gekoppelten Schwingkreisen (a) zu einer Lecher-Leitung mit induktiver Kopplung an einen Sender (b)

Bild 5.33 Zum zeitlichen Verhalten von Spannung und Strom auf einer einseitig offenen Lecher-Leitung

die dann auch durch umgekehrten Stromfluß wieder ausgeglichen wird. Den Nachweis der Spannungsbäuche kann man mittels einer Glühlampe G führen, die man an der Leitung entlang führt. Die Wellen breiten sich nicht in, sondern längs der Leitung aus, wobei die Leitung selbst nur zur Führung der Welle dient.

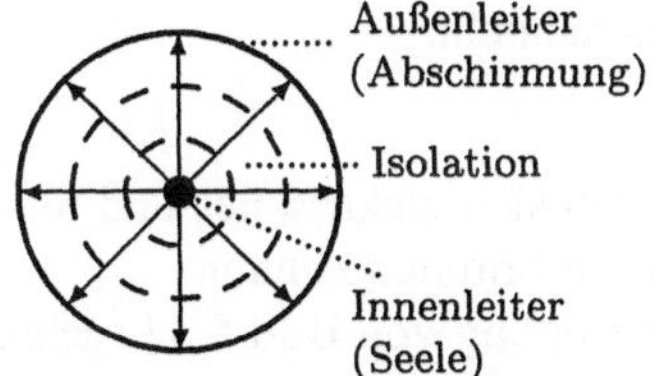

Bild 5.34
Querschnitt durch ein Koaxialkabel mit elektrischen (durchgezogen) und magnetischen (gestrichelt) Feldlinien

Neben der freien Ausbreitung im Raum können Wellen also auch an Drähten geführt werden. Bei höheren Frequenzen (λ im cm- bzw. mm-Bereich) sind allerdings parallele Drähte zur Führung von Wellen nicht mehr geeignet. Skineffekt und zunehmende Abstrahlung elektromagnetischer Energie geben dann nämlich zu großer Dämpfung Anlaß. Man verwendet in diesem Bereich ein **Koaxialkabel**. Es besteht aus einem Draht im Zentrum, den man Innenleiter (Seele) nennt. Durch eine Isolator getrennt ist dieser von einem metallischen Geflecht umgeben, welches den Außenleiter bildet (Bild 5.34). Die Ausbreitung des elektromagnetische Feldes erfolgt im Dielektrikum zwischen den beiden Leitern.

Hohlraumresonator und Hohlleiter

Bei noch höheren Frequenzen kann man sogar auf den Innenleiter verzichten und das elektromagnetische Feld innerhalb eines *Hohlleiters* oder auch *Wellenleiters* führen. Wir zeigen in

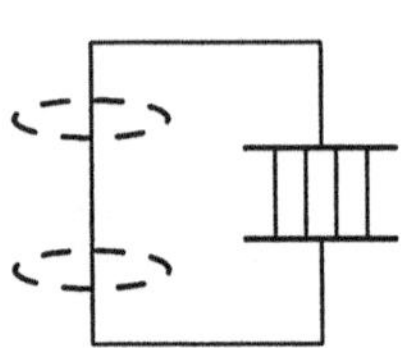
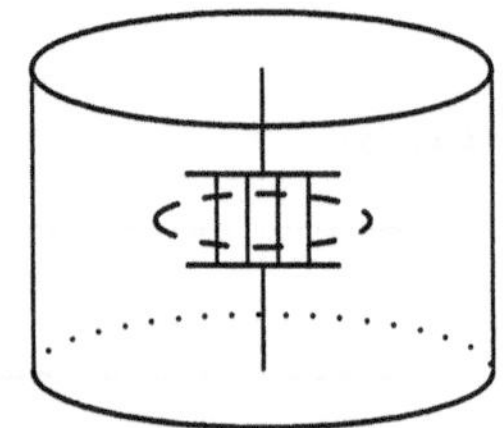
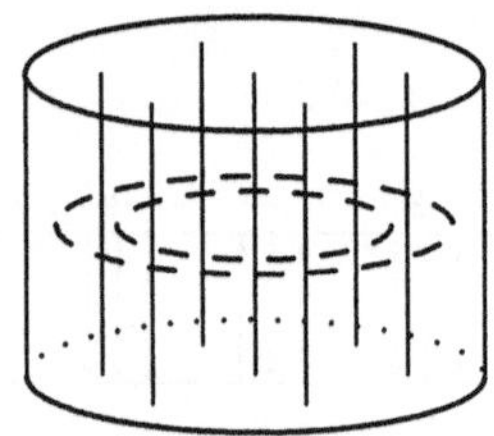

Bild 5.35 Entstehung eines Hohlraumresonators aus einem Schwingkreis

Bild 5.35 zuerst einmal, wie sich elektrische Schwingungen in einem Hohlraum ausbilden. Dazu ist dargestellt, wie man sich die Entstehung eines **Hohlraumresonators** aus einem Schwingkreis vorstellen kann. Ein solcher von leitenden Wänden umgebener Hohlraum besitzt elektromagnetische Eigenschwingungen, etwa zu vergleichen mit den akustischen Eigenschwingungen einer Luftsäule. Durch Verlängerung des Hohlraumes kommt man nun zum Hohlleiter, in dem sich Wellen führen lassen. Man nutzt diese Form der Wellenführung insbesondere in der Mikrowellentechnik.

Elektromagnetische Wellen begegnen uns in Natur und Technik in vielfältiger Weise. Wellenlängen und demzufolge Frequenzen überdecken dabei viele Größenordnungen. Ihre Gesamtheit bildet das sogenannte **elektromagnetische Spektrum**, über das wir abschließend einen Überblick geben (Bild 5.36). Mit steigender Frequenz haben wir den Bereich der *elektrischen Wellen* mit den technischen Wechselströmen, den Rundfunk- und Fernsehwellen und den Mikrowellen. Der anschließende *optische Bereich* enthält infrarote Wellen (Wärmestrahlung) sowie das sichtbare und ultraviolette Licht. Mit noch höheren Frequenzen folgen die Bereiche der *Röntgenstrahlen*, der *Höhen-* und *γ- Strahlen*. Den optischen Bereich und einige der hochfrequenten Strahlungen werden wir in den folgenden Kapiteln ausführlicher behandeln.

Übungen:

- ■ **5.25**: Zeigen Sie ausgehend von den Mawellschen Gleichungen, daß sich elektrisches und magnetisches Feld im Vakuum in Form ebener Wellen der Form (5.45) ausbreiten können.
- ■ **5.26**: Wo liegen Strom- und Spannungsbäuche, wenn die Lecher-Leitung von Bild 5.33 rechts a) offen und b) geschlossen ist?

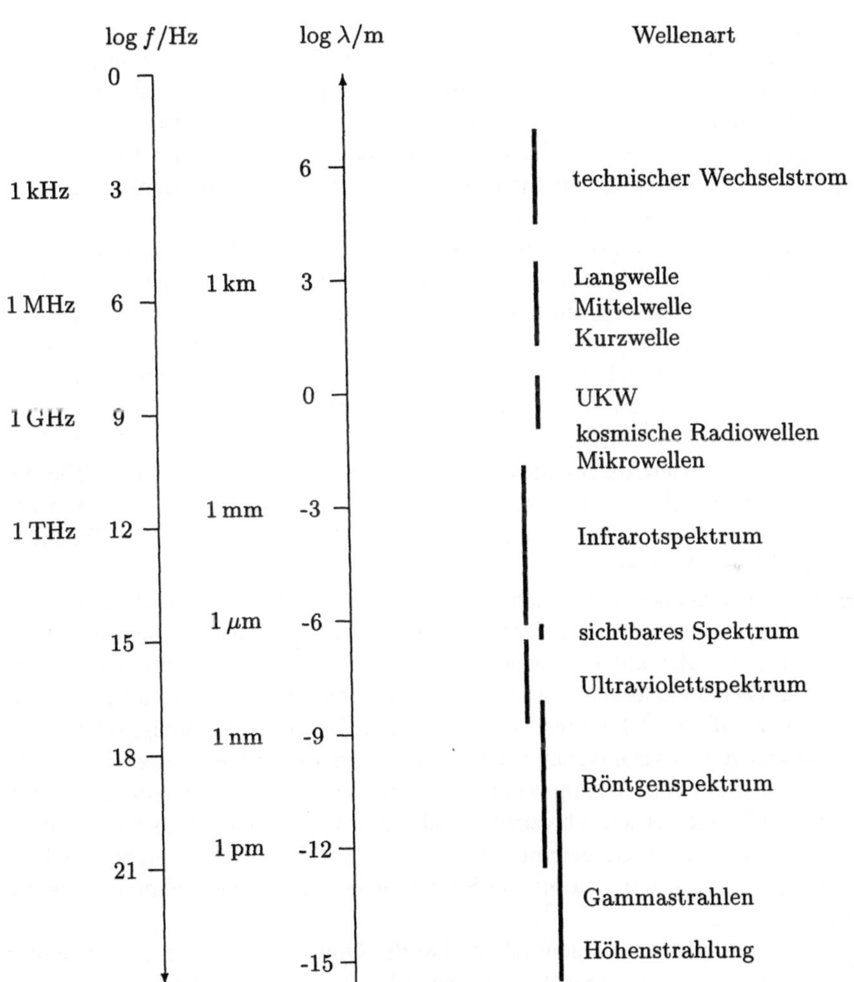

Bild 5.36 Das elektromagnetische Spektrum

6 Optik

6.1 Einführung

Vom Auge wahrgenommene Empfindungen nennt man *Licht.* Im Kapitel „Elektrizität und Magnetismus“ haben wir bereits erfahren, daß es elektromagnetische Wellen sind, die in einem bestimmten Frequenzintervall (ca. $7,5 \cdot 10^{14}$ Hz $> f > 4 \cdot 10^{14}$ Hz) bzw. Wellenlängenintervall (ca. 400 nm $< \lambda <$ 750 nm) die entsprechenden physiologischen Wirkungen hervorrufen.

Diese Erkenntnis – eine der glänzendsten Erfolge der Maxwellschen Theorie – war jedoch lange umstritten, gab es doch prominente Vertreter der Auffassung, daß Licht aus Teilchen (Korpuskeln) besteht. Insbesondere Newton war konsequenter Vertreter einer solchen **Korpuskulartheorie**, die lange mit der maßgeblich von Chr. Huygens entwickelten **Wellentheorie** konkurrierte. Der Nachweis der Interferenz als charakteristisches Wellenphänomen bereitete beim Licht lange Zeit Schwierigkeiten (vgl. Abschnitt 6.3.1). Erst die Doppelspaltversuche von Th. Young (1802) und der berühmte Spiegelversuch von A. J. Fresnel (1821) leiteten den Durchbruch der Wellentheorie ein, die durch die Maxwellsche Theorie scheinbar endgültig bestätigt wurde.

Kaum schien nun in der zweiten Hälfte des vorigen Jahrhunderts durch den Sieg der Wellentheorie die Natur des Lichtes geklärt, da brachte die Entdeckung des Photoeffektes diese Theorie in scheinbar unüberwindliche Schwierigkeiten. Einstein war es, der im Jahre 1905 durch die Einführung des Begriffs „Photon“ die Korpuskulartheorie im Rahmen eines Welle-Teilchen-Dualismus wiederbelebte (vgl. Kapitel „Quanten und Atome“).

Schwierigkeiten ergaben sich aber auch zunehmend aus den vergeblichen Versuchen der Physiker, die Lichtausbreitung als einen Wellenvorgang in einem elastischen Medium, dem **Äther**, zu begreifen. Wir haben diese Problematik bereits im Zusammenhang mit den elektromagnetischen Wellen in Abschnitt 5.2.8 kennengelernt und werden sie in Abschnitt 6.5 weiter vertiefen. Es war unverständlich, warum sich dieser Äther allen Versuchen eines Nachweises entzog, setzte doch der transversale Charakter der elektromagnetischen Wellen immerhin die Existenz von Schubkräften, also ein zähes Medium voraus. Immer unrealistischer wurden diese Äthermodelle, und, was für die physikalische Forschung am schwersten zu akzeptieren war, seine Existenz führte zu dem Schluß, daß die physikalischen Gesetze in verschiedenen Bezugssystemen unterschiedlich sein sollten. Auch hier war es Einstein, der mit der Schaffung der speziellen Relativitätstheorie einen Ausweg fand.

Schon diese kurzen Ausführungen verdeutlichen, daß die Optik eines der entscheidendsten Gebiete für die Entwicklung der modernen Physik war. Wir wollen uns zuerst jedoch einigen Problemen der klassischen Optik zuwenden: Aus der Tatsache, daß Licht eine elektromagnetische Erscheinung ist, folgen nicht unmittelbar die Antworten auf zahlreiche Fragen, die sich im Zusammenhang mit dem Licht ergeben. Wie entstehen die Bilder von Gegenständen im Auge? Worauf beruht die Wirkung von optischen Instrumenten, und wie funktionieren sie? Warum leuchten einige Körper, andere nicht? Woher hat ein Körper seine Farbe? Warum sind manche Körper durchsichtig, andere undurchsichtig? Wie entstehen Himmelblau und Abendrot und andere optische Phänomene in der Atmosphäre? Das sind nur einige solcher Fragen, die wir im folgenden beantworten wollen.

Zuerst sollen optische Erscheinungen diskutiert werden, die bereits dadurch zu verstehen sind, daß man sich Licht als eine Ausbreitung von Strahlen vorstellt. In der Korpuskulartheorie wäre ein solcher Strahl die Bahnkurve eines Lichtteilchens, während sich die Wellentheorie solche Strahlen als die Normalen zu den Wellenflächen vorstellt (vgl. Abschnitt 5.2.1). Eine solche Modellvorstellung ist gerechtfertigt, wenn die die Lichtausbreitung bestimmenden Gegenstände in ihren Abmessungen groß gegen die Wellenlänge sind. Sie ist Grundlage der **Strahlenoptik** bzw. **geometrischen Optik**. Anschließend sollen mit der Wellennatur des Lichtes zusammenhängende Phänomene, wie Interferenz, Beugung, Polarisation und Doppelbrechung beschrieben werden. Abschnitt 6.4 gibt eine kurze Einführung in die Photometrie, und zum Abschluß dieses Kapitels wird in Abschnitt 6.5 in Grundzügen die spezielle Relativitätstheorie dargelegt.

6.2 Strahlenoptik

6.2.1 Allgemeine Grundlagen

Damit wir mit unseren Augen einen Gegenstand wahrnehmen können, muß Licht von diesem Gegenstand ausgehen und in unser Auge gelangen. Einige Körper, wie etwa die heiße Glühwendel einer Glühlampe, leuchten selbst; die Mehrzahl der Körper reflektieren jedoch nur das auf sie fallende Licht. Unser Auge registriert nun den einfallenden Lichtstrahl und vermittelt uns den Eindruck, daß das betrachtete Objekt in der rückwärtigen geradlinigen Verlängerung dieses Strahls zu suchen ist. Eine genaue Lokalisierung ist jedoch erst möglich, wenn zwei verschiedene vom Objekt ausgehende Strahlen in unser Auge gelangen. Im Schnittpunkt beider Strahlen positionieren wir dann das Objekt.

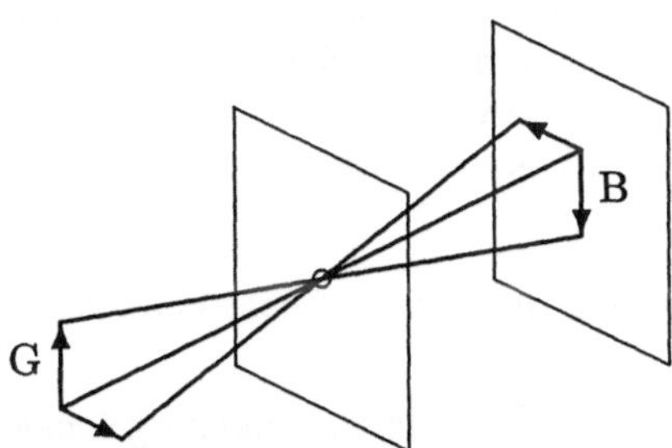

Bild 6.1
Prinzip der Bildentstehung in einer Lochkamera

In einem Medium mit homogenen optischen Eigenschaften breitet sich Licht stets geradlinig aus. Ein einfaches Beispiel dieser geradlinigen Ausbreitung von Lichtstrahlen gibt die Lochkamera, deren Wirkungsweise in Bild 6.1 dargestellt ist. Diese bereits im frühen Mittelalter zur Abbildung von Gegenständen genutzte Vorrichtung besteht einfach aus einem Kasten, der an der Vorderwand ein kleines Loch enthält. Fällt Licht von einem Gegenstand G durch dieses Loch, so entsteht auf der gegenüberliegenden Rückwand eine kopfstehende und seitenverkehrte Abbildung B. Dies beweist uns auch, daß Lichtstrahlen sich ungestört kreuzen können. Es sei erwähnt, daß es sich eigentlich dabei um kein echtes Bild handelt, wie wir es an Spiegeln und Linsen kennenlernen werden, sondern die Abbildung entsteht aus der Überlagerung aller kleinen Lichtflecke, die die einzelnen Punkte des Gegenstandes erzeugen. Bis zu einer gewissen Grenze ist die Abbildung um so schärfer, je kleiner das Loch ist.

Trifft Licht auf die Oberfläche eines Körpers, so wird ein Teil des Lichtes an der Oberfläche reflektiert. Der restliche Teil dringt im allgemeinen unter Richtungsänderung (**Brechung**) in den

Körper ein. Ist der Körper nun nicht zu dick, dann gelingt es wiederum einem bestimmten Anteil des eingedrungenen Lichtes, den Körper auf der Rückseite wieder zu verlassen (Transmission), während der Rest offensichtlich vom Körper „verschluckt" wird (Absorption). Zusammenfassend halten wir daher fest: Fällt Licht auf einen Körper, dann müssen im allgemeinen **Reflexion**, **Absorption** und **Transmission** des Lichtes berücksichtigt werden.

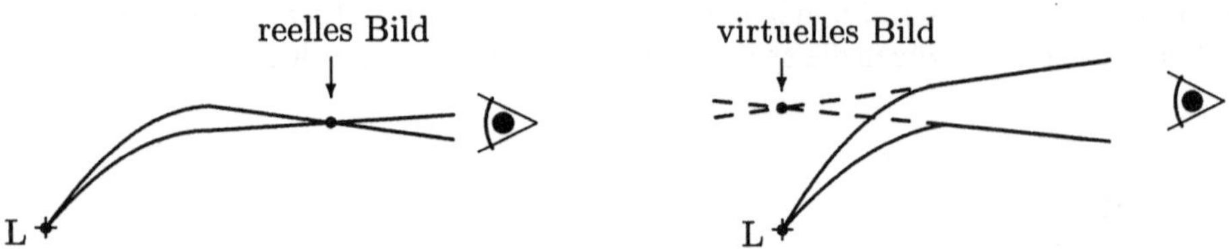

Bild 6.2 Entstehung eines reellen (a) bzw. virtuellen (b) Bildes einer punktförmigen Lichtquelle L in einem Medium mit räumlich veränderlichen optischen Eigenschaften

Infolge von Reflexion oder Brechung können Lichtstrahlen in ihrer Richtung verändert werden. Brechung tritt dabei nicht nur an der Grenzfläche zweier Medien auf, sondern auch in einem Medium mit räumlich veränderlichen optischen Eigenschaften. Zwei unterschiedliche Beispiele möglicher krummliniger Strahlengänge in einem solchen Medium zeigt Bild 6.2. Im ersten Fall schneiden sich zwei von einer als punktförmig angenommenen Lichtquelle ausgehende Strahlen, und es entsteht ein sogenanntes **reelles Bild** dieses Punktes. Unser Auge lokalisiert die Lichtquelle dann an dieser Stelle. Kommt es andererseits wie im zweiten Fall zu keinem Schnittpunkt der Strahlen, so registriert unser Auge das Bild im Schnittpunkt der rückwärtigen Verlängerung der Strahlen. Im Gegensatz zum reellen Bild spricht man in diesem Fall von einem **virtuellen Bild**. Solche virtuellen Bilder kann man nicht auf einem Bildschirm auffangen. Sie werden erst im Auge oder mittels anderer optischer Instrumente in reelle Bilder verwandelt.

Wir können die grundlegenden Annahmen der geometrischen Optik bei der Beschreibung der Lichtausbreitung in folgender Weise zusammenfassen:

- Die Lichtausbreitung wird durch Strahlen beschrieben, die sich in einem homogenen Medium geradlinig ausbreiten.
- Lichtstrahlen können sich ungestört kreuzen. Wo sich zwei von einem Punkt ausgehende Strahlen kreuzen, entsteht ein (reeller) Bildpunkt.
- An der Grenzfläche zweier Medien kann es zu Richtungsänderungen der Lichtstahlen durch Reflexion bzw. Brechung kommen.

Um die für die praktische Anwendung wichtige Lichtausbreitung an Spiegeln und durch Linsen und Prismen zu verstehen, müssen zuerst die Gesetzmäßigkeiten bei der Reflexion und Brechung untersucht und dann berücksichtigt werden.

6.2.2 Reflexion des Lichtes und Bildentstehung an Spiegeln

An einer glatten Oberfläche kann ein großer Teil des Lichtes reflektiert werden. Die Untersuchungen zeigen, daß dabei auch für Lichtstrahlen das bereits aus dem Kapitel „Schwingungen und Wellen" bekannte und in Bild 6.3 nochmals veranschaulichte **Reflexionsgesetz** gilt:

Der reflektierte Strahl und der einfallende Strahl liegen mit dem Einfallslot in einer Ebene und schließen mit diesem gleiche Winkel ein.

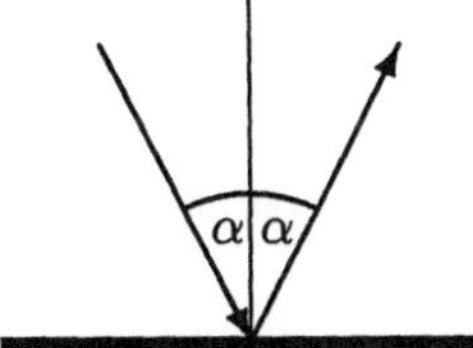

Bild 6.3
Zum Reflexionsgesetz

Das Reflexionsgesetz bildet die Grundlage für die Beschreibung der Abbildung an Spiegeln. Wie es zum Bild an einem ebenen Spiegel kommt, zeigt Bild 6.4. Im Teil a) ist dargestellt, wie verschiedene von einer punktförmigen Lichtquelle L ausgehende Strahlen an einem ebenen Spiegel reflektiert werden. Die rückwärtigen Verlängerungen der ins Auge gelangenden Strahlen schneiden sich alle in L', wo also ein virtuelles Bild von L erzeugt wird.

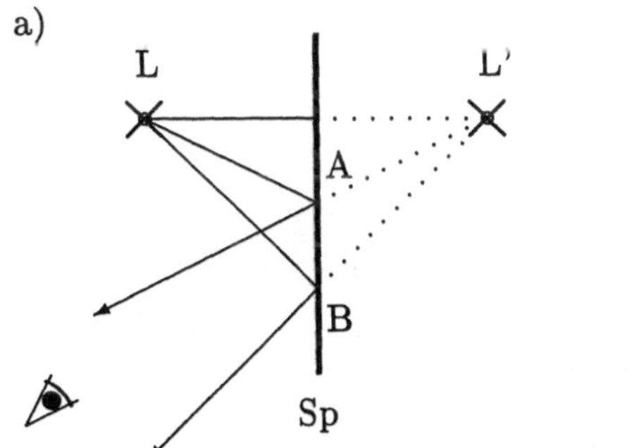

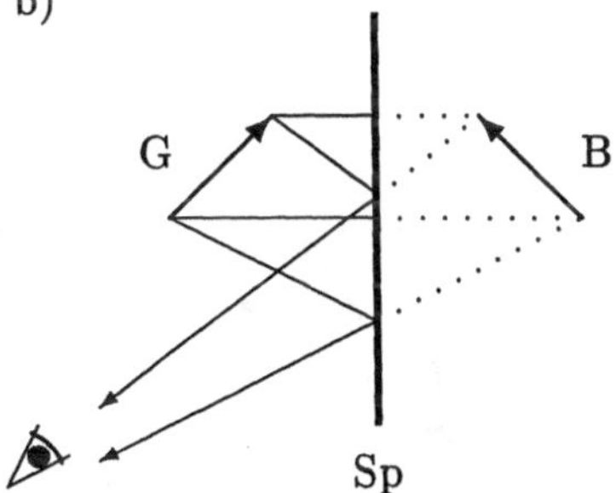

Bild 6.4 Zur Bildentstehung an einem ebenen Spiegel

Die Abbildung eines ausgedehnten Gegenstandes (Pfeil) ist im Teil b) verdeutlicht. Für die Spitze und das Ende des Pfeils sind die Wege von jeweils einem Strahl in das Auge eines Beobachters dargestellt. In der Verlängerung der reflektierten Strahlen entstehen die Bildpunkte. Das damit hinter dem Spiegel entstehende virtuelle Bild hat die gleiche Größe wie der Gegenstand, ist jedoch seitenverkehrt (spiegelbildlich).

Von großer praktischer Bedeutung sind *sphärische* Hohlspiegel, denn sie sind als Teil einer Kugelfläche vergleichsweise leicht herstellbar. Mittels Bild 6.5 kann man nachweisen, daß *achsennahe* Strahlen alle die **optische Achse** in einem Punkt F, dem **Brennpunkt** schneiden. Da das Dreieck AMF gleichschenklig ist, gilt nämlich für kleine Winkel α ($\cos\alpha \approx 1$!)

$$\overline{AM} = r = 2\overline{MF}\cos\alpha \approx 2\overline{MF} \ .$$

Führt man durch $\overline{SF} = f$ die **Brennweite** ein, dann folgt wegen $\overline{MF} = \overline{SF}$

$$f = \frac{r}{2} \ . \tag{6.1}$$

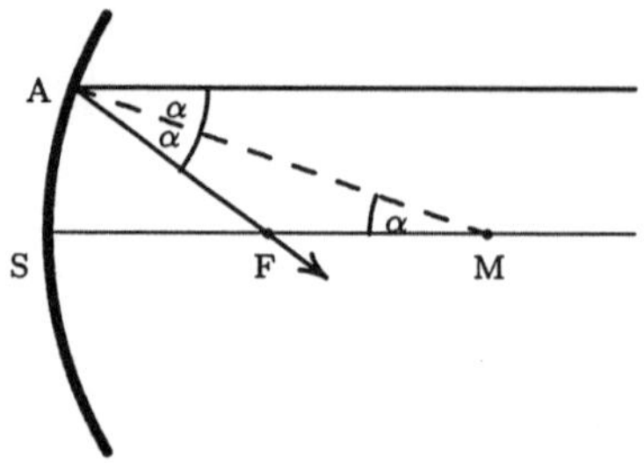

Bild 6.5
Achsennahe Strahlen gehen nach Reflexion durch den Brennpunkt

Bei der Bildkonstruktion an einem Hohlspiegel kann man sich auf drei ausgezeichnete Strahlen stützen. Dies sind (achsennahe) **Parallelstrahlen, Brennpunktstrahlen** und **Mittelpunktstrahlen**. Für sie gilt aufgrund des eben bewiesenen Sachverhaltes

- Parallelstrahlen werden zu Brennpunktstrahlen,
- Brennpunktstrahlen werden zu Parallelstrahlen,
- Mittelpunktstrahlen werden in sich selbst reflektiert.

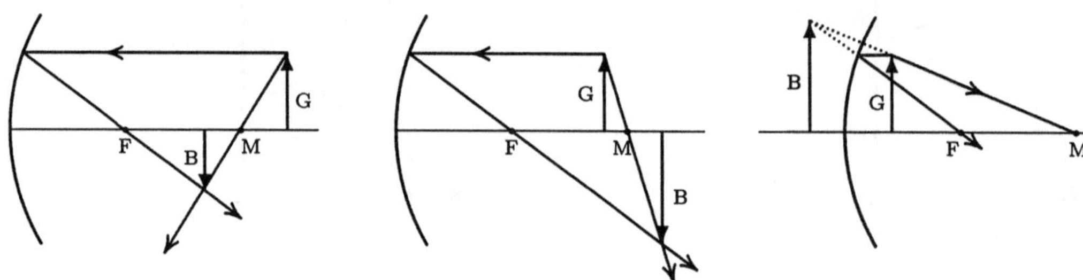

Bild 6.6 Zur Bildentstehung am sphärischen Hohlspiegel

Mit Hilfe dieser Strahlen können die Bilder am sphärischen Hohlspiegel leicht konstruiert werden. Wir zeigen dies in Bild 6.6 für die drei möglichen Konstellationen, wobei wir nur Parallel- und Mittelpunktstrahlen verwendet haben, da ja bereits zwei Strahlen den Bildpunkt eindeutig festlegen. Die Ergebnisse sind in der Tabelle 6.1 zusammengefaßt. Dabei bezeichnet g den Abstand des Gegenstandes und b den Abstand des Bildes vom Spiegel. Diese Größen werden als **Gegenstandsweite** bzw. **Bildweite** bezeichnet.

Tabelle 6.1 Abbildungsverhältnisse am sphärischen Hohlspiegel

Gegenstandsort	Bildort	Bildart
$g > 2f$	$f < b < 2f$	reell, verkleinert, umgekehrt
$f < g < 2f$	$2f < b$	reell, vergrößert, umgekehrt
$g < f$	$b < 0$	virtuell, vergrößert, aufrecht

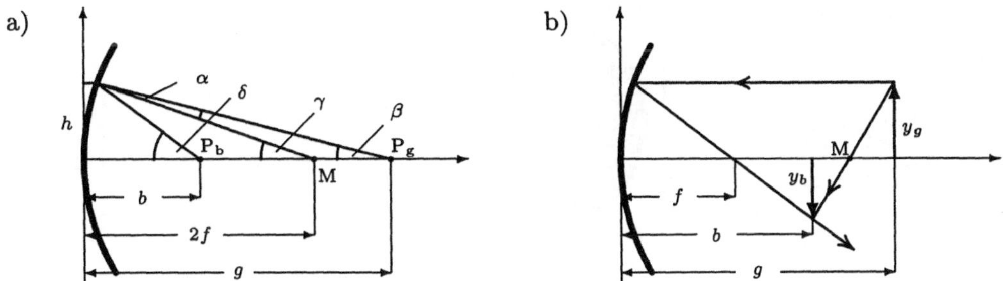

Bild 6.7 Abbildungsgleichung und Abbildungsmaßstab

Neben der rein geometrischen Bildkonstruktion interessiert natürlich auch der mathematische Zusammenhang zwischen Gegenstandsweite und Gegenstandsgröße einerseits und der Bildweite und Bildgröße andererseits. Diese vermitteln die **Abbildungsgleichung** und der **Abbildungsmaßstab**, die aus Bild 6.7 abgeleitet werden können. Stellvertretend für einen kleinen Gegenstand soll dazu die Abbildung des auf der optischen Achse liegenden Punktes P_g in den Punkt P_b betrachtet werden. Da für kleine Winkel gemäß (Bild 6.7a) $\beta \approx h/g$, $\gamma \approx h/2f$, $\delta \approx h/b$ und weiterhin $\alpha = \gamma - \beta = \delta - \gamma$ ist, folgt die Abbildungsgleichung:

$$\boxed{\frac{1}{g} + \frac{1}{b} = \frac{1}{f}\,.} \tag{6.2}$$

Aus Bild 6.7b entnimmt man $-y_b/(b-f) \approx y_g/f$, was zusammen mit den aus der Abbildungsgleichung (6.2) folgenden Gleichungen $b = fg/(g-f)$ bzw. $b/g = b/f - 1$ für achsennahe Strahlen das Abbildungsverhältnis

$$\boxed{\frac{y_b}{y_g} = -\frac{b}{g} = \frac{f}{f-g}} \tag{6.3}$$

liefert. Man beachte, daß in (6.3) ein negativer Wert für y_b auf die Umkehrung des Bildes in bezug auf den Gegenstand hinweist, während ein negativer Wert für b ein virtuelles Bild charakterisiert, welches hinter dem Spiegel entsteht. Die abgeleiteten Gleichungen gelten mit diesen Festsetzungen nicht nur für Hohlspiegel, sondern auch für Wölbspiegel, wenn man deren Brennweite als negativ festsetzt.

Es sei daran erinnert, daß unsere bisherigen Ergebnisse zum sphärischen Hohlspiegel nur für achsennahe Strahlen gültig sind. Berücksichtigt man alle Strahlen, dann entsteht anstelle eines Brennpunktes eine ganze Brennfläche, die als **Katakaustik** bezeichnet wird und deren zweidimensionale Projektion an eine Mondsichel erinnert (Bild 6.8).

Um sämtliche Strahlen in einem Brennpunkt zu konzentrieren, muß ein **Parabolspiegel** verwendet werden. Seine Herstellung ist gegenüber dem sphärischen Spiegel aufwendiger, und er wird daher nur für spezielle Anwendungen, wie etwa in Autoscheinwerfern, eingesetzt.[1]

[1] Die Tatsache, daß die Oberfläche rotierender Flüssigkeiten die Form eines Paraboloids besitzt, wird seit einiger Zeit zur Herstellung hochpräziser flüssiger Teleskopspiegel verwendet.

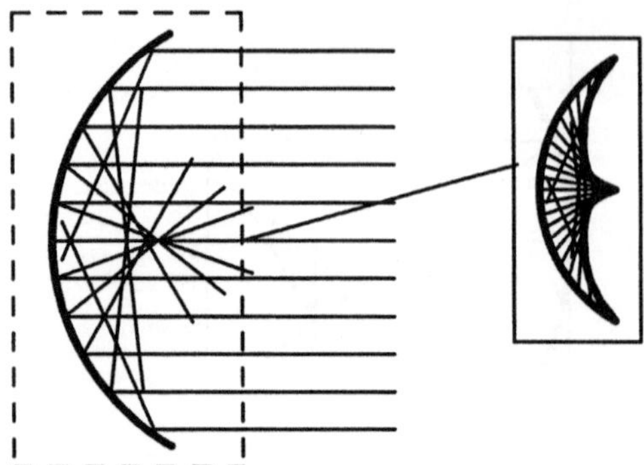

Bild 6.8
Katakaustik am sphärischen Hohlspiegel

Übungen:

- **6.1**: Konstruieren Sie die Bilder einer punktförmigen Lichtquelle L an zwei senkrecht aufeinanderstehenden ebenen Spiegeln (Winkelspiegel).
- **6.2**: Diskutieren Sie die Bildentstehung an einem sphärischen Wölbspiegel (Konvexspiegel). Sind die entstehenden Bilder immer verkleinert? Wo werden solche Spiegel eingesetzt?
- **6.3**: Vor einem Hohlspiegel mit einer Brennweite von $f = 3\,\text{cm}$ befindet sich ein 2 cm großer Gegenstand. Wie groß ist das Bild und wo entsteht es, wenn sich der Gegenstand im Abstand von 1 cm vom Spiegel befindet?

6.2.3 Brechung des Lichtes

Neben der Reflexion eines Teils des Lichtes an der Oberfläche eines Mediums dringt ein anderer Teil im allgemeinen unter Richtungsänderung in das Medium ein und wird dabei gebrochen (Bild 6.9). Wie wir in Abschnitt 5.2.4 bereits erläutert haben, ist das Phänomen der Brechung eine Folge der unterschiedlichen Ausbreitungsgeschwindigkeit von Licht in zwei aneinandergrenzenden Medien.

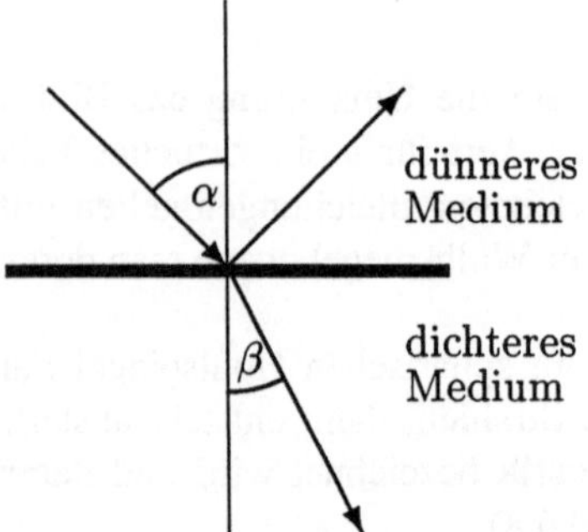

Bild 6.9
Zum Brechungsgesetz

Zur quantitativen Beschreibung führen wir den **Brechungsindex** eines Mediums als Quotienten aus Lichtgeschwindigkeit im Vakuum und Lichtgeschwindigkeit in diesem Medium ein, d. h.

$$n = \frac{c_{\text{Vak}}}{c_{\text{Med}}} \,. \tag{6.4}$$

Beim Übergang von einem Medium 1 mit $n_1 = c/c_1$ in ein Medium 2 mit $n_2 = c/c_2$ gilt dann in Verallgemeinerung von (5.29) das **Snelliussche Brechungsgesetz**

$$\boxed{\frac{\sin\alpha}{\sin\beta} = \frac{c_1}{c_2} = \frac{n_2}{n_1}\,.} \tag{6.5}$$

Es ist benannt nach dem Holländer Snellius (1581–1626). Ist $n_1 < n_2$, dann nennt man Medium 1 das *optisch dünnere* Medium und Medium 2 das *optisch dichtere* Medium. Für Licht der Wellenlänge $\lambda = 589\,\mathrm{nm}$ und Zimmertemperatur hat man z. B. für Luft $n = 1,000272$, für Wasser $n = 1,333$ und für Glas $n = 1,5 - 1,6$.

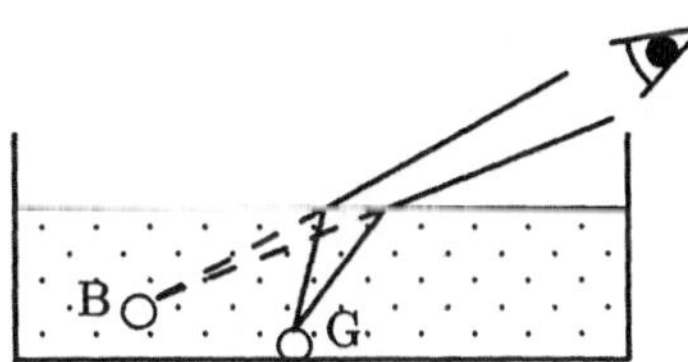

Bild 6.10
Zur Bildentstehung für einen sich unter der Wasseroberfläche befindenden Gegenstandes

Brechung spielt eine wichtige Rolle beim Betrachten von Gegenständen, die sich in einem anderen Medium befinden. Betrachte man z. B. einen auf dem Boden eines Wassergefäßes liegenden Gegenstand, so erscheint er uns an einer viel höher liegenden und seitlich verschobenen Stelle.

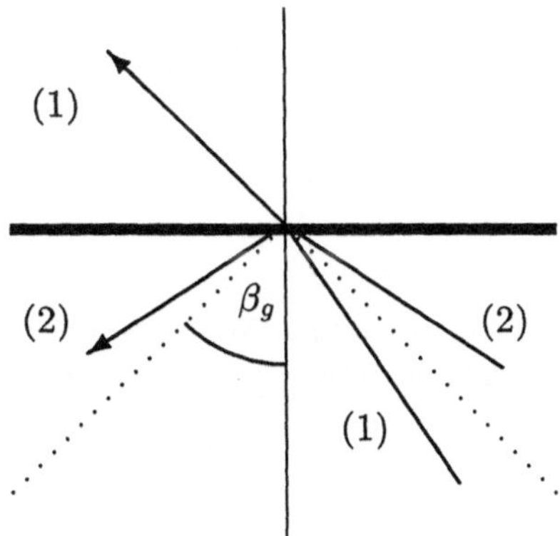

Bild 6.11
Totalreflexion beim Übergang vom dichteren ins dünnere Medium. Strahl (2) fällt außerhalb des Grenzwinkels ein und kann nicht ins dünnere Medium übergehen.

Aus dem Brechungsgesetz folgt nun die wichtige Tatsache, daß ein Lichtstrahl aus dem optisch dichteren Medium nur in das dünnere übertreten kann, wenn der Einfallswinkel (nun β) einen bestimmten Grenzwinkel β_g nicht überschreitet, da es ansonsten zur **Totalreflexion** kommt (Bild 6.11). Dieser Grenzwinkel korrespondiert zu einem Ausfallswinkel (nun α) von $\alpha = 90°$, und das Brechungsgesetz liefert dann mit $\sin\alpha = 0$

$$\boxed{\sin\beta_g = \frac{n_1}{n_2}\,.} \tag{6.6}$$

Für die wichtigen Grenzflächen Glas–Luft und Wasser–Luft findet man mit den obigen n-Werten $\beta_g \approx 41,8°$ und $\beta_g \approx 48,75°$.

Bild 6.12
Prinzip der Lichtleitung in einer Glasfaser durch aufeinanderfolgende Totalreflexionen

Totalreflexion wird technisch in **Lichtleitern** zur Lichtübertragung mittels Glasfasern ausgenutzt (Bild 6.12). Licht, welches innerhalb eines gewissen Winkelbereichs in die Faser eintritt, wird bei seiner Ausbreitung innerhalb der Faser stets totalreflektiert. Es kann im idealen Falle somit die Faser nicht verlassen, so daß dadurch bedingte Verluste vermieden werden. Für Lichtstrahlen mit unterschiedlichen Einkopplungswinkeln treten allerdings infolge der unterschiedlichen Wege durch die Faser störende Laufzeitdifferenzen auf. Die sogenannten **Gradientenfasern**, bei denen n im Zentrum der Faser möglichst kontinuierlich von innen nach außen abnimmt, können diesen Effekt nahezu kompensieren, da in ihnen längere Wege durch höhere Geschwindigkeit ausgeglichen werden. Sollen Informationen über sehr große Entfernungen übertragen werden, so machen sich allerdings Verluste durch Absorption störend bemerkbar und müssen gegebenenfalls durch Zwischenverstärker kompensiert werden.

Übungen:

- **6.4**: Aus einer Wassertiefe von 50 cm erscheint einem Beobachter eine über ihm hängende Lampe in einer Entfernung von $2,5\,\text{m}$. Berechnen Sie den wirklichen Abstand dieser Lampe von der Wasseroberfläche.
- **6.5**: Wie sieht ein Taucher, eine glatte Wasseroberfläche vorausgesetzt, die Außenwelt? Diskutieren Sie den Einfluß von Tauchtiefe und Blickrichtung.

6.2.4 Abbildung durch (dünne) Linsen

Die Brechung von Licht an Linsen wird in optischen Systemen, wie Lupe, Mikroskop oder Fernrohr, technisch genutzt. Unter einer Linse verstehen wir ein Glas, welches meist durch ein oder zwei kugelförmige Flächen begrenzt ist (Bild 6.13).

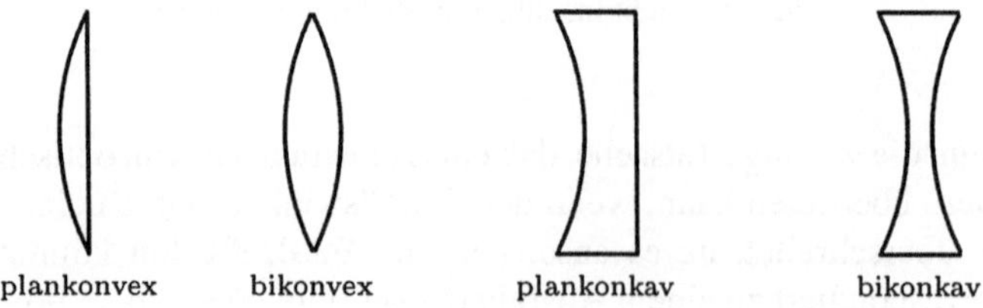

Bild 6.13 Überblick über verschiedene Linsentypen

Wir konzentrieren uns im folgenden nur auf die *bikonvexe* Sammellinse und setzen weiter eine *dünne* Linse voraus, bei der die Linsendicke klein gegen den Krümmungsradius der Linse ist. Während der Durchgang des Lichtstrahls durch die Linse im allgemeinen durch Brechung beim Eintritt und erneute Brechung beim Austritt bestimmt ist, kann er unter dieser Voraussetzung näherungsweise durch eine einzige Brechung an der Mittelebene (Hauptebene) der Linse beschrieben werden. Die Bildentstehung läßt sich dann in weitgehender Analogie zum Hohlspiegel beschreiben. Falls wieder achsennahe Strahlen vorausgesetzt werden, gelten folgende Gesetzmäßigkeiten:

- Parallelstrahlen werden zu Brennpunktstrahlen,
- Brennpunktstrahlen werden zu Parallelstrahlen,
- Strahlen durch den Linsenmittelpunkt passieren die Linse ungebrochen.

Die drei unterschiedlichen Situationen sind in Bild 6.14 dargestellt.

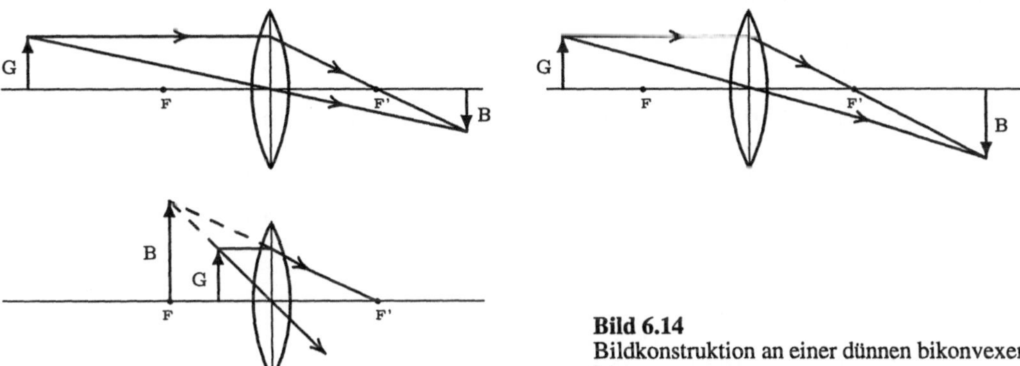

Bild 6.14
Bildkonstruktion an einer dünnen bikonvexen Linse

Die Tabelle 6.2 gibt eine Übersicht über die Verhältnisse an einer solchen Sammellinse.

Tabelle 6.2 Abbildungsverhältnisse an einer Sammellinse

Gegenstandsort	Bildort	Bildart
$2f < g$	$f < b < 2f$	reell, verkleinert, umgekehrt
$f < g < 2f$	$2f < b$	reell, vergrößert, umgekehrt
$g < f$	$b < 0$	virtuell, aufrecht, vergrößert

Die festgestellte Analogie zwischen den Gesetzmäßigkeiten am Hohlspiegel und an der Linse geht noch weiter. Legt man den Koordinatenursprung in den Linsenmittelpunkt und nimmt wieder alle Größen als vorzeichenbehaftet an, dann kann auch für Linsen sowohl die Abbildungsgleichung (6.2), als auch für den Abbildungsmaßstab die Gleichung (6.3) verwendet werden. Ein negativer Wert für b weist nun darauf hin, daß Gegenstand und Bild sich auf der gleichen Seite der Linse befinden, und ein negativer Wert für y_b bedeutet, daß das Bild gegenüber dem Gegenstand umgekehrt ist. Mit diesen Festlegungen können nicht nur Sammellinsen, sondern auch Zerstreuungslinsen beschrieben werden. Dazu muß allerdings die Brennweite mit einem negativen Vorzeichen versehen werden.

Die Brechkraft einer Linse ist ein Maß für die Richtungsänderung des Lichtes beim Durchgang durch diese Linse. Betrachtet man einen Parallelstrahl, so kann man durch die reziproke Brennweite die Brechkraft einer Linse messen. Sie wird in der Maßeinheit „**Dioptrie** (dpt)" angegeben, und es gilt $1\,\mathrm{dpt} = 1\,\mathrm{m}^{-1}$. Man beachte, daß infolge der negativen Brennweite einer Zerstreuungslinse auch ihre Brechkraft negativ ist.

Übungen:

■ **6.6**: Untersuchen Sie die Bildentstehung an einer dünnen bikonkaven Linse (Zerstreuungslinse). Sind die Bilder immer virtuell?

■ **6.7**: Brennweite und Ablenkwinkel sind an einer Sammellinse zueinander umgekehrt proportional. Wie kann man die resultierende Brennweite f zweier sich unmittelbar hintereinander befindender Linsen mit den Brennweiten f_1 und f_2 erhalten?

6.2.5 Optische Instrumente

6.2.5.1 Das Auge

Das wichtigste uns zur Verfügung stehende optische Instrument ist das Auge. Bild 6.15 zeigt einen Schnitt durch ein menschliches Auge. Durch eine kreisförmige Öffnung in der Regenbogenhaut, die **Pupille**, gelangt das Licht in das Auge. Die Größe der Pupille ist veränderlich. Sie paßt sich den vorliegenden Lichtverhältnissen an und wirkt damit als Blende. Eine sich in gewissen

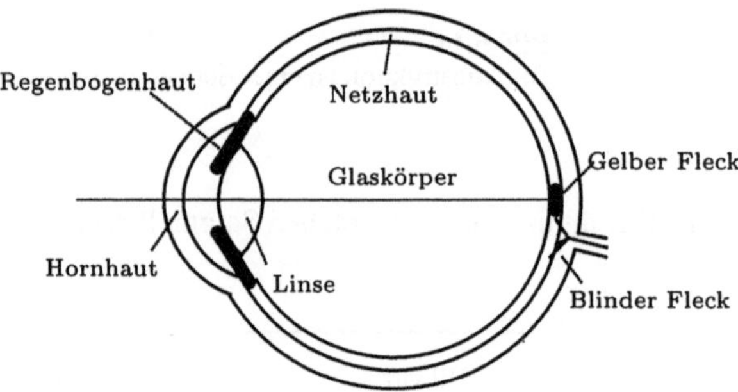

Bild 6.15
Schnitt durch ein menschliches Auge

Grenzen der Entfernung des Gegenstandes anpassende Brechkraft der Linse – man nennt diese Fähigkeit **Akkomodation** – erzeugt ein Bild auf der Netzhaut, wo die ankommende Information an die Nervenzellen weitergeleitet wird. Besonders empfindlich ist der gegenüber der Pupille liegende **Gelbe Fleck**, wo die Zahl der Nervenzellen pro Flächeneinheit besonders groß ist. An der Eintrittsstelle des Sehnervs befinden sich dagegen keine Nervenzellen. Sie wird als **Blinder Fleck** bezeichnet. Man kann den Blinden Fleck sehr leicht mittels Bild 6.16 nachweisen.

Bild 6.16
Zum Nachweis des Blinden Flecks

Aus etwa 30 cm Entfernung fixiert man das rechte Auge auf das schwarze Kreuz, während man das linke Auge zuhält. Verringert man nun langsam den Abstand zwischen Augen und Buch, so verschwindet bei einem bestimmten Abstand plötzlich der schwarze Punkt. Dieser wird dann gerade auf den Blinden Fleck abgebildet.

Gegenüber dem *normalsichtigen* Auge entsteht infolge einer zu starken Brechkraft der Linse bei einem *kurzsichtigen* Auge das Bild bereits vor der Netzhaut, während das *weitsichtige* Auge durch eine zu geringe Brechkraft das Bild erst hinter der Netzhaut erzeugt (Bild 6.17). Mit zunehmendem Alter nimmt die Fähigkeit zur Akkomodation des Auges ab. Die Brechkraft der Augenlinse reicht dann zur scharfen Abbildung von nahen Gegenständen nicht mehr aus und muß beim Nahsehen durch eine Sammellinse verstärkt werden (Alterssichtigkeit).

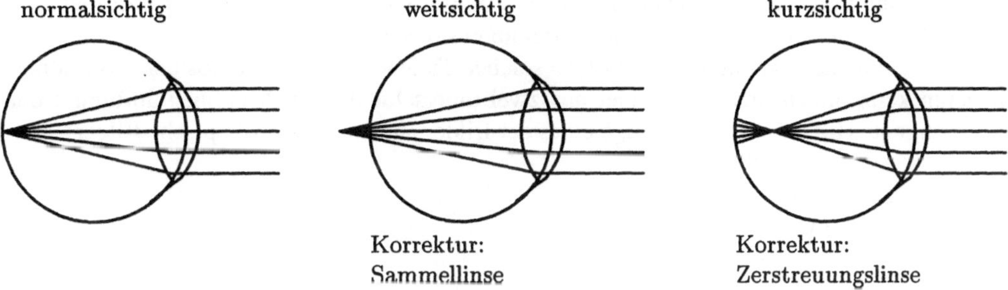

Bild 6.17 Augenfehler und ihre mögliche Korrektur

Sehr kleine oder sehr weit entfernte Gegenstände können von unserem Auge nicht mehr wahrgenommen werden, oder sie lassen sich wenigstens nicht mehr detailliert auflösen. Die Ursache dafür ist ein zu kleiner Sehwinkel[2], der in folgender Weise definiert ist (vgl. auch Bild 6.18):

Der Sehwinkel ist der Winkel, den zwei Grenzstrahlen vom Gegenstand zum Auge bilden. Man hat verabredet, daß man einen Gegenstand unter der Vergrößerung 1 sieht, wenn er sich 25 cm vom Beobachter entfernt befindet.

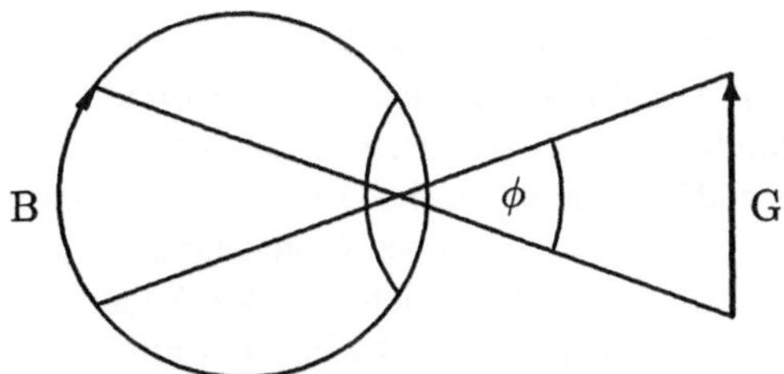

Bild 6.18
Zur Definition des Sehwinkels

Den Sehwinkel kann man mittels optischer Instrumente vergrößern. Quantitativ kann deren Wirkungsweise durch die **Vergrößerung** erfaßt werden:

Die Vergrößerung v ist definiert als Verhältnis aus dem Tangens des Sehwinkels mit Instrument zum Tangens des Sehwinkels ohne Instrument, wobei für Gegenstand und Bild gleicher Abstand vom Beobachter vorausgesetzt wird.

[2] Ein gesundes Auge kann Punkte im Abstand bis zu etwa einer Bogenminute auflösen. Dies korrespondiert etwa mit dem mittleren Abstand zweier Nervenzellen, was wir in einer späteren Übung zeigen werden.

Häufig handelt es sich um kleine Winkel, so daß man den Tangens durch sein Argument ersetzen kann. Es gilt also

$$\boxed{v = \frac{\tan\psi}{\tan\phi} \approx \frac{\psi}{\phi}\,.} \tag{6.7}$$

Die wichtigsten Instrumente zur Vergrößerung des Sehwinkels sind Lupe, Mikroskop und Fernrohr.

Das magische Auge: Betrachte man einen dreidimensionalen Gegenstand, so sieht das rechte Auge ein geringfügig anderes Bild als das linke. Die Informationen, die beide Augen aufnehmen, verschmelzen in unserem Gehirn zu einem dreidimensionalen Bild.

Es ist schon lange bekannt, daß man einen solchen Tiefeneindruck bei Fotos oder Kinofilmen realisieren kann, indem man die Bilder aus zwei unterschiedlichen Positionen aufnimmt und durch geeignete Hilfsmittel jedem Auge eines der Bilder anbietet (stereoskopische Bilder).

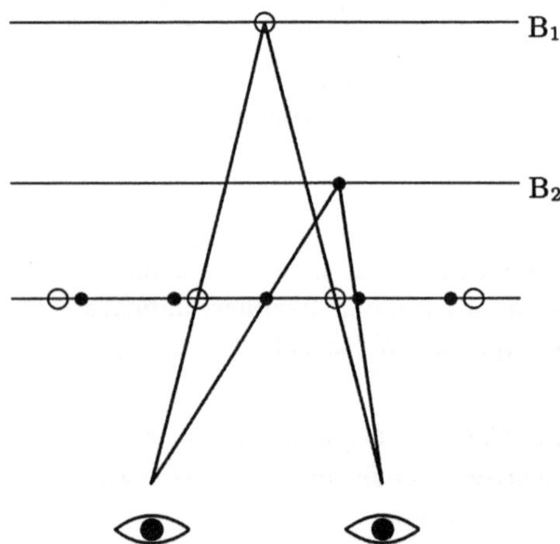

Bild 6.19
Zum Prinzip eines Autostereogramms: Da die Hohlkugeln einen größeren Abstand voneinander haben als die Vollkugeln, erzeugen sie ein virtuelles Bild in der Ebene B_1, welche tiefer liegt als die Ebene B_2, in der das virtuelle Bild der Vollkugeln entsteht.

Vergleichsweise neu ist jedoch die Erkenntnis, daß man eine räumliche Tiefenwirkung sogar auf einem Bild realisieren kann (Autostereogramm). Allerdings erschließt sich der dreidimensionale Charakter solcher Autostereogramme nur durch eine besondere Betrachtungsweise – den *magischen Blick.* Wenn unsere Augen einen Gegenstand betrachten, machen sie gewöhnlich zwei Dinge gleichzeitig: Zum einen stellen sie durch Krümmung der Linsen den Gegenstand entsprechend seiner Entfernung scharf ein (Akkomodation), und zum anderen richten beide Augen ihre optischen Achsen auf diesen Punkt aus (Konvergenz). Der magische Blick entsteht nun, wenn man diese Kopplung auflöst, indem man zwar die Akkomodation beibehält, aber die optischen Achsen auf einen weit dahinter liegenden Punkt ausrichtet. Betrachtet man in dieser Weise ein Bild, bei dem sich gleiche Bildpunkte mit unterschiedlichen Abständen periodisch wiederholen, so entstehen hinter der Bildebene virtuelle Bilder, deren scheinbare Tiefe durch den jeweiligen Abstand der gleichen Bildpunkte bestimmt ist (Bild 6.19).

Auf dem Prinzip der quasi periodischen Anordnung eines Musterbildes und der dadurch hervorgerufenen Tiefenwirkung beruhen die gegenwärtig sehr beliebten magischen Bilder.

6.2.5.2 Lupe, Mikroskop und Fernrohr

Eine **Lupe** ist eine Sammellinse mit kurzer Brennweite (Bild 6.20). Positioniert man einen Gegenstand innerhalb der einfachen Brennweite, dann resultiert ein virtuelles, vergrößertes Bild. Mit einer Lupe erhält man schwache Vergrößerungen von etwa 10 - 20, wobei die tatsächlich erreichte Vergrößerung nicht nur von der Brennweite der Linse, sondern auch von den bei ihrer Verwendung gewählten gegenseitigen Abständen zwischen Lupe, Gegenstand und Auge abhängt.

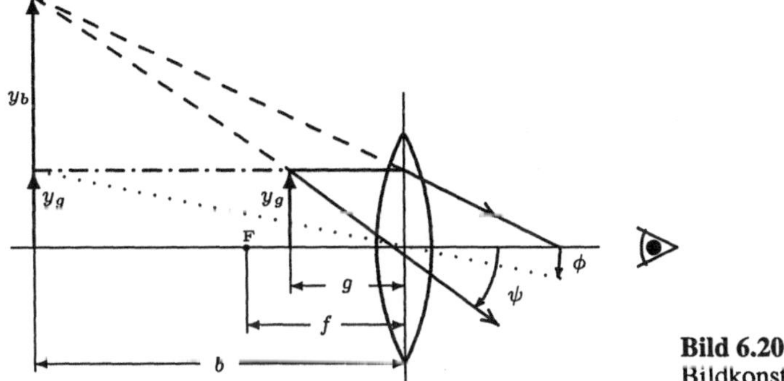

Bild 6.20
Bildkonstruktion für eine Lupe

Am einfachsten sind die Verhältnisse, wenn man den Gegenstand in die Brennpunkte der Linse stellt, so daß das virtuelle Bild im Unendlichen entsteht. Das Auge kann dann völlig entspannt (auf Unendlich akkommodiert) das Bild beobachten. Verschiebt man in Gedanken in Bild 6.20 das Bild in den Brennpunkt, dann läßt sich $\tan\psi = y_g/f$ ablesen. In der Bezugssehweite $s_0 = 25$ cm gilt andererseits $\tan\phi = y_g/s_0$. Dies ergibt nach (6.7) die sogenannte **Normalvergrößerung**

$$v = \frac{y_g}{f} : \frac{y_g}{s_0} = \frac{s_0}{f} . \tag{6.8}$$

Eine Sammellinse von $f = 2,5$ cm erzeugt danach eine zehnfache Vergrößerung.

Etwas stärker vergrößert eine Lupe noch, wenn man den Gegenstand dicht am Brennpunkt, aber innerhalb der Brennweite so plaziert, daß man das virtuelle Bild im Abstand der Bezugssehweite von der Linse erzeugt. Diese Situation wird in Bild 6.20 dargestellt. Man hat dann $b = -s_0$, und wegen $\tan\psi = y_b/b$ und $\tan\phi = y_g/b$ ergibt sich die Vergrößerung zu

$$v = \frac{y_b}{y_g} = -\frac{b}{g} .$$

Substituiert man mittels der Abbildungsgleichung (6.2) $g = fb/(b-f)$, so folgt schließlich

$$v = -\frac{b}{f} + 1 = \frac{s_0}{f} + 1 . \tag{6.9}$$

Man beachte, daß aufgrund der festgelegten Vorzeichenregeln hier b als negativ zu betrachten ist. Für kleine Brennweiten ($s_0 \gg f$) kann man die Eins gegenüber s_0/f vernachlässigen, und (6.9) geht in (6.8) über.

Ein Mikroskop stellt ebenfalls sehr kleine Objekte in der deutlichen Sehweite unter vergrößertem Sehwinkel dar. Es besteht im Prinzip aus zwei Sammellinsen, die sich in einem Abstand befinden, der groß gegen die Summe ihrer Brennweiten ist. Weiterhin ist die Brennweite f_{Ob}

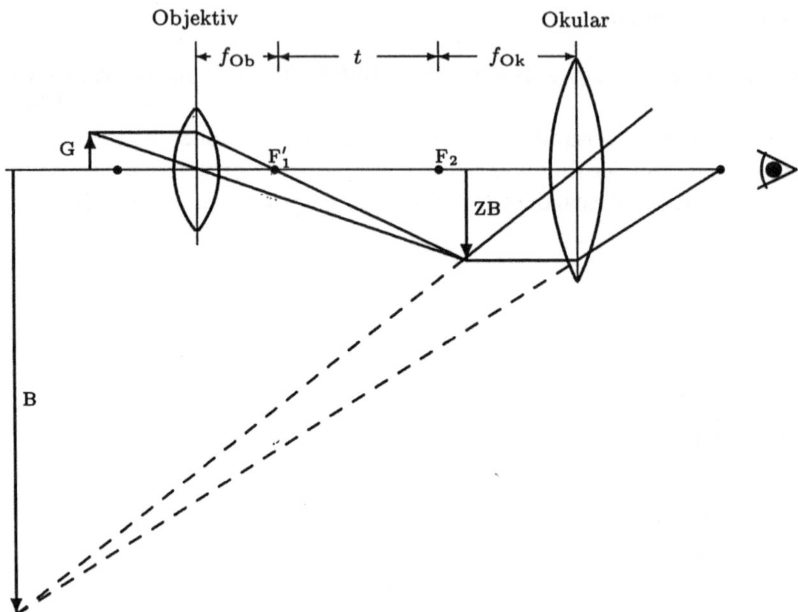

Bild 6.21 Prinzip der Bildkonstruktion für ein Mikroskop.

der dem Gegenstand zugewandten Linse (**Objektiv**) deutlich kleiner als die Brennweite f_{Ok} der dem Auge zugewandten Linse (**Okular**). Während f_{Ob} einen Wert von einigen Millimetern besitzt, liegt f_{Ok} im Bereich einiger Zentimeter. Der Abstand der beiden inneren Brennpunkte bestimmt die optische **Tubuslänge** t, die üblicherweise 160 mm beträgt. Zum Zwecke einer übersichtlichen Bildkonstruktion mit einem Bild in der deutlichen Sehweite (etwa in der Gegend des Gegenstandes) haben wir die entsprechenden Größenverhältnisse zwischen der Tubuslänge und den Brennweiten in Bild 6.21 stark verändert.

Das Konzept beim Mikroskop besteht darin, durch das Objektiv bereits ein vergrößertes, reelles Zwischenbild ZB vom Gegenstand G zu erzeugen, welches dann mit dem Okular als Lupe betrachtet wird, wobei das Bild B entsteht. Die Gesamtvergrößerung ergibt sich als Produkt der Einzelvergrößerungen für die beiden Linsen. Da unter realistischen Bedingungen beim Mikroskop der Gegenstand dicht am Brennpunkt des Objektivs ist ($g \approx f_{Ob}$), die Tubuslänge groß gegen die Brennweiten ist und das Zwischenbild nahezu in F_2 entsteht ($b \approx f_{Ob} + t \approx t$), erfolgt hier eine Vergrößerung von

$$v_1 = -\frac{y_{ZB}}{y_G} = \frac{b}{g} \approx \frac{f_{Ob} + t}{f_{Ob}} \approx \frac{t}{f_{Ob}} .$$

Mit v_2 gemäß (6.8) folgt

$$v = v_1 v_2 = \frac{t}{f_{Ob}} \frac{s_0}{f_{Ok}} . \tag{6.10}$$

Im Unterschied zum Mikroskop, bei dem das Licht des Gegenstandes stark divergent auf das Objektiv fällt, hat man beim Fernrohr einen nahezu parallelen Lichteinfall. Ein Fernrohr dient nämlich zur Vergrößerung des Sehwinkels, unter dem ein weit entfernter Gegenstand erscheint. Beim **Keplerschen** oder auch **astronomischen Fernrohr** sind ein Objektiv mit langer Brennweite und ein Okular mit kurzer Brennweite so angeordnet, daß ihr Abstand gleich der Summe

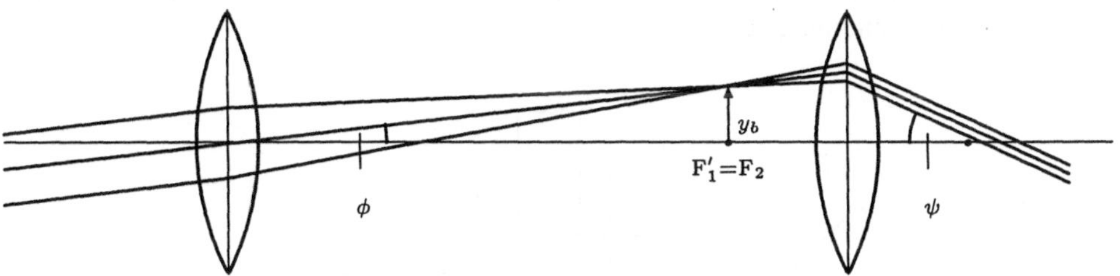

Bild 6.22 Bildkonstruktion für ein astronomisches Fernrohr

der beiden Brennweiten ist (Bild 6.22). Das Objektiv bildet den weitentfernten Gegenstand infolge des nahezu parallelen Einfalls der Lichtstrahlen als reelles, stark verkleinertes Zwischenbild im Brennpunkt ab, welches mit dem als Lupe fungierenden Okular betrachtet wird. Wegen der Kleinheit der Winkel gilt $\phi \approx y_b/f_{\mathrm{Ob}}$ und $\psi \approx y_b/f_{\mathrm{Ok}}$, und für die Vergrößerung findet man leicht

$$v = \frac{f_{\mathrm{Ob}}}{f_{\mathrm{Ok}}} \, . \tag{6.11}$$

Fernrohre lassen sich auch in anderer Weise realisieren. Beim **Galileischen** oder **holländischen Fernrohr** wird als Okular eine Zerstreuungslinse verwendet. Es findet z. B. als Opernglas Anwendung. In der Astronomie kommen vorwiegend **Spiegelteleskope** zum Einsatz. Bei ihnen ist das Objektiv durch einen Hohlspiegel ersetzt.

In der Praxis bestehen Mikroskope aus komplizierten Linsensystemen, um die verschiedenen Abbildungsfehler einer Linse weitgehend zu kompensieren. Solche entstehen z. B. durch achsenfernere Parallelstrahlen, die nicht in den Brennpunkt gebrochen werden (**sphärische Aberration**), infolge unterschiedlicher Krümmungsradien der Linse in zueinander senkrechten Richtungen (**Astigmatismus**) oder durch die Abhängigkeit des Brechungsindex von der Wellenlänge bei weißem Licht (**chromatische Aberration**).

Übungen:

6.8: Eine alterssichtige Person muß einen Gegenstand in 50 cm Abstand halten, um ihn scharf sehen zu können. Welche Brechkraft muß eine Brille haben, damit sie diesen Gegenstand wieder in der deutlichen Sehweite von 25 cm scharf sieht? ■

6.9: Von einem Mikroskop seien bekannt die Objektivbrennweite $f_{\mathrm{Ob}} = 5\,\mathrm{mm}$, die Okularbrennweite $f_{\mathrm{Ok}} = 20\,\mathrm{mm}$ sowie der Abstand der beiden inneren Brennpunkte (Tubuslänge) von 160 mm. a) Man gebe näherungsweise die Vergrößerung an. b) Man bestimme die Position des Gegenstandes, um das Bild mit total entspanntem Auge betrachten zu können. ■

6.10: Auf F.W. Bessel (1840) geht die folgende Methode zur Bestimmung der Brennweite f einer Sammellinse zurück: ■

Wählt man den Abstand Gegenstand–Bildschirm $l > 4f$, so kann man dazwischen zwei Stellungen der Linse finden, die eine scharfe Abbildung erzeugen. Zeigen Sie, daß sich aus der Messung des Abstandes d dieser beiden Stellungen die Brennweite zu $f = (l^2 - d^2)/4l$ ergibt.

6.2.6 Brechung an Prismen, Dispersion

Interessante praktische Anwendungen der Brechung können mittels Prismen realisiert werden. Bild 6.23 zeigt die Anwendung von rechtwinkligen, gleichschenkligen Prismen zur Bildumkehr, wie sie z. B. in Prismenfernrohren eingesetzt werden, bzw. zum Abstecken von rechten Winkeln, was in der Geodäsie Anwendung findet.

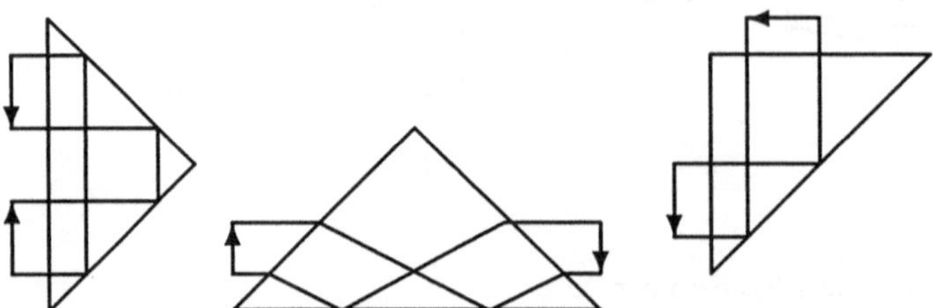

Bild 6.23 Verwendung von Prismen zur Umkehr, zum Wenden und zur Umlenkung von Bildern

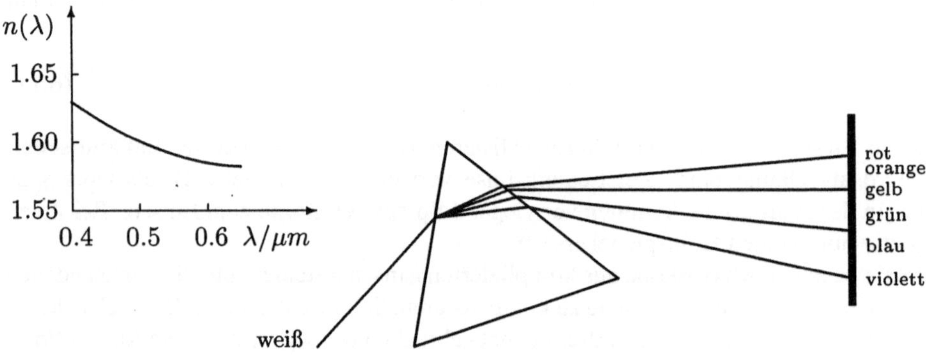

Bild 6.24 Dispersion und die spektrale Zerlegung von weißem Licht

Von besonderer Bedeutung sind Prismen aber für die Spektroskopie. Läßt man weißes Licht, wie es von der Sonne zu uns kommt, durch einen Spalt auf einen Bildschirm fallen und stellt zusätzlich ein Prisma in den Strahlengang, so beobachtet man folgendes Phänomen: Das Licht, welches durch den Spalt fällt, wird in einen ganzen Farbstreifen zerlegt, der von Rot über die Farben Orange, Gelb, Grün, Blau, bis Violett reicht (Bild 6.24). Man nennt ihn **Spektrum**, und offensichtlich ist weißes Licht aus diesen **Spektralfarben** zusammengesetzt.

Das beschriebene Phänomen läßt sich erklären, wenn man berücksichtigt, daß die Lichtgeschwindigkeit und damit der Brechungsindex von der Wellenlänge des Lichtes abhängt (Bild 6.24). Aus Abschnitt 5.2.3 wissen wir bereits, daß eine solche Abhängigkeit als **Dispersion** bezeichnet wird. Der Verlauf von $n(\lambda)$ zeigt, daß rotes Licht also die geringste Brechung erfährt und violettes Licht die größte.

Blendet man eine Farbe des Spektrum aus und vereinigt den Rest, so entsteht eine Mischfarbe, die man als die der ausgeblendeten Farbe zugeordnete **Komplementärfarbe** bezeichnet. Rot–Grün, Orange–Blau oder Gelb–Violett sind solche Komplementärfarben. Vereinigt man zueinander komplementäre Farben, so entsteht immer weißes Licht.

Ebenso wie das Sonnenlicht kann das Licht eines jeden leuchtenden Körpers mittels eines Prismas in seine spektralen Bestandteile zerlegt werden. Dabei liefert jeder Körper ein charakteristisches Spektrum, welches zur Analyse seiner Struktur und Zusammensetzung dienen kann. Diese Tatsache bildet die Grundlage der von G. R. Kirchhoff und R. Bunsen (1859) begründeten

Spektralanalyse. Für einatomige Gase hat man **Linienspektren**, die nur aus einigen diskreten Linien bestehen. Natriumdampf ist z. B. an seiner charakteristischen Doppellinie im gelben Bereich des Spektrums erkennbar. Moleküle liefern **Bandenspektren**, die durch nichtauflösbare Linienanhäufungen (Banden) charakterisiert sind, und feste Körper erzeugen **kontinuierliche Spektren**.

Statt einen Stoff im allgemeinen durch Erhitzen zur Emission anzuregen, kann man Stoffe auch mit weißem Licht durchstrahlen und die durch Absorption vom Körper „verschluckten" Anteile des Spektrums analysieren. Wie Kirchhoff zeigen konnte, absorbieren die Körper genau die Frequenzen, die sie auch beim Erhitzen emittieren würden (vgl. Abschnitt 7.1.1). Solche **Absorptionsspektren** nutzte z. B. J. v. Fraunhofer (1814), um das Sonnenspektrum zu analysieren. Er beobachtete schwarze Linien (Lücken) an den Stellen im Spektrum, an denen Linien bekannter Elemente im **Emissionsspektrum** lagen und die infolge der Absorption durch Gase an der Sonnenoberfläche bedingt waren. Dadurch gelang der Nachweis ihrer Existenz auf der Sonne. Im Jahre 1868 wurde sogar ein damals auf der Erde unbekanntes Element – das Helium – durch seine *Fraunhoferschen Linien* identifiziert.

Neben Prismen werden sogenannte Beugungsgitter zur Erzeugung von Spektren eingesetzt; wir gehen darauf in der Wellenoptik ausführlicher ein.

Über die Farbe von Körpern: Die Farbe, die wir einem betrachteten Körper zuschreiben, ist eigentlich keine physikalische Eigenschaft des Körpers, sondern wird durch unsere Sinnesempfindungen bestimmt. Dennoch spielen physikalische Gesetzmäßigkeiten bei der Entstehung von Körperfarben eine wichtige Rolle. Die Farbe eines Körpers ist prinzipiell durch die von ihm ausgehende und in unser Auge fallende Strahlung bestimmt. Leuchtet der Körper selbst, so ist die Zusammensetzung dieser Strahlung durch seine Temperatur gegeben. Wir werden dies weiter im Zusammenhang mit der Wärmestrahlung behandeln.

Die meisten Körper leuchten jedoch nicht selbst, sondern reflektieren nur das auf sie treffende Licht. Die Zusammensetzung dieses reflektierten Lichtes hängt nun einerseits von der Zusammensetzung des auf den Körper einfallenden Lichtes ab und andererseits davon, welche Wellenlängen der Körper absorbiert. Letzteres wiederum ergibt sich aus den elektronischen Eigenschaften des Körpers, denn die auf ihn treffenden Lichtwellen können immer dann absorbiert werden, wenn ihre Frequenz mit einer Resonanzfrequenz des Elektronensystems übereinstimmt. Die Blüte einer Rose erscheint im weißen Licht rot, weil sie grün absorbiert und die Komplementärfarbe Rot reflektiert. Ebenso ist der Blütenstiel grün, weil er rot absorbiert. Bestrahlt man eine Rose mit rotem Licht, so wird das gesamte Licht von der Blüte reflektiert, die deshalb nach wie vor rot erscheint. Der Stiel erscheint nun aber schwarz, da ja das gesamte auffallende Licht von ihm absorbiert wird.

Farbsehen wird vom Auge durch drei Sehzellentypen (Zapfen) ermöglicht. Sie gestatten die Wahrnehmung der drei Urfarben Orangerot (O), Grün (G) und Violettblau (V). Aus diesen drei Urfarben lassen sich acht Grundfarben erzeugen. Zusätzlich zu O, G und V liefert O+G die Farbe Gelb, O+V liefert Magentarot und G+V ergibt Cyanblau. Schließlich entsteht durch Überlagerung von O+G+V Weiß und das Fehlen aller drei Urfarben ergibt Schwarz. Durch ein entsprechendes Mischungsverhältnis der Urfarben lassen sich alle wahrnehmbaren Farbnuancen erzeugen. Diese *additive Farbmischung* nutzt man technisch beim Farbfernsehen. Dabei werden die drei Urfarben oft kurz als Rot, Grün und Blau (RGB) bezeichnet. Wie wir von den Komplementärfarben wissen, kann man aber auch durch Ausblenden oder Herausfiltern Mischfarben erzeugen. Man nennt das *subtraktive Farbmischung* und wendet dieses Prinzip z. B. bei der Farbfotografie an. Verwendet werden Filter in den Farben Gelb, Magentarot und Cyanblau.

6.2.7 Bestimmung der Lichtgeschwindigkeit

Versuche, die offensichtlich sehr große Ausbreitungsgeschwindigkeit von Licht zu bestimmen, gehen schon auf Galilei (1564–1642) zurück, der allerdings erfolglos Laufzeitbestimmungen mit Hilfe von Laternen versucht haben soll. Damals war das Wesen des Lichtes und seine unvorstellbar große Ausbreitungsgeschwindigkeit auch noch völlig unklar.

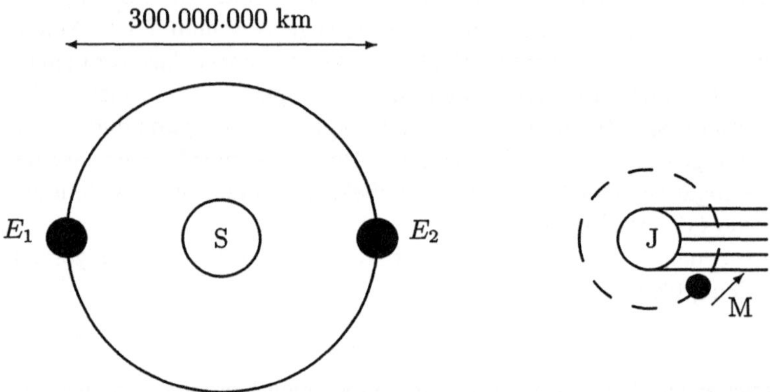

Bild 6.25 Römersche Methode zur Bestimmung der Lichtgeschwindigkeit

Im Jahre 1676 beobachtete der dänische Astronom O. Römer die Verfinsterung der Jupitermonde. Diese tritt immer dann auf, wenn der Mond M in den Schatten des Jupiter J eintritt. Es stellte sich heraus, daß sich im Laufe eines halben Jahres diese Verfinsterungen um ca. 1000 s verzögerten. Römer korrelierte dieses Phänomen in richtiger Weise mit der endlichen Ausbreitungsgeschwindigkeit von Licht. Bewegt sich nämlich die Erde von der Stellung E2 nach E1 (Bild 6.25), dann muß das Licht vom Jupitermond noch zusätzlich den Durchmesser der Erdumlaufbahn um die Sonne zurücklegen. Setzt man diesen mit $d = 3 \cdot 10^8$ km als bekannt voraus, so ergibt sich für die Lichtgeschwindigkeit[3] $c = 300\,000\,\mathrm{km/s}$.

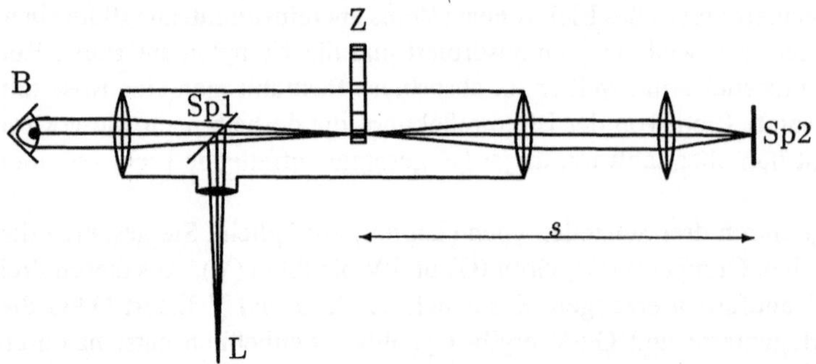

Bild 6.26 Zahnradmethode nach Fizeau

Erst etwa 200 Jahre später gelang es dem französischen Physiker H. Fizeau (1849), in einem terrestrischen Experiment die Lichtgeschwindigkeit zu messen. Dazu verwendete er die in Bild 6.26 skizzierte Anordnung, in der Licht von einer Quelle L über einen Spiegel Sp1 und durch

[3] Tatsächlich waren Römers Messungen wesentlich ungenauer und lieferten $c = 214\,450$ km/s.

ein Zahnrad Z mit $N_z = 720$ Zähnen auf eine $s = 8,633$ km lange Wegstrecke gelenkt wird. Nach Reflexion an einem weiteren Spiegel Sp2 kehrt es zurück und erreicht in B den Beobachter. Läßt man das Zahnrad mit zunehmender Geschwindigkeit rotieren, dann verschwindet bei einer Drehzahl von $n = 12,6\,\mathrm{s}^{-1}$ der Lichtstrahl erstmals aus dem Blickfeld des Beobachters. Offensichtlich trifft dabei der bei seinem Hinweg durch eine Lücke hindurchgegangene Lichtstrahl auf dem Rückweg nun den benachbarten Zahn. Für die Laufzeit hat man $t = 1/2nN_z$ und dies liefert

$$c = \frac{2s}{t} = 313\,274\,\mathrm{km/s}\,.$$

Die Präzision kann erhöht werden, wenn man anstelle des Zahnrades einen Drehspiegel verwendet, wie es der Franzose Foucault (1869) vorschlug.

Durch die Erkenntnis, daß Licht ein elektromagnetisches Wellenphänomen ist, kann c auch mit Hilfe stehender elektrischer Wellen bestimmt werden. Dies kann auf Lecher-Leitungen oder auch in Hohlraumresonatoren erfolgen (vgl. Kapitel „Schwingungen und Wellen"). Aus solchen Präzisionsmessungen ist die Vakuum-Lichtgeschwindigkeit heute so genau bekannt, daß sie im Rahmen der SI-Einheiten sogar zur Festlegung der Längeneinheit Meter dient. Dazu wurde *per definitionem* die Vakuumlichtgeschwindigkeit festgelegt auf den Wert

$$c = 299\,792\,458\,\mathrm{m/s}\,.$$

Übung:
6.11: Der Astronom J. Bradley stellte 1727 fest, daß sich alle Fixsterne im Laufe eines Jahres scheinbar um 41,2 Bogensekunden verschieben (Aberration des Lichtes), denn um einen solchen Winkel muß man die Fernrohrstellung korrigieren. Da Bradley auch wußte, wie schnell die Erde sich bewegt (30 km/s), konnte er daraus die Lichtgeschwindigkeit bestimmen. Wie gelang ihm das? ■

6.3 Wellenoptik

6.3.1 Interferenz und Beugung

Da Licht ein elektromagnetischer Wellenvorgang ist, muß u. a. Interferenz von zwei Wellensystemen beobachtbar sein. Versucht man einen solchen Nachweis, dann tritt jedoch für gewöhnliches Licht eine charakteristische Schwierigkeit auf. Solches Licht wird nämlich durch inneratomare Prozesse in den einzelnen Atomen erzeugt, wobei unabhängig voneinander und in zufälliger Folge Wellenzüge von endlicher Länge und ohne feste Phasenbeziehung emittiert werden. Natürliches Licht mit diesen Eigenschaften heißt **inkohärent**.

Interferenz zu beobachten setzt voraus, daß zwei Wellenzüge sowohl eine feste Phasenbeziehung besitzen als auch den Bildschirm zur gleichen Zeit erreichen, denn nur so können sie sich auf dem Bildschirm überlagern und ein zeitlich stabiles Interferenzbild erzeugen. Licht mit dieser Eigenschaft nennt man **kohärent**. Eine feste Phasenbeziehung läßt sich realisieren, wenn man Licht von einer Quelle in zwei Strahlen aufspaltet und auf unterschiedlichen Wegen zum Schirm lenkt (Bild 6.27). Den größten Gangunterschied der beiden Wellenzüge, bei dem dann noch gerade Interferenz beobachtbar ist, d. h. sich die Wellenzüge auf dem Bildschirm treffen, nennt man **Kohärenzlänge**[4].

[4] Die charakteristischen Zeiten für die Lichtemission an isolierten Atomen liegt in der Größenordnung von $\tau = 10^{-8}\,\mathrm{s}$, was einer Köhärenzlänge von einigen Metern entspricht. Mit Hilfe des Lasers kann man kohärentes Licht weitgehend realisieren. Kohärenzlängen von einigen Kilometern sind dabei möglich (vgl. Abschnitt 7.2.8).

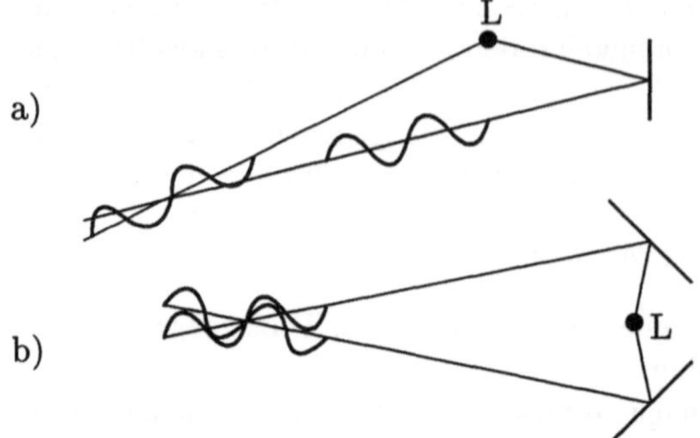

Bild 6.27
Interferenz und Kohärenzlänge: a) optische Weglängendifferenz ist größer als die Kohärenzlänge, b) optische Weglängendifferenz ist kleiner als die Kohärenzlänge

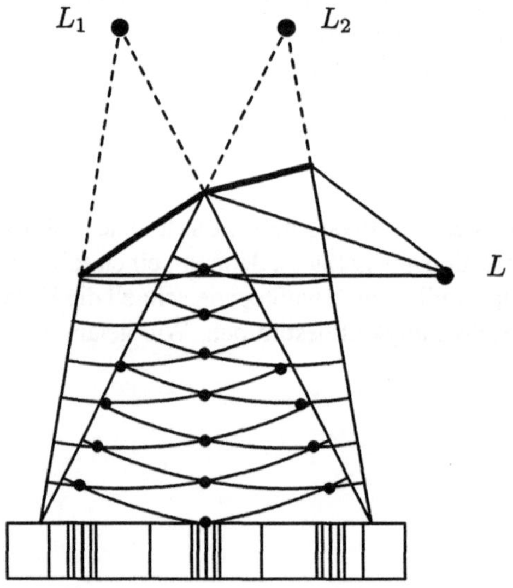

Bild 6.28
Fresnelscher Spiegelversuch

Einer der klassischen Versuche zum Nachweis von Interferenz ist der **Fresnelsche Spiegelversuch**. Bild 6.28 zeigt, wie man an einem Doppelspiegel das Licht einer Quelle L in das zweier virtueller und kohärenter Lichtquellen L_1 und L_2 hinter dem Spiegel verwandelt und durch Überlagerung Interferenzstreifen auf dem Bildschirm erhält. Die in der Abbildung dargestellten Wellenflächen sollen mit den Amplitudenmaxima zusammenfallen. Dadurch entstehen an den durch die schwarzen Punkte gekennzeichneten Stellen Interferenzmaxima, die auf dem Bildschirm nachweisbar sind.

Zwei kohärente Wellenzüge entstehen auch durch Beugung am Doppelspalt. Hier sind die beiden hinreichend schmalen Spalte nach dem Huygensschen Prinzip Ausgangspunkt neuer Elementarwellen, die aufgrund der Anregung durch denselben Wellenzug kohärent sind (vgl. Abschnitt 5.2.4).

Wir untersuchen die Beugung am Spalt und am Doppelspalt genauer und setzen parallel einfallendes sowie monochromatisches Licht voraus (Fraunhofersche Beugung). Betrachten wir zuerst die Beugung an einem einzelnen Spalt: Nach dem Huygensschen Prinzip ist jeder Punkt des Spaltes Ausgangspunkt einer neuen Elementarwelle. Sie alle breiten sich im Halbraum

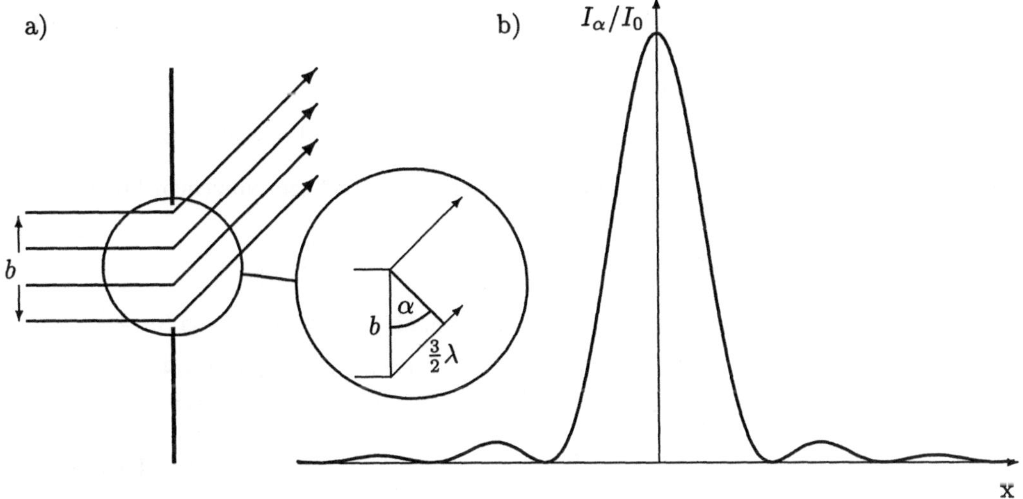

Bild 6.29 Beugung am Spalt. a) Zur Entstehung des Beugungsbildes, b) Intensitätsverteilung des Lichtes

hinter dem Spalt phasengleich aus und interferieren miteinander. In der Richtung senkrecht zum Spalt ($\alpha = 0$) haben alle Elementarwellen keinen Gangunterschied gegeneinander und interferieren positiv. Auf dem Bildschirm entsteht in dieser Richtung das *Hauptmaximum* mit der größten Helligkeit. Weitere Helligkeitsmaxima sind in den Richtungen zu finden, für die der Gangunterschied Δ der beiden parallelen Randstrahlen ein ungerades Vielfaches der halben Wellenlänge ist. Um uns dies plausibel zu machen, betrachten wir Bild 6.29, wo die Situation für einen Gangunterschied von $\Delta = 3\lambda/2$ dargestellt ist. Fassen wir nun zur Vereinfachung die Lichtausbreitung in dieser Richtung als in drei Teilbündel vereinigt auf, so haben diese jeweils einen Gangunterschied von $\lambda/2$. Die zwei äußeren interferieren dann positiv, während das mittlere Bündel mit diesen negativ interferiert. Insgesamt liefert die dargestellte Konfiguration dann also ein lokales Helligkeitsmaximum. Ähnlich kann man für jedes ungerade Vielfache von $\lambda/2$ bei Annahme einer gleichgroßen Zahl von Teilbündeln argumentieren. Für Richtungen mit einem Gangunterschied von einem geraden Vielfachen von $\lambda/2$ und nun einer entsprechenden geraden Anzahl von Teilbündeln ergibt sich dagegen völlige gegenseitige Auslöschung dieser Wellen. Für die Richtungen dieser *Nebenmaxima* findet man also

$$\sin\alpha_n = \frac{\Delta}{d} = \frac{(2n+1)\frac{\lambda}{2}}{d} \qquad \text{mit} \quad n = 0, 1, \ldots \tag{6.12}$$

und für die Richtungen der völligen Auslöschung ergibt sich

$$\sin\alpha_n = \frac{n\lambda}{b}\,. \tag{6.13}$$

Eine exakte Begründung von (6.12) und (6.13) kann durch eine Berechnung der Intensitätsverteilung als Überlagerung von Elementarwellen gegeben werden.

Zur Berechnung der Intensitätsverteilung bei der Beugung am Spalt: Wir nehmen nun eine große Zahl p von Elementarwellen an, die sich in Richtung α mit einem jeweils konstanten Gangunterschied $\Delta = b\sin\alpha/p$ zwischen benachbarten Wellen überlagern. Dies entspricht einer Phasenverschiebung von

$$\phi = 2\pi\,\frac{\Delta}{\lambda} = 2\pi\,\frac{b\sin\alpha}{p\lambda}\,. \tag{6.14}$$

Für die resultierende Welle in Richtung α läßt sich dann schreiben

$$\xi_\alpha = A\cos(\omega t) + A\cos(\omega t - \phi) + A\cos(\omega t - 2\phi) + \cdots + A\cos(\omega t - (p-1)\phi)\,.$$

Diese Summe läßt sich mit Hilfe der komplexen Zahlen leicht berechnen. Nutzt man die Eulersche Identität, so folgt erst einmal

$$\xi_\alpha = A\,\mathrm{Re}[e^{i\omega t}(1 + e^{-i\phi} + e^{-i2\phi} + \cdots + e^{-i(p-1)\phi})]\,.$$

Diese geometrische Reihe läßt sich leicht aufsummieren. Man hat mit Hilfe von (6.14)

$$\begin{aligned}
\xi_\alpha &= A\,\mathrm{Re}\left[e^{i\omega t}\,\frac{1-e^{-ip\phi}}{1-e^{-i\phi}}\right] = A\,\mathrm{Re}\left[e^{i\omega t}\,\frac{e^{-ip\phi/2}}{e^{-i\phi/2}}\cdot\frac{e^{ip\phi/2}-e^{-ip\phi/2}}{e^{i\phi/2}-e^{-i\phi/2}}\right] \\
&= A\,Re\left[e^{i(\omega t-(p-1)\phi/2}\,\frac{\sin(p\phi/2)}{\sin(\phi/2)}\right] = A\,\frac{\sin(p\phi/2)}{\sin(\phi/2)}\,\cos(\omega t - (p-1)\phi/2) \\
&= A\,\frac{\sin\left(\dfrac{\pi b\sin\alpha}{\lambda}\right)}{\sin\left(\dfrac{\pi b\sin\alpha}{p\lambda}\right)}\,\cos\left(\omega t - \frac{(p-1)\pi b\sin\alpha}{p\lambda}\right)\,.
\end{aligned}$$

Da p groß ist, kann man im Nenner $\sin\left(\dfrac{\pi b\sin\alpha}{p\lambda}\right) \approx \dfrac{\pi b\sin\alpha}{p\lambda}$ setzen und findet schließlich

$$\xi_\alpha = (Ap)\,\frac{\sin\left(\dfrac{\pi b}{\lambda}\sin\alpha\right)}{\dfrac{\pi b}{\lambda}\sin\alpha}\,\cos\left(\omega t - \frac{(p-1)\pi b\sin\alpha}{p\lambda}\right)\,.$$

Die Intensität der Welle in Richtung α ergibt sich als Quadrat der Amplitude zu

$$I_\alpha = I_0\,\frac{\sin^2\left(\dfrac{\pi b}{\lambda}\sin\alpha\right)}{\left(\dfrac{\pi b}{\lambda}\sin\alpha\right)^2}\,,$$

wobei wir $I_0 = (Ap)^2$ als Intensität in Richtung $\alpha = 0$ eingeführt haben. Die Intensitätsverteilung I_α zeigt ebenfalls Bild 6.29. Nullstellen dieser Verteilung (Dunkelheit) liegen also tatsächlich bei $\sin\alpha_n = \pm n\lambda/b$, während Maxima (Helligkeitsmaxima) näherungsweise bei $\sin\alpha_n = (2n+1)\lambda/(2d)$ auftreten.

Für einen Doppelspalt interferieren nun die von beiden Spalten ausgehenden Elementarwellen. Man stellt fest, daß sich auf dem Bildschirm wieder Helligkeitsmaxima mit nach den Seiten abnehmenden Intensitäten bilden (Bild 6.30). Betrachtet man von jedem Spalt jeweils nur eine Elementarwelle, so findet man mit Hilfe von Bild 6.30 die Richtungen der Interferenzmaxima aus

$$d\,\sin\alpha_n = n\lambda\,, \tag{6.15}$$

wobei n wieder alle natürlichen Zahlen einschließlich der Null durchlaufen kann, für die $d > n\lambda$ ist. Für die α_n-Werte aus (6.15) nämlich ist der Gangunterschied zwischen den beiden Elementarwellen dann gerade ein ganzzahliges Vielfaches der Wellenlänge.

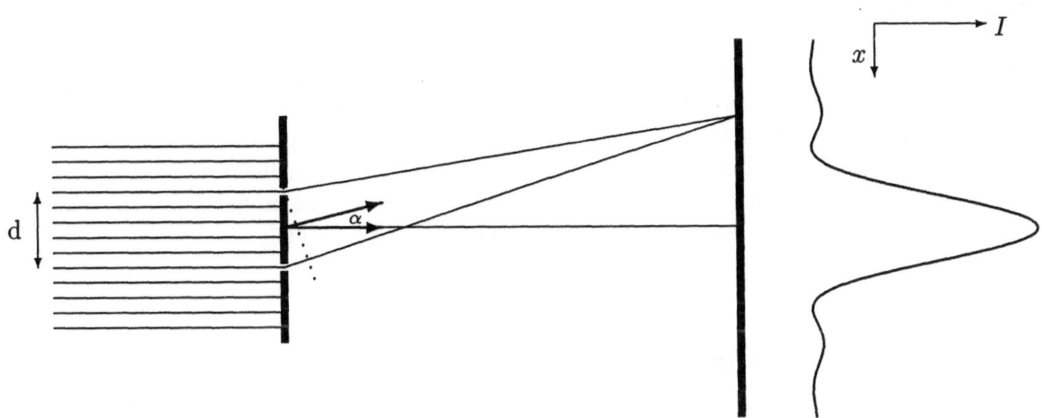

Bild 6.30 Entstehung von Haupt- und Nebenmaxima bei der Fraunhoferschen Beugung am Doppelspalt

Betrachte man nun Licht mit unterschiedlichen Wellenlängen, dann folgt aus (6.15), daß längere Wellen stärker gebeugt werden als kürzere. Zusammengesetztes Licht kann damit auch durch Beugung in seine spektralen Bestandteile zerlegt werden. Um dabei zwei benachbarte Linien λ und $\lambda + \mathrm{d}\lambda$ durch Beugung am Doppelspalt auflösen zu können, muß das Intensitätsmaximum der einen Linie wenigstens auf das erste Intensitätsminimum der anderen fallen. Dies ergibt gemäß (6.15) in n-ter Ordnung $n(\lambda + \mathrm{d}\lambda) = (2n+1)\lambda/2$. bzw. für das **Auflösungsvermögen**

$$\frac{\lambda}{\mathrm{d}\lambda} = 2n\,. \tag{6.16}$$

Erhöht man die Zahl der Spalte, so entsteht ein **Beugungsgitter**. In der Spektroskopie werden solche Gitter anstelle des Doppelspaltes verwendet. Die Rechnungen zeigen, daß sich das Auflösungsvermögen für ein Beugungsgitter mit p Spalte von (6.16) auf

$$\frac{\lambda}{\mathrm{d}\lambda} = pn \tag{6.17}$$

verbessert, d. h. die Auflösung ist proportional zur Zahl der beleuchteten Linien. Die Gleichung für den Doppelspalt (6.16) ist dabei als Spezialfall für $p = 2$ enthalten. Zwei Wellenlängen sind also auflösbar, solange die linke Seite von (6.17) kleiner als die rechte bleibt.

Für die in der Praxis eingesetzten hochauflösenden Beugungsgitter sind allerdings die lichtdurchlässigen Spalte durch feine Striche oder Profile ersetzt, die auf einer spiegelnden Glas- oder Metallplatte eingeritzt sind. Glas ist zwischen diesen Strichen für Licht durchlässig, und man erhält so Transmissionsspektren. Metalloberflächen werden zur Erzeugung von Reflexionsspektren verwendet. Die Gebiete zwischen den Strichen reflektieren dabei das Licht, während die Striche das Licht streuen. Beugungsgitter mit mehr als 1000 Strichen pro mm können so hergestellt werden. Für ein solches 10 cm langes Gitter kann man z. B. in zweiter Ordnung ($n = 2$) ein Auflösungsvermögen von $\lambda/\mathrm{d}\lambda = 200\,000$ erreichen. Dies bedeutet, daß man im sichtbaren Wellenlängenbereich um 480 nm noch Spektrallinien unterscheiden kann, deren Wellenlängendifferenz nur 2,4 pm beträgt. Das Auflösungsvermögen nimmt mit wachsender Ordnung zu, jedoch ist die maximal darstellbare Ordnung durch die Forderung beschränkt, daß in (6.15) der

Sinus nicht größer als eins werden darf. Neben der Möglichkeit höherer Auflösung besitzen **Beugungsspektren** gegenüber **Prismenspektren** auch den Vorteil, daß die Ablenkung stets proportional zur Wellenlänge ist. Man beachte auch: Die Reihenfolge der Farben ist bei beiden genau entgegengesetzt.

Wie als erster E. Abbe (1840–1905) erkannt hat, begrenzen Beugungsphänomene auch das Auflösungsvermögen optischer Instrumente. Da jede Linse für Licht infolge ihrer begrenzten Ausdehnung bzw. einer vorgesetzten Blende praktisch eine beugende Öffnung mit einem endlichen Durchmesser d darstellt, wird ein scharfer Punkt als eine helle kreisförmige Scheibe abgebildet, die abwechselnd von dunklen und hellen Beugungsringen umgeben ist. In Analogie zu (6.13) liefert eine Berechnung für den ersten dunklen Beugungsring

$$\sin \alpha_1 = 1,22\,\frac{\lambda}{d}\,. \tag{6.18}$$

Größenordnungsmäßig können zwei Punkte nur dann aufgelöst werden, wenn sich die beiden von ihnen erzeugten Beugungsscheiben nicht überschneiden (vgl. Bild 6.31). Dazu muß das von diesen beiden Punkten ausgehende Licht unter einem Sehwinkel auf die Linse fallen, der mindestens α_1

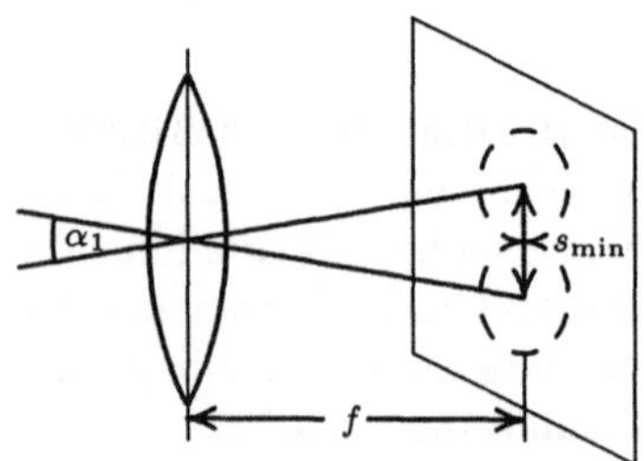

Bild 6.31
Zur Begrenzung des Auflösungsvermögens zweier Objektpunkte

aus (6.18) entspricht. Erzeugt man mit der Linse ein Bild im Abstand ihrer Brennweite, so erhält man unter Voraussetzung kleiner Winkel ($\sin\alpha_1 \approx \alpha_1$) für den Mindestabstand $s_{\min}$ zweier Bildpunkte

$$s_{\min} \approx 1,22\frac{\lambda f}{d}\,. \tag{6.19}$$

Bei fester Brennweite gilt also:

Je kleiner die Wellenlänge und je größer die Linse, desto besser ist die Auflösung.

Untersuchungen speziell über die Auflösung eines Mikroskops ergeben, daß man Details etwa in der Größenordnung der Wellenlänge des verwendeten Lichtes auflösen kann.

Himmelblau und Abendrot: Betrachte man den Himmel in einer Richtung aus der kein direktes Sonnenlicht unser Auge trifft, so erscheint er in der Farbe Blau. Die Ursache dafür ist, daß kleinste Teilchen in der Luft und wahrscheinlich die Luftmoleküle selbst das Sonnenlicht beugen und zurückstreuen. Die Theorie zeigt, daß bei diesem Prozeß die abgestrahlte Leistung sich proportional zur vierten Potenz der Frequenz verhält. Damit wird blaues Licht etwa sechzehnmal stärker zurückgestreut als rotes.

Betrachtet man bei Sonnenaufgang oder Sonnenuntergang die Sonne, so erscheint sie aus demselben Grund in der Farbe Rot, da die blauen Anteile des Sonnenlichtes auf dem langen Weg durch die Atmosphäre herausgestreut werden.

Betrachtet man bei Sonnenaufgang oder Sonnenuntergang die Sonne, so erscheint sie aus demselben Grund in der Farbe Rot, da die blauen Anteile des Sonnenlichtes auf dem langen Weg durch die Atmosphäre herausgestreut werden.

Übungen:

6.12: Für das Spektrum von Na ist die gelbe Doppellinie mit den Wellenlängen $589,59$ nm bzw. $588,99$ nm charakteristisch. Kann man dieses Dublett mit einem Beugungsgitter auflösen, das 5 cm breit ist und 600 Linien pro mm hat? Wie wäre die Situation, wenn wir ein viel schlechteres Gitter von 2 cm und 30 Linien pro mm annehmen? ■

6.13: Für ein menschliches Auge sei eine Pupillengröße von 3 mm, eine Brennweite von 20 mm und ein Brechungsindex der Augenflüssigkeit von $n = 1,34$ angenommen. ■

a) Man berechne den Sehwinkel, unter dem zwei rote Lichtpunkte der Wellenlänge $\lambda = 600$ nm gerade noch getrennt wahrgenommen werden können.

b) Auf welchen mittleren Abstand der Sehnervenzellen läßt sich daraus schließen?

6.3.2 Polarisation und Doppelbrechung

Da elektromagnetische Wellen transversal sind, steht die Schwingungsebene stets senkrecht zur Ausbreitungsrichtung des Lichtes. In den einzelnen Wellenzügen, aus denen sich natürliches Licht zusammensetzt, sind jedoch die Lagen der Schwingungsebenen statistisch gleichmäßig verteilt, und keine Lage ist ausgezeichnet. Natürliches Licht ist daher unpolarisiert. Es gibt nun aber verschiedene Möglichkeiten, wie Reflexion, Streuung oder auch Doppelbrechung, um Licht zu polarisieren.

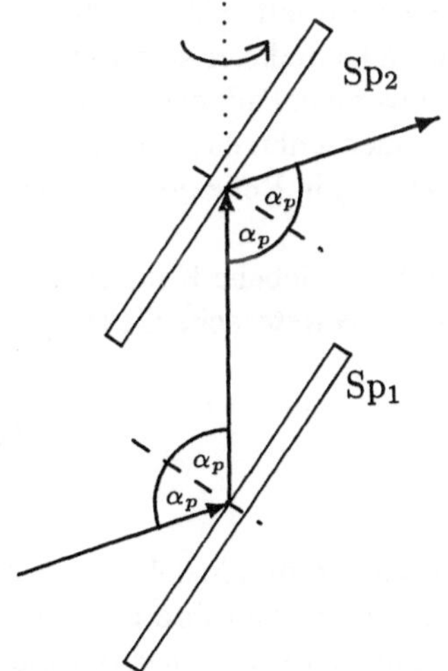

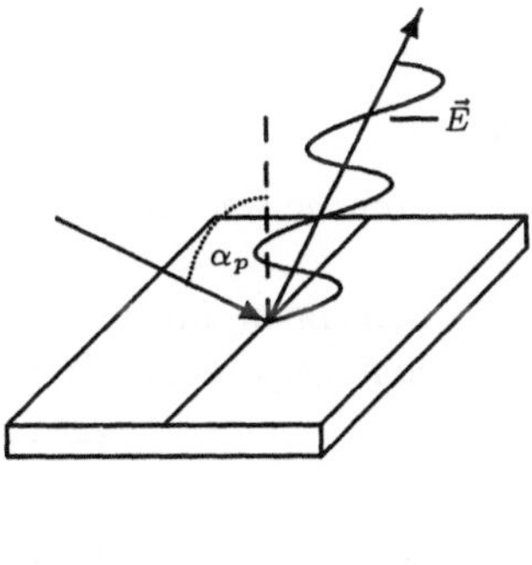

Bild 6.32
Polarisation durch Reflexion

Bild 6.32 erläutert die Entstehung von polarisiertem Licht durch Reflexion. Läßt man entsprechend der gezeigten Anordnung Licht unter einem Winkel von etwa $\alpha_p = 57°$ auf einen ebenen Glasspiegel Sp_1 treffen und das reflektierte Licht danach auf einen weiteren parallel gestellten Spiegel Sp_2, dann resultiert erwartungsgemäß ein parallel versetzter Strahl. Dreht man nun aber den zweiten Spiegel um 90° um die durch den einmal reflektierten Strahl festgelegte Drehachse, dann stellt man überraschenderweise fest, daß das Licht an diesem nun überhaupt nicht mehr reflektiert wird. Dabei nimmt bereits während der Drehung die Intensität stetig ab. Offensichtlich hat die erste Reflexion die Eigenschaften der Lichtwelle verändert. Sie scheint danach eine ausgezeichnete Schwingungsebene zu besitzen. Tatsächlich zeigen Untersuchungen, daß die auf einen Spiegel treffende Welle infolge der Reflexion linear polarisiert wird. Der elektrische Feldvektor schwingt danach senkrecht zur Einfallsebene (Bild 6.32).

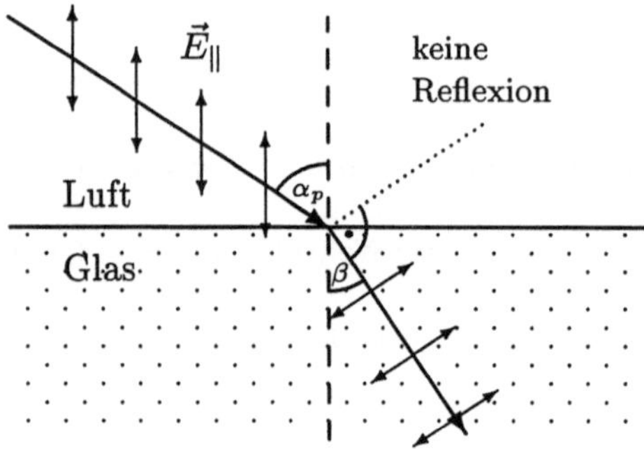

Bild 6.33
Mikroskopische Deutung der Polarisation durch Reflexion und das Brewstersche Gesetz

Mikroskopisch kann dieses Verhalten in folgender Weise verstanden werden: Die einfallende Welle regt die oberflächennahen Ladungsträger im reflektierenden Medium zu erzwungenen Schwingungen in Richtung des elektrischen Feldes an. Wir denken uns den elektrischen Feldvektor in die beiden parallel bzw. senkrecht zur Einfallsebene orientierten Komponenten zerlegt. In Bild 6.33 ist die Situation für den letzteren Fall dargestellt. Nach der Brechung werden die Elektronen dann zu Schwingungen senkrecht zum gebrochenen Strahl und weiter in der Einfallsebene angeregt. Aus Abschnitt 5.2.8 wissen wir aber, daß ein schwingender Dipol elektrische Energie mit maximaler Intensität senkrecht zur Schwingungsrichtung abstrahlt, während die Intensität Null in Schwingungsrichtung ist. Für die betrachtete Situation kann daher kein Licht in der nach dem Reflexionsgesetz zu erwartenden Richtung abgestrahlt werden. Fällt daher unpolarisiertes Licht so ein, daß reflektierter und gebrochener Stahl aufeinander senkrecht stehen, dann werden die zur Einfallsebene senkrechten Komponenten des Feldvektors in Reflexionsrichtung herausgefiltert.

Es läßt sich leicht berechnen, für welchen Einfallswinkel α_p die beschriebene Konstellation vorliegt: Aus dem Brechungsgesetz (6.5) folgt mit $\beta = \pi/2 - \alpha_p$ das **Brewstersche Gesetz**

$$\boxed{\tan \alpha_p = n\ .} \tag{6.20}$$

Mit dem Brechungsindex von Glas erhalten wir tatsächlich $\alpha_p \approx 57°$.

Polarisiertes Licht entsteht auch bei **Doppelbrechung**, wie sie anisotrope Kristalle zeigen. Letztere sind dadurch charakterisiert, daß ihre physikalischen und hier speziell ihre optischen Eigenschaften in verschiedenen Richtungen ebenfalls verschieden sind. Ein klassisches Beispiel ist Kalkspat ($CaCO_3$). Kalkspatkristalle besitzen die Gestalt eines Rhomboeders, wobei die ihn begrenzenden sechs Parallelogramme (Rhomben) spitze Winkel von 78° bzw. stumpfe Winkel von 102° besitzen (Bild 6.34). Die Achse mit der höchsten Symmetrie geht durch die beiden Eckpunkte, in denen drei Winkel von 102° zusammenstoßen (dreizählige Symmetrieachse). Sie heißt **kristallographische Hauptachse** oder auch **optische Achse**. Fällt nun ein Lichtstrahl senkrecht auf eine Fläche eines solchen Kristalls, dann wird er in zwei Strahlen zerlegt, die **ordentlicher** bzw. **außerordentlicher Strahl** heißen und im folgenden mit „o“ (ordinary) bzw. „e“ (extraordinary) bezeichnet werden. Bild 6.34 zeigt den Verlauf dieser Strahlen in der durch

Lichtstrahl und optische Achse festgelegten Ebene des Kristalls (Hauptschnitt). Der ordentliche Strahl gehorcht dem Brechungsgesetz und geht bei senkrechtem Einfall ungebrochen durch den Kristall, während der außerordentliche eine Richtungsänderung erfährt. Die beiden Strahlen passieren also auf unterschiedlichen Wegen und mit unterschiedlicher Geschwindigkeit den Kristall. Es zeigt sich weiter, daß die beiden Strahlen danach in zwei zueinander senkrechten Richtungen polarisiert sind.

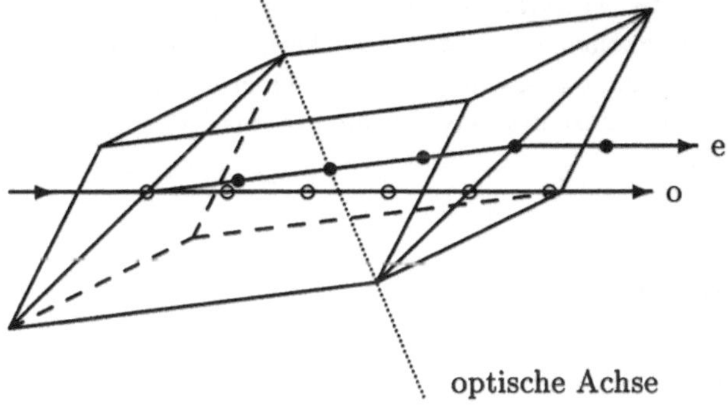

Bild 6.34
Entstehung von ordentlichem und außerordentlichem Strahl infolge von Doppelbrechung in einem Kalkspatrhomboeder

Bild 6.35
Durch mechanische Spannungen kann ein Körper doppelbrechend werden. Interferenzmuster, die beim Betrachten durch gekreuzte Polarisationsfilter entstehen, geben Auskunft über seine innere Struktur.

Eine wichtige technische Anwendung findet die Doppelbrechung bei der Untersuchung von Spannungszuständen in Werkstücken und Bauteilen, wenn sie durchsichtig sind. Unter dem Einfluß von Druck oder Zug werden ursprünglich isotrope Stoffe künstlich anisotrop. Man kann solche unter Spannung stehende Körper zwischen zwei Polarisationsfilter mit gekreuzten (zueinander senkrechten) Polarisationsrichtungen bringen und sie im durchgehenden Licht mit einer Linse abbilden. Der ohne das Vorhandensein des verspannten Körpers dunkle Bildschirm zeigt dann Interferenzstrukturen im Bild des Körpers, aus denen man auf den Spannungzustand schließen kann (Bild 6.35). Diese Bilder entstehen dadurch, daß das aus dem doppelbrechenden

Körper austretende Licht elliptisch polarisiert ist oder wenigstens eine gedrehte Polarisationsebene besitzt und somit nun den zweiten Polarisationsfilter passieren kann.

Anisotropie kann auch durch den Einfluß elektrischer und magnetischer Felder auf isotrope Stoffe hervorgerufen werden. Die dadurch bedingte Doppelbrechung bezeichnet man bei elektrischen Feldern als **Kerr-Effekt** und bei magnetischen Feldern als **Faraday-Effekt**. Sie wurden nach ihren Entdeckern J. Kerr (1824–1907) und M. Faraday benannt. Der Kerr-Effekt findet in der **Kerr-Zelle** als schneller Lichtschalter Anwendung.

Eine Reihe von Substanzen ist in der Lage, die Polarisationsebene von durchgehendem Licht zu drehen. Diese Erscheinung heißt **optische Aktivität** und wird sowohl in Kristallen, wie Quarz oder Natriumchlorat, als auch in Flüssigkeiten, wie wässrige Zuckerlösungen, beobachtet. Sie wird durch eine schraubenförmige molekulare Struktur verursacht. Über die Messung des Drehwinkels der Polarisationsebene kann eine Konzentrationsbestimmung von Zucker in optisch aktiven Substanzen vorgenommen werden.

6.4 Strahlungsenergie und Photometrie

6.4.1 Womit befaßt sich Photometrie?

Woran liegt es, daß die eine Glühlampe heller strahlt als eine andere, und wie läßt sich dieser Sachverhalt quantitativ erfassen? Bei der Beantwortung dieser Fragen stoßen wir auf eine neue Klasse physikalischer Größen, die mit dem Licht zusammenhängende Eigenschaften, wie Helligkeit, Lichtintensität oder Beleuchtungsdichte charakterisieren und sich von der abgestrahlten Energie Q_e einer Lichtquelle ableiten. Mit der Definition und Messung solcher *lichttechnischer Größen* befaßt sich die **Photometrie**.

Elektromagnetische Strahlung haben wir im Abschnitt 3.5.1 als eine Möglichkeit der Energieübertragung kennengelernt. Im allgemeinen verteilt sich die von einem Körper ausgesandte Strahlungsenergie in Abhängigkeit von der Temperatur über das gesamte elektromagnetische Spektrum. Häufig liegt dabei ein Maximum der Strahlungsenergie im Infraroten. Fällt Strahlung aus diesem Bereich auf den menschlichen Körper, so löst sie dort hauptsächlich Wärmeempfindung aus. Strahlungsenergie wird in diesem Kontext daher oft auch generell als **Wärmestrahlung** bezeichnet. Erreicht ein Körper, z. B. die Wendel einer Glühlampe, sehr hohe Temperaturen, dann kann auch ein gewisser Teil der Strahlung im sichtbaren Bereich als Licht abgestrahlt werden.

Im folgenden wollen wir uns zuerst mit der Messung von Strahlung beschäftigen. Strahlungsenergie kann u. a. durch die von ihr verursachte Erwärmung eines Meßinstrumentes erfaßt werden. So erfolgt im **Thermoelement** ein Nachweis über eine entstehende Thermospannung (vgl. Abschnitt 4.2.5). **Bolometer** messen temperaturbedingte Änderungen des elektrischen Widerstandes, und in Photozellen weist man Strahlung durch den von ihr hervorgerufenen Photostrom nach. Im allgemeinen sind diese Meßmethoden nicht nur auf Licht, also auf den sichtbaren Teil des elektromagnetischen Spektrums beschränkt, sondern ermöglichen auch den Nachweis in anderen Bereichen.

Neben einer objektiven Messung lichttechnischer Größen durch physikalische Meßinstrumente, erweist sich in der praktischen Beleuchtungstechnik eine Bewertung dieser Größen auch mit Hilfe des Auges oft als notwendig; denken wir nur an die Ausleuchtung von Wohnräumen oder Arbeitsplätzen. Man spricht dann von *subjektiver* Photometrie.

Infrarote und ultraviolette Strahlung: An den sichtbaren Teil des elektromagnetischen Spektrums schließt sich in Richtung größerer Wellenlänge (etwa ab $\lambda \gtrsim 750\,\text{nm}$) der Bereich der in-

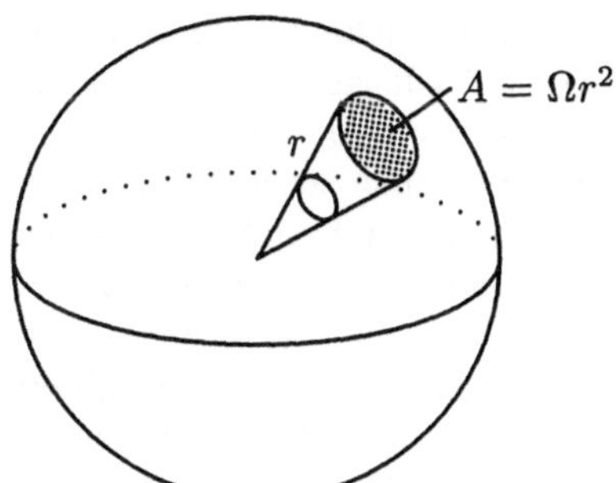

Bild 6.36
Zur Definition des Raumwinkels. Man bestimmt die vom eingezeichneten Kegel aus der Kugeloberfläche (Radius r) abgetrennte Fläche A und definiert den Raumwinkel durch $\Omega = A/r^2$.

fraroten Strahlung an. Trifft solche Strahlung auf einen Körper, so führt dies zu seiner Erwärmung (Wärmestrahlung), die ihrerseits zum Nachweis der Strahlung dienen kann. Physikalisch wird die Erzeugung von Wärme dadurch hervorgerufen, daß die Frequenzen infraroter Strahlung in einer Größenordnung liegen, wo sie die Atome und Moleküle eines Körpers zu Schwingungen anregen können. Infrarote Strahlung entsteht in Temperaturstrahlern, wie Glühlampen, aber auch in Quecksilber- oder Xenon-Hochdrucklampen. Da gewöhnliches Glas für Wellenlängen oberhalb von $2,5\,\mu$m undurchlässig ist, finden in der Infrarotspektroskopie für größere Wellenlängen Quarzgläser (bis etwa $3,5\,\mu$m) oder NaCl- bzw. KBr-Kristalle (bis etwa $25\,\mu$m) Anwendung. Anstelle von Linsen und Prismen werden mit zunehmender Wellenlänge bevorzugt Spiegel und Gitter eingesetzt.

Gehen wir vom sichtbaren Bereich in Richtung kleinerer Wellenlängen (etwa ab $\lambda < 400$ nm), so erreichen wir den ultravioletten Bereich des elektromagnetischen Spektrums. Die Frequenz dieser Strahlung ist zu groß, um beim Auftreffen auf einen Körper unmittelbar in Wärme verwandelt zu werden. Ultraviolette Strahlung läßt sich vielmehr nachweisen durch Schwärzung von Photoplatten, durch die Erzeugung von Photoelektronen oder durch ihre Umwandlung in sichtbare Strahlung (Fluoreszenz). Die Energie ultravioletter Strahlung reicht aus, um chemische Reaktionen auszulösen. UV-Strahlung entsteht z. B. in Halogenlampen aber auch in hinreichend heißen Temperaturstrahlern.

Von der gesamten von unserer Sonne erzeugten UV-Strahlung erreicht zum Glück nur der langwelligste (energieärmste) Anteil die Erdoberfläche. Die kurzwelligsten (energiereichsten) und damit für den Menschen schädlichsten Anteile werden in größeren Höhen der Atmosphäre zur Erzeugung von Ozon verbraucht, welches seinerseits größere Bereiche des mittleren UV-Spektrums absorbieren. In der Ultraviolettspektroskopie werden Quarzgläser (bis 190 nm) und LiF-Kristalle (bis etwa 100 nm) eingesetzt. Auch hier finden vorzugsweise Spiegel und Gitter Anwendung.

6.4.2 Physikalische Größen des Strahlungsfeldes

Aus der von einer Quelle im Zeitintervall $\mathrm{d}t$ emittierten Strahlungsenergie $\mathrm{d}Q_e$ bestimmt sich die **Strahlungsleistung** oder der **Strahlungsfluß** gemäß[5]

$$\Phi_e = \frac{\mathrm{d}Q_e}{\mathrm{d}t} \,.$$

Die Maßeinheit der Strahlungsleistung ist das **Watt** (W).

[5] Mit dem Index „e“ (energetisch) werden im folgenden objektiv gemessene Größen charakterisiert; Größen der subjektiven Photometrie erhalten später den Index „v“ (visuell).

Neben der gesamten emittierten Leistung interessiert häufig auch der gesamte in eine bestimmte Raumrichtung abgestrahlte Anteil der Strahlungsleistung – die **Strahlstärke**. Um diese Größe zu definieren, gehen wir in folgender Weise vor: Wir umschließen in Gedanken unsere (als klein gegen die Meßentfernung angenommene) Strahlungsquelle symmetrisch von einer Kugel mit dem Radius r (vgl. Bild 6.36). Durch ihre Oberfläche geht dann die gesamte Strahlungsleistung. Wählt man nun eine bestimmte Raumrichtung aus und umgibt sie mit einem Kegel, so schneidet dieser eine Fläche A aus der Kugeloberfläche heraus und definiert damit den **Raumwinkel** $\Omega = A/r^2$. Ähnlich wie dem Winkel im Bogenmaß die (dimensionslose) Maßeinheit **Radiant** (rad) zugeordnet ist, wird der Raumwinkel in der ebenfalls dimensionslosen Maßeinheit **Steradiant** (sr) angegeben, die aber auch weggelassen werden kann. Es gilt $1\,\mathrm{sr}=1\,\mathrm{m}^2/\mathrm{m}^2$. Dem ganzen Raum entspricht die gesamte Oberfläche einer Einheitskugel, d. h. der Raumwinkel 4π, dem Halbraum ist entsprechend der Raumwinkel 2π zugeordnet. Die Strahlstärke ist nun als

$$I_e = \frac{\mathrm{d}\Phi_e}{\mathrm{d}\Omega} \tag{6.21}$$

definiert und besitzt die Maßeinheit W/sr.

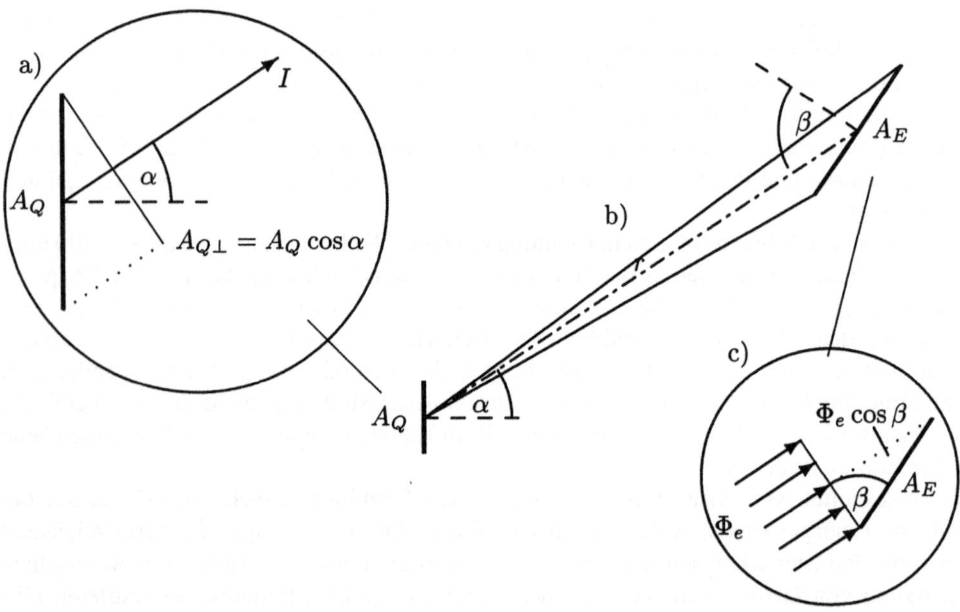

Bild 6.37 Zur Berechnung der von einer Strahlungsquelle auf einen Empfänger fallenden Strahlung. a) Projektion der Quellenfläche in die Empfängerrichtung, b) Raumwinkel, unter dem der Empfänger erscheint, c) Bestrahlungsstärke des Empfängers bei schrägem Einfall

Bei kürzeren Abständen von einer Strahlungsquelle muß im allgemeinen deren flächenhafte Ausdehnung in die Betrachtungen einbezogen werden (Bild 6.37). Da die von einer Quelle in eine bestimmte Richtung α ausgesandte Strahlungsleistung der aus dieser Richtung betrachteten scheinbaren Quellenoberfläche $A_{Q\perp}$ proportional ist, schreibt man auch

$$I_e(\alpha) = L_e(\alpha)\, A_{Q\perp} = L_e(\alpha)\, A_Q \cos\alpha \tag{6.22}$$

und definiert damit die **Strahldichte** $L_e(\alpha)$. Sie wird in der Maßeinheit $\mathrm{W/(m^2 sr)}$ gemessen. Die Strahldichte mißt also die auf die scheinbare Fläche der Strahlungsquelle bezogene Strahlstärke. Sie ist von der Oberflächenbeschaffenheit und Temperatur der Quelle abhängig und kann sich im allgemeinen auch noch in Abhängigkeit vom Abstrahlwinkel ändern. Eine solche Winkelabhängigkeit ist durch Messung der sogenannten Abstrahlcharakteristik $I_e(\alpha)$ feststellbar. Ist speziell L_e vom Abstrahlwinkel unabhängig, dann genügt die Strahlstärke dem **Lambertschen Cosinusgesetz** (J. H. Lambert, 1728–1777)

$$I_e(\alpha) = I_e(0)\cos\alpha\ , \tag{6.23}$$

und man spricht von *diffuser* Abstrahlung. Strahlungsquellen mit einer solchen Abstrahlcharakteristik nennt man **Lambertsche Strahler**. In guter Näherung verhalten sich rauhe, diffus reflektierende Oberflächen aus Papier oder Pappe, matte Glühlampen, aber auch Sonne und Mond wie ein Lambertscher Strahler. Eine Leuchtdiode besitzt jedoch z. B. eine davon abweichende Abstrahlcharakteristik, bei der L_e eine ausgeprägte Winkelabhängigkeit zeigt.

Für einen Strahlungsempfänger lassen sich analoge Größen definieren. Bildet die Normale einer Empfängerfläche A_E mit der Richtung des einfallenden Strahlungsflusses den Winkel β, so zeigt Bild 6.37, daß bei schrägem Einfall nur der Anteil $\Phi_e\cos\beta$ diese Fläche trifft. Sie liefert eine **Bestrahlungsstärke** von

$$E_e = \frac{\Phi_e}{A_E}\cos\beta \tag{6.24}$$

oder allgemein

$$E_e = \frac{\mathrm{d}\Phi_e}{\mathrm{d}A_E}\cos\beta \tag{6.25}$$

ergibt. Sie hat die Maßeinheit $\mathrm{W/m^2}$ und mißt den pro Flächeneinheit vom Empfänger aufgenommenen Strahlungsfluß.

Man kann nun die von einer Quelle mit der Strahldichte L_e auf einen Empfänger fallende Strahlungsleistung Φ_e berechnen: Wegen (6.22) und (6.23) wird in Richtung α in den Raumwinkel Ω der Strahlungsfluß

$$\Phi_e = I_e\Omega = L_e A_Q \Omega\cos\alpha$$

emittiert. Wegen $\Omega = A_{E\perp}/r^2 = A_E\cos\beta/r^2$ liefert dies das **photometrische Grundgesetz**

$$\boxed{\Phi_e = L_e\,\frac{A_Q A_E\cos\alpha\cos\beta}{r^2}\ .} \tag{6.26}$$

Bei senkrechter Stellung der Flächen nimmt also die Bestrahlungsstärke wie $1/r^2$ mit dem Abstand von der Quelle ab.

Von besonderem Interesse ist die Bestrahlungsstärke, die unsere Erde von der Sonne empfängt. Nimmt man völlige Durchlässigkeit der Atmosphäre an und setzt weiter vollständige Absorption der Erdoberfläche voraus; dann erreichten die Erde bei senkrechtem Einfall

$$E_e = 1{,}395\,\mathrm{W\,m^{-2}}\ .$$

Dieser Wert wird als **Solarkonstante** bezeichnet. Eine Berechnung dieser Größe wird in einer Übung des Abschnitts 7.1.2 durchgeführt. Wie aus (6.26) folgt, spielt der Einfallswinkel für die tatsächlich pro Quadratmeter auftreffende Strahlung eine wesentliche Rolle. So sind wir zwar im Sommer etwas weiter von der Sonne entfernt als im Winter, aber durch den ca. 46° größeren Einfallswinkel der Sonnenstrahlung im Sommer erreicht uns dennoch mehr Energie pro Flächeneinheit.

Dem Strahlungsfeld kann man auch eine **Energiedichte** w zuordnen. Befindet sich im Volumenelement $\mathrm{d}V$ die Strahlungsenergie $\mathrm{d}Q_e$, so ergibt sich

$$w = \frac{\mathrm{d}Q_e}{\mathrm{d}V} .$$

Da sich elektromagnetische Strahlung mit Lichtgeschwindigkeit ausbreitet, trifft auf eine senkrecht zur Strahlung orientierte Fläche $\mathrm{d}A_E$ pro Sekunde die Strahlungsenergie, die sich in einem Quader mit dieser Grundfläche und der Länge $c \cdot 1\,\mathrm{s}$ befindet, d. h. $\Phi_e = wc\,\mathrm{d}A_E$. Zwischen Energiedichte und Bestrahlungsstärke besteht daher wegen (6.25) und $\beta = 90°$ der Zusammenhang

$$E_e = cw .$$

Analog ergibt sich für den von einer Fläche A_Q senkrecht emittierten Strahlungsfluß

$$\Phi_e = wcA_Q . \tag{6.27}$$

Noch detailliertere Informationen über das Strahlungsfeld erhält man, wenn man strahlungstechnische Größen in ihrer spektralen Zusammensetzung analysiert. Die **spektrale Strahldichte** $L_e(\lambda)$ mißt z. B. den auf das Wellenlängenintervall λ, $\lambda + \mathrm{d}\lambda$ entfallenden Anteil der Strahldichte. Auf den Bereich zwischen den Wellenlängen λ_1 und λ_2 entfällt damit die Strahldichte

$$L_e = \int_{\lambda_1}^{\lambda_2} L_e(\lambda)\,\mathrm{d}\lambda .$$

In analoger Weise lassen sich andere strahlungstechnische Größen in ihrer spektralen Zusammensetzung beschreiben.

Übung:

■ **6.14**: Zeigen Sie, daß sich für einen Lambertschen Strahler die pro Flächeneinheit abgestrahlte Leistung als $\Phi_e/A = \pi L_e$ berechnen läßt.

6.4.3 Lichttechnische Größen

Im sichtbaren Bereich des elektromagnetischen Spektrums kann neben den objektiven Meßmethoden mittels physikalischer Instrumente auch das menschliche Auge eingesetzt werden. Das Auge hat eine ausgeprägte **spektrale Helligkeitsempfindlichkeit** $V(\lambda)$ und bewertet daher die Helligkeit eines Objektes zum Teil wesentlich anders als eine objektive Messung. Bild 6.38 zeigt, daß $V(\lambda)$ bei Tageslicht ein Maximum für gelbgrünes Licht der Wellenlänge $\lambda = 555$ nm besitzt, was übrigens mit dem Strahlungsmaximum der Sonne übereinstimmt. Rotes und violettes Licht werden bei gleicher Strahlungsleistung als deutlich weniger hell empfunden. Da nun z. B. für beleuchtungstechnische Probleme gerade die subjektive Empfindung von Helligkeit wesentlich ist, werden in Analogie zu den objektiven strahlungstechnischen Größen dem „Meßinstrument" Auge entsprechende lichttechnische (oder auch photometrische) Größen definiert. Zur Strahlstärke korrespondiert die **Lichtstärke**

$$I_v = \frac{\mathrm{d}\Phi_v}{\mathrm{d}\Omega} ,$$

wobei Φ_v als **Lichtstrom** bezeichnet wird und der vom Auge wahrgenommenen Strahlungsleistung entspricht. Als Maßeinheit der Lichtstärke lernen wir nun die letzte der SI-Einheiten kennen – die **Candela**:

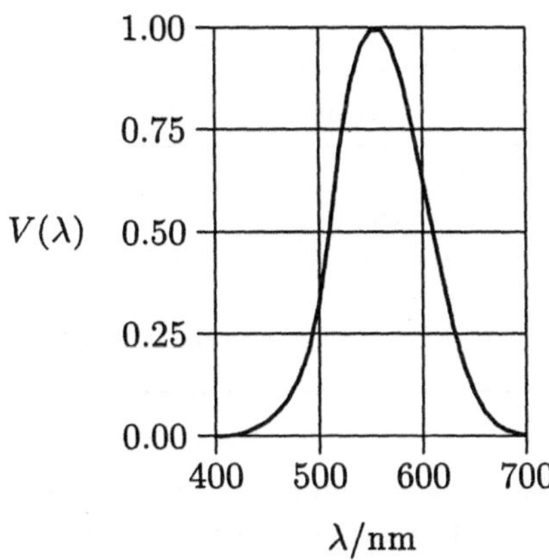

Bild 6.38
Verlauf der spektralen Helligkeitsempfindlichkeit des Auges bei Tageslicht (nach DIN 5031)

Die Candela (cd) ist die in einer Richtung abgegebene Lichtstärke einer Lichtquelle, die eine monochromatische Strahlung der Frequenz $540\,\mathrm{THz}$ *ausstrahlt und deren Strahlstärke in dieser Richtung* $I_e = 1/683\,\mathrm{W/sr}$ *beträgt.*

Von der Candela leiten sich die Maßeinheiten der anderen photometrischen Größen ab. Für den Lichtstrom findet man das **Lumen** (lm), und es gilt $1\,\mathrm{lm} = 1\,\mathrm{cd\,sr}$. Ersetzt man in (6.22) die Strahlstärke I_e durch die Lichtstärke I_v und in (6.25) Φ_e durch Φ_v, so ergeben sich als weitere lichttechnische Größen die **Leuchtdichte** L_v mit der Maßeinheit $\mathrm{cd/m^2}$ und die **Beleuchtungsstärke** E_v mit der Maßeinheit **Lux** (lx). Dabei gilt $1\,\mathrm{Lux} = 1\,\mathrm{lm/m^2}$. Um eine Vorstellung von diesen Größen zu erhalten, sind für einige Lichtquellen Lichtstrom und Leuchtdichten in Tabelle 6.3 zusammengestellt.

Tabelle 6.3 Lichttechnische Daten einiger Lichtquellen

Lichtquelle	Lichtstrom in lm	Leuchtdichte in $\mathrm{cd/m^2}$
Glimmlampe 2 W	1	1000
Glühlampe 60 W	600 - 700	$\approx 10^7$ (Wolframwendel)
Glühlampe 100 W	1200 - 1400	$\approx 10^5$ (mattes Glas)
Leuchtstofflampe 40 W	2000 - 2300	1000
Hg-Höchstdrucklampe 200 W	9000	$10^8 - 10^9$
Sonne		$10^8 - 10^9$

Körper, die nicht selbst leuchten, sind nur sichtbar, wenn sie von leuchtenden Körpern angestrahlt werden. Dabei ergeben sich etwa die folgenden Beleuchtungsstärken: Mond $0,2\,\mathrm{lx}$, Straßenbeleuchtung 20 lx, Wohnräume 100 lx, Arbeitsplatz 300 – 1000 lx. Zum Vergleich dazu erzeugt die Sonne auf der Erde zwischen 5000 lx im Winter und 100 000 lx im Sommer.

Wir haben nun schon eine ganze Reihe von photometrischen Größen kennengelernt, die objektiv oder subjektiv die Ausstrahlung eines Senders beziehungsweise die auf einen Empfänger treffende Strahlung charakterisieren. Tabelle 6.4 stellt diese Größen nochmals in übersichtlicher Form zusammen.

Subjektive lichttechnische Größen und objektive photometrische Größen lassen sich mit Hilfe der spektralen Helligkeitsempfindlichkeit des Auges ineinander umrechnen. Diese Funktion ist

Tabelle 6.4 Photometrische Größen

Strahlungsphysikalische Größen			Lichttechnische Größen		
Größe	Symbol	Einheit	Größe	Symbol	Einheit
Sender:					
Strahlungsleistung	Φ_e	W	Lichtstrom	Φ_v	lm
Strahlstärke	I_e	W/sr	Lichtstärke	I_v	cd =lm sr
Empfänger:					
Bestrahlungsstärke	E_e	$\mathrm{W/m^2}$	Beleuchtungsstärke	E_v	$\mathrm{lx = lm/m^2}$

gerade so normiert, daß an der Stelle größter Empfindlichkeit ($\lambda = 555$ nm bzw. $f = 540$ THz) $V(\lambda)$ den Wert $V_{\max} = 1$ annimmt. Entsprechend der Candela-Definition entspricht an dieser Stelle des Spektrums dem Strahlungsfluß 1 W einem Lichtstrom von 683 lm. Definiert man daher zur Umrechnung das **photometrische Strahlungsäquivalent** als $K_{\max} = 683$ lm/W, dann hat man für $f = 540$ THz

$$\Phi_v = K_{\max}\Phi_e \,.$$

Für jede andere Frequenz muß man die geringere Helligkeitsempfindlichkeit durch Multiplikation mit $V(\lambda)$ berücksichtigen. Damit gilt allgemein

$$\boxed{\Phi_v = V(\lambda)K_{\max}\Phi_e \,.} \tag{6.28}$$

In analoger Weise lassen sich auch die anderen zueinander korrespondierenden Größen ineinander umwandeln.

Übung:

■ **6.15**: Schätzen Sie die Lichtstärken einer Glühlampe, einer Leuchtstofflampe und einer Hg-Höchstdrucklampe mit Hilfe der Angaben von Tabelle 6.3.

6.5 Grundzüge der speziellen Relativitätstheorie

6.5.1 Das Relativitätsprinzip in der klassischen Physik

Die Erkenntnis, daß Licht ein transversales elektromagnetisches Wellenphänomen mit endlicher Ausbreitungsgeschwindigkeit ist, führten die Physik in der zweiten Hälfte des vorigen Jahrhunderts in eine tiefe Krise. Um die Problematik zu erläutern, wollen wir noch einmal in das Gebiet der Mechanik zurückblicken. Im Abschnitt 2.1.9.1 haben wir festgestellt, daß die Gesetze der Mechanik gegen die Galilei-Transformation invariant sind. Mit anderen Worten bedeutet das: Durch kein mechanisches Experiment ist man in der Lage, zwischen einem als ruhend angenommenen und einem gegen dieses geradlinig gleichförmig bewegten Inertialsystem zu unterscheiden. Diese Invarianz erweist sich dabei als eine Konsequenz der Tatsache, daß in der Grundgleichung der Mechanik nur die Beschleunigung und nicht die Geschwindigkeit der untersuchten Körper eingeht.

Die Situation ist in der Maxwellschen Theorie anders. Wie (5.47) und (5.48) zeigen, enthalten z. B. die Gleichungen, die die Ausbreitung elektromagnetischer Wellen beschreiben, die Lichtgeschwindigkeit c explizit. Die Maxwellsche Theorie kann damit aber nicht gegen die Galilei-Transformation invariant sein. Das wiederum wirft die Frage auf, ob man durch elektrodynamische, also auch speziell durch optische Experimente, zwischen unterschiedlichen Inertialsystemen unterscheiden kann.

Diese Frage war eng verknüpft mit der nach der Existenz des Lichtäther, der als elastisches Medium für die Erklärung der Ausbreitung von Lichtwellen eingeführt worden war. Wir haben ihn schon einige Male erwähnt und wollen diese Problematik nun nochmals aufgreifen. Im Abschnitt 5.2.1 haben wir Wellen als die räumliche Ausbreitung eines Schwingungszustandes kennengelernt. Aus der Beschäftigung mit Seilwellen oder Schallwellen wissen wir weiter, daß eine Welle im allgemeinen gekoppelte schwingungsfähige Teilchen, d. h. ein elastisches Medium voraussetzt. So war es für die Physiker im vorigen Jahrhundert unvorstellbar, daß sich Licht und andere elektromagnetische Wellen offensichtlich ohne ein entsprechendes Medium ausbreiten konnten. Man postulierte daher die Existenz eines solchen Mediums für das Licht — den **Äther**. Er sollte den gesamten Weltraum ausfüllen, was auch die Möglichkeit der Lichtausbreitung von der Sonne und anderen Fixsternen zu unserer Erde erklären würde. Die Ätherhypothese schuf für die Physik allerdings eine Vielzahl von Problemen. So war es unverständlich, warum die Existenz des Äthers nicht nachweisbar war, obgleich der transversale Charakter der Lichtwellen die Existenz von Scherkräften, also einen „zähen" Äther verlangte.

Eine Möglichkeit, die Ätherhypothese zu bestätigen, bestand in dem Nachweis der Bewegung eines bestimmten Bezugssystems gegen den Äther. Als ein solches Bezugssystem bot sich unsere Erde an, die sich auf ihrer Umlaufbahn um die Sonne auch gegen den Äther bewegen sollte.[6] Wie läßt sich nun eine solche Bewegung gegen den Äther nachweisen? Während sich im Äther Licht in alle Richtungen mit gleicher Geschwindigkeit ausbreiten müßte, würde man in einem gegen den Äther mit konstanter Geschwindigkeit v bewegten System für ein auf uns zukommenden Lichtstrahl nach der Galileitransformation die Geschwindigkeit $c + v$ und für einen sich von uns entfernenden Lichtstrahl die Geschwindigkeit $c - v$ messen. Die Lichtausbreitung wäre also dort richtungsabhängig (anisotrop). Ein mit dem Äther festverbundenes Inertialsystem wäre daher durch seine Isotropie gegenüber allen anderen ausgezeichnet und könnte mit gewisser Berechtigung als das absolut ruhende System betrachtet werden. Auf unserer gegen den Äther bewegten Erde wäre andererseits die Lichtausbreitung anisotrop und müßte sich ein „Ätherwind" durch Messungen der Lichtgeschwindigkeit in verschiedenen Richtungen nachweisen lassen.

Der aufmerksame Leser wird vielleicht festgestellt haben, daß die beschriebene Situation mit der beim Doppler-Effekt für Schallwellen vergleichbar ist. Auch dort führte die Existenz eines Ausbreitungsmediums (Luft anstelle des Äthers) zur Möglichkeit, die Bewegung der Quelle von der des Beobachters zu unterscheiden.

Zum experimentellen Nachweis einer möglichen Bewegung der Erde gegen den Äther fand 1881 ein entscheidendes Experiment statt. Mittels eines sogenannten Interferometers ließen A. A. Michelson und E. W. Morley einen Lichtstrahl auf unterschiedlichen Wegen die gleiche Strecke zurücklegen (Bild 6.39). Die unterschiedliche Orientierung der Wege relativ zur Bewegungsrichtung gegen den Äther sollte eine Laufzeitdifferenz ergeben, die sich auf dem Schirm S durch Interferenzstreifen hätte nachweisen lassen müssen.

Wir wollen annehmen, daß sich das Interferometer mit unserer Erde nach rechts mit der Geschwindigkeit v gegen den Äther bewegt und daß der Abstand zwischen mittlerem Spiegel und den äußeren Spiegeln jeweils l beträgt. Entlang des Weges (1) ist auf dem Hinweg die

[6] Die Möglichkeit einer Mitführung des Äthers auf der Umlaufbahn war durch den Nachweis der Aberration der Fixsterne ausgeschlossen.

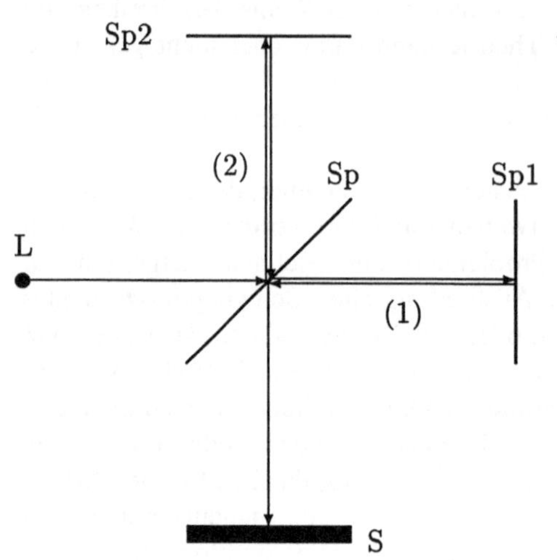

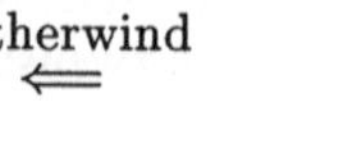

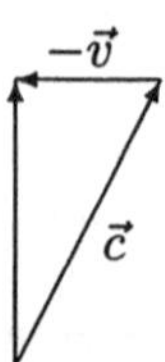

Bild 6.39
Zum Experiment von Michelson und Morley. Von der Lichtquelle L wird das Licht auf zwei unterschiedlichen Wegen (1) bzw. (2) über die Spiegel Sp, Sp1 und Sp2 auf den Schirm S gelenkt.

Lichtgeschwindigkeit $c+v$ und auf dem Rückweg $c-v$, denn die Geschwindigkeitsvektoren haben stets gleiche Richtung. Für die gesamte Laufzeit hat man damit $t_1 = l/(c+v) + l/(c-v)$. Auf dem Weg (2) reduziert der schräg einfallende „Ätherwind" die Ausbreitungsgeschwindigkeit des Lichtes gemäß Bild 6.39 auf $\sqrt{c^2 - v^2}$. Dies ergibt eine Gesamtlaufzeit von $t_2 = 2l/\sqrt{c^2 - v^2}$, so daß für die Laufzeitdifferenz auf den beiden Wegen schließlich

$$\Delta t = \frac{2l}{c}\left(\frac{1}{1 - v^2/c^2} - \frac{1}{\sqrt{1 - v^2/c^2}}\right)$$

folgt. Diese Zeitdifferenz hätte sich durch Interferenzstreifen auf dem Schirm nachweisen lassen müssen. Das Experiment konnte trotz hinreichender Genauigkeit dies jedoch nicht feststellen, so daß ein Nachweis der Bewegung der Erde gegen den Äther nicht möglich war. Damit war experimentell nachgewiesen, daß sich Licht auch in einem gegen den Äther bewegten Systems mit dem im Äther gemessenen Wert c ausbreitet.

Dieses Ergebnis stand offensichtlich im Widerspruch zur Newtonschen Mechanik und der Galilei-Transformation, auf deren Grundlage das Relativitätsprinzip mit der experimentell nachgewiesenen Konstanz der Lichtgeschwindigkeit nicht zu vereinbaren waren. Tatsächlich hatte der niederländische Physiker H. A. Lorentz (1904) auch von der Galilei-Transformation abweichende Transformationsformeln gefunden, gegenüber denen die Maxwellschen Gleichungen (aber nicht die Newtonsche Mechanik!) invariant waren. Wir werden sie im folgenden als Lorentz-Transformation kennenlernen.

Damit ergab sich folgender widersprüchlicher Tatbestand: Klassische Mechanik und Elektrodynamik genügten keinem gemeinsamen Relativitätsprinzip, so daß gekoppelte mechanisch-elektromagnetische Experimente eine Unterscheidung zwischen unterschiedlichen Inertialsystemen ermöglichen sollten. Es zeigte sich, daß es zur Überwindung dieser Schwierigkeiten einer radikalen Änderung unserer Vorstellungen über Raum und Zeit bedurfte.

6.5.2 Einsteins Postulate und die Lorentz-Transformation

Eine Abkehr vom Relativitätsprinzip schien völlig inakzeptabel, würde dies doch die Einheit der Physik aufgeben und generell den Sinn von physikalischer Forschung in Frage stellen. Andererseits war das Ergebnis des Michelsonschen Versuches unumstritten. Mit der Entwicklung der speziellen Relativitätstheorie[7] zog A. Einstein (1905) daraus die Konsequenz und stellte die folgenden Postulate an den Anfang einer neuen Physik:

- In allen relativ zueinander geradlinig und gleichförmig bewegten Bezugssystemen haben die Naturgesetze die gleiche Form (**Relativitätsprinzip**).
- In allen diesen Bezugssystemen wird für die Vakuum-Lichtgeschwindigkeit immer derselbe Wert c gemessen (**Prinzip von der Konstanz der Lichtgeschwindigkeit**).

Die Konsequenzen dieser Postulate waren für das Weltbild der Physik einschneidend. Ihre Gültigkeit schließt den Nachweis eines Äthers prinzipiell aus, so daß die Frage nach seiner Existenz jede Bedeutung verliert. Indem man eine Lichtausbreitung auch ohne Medium akzeptiert, wird der Äther damit für die Physik völlig überflüssig. Es ist auch sofort klar, daß mit diesen Postulaten die Galilei-Transformation zur Beschreibung des Überganges von einem Inertialsystem in ein anderes aufgegeben werden muß. Wir erwähnten bereits, daß durch Lorentz davon abweichende Transformationsformeln veröffentlicht waren, gegenüber denen die Maxwellschen Gleichungen invariant waren. Diese Transformationsformeln erweisen sich nun als unmittelbare Folge von Einsteins Postulaten, wie wir an folgendem Gedankenexperiment sehen: Es werden zwei gegeneinander geradlinig und gleichförmig bewegte Bezugssysteme betrachtet und K' möge sich mit v relativ zu K bewegen. Diese Situation ist bereits in Bild 2.12 im Abschnitt 2.1.9.1 im Zusammenhang mit der Ableitung der Galilei-Transformation veranschaulicht worden. Untersucht wird die Ausbreitung eines Lichtsignals, daß im Moment $t = t' = 0$ des Zusammenfallens beider Koordinatenursprünge ausgesandt wurde und sich in Richtung der positiven x-Achsen ausbreitet. Dabei werden wir alle sich auf K' beziehenden Größen im folgenden mit einem Strich versehen und auch die Zeit als durch die Transformation veränderbare Größe auffassen. Da die Galilei-Tranformation nicht mehr gelten kann, wird zur Bestimmung der neuen Koordinatentransformation von K nach K' von einem die Galilei-Transformation modifizierenden Ansatz der Form

$$x' = k(x - vt)$$

mit einem noch zu bestimmenden Faktor k ausgegangen. Wegen des Relativitätsprinzips muß dementsprechend für die Umkehrtransformation von K' nach K

$$x = k(x' + vt')$$

angesetzt werden, denn K bewegt sich von K' aus betrachtet mit $-v$. Da sich die Ausbreitung des Lichtsignals in den beiden Systemen durch $x = ct$ bzw. $x' = ct'$ darstellt, kann man dafür auch schreiben:

$$\begin{aligned} x' &= kx\left(1 - \frac{v}{c}\right) \\ x &= kx'\left(1 + \frac{v}{c}\right) . \end{aligned}$$

[7]Die spezielle Relativitätstheorie befaßt sich mit der Realisierung des Relativitätsprinzips in der Physik unter Beschränkung auf die Klasse der Inertialsysteme. Mit der allgemeinen Relativitätstheorie (1915) unternahm Einstein später den Versuch, auch beschleunigte Bezugssysteme in das Relativitätsprinzip mit einzubeziehen. Dabei zeigte sich, daß die Problematik eng mit einer Theorie der Gravitation verbunden ist. Auf diese äußerst anspruchsvolle und noch keineswegs abgeschlossene Thematik muß im Rahmen dieses Buches verzichtet werden.

Multipliziert man diese beiden Gleichungen, dann findet man leicht $1/k = \sqrt{1 - v^2/c^2}$, und es resultieren die Gleichungen der **Lorentz-Transformation**

$$x' = \frac{x - vt}{\sqrt{1 - \frac{v^2}{c^2}}}, \qquad t' = \frac{t - \frac{vx}{c^2}}{\sqrt{1 - \frac{v^2}{c^2}}}. \tag{6.29}$$

Die Umkehrtransformationen ergeben sich durch die Ersetzung $v \to -v$ zu

$$x = \frac{x' + vt'}{\sqrt{1 - \frac{v^2}{c^2}}}, \qquad t = \frac{t' + \frac{vx'}{c^2}}{\sqrt{1 - \frac{v^2}{c^2}}}. \tag{6.30}$$

Die Lorentz-Transformation zeigt, daß sich beim Übergang zwischen zwei Systemen tatsächlich auch die Zeit transformieren muß, während die klassische Physik von $t = t'$ ausgegangen war. Andererseits kann man leicht nachweisen, daß die Lorentz-Transformation im Grenzfall kleiner Geschwindigkeiten in die Galilei-Transformation übergeht. Führt man nämlich in (6.29) oder (6.30) den Grenzübergang $v/c \to 0$ durch, so erhält man wieder (2.42). Die Kleinheit von v/c für alle damals bekannten Geschwindigkeiten von Körpern macht damit auch die Erfolge der Newtonschen Mechanik verständlich.

Dennoch bedarf es einer prinzipiellen Veränderung der Grundlagen der klassischen Mechanik, um sie mit den Forderungen der Lorentz-Transformation und damit mit dem Relativitätsprinzip in Einklang zu bringen. Weiterhin verlangt die Lorentz-Transformation, daß stets $v < c$ gelten muß, da sonst die Wurzeln imaginär werden. Dies muß als Hinweis darauf gewertet werden, daß Geschwindigkeiten von Objekten oder Signalen, die größer als die Vakuum-Lichtgeschwindigkeit sind, in der Natur nicht vorkommen können. Dabei sei noch einmal ausdrücklich daran erinnert, daß es sich bei Signalgeschwindigkeiten stets um die Gruppengeschwindigkeit handelt (vgl. auch Abschnitt 5.2.3).

6.5.3 Konsequenzen der Lorentz-Transformation

Wir betrachten eine Uhr, die in K' bei $x' = 0$ ruht. Zwei aufeinanderfolgende Schläge dieser Uhr seien durch $t' = t'_1$ und $t' = t'_2$ gegeben. Um die Zeitdauer Δt zwischen den Schlägen in K zu bestimmen, nutzen wir die Lorentz-Transformation, mit $x'_1 = x'_2 = 0$ für den Ort der Uhr und finden

$$\boxed{\Delta t = \frac{\Delta t'}{\sqrt{1 - \frac{v^2}{c^2}}}}. \tag{6.31}$$

Unser Ergebnis zeigt, daß ein in K' gemessenes Zeitintervall $\Delta t'$ bei einer Messung aus dem System K stets gedehnt erscheint. Man kann diesen als **Zeitdilatation** bekannten Sachverhalt auch so formulieren:

Eine bewegte Uhr geht langsamer als eine ruhende Uhr.

Nun soll die Länge eines Stabes $l' = x'_1 - x'_2$, der in K' ruht und dessen Enden bei x'_1 bzw. x'_2 liegen von K aus gemessen werden. Die Lorentz-Transformation angewandt für x'_1 und x'_2 liefert erst einmal

$$l' = x'_1 - x'_2 = \frac{x_1 - x_2 - v(t_1 - t_2)}{\sqrt{1 - \frac{v^2}{c^2}}} .$$

Hier stellt sich nun die Frage, wie eigentlich die Länge eines bewegten Stabes zu messen ist. Wir wollen die Messung so durchführen, daß wir die Positionen der in K bewegten Stabenden x_1 und x_2 im selben Moment ($t_1 = t_2$) bestimmen. Mit $l = x_1 - x_2$ ergibt sich dann der Zusammenhang

$$l = l' \sqrt{1 - \frac{v^2}{c^2}} . \qquad (6.32)$$

Die Längenmessung in K ergibt einen kleineren Wert. Wir können das als **Längenkontraktion** bezeichnete Phänomen so formulieren:

Bewegt sich ein Stab, dann erscheint er stets kürzer als in Ruhe.

Dieses Ergebnis der Lorentz-Transformation bedarf eines Kommentars: Die als Folge der geschilderten Methode der Längenmessung abgeleitete Stabverkürzung bedeutet keinesfalls, daß man einen (selbst extrem schnell) bewegten Stab tatsächlich verkürzt sieht. Die Gestalt eines Körpers ergibt sich für einen Beobachter nämlich aus der Gesamtheit der vom Körper ausgehenden Lichtstrahlen, die in einem bestimmten Moment das Auge treffen. Allein infolge der endlichen Laufzeit des Lichtes resultieren so scheinbare Längenänderungen, die sich der Lorentz-Kontraktion überlagern und sogar insgesamt zu einer Verlängerung des Stabes führen können.

Es ist aus der Diskussion zum Versuch von Michelson und Morley bereits klar, daß die spezielle Relativitätstheorie auch ein gegenüber der klassischen Physik modifiziertes Additionsgesetz für Geschwindigkeiten liefern muß. Wir bezeichnen die Relativgeschwindigkeit der Systeme nun mit v_0 und untersuchen den Übergang zwischen den Geschwindigkeiten v und v'. Dividiert man die beiden Gleichungen der Lorentz-Transformation, dann erhält man

$$v' = \frac{x'}{t'} = \frac{x - v_0 t}{t - \frac{v_0}{c^2} x} = \frac{v - v_0}{1 - \frac{v_0 v}{c^2}} .$$

Auflösen nach v liefert das **Additionsgesetz für Geschwindigkeiten**

$$v = \frac{v' + v_0}{1 + \frac{v_0 v'}{c^2}} . \qquad (6.33)$$

Man kann leicht zeigen, daß die Addition zweier Geschwindigkeiten, die kleiner als c sind, niemals zu einem Wert größer als c führen kann (vgl. die folgenden Übungen).

Auch der Begriff der Gleichzeitigkeit von zwei Ereignissen muß im Rahmen der speziellen Relativitätstheorie neu durchdacht werden. Betrachten wir dazu ein Gedankenexperiment: In einem fahrenden Zug sollen die vordere und hintere Tür eines Waggons gleichzeitig geöffnet werden. Dazu werden genau in der Mitte zwischen den Türen zwei entgegengesetzt gerichtete Lichtimpulse ausgelöst, die beim Auftreffen auf die Türen diese gleichzeitig öffnen. Für einen Beobachter auf dem gerade vom Zug passierten Bahnsteig bewegt sich aber die eine Tür auf das Lichtsignal zu, die andere von ihm weg. Aufgrund der Konstanz der Lichtgeschwindigkeit erreichen die Signale daher die Türen nacheinander, und es öffnet sich für den Beobachter zuerst die hintere Tür und später die vordere. Die beiden im Zug gleichzeitigen Ereignisse treten im „Bahnhofssystem“ nicht gleichzeitig ein. Gleichzeitigkeit wird damit relativiert. Zwei Ereignisse, die in einem System gleichzeitig stattfinden, finden in einem dazu bewegten System zu unterschiedlichen Zeiten statt.

Die in diesem Abschnitt behandelten Ergebnisse der speziellen Relativitätstheorie beeinflussen unser tägliches Leben nicht unmittelbar. Alle Effekte sind erst für Geschwindigkeiten relevant, die mit der Lichtgeschwindigkeit vergleichbar sind. Solche Geschwindigkeiten werden z. B. in modernen Teilchenbeschleunigern erreicht, und die Theorie hat sich dabei glänzend bewährt. Eine eindrucksvolle Bestätigung der Zeitdilatation liefert die Untersuchung von Myonen (μ-Mesonen). Diese Elementarteilchen entstehen u. a. in ungefähr 30 km Höhe durch die Höhenstrahlung und besitzen dann annähernd Lichtgeschwindigkeit ($0,9998\,c$). Aus Laborversuchen ist als Lebensdauer dieser Teilchen ein Wert von $t_0 = 2\cdot 10^{-6}$ s bekannt, so daß sie nach klassischer Vorstellung bis zu ihrem Zerfall nur etwa $s \approx 600$ m zurücklegen können. Trotzdem erreichen die Myonen die Erdoberfläche. Vom Standpunkt eines mit der Erde festverbundenen Bezugssystems liegt der Grund dafür in der Zeitdilatation, die gemäß (6.31) für das bewegte Myon eine Lebensdauer von

$$\Delta t = \frac{2\cdot 10^{-6}}{\sqrt{1-0,9998^2}} = 10^{-4}\,\text{s}$$

liefert. In dieser Zeit kann das Teilchen tatsächlich eine Strecke von $s = 3\cdot 10^8\,\text{m/s}\cdot 10^{-4}\,\text{s} = 30\,\text{km}$ zurücklegen.

Der Doppler-Effekt beim Licht: Eine Lichtausbreitung ohne Äther ist mit den Formeln (5.30) und (5.31) für den Doppler-Effekt nicht zu vereinbaren. Die Bewegung der Quelle darf beim Licht nicht von der Bewegung des Beobachters zu unterscheiden sein. Tatsächlich liefert die spezielle Relativitätstheorie auch in beiden Fällen identische Ergebnisse: Nehmen wir an, die ruhende Quelle hat die Frequenz f_Q. Bewegt sich nun der Beobachter gegen die Quelle, dann läuft vom Ruhesystem der Quelle aus betrachtet für ihn die Zeit langsamer, so daß sich die Frequenz der Quelle scheinbar auf $f_Q/\sqrt{1-v_B^2/c^2}$ vergrößert. Berücksichtigt man diese in (5.30), so findet man für die vom Beobachter insgesamt registrierte Frequenz

$$f_B = f_Q \frac{1+\dfrac{v_B}{c}}{\sqrt{1-\dfrac{v_B^2}{c^2}}} = \sqrt{\frac{c+v_B}{c-v_B}}\,. \tag{6.34}$$

Bewegt sich andererseits die Quelle, so nimmt nun die Frequenz auf $f_Q\sqrt{1-v_Q^2/c^2}$ ab und anstelle von (5.31) erhält man in diesem Fall

$$f_B = f_Q \frac{\sqrt{1-\dfrac{v_Q^2}{c^2}}}{1-\dfrac{v_Q}{c}} = \sqrt{\frac{c+v_B}{c-v_Q}}\,.$$

Führt man noch durch $v = v_Q = v_B$ die Relativgeschwindigkeit zwischen Quelle und Beobachter ein, so erkennt man die Identität der beiden abgeleiteten Ausdrücke.

Der Doppler-Effekt beim Licht ist u. a. für die Kosmologie von großer Bedeutung. Untersucht man die Spektren der Fixsterne, so beobachtet man in guter Näherung eine mit wachsender Entfernung zunehmende Rotverschiebung der Spektrallinien. Dieser Effekt läßt sich auf der Grundlage des Doppler-Effekts deuten, wenn man für die Fixsterne eine mit dem Abstand r zunehmende Fluchtgeschwindigkeit v annimmt. Nach E. Hubbel gilt

$$v = Hr \ ,$$

wobei H die **Hubbel-Konstante** ist und die Maßeinheit s^{-1} besitzt. Mißt man r in Lichtjahren ($1\,\mathrm{Lj} = 9,46 \cdot 10^{12}\,\mathrm{km}$) und v in km/s, so gilt

$$H = \frac{23\,\mathrm{km/s}}{10^6\,\mathrm{Lj}} \ .$$

Diese Interpretation führte auf die Vorstellung eines expandierenden Universums und die Urknall-Theorie. Danach soll unser Weltall vor etwa $1/H = 1,3 \cdot 10^{13}$ Jahren durch eine gewaltige Explosion entstanden sein. Die damals an einer Stelle konzentrierte Materie bewegt sich seither mit unterschiedlichen Geschwindigkeiten auseinander.

Übungen:

6.16: Zeigen Sie, daß nach dem Additionsgesetz für Geschwindigkeiten keine Geschwindigkeiten größer c erhalten werden können. ■

6.17: Versuchen Sie die Tatsache, daß die von der Höhenstrahlung erzeugten Myonen die Erdoberfläche erreichen, vom Standpunkt eines sich mit den Myonen mitbewegten Bezugssystems zu erklären. ■

6.18: Mißt eine Uhr im ruhenden System K ein Zeitintervall Δt, so zeigt eine im bewegten System K' ruhende Uhr ein verkürztes Intervall $\Delta t' < \Delta t$. Nun könnte ein Beobachter in K' unter Berufung auf das Relativitätsprinzip aber behaupten, sein System ruhe und K bewege sich. Daher müßte nun die Uhr in K ein kürzeres Intervall anzeigen und somit $\Delta t < \Delta t'$ gelten. Diskutieren Sie diesen scheinbaren Widerspruch. ■

6.19: Beim Anflug auf unsere Erde sendet ein Raumschiff ein Signal der Frequenz f_0 aus, welches wir auf der Erde mit einer Frequenz f registrieren. Man berechne sowohl die nach der klassischen als auch nach der relativistischen Theorie auftretende relative Frequenzänderung $\Delta f / f_0$ für die Raumschiffgeschwindigkeiten $v_1 = 0,1\,c$ und $v_2 = 0,6\,c$. ■

6.5.4 Einiges über relativistische Dynamik

Nachdem wir die kinematischen Ergebnisse der speziellen Relativitätstheorie erörtert haben, soll nun eine der weitreichendsten Konsequenzen für die Dynamik beschrieben werden. Es handelt sich um die **relativistische Massenzunahme** eines Körpers, die wir uns wieder durch ein Gedankenexperiment klarmachen wollen (Bild 6.40): Dazu nehmen wir an, daß ein im Koordinatenursprung eines Systems K ruhender Körper durch eine „gigantische Explosion“ in zwei identische Teile mit jeweils der Masse m_0 zerfällt, die sich nach einer Beschleunigungsphase in entgegengesetzter Richtung mit $+v_0$ bzw. $-v_0$ bewegen. Dabei bleibt der Schwerpunkt des Systems stets im Ursprung von K. Für einen Beobachter auf dem in Richtung der negativen Achse fliegenden Teilstückes (System K') bewegt sich der Ursprung von K aufgrund des Relativitätsprinzips nun natürlich auch mit v_0; nach dem Additionsgesetz für Geschwindigkeiten bewegt sich aber das andere Teilstück (System K'') nicht mit $2v_0$, sondern mit einer geringeren

von K betrachtet:

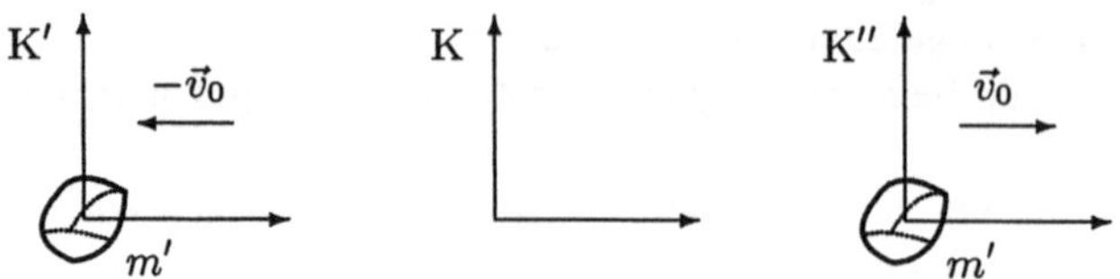

von K' betrachtet:

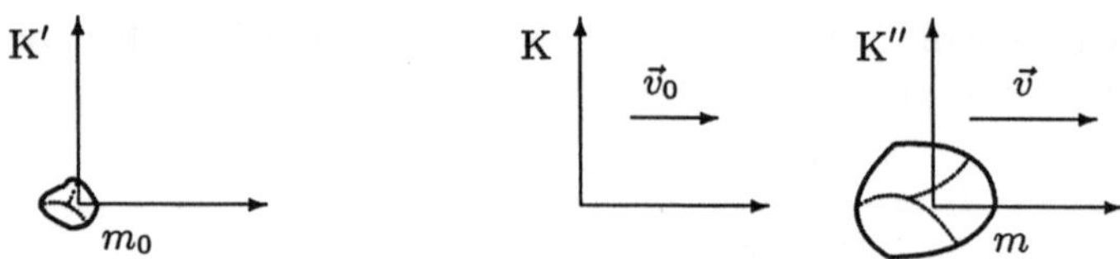

Bild 6.40 Zur relativistischen Massenzunahme: Von K aus betrachtet bewegen sich die beiden Massen $m' = m(v_0)$ mit gleicher Geschwindigkeit. Ein Beobachter in K' findet $v > 2v_0$ und entsprechend $m = m(v) > m_0$.

Geschwindigkeit v. Während des beschriebenen Prozesses ruht aber auch für diesen Beobachter der Schwerpunkt im Ursprung des Systems K. Andererseits bewegt er sich für unseren Beobachter aber mit mehr als der halben Geschwindigkeit des anderen Teilstücks und ist diesem daher näher als ihm. Beides gemeinsam ist nur möglich, wenn für unseren Beobachter das zweite Teilstück eine gegenüber m_0 größere Masse m besitzt. Es gilt also:

Jeder Körper hat im bewegten Zustand eine größere Masse als im Zustand der Ruhe.

Wir wollen unsere Überlegungen quantifizieren: Aus dem Additionstheorem für Geschwindigkeiten findet man zuerst einmal

$$v = \frac{2v_0}{1 + v_0^2/c^2} \,. \tag{6.35}$$

Mißt der mit dem Teilstück mitbewegte Beobachter zu einen hinreichend späten Zeitpunkt nach der Explosion die Lage der beiden Teilstücke relativ zum Ursprung von K, so findet er für sein Teilstück den Abstand $v_0 t$ und für das andere den Abstand $(v - v_0)t$. Damit der Schwerpunkt im Ursprung von K liegt, muß nun

$$m_0 v_0 t = m(v - v_0)t$$

sein. Mit (6.35) folgt damit zuerst

$$m_0 v_0 = m\left(\frac{2v_0}{1 + v_0^2/c^2} - v_0\right) = m v_0 \frac{1 - v_0^2/c^2}{1 + v_0^2/c^2} \,.$$

Man kann schließlich noch die Geschwindigkeit des Schwerpunktes v_0 mittels (6.35) durch die Geschwindigkeit der Masse v ersetzen, was nach einiger Rechnung auf

$$m_0 v_0 = m v_0 \sqrt{1 - \frac{v^2}{c^2}}$$

führt. Die Theorie liefert also

$$\boxed{m = \frac{m_0}{\sqrt{1-\frac{v^2}{c^2}}}\,.} \tag{6.36}$$

Es ist üblich, m als **Impulsmasse** und m_0 als **Ruhemasse** eines Körpers zu bezeichnen. Man beachte, daß die Masse über alle Grenzen anwachsen würde, wenn man einen Körper bis auf Lichtgeschwindigkeit bringen wollte. Auch hier weist die Theorie auf die Unmöglichkeit des Erreichens der Lichtgeschwindigkeit für materielle Körper hin.

Wir wollen den Ursprung dieser Massenzunahme etwas genauer untersuchen. Dazu multiplizieren wir (6.36) mit c^2 und entwickeln den Ausdruck dann in eine Taylorsche Reihe

$$mc^2 = \frac{m_0c^2}{\sqrt{1-\frac{v^2}{c^2}}} = m_0c^2 + \frac{1}{2}m_0v^2 + \cdots\,. \tag{6.37}$$

Man erkennt nun, daß der Ausdruck $mc^2 - m_0c^2$ in erster Ordnung, also für kleine Geschwindigkeiten, durch die klassische kinetische Energie der Masse m_0 gegeben ist. Diesen Zusammenhang fordert die Relativitätstheorie ganz allgemein und definiert die relativistische kinetische Energie E_{kin} daher durch alle v-abhängigen Terme der gesamten Reihe in (6.37). Dies führt auf die Definitionsgleichung

$$mc^2 = m_0c^2 + E_{\text{kin}}\,, \tag{6.38}$$

die folgende Interpretation nahelegt: Die relativistische Gesamtenergie eines Teilchens mit der Geschwindigkeit v ist durch $E = mc^2$ bestimmt. Sie setzt sich zusammen aus der relativistischen kinetischen Energie und einem geschwindigkeitsunabhängigen Beitrag $E_0 = m_0c^2$, der als **Ruheenergie** bezeichnet wird. Die Relativitätstheorie führt somit auf einen Energiesatz der Form

$$E = E_0 + E_{\text{kin}}\,.$$

In der relativistischen Form der Gesamtenergie spiegelt sich ein in der klassischen Physik unbekanntes Phänomen wider. Selbst ein kräftefreies ruhendes Teilchen der Ruhemasse m_0 repräsentiert einen durch seine Ruheenergie gegebenen Energievorrat. Dieser Zusammenhang ist durch die berühmte Einsteinsche Formel

$$\boxed{E_0 = m_0c^2\,.} \tag{6.39}$$

bestimmt. Dieses Ergebnis bedeutet nun, daß Masse und Energie nur zwei unterschiedliche Erscheinungsformen der Materie sind, welche mittels des Faktors c^2 gleichwertig ineinander umrechenbar sind. Die klassischen Prinzipien von der Erhaltung der Masse bzw. der Energie verschmelzen damit zu einem allgemeineren Prinzip der Äquivalenz von Masse und Energie.

Auch diese Folgerungen der Relativitätstheorie haben eindrucksvolle experimentelle Bestätigungen gefunden. In modernen Teilchenbeschleunigern können z. B. Elektronen bis fast an die Lichtgeschwindigkeit beschleunigt werden, wobei ihre Masse im Einklang mit (6.36) tatsächlich stark zunimmt. Umwandlungen von Atomkernen durch Kernspaltung oder Kernfusion sind Prozesse, die von Umwandlungen zwischen Masse und Energie begleitet sind. Die dabei freiwerdenden Energien können gewaltige Größenordnungen annehmen. Wir kommen darauf im Abschnitt „Kernphysik“ zurück. In der folgenden Übung sollen dazu bereits ein Beispiele behandelt werden.

Übungen:

- **6.20**: Ein Elektron durchlaufe eine Potentialdifferenz von 10^{10} V. Man berechne das Verhältnis der Masse des Elektrons zu seiner Ruhemasse sowie seine Endgeschwindigkeit. Welche Geschwindigkeit würde das Elektron nach der klassischen Physik erreichen?
- **6.21**: Beim Beschuß eines Berylliumatoms ($m_{\mathrm{Be}} = 9,01211825\,u$) mit einem α-Teilchen ($m_\alpha = 4,00260325\,u$) entstehen ein Kohlenstoffatom ($m_{\mathrm{C}} = 12,00\,u$) und ein Neutron ($m_n = 1,00866497\,u$). Alle Massenangaben beziehen sich auf die atomaren Masseneinheit $m_u = 1,66056 \cdot 10^{-27}$ kg. Berechnen Sie die bei dieser Kernumwandlung freiwerdende Energie.

7 Quanten und Atome

7.1 Die Quantentheorie des Lichtes

7.1.1 Kirchhoffsches Strahlungsgesetz

Wie schon im Fall des Lichtes diskutiert wurde (vgl. Abschnitt 6.2.1), teilt sich jede auf einen Körper auftreffende Strahlungsleistung Φ_e in drei Teile Φ_a, Φ_r und Φ_t auf, die durch die Prozesse Absorption, Reflexion und Transmission charakterisiert werden. Definiert man den **Absorptionsgrad** $\alpha = \Phi_a/\Phi_e$, den **Reflexionsgrad** $\varrho = \Phi_r/\Phi_e$ und den **Transmissionsgrad** $\tau = \Phi_t/\Phi_e$, so verlangt der Energieerhaltungssatz die Gültigkeit der Beziehung $\Phi_e = \Phi_a + \Phi_r + \Phi_t$ bzw. nach Division durch Φ_e

$$\boxed{\alpha + \varrho + \tau = 1\,.} \tag{7.1}$$

Für hinreichend dicke Körper ist τ sehr klein, so daß wir im folgenden $\tau = 0$ voraussetzen werden.

Wenn durch Wärmestrahlung Energie von einem wärmeren auf einen kälteren Körper übergeht, dann erfolgt dies keinesfalls so, daß nur der wärmere Körper elektromagnetische Wellen abstrahlt und der kältere diese aufnimmt. Aus der Thermodynamik wissen wir bereits, daß jeder Körper in Abhängigkeit von seiner Temperatur Strahlung emittiert und gleichzeitig auf ihn fallende Strahlung absorbiert. Wir wissen weiter, daß unter allen Körpern ein schwarzer Körper, der also alle auf ihn fallende Strahlung absorbiert ($\alpha = 1$), bei einer bestimmten Temperatur mehr Strahlung emittiert als jeder andere (vgl. Abschnitt 3.5.1).

Es soll die Strahlungsleistung eines schwarzen Körpers im folgenden mit $\Phi_{e,s}$ bezeichnet werden. Das **Stefan-Boltzmann-Gesetz** muß daher so interpretiert werden, daß jeder schwarze Körper die Strahlungsleistung

$$\boxed{\Phi_{e,s} = \sigma A T^4} \tag{7.2}$$

emittiert, so daß die zwischen zwei solchen Körpern übertragene Leistung sich als Differenz gemäß (3.68) ergibt.

Die Strahlungsleistung von anderen (nichtschwarzen) Körpern kann durch ihren **Emissionsgrad** ε als

$$\Phi_e = \varepsilon \Phi_{e,s} \tag{7.3}$$

dargestellt werden. Der Emissionsgrad bestimmt also das Verhältnis aus der von einem Körper emittierten Strahlungsleistung zu derjenigen Strahlungsleistung, die er als schwarzer Körper hätte. Dieser Emissionsgrad eines Körpers hängt stark von seiner Oberflächenbeschaffenheit ab. Rauhe und dunkle Oberflächen erreichen ε-Werte nahe eins, während für glatte und helle Oberflächen der Emissionsgrad um bis zu zwei Größenordnungen geringer sein kann. Einige Beispiele gibt Tabelle 7.1. Das Experiment zeigt, daß ε im allgemeinen noch von der Temperatur des Körpers abhängig ist und auch mit der Wellenlänge variiert. Ist speziell für einen Körper $\varepsilon(\lambda, T) = const.$, so spricht man von einem *grauen Körper*.

Tabelle 7.1 Emissionsgrad einiger Materialen bei $\vartheta = 20\ °\mathrm{C}$

Material	ε	Material	ε
Aluminium (poliert)	0,04	Holz	0,90
Aluminium (oxidiert)	0,25	Beton	0,94
Eisen (poliert)	0,20	Dachpappe	0,93
Eisen (angerostet)	0,65	Wasser	0,95

Wie G. R. Kirchhoff theoretisch gezeigt hat, stehen Absorptionsgrad und Strahlungsleistung eines Körpers aus thermodynamischen Gründen in einem engen Zusammenhang. Es gilt das **Kirchhoffsche Strahlungsgesetz**:

Der Quotient aus der Strahlungsleistung und dem Absorptionsgrad ist eine für alle Körper gleiche Funktion der Temperatur und der Wellenlänge, und diese Funktion ist gleich der Strahlungsleistung eines schwarzen Körpers.

Gibt man die Temperatur- und Wellenlängenabhängigkeit explizit an, so wird dieser Sachverhalt durch

$$\frac{\Phi_{e1}(\lambda, T)}{\alpha_1(\lambda, T)} = \frac{\Phi_{e2}(\lambda, T)}{\alpha_2(\lambda, T)} = \Phi_{e,s}(\lambda, T) \tag{7.4}$$

ausgedrückt. Der zweite Teil der Aussage im Kirchhoffschen Strahlungsgesetz ist eine unmittelbare Folge des ersten Teils, da für einen schwarzen Körper ja $\alpha(\lambda, T) = 1$ ist. Für den interessierten Leser skizzieren wir im folgenden kurz eine einfache Herleitung des Kirchhoffschen Gesetzes.

Zur Ableitung des Kirchhoffschen Strahlungsgesetzes: Wir wollen zeigen, daß das Kirchhoffsche Strahlungsgesetz eine Folge des zweiten Hauptsatzes der Thermodynamik ist. Dazu betrachten wir zwei sich gegenüberstehende Platten aus verschiedenen Materialen, die die Absorptionsvermögen α_1 und α_2 sowie die Strahlungsleistungen Φ_{e1} und Φ_{e2} haben. Beide mögen weiter die gleiche Temperatur haben. Wie in Bild 7.1 verdeutlicht, strahlt die Platte 1 der Platte 2 die Strahlungsleistung Φ_{e1} zu, diese absorbiert davon $\Phi_{e1}\alpha_2$ und reflektiert $\Phi_{e1}(1-\alpha_2)$ zurück zur ersten Platte. Davon absorbiert diese nun $\Phi_{e1}\alpha_1(1-\alpha_2)$ und reflektiert wieder ihrerseits $\Phi_{e1}(1-\alpha_1)(1-\alpha_2)$ in Richtung der zweiten, die $\Phi_{e1}\alpha_2(1-\alpha_1)(1-\alpha_2)$ aufnimmt. Diese Vorgänge wiederholen sich nun unbegrenzt, so daß man die insgesamt von der Platte 1 an die Platte 2 abgegebene Strahlungsleistung durch die unendliche Reihe

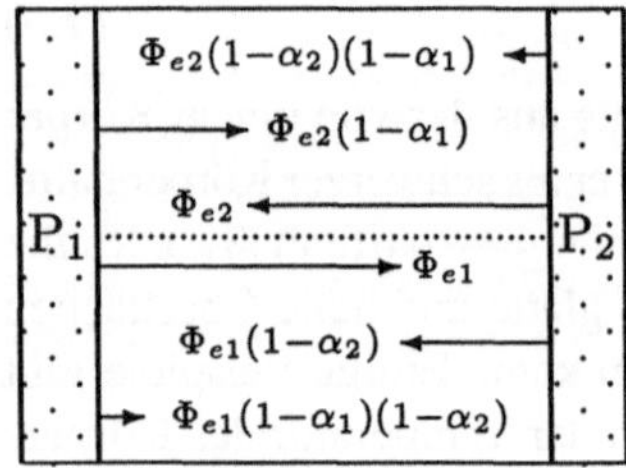

Bild 7.1
Zur Ableitung des Kirchhoffschen Strahlungsgesetzes

$$\Phi_{e1}\alpha_2[1+(1-\alpha_1)(1-\alpha_2)+(1-\alpha_1)^2(1-\alpha_2)^2\cdots]=\frac{\Phi_{e1}\alpha_2}{1-(1-\alpha_1)(1-\alpha_2)}$$

ausdrücken kann. Ebenso gibt die zweite Platte an die erste die Strahlungsleistung

$$\frac{\Phi_{e2}\alpha_1}{1-(1-\alpha_1)(1-\alpha_2)}$$

ab.

Da aufgrund des zweiten Hauptsatzes von selbst keine Temperaturdifferenz zwischen den Platten entstehen kann, müssen die beiden berechneten Strahlungsleistungen gleich sein, was unmittelbar $\Phi_{e1}\alpha_2 = \Phi_{e2}\alpha_1$ und damit (7.4) liefert.

Das Kirchhoffsche Strahlungsgesetz hat zwei wichtige Konsequenzen: Zum einen liefert es die Erkenntnis, daß jeder Körper gerade die Frequenzen am stärksten absorbiert, die er auch am stärksten emittiert. Diesen Sachverhalt nutzt man bekanntlich bei der Analyse von Absorptionsspektren (vgl. Abschnitt 6.2.6). Zum anderen weist es auf die zentrale Bedeutung der Strahlungsleistung des schwarzen Körpers für die Analyse des Absorptions- und Emissionsverhaltens von Körpern hin. Sowohl experimentell als auch theoretisch wurde daher gegen Ende des vorigen Jahrhunderts intensiv geforscht, um $\Phi_{e,s}(\lambda, T)$ zu bestimmen.

7.1.2 Wärmestrahlung und das Plancksche Strahlungsgesetz

Um die Funktion $\Phi_{e,s}$ zu messen, muß man einen schwarzen Körper praktisch möglichst gut verwirklichen. Es hat sich gezeigt, daß ein Hohlraum, genauer das Loch in einem Hohlraum, einen schwarzen Körper in nahezu idealer Weise realisiert. Wie Bild 7.2 verdeutlichen soll, wird Licht, welches durch die Öffnung eindringt, allmählich von den Hohlraumwänden absorbiert und besitzt nur eine verschwindend geringe Wahrscheinlichkeit, den Hohlraum wieder zu verlassen. Man nennt die schwarze Strahlung daher auch *Hohlraumstrahlung*. Sie erweist sich in ihrer spektralen Strahldichte als unabhängig von der speziellen Gestalt des Hohlraums und hat damit universellen Charakter.

Messungen von $L_{e,s}(\lambda, T)$ für einen schwarzen Körper liefern Verteilungen der Art, wie sie in Bild 7.3 für verschiedene Temperaturen dargestellt sind. Man erkennt, daß sich das Maximum mit zunehmender Temperatur zu kleineren Wellenlängen verschiebt. Dabei gilt das nach W. Wien (1864–1928) benannte **Wiensche Verschiebungsgesetz**

$$\lambda_{\max}\cdot T = const. = 2898\,\mu\mathrm{m\,K}\,. \tag{7.5}$$

Im gesamten dargestellten Temperaturbereich liegt dieses Maximum oberhalb von 1 μm und damit im Infraroten. Erst für Temperaturen in der Größenordnung von 5000 K strahlen Körper merklich im sichtbaren Spektralbereich. Mißt man für einen Temperaturstrahler $\lambda_{\max}$, so kann aus (7.5) seine Temperatur – die sogenannte **schwarze Temperatur** – bestimmt werden.

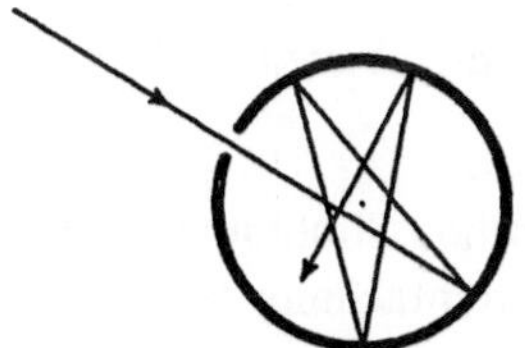

Bild 7.2
Durch das Loch eines Hohlraums läßt sich ein schwarzer Körper praktisch sehr gut annähern.

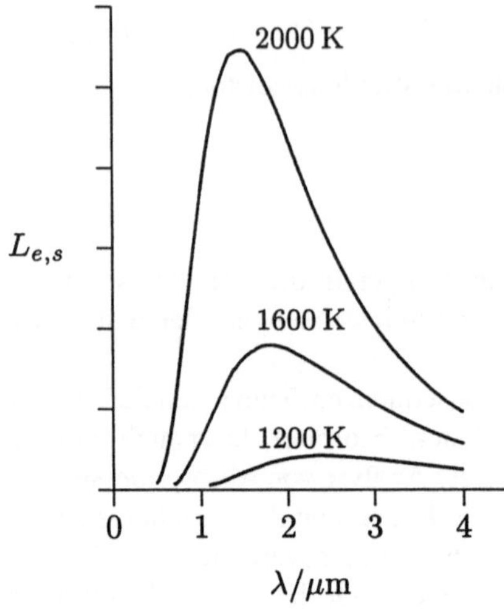

Bild 7.3
Spektrale Strahldichte eines schwarzen Körpers $L_{e,s}$ (in willkürlichen Einheiten) als Funktion der Wellenlänge für verschiedene Temperaturen.

M. Planck (1900) stellte fest, daß zur Beschreibung der im Wellenlängenintervall $(\lambda,\, \lambda + \mathrm{d}\lambda)$ von einem schwarzen Körper emittierten Strahldichte die Formel

$$L_{e,s}(\lambda, T)\mathrm{d}\lambda = \frac{2hc^2}{\lambda^5} \cdot \left[\exp\left(\frac{hc}{\lambda k_B T}\right) - 1\right]^{-1} \mathrm{d}\lambda \tag{7.6}$$

gute Übereinstimmung mit dem Experiment liefert. Dabei ist k_B die aus der Wärmelehre bekannte Boltzmann-Konstante (vgl. 3.12), und die Konstante h ist durch

$$h = 6{,}626 \cdot 10^{-34}\ \mathrm{Js} \tag{7.7}$$

gegeben und wird heute als **Plancksches Wirkungsquantum** bezeichnet. Diese Gleichung schien sich einem physikalischen Verständnis jedoch zu entziehen. Die Gesetze der Elektrodynamik und Thermodynamik lieferten eine abweichende, im Widerspruch zum Experiment stehende Strahlungsformel. Eine Ableitung von (7.6) gelang Planck erst unter der kühnen Annahme, daß die Strahlung von einem Körper nur in diskreten Portionen (Quanten) absorbiert und emittiert werden kann. Diese Energiequanten sollten proportional zur Frequenz sein, wobei h als Proportionalitätsfaktor auftritt. Diese Annahme führt auf

$$E = hf\ . \tag{7.8}$$

Die Annahme einer solchen quantenhaften Natur der Materie war für das Weltbild der Physik revolutionierend. Daher war eine anfängliche Skepsis unter den Physikern durchaus verständlich. Unterstützung erhielt die Quantenhypothese jedoch bald aus anderen Teilgebieten der Physik.

Übungen:

■ **7.1**: Leiten Sie das Wiensche Verschiebungsgesetz aus dem Planckschen Strahlungsgesetz ab, indem Sie das Maximum der Strahldichte bestimmen. Hinweis: Zur Vereinfachung der Rechnung kann man die Abkürzung $x = hc/(\lambda k_B T)$ nutzen.

7.2: Nur für einen schwarzen Körper sind wahre Temperatur und schwarze Temperatur gleich. Erläutern Sie, in welcher Weise sich dieser Sachverhalt für andere Körper ändert. Bestimmen Sie weiter die schwarze Temperatur der Sonne, wenn ihr Strahlungsmaximum bei 500 nm liegt. ■
7.3: Unter der Annahme, daß die Sonne ein schwarzer Körper ist, soll die Solarkonstante aus folgenden Informationen abgeschätzt werden: Sonnenoberfläche $A_S = 6 \cdot 10^{18}\,\mathrm{m}^2$, Temperatur der Sonne $T_S = 5800\,\mathrm{K}$, Abstand Erde–Sonne $r_{ES} = 150 \cdot 10^6\,\mathrm{km}$. ■
7.4: Wie lautet die Plancksche Strahlungsformel für $L_{e,s}(f, T)\mathrm{d}f$, wenn also die Wellenlängenabhängigkeit in eine Frequenzabhängigkeit transformiert wird? ■
7.5: Aus der Wärmelehre ist bekannt, daß die Gesamtenergie der Wärmestrahlung zur 4. Potenz von T proportional ist (Stefan-Boltzmann-Gesetz). Integrieren Sie $L_{e,s}(f, T)$ (vgl. vorige Aufgabe) über alle Frequenzen, und beachten Sie den Zusammenhang $\Phi_{e,s} = \pi A L_{e,s}$, der in der Übung am Schluß von Abschnitt 6.4.2 hergeleitet wurde. Hinweis: Substituieren Sie $x = hf/k_B T$ im Integral! ■

7.1.3 Der Photoeffekt und Einsteins Quantenhypothese

Fällt Licht auf eine Metalloberfläche, so können Elektronen ausgelöst werden. Dieser als **lichtelektrischer Effekt** bzw. (äußerer) **Photoeffekt** bezeichnete Vorgang ist uns bereits als Möglichkeit der Erzeugung von freien Ladungsträgern bekannt (vgl. Abschnitt 4.3.3). Um die stattfindende Wechselwirkung zwischen Licht und Materie quantitativ zu erfassen, wird der Einfluß einer Variation von Lichtintensität und Frequenz untersucht. Dabei stellt man fest:

- Die Energie der Elektronen wird nur durch die Frequenz des Lichtes bestimmt, sie nimmt mit wachsender Frequenz zu.
- Die Intensität des Lichtes hat keinen Einfluß auf die Energie der Elektronen. Wird sie erhöht, dann nimmt nur die Zahl der austretenden Elektronen zu.

Wäre Licht ein Wellenvorgang, müßte dessen Energie gemäß (5.4) aber dem Quadrat der Amplitude, also der Intensität, proportional sein. Da die Lichtenergie nun sowohl die konstante Austrittsarbeit als auch die kinetische Energie des abgelösten Elektrons aufbringen muß, müßte letztere im Gegensatz zum Experiment von der Intensität des Lichtes abhängen. Somit stehen die obigen Ergebnisse im krassen Widerspruch zur Wellentheorie des Lichtes.

A. Einstein (1905) interpretierte diese Ergebnisse, indem er für Licht eine Doppelnatur annahm. Je nach den speziellen experimentellen Bedingungen kann sich Licht danach entweder wie eine Welle oder wie ein Teilchen verhalten (**Welle-Teilchen-Dualismus**). Den Lichtteilchen oder **Photonen** soll dabei genau wie den Planckschen Oszillatoren die Energie

$$\boxed{E_{\mathrm{ph}} = hf} \tag{7.9}$$

zukommen. Aus der speziellen Relativitätstheorie wissen wir nun, daß gemäß (6.39) dieser Energie eine Masse $m_{\mathrm{ph}} = E_{\mathrm{ph}}/c^2 = hf/c^2$ entspricht. Daher muß man dem Photon konsequenter Weise den Impuls $m_{\mathrm{ph}}c$ bzw.

$$\boxed{p_{\mathrm{ph}} = \frac{hf}{c} = \frac{h}{\lambda}} \tag{7.10}$$

zuordnen. Die Beziehungen (7.9) und (7.10) reflektieren die Doppelnatur des Lichtes, denn es werden jeweils gemäß $W \Leftrightarrow f$ bzw. $p \Leftrightarrow \lambda$ eine teilchenspezifische Größe und eine wellenspezifische Größe korreliert.

In Rahmen dieser Theorie versteht man den Photoeffekt nun sofort als Folge des Energieerhaltungssatzes. Die Energie des Lichtes hf dient zur Überwindung der Austrittsarbeit des Metalls W_A (vgl. Abschnitt 4.2.5), und der Rest geht in kinetische Energie des Elektrons (Masse m_0) über. Es gilt also

$$\boxed{hf = \frac{m_0 v^2}{2} + W_A \,.} \tag{7.11}$$

Da die kinetische Energie nicht negativ werden kann, folgt aus (7.11), daß der Photoeffekt erst für Licht oberhalb einer Grenzfrequenz $hf_g > W_A$ beobachtet werden kann.

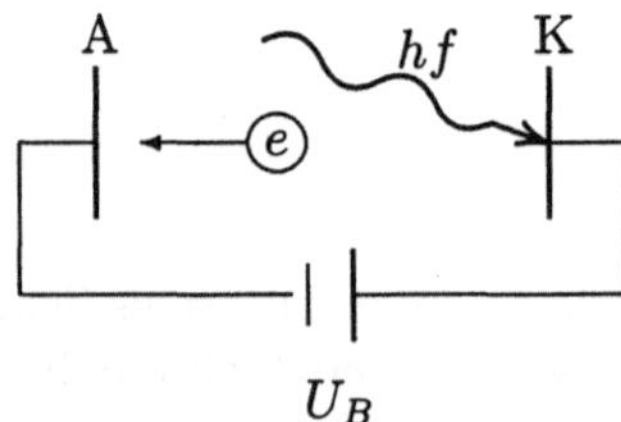

Bild 7.4
Anordnung zur experimentellen Untersuchung des Photoeffektes

Experimentell läßt sich der Photoeffekt mit der in Bild 7.4 gezeigten Anordnung untersuchen. Licht der Frequenz f fällt auf eine Photokathode K und löst dort Photoelektronen aus. Deren kinetische Energie wird nun dadurch bestimmt, daß die Elektronen durch eine Bremsspannung U_B so abgebremst werden, daß sie gerade die Anode A nicht mehr erreichen können. Mißt man U_B als Funktion von f, dann können aus (7.11) sowohl die Größe h/e als auch die Austrittsarbeit W_A/e der Photokathode ermittelt werden (vgl. Übungen).

Der äußere Photoeffekt findet in Photozellen Anwendung, in denen Lichtenergie direkt in elektrische Energie umgewandelt wird. Metalle mit kleiner Austrittsarbeit, wie etwa Cs, werden dazu verwendet. Da der Sättigungsstrom der Lichtintensität proportional ist, können Photozellen zur Messung von Beleuchtungsstärken genutzt werden.

Übungen:

- **7.6**: Als Wirkung bezeichnet man in der Physik Größen mit der Maßeinheit Energie · Zeit (Js). Kennen Sie außer h weitere physikalische Größen mit dieser Eigenschaft?
- **7.7**: Die Austrittsarbeiten von Cs, K und Al sind $1,94\,\text{eV}$, $2,25\,\text{eV}$ bzw. $4,2\,\text{eV}$. Berechnen Sie jeweils die Wellenlängen des Lichtes, bis zu denen der Photoeffekt auftreten kann. Für welche dieser Materialien liegen die Werte im sichtbaren Bereich des Spektrums?
- **7.8**: Bestimmen Sie h und die Austrittsarbeit der Photokathode, wenn im Experiment mit der in Bild 7.4 gezeigten Anordnung zu den Frequenzen 520 THz, 550 THz und 570 THz die Bremsspannungen $0,08\,\text{V}$, $0,2\,\text{V}$ und $0,28\,\text{V}$ gefunden worden sind. Hinweis: Die Größe der Elementarladung sei als bekannt vorausgesetzt.
- **7.9**: Da ein Photon den Impuls hf/c besitzt, muß elektromagnetische Strahlung, die gerichtet auf eine Fläche fällt und von dieser absorbiert wird, dort einen Strahlungsdruck p ausüben. Man zeige, daß dieser Druck durch die Energiedichte w der Strahlung gegeben ist.

7.1.4 Der Compton-Effekt

Der Wellen-Teilchen-Dualismus tritt besonders deutlich in Erscheinung, wenn man die Streuung von energiereicher Strahlung, wie Röntgen- oder Gammastrahlung, an freien oder schwach gebundenen Elektronen untersucht. Dabei stellte A. Compton (1923) fest, daß die gestreute Strahlung neben der einfallenden Primärstrahlung auch eine zu längeren Wellenlängen hin verschobene Komponente enthält. Die Verschiebung $\Delta\lambda$ ist dabei stark vom Streuwinkel θ abhängig und besitzt ein Maximum für $\theta = 180°$.

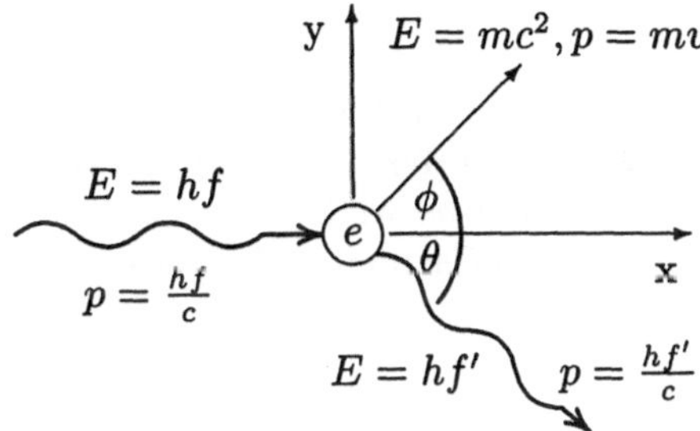

Bild 7.5
Zur Erklärung des Compton-Effektes als elastischer Stoß zwischen einem Lichtquant hf und einem anfangs als ruhend angenommenen Elektron

Eine Erklärung des **Compton-Effektes** ist im Rahmen des Wellenbildes ebenfalls nicht möglich, läßt sich aber mit der Lichtquantenhypothese in einfacher Weise geben. Dazu schreiben wir entsprechend Bild 7.5 Energie- und Impulserhaltungssatz auf. Da das Elektron nach dem Stoß sehr schnell werden kann, rechnen wir relativistisch und verwenden für die Elektronenenergie (6.39) bzw. (6.38). Für die Energie muß gelten

$$hf + m_0c^2 = hf' + mc^2 \tag{7.12}$$

und für die x- und y-Komponente des Impulses

$$\begin{aligned} \frac{hf}{c} &= \frac{hf'}{c}\cos\theta + mv\cos\phi \\ 0 &= \frac{hf'}{c}\sin\theta - mv\sin\phi \,. \end{aligned}$$

Bringt man in (7.12) hf' auf die andere Seite, führt die Abkürzung $\Delta f = f - f'$ ein, quadriert die entstehende Gleichung und verwendet noch (6.36), so ergibt sich

$$h^2(\Delta f)^2 + 2m_0c^2h\Delta f = m_0^2c^4\frac{v^2}{c^2 - v^2} \,. \tag{7.13}$$

Eliminiert man andererseits den Winkel ϕ unter Ausnutzung von $\sin^2\phi + \cos^2\phi = 1$, so findet man

$$h^2(\Delta f)^2 + 2h^2f(f - \Delta f)(1 - \cos\theta) = m_0^2c^4\frac{v^2}{c^2 - v^2} \,. \tag{7.14}$$

Aus dem Vergleich von (7.13) und (7.14) folgt nach kurzer Rechnung

$$m_0c\frac{c\Delta f}{f(f - \Delta f)} = h(1 - \cos\theta) \,,$$

was wegen

$$\Delta\lambda = \lambda' - \lambda = \frac{c}{f - \Delta f} - \frac{c}{f} = \frac{c\Delta f}{f(f - \Delta f)}$$

schließlich auf

$$\boxed{\Delta\lambda = \lambda_c\,(1 - \cos\theta)} \tag{7.15}$$

führt. Dabei bezeichnet man den Faktor

$$\lambda_c = \frac{h}{m_0 c} = 2,42631\,\mathrm{pm} \tag{7.16}$$

als **Comptonwellenlänge** des Elektrons.

Tatsächlich liefert (7.15) die gemessene Winkelabhängigkeit mit einem Maximum bei $\theta = 180°$. Da die Comptonwellenlänge im pm-Bereich liegt, wird der Effekt auch erst für Wellenlängen der Primärstrahlung in dieser Größenordnung relevant. Solche Wellenlängen entsprechen einer Energie im keV- und MeV-Bereich, wie sie Röntgen- und Gammastrahlung besitzen.

7.1.5 Materiewellen und Elektronenbeugung

Die Erfolge der Quantenhypothese des Lichtes veranlaßten den französischen Physiker L. de Broglie (1923) zu der Vermutung, daß die festgestellte Doppelnatur Welle–Teilchen ein viel allgemeineres Prinzip der Natur ist. So wie sich Lichtwellen manchmal wie Teilchen verhalten, sollten Teilchen unter bestimmten Bedingungen auch Welleneigenschaften offenbaren. Theoretische Überlegungen führten ihn dazu, jedem Teilchen mit der Energie E und dem Impuls $\vec{p}$ eine im allgemeinen komplexwertige **Materiewelle** mit der Frequenz f und der Wellenlänge λ (Wellenvektor $\vec{k}$) zuzuordnen. Für ein freies Teilchen sollte diese die Gestalt einer ebenen Welle besitzen. Führt man noch die in der Quantentheorie übliche Abkürzung $\hbar = h/2\pi$ (sprich: h quer) ein und beschränken wir uns der Einfachheit halber auf den eindimensionalen Fall, so läßt sich diese Wellenfunktion am einfachsten durch

$$\psi(x,t) = C\,e^{i(kx - \omega t)} \tag{7.17}$$

als Funktion von Kreisfrequenz ω und Wellenzahl ($k = 2\pi/\lambda$) ausdrücken. Breitet sich diese Welle in der durch den Einheitsvektor $\vec{e}$ gegebenen Richtung aus, so ist der Wellenvektor durch $\vec{k} = \hbar k\vec{e}$ bestimmt und zeigt in diese Ausbreitungsrichtung. Analog zu (7.9) und (7.10) wird de Broglie folgend der Zusammenhang zwischen den teilchen- und wellenspezifischen Größen dabei durch

$$\boxed{\vec{p} = \hbar\vec{k}, \qquad E = hf = \hbar\omega} \tag{7.18}$$

postuliert. Für freie Elektronen, die die Beschleunigungsspannung U durchlaufen haben, gilt dann für die kinetische Energie $E_{\mathrm{kin}} = eU = m_0 v^2/2 = p^2/2m_0$ und es folgt

$$\lambda = \frac{h}{\sqrt{2m_0 E_{\mathrm{kin}}}} = \frac{h}{\sqrt{2m_0 eU}}\,. \tag{7.19}$$

In welcher Größenordnung liegen nun charakteristische Wellenlängen von Elektronen, und warum hat man Welleneigenschaften von Elektronen vorher nie beobachtet? Aus (7.19) kann man zur Beantwortung dieser Frage durch Einsetzen der entsprechenden Werte für m, e und h die allgemeingültige Beziehung

$$\lambda/\mathrm{nm} = \frac{1,2264}{\sqrt{U/\mathrm{V}}} \tag{7.20}$$

ableiten und findet für 1 eV eine Wellenlänge von etwa 1 nm und für 100 eV entsprechend etwa 0, 1 nm. Die Elektronenwellenlängen liegen also im Bereich interatomarer Abstände. Welleneigenschaften des Elektrons sollten sich also auch dann erst bemerkbar machen, wenn Elektronen bei ihrer Bewegung auf Hindernisse treffen, die in dieser Größenordnung liegen. Tatsächlich gelang es C. J. Davisson und L. H. Germer (1927), die Beugung von Elektronen nachzuweisen, indem sie eine Metalloberfläche mit Elektronen beschossen und dabei Interferenzbilder erhielten, wie sie bereits von der Beugung des Lichtes bekannt waren. Bei Kenntnis des Atomabstandes konnte aus der Lage der Maxima die Elektronenwellenlänge in Übereinstimmung mit (7.19) bestimmt werden.

Die Welleneigenschaften der Elektronen bilden die Grundlage für die Elektronenoptik. Daß man durch elektrische und magnetische Felder die Bahnkurven von Elektronen beeinflussen und mit Spulen und Kondensatoren sogenannte „Elektronenlinsen" erzeugen kann, wird beim **Elektronenmikroskop** zur Abbildung kleiner Gegenstände genutzt.[1] Die gegenüber Licht viel kleinere Wellenlänge der Elektronen ermöglicht dabei eine deutliche Steigerung des Auflösungsvermögens. Hochleistungselektronenmikroskope arbeiten mit Elektronen im Energiebereich von einigen 100 eV bis in den MeV-Bereich. Da man mit einem Mikroskop maximal Abstände in der Größenordnung von λ auflösen kann (vgl. Abschnitt 6.3.1), ergibt sich mit einem Elektronenmikroskop für Elektronen von 1 MeV ($\lambda \approx 1$ pm) rein theoretisch die Möglichkeit, sogar inneratomare Details aufzulösen. Da Abbildungsfehler auch bei elektrischen und magnetischen Linsen unvermeidbar sind, reduziert sich das Auflösungsvermögen allerdings beträchtlich. In der Praxis sind heute Abstände von ca. 0, 1 nm auflösbar, was in der Größenordnung des Atomdurchmessers liegt.

Statt die gesamte Bildinformation gleichzeitig aufzuzeichnen, kann man mit einem gut fokussierten Elektronenstrahl (Durchmesser einige nm) das Objekt nacheinander punktweise rasterförmig abtasten. Dies ist das Prinzip des **Rasterelektronenmikroskops**, welches sich durch eine besondere Schärfentiefe auszeichnet.

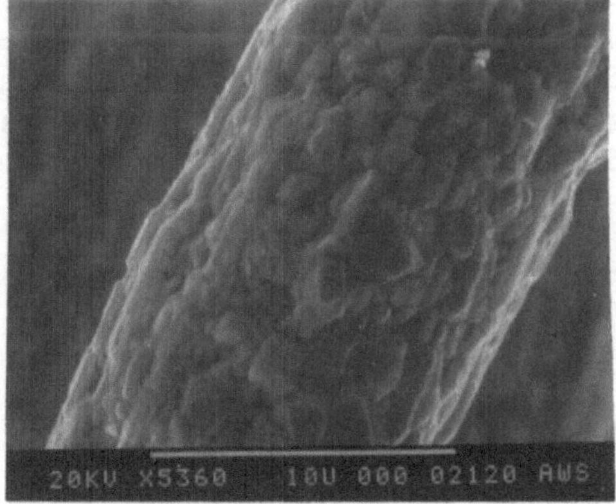

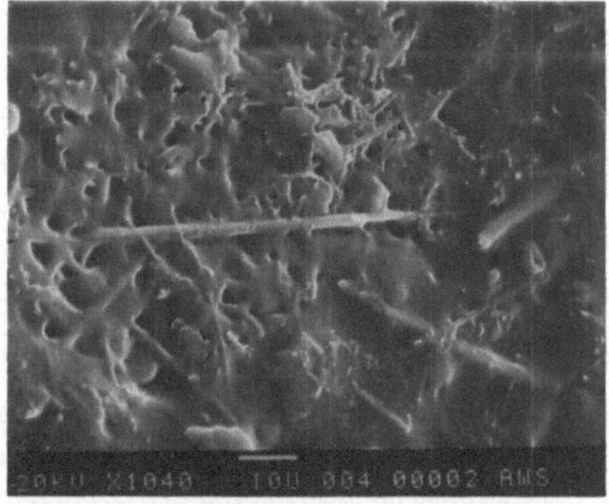

Bild 7.6 Darstellung einer Wolframglühwendel in 5360facher Vergrößerung (links) und eine Asbestfaser mit nadelförmigen Einlagerungen (rechts) (Fotos: D. Vogt, Universität Hamburg).

Elektronenmikroskopische Aufnahmen mit einem Elektronenstrahl von 20 kV zeigt Bild 7.6.

[1] Das erste Elektronenmikroskop wurde von E. Ruska im Jahre 1932 beschrieben. Der großen Bedeutung der Elektronenmikroskopie für die heutige Forschung Rechung tragend, erhielt er dafür 1986 den Nobelpreis.

Abgebildet ist links in 5360facher Vergrößerung eine Wolframglühwendel. Durch Hitze verursachte Materialabdampfungen haben auf ihrer Oberfläche eine Kraterstruktur im μm-Bereich erzeugt. Rechts ist in 1040facher Vergrößerung eine Astbestfaser (Amosit) mit nadelförmigen Einlagerungen zu sehen.

Eine völlig andere Möglichkeit der Elektronenmikroskopie wird im **Rastertunnelelektronenmikroskop** realisiert, welches wir in Abschnitt 7.2.3 kennenlernen werden.

7.1.6 Die Heisenbergsche Unschärferelation

Wie W. Heisenberg (1901–1976) als erster erkannte, führt der Welle-Teilchen-Dualismus zwangsläufig zu einer weitreichenden Konsequenz für unser physikalisches Weltbild: Um den Ort zu bestimmen, an dem sich ein Elektron befindet, lassen wir es durch einen Spalt der Dicke Δx treten, wodurch wir seine Ortskoordinate x praktisch mit einer Unschärfe Δx messen (Bild 7.7). Infolge der Elektronenbeugung verteilt sich dann aber das Elektron über den Bildschirm mit einer Intensitätsverteilung I, die für Beugungserscheinungen typisch ist. Für den Bereich des

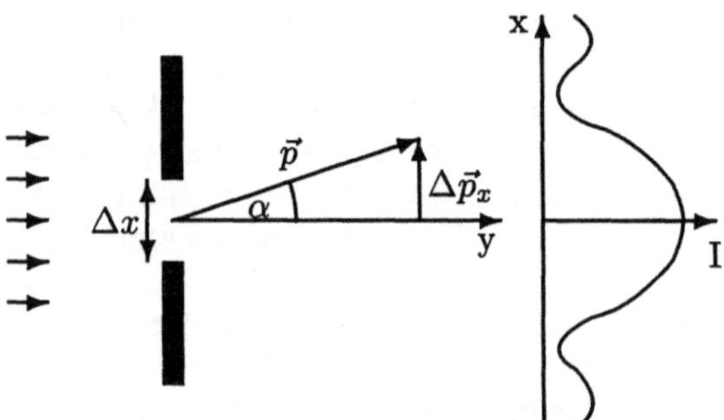

Bild 7.7
Zur Ableitung der Heisenbergschen Unschärferelation

Hauptmaximums folgt analog zu (6.13) $\Delta x \sin\alpha = \lambda$ und aus Bild 7.7 ein entsprechender Bereich für die x-Komponente des Elektronenimpulses $\Delta p_x = p \sin\alpha$. Aus dem Vergleich beider Relationen und unter Berücksichtigung der Tatsache, daß Δp_x für die anderen Nebenmaxima noch größer ist und wir somit nur eine untere Grenze für die Impulsunschärfe abgeschätzt haben, folgt die **Heisenbergsche Unschärferelation** in der Form

$$\boxed{\Delta x \, \Delta p_x \geq h \, .} \tag{7.21}$$

Sie stellt fest:

Gleiche Komponenten von Ort und Impuls eines Teilchens können nicht gleichzeitig exakt gemessen werden. Das Produkt aus der Ortsunschärfe und der Impulsunschärfe ist stets mindestens von der Größenordnung des Planckschen Wirkungsquantums.

Da Ort und Impuls (Geschwindigkeit) nicht gleichzeitig exakt bestimmt werden können, verliert auch der aus der Newtonschen Mechanik bekannte Begriff der Bahnkurve seine Bedeutung. Die klassischen Konzepte sind somit für Mikroteilchen im allgemeinen nicht anwendbar. Die Heisenbergsche Unschärferelation verlangt daher die Entwicklung einer neuen physikalischen Theorie für Mikroteilchen – der **Quantenmechanik**.

Übung:

7.10: Offensichtlich spielt die Wellennatur von Teilchen in der makroskopischen Welt keine Rolle. Versuchen Sie dafür eine Begründung zu finden, indem Sie z. B. die Wellenlänge unserer Erde berechnen. ■

7.2 Atombau und Spektren

7.2.1 Zur Entwicklung des Atombegriffs

Die Vermutung, daß alle Stoffe in der Natur aus elementaren Bausteinen bestehen, geht schon auf die griechischen Philosophen zurück. Von Demokrit (460–380? v. Chr.) soll der Begriff „Atom“ – das Unzerschneidbare – erstmals präzisiert worden sein: Atome sollten sich im leeren Raum bewegen, sie sollten sich vereinigen und trennen können und dabei ihre geometrische Gestalt unverändert beibehalten. Solche Ansichten entbehrten natürlich damals jeder experimentellen Grundlage und wurden auch nicht allgemein akzeptiert.

Erst mit Beginn des 19. Jahrhunderts setzte durch die Entwicklung der Chemie und Physik eine Neubelebung und Präzisierung des Atombegriffs ein. Der englische Chemiker J. Dalton (1766–1844) entdeckte das *Gesetz der konstanten und multiplen Proportionen*, wonach sich zwei Stoffe nur in ganz bestimmten Massenverhältnissen chemisch vereinigen können. Er erklärte dieses Verhalten bei chemischen Reaktionen unter der Annahme, daß die Stoffe aus unteilbaren Atomen bestehen. Es gelang den Chemikern in dieser Zeit auch, aus den Ergebnissen chemischer Reaktionen die relativen Massenverhältnisse von Atomen zu bestimmen. Dies führt auf den Begriff der **relativen Atommasse** A_r, die heute in folgender Weise definiert ist:

> *Die relative Atommasse A_r ist die auf das Kohlenstoffisotop ^{12}C mit dem Zahlenwert 12 bezogene relative Masse eines Atoms.*

Hinweise auf eine atomistische Natur der Materie ergaben auch:

- Die vom italienischen Gelehrten A. Avogadro (1811) aufgestellte Regel, nach der bei fester Temperatur und festem Druck in gleichen Volumina von Gasen die gleiche Anzahl von Teilchen enthalten ist.
- Die vom englischen Physiker M. Faraday (1836) entdeckten Gesetze der Elektrolyse.
- Die Entwicklung des *Periodischen Systems der Elemente* durch den deutschen Chemiker L. Meyer und den russischen Chemiker D. I. Mendelejew (1869).
- Die Erfolge der maßgeblich vom österreichischen Physiker L. Boltzmann (um 1860) entwickelten *kinetischen Gastheorie*, die die Eigenschaften von Gasen als Folge der Bewegung von sich elastisch stoßenden Kugeln (Molekülen) erklärt.

Die von uns bisher behandelten Erscheinungen der Physik geben uns sogar schon die Möglichkeit, den Atombegriff zu quantifizieren. Eine wichtige Rolle spielt dabei die Avogadrosche Zahl N_A, die die Zahl der Teilchen pro Mol angibt (vgl. Abschnitt 3.1.5). Sie vermittelt zwischen makroskopischen und den entsprechenden mikroskopischen Größen.

Die Masse eines Atoms kann man etwa bestimmen, indem man die Masse eines Mol einer Substanz M_m durch N_A dividiert. Es gilt also

$$m_a \approx \frac{M_m}{N_A} .$$

Für das Wasserstoffatom als leichtestes aller Atome ergibt sich mit $M_m = 1\,\text{g/mol}$ $m_a(\text{H}) = 1,7 \cdot 10^{-27}\,\text{kg}$. Für Eisen mit $M_m = 55,85\,\text{g/mol}$ findet man $m_a(\text{Fe}) = 9,3 \cdot 10^{-27}\,\text{kg}$.

Es ist üblich, die Masse von Atomen als Produkt ihrer relativen Atommasse mit der **atomaren Masseneinheit**

$$1\,\text{u} = \frac{1}{12} m_a(^{12}\text{C}) = 1,660540 \cdot 10^{-27}\,\text{kg} \tag{7.22}$$

anzugeben. Wir werden einer solchen Darstellung in der Kernphysik oft begegnen.

Die Elementarladung e eines einwertigen Ions kann aus der Faraday-Konstante (sie beträgt $F = 96\,486\,\text{C/mol}$, vgl. (4.49)bestimmt werden, die die zur elektrolytischen Abscheidung eines Mols einer einwertigen Substanz benötigte Ladung angibt. Man findet

$$e = \frac{F}{N_A} = 1,6 \cdot 10^{-19}\,\text{C}\,.$$

Die Avogadrosche Zahl selbst kann übrigens sehr genau aus Röntgenbeugungsexperimenten an Kristallen erhalten werden.

Auch auf die Größenordnung der Atome liefert die klassische Physik Hinweise. Hat ein Stoff die Dichte ϱ, dann kann man das Volumen eines Atoms aus $V_a = V_m/N_A = M_m/(\varrho N_A)$ abschätzen. Nehmen wir weiter an, daß die Atome Kugelgestalt haben und in einem festen Körper in dichtester würfelförmiger Anordnung vorkommen, dann kann man die Kantenlänge des Würfels, der eine Kugel enthält, als Maß für den doppelten Atomradius ansehen. Wegen $V_a = (2r_a)^3$ ergibt dies für den Atomradius

$$r_a = \frac{1}{2}\sqrt[3]{\frac{M}{\varrho N_A}}\,. \tag{7.23}$$

Nehmen wir wieder Eisen als Beispiel, dann ergibt sich mit $\varrho = 7860\,\text{kg/m}^3$ ein Atomradius von $r_a(\text{Fe}) = 1,14 \cdot 10^{-10}\,\text{m}$.

Eine neue Etappe der Entwicklung des Atombegriffs setzte am Ende des vorigen Jahrhunderts ein. Die Entdeckung der Röntgenstrahlung und der radioaktiven Strahlung gaben starke Hinweise auf eine innere Struktur des Atoms. Im Jahre 1887 gelang dem Engländer J. J. Thomson der Nachweis, daß die bei Gasentladungen auftretenden Kathodenstrahlen (vgl. Abschnitt 4.3.3) aus negativ geladenen Teilchen bestehen, deren Masse etwa nur $1/2000$ der Masse des Wasserstoffatoms beträgt. Diese Teilchen mußten Bestandteil der Gasatome sein und erhielten den Namen **Elektronen**. Thomson schlug bereits ein erstes Atommodell vor, bei dem eine positive Ladung kontinuierlich über das Atomvolumen verteilt ist, während sich die Elektronen in dieser Ladung wie die Rosinen in einem Pudding verteilen. Untersuchungen der Streuung von α-Teilchen – das sind zweifach positiv geladene Heliumatome – an dünnen Metallfolien widerlegten dieses Modell jedoch bald.

Im Jahre 1911 interpretierte der neuseeländische Physiker E. Rutherford die Ergebnisse solcher Streuexperimente durch ein dynamisches Atommodell, bei dem die negativen Elektronen einen sehr kleinen positiven Atomkern in großer Entfernung umkreisen. Das Modell ähnelt unserem Planetensystem, jedoch ist es nicht die Gravitation, sondern die Coulomb-Kraft, die im Atom die Rolle der Zentripetalkraft übernimmt (Bild 7.8). Die Zahl der Elektronen in der Atomhülle eines insgesamt neutralen Atoms ist dabei gleich der sogenannten **Kernladungszahl**, die die Zahl der positiven Elementarladungen des Kerns angibt. Die Kernradien liegen in der Größenordnung von $10^{-15}\,\text{m}$ und lassen sich aus der relativen Atommasse mittels der empirisch gefundenen Formel

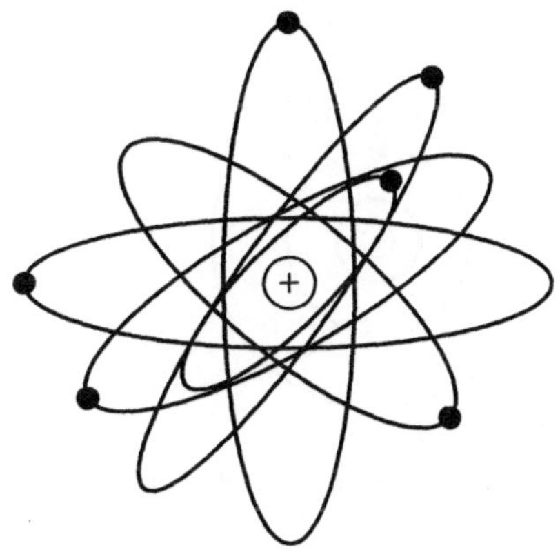

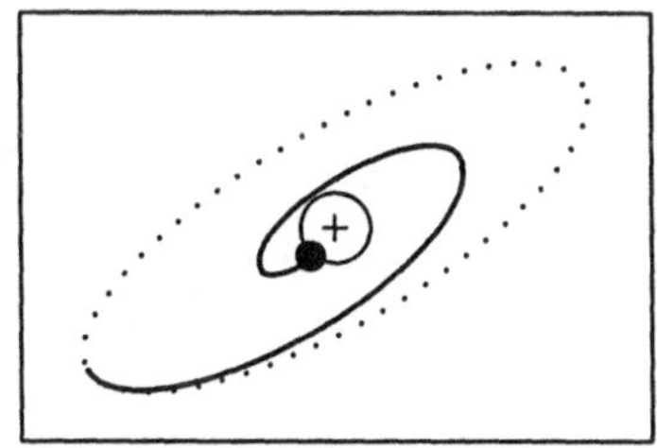

Bild 7.8
Rutherfordsches Atommodell und sein instabiles Verhalten

$$r_{\text{Kern}} = 1,3 \cdot 10^{-15} \sqrt[3]{A_r}\,\text{m} \tag{7.24}$$

bestimmen.

Auch das **Rutherfordsche Atommodell** konnte das Verhalten der Atome nicht befriedigend erklären. Es liefert insbesondere kein Verständnis für unsere wichtigste atomare Informationsquelle – die diskreten atomaren Spektren. Darüber hinaus sagten die Gesetze der klassischen Elektrodynamik ein instabiles Verhalten der Atome voraus. Ein auf einer Kreisbahn umlaufendes Elektron müßte nach klassischer Theorie nämlich dauernd Strahlung emittieren, dabei Energie verlieren und folglich, wie in Bild 7.8 skizziert, auf einer spiralförmigen Bahn in den Kern stürzen. Dies müßte in Bruchteilen einer Sekunde passieren und steht im krassen Gegensatz zum beobachteten stabilen Charakter der Atome.

Übung:
7.11: Während in der klassischen Physik für jeden Wert von r ein Gleichgewicht zwischen Zentripetalkraft und Coulomb-Kraft möglich ist, verlangt bereits die Unschärferelation die Existenz eines kleinsten Bahnradius. Bestimmen Sie diesen Radius, indem Sie für die Ortsunschärfe $\Delta x = 2r$ annehmen, den Elektronenimpuls durch $p = h/\Delta x$ abschätzen und dann die Gesamtenergie $E(r)$ minimieren. ■

7.2.2 Das Bohrsche Atommodell

Zur Überwindung der gerade besprochenen Schwierigkeiten fand N. Bohr (1885–1962) im Jahre 1913 eine auf den ersten Blick merkwürdig anmutende Lösung. Der dänische Physiker begründete ein neues Atommodell auf Postulate, die sich sinngemäß wie folgt zusammenfassen lassen:

- In einem Atom können sich Elektronen nur auf ganz bestimmten, diskreten Bahnen mit den Energien E_n bewegen. Auf diesen Bahnen gelten für die Elektronen die klassischen Bewegungsgleichungen.

- Die Bewegung der Elektronen auf diesen Bahnen ist strahlungslos. Der Übergang eines Elektrons von einer Bahn mit der Energie E_n auf eine Bahn mit der Energie E_m erfolgt durch Emission ($E_n > E_m$) oder Absorption ($E_n < E_m$) von Strahlung, deren Frequenz sich aus

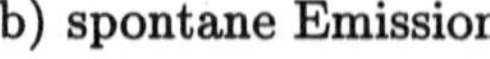

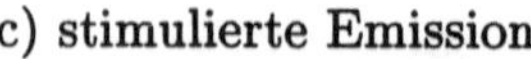

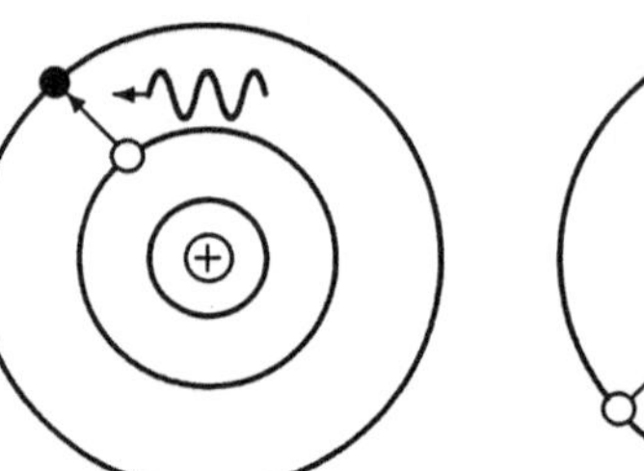

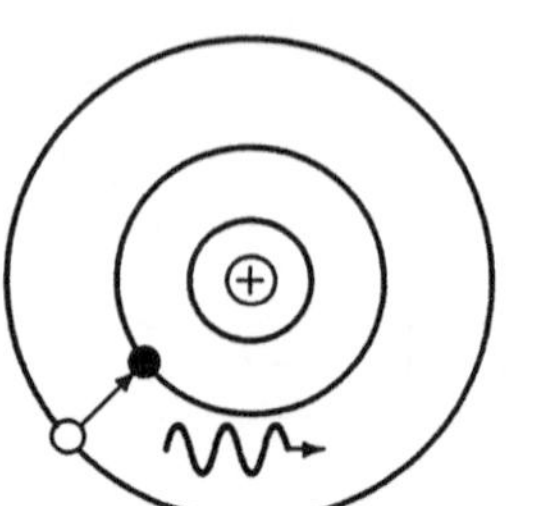

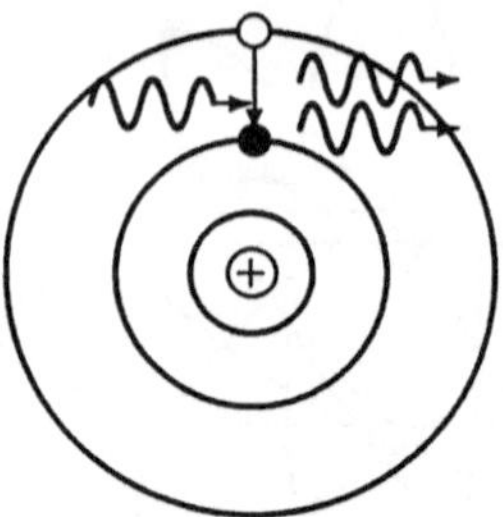

Bild 7.9 Darstellung der atomaren Prozesse bei der Absorption (a), Emission (b) und der stimulierten Emission (c) von Licht

$$\boxed{E_n - E_m = hf} \tag{7.25}$$

ergibt.

Auf der Basis dieser Postulate können die diskreten Spektren der Atome qualitativ sofort verstanden werden (Bild 7.9):

- Fällt Licht auf das Atom, dann kann es nur *absorbiert* werden, wenn seine Frequenz multipliziert mit h gerade gleich der Energiedifferenz zwischen einer unteren besetzten und einer höheren freien Bahn ist. Dabei geht ein Elektron auf die obere Bahn über.
- Befindet sich ein Atom in einem angeregten Zustand, in dem ein Elektron eine energetisch höhere Bahn besetzt hat, so kann es durch einen Übergang zurück in eine untere Bahn gelangen, indem es ein Photon *spontan emittiert.*
- Trifft ein Photon auf ein bereits angeregtes Atom, so kann dieses nicht nur absorbiert werden, sondern es kann auch alternativ die Aussendung eines weiteren identischen Photons verursachen. Die Vorhersage der Existenz eines solchen Prozesses geht auf Einstein zurück und wird **stimulierte** bzw. **induzierte Emission** genannt.[2] Er spielt bei der Erzeugung von Laserstrahlen eine zentrale Rolle (vgl. Abschnitt 7.2.8).

Zur Bestimmung der Elektronenbahnen kann man wegen des ersten Postulates davon ausgehen, daß die für eine Kreisbahn erforderliche Zentripetalkraft von der Coulomb-Anziehung erzeugt werden muß. Setzt man einen Kern mit der Ladungszahl Z voraus, so muß also

$$\frac{Ze^2}{4\pi\varepsilon_0 r_n^2} = \frac{m_0 v_n^2}{r_n} = m_0 r_n \omega_n^2 \tag{7.26}$$

gelten. Um eine Quantisierungsvorschrift zu finden, aus der die erlaubten Bahnen bestimmt werden können, ließ sich Bohr von einem äußerst fruchtbringenden Gedanken leiten: Die sich aus der Theorie nach (7.25) ergebenden Übergangsfrequenzen sollten sich mit zunehmendem Bahnradius, d. h. mit zunehmender Frequenz, den Ergebnissen klassischer Frequenzberechnungen annähern. Dieser als **Korrespondenzprinzip** bezeichnete Sachverhalt spielte bei der Entwicklung der Quantenmechanik eine wichtige Rolle. Er liefert eine *Quantisierungsvorschrift* für den Bahndrehimpuls L des Elektrons in der Gestalt

[2] Einstein erkannte, daß sich das Plancksche Strahlungsgesetz als Folge des Gleichgewichtes von Absorption und Emission des schwarzen Körpers nur dann verstehen läßt, wenn man neben der spontanen Emission auch die Möglichkeit einer stimulierten Emission zuläßt.

$$L = m_0 v_n r_n = n\frac{h}{2\pi} \,. \tag{7.27}$$

Dies bedeutet, daß L nur Werte annehmen kann, die ein Vielfaches von $\hbar = h/2\pi$ sind.

Die Gleichungen (7.26) und (7.27) liefern nun im Rahmen der Bohrschen Theorie alle Informationen über das Atom. Die Radien der erlaubten Bahnen und die entsprechenden Bahngeschwindigkeiten ergeben sich nach kurzer Rechnung zu

$$r_n = \frac{1}{\pi}\frac{h^2\varepsilon_0}{e^2 m_0}\frac{n^2}{Z} \tag{7.28}$$

und

$$v_n = \frac{1}{2}\frac{e^2}{h\varepsilon_0}\frac{Z}{n} \,. \tag{7.29}$$

Damit kann man weiter die Energien E_n bestimmen. Beachtet man dabei, daß die potentielle Energie des Elektrons im Abstand r_n vom Kern mit der Ladung Ze aus (4.16) erhalten werden kann, so folgt

$$E_n = E_{\text{kin}} + E_{\text{pot}} = \frac{m_0 v_n^2}{2} - \frac{1}{4\pi\varepsilon_0}\frac{Ze^2}{r_n} \,.$$

Einsetzen der Werte aus (7.29) liefert schließlich

$$E_n = -\frac{Z^2 e^4 m_0}{8h^2\varepsilon_0^2}\frac{1}{n^2} \,. \tag{7.30}$$

Die Energien E_n sind negativ, was bedeutet, daß Arbeit verrichtet werden muß, um das Elektron aus dem Atom zu entfernen. Man bezeichnet sie daher als Bindungsenergien. In den folgenden Übungen werden wir zusätzlich zeigen, daß (7.30) mit dem oben erwähnten Korrespondenzprinzip in Übereinstimmung ist.

Wenden wir uns nun den Ergebnissen der Bohrschen Theorie für das Wasserstoffatom ($Z = 1$) zu: Aus (7.28) ergibt sich für den Bahnradius eines Elektrons im sogenannten Grundzustand ($n = 1$) der Wert

$$a_0 = r_1 \doteq 0{,}529 \cdot 10^{-10}\,\text{m} \,. \tag{7.31}$$

Er wird als **Bohrscher Radius** bezeichnet und ist in guter Übereinstimmung mit unseren früheren Abschätzungen zu Atomradien. Die Übergangsfrequenzen ergeben sich aus (7.25) und (7.30) zu

$$f = \frac{e^4 m_0}{8h^3\varepsilon_0^2}\left(\frac{1}{n^2} - \frac{1}{m^2}\right) = R_H\left(\frac{1}{n^2} - \frac{1}{m^2}\right) \,, \tag{7.32}$$

wobei durch

$$R_H = \frac{e^4 m_0}{8h^3\varepsilon_0^2} = 3{,}29 \cdot 10^{15}\,\text{s}^{-1} \tag{7.33}$$

die sogenannte **Rydberg-Frequenz** eingeführt wurde. Die Formel liefert Ergebnisse in guter Übereinstimmung mit den gemessenen Spektrallinien des Wasserstoffspektrums. Ihre Auswertung für $n = 1$, $n = 2$ und $n = 3$ jeweils für alle $m > n$ liefert im Ultravioletten die *Lyman-Serie*, im sichtbaren Bereich die *Balmer-Serie* und im Infraroten die *Paschen-Serie* (vgl. Bild 7.10). Später wurden auch noch im Infraroten die *Brackett-Serie* und die *Pfund-Serie* entdeckt, die zu $n = 4$ bzw. $n = 5$ korrespondieren.

Schließlich erklärt das Bohrsche Atommodell auch die *wasserstoffähnlichen* Spektren von Ionen der Form He^+ oder Li^{++}, die ebenfalls nur ein Elektron besitzen.

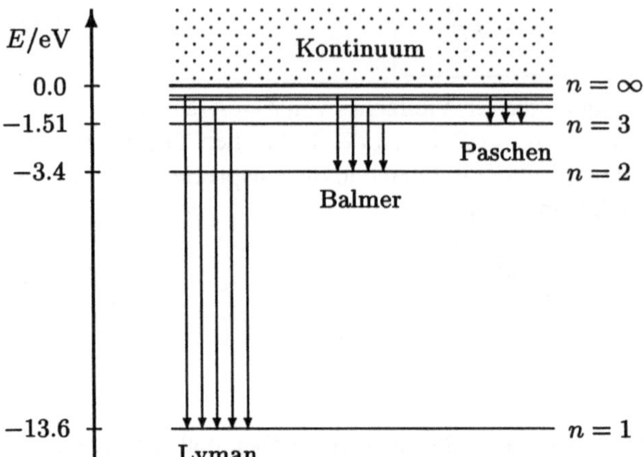

Bild 7.10
Spektralserien des Wasserstoffatoms

Die Existenz diskreter Energieniveaus im Atom äußert sich nicht nur in optischen Experimenten, sondern kann auch durch Elektronenstoß-Experimente nachgewiesen werden. Im Jahre 1913 untersuchten J. Franck und G. Hertz das Verhalten von Elektronen beim Durchgang durch einen mit Quecksilberdampf geringen Drucks gefüllten Raum. Dabei wurden die aus einer Glühkathode K emittierten Elektronen zuerst durch eine variable Anodenspannung U_G beschleunigt, passierten dann das positiv geladene Gitter G und anschließend das Gas und wurden danach bzgl. ihrer kinetischen Energie durch den auf die Anode A treffenden Strom I analysiert. Um langsame Elektronen zu unterdrücken, wurde zwischen G und A ein geringes Gegenfeld U_A aufrechterhalten (Bild 7.11).

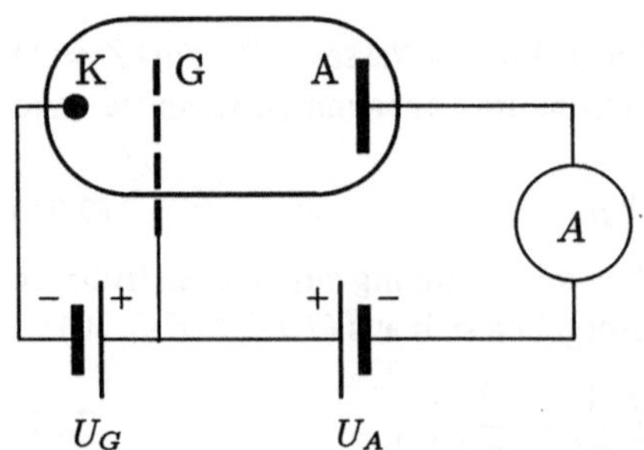

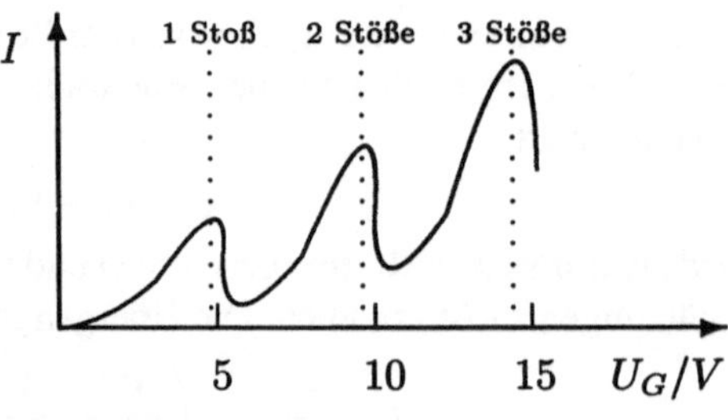

Bild 7.11 Versuchsaufbau und Ergebnis des Franck-Hertz-Versuches zum Nachweis des diskreten Charakters der atomaren Energieniveaus durch inelastischen Elektronenstoß

Mit zunehmender Beschleunigungsspannung konnte zuerst ein Anwachsen der kinetischen Energie der Elektronen beobachtet werden. Erreichte diese ca. 5 V, so nahm die kinetische Energie aber plötzlich stark ab, um dann bis zu einer Spannung von ca. 10 V wieder anzuwachsen. Danach nahm die kinetische Energie wieder abrupt ab, stieg bis ca. 15 V an, und das beschriebene oszillatorische Verhalten wiederholte sich dann. Das geschilderte Phänomen läßt sich dadurch erklären, daß die Elektronen in inelastischen Stößen ihre kinetische Energie an die Hg-Atome abgeben können. Dabei geht jeweils ein Elektron des Hg-Atoms auf eine höhere Schale über. Tatsächlich findet man auch im optischen Spektrum des Quecksilbers eine charakteristische Linie bei $4,9$ eV, die diese Interpretation bestätigt.

Trotz dieser Erfolge erwies sich das Bohrsche Atommodell als eine in vielerlei Hinsicht unbefriedigende Übergangslösung. Selbst unter Einbeziehung der später von A. Sommerfeld (1868–1951) vorgenommenen Erweiterungen konnte es z. B. weder die Spektren von Atomen mit mehreren Elektronen erklären noch die magnetischen Eigenschaften der Atome korrekt beschreiben. Auch konzeptionell war die Vermischung von klassischer Beschreibung mit Quantisierungsvorschriften unbefriedigend. Insbesondere widersprach es der Heisenbergschen Unschärferelation, da es Elektronen auf Bahnkurven mit bestimmten Geschwindigkeiten annimmt (vgl. Übungen).

Übungen:

7.12: Zeigen Sie, daß die Ergebnisse des Bohrschen Atommodells dem Korrespondenzprinzip genügen. Überlegen Sie sich zuerst, wie sich in der klassischen Physik die Umlauffrequenzen der Elektronen berechnen lassen; untersuchen Sie dann mittels (7.25) und (7.30), wie sich die Übergangsfrequenzen f für $m = n - 1$ und große n verhalten.

7.13: Durch Bestrahlung mit einem Laser gelingt es, Atome in angeregte Zustände mit sehr großem n zu überführen. Solche Rydberg-Atome sind aufgrund ihrer ungewöhnlichen Eigenschaften von großem grundlagenphysikalischen Interesse. Berechnen Sie Radius, Bindungsenergie und energetischen Abstand zu den benachbarten Niveaus für ein Wasserstoffatom mit einem Elektron im Zustand $n = 100$.

7.14: Berechnen Sie die sich nach Heisenberg ergebende Unschärfe der Elektronengeschwindigkeit für den Grundzustand des Wasserstoffatoms ($n = 1$), und vergleichen Sie diese mit der Elektronengeschwindigkeit (7.29) der Bohrschen Theorie. Hinweis: Nehmen Sie für die Ortsunschärfe $\Delta x = 2a_0$ an.

7.15: Berechnen Sie die Geschwindigkeit eines Elektrons im Zustand $n = 1$ für $Z = 1$ (Wasserstoff) und für $Z = 92$ (Uran). Welche Schlußfolgerung ist aus einem Vergleich mit der Lichtgeschwindigkeit zu ziehen?

7.2.3 Grundzüge der Quantenmechanik

Eine interessante Erklärung für das Zustandekommen der erlaubten Bohrschen Bahnen liefert das de Brogliesche Konzept der Materiewellen. Wie Bild 7.12 veranschaulicht, sind die erlaubten Bahnen danach gerade dadurch charakterisiert, daß sich auf ihnen eine stehende Materiewelle bilden kann. Dazu muß der Bahnumfang $2\pi r_n$ ein ganzzahliges Vielfaches n der Wellenlänge λ sein. Mit (7.18) ergibt dies $2\pi r_n = nh/p = nh/(m_0 v_n)$, was mit (7.27) identisch ist.

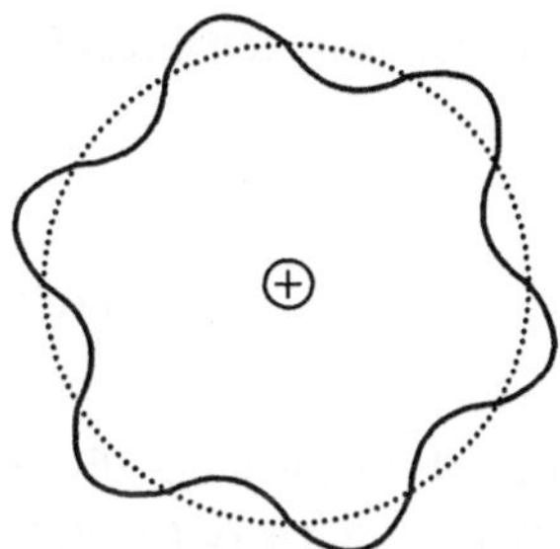

Bild 7.12
Erklärung der stationären Bohrschen Bahnen durch stehende Materiewellen

Diese auf den Welleneigenschaften der Elektronen basierende Interpretation der erlaubten Bahnen richtet unser Interesse auf das Wesen der Materiewellen. Welche physikalische Bedeutung kommt diesen Wellen zu und wie lassen sich die Materiewellen eines bestimmten physikalischen Systems berechnen?

Die Beantwortung des ersten Teils der Frage geht auf M. Born (1927) zurück. Seine, heute weitgehend akzeptierte Interpretation der im allgemeinen als komplex anzunehmenden **Wellenfunktion** eines Teilchens lautet:

> *Das Betragsquadrat* $|\psi|^2 = \psi\psi^*$ *der Wellenfunktion* $\psi(\vec{r}, t)$ *bestimmt die Aufenthaltswahrscheinlichkeit des Teilchens zum Zeitpunkt t.*

Mathematisch präziser formuliert, berechnet sich die Wahrscheinlichkeit $\mathrm{d}W$ dafür, das Teilchen zum Zeitpunkt t im Volumenelement $\mathrm{d}V$ um den Punkt mit dem Ortsvektor $\vec{r}$ zu finden, aus

$$\boxed{\mathrm{d}W = |\psi(\vec{r}, t)|^2 \,\mathrm{d}V \;.} \tag{7.34}$$

Widmen wir uns nun dem zweiten Teil der obigen Frage. Zur Vereinfachung betrachten wir dazu eine sich in x-Richtung ausbreitende ebene Welle, die sich gemäß (7.17) darstellen läßt. Unter Ausnutzung von (7.18) können wir durch Bildung der entsprechenden Ableitungen zeigen, daß für ein Teilchen der Masse m mit dem Impuls $h/\lambda = \hbar k$ (zur Erinnerung: $\hbar = h/(2\pi)$)

$$i\hbar \frac{\partial \psi(x,t)}{\partial t} = \hbar\omega\psi(x,t) = E\psi(x,t)$$

und

$$-\frac{\hbar^2}{2m}\frac{\partial^2 \psi(x,t)}{\partial x^2} = \frac{\hbar^2 k^2}{2m}\psi(x,t)$$

ist. Da für ein freies Teilchen auch

$$E = E_{\text{kin}} = \frac{mv^2}{2} = \frac{p^2}{2m} = \frac{\hbar^2 k^2}{2m} \tag{7.35}$$

gilt, erfüllt die Wellenfunktion eines freien Teilchens die partielle Differentialgleichung

$$i\hbar \frac{\partial \psi(x,t)}{\partial t} = -\frac{\hbar^2}{2m}\frac{\partial^2 \psi(x,t)}{\partial x^2} \;.$$

E. Schrödinger (1926) folgend, kann diese Gleichung so interpretiert werden, daß links die Gesamtenergie E und rechts die kinetische Energie E_{kin} jeweils vor der Wellenfunktion steht. Beide sind für ein freies Teilchen identisch. Bewegt sich das Teilchen nun in einem Kraftfeld mit der potentiellen Energie $V(x)$, so liegt es nahe, auf der rechten Seite diesen Energieanteil zusätzlich zu berücksichtigen. Diese Hypothese führt auf die eindimensionale zeitabhängige **Schrödinger-Gleichung**

$$\boxed{i\hbar \frac{\partial \psi(x,t)}{\partial t} = -\frac{\hbar^2}{2m}\frac{\partial^2 \psi(x,t)}{\partial x^2} + V(x)\psi(x,t) \;.} \tag{7.36}$$

Es sei ausdrücklich betont, daß diese Gleichung nicht aus allgemeineren Prinzipien der Physik ableitbar ist. Wir haben sie hier zwar mit heuristischen Argumenten zu begründen versucht, sie ist jedoch als eine Hypothese zu betrachten, die sich im Vergleich mit dem Experiment bestätigen muß. Im Rahmen der nichtrelativistischen Quantenmechanik hat sich die Schrödinger-Gleichung dabei glänzend bewährt.

Da die Schrödinger-Gleichung nur die erste Ableitung der Wellenfunktion nach der Zeit enthält, genügt zu ihrer eindeutigen Lösung die Kenntnis von $\psi(x,t)$ zu einem Anfangszeitpunkt. Diese Information kann z. B. aus Messungen am System gewonnen werden. Die Quantenmechanik lehrt dann, wie aus der Kenntnis der Wellenfunktion durch Bildung sogenannter Erwartungswerte die Wahrscheinlichkeiten für das Auftreten dieser oder jener Meßwerte einer physikalischen Größe im Experiment vorhergesagt werden können. Eine ausführliche Darlegung dieser Dinge geht jedoch über den Rahmen dieses Buches hinaus. Für den interessierten Leser skizzieren wir im folgenden kurz die grundlegenden Konzepte der Quantenmechanik.

Einiges über die Arbeitsweise der Quantenmechanik: Die Quantenmechanik muß der Heisenbergschen Unschärferelation Rechnung tragen. Dies gelingt ihr dadurch, daß sie den physikalisch meßbaren Größen, die man auch Observable nennt, Operatoren zuordnet. Solche Operatoren sind dabei durch ihre Wirkung auf die hinter ihnen stehende Wellenfunktion charakterisiert, die etwa in einer Multiplikations- oder Differentationsvorschrift ausgedrückt werden kann. Betrachtet man den Ort als grundlegende Variable, dann ist der Ortsoperator $\vec{r}$ einfach durch $\vec{r}$ selbst gegeben, während der Impulsoperator $\vec{p}$ durch den sogenannten *Nabla*-Operator

$$\mathbf{\nabla} = \frac{\partial}{\partial x}\vec{e}_x + \frac{\partial}{\partial y}\vec{e}_y + \frac{\partial}{\partial z}\vec{e}_z$$

gemäß

$$\vec{p} = -i\hbar\mathbf{\nabla}$$

ausgedrückt werden kann. Die den anderen Observablen zugeordneten Operatoren ergeben sich durch Verknüpfung von Ort- und Impulsoperator nach klassischem Vorbild. Entsprechend (2.29) ist der Drehimpulsoperator durch

$$\vec{l} = \vec{r} \times (-i\hbar\mathbf{\nabla}) \tag{7.37}$$

gegeben. Der Operator der kinetischen Energie ist wegen $E_{\text{kin}} = p^2/2m$ durch

$$\boldsymbol{E}_{\text{kin}} = -\frac{\hbar^2\mathbf{\nabla}^2}{2m} = -\frac{\hbar^2\mathbf{\Delta}}{2m}$$

gegeben, wobei der *Laplace*-Operator $\mathbf{\Delta}$ (P. S. Laplace, 1749–1827) durch

$$\mathbf{\Delta} = \frac{\partial^2}{\partial x^2} + \frac{\partial^2}{\partial y^2} + \frac{\partial^2}{\partial z^2}$$

definiert ist. Existiert weiter für das betrachtete Problem ein Potential $V(\vec{r})$, so wird der Gesamtenergie E der **Hamilton-Operator**

$$\boldsymbol{H} = -\frac{\hbar^2\mathbf{\Delta}}{2m} + V(\vec{r})$$

zugeordnet.

Die im Experiment bestimmbaren Meßgrößen einer Observablen sind nun durch die *Eigenfunktionen* des zugeordeten Operators gegeben. Darunter versteht man Funktionen, die sich bei Anwendung des Operators nur mit einer Zahl multiplizieren. Für den Hamilton-Operator, dessen Eigenwerte ja die erlaubten Energiewerte des Systems liefern, nennen wir diese Zahl E und haben damit das Eigenwertproblem

$$\boldsymbol{H}\psi(\vec{r}) = E\psi(\vec{r})\ . \tag{7.38}$$

Die Gleichung (7.38) nennt man *stationäre* Schrödinger-Gleichung. Wir werden der eindimensionalen Version dieser Gleichung in (7.42) wiederbegegnen.

Untersucht man die Wirkung von Orts- und Impulsoperator auf eine Ortsfunktion $f(x)$, so gilt

$$\boldsymbol{x}\boldsymbol{p}f(x) = -i\hbar x \frac{\partial f}{\partial x} ,$$

während im Unterschied dazu die umgekehrte Reihenfolge der Operatoren

$$\boldsymbol{p}\boldsymbol{x}f(x) = -i\hbar f(x) - i\hbar x \frac{\partial f}{\partial x}$$

liefert. Orts- und Impulsoperator sind also in ihrer Wirkung nicht vertauschbar, und darin manifestiert sich mathematisch die Heisenbergsche Unschärferelation. Generell gilt:

> ***Observable, deren Operatoren nicht vertauschbar sind, können nicht gleichzeitig scharfe Meßwerte besitzen.***

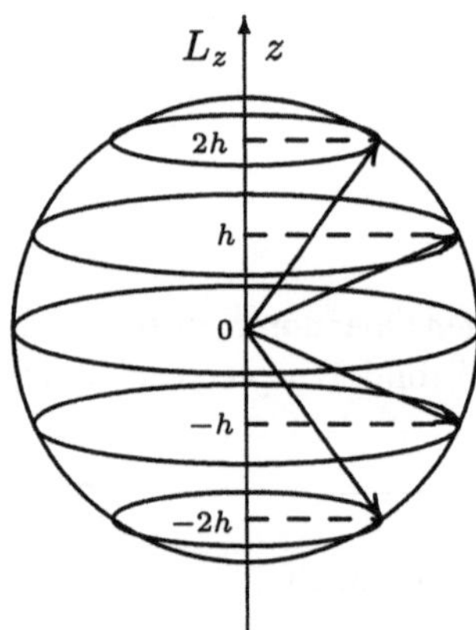

Bild 7.13
Vektordiagramm des Bahndrehimpulses

Man kann nun mittels (7.37) auch zeigen, daß die einzelnen Komponenten des Drehimpulses nicht gleichzeitig scharf meßbar sind. Zusammen mit dem Betrag des Drehimpulses $|\vec{L}|$ kann stets nur eine Komponente, etwa die z-Komponente L_z gleichzeitig gemessen werden. Man kann weiter zeigen, daß dabei die möglichen Werte von $|\vec{L}|$ gemäß

$$|\vec{L}| = \sqrt{l(l+1)}\,\hbar \tag{7.39}$$

durch die *Drehimpulsquantenzahl* $l = 0, 1, 2, \ldots$ ausgedrückt werden können. Bei gegebenem l bestimmen sich die möglichen Werte für L_z dann aus

$$L_z = \hbar m_l \ , \tag{7.40}$$

wobei die ganzzahlige *magnetische Quantenzahl* m_l durch $-l \leq m_l \leq l$ auf $2l + 1$ Werte beschränkt ist. Die Quantisierungsvorschrift für den Drehimpuls läßt sich in einem Vektordiagramm verdeutlichen. Da L_z als mit L gleichzeitig scharf meßbar angenommen wird, kann weder L_x noch L_y verschwinden (dies würde einer gleichzeitigen scharfen Meßbarkeit entsprechen!), so daß der Vektor $\vec{L}$ auf einem Kegelmantel eine Präzessionsbewegung um die z-Achse ausführen muß. Diese muß so erfolgen, daß nur die erlaubten diskreten L_z-Werte resultieren. Bei der quantenmechanischen Behandlung des Wasserstoffatoms werden wir diese Ergebnisse nutzen.

Neben der nicht gleichzeitigen Meßbarkeit von Observablen, deren zugeordnete Operatoren nicht vertauschbar sind, lehrt die Quantenmechanik noch eine, ihrem Wesen nach andere Art der Unschärfe, die sich auf die Messung der Energie eines Systems zu verschiedenen Zeitpunkten bezieht. Diese **Energie-Zeit-Unschärferelation** besagt, daß der Energieerhaltungssatz in der Quantenmechanik mit Hilfe zweier Messungen im zeitlichen Abstand Δt nur mit einer Genauigkeit der Größenordnung $h/\Delta t$ überprüfbar ist. In Analogie zu (7.21) schreibt man

$$\Delta E \cdot \Delta t \leq h \,. \tag{7.41}$$

Wir konzentrieren uns nun weiter auf die Aspekte der Theorie, die für ein Verständnis des quantenmechanischen Atommodells unbedingt benötigt werden. Dazu bleiben wir bei unserem eindimensionalen Modell und suchen spezielle Lösungen von (7.36) in der Form

$$\psi(x,t) = e^{-i\omega t}\psi(x) \,.$$

Da der Absolutbetrag des Exponentialfaktors den Wert eins hat, ist die Aufenthaltswahrscheinlichkeit für ein Teilchen in einem durch eine solche Wellenfunktion bestimmten Zustand von der Zeit unabhängig. Man nennt solche Zustände *stationär*. Geht man mit diesem Ansatz in die zeitabhängige Schrödinger-Gleichung ein, so resultiert wegen

$$i\hbar\frac{\partial\psi}{\partial t} = \hbar\omega e^{-i\omega t}\psi(x) = Ee^{-i\omega t}\psi(x)$$

für $\psi(x)$ die *stationäre* Schrödinger-Gleichung

$$\boxed{-\frac{\hbar^2}{2m}\frac{\partial^2\psi(x)}{\partial x^2} + V(x)\psi(x) = E\psi(x) \,.} \tag{7.42}$$

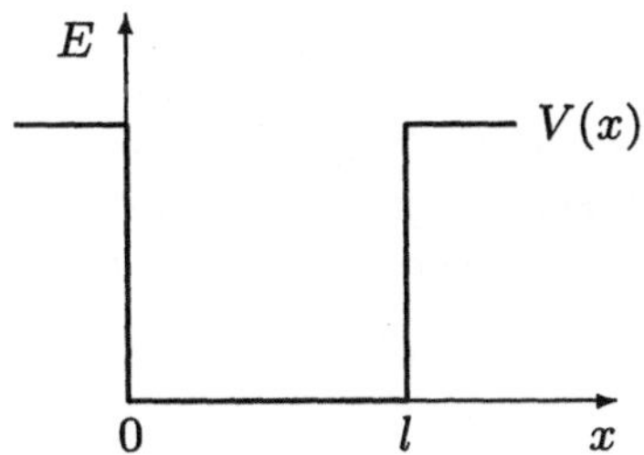

Bild 7.14
Zur quantenmechanischen Behandlung des Problems „Elektron in einem Kastenpotential"

Wir wollen als ein einfaches Anwendungsbeispiel die Bestimmung der stationären Zustände für ein Elektron in dem in Bild 7.14 gezeigten Kastenpotential durchführen: Um das Problem so einfach wie möglich zu halten, soll dabei angenommen werden, daß die Potentialwände rechts und links vom Kasten unendlich hoch sind. Damit ist der Aufenthalt des Elektrons auf das Intervall $(0, l)$ beschränkt, so daß die stationäre Wellenfunktion für $x \leq 0$ und $x \geq l$ verschwinden muß. Innerhalb der Potentialwände ist $V(x) = 0$, und die allgemeine Lösung läßt sich dort mit dem Ansatz

$$\psi = c_1 e^{ikx} + c_2 e^{-ikx} \tag{7.43}$$

finden. Einsetzen in (7.42) zeigt, daß die Lösungen zu den Energien

$$E = \frac{\hbar^2 k^2}{2m} \tag{7.44}$$

gehören. Wie die Quantenmechanik lehrt, müssen die Wellenfunktionen stetig sein. Diese Forderung verlangt an den Rändern des Kastens

$$\begin{aligned}\psi(0) &= c_1 + c_2 = 0 \\ \psi(l) &= c_1 \exp(ikl) + c_2 \exp(-ikl) = 0\ ,\end{aligned}$$

was nun die möglichen (erlaubten) k-Werte in (7.44) einschränkt. Da aus der ersten Gleichung $c_1 = -c_2$ folgt, liefert die zweite aufgrund der Eulerschen Identität $\sin(kl) = 0$ bzw. $kl = \pi n$ mit ganzzahligem n. Aus (7.44) ergeben sich die erlaubten Energiewerte damit zu

$$E_n = \frac{\hbar^2 \pi^2}{2ml^2} n^2\ . \tag{7.45}$$

Die möglichen Energien eines Elektrons in Kasten sind also diskret und können durch die *Quantenzahl* n charakterisiert werden.

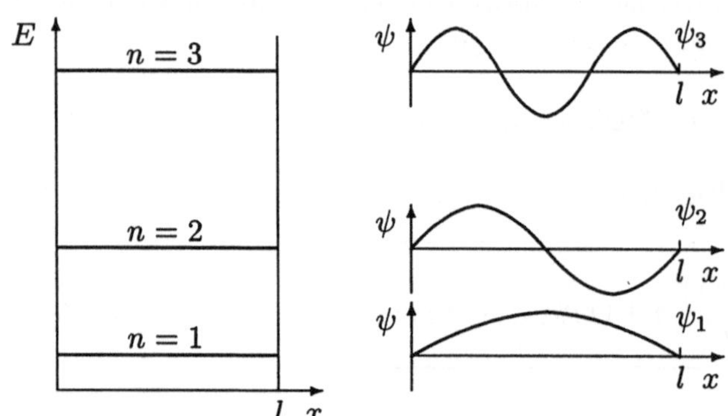

Bild 7.15
Die Lage der drei untersten Energieniveaus und die Formen der entsprechenden Wellenfunktionen für ein Elektron in einem Kastenpotential mit unendlich hohen Wänden

Die zugehörigen Wellenfunktionen ergeben sich mit $c_1 = -c_2 = c$ aus (7.43). Berücksichtigt man weiter die Tatsache, daß die Wahrscheinlichkeit dafür, das Elektron irgendwo im Kasten zu finden, eins sein muß, so bestimmt sich das verbleibende c aus der *Normierungsbedingung*

$$\int_0^l |\psi(x)|^2 \mathrm{d}x = 1\ .$$

Schließlich findet man in Abhängigkeit von n die stationären Wellenfunktionen des Problems zu

$$\phi_n(x) = \sqrt{\frac{2}{l}} \sin\left(\frac{\pi}{l} n x\right)\ .$$

Die drei untersten Energieniveaus und die entsprechenden stationären Wellenfunktionen sind in Bild 7.15 veranschaulicht. Man erkennt, daß sich die Wellenfunktionen als stehende Wellen interpretieren lassen, die alle an den beiden Potentialwänden Knoten besitzen. Zu $n = 1$ gehört die Grundschwingung und zu $n = 2, 3, \ldots$ gehören die entsprechenden Oberschwingungen mit weiteren Knoten.

Der Tunneleffekt und das Raster-Tunnel-Elektronenmikroskop: Ein spezifisches quantenmechanisches Phänomen ist der Tunneleffekt. Er besteht darin, daß ein Mikroteilchen mit einer Gesamtenergie E in ein nach den Gesetzen der klassischen Physik verbotenes Gebiet eindringen oder es sogar durchdringen kann. Ein solches Gebiet ist dadurch charakterisiert, daß in ihm die potentielle Energie größer als die Gesamtenergie E ist. Läuft ein Teilchen der Energie E von links gegen eine Potentialbarriere $V(x)$, dann wird es nach den Gesetzen der klassischen Physik an dieser reflektiert. Der in Bild 7.16 skizzierte Verlauf der Wellenfunktion dieses Teilchens zeigt aber, daß es nach den Gesetzen der Quantenmechanik eine nicht verschwindende Wahrscheinlichkeit dafür gibt, daß das Teilchen diese Barriere durchdringt.

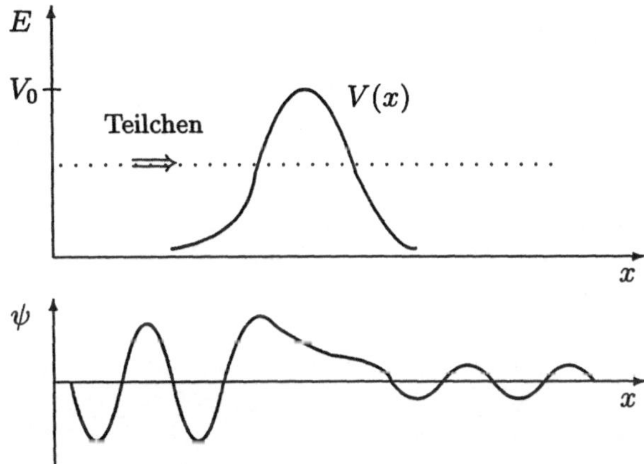

Bild 7.16
Zum Tunneleffekt

Der Tunneleffekt ist eine Konsequenz der Unschärferelation. Der Grund dafür, daß das Teilchen nach klassischer Vorstellung die Barriere nicht durchdringen kann, ist nämlich die Tatsache, daß in der Barriere die klassische Relation $E = E_{\text{kin}} + V(x) < V_0$ zu einer negativen kinetischen Energie führen würde. In der Quantenmechanik ist die Gesamtenergie jedoch nicht als Summe aus kinetischer und potentieller Energie darstellbar, denn erstere verlangt die Kenntnis von v und letztere die von x, so daß beide Anteile wegen der Unschärferelation nicht gleichzeitig scharf meßbar sind. Damit gilt in der Barriere anstelle der obigen Relation nur $E < V_0$, was zu keinem Widerspruch führt.

Der Tunneleffekt bildet die Grundlage einer noch relativ neuen, faszinierenden Methode der Elektronenmikroskopie – der *Raster-Tunnel-Elektronenmikroskopie*. Sie wurde durch die 1986 mit dem Nobelpreis gewürdigte Entwicklung des **Raster-Tunnel-Elektronenmikroskops** durch den Deutschen G. Binnig und den Schweizer H. Rohrer möglich. Bild 7.17 zeigt das Prinzip eines solchen Tunnelmikroskops. Der zu untersuchenden (metallischen) Oberfläche nähert man bis auf ca. 1nm eine Metallspitze, die im Idealfall am unteren Ende aus nur einem Atom besteht. Diese Metallspitze kann durch piezoelektrische Stäbe mit äußerster Präzision in allen drei Raumrichtungen positioniert werden. Es besteht auch die Möglichkeit, die Probe unter der Spitze zu verschieben. Zwischen der Oberfläche und der Spitze existiert eine Potentialbarriere, wie wir sie z. B. im Zusammenhang mit dem Kontaktpotential in Abschnitt 4.2.5 kennengelernt haben. Legt man nun zwischen beide eine elektrische Spannung an, so können Elektronen die Potentialbarriere durchtunneln, und es fließt ein Tunnelstrom (Größenordnung 1nA). Während nun durch Verstellen der Metallspitze in x- und y-Richtung die zu untersuchende Oberfläche abgetastet wird, hält man den Tunnelstrom dadurch konstant, daß man U_z und damit die z-Koordinate der

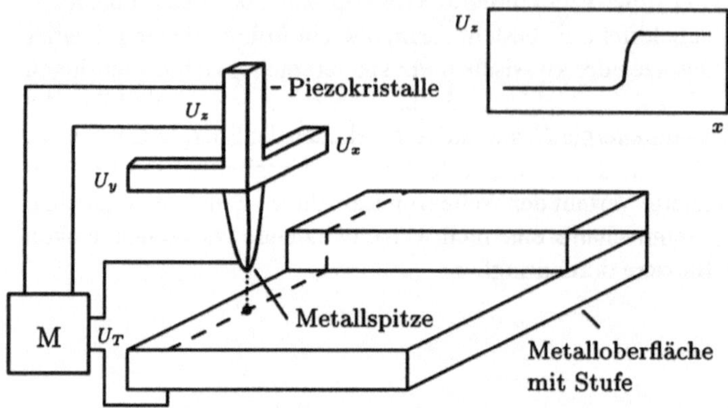

Bild 7.17 Prinzip eines Raster-Tunnel-Elektronenmikroskops

Spitze variiert. In der Funktion $U_z(x, y)$ bildet sich dadurch die Topografie der zu untersuchenden Oberfläche ab. Da der Tunnelstrom exponentiell vom Abstand Probe–Spitze abhängt, kann die Topografie in z-Richtung sehr genau erfaßt werden.

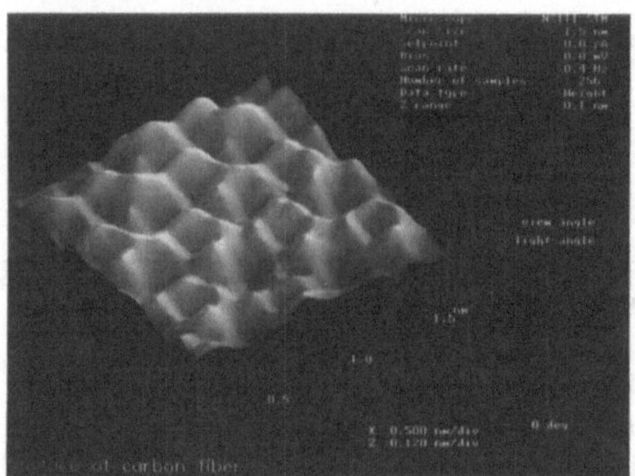

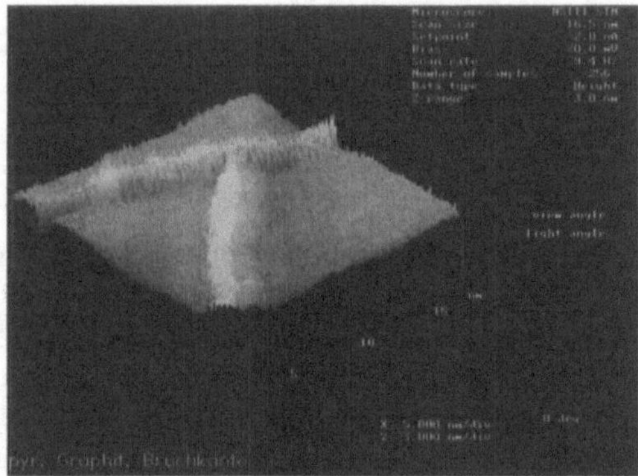

Bild 7.18 Ergebnisse der Raster-Tunnel-Mikroskopie: Rechts eine Graphitoberfläche, die eine Stufe enthält, und links eine Kohlenstoffoberfläche (Fotos: R. Rosenfeld, Max-Born-Institut für Nichtlineare Optik und Kurzzeitspektroskopie, Berlin)

Die Möglichkeiten der Raster-Tunnel-Elektronenmikroskopie sind beeindruckend. Bild 7.18 zeigt eine Bruchkante auf einer Graphitoberfläche (oben) und in einer um den Faktor 10 vergrößerten Auflösung eine Oberfläche von Kohlenstoff (unten). Die hohe Auflösung der Methode (sie arbeitet ohne Elektronenlinsen!) ermöglichte in den letzten Jahren erstmals Einblicke in atomare Dimensionen und läßt für die Zukunft noch viele spektakuläre Ergebnisse erwarten. Es muß allerdings erwähnt werden, daß die Auswertung solcher Spektren gewisse Schwierigkeiten beinhaltet. Tatsächlich mißt man nämlich über den Tunnelstrom primär die Elektronendichte-Verteilung an der Oberfläche und schließt daraus auf die atomare Struktur.

7.2.4 Ergebnisse einer quantenmechanischen Beschreibung der Atome

7.2.4.1 Das Wasserstoffatom

Die quantenmechanische Beschreibung von Atomen ist im allgemeinen eine außerordentlich komplizierte Problematik. Prinzipiell muß der Hamilton-Operator eine Vielzahl von Termen enthalten, die die vielfältigen Wechselwirkungsmechanismen zwischen den einzelnen Elektronen untereinander und mit dem Atomkern berücksichtigen. Da das Wasserstoffatom als einfachstes Atom nur ein Elektron und ein Proton besitzt, läßt es sich in guter Näherung im Rahmen des Problems „Elektron im Coulomb-Potential eines Protons" untersuchen.

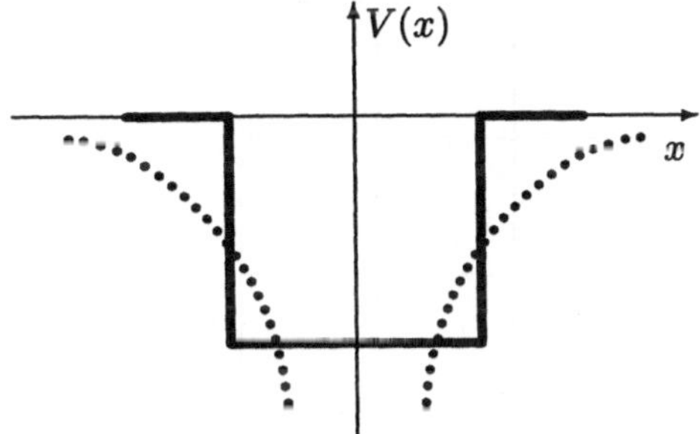

Bild 7.19
Vergleich zwischen Kastenpotential (durchgezogen) und Coulomb-Potential (gepunktet)

Betrachtet man Bild 7.19, so läßt bereits der optische Vergleich zwischen einem kastenförmiges Potential und dem Coulomb-Potential erwarten, daß die quantenmechanische Lösung des Wasserstoffproblems ebenfalls diskrete erlaubte Energien liefern wird. Die entsprechende Schrödinger-Gleichung lautet

$$\left[-\frac{\hbar^2\Delta}{2m_0} - \frac{Ze^2}{4\pi\varepsilon_0 r}\right]\psi(x,y,z) = E\psi(x,y,z)\ . \tag{7.46}$$

Ihre Lösung ist nicht ganz einfach, kann aber in jedem Standardwerk der Quantenmechanik nachgelesen werden. Wir geben hier nur die entsprechenden Ergebnisse an:

Aufgrund der Kugelsymmetrie des Problems ist in den stationären Zuständen neben der Gesamtenergie auch der Betrag des Drehimpulses und seine z-Komponente scharf meßbar. Daher können diese Zustände durch die **Drehimpulsquantenzahl** l und die **magnetische Quantenzahl** m_l charakterisiert werden (vgl. die Informationen zur Arbeitsweise der Quantenmechanik). In Kugelkoordinaten ($\psi(x,y,z) \rightarrow \psi(r,\theta,\phi)$) schreibt sich die Lösung für die stationären Zustände als

$$\psi_{n,l,m_l}(r,\theta,\phi) = R_{nl}(r)\, Y^l_{m_l}(\theta,\phi)\ ,$$

d. h. als ein Produkt aus einem *Radialanteil* R_{nl} und einem *Winkelanteil* $Y^l_{m_l}$. Neben l und m_l tritt noch zusätzlich die **Hauptquantenzahl** n auf. Zu diesen Zuständen gehören die erlaubten Energiewerte

$$E_n = -\frac{Z^2 e^4 m_0}{32\hbar^2\pi^2\varepsilon_0^2}\,\frac{1}{n^2}\ . \tag{7.47}$$

Es sei darauf hingewiesen, daß dieses Ergebnis der Quantenmechanik mit dem der Bohrschen Theorie – ausgedrückt durch (7.30) – identisch ist.

Bei der Lösung von (7.46) zeigt sich, daß die ganzzahligen Quantenzahlen den folgenden Beschränkungen unterliegen:

$$n = 1, 2, 3, \ldots; \qquad 0 \le l \le n - 1; \qquad -l \le m_l \le l\,. \tag{7.48}$$

Damit gibt es zu jedem n genau $\sum_{l=1}^{n-1}(2l+1) = n^2$ unterschiedliche Wellenfunktionen. Die zugehörigen Energiewerte sind jedoch alle gleich, so daß man von einer *Entartung* der Energieniveaus spricht. Die Unabhängigkeit der Energiewerte von l ist eine Besonderheit des Coulomb-Potentials und damit des Wasserstoffatoms. Wie wir noch sehen werden, besitzen alle anderen Atome für verschiedene l auch verschiedene Energien (vgl. Abschnitt 7.2.4.2).

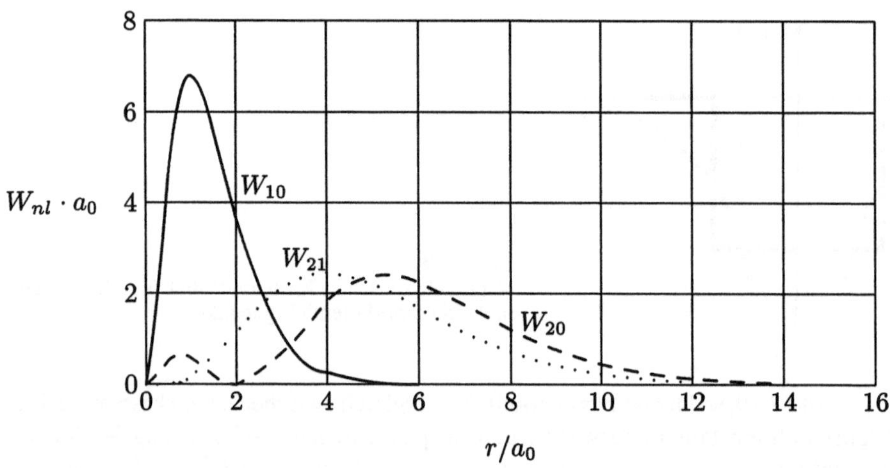

Bild 7.20 Die Aufenthaltswahrscheinlichkeitsdichten in radialer Richtung $W_{nl} = 4\pi r^2 R_{nl}^2$ für Elektronen im $1s$-Zustand (durchgezogen), $2s$-Zustand (gestrichelt) und $2p$-Zustand (punktiert) des Wasserstoffatoms

Untersuchen wir die Wellenfunktionen etwas genauer: Es ist üblich, die Zustände hinsichtlich ihrer Quantenzahl l durch Buchstaben zu charakterisieren. Den Werten $l = 1, 2, 3, 4, \ldots$ entsprechen Zustände vom Typ s, p, d, f ....[3] Ein Elektron im Zustand $2s$ besitzt demnach die Quantenzahlen $n = 2$ und $l = 1$, ein Elektron im Zustand $4d$ die Quantenzahlen $n = 4$ und $l = 3$. Als Beispiele geben wir die Radialanteile für $n = 1$ und $n = 2$ sowie die Winkelanteile für s-Zustände und p-Zustände im folgenden an. Es gilt

$$\begin{aligned}
R_{10} &= \left(\frac{Z}{a_0}\right)^{3/2} 2\exp\left(-\frac{Zr}{a_0}\right) \\
R_{20} &= \left(\frac{Z}{2a_0}\right)^{3/2} 2\left(1 - \frac{Zr}{2a_0}\right)\exp\left(-\frac{Zr}{2a_0}\right) \\
R_{21} &= \left(\frac{Z}{2a_0}\right)^{3/2} \frac{2}{\sqrt{3}}\left(\frac{Zr}{2a_0}\right)\exp\left(-\frac{Zr}{2a_0}\right),
\end{aligned}$$

wobei a_0 der in (7.31) definierte Bohrsche Radius ist, sowie

[3] Diese Bezeichnungen sind historisch entstanden und haben folgende Bedeutung: s steht für „scharf", p für „principal", d für „diffus" und f für „fundamental".

$$
\begin{aligned}
Y_0^0 &= \sqrt{\frac{1}{4\pi}} \\
Y_1^0 &= \sqrt{\frac{3}{4\pi}} \cos\theta \\
Y_1^{\pm 1} &= \mp\sqrt{\frac{3}{4\pi}} \sin\theta \, e^{\pm i\phi}.
\end{aligned}
$$

Mittels der Funktionen R_{nl} lassen sich die Aufenthaltswahrscheinlichkeiten in radialer Richtung für Elektronen in den einzelnen stationären Zuständen berechnen. Für die $1s$-, $2s$- und $2p$-Funktion sind die Ergebnisse in Bild 7.20 dargestellt. Man erkennt, daß der $1s$-Zustand sehr gut im Abstand $r = a_0$ vom Kern lokalisiert ist. Weniger lokalisiert und in größerem Abstand vom Kern befinden sich die s- und p-Zustände für $n = 2$.

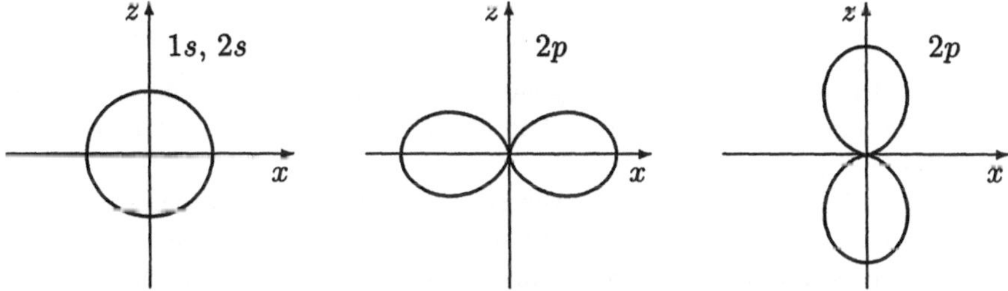

Bild 7.21 Polardiagramme zur Winkelabhängigkeit der Aufenthaltswahrscheinlichkeit für $1s$-, $2s$- und $2p$-Zustände des Wasserstoffatoms

Die Winkelabhängigkeit der Aufenthaltswahrscheinlichkeiten W_{lm_l} wird durch die Betragsquadrate der Winkelanteile $Y_{m_l}^l$ bestimmt. Da die W_{lm_l} nicht von ϕ abhängen, kann man diese Wahrscheinlichkeiten zweckmäßig in einem Polardiagramm darstellen, indem man $W_{lm_l} = r(\theta)$ über θ aufträgt. Die entsprechenden Diagramme wieder für die Zustände mit $n = 1$ und $n = 2$ zeigt Bild 7.21. Während in den s-Zuständen eine kugelsymmetrische Wahrscheinlichkeitsverteilung realisiert wird, zeigen die p-Zustände eine ausgeprägte Richtungsabhängigkeit. Noch kompliziertere Winkelverteilungen sind für noch größere l-Werte – wie für d-Zustände – festzustellen.

7.2.4.2 *Wasserstoffähnliche Atome und Alkalimetallatome*

Die Ergebnisse zum Wasserstoffatom lassen sich unmittelbar auf andere atomare Gebilde mit nur einem Elektron übertragen. Dazu gehören z. B. das einfach ionisierte He oder das zweifach ionisierte Li. Man findet *wasserstoffähnliche Spektren*, deren Spektralserien gemäß (7.47) durch zu Z^2/n^2 proportionale energetische Abstände charakterisiert sind.

Die Atome der Alkalimetalle besitzen mehrere Elektronen, wobei die äußere, nicht abgeschlossene Schale durch ein einzelnes Elektron besetzt ist. Die Spektren der Alkalimetalle erweisen sich als komplizierter als die wasserstoffähnlichen Spektren, lassen sich aber weiterhin durch die Quantenzahlen n, l und m_l charakterisieren. Als wesentlich neuer Aspekt kommt hinzu, daß infolge der Wechselwirkung der Elektronen untereinander die vom Wasserstoffatom bekannte l-Entartung aufgehoben wird. Wie am Beispiel des Li-Atoms in Bild 7.22 zu erkennen ist, sind

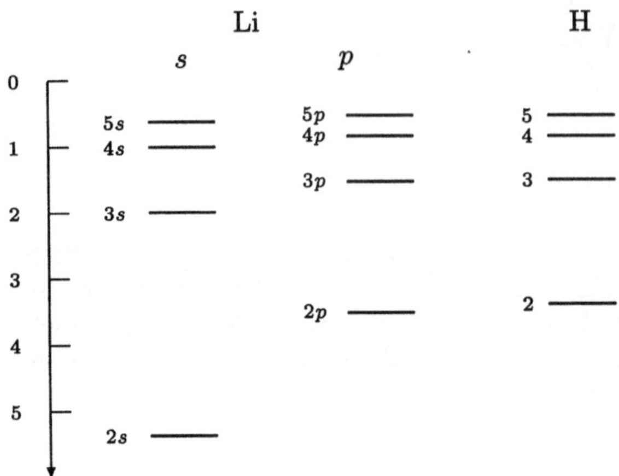

Bild 7.22
Vergleich der Spektren von Li und H

die energetischen Lagen der s-Elektronen stets gegenüber denen der p-Elektronen abgesenkt. Generell nimmt diese Absenkung mit wachsendem l ab, so daß sich die Niveaus immer besser denen des Wasserstoffatoms annähern.

Der beschriebene Sachverhalt resultiert aus den Abweichungen des vom äußeren Leuchtelektron wahrgenommenen effektiven Potentials vom Coulomb-Potential. Befindet sich das Elektron in hinreichender Entfernung vom Kern, so schirmen die restlichen $Z-1$ Elektronen das Kernpotential $-Ze^2/(4\pi\varepsilon_0 r)$ so ab, daß das effektive Potential sich wie $-e^2/(4\pi\varepsilon_0 r)$ verhält. Gelangt das Elektron jedoch in Kernnähe, so befinden sich immer weniger Elektronen zwischen ihm und dem Kern, und es kommt zu einer Reduktion der Abschirmung. Im Extremfall wirkt schließlich das reine unabgeschirmte Kernpotential, dessen stärkere Wirkung die Energien der atomaren Niveaus absenkt. Wir halten also fest:

> *In den Alkalimetallatomen spalten die zu gleichem n aber verschiedenen l gehörenden Energieniveaus auf. Diese Aufhebung der l-Entartung wird dadurch verursacht, daß das Leuchtelektron einem vom Coulomb-Potential abweichenden Potential ausgesetzt ist.*

In der Quantenmechanik läßt sich das entsprechende Verhalten der Elektronen anhand der radialen Aufenthaltswahrscheinlichkeit diskutieren. Wie der Verlauf von W_{nl} in Bild 7.20 zeigt, ist für den $2p$-Zustand die Aufenthaltswahrscheinlichkeit W_{21} in Kernnähe ($r < a_0$) tatsächlich deutlich geringer als W_{20} für den $2s$-Zustand, was für den $2s$-Zustand eine stärkere Absenkung als für den $2p$-Zustand plausibel macht. Auch die Aufenthaltswahrscheinlichkeiten höherer Zustände sind im Einklang mit dem oben beschriebenen generellen Phänomen.

Es sei hier nur erwähnt, daß eine weitere Aufspaltung der Niveaus hinsichtlich der Quantenzahl m_l erst durch den Einfluß äußerer Felder hervorgerufen werden kann. Die Aufspaltung im magnetischen Feld ist als **Zeeman-Effekt** bekannt (P. Zeeman, 1896), während die Aufspaltung oder auch bloß eine Verschiebung der Niveaus im elektrischen Feld **Stark-Effekt** genannt wird (J. Stark, 1913).

7.2.4.3 *Der Elektronenspin*

Die Spektren des Wasserstoffatoms und die der Alkalimetalle zeigen bei entsprechend hoher Auflösung, daß alle Zustände mit $l \neq 0$ Doppellinien sind. Diese Dublettstruktur verursacht die sogenannte *Feinstruktur* der Spektren und ist im Rahmen unserer bisherigen Vorstellungen nicht erklärbar. Eines der bekanntesten Dubletts wird durch die D-Linien des Natriums gebildet.

Um diese Erscheinung zu erklären und auch um das Verhalten von Atomen in magnetischen Feldern korrekt zu beschreiben, haben die holländischen Physiker S. Goudsmith und G. E. Uhlenbeck (1925) das Konzept des **Elektronenspin** vorgeschlagen. Danach soll ein Elektron neben seinem Bahndrehimpuls $\vec{L}$ noch einen Eigendrehimpuls (Spin) $\vec{S}$ besitzen. Dieser zusätzliche Freiheitsgrad ist ein spezifisches quantenmechanisches Phänomen. Will man mit ihm überhaupt eine anschauliche klassische Vorstellung verbinden, so kann man sich den Spin als eine mit der Eigenrotation der Erde bei ihrem Umlauf um die Sonne vergleichbare Rotation des Elektrons um eine innere Achse vorstellen (Bild 7.23).

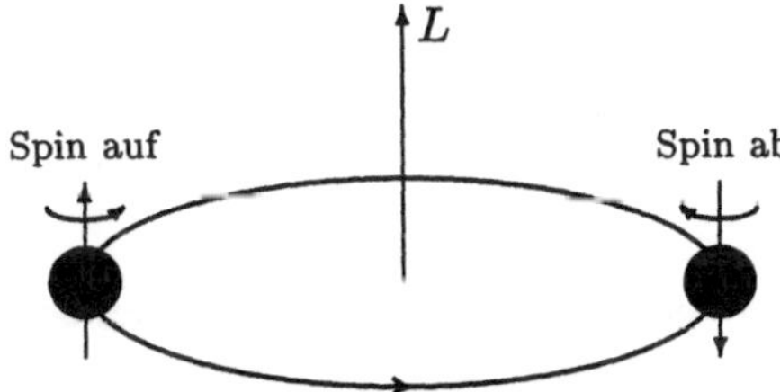

Bild 7.23
Klassische Veranschaulichung des Elektronenspins als eine Rotation des Elektrons um eine innere Achse

Seine Quantisierungsvorschrift ist analog zu der des Bahndrehimpulses (vgl. (7.39) und (7.40)). Der Betrag des Spins läßt sich als

$$|\vec{S}| = \sqrt{s(s+1)}\,\hbar \tag{7.49}$$

durch die *Spinquantenzahl* s ausdrücken. Diese besitzt für Elektronen den Wert $s = 1/2$. Zusammen mit dem Betrag des Gesamtspins kann wieder eine Komponente (S_z) gleichzeitig scharf gemessen werden, und diese kann nur die beiden Werte

$$S_z = m_s \hbar \tag{7.50}$$

mit $m_s = \pm 1/2$ annehmen. Die Quantisierung des Spins läßt sich auch wieder in einem Vektordiagramm darstellen. Da nur die S_z-Komponente scharf meßbar ist, präzediert $\vec{S}$ um die z-Achse und läßt dabei die Werte für S_x und S_y unscharf (Bild 7.24). Es ist üblich, den Wert $S_z = +\hbar/2$ als „Spin auf" und den Wert $S_z = -\hbar/2$ als „Spin ab" zu bezeichnen.

Wir wollen nun versuchen zu verstehen, warum die eingangs des Abschnitts erwähnte Feinstruktur der Spektren als Folge des Elektronenspins erklärt werden kann: Bewegt sich ein Elektron auf einer Bahn, so repräsentiert es einen elektrischen Kreisstrom, der seinerseits nach unseren Ergebnissen von Abschnitt 4.4 ein magnetisches Feld erzeugt. Nach (4.61) besitzt ein auf einem Orbital mit dem Radius r umlaufendes Elektron ein magnetisches Bahnmoment vom Betrag

$$\mu = \mu_l = \left(\frac{-e}{T}\right)\pi r^2 = \left(\frac{-e\omega}{2\pi}\right)\pi r^2 = -\frac{1}{2}e\omega r^2$$

senkrecht zur Bahnebene. Beachtet man noch, daß der Bahndrehimpuls des Elektrons nach (2.29) $L = |\vec{r} \times \vec{p}| = r m_0 v = m_0 \omega r^2$ ist, so kann der Vektor $\vec{\mu}$ als

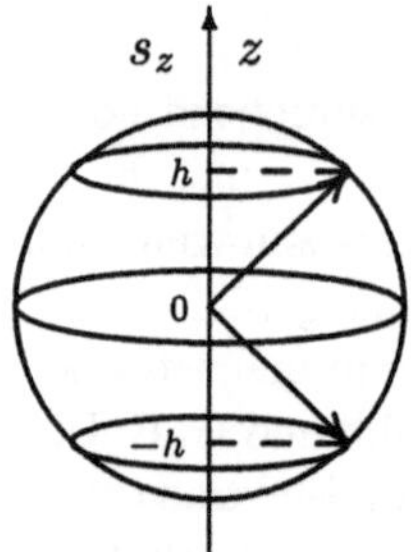

Bild 7.24
Vektordiagramm des Elektronenspins

$$\vec{\mu}_l = -\frac{e}{2m_0}\vec{L} \tag{7.51}$$

dargestellt werden. Speziell für ein Elektron im Wasserstoffatom mit $n = 1$ liefert dies wegen (7.27), d. h. $L = \hbar$, für den Betrag des magnetischen Momentes das **Bohrsche Magneton**

$$\boxed{\mu_B = \frac{e\hbar}{2m_0} = 9,274078 \cdot 10^{-24}\,\mathrm{Am}^2\,.} \tag{7.52}$$

Dieser Wert wird in der Atomphysik gern als Einheit des magnetischen Momentes verwendet. Das magnetische Bahnmoment für Elektronen schreibt sich damit z. B. als

$$\vec{\mu}_l = -g_l \mu_B \frac{\vec{L}}{\hbar}\,. \tag{7.53}$$

Dabei haben wir A. Landé folgend für spätere Zwecke gleich noch den sogenannten *g-Faktor* eingeführt.[4] Er ist dimensionslos und hat für das Bahndrehmoment den Wert $g = g_l = 1$.

Wie die Experimente zeigen, besitzt das Elektron neben seinem Bahnmoment auch ein magnetisches Spinmoment $\vec{\mu} = \vec{\mu}_s$, welches sich in Analogie zu (7.53) gemäß

$$\vec{\mu}_s = -g_s \mu_B \frac{\vec{S}}{\hbar} \tag{7.54}$$

ausdrücken läßt. Wie A. Einstein und J. W. de Haas experimentell zeigen konnten, ist der *g-Faktor* dabei jedoch durch $g = g_s = 2$ gegeben. Infolge dieses Unterschiedes kann zwischen Erscheinungen, die durch das Spinmoment bedingt sind, und solchen, die eine Folge des Bahnmomentes sind, unterschieden werden.

Die magnetischen Momente der Bahnbewegung und des Spins können nun miteinander in Wechselwirkung treten, und diese **Spin-Bahn-Wechselwirkung** verursacht die Aufspaltung der atomaren Niveaus. Um diesen Effekt quantitativ zu erfassen, muß die vergleichsweise kleine Wechselwirkungsenergie zwischen Bahnmoment und Spinmoment als zusätzlicher Term in der Schrödinger-Gleichung berücksichtigt werden (vgl. Übungen). Fassen wir unsere Darlegungen zusammen:

Infolge der Spin-Bahn-Wechselwirkung erfolgt eine Feinstrukturaufspaltung der atomaren Niveaus. Für die Alkalimetallatome ist dabei eine Dublettstruktur charakteristisch, während in komplexeren Atomen auch andere Formen einer Multiplettstruktur auftreten.

[4] Anstelle des *g-Faktors* wird zur Charakterisierung des Verhältnisses von magnetischem Moment und Drehimpuls auch das sogenannte *gyromagnetische Verhältnis* $\gamma_l = |\vec{\mu}_l|/|\vec{L}|$ verwendet.

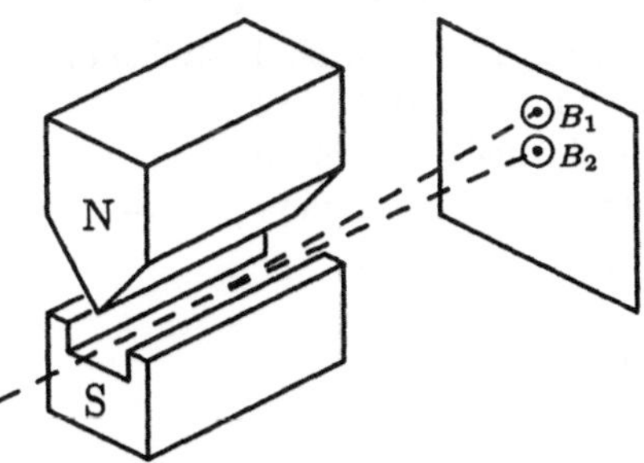

Bild 7.25
Im Stern-Gerlach-Versuch wird die Existenz des Spins durch eine Aufspaltung eines Elektronenstrahl in einem inhomogenen Magnetfeld demonstriert

Die Existenz von zwei möglichen Spinrichtungen des Elektrons läßt sich sehr eindrucksvoll durch den **Stern-Gerlach-Versuch** nachweisen. Lenkt man einen gebündelten Strahl von z. B. Wasserstoffatomen (ursprünglich verwendeten O. Stern und W. Gerlach (1921) einen Strahl aus Silberatomen) durch ein inhomogenes Magnetfeld auf einen Schirm, so stellt man fest, daß sich die Elektronen dort auf zwei Bereiche B_1 und B_2 verteilen (Bild 7.25). Selbst wenn man sicherstellt, daß sich die Atome dabei im Grundzustand befinden und das Elektron im $1s$-Zustand daher keinen Bahndrehimpuls besitzt, spaltet das Magnetfeld den Elektronenstrahl entsprechend der beiden möglichen Orientierungen des magnetischen Spinmomentes in zwei Komponenten auf.

Über Spin und Symmetrie von Wellenfunktionen: Aus theoretischen Untersuchungen des englischen Physikers P. A. M. Dirac (1902–1984) geht hervor, daß die Existenz eines Spins für das Elektron und andere Elementarteilchen sich als Konsequenz einer relativistischen quantenmechanischen Beschreibung ergibt. Dabei zeigt sich weiter, daß man alle Teilchen bzgl. ihrer Spineigenschaften in zwei Klassen einteilen kann. Teilchen mit ganzzahligem Spin bilden die Klasse der **Bosonen**, während Teilchen mit halbzahligem Spin, wie etwa die Elektronen mit $s = 1/2$, zur Klasse der **Fermionen** gehören.

Da identische Teilchen im Gegensatz zur klassischen Physik in der Quantenmechanik infolge der Unschärferelation nicht unterscheidbar sind (vgl. Übungen), darf sich $|\psi|^2$ bei der Vertauschung zweier beliebiger Teilchenvariablen nicht ändern. Dies kann einmal bedeuten, daß sich ψ dabei selbst nicht ändert. Teilchen, die durch eine solche Wellenfunktion beschrieben werden, sind gerade Bosonen. Zum anderen kann ψ dabei aber auch das Vorzeichen ändern. Wellenfunktionen mit dieser Eigenschaft sind für Fermionen charakteristisch.

Ganzzahliger oder halbzahliger Spin entscheidet nicht nur über die Symmetrie der Wellenfunktion des Teilchens, sondern bedingt auch eine unterschiedliche Teilchenstatistik. Bosonen genügen der von S. M. Bose zusammen mit A. Einstein entwickelten **Bose-Einstein-Statistik**; Fermionen folgen der von E. Fermi (1901–1954) und P. A. M. Dirac entwickelten **Fermi-Dirac-Statistik**.

7.2.4.4 Über die Spektren der Mehr-Elektronen-Atome

Die elektronische Struktur der bisher diskutierten Atome ist entweder nur durch ein einziges Elektron charakterisiert (wasserstoffähnliche Atome) oder wird zumindest durch ein einzelnes äußeres Leuchtelektron maßgeblich bestimmt (Alkalimetalle). Alle anderen Atome sind komplizierte Vielelektronensysteme, bei denen der maßgebliche Einfluß der *Elektron-Elektron-Wechselwirkung* nur noch eine numerische Berechnung der Elektronenstruktur zuläßt.

Solche Rechnungen basieren fast immer auf der Basis einer sogenannten Ein-Elektronen-Näherung. Dabei wird das komplexe Vielelektronenproblem näherungsweise durch die Behandlung eines Problems „Einzelnes Elektron in einem effektiven Potential" gelöst. Dieses Potential setzt sich zusammen aus dem Potential des Kerns und eines durch alle anderen Elektronen verursachten, effektiven Potentials, welches sich erst während der Rechnung selbst bestimmt (*selfconsistent field*). Die entsprechende Schrödinger-Gleichung hat die Gestalt

$$\left[-\frac{\hbar^2\Delta}{2m_0} - V_{\mathrm{sc}}(r)\right]\psi = E\psi ,$$

wobei das effektive Potential V_{sc} von den gesuchten Wellenfunktionen ψ abhängig ist und erst im Laufe der Rechnung mit diesen selbstkonsistent bestimmt wird. Dabei geht man von einem Startpotential aus und bestimmt durch Lösen der Schrödinger-Gleichung die Wellenfunktionen. Aus ihnen wird dann ein neues Potential V_{sc} konstruiert und mit diesem wieder die Schrödinger-Gleichung gelöst. Diese Prozedur wird solange wiederholt, bis sich Potential und Wellenfunktionen nicht mehr ändern.

Wichtig ist dabei die Kenntnis der Elektronenkonfiguration des Atoms, und diese Problematik ist eng verknüpft mit der Frage, wie sich aus den Bahndrehimpulsen und Spins der einzelnen Elektronen der Gesamtdrehimpuls des Atoms bestimmen läßt. Ist die Spin-Bahn-Wechselwirkung klein gegen die Wechselwirkung Spin–Spin oder Bahndrehimpuls-Bahndrehimpuls der einzelnen Elektronen untereinander, dann kann man den Gesamtbahndrehimpuls gemäß $\vec{L} = \sum_i \vec{L}_i$, den Gesamtspin gemäß $\vec{S} = \sum_i \vec{S}_i$ und den Gesamtdrehimpuls gemäß

$$\vec{J} = \vec{L} + \vec{S} \qquad (LS - \text{Kopplung}) \tag{7.55}$$

bestimmen. In Analogie zu (7.39) und (7.49) gelten für Gesamtdrehimpuls und Gesamtspin

$$|\vec{L}| = \sqrt{L(L+1)}\,\hbar , \tag{7.56}$$

bzw.

$$|\vec{S}| = \sqrt{S(S+1)}\hbar . \tag{7.57}$$

Da es sich hier aber um vektorielle Additionen quantisierter Größen handelt, ist der Zusammenhang zwischen den Quantenzahlen l_i und s_i der einzelnen Elektronen mit L und S im allgemeinen komplizierterer Natur und wird ausführlich in der entsprechenden Spezialliteratur behandelt.

Als einfaches Demonstrationsbeispiel einer solchen Addition sollen hier nur die Ergebnisse für zwei Elektronen dargestellt werden: Haben die beiden Elektronen die Bahndrehimpulsquan-

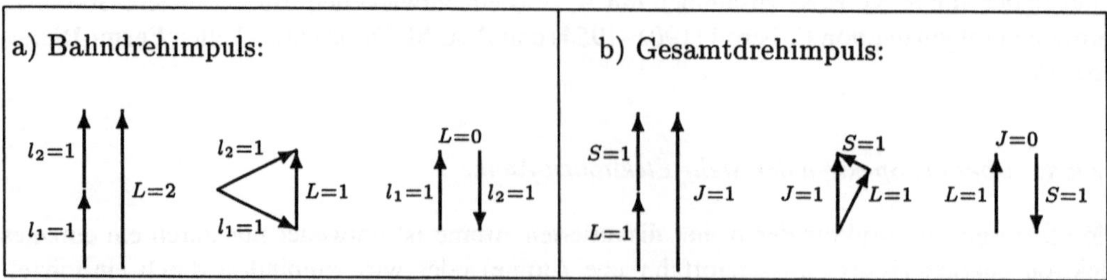

Bild 7.26 Beispiel für die Addition der Drehimpulse für zwei Elektronen nach der Russel-Saunders-Kopplung

tenzahlen l_1 und l_2, so kann die Quantenzahl L in (7.56) alle ganzzahligen Werte zwischen $L_{\text{max}} = l_1 + l_2$ und $L_{\text{min}} = |l_1 - l_2|$ annehmen. Für $l_1 = l_2 = 1$ ist die Situation in Bild 7.26a dargestellt. In ähnlicher Weise erfolgt die Addition der Spins. Für die Spinquantenzahlen s_1 und s_2 kann S hier nur die Werte $S = 0$ oder $S = 1$ annehmen. Während sich im ersten Fall $J = L$ ergibt, existieren für $S = 1$ die drei Möglichkeiten $J = L + 1, L, L - 1$ (Bild 7.26b).

Das skizzierte Vorgehen charakterisiert das Modell der *Russel-Saunders-Kopplung* oder auch *LS-Kopplung*. Es kann für nicht zu schwere Atome in guter Näherung angewandt werden.[5] Jedes einzelne Elektron ist nun im Rahmen dieses Modells durch die vier Quantenzahlen n, l, m_l und m_s charakterisiert, die die bekannten Werte annehmen können. Das Kohlenstoffatom besitzt z. B. im Grundzustand zwei s-Elektronen mit $n = 1$, zwei s-Elektronen mit $n = 2$ und zwei p-Elektronen mit $n = 2$. Seine Elektronenkonfiguration schreibt man dann in der Form $1s^2\,2s^2\,2p^2$.

Im Gegensatz zur Elektronenkonfiguration wird für die atomaren Energiezustände – das Termschema – eine andere Nomenklatur verwendet. Sie lautet

$$n^{2S+1}L_J\,. \tag{7.58}$$

Der Wert für n wird dabei durch die Hauptquantenzahl des höchsten besetzten Zustandes bestimmt; der Exponent $2S+1$ gibt die *Multiplizität* des Termschemas an, d. h. die vom Gesamtspin abhängige Zahl der Feinstrukturterme, in die die betreffende Termserie aufspaltet. Schließlich wird als Index zur Gesamtbahndrehimpulsquantenzahl L die Gesamtdrehimpulsquantenzahl J angegeben. Im Unterschied zum Bahndrehimpuls eines einzelnen Elektrons, der bekanntlich durch die Kleinbuchstaben $s, p, d, \cdots$ charakterisiert wird, werden für L nun die Großbuchstaben $S, P, D, \ldots$ verwendet.[6] Für unser Kohlenstoffatom ist der Grundzustand durch 2^3P_0 gegeben. Da $L = 1$ und gleichzeitig aber $J = 0$ ist, muß der Gesamtspin $S = 1$ sein und außerdem entgegengesetzt zum Bahndrehimpuls orientiert sein.

Man erkennt aus dieser Diskussion, daß ein eindeutiger Zusammenhang zwischen Elektronenkonfiguration und Termschema mit unseren bisherigen Kenntnissen nicht herzustellen ist. Dazu sind weitere Kenntnisse über die Systematik des Atombaus notwendig, die wir im folgenden vermitteln wollen.

Übungen:

7.16: Versuchen Sie, mit Hilfe der Aufspaltung der Natrium D-Linien (sie liegen bei 589, 59 nm bzw. 588, 96 nm) die Größenordnung der Spin-Bahn-Wechselwirkungsenergie abzuschätzen. Vergleichen Sie das Ergebnis mit einer entsprechenden Abschätzung für das Wasserstoffatom, für das man an der H_α-Linie bei 656, 28 nm eine Aufspaltung von 0, 014 nm mißt. ■

7.17: Versuchen Sie zu begründen, warum die Heisenbergsche Unschärferelation eine Ununterscheidbarkeit identischer Teilchen zur Folge hat. ■

7.2.5 Systematik des Atombaus und das Pauli-Prinzip

Der Schlüssel für ein Verständnis der Systematik des Atombaus wurde vom Schweizer Physiker W. Pauli (1900–1958) im Jahre 1925 entdeckt. Die Besetzung der atomaren Niveaus durch die Elektronen genügt danach dem **Pauli-Prinzip**, welches man für unsere Zwecke in folgender Weise formulieren kann:

[5] Für sehr schwere Atome ist das sogenannte jj-Kopplungsschema besser geeignet, welches von den Gesamtdrehimpulsen der Atome ausgeht.

[6] Leider ist es üblich, sowohl für den Gesamtspin als auch für den Gesamtbahndrehimpuls $L = 0$ den Buchstaben S zu verwenden. Dem aufmerksamen Leser sollte es jedoch gelingen, die jeweilige Bedeutung zu erkennen.

Tabelle 7.2 Das Periodensystem der Elemente

Protonenzahl: 25, Mn, 54,94: Relative Atommasse

	Ia	IIa	IIIb	IVb	Vb	VIb	VIIb	VIIIb	VIIIb	VIIIb	Ib	IIb	IIIa	IVa	Va	VIa	VIIa	VIIIa
1	1 H 1,01																	2 He 4,00
2	3 Li 6,94	4 Be 9,01											5 B 10,81	6 C 12,01	7 N 14,01	8 O 16,00	9 F 19,00	10 Ne 20,18
3	11 Na 22,99	12 Mg 24,31											13 Al 26,98	14 Si 28,09	15 P 30,97	16 S 32,07	17 Cl 35,45	18 Ar 39,95
4	19 K 39,10	20 Ca 40,08	21 Sc 44,96	22 Ti 47,88	23 V 50,94	24 Cr 52,00	25 Mn 54,94	26 Fe 55,85	27 Co 58,93	28 Ni 58,69	29 Cu 63,55	30 Zn 65,39	31 Ga 69,72	32 Ge 72,61	33 As 74,92	34 Se 78,96	35 Br 79,90	36 Kr 83,80
5	37 Rb 85,47	38 Sr 87,62	39 Y 88,91	40 Zr 91,22	41 Nb 92,91	42 Mo 95,94	43 Tc 98,91	44 Ru 101,07	45 Rh 102,91	46 Pd 106,42	47 Ag 107,87	48 Cd 112,41	49 In 114,82	50 Sn 118,71	51 Sb 121,76	52 Te 127,60	53 I 126,90	54 Xe 131,29
6	55 Cs 132,91	56 Ba 137,33	La – Lu	72 Hf 178,49	73 Ta 180,95	74 W 183,84	75 Re 186,21	76 Os 190,23	77 Ir 192,22	78 Pt 195,08	79 Au 196,67	80 Hg 200,59	81 Tl 204,38	82 Pb 207,20	83 Bi 208,98	84 Po 208,98	85 At 209,99	86 Rn 222,02
7	87 Fr 223,02	88 Ra 226,03	Ac – Lr	104 Rf 261,12	105 Ha 262,11	106 Unh 263,12	107 Uns 262,12	108 Uno (265)	109 Une (266)									

6	57 La 138,91	58 Ce 140,12	59 Pr 140,91	60 Nd 144,24	61 Pm 146,92	62 Sm 150,36	63 Eu 151,97	64 Gd 157,25	65 Tb 158,93	66 Dy 162,50	67 Ho 164,93	68 Er 167,26	69 Tm 168,93	70 Yb 173,04	71 Lu 174,97
7	89 Ac 227,03	90 Th 232,04	91 Pa 231,04	92 U 238,03	93 Np 237,05	94 Pu 244,06	95 Am 243,06	96 Cm 247,07	97 Bk 247,07	98 Cf 251,08	99 Es 252,08	100 Fm 257,10	101 Md 258,10	102 Nb 259,10	103 Lr 260,11

Die Besetzung der Zustände in einem Atom durch Elektronen kann nur so erfolgen, daß sich jeweils zwei Elektronen mindestens in einer der Quantenzahl n, l, m_l oder m_s unterscheiden.

Für die folgenden Überlegungen geben wir die möglichen Werte dieser Quantenzahlen nochmals an:

Hauptquantenzahl:	$n = 1, 2, 3, \ldots$
Bahndrehimpulsquantenzahl:	$l = 0, 1, 2, \ldots n-1$
magnetische Quantenzahl:	$m_l = 0, \pm 1, \ldots \pm l$
magnetische Spinquantenzahl:	$m_s = \pm 1/2.$

Zu jeder Hauptquantenzahl n gibt es daher $2\sum_0^{n-1}(2l+1) = 2n^2$ mögliche Zustände, die jeweils eine sogenannte Schale bilden.

Das Pauli-Prinzip liefert ein Verständnis für den Aufbau des Periodensystems der Elemente (Tabelle 7.2). Beginnen wir mit der ersten Schale (K-Schale): Sie kann mit einem Elektron ($1s$) gefüllt sein, was uns das Wasserstoffatom liefert, maximal jedoch, wie beim Helium, mit zwei Elektronen ($1s^2$). Da beide Elektronen die Quantenzahlen $n = 1$, $l = 0$, $m = 0$ gemeinsam haben, müssen ihre Spins entgegengesetzt gerichtet sein.

Mit dem Einbau eines dritten Elektrons erfolgt die Besetzung der zweiten Schale (L-Schale). Da die Elektronen die Zustände energetisch von unten nach oben besetzen, hat Lithium im Grundzustand die Elektronenkonfiguration $1s^2\,2s$. Über Beryllium, Bohr, Kohlenstoff, Stickstoff und Fluor erreichen wir den Abschluß der zweiten Schale für Neon ($1s^2\,2s^2\,2p^6$).

Die dritte Schale (M-Schale) kann maximal 18 weitere Elektronen aufnehmen. Vergleicht man dies mit der Elektronenkonfiguration von Argon ($1s^2\,2s^2\,2p^6\,3s^2\,3p^6$), so stellt man fest, daß eine stabile Edelgaskonfiguration bereits nach dem Auffüllen aller s- und p-Zustände erreicht ist. Eine Besetzung der noch freien d-Zustände ist aus energetischen Gründen in dieser Konstellation ungünstiger, als mit der Besetzung der vierten Schale (N-Schale) zu beginnen.

Erst nach dem Calcium ($1s^2\,2s^2\,2p^6\,3s^2\,3p^6\,4s^2$) wird die Besetzung der $3d$-Unterschale energetisch günstig. Die nicht abgeschlossene d-Schale ist für viele physikalische und chemische Eigenschaften der *Übergangsmetalle* von Scandium bis Nickel verantwortlich. Ein vorläufiger Teilabschluß der N-Schale mit noch nicht abgeschlossener $4d$-Schale wird beim Krypton erreicht.

Das spätere Auffüllen solcher inneren Unterschalen ist für die weitere Struktur des Periodensystems charakteristisch. Es erfolgt u. a. bei den $4d$-Übergangsmetallen Yttrium bis Palladium, bei den $4f$-Übergangsmetallen Lanthan bis Ytterbium, die auch *Seltene Erden* bzw. *Lanthanoide* heißen, sowie für die $5d$- oder $5f$-Elemente.

Wir haben gerade demonstriert, wie mit Hilfe des Pauli-Prinzips der Aufbau des Periodensystems prinzipiell verstanden werden kann. Die Elektronenkonfiguration der Atome ist dabei allerdings nur hinsichtlich der Quantenzahlen n und l determiniert worden. Eine Angabe der atomaren Konfiguration gemäß (7.58) verlangt aber die Kenntnis von L, S und J, was weitere Informationen über die Besetzung der atomaren Niveaus verlangt. Für den energetisch niedrigsten Zustand, den Grundzustand des Atoms, gelten bei LS-Kopplung ergänzend zum Pauli-Prinzip die *Hundschen Regeln*:

- Elektronen mit gleichem l verteilen sich auf die durch m_l charakterisierten Zustände so, daß der Gesamtspin maximal wird.
- Gibt es mehrere Konfigurationen mit maximalem Gesamtspin, so wird diejenige mit der größten Gesamtbahndrehimpulsquantenzahl L realisiert.
- Infolge der Spin-Bahn-Wechselwirkung wird für weniger als halbbesetzte Teilschalen der Zustand mit minimalem J eingenommen; ansonsten der mit maximalem J.

Damit wird nun erst verständlich, warum das weiter oben behandelte Kohlenstoffatom im Grundzustand die atomare Konfiguration 2^3P_0 besitzt. Die volle K-Schale und die beiden $2s$-Elektronen tragen wegen des Pauli-Prinzips weder zum Gesamtspin noch zum Gesamtbahndrehimpuls bei. Zu untersuchen bleibt also nur das System der beiden $2p$-Elektronen. Aufgrund der ersten Regel müssen sie Zustände mit unterschiedlichem m_l besetzen, um $S_{\max} = 1$ bei gleichgerichtetem Spin zu ermöglichen. Um bei gleichgerichteten Spins die zweite Regel zu erfüllen, kann man, wie in Bild 7.26 verdeutlicht, die Zustände mit $m_l = 1$ und $m_l = 0$ besetzen, was $L_{\max} = 1$ liefert. Da nur 2 der 6 möglichen Zustände der p-Teilschale besetzt sind, verlangt die dritte Regel $J_{\min} = L_{\max} - S_{\max} = 0$, was ebenfalls in Bild 7.26 veranschaulicht ist. Insgesamt gibt das die bereits früher angegebene Grundzustandskonfiguration 2^3P_0, deren Elektronenkonfiguration Bild 7.27 nochmals verdeutlicht.

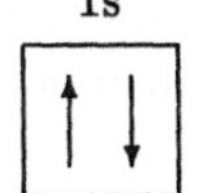

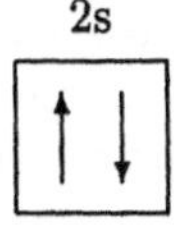

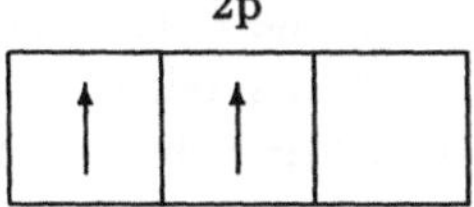

Bild 7.27
Elektronenkonfiguration und Orientierung der Elektronenspins für ein Kohlenstoffatom im Grundzustand

Übungen:

- **7.18**: Bestimmen Sie Elektronenkonfiguration und atomare Konfiguration für Helium im Grundzustand und in den zwei nächsthöheren angeregten Zuständen. Welche Multiplizität besitzen die Zustände in den jeweiligen Fällen?
- **7.19**: Die berühmte gelbe Natrium-Doppellinie entsteht infolge des Übergangs vom Grundzustand 3^2S in die Zustände 3^2P. Bestimmen Sie die Elektronenkonfiguration von Anfangs- und Endzustand für diesen Übergang.
- **7.20**: Bestimmen Sie die Elektronenkonfiguration für die Übergangsmetalle Titan und Nickel.

7.2.6 Lumineszenz, Fluoreszenz und Phosphoreszenz

Wird einem Stoff Energie zugeführt, so wird er meist wenigstens einen Teil dieser Energie in Form von Strahlung wieder abgeben. Bestrahlt man einen Körper etwa mit Licht einer bestimmten Frequenz, so beobachtet man im allgemeinen eine Reemission eines Teils dieser Strahlung bei kleinerer oder höchstens gleicher Frequenz (Stokessche Linien); unter bestimmten Bedingungen werden manchmal auch höhere Frequenzen emittiert (Anti-Stokessche Linien). Das beschriebene Phänomen wird als **Lumineszenz** bezeichnet und experimentell oft zur Charakterisierung der optischen Eigenschaften von Stoffen eingesetzt. Nicht nur auf optischem Wege, sondern auch durch Zuführung von elektrischer Energie kann eine Anregung der Lumineszenz erfolgen. Als Beispiel sei hier auf die Lumineszenzdiode verwiesen, die im Kapitel „Festkörperphysik" ausführlicher behandelt wird.

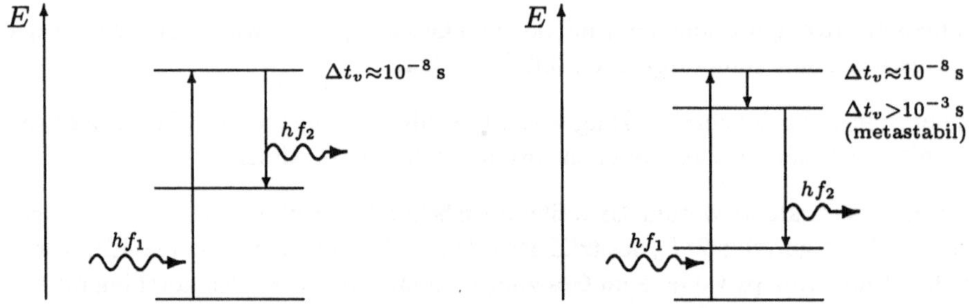

Bild 7.28 Zur Entstehung von Fluoreszenz und Phosphoreszenz

In einigen Substanzen, wie in Flußspat CaF_2 oder Farbstoffen, z. B. Eosin- und Fluoreszin-Lösungen, erfolgt die Abstrahlung des Lichtes nahezu unmittelbar nach der Anregung. Diese Form der Lumineszenz bezeichnet man als **Fluoreszenz**.

Bei manchen festen Körpern wird im Gegensatz zur Fluoreszenz die aufgenommene Energie in Form von Licht nicht unmittelbar abgestrahlt, sondern in einem Zeitraum von einigen Millisekunden bis zu Stunden oder sogar Tagen. Den Vorgang selbst nennt man **Phosphoreszenz**, und die entsprechenden Substanzen heißen *Phosphore*. Sie werden auf der Basis von Sulfiden und Silikaten der Erdalkalimetalle, wie Calcium, Strontium oder Cadmium, hergestellt und bei der Herstellung von Fernsehbildschirmen oder Leuchtzifferblättern von Uhren verwendet.

7.2.7 Röntgenstrahlen

Werden in einer Vakuumröhre Elektronen durch Glühemission an der Kathode erzeugt und durch Anlegen einer hohen Spannung stark beschleunigt, so erzeugen sie nach ihrem Auftreffen auf der Anode, die man in diesem Zusammenhang auch *Antikathode* nennt, eine energiereiche Strahlung (W. C. Röntgen, 1895). Sie wurde ursprünglich X-Strahlung genannt und wird heute im deutschen Sprachraum zu Ehren ihres Entdeckers als **Röntgenstrahlung** bezeichnet. Das Prinzip der Erzeugung von Röntgenstrahlen demonstriert Bild 7.29. Die Beschleunigungsspannungen liegen üblicherweise zwischen einigen kV und einigen hundert kV, so daß die Wellenlängen von Röntgenstrahlen im Bereich zwischen 10^{-9} m und 10^{-12} m bzw. die Frequenzen im Bereich zwischen 10^{16} Hz und 10^{19} Hz liegen. Röntgenstrahlen besitzen beim Auftreffen auf Materie ein hohes Durchdringungsvermögen, welches mit wachsender Energie immer mehr zunimmt; sie können Gase ionisieren, Stoffe zur Fluoreszenz anregen und Photoplatten schwärzen.

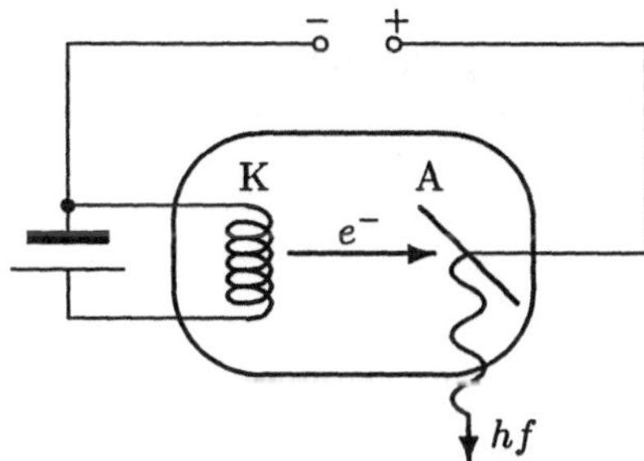

Bild 7.29
Prinzip der Erzeugung von Röntgenstrahlen

Die Röntgenstrahlung entsteht durch inneratomare Prozesse und setzt sich aus zwei grundsätzlich verschiedenen Anteilen zusammen. Demzufolge beobachtet man ein kontinuierliches Röntgenspektrum mit einer kurzwelligen Grenze bei λ_G, dem einige für das Antikathodenmaterial charakteristische Linien überlagert sind (Bild 7.30).

Der kontinuierliche Teil des Spektrums resultiert aus der **Bremsstrahlung**, die durch das Abbremsen der in das Material eindringenden schnellen Elektronen im Coulomb-Potential der Atomkerne entsteht. Wir wissen schon vom Rutherfordschen Atommodell, daß nach den Gesetzen der klassischen Elektrodynamik jedes beschleunigte Elektron elektromagnetische Strahlung aussendet. Die kurzwellige Grenzwellenlänge λ_G entspricht dabei der Situation, daß das Elektron seine gesamte kinetische Energie eU in einem einzigen Bremsprozeß abgibt. Für sie ergibt sich $eU = hf_G = hc/(\lambda_G)$

$$\lambda_G = \frac{hc}{eU} .$$

Die diskreten Linien werden durch die **charakteristische Strahlung** erzeugt. Diese entsteht dadurch, daß zuerst ein eindringendes Elektron ein Elektron des Antikathodenmaterials aus einer inneren Bahn n herausschlägt und dann anschließend ein Elektron einer energetisch höheren Bahn m auf diese innere Bahn übergeht. Dieser Vorgang ist begleitet von der Emission eines Photons, dessen Energie durch die Energiedifferenz $E_m - E_n$ gegeben ist. Diese Energien sind für das entsprechende Antikathodenmaterial charakteristisch und können zu seiner Identifikation dienen. Sie lassen sich nach dem Endzustand des Elektronenüberganges in unterschiedliche Gruppen einteilen, die für $n = 1, 2, 3$ als K-, L- oder M-Strahlung bezeichnet werden. Die langwelligste K-Strahlung (K_α) läßt sich dabei nach dem **Mosleyschen Gesetz**

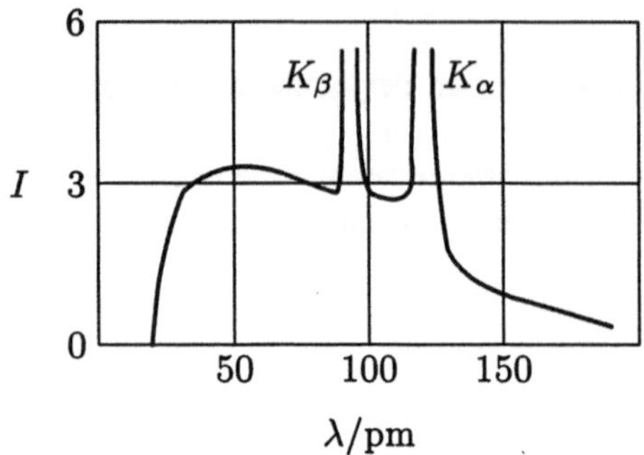

Bild 7.30
Struktur eines Röntgenspektrums bestehend aus kontinuierlicher Bremsstrahlung und charakteristischer Strahlung

$$f_{K_\alpha} = \frac{3}{4} R_H (Z-1)^2 \tag{7.59}$$

durch die Rydberg-Frequenz und das Quadrat von $(Z-1)$ ausdrücken.

Trotz ihres hohen Durchdringungsvermögens werden Röntgenstrahlen in Materie in unterschiedlicher Weise geschwächt. Ursachen dafür sind Absorption, Erzeugung von Photoelektronen, klassische oder Compton-Streuung und für extrem hohe Energien ($> 1\,\text{MeV}$) sogar Elektron-Positron-Paarbildung.

Für die *Röntgendiagnostik* in der Medizin nutzt man die unterschiedliche Schwächung der Strahlen in verschiedenen Körperteilen. Knochen mit einem großen Absorptionskoeffizienten heben sich dadurch auf einem Röntgenfilm hell von dem einen geringeren Absortionskoeffizienten besitzenden Gewebe ab. In ähnlicher Weise werden Röntgenstrahlen auch in der zerstörungsfreien Werkstoffprüfung eingesetzt. Durch ihr unterschiedliches Absorptionsverhalten verraten sich Materialfehler oder lassen sich Schweißnähte prüfen.

Der Auger-Effekt: Neben der Möglichkeit, die beim Übergang eines Elektrons von einer äußeren auf eine innere Schale freiwerdende Energie in Form von Röntgenstrahlung abzugeben, kann diese Energie auch auf ein drittes Elektron übertragen werden. Dieser strahlungslose Konkurrenzmechanismus zur Röntgenemission heißt nach seinem französischen Entdecker P. V. Auger (1925) **Auger-Effekt**. Es ist üblich, diese durch Elektron-Elektron-Wechselwirkung verursachten Prozesse durch die Angabe der Schalen zu charakterisieren, in denen an Anfang und Ende Elektronen fehlen, die also Löcher aufweisen. In Bild 7.31 verdeutlichen wir einen Prozeß, bei

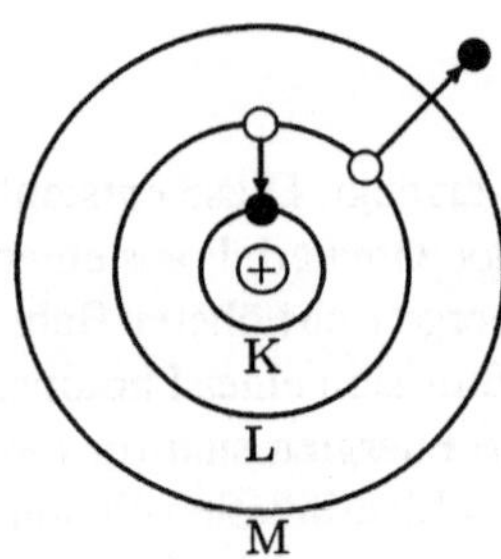

Bild 7.31
Zum Auger-Effekt

dem ursprünglich ein Loch in der K-Schale war. Dieses wird durch ein Elektron in der L-Schale aufgefüllt, und die dabei freiwerdende Energie schlägt nun ein drittes Elektron hier ebenfalls aus der L-Schale. Beim dargestellten Prozeß handelt es sich daher um einen KLL-Prozeß.

Die gemessenen Energien der emittierten Auger-Elektronen sind für die in der untersuchten Substanz vorkommenden chemischen Elemente charakteristisch und können zur chemischen Analyse dieser Substanz dienen. Diesen Sachverhalt nutzt die Auger-Elektronen-Spektroskopie (AES), die z. B. äußerst erfolgreich in der modernen Oberflächen- und Grenzflächenanalytik eingesetzt wird.

Übungen:

7.21: Nach der Entdeckung der Röntgenstrahlen war die Natur dieser Strahlung lange Zeit unklar. Erst M. von Laue (1879–1960) und seinen Mitarbeitern gelang es zu zeigen, daß es sich dabei um ein elektromagnetisches Wellenphänomen handelt. Welche Eigenschaften müssen sie dazu nachgewiesen haben? Welche Probleme entstanden dabei in diesem Wellenlängenbereich? Wie konnten diese Probleme überwunden werden? Hinweis: Erinnern Sie sich an den Nachweis der Welleneigenschaften von Elektronen. ■

7.22: Die K_α-Linie der charakteristischen Strahlung einer Antikathode wird bei einer Wellenlänge von $\lambda = 1,55 \cdot 10^{-10}$ m gemessen. Aus welcher Substanz besteht diese Antikathode? ■

7.2.8 Der Laser

Kaum eine Vorstellung von den heutigen Einsatzmöglichkeiten des Lasers hatte man im Jahre 1960, als es dem Amerikaner T. H. Maiman gelang, eine Lichtquelle mit neuen, interessanten Eigenschaften herzustellen.[7] Das Prinzip beruht auf einer „Lichtverstärkung durch stimulierte Emission von Strahlung", wie man die englische Bezeichnung „Light Amplification by Stimulated Emission of Radiation" wohl ins Deutsche übersetzen kann. Die unterstrichenen Anfangsbuchstaben ergeben das Kunstwort „Laser".

Wie der Name bereits zum Ausdruck bringt, spielt die *stimulierte Emission* von Photonen beim Laser eine zentrale Rolle. Zu diesem Prozeß kommt es bekanntlich, wenn ein Photon auf ein bereits angeregtes Atom trifft und dieses zur Emission eines in Frequenz und Phase gleichen Photons veranlaßt. Die nunmehr zwei völlig identischen Photonen können sich dann durch stimulierte Emission weiter vervielfachen, so daß ein lawinenartiges Ansteigen der Lichtintensität einsetzt. Das so erzeugte Licht ist kohärent (vgl. Abschnitt 6.3.1).

Um diese Art der Lichtverstärkung praktisch zu realisieren, muß man dafür sorgen, daß bei der Wechselwirkung zwischen Atom und Photon die stimulierte Emission gegenüber den Konkurrenzmechanismen in Gestalt der spontanen Emission oder der Absorption dominiert. Eine entscheidende Voraussetzung dafür ist die Erzeugung einer *Besetzungsinversion*. Darunter versteht man einen Besetzungszustand, bei dem sich mehr Elektronen in einem angeregten Zustand befinden als im Grundzustand (Bild 7.32a). Unter diesen Bedingungen ist nämlich die Wahrscheinlichkeit größer, daß ein Photon ein angeregtes Atom trifft und zur Emission anregt, als daß es ein Atom im Grundzustand trifft und absorbiert wird.

Einen solchen Nichtgleichgewichtszustand kann man nur durch eine andauernde Energiezufuhr erzeugen und aufrechterhalten, einen Vorgang, den man *Pumpen* nennt (Bild 7.32b). Die Anregung der Elektronen kann dabei durch Bestrahlung (optisches Pumpen) mit Blitzlampen, durch Gasentladungen oder mittels elektrischer Anregung (Ladungsträgerinjektion) erfolgen. Da

[7] Für den Mikrowellenbereich war eine solche Strahlungsquelle – der Maser – bereits in den 50er Jahren von C. H. Townes in den USA sowie N. G. Basov und A. M. Prokhorov in der damaligen Sowjetunion hergestellt worden.

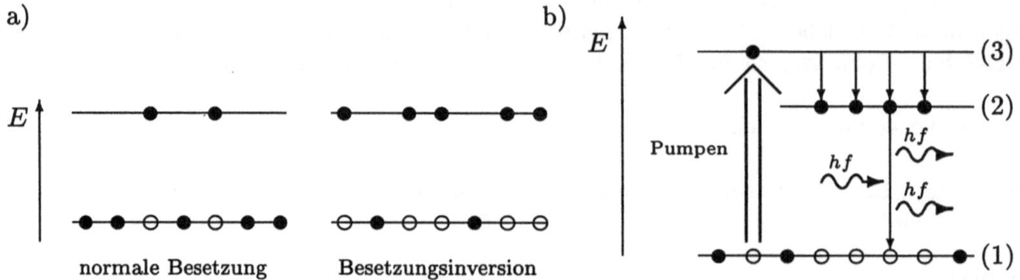

Bild 7.32 a) Normale Besetzung und Besetzungsinversion, b) Erzeugung einer Besetzungsinversion durch Pumpen

mit zunehmender Frequenz der Strahlung die spontane Emission das Erzeugen einer Inversion erschwert, benötigt man beim Laser mindestens ein 3-Niveau-System. Dabei werden die Elektronen aus dem Grundzustand (1) zuerst in das obere Niveau (3) angeregt und gehen dann sehr schnell (meist strahlungslos) in ein tieferliegendes metastabiles (oder wenigstens langlebiges) Niveau (2) über, wo sie sich infolge der langen Verweilzeit sammeln. Nachdem Inversion zwischen den Niveaus (1) und (2) hergestellt ist, kann durch stimulierte Emission zurück in den Grundzustand Laserlicht erzeugt werden. Mit weit geringeren Pumpleistungen kann man die Laserbedingung realisieren, wenn der Laserübergang nicht in den Grundzustand, sondern wie beim He-Ne-Laser in ein weiteres tieferliegenderes unbesetztes Niveau erfolgt (4-Niveau-System).

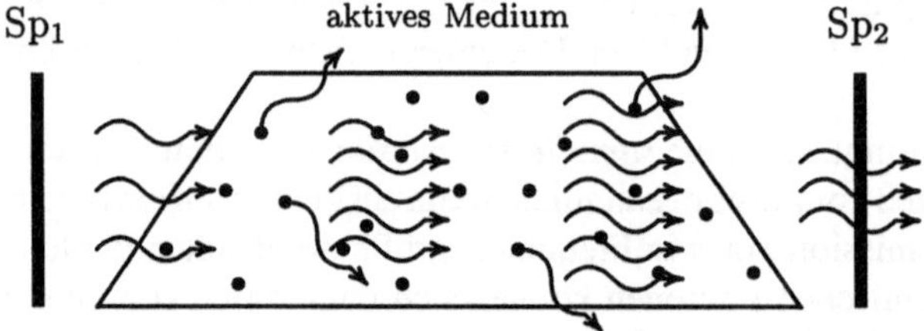

Bild 7.33
Intensitätsverstärkung im Resonator und Auskopplung des Laserstrahles

Eine Verstärkung der Intensität der Laserstrahlung erreicht man dadurch, daß man die Wegstecke der Photonen im Lasermaterial möglichst lang macht. Man bringt dazu, wie in Bild 7.33 gezeigt, das laseraktive Medium in einen aus zwei reflektierenden, parallelen Spiegeln bestehenden *Resonator*. Photonen, die die Spiegel nicht erreichen, verlassen sehr schnell das aktive Medium, während andere, die annähernd senkrecht auf die Spiegel treffen, immer wieder ins Medium zurückreflektiert werden und sich durch stimulierte Emission lawinenartig vervielfachen. Um die Resonatorverluste gering zu halten, werden die Endflächen des laseraktiven Mediums unter dem Brewsterschen Winkel angebracht. Im Wellenbild ausgedrückt, entsteht dabei eine sich ständig verstärkende stehende Welle zwischen den Spiegeln. Die mit der Größe des Resonators (Spiegelabstand) verträglichen Frequenzen der anschwingenden Welle sind die Eigenfrequenzen des Resonators. Man nennt sie auch *Moden*.

Macht man einen der Spiegel teildurchlässig, dann wird dort ein Teil des Lichtes ausgekoppelt und steht als Laserlicht zur Verfügung. Durch die Geometrie der Anordnung ist der ausgekoppelte Strahl sehr gut gebündelt – er besitzt eine nur geringe *Strahldivergenz*. Neben einem kontinuierlichen Betrieb können durch gepulstes Pumpen und zusätzliche spezielle Techniken auch sehr kurze Laserpulse realisiert werden. Pulsdauern im Femtosekundenbereich ($< 10^{-14}$ s) wurden schon erzeugt. Zusammenfassend stellen wir fest:

Das Licht eines Lasers ist extrem kohärent und monochromatisch. Es besitzt eine geringe Strahldivergenz, kann in extrem kurzen Pulsen und mit sehr großer Intensität erzeugt werden.

Es gibt heute eine große Vielzahl von Lasersystemen, die Laserlicht vom infraroten über den sichtbaren bis in den ultravioletten Bereich des Spektrum erzeugen. Zu den *Festkörperlasern* gehören z. B. der *Rubinlaser* oder der *Neodym-YAG-Laser*. *Farbstofflaser* sind *Flüssigkeitslaser*, und zur Klasse der *Gaslaser* gehören der *Helium-Neon-Laser*, der *Argon-Ionen-Laser* oder der *Excimer-Laser*. Besonders klein, preiswert und von wachsender Bedeutung in der integrierten Optik sind *Halbleiterlaser*, die seit einigen Jahren auf der Basis von 3-5-Mischverbindungen (z. B. GaAlAs oder GaInAsP) herstellbar sind.

Die Strahlungsleistung der bekannten Lasertypen reicht im kontinuierlichen Betrieb von einigen mW bis zu einigen kW, während man im Pulsbetrieb bis in den Gigawatt-Bereich vorgedrungen ist. Infolge der guten Fokussierbarkeit des Laserstrahls (beim Excimer-Laser ca. 1 μm, noch besser bei Festkörperlasern) erreicht man gepulst gigantische Leistungsdichten in der Größenordnung von 10^{17} W/cm^2.

Als konkretes Beispiel behandeln wir hier den He-Ne-Laser, der uns in optischen Experimenten oder im Physiklabor am häufigsten begegnet. Bild 7.34 verdeutlicht die zur Erzeugung dieser

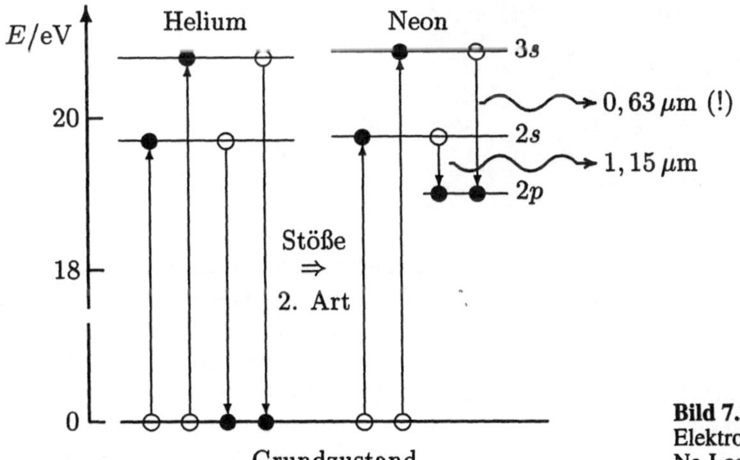

Bild 7.34
Elektronische Übergänge beim He-Ne-Laser

Strahlung notwendigen Prozesse. Bei einem Gasdruck von ca. 1 mbar mischen sich Helium- und Neon-Atome in einem Verhältnis von etwa 9 : 1 und bilden das laseraktive Medium. Entscheidend für die Laseremission sind dabei nur die Ne-Atome, die durch den Übergang vom $3s$-Elektronen in das $2p$-Niveau für die charakteristische rote Strahlung mit einer Wellenlänge von $0,633\,\mu$m verantwortlich sind. Die Rolle der He-Atome beschränkt sich dabei nur auf die Erzeugung einer Besetzungsinversion unter den Ne-Atomen. Diese kann nämlich durch direkte Anregung der Neon-Atome nicht realisiert werden, da das $2p$-Niveau dabei stets mit höherer Wahrscheinlichkeit besetzt wird als das $3s$-Niveau. Durch eine Gasentladung erzeugte Elektronen können aber durch Stöße Elektronen im Helium in Niveaus anregen, die energetisch nahezu mit den $2s$- und $3s$-Niveaus des Neons entartet sind. Durch inelastische Stöße (Stöße 2. Art, geringe

Energieunterschiede werden thermisch kompensiert) können die angeregten Heliumatome ihre Energie auf die Neonatome übertragen und die Besetzungsinversion zwischen dem $2p$ und den höheren s-Niveaus herstellen.

Anwendungen des Lasers: Die verschiedenen für das Laserlicht charakteristischen Eigenschaften finden heute in einer kaum mehr überblickbaren Vielfältigkeit in Naturwissenschaft und Technik Anwendung. Im folgenden wollen wir dazu einen kurzen Überblick geben:
Materialbearbeitung: Hier werden Laser vor allem zum Bohren, Schweißen, Löten und Schneiden eingesetzt. Die bearbeitbaren Materialien reichen dabei von harten Stoffen, wie Metallen, Glas, Keramik oder gar Quarz, bis hin zu weichen Stoffen, wie Papier, Leder oder Textilien. Die hohe Leistungsdichte des Lasers steht bei diesen Anwendungen im Vordergrund, so daß besonders Kohlendioxid-Laser, Neodym-Laser und Excimer-Laser eingesetzt werden. Mit Hilfe von Excimer-Lasern ist das Bohren von feinsten Löchern und die Bearbeitung von Mikrostrukturen möglich. Weitere Einsatzgebiete sind Oberflächenbehandlungen von Materialien, wie Härten oder Beschichten.

Bild 7.35
Mit einem Excimer-Laser lassen sich mit hoher Präzision Buchstaben in ein Haar eingravieren (Foto: Lambda Physik, Göttingen)

Meßtechnik: Die Möglichkeit äußerst kurzer Laserpulse kann zur Entfernungsmessung genutzt werden. Man mißt dazu die Laufzeit dieser Pulse. Mit dieser Technik konnte bereits 1964 die Entfernung Erde–Mond auf 2 m genau bestimmt werden. Eingesetzt wird der Laser wegen seiner geringen Divergenz auch zum Fluchten und wegen seiner guten Kohärenz zu Präzisionslängenmessungen durch Interferenz. Unter Ausnutzung des Doppler-Effektes werden mittels Laserstrahlen auch Geschwindigkeiten gemessen.
Medizinische Anwendungen: Aus der Medizin werden mehr und mehr Anwendungen bekannt. In der Chirugie arbeitet der Laser bereits oft als „Präzisionsskalpell". Er kann Tumore zerstören oder in Verbindung mit der Endoskopie Operationen ohne Öffnung des Körpers durchführen. Die Augenheilkunde setzt den Laser zum Schweißen von Netzhautablösungen ein und neuerdings auch zur Korrektur von Augenfehlern. In der Zahnmedizin vermessen Laser den Kiefer zur Herstellung von Zahnersatz, und auch über einen möglichen Einsatz als Zahnbohrer wird berichtet. Laserstrahlen öffnen verstopfte Gefäße, zertrümmern Gallensteine und dienen zur Behandlung von Hauterkrankungen.
Nachrichtenübertragung und andere technische Anwendungen: Laserstrahlen nutzt man zur Nachrichtenübertragung in Lichtleitern, indem man ihnen die zu übertragenden Informationen durch Modulation aufprägt. Ihre hohe Frequenz erlaubt dabei eine hohe Informationskapazität. Die Übertragung von einigen zehntausend Telefongesprächen ist heute schon gleichzeitig möglich. Durch den Einsatz der sehr kleinen Halbleiterlaser gelingt es zunehmend, verschiedene optische

Komponenten eines Übertragungssystems zu integrieren, was zu einem weiteren starken Aufschwung der Optoelektronik führen wird. Halbleiterlaser werden weiter zum Lesen der auf einer Compact-Disc (CD) digital aufgezeichneten Musik eingesetzt oder tasten die Informationen einer CD-ROM ab.

Die Entwicklung des Lasers hat auch die Realisierung der Holographie ermöglicht. Dabei handelt es sich um eine bereits 1947 vom Ungarn D. Gabor ersonnene Methode zur dreidimensionalen Bildaufzeichnung und -wiedergabe. Sie beruht darauf, daß neben der Lichtintensität auch die Phasen der einzelnen die Photoplatte treffenden Lichtstrahlen registriert werden. Dazu benötigt man allerdings eine kohärente Lichtquelle, die erst nach der Entwicklung des Lasers zur Verfügung stand.

Weitere technische Anwendungen findet der Laser beim Laserdrucker, in der Raumfahrt und Militärtechnik. Für den Umweltschutz erfreulich ist, daß man aus der Analyse des in der Luft gestreuten Laserlichtes die Konzentration von Schadstoffen ermitteln kann.

Wissenschaftliche Anwendungen: Die extrem schmale Linienbreite und hohe Intensität nutzt man bei der Spektroskopie von Atomen und Molekülen. Äußerst kurze Laserpulse gestatten weiter, den zeitlichen Ablauf von atomaren und molekularen Prozessen zu studieren. Laser steuern weiter chemische Reaktionen und trennen Isotope. Große Hoffnung setzt man auch auf die Realisierung einer lasergesteuertern Kernfusion.

7.3 Atomkerne

7.3.1 Über die Struktur der Atomkerne

Bereits die Untersuchungen von E. Rutherford zeigten, daß der Kern selbst keinesfalls ein kompaktes Gebilde ist, sondern eine innere Struktur besitzt. Diese wird bestimmt durch die Existenz von Elementarteilchen, die den Kern formieren. Zu ihnen gehört das **Proton**, welches eine positive Elementarladung e trägt und eine relative Atommasse von 1,0072765 besitzt. Es ist damit ca. 1830mal schwerer als ein Elektron.

Da ein Atom insgesamt neutral ist, muß die Zahl Z seiner Protonen im Kern – die **Kernladungszahl** – gleich der Zahl der Elektronen in der Atomhülle sein. Diese Zahl bestimmt die Position des entsprechenden chemischen Elements im Periodensystem der Elemente und ist daher mit der **Ordnungszahl** des Atoms identisch.

Ein Blick auf die relativen Atommassen der Atome zeigt sofort, daß die Kerne mindestens noch ein weiteres, allerdings elektrisch neutrales Elementarteilchen enthalten müssen. Erst 1932 konnte es von J. Chadwick (1891–1974) entdeckt werden. Es erhielt den Namen **Neutron** und besitzt eine nahezu mit der des Protons übereinstimmende relative Atommasse von 1,0086649. Protonen und Neutronen werden auch unter der Bezeichnung **Nukleonen** zusammengefaßt. Hat man Z Protonen und N Neutronen, so bestimmt sich die Zahl der Nukleonen als $A = Z + N$. Sie wird als **Massenzahl** bezeichnet. Um ein Atom eindeutig zu charakterisieren, gibt man die Massenzahl A oben und die Kernladungszahl Z unten vor dem entsprechenden Symbol des chemischen Elementes an. So schreibt man z. B. $^{12}_{6}C$ für Kohlenstoff, dessen Kern demzufolge 6 Protonen und 6 Neutronen enthält oder $^{238}_{92}U$ für Uran mit 92 Protonen und 146 Neutronen.

Da die relativen Atommassen von Protonen und Neutronen ziemlich genau 1 sind, müßte man für alle chemischen Elemente nahezu ganzzahlige relative Atommassen erwarten. Ein Blick auf das Periodensystem zeigt, daß dies jedoch im allgemeinen nicht der Fall ist. Am Beispiel von Cl mit $A_r = 35,453$ wird deutlich, daß sogar große Abweichungen möglich sind. Der Grund dafür ist die Tatsache, daß fast alle Elemente aus Atomen mit verschiedenen Kernarten (**Nuklide**) bestehen, die man **Isotope** nennt. Wir definieren:

Nuklide, die bei gleicher Protonenzahl eine unterschiedliche Neutronenzahl besitzen, nennt man Isotope.

Im Fall des Chlors existieren die beiden Isotope $^{35}_{17}Cl$ und $^{37}_{17}Cl$ mit einem relativen Mengenverhältnis von ca. 3 : 1. Vom Wasserstoff sind drei Isotope bekannt. Neben $^{1}_{1}H$ ist im gewöhnlichen Wasserstoff stets auch **Deuterium** oder schwerer Wasserstoff $^{2}_{1}D$ vorhanden. In 1 kg Wasser sind ca. 0, 15 g in Form von D_2O oder HDO enthalten. Das dritte Isotop ist **Tritium** $^{3}_{1}T$. Es ist radioaktiv, kommt im gewöhnlichen Wasserstoff nicht vor, wird aber in äußerst geringen Konzentrationen durch Neutronen der Höhenstrahlung aus Stickstoff erzeugt und kann mit Niederschlägen ins Wasser gelangen. Schließlich seien noch die beiden Isotope $^{235}_{92}U$ und $^{238}_{92}U$ des Urans erwähnt, die uns später genauer interessieren werden.

Insgesamt sind mehr als 300 natürliche Nuklide bekannt, von denen etwa 50 instabil sind und radioaktiv zerfallen. Für spätere Anwendungen geben wir die Massen einiger dieser Nuklide in Tabelle 7.3 an.

Tabelle 7.3 Massen einiger ausgewählter Nuklide in Einheiten der atomaren Masseneinheit u

Nuklid	Masse	Nuklid	Masse
^{1}H	1,00782504	^{92}Kr	91,90504
^{2}H	2,01410179	^{142}Ba	141,90772
^{4}He	4,00260325	^{208}Pb	207,97666
^{9}Be	9,0121825	^{234}Th	234,04363
^{12}C	12,0000000	^{235}U	235,04397
^{14}N	14,003074011	^{238}U	238,05081
^{17}O	16,9991306	^{239}Pu	239,0521

Die Möglichkeit der Trennung von Isotopen ist eine wesentliche Voraussetzung sowohl für die Erforschung des Atomkerns als auch für technische Anwendungen der Kernphysik. Auf F. W. Aston (1919) geht die Entwicklung eines Gerätes zurück, welches eine Isotopentrennung durch gekreuzte elektrische und magnetische Felder ermöglicht – der **Massenspektrograph**. Das Prinzip eines solchen Gerätes in einer moderneren Variante zeigt Bild 7.36. Nach der Ionisierung des zu trennenden Isotopengemisches wird der Ionenstrahl zuerst durch ein elektrisches Feld gelenkt, wo er gemäß (4.62) proportional zur kinetischen Energie $mv^2/2$ der Teilchen abgelenkt wird. Anschließend erfolgt im magnetischen Feld eine nach (4.65) zum Impuls mv proportionale Ablenkung in umgekehrter Richtung. Durch die unterschiedliche Abhängigkeit der Ablenkungen von m und v kann erreicht werden, daß die Ionen entsprechend ihrer Masse an unterschiedlichen Stellen auf die Photoplatte treffen.

Großtechnisch stehen zur Isotopentrennung heute eine ganze Reihe von Verfahren zur Verfügung. Sie beruhen z. B. auf dem unterschiedlichen Verhalten der Isotope hinsichtlich Diffusion (Diffusionsmethode), auf einer unterschiedlichen Wirkung der Zentrifugalkraft (Gaszentrifuge) oder auf einer (wenn auch geringen) Massenabhängigkeit der Energieniveaus der Atome (Lasermethode).

Der beschriebene Aufbau der Atomkerne wirft die folgende, für die Kernphysik zentrale Problematik auf: Die im Kern auf kleinstem Raum konzentrierten Protonen müßten aufgrund ihrer gleichnamigen Ladungen sehr starke Abstoßungskräfte aufeinander ausüben. Es ist daher

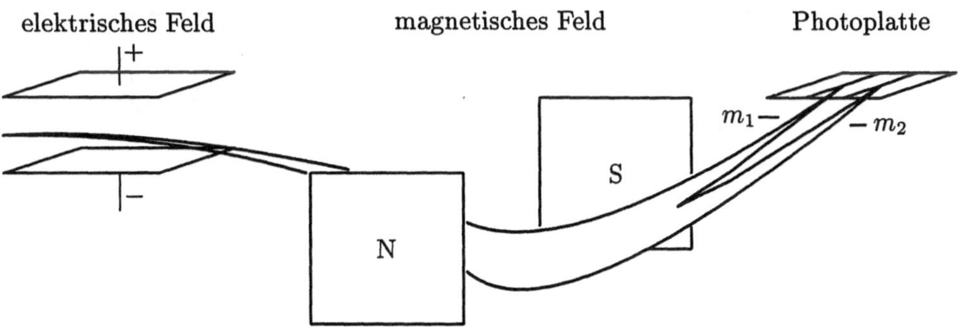

Bild 7.36 Prinzip eines Massenspektrographen

nicht ohne weiteres verständlich, warum es stabile Atome gibt und warum nicht die in einem Atomkern konzentrierten Kernbausteine sofort auseinanderfliegen.

Tatsächlich stellt man aber fest, daß der Zusammenschluß von Protonen und Neutronen zum Atomkern mit einem Gewinn an Energie verbunden ist. Dies folgt aus der Tatsache, daß dieser Zusammenschluß von einem **Massendefekt** begleitet wird. Darunter versteht man die Tatsache, daß die Kernmasse etwas kleiner als die Summe seiner Nukleonenmassen ist. Gemäß (6.39) wird daher bei der Bildung eines Kerns Energie frei. Wir wollen als Beispiel die Bildung eines zweifach positiv geladenen Heliumkerns (α-Teilchen) untersuchen und dabei auf unsere Ergebnisse aus Abschnitt 6.5.4 zurückgreifen. Mit Hilfe der **atomaren Masseneinheit** u (vgl. auch Abschnitt 7.2.1) hat man

$$\begin{aligned} Zm_p + Nm_n &= 2 \cdot 1,007276\,\mathrm{u} + 2 \cdot 1,008665\mathrm{u} = 4,03188\,\mathrm{u} \\ m_{\mathrm{Kern}}(\mathrm{He}) &= 4,00260\,u \end{aligned}$$

Dies liefert mit (7.22) einen Massendefekt von $\Delta m = 5,04306 \cdot 10^{-29}$ kg, was mit (6.39) eine Bindungsenergie von $E_B = 28,3\,\mathrm{MeV}$ ergibt. Für weitere Rechnungen geben wir den folgenden Zusammenhang an:

$$\boxed{1\,\mathrm{u} \,\hat{=}\, 931,5\,\mathrm{MeV}\,.} \tag{7.60}$$

Es ist nicht überraschend, daß die gesamte Bindungsenergie eines Kerns mit wachsender Massenzahl monoton zunimmt. Mehr Information über das Verhalten der Kerne, insbesondere über ihre Stabilität, erhält man aber aus der Betrachtung der Bindungsenergie pro Nukleon. Sie ist als $\bar{E}_B = E_B/A$ definiert, und ihren Verlauf in Abhängigkeit von A zeigt Bild 7.37. Im Mittel liegt $\bar{E}_B$ in der Größenordnung von 8 MeV. Dabei nimmt sie mit wachsendem A zunächst zu, durchläuft dann bei ca. $A = 60$ ein Maximum von nahezu 9 MeV, um dann für schwere Atome wieder auf Werte in der Größenordnung von $7,5\,\mathrm{MeV}$ abzunehmen. Dieser Verlauf von $\bar{E}_B$ wird uns später noch intensiv beschäftigen, zeigt er doch, daß bei der Spaltung eines schweren Kerns in zwei mittelgroße (Kernspaltung) ebenso Energie freigesetzt werden kann, wie bei einem Verschmelzen zweier leichter Kerne zu einem schwereren (Kernfusion).

Wir haben uns durch die vorhergehenden Betrachtungen zwar von der Existenz stabiler Kerne überzeugt, ein Verständnis dieser Tatsache ist jedoch schwieriger zu gewinnen. Klar ist, daß neben der Coulomb-Wechselwirkung im Kern eine weitere *starke Wechselwirkung* existieren muß, die die Coulomb-Wechselwirkung übersteigt und die Stabilität des Kerns erzeugt. Die

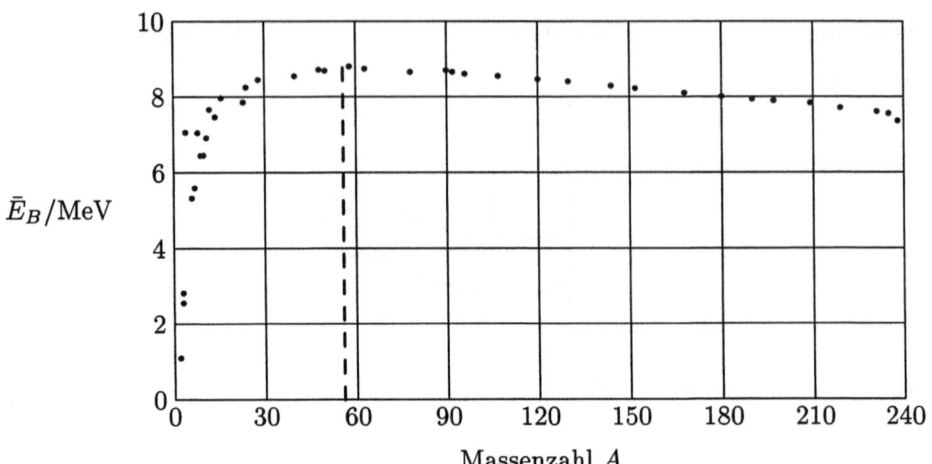

Bild 7.37 Bindungsenergie pro Nukleon $\bar{E}_B$ in Abhängigkeit von der Massenzahl A des Kerns

entsprechenden **Kernkräfte** sind auf das Gebiet des Kerns beschränkt, und ihre Reichweite liegt damit nach unseren Erkenntnissen aus Abschnitt 7.2.1 in der Größenordnung von 10^{-15} m. Kernkräfte gehören zu den **Austauschkräften** und sind quantenmechanischer Natur. Sie werden durch eine sehr schnelle gegenseitige Umwandlung von Proton und Neutron hervorgerufen. Dem Japaner H. Yukawa (1935) folgend, kann man sich diese Umwandlung als durch einen Austausch von speziellen Elementarteilchen vermittelt vorstellen. Diese Yukawa-Teilchen werden als π-**Mesonen** (Pionen) bezeichnet. Ihre Existenz wurde später in der kosmischen Strahlung und bei Experimenten der Hochenergiephysik nachgewiesen. Ihre Masse ist etwa das 300fache der Elektronenmasse (vgl. Übungen).

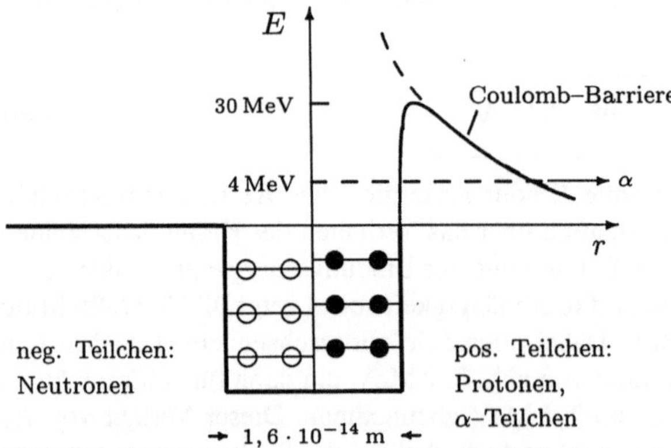

Bild 7.38
Potentialtopfmodell des Atomkerns für neutrale (links) und positiv (rechts) geladene Teilchen. Die angegebenen Werte entsprechen einer Abschätzung für $^{238}_{92}$U

Coulomb-Kräfte und Kernkräfte geben Anlaß zu folgendem **Potentialtopfmodell** des Atomkerns (Bild 7.38): Danach befinden sich Protonen und Neutronen im Kern in einem Potentialtopf. Da auf die neutralen Teilchen nur die Kernkräfte wirken, können sie leicht in den Kern eindringen oder den Kern verlassen. Die positiven Protonen müssen aber in beiden Richtungen eine hohe

Energiebarriere überwinden, die für schwere Atome mehrere MeV betragen kann (vgl. Übungen).

Wir haben bereits erwähnt, daß keinesfalls alle Nuklide stabil sind. Hinsichtlich der Frage nach der Stabilität sind einige generelle Tendenzen zu beobachten. So ergibt die Möglichkeit der Paarung von jeweils einem Proton mit einem Neutron ($Z = N$) bei leichteren Kernen eine besonders stabile Konfiguration, wie etwa bei den Kernen ${}^4_2$He, ${}^{14}_7$N oder ${}^{16}_8$O. Mit zunehmender Protonenzahl werden die destabilisierenden Abstoßungskräfte zwischen den Protonen immer wesentlicher. Zu ihrer Kompensation nimmt der relative Anteil von Neutronen in mittelschweren Kernen zu. Das Verhältnis von Protonen zu Neutronen steigt dabei von $1 : 1$ bis auf $1 : 1,6$ für die schwersten Kerne. Die stabilen Kerne sind dabei vorwiegend vom Typ gg, d. h. sie bestehen aus einer geraden Anzahl von Protonen und Neutronen. Stabile Kerne der Typen gu oder ug sind weniger häufig, des Typs uu selten. Oberhalb von $Z = 83$ sind jedoch keine stabilen Kerne mehr möglich. Wie wir im weiteren feststellen werden, zerfallen diese Kerne unter Emission von radioaktiver Strahlung.

Übungen:

7.23: Schätzen Sie unter Verwendung von (7.24) die Breite und die Höhe des Potentialtopfes für ${}^{238}_{92}$U bzgl. α-Teilchen ab, und vergleichen Sie mit Bild 7.38. ■

7.24: Zeigen Sie, daß im Chlor die beiden Isotope ${}^{35}_{17}$Cl und ${}^{37}_{17}$Cl in einem relativen Mengenverhältnis von etwa $3 : 1$ enthalten sind. ■

7.25: Unter der Annahme, daß Pionen den Kern mit nahezu Lichtgeschwindigkeit durchqueren können, soll ihre Lebensdauer und ihre Masse abgeschätzt werden. Hinweis: Gehen Sie von einem Kerndurchmesser von 10^{-14} m aus, und machen Sie von der Energie-Zeit-Unschärferelation Gebrauch. ■

7.26: Ohne die Existenz von Neutronen anzunehmen, gab es für die Gültigkeit von $A \geq Z$ anfänglich die Hypothese, daß die Ladung von $A - Z$ Protonen durch die Existenz von ebensovielen Elektronen im Kern kompensiert wird. Zeigen Sie, daß diese Annahme aus energetischen Gründen nicht haltbar ist. Hinweis: Schätzen Sie dazu auf der Basis des Bohrschen Atommodells und der Unschärferelation die Gesamtenergie eines Wasserstoffatoms von der Größe eines Atomkerns ab. ■

7.27: Ist es möglich, daß die Abstoßung der Protonen infolge der Coulomb-Kraft durch die Gravitation zwischen diesen Teilchen kompensiert wird? ■

7.3.2 Natürliche Radioaktivität

7.3.2.1 Natur und Eigenschaften radioaktiver Strahlung

Wieder einmal in der Geschichte der Physik hatte der Zufall seine Hände im Spiel, als im Jahre 1896 der Franzose H. Becquerel (1852–1908) die **radioaktive Strahlung** entdeckte. Eigentlich auf der Suche nach einer Möglichkeit, Röntgenstrahlen durch Bestrahlung von geeigneten Substanzen mit Sonnenlicht zu erzeugen, stellte er fest, daß ein Uransalz ohne äußere Anregung eine noch unbekannte Form von Strahlung aussandte. Diese sehr energiereiche Strahlung konnte Photoplatten schwärzen, Gase ionisieren und in jeden Körper mehr oder weniger stark eindringen.

Um das Wesen dieser Strahlung zu klären, führten die aus Polen stammende Chemikerin M. Curie, geb. Sklodowska (1867–1934), und ihr französischer Ehemann, P. Curie (1859–1906), ein intensives Forschungsprogramm durch. Es zeigte sich, daß von den damals bekannten Elementen nur Uran und Thorium strahlen. Da jedoch die Uranmineralien stärker als das reine Uran strahlten, suchten die beiden weiter nach unbekannten strahlenden Elementen, und es gelang ihnen tatsächlich, zwei weitere Elemente aus diesen Mineralien zu isolieren. Sie erhielten die

Namen **Radium** – das Strahlende – und **Polonium** – nach dem Heimatland von M. Curie.

Untersuchungen der radioaktiven Strahlung haben gezeigt, daß sie vom Atomkern emittiert wird und aus drei unterschiedlichen Komponenten besteht:

α-Strahlung: Sie wird aus schnell bewegten zweifach positiv geladenen Heliumatomen (Heliumkerne) gebildet, die man auch als α-Teilchen bezeichnet. Im elektrischen Feld werden sie in Richtung der negativen Elektrode abgelenkt.

Durch Stoßprozesse verlieren die α-Teilchen relativ schnell ihre Energie, so daß sie nur eine kurze *mittlere Reichweite* besitzen. Sie nimmt zwar mit wachsender Anfangsenergie E_0 zu, erreicht aber in Luft selbst für $E_0 = 10\,\text{MeV}$ nur ca. 10 cm. In festen Körpern ist die Reichweite sogar noch um etwa 3 Größenordnungen geringer.

Die Emission von α-Teilchen ist mit einer Umwandlung des Kerns verbunden. Ein Urankern wandelt sich z. B. gemäß

$$^{238}_{92}\mathrm{U} \rightarrow {}^{234}_{90}\mathrm{Th} + {}^{4}_{2}\alpha$$

in einen Thoriumkern um. Das α-Teilchen besitzt nach der Emission eine Energie von ca. 4, 3 MeV (vgl. Übungen). Allgemein gilt:

> *Emittiert ein Atomkern ein α-Teilchen, so verringert sich seine Kernladungszahl um 2 und seine Massenzahl um 4.*

β-Strahlung: Diese Form der Strahlung besteht aus Elektronen, genannt β^--Teilchen, die in einem elektrischen Feld bekanntlich zur positiven Elektrode hin beschleunigt werden.[8]

Das Spektrum der β-Strahlung ist kontinuierlich, und dadurch variiert auch die Reichweite dieser Strahlung stark. In Luft hat man maximale Reichweiten von einigen Metern und in festen Stoffen reduziert sich diese auf einige Millimeter oder Zentimeter.

Der kontinuierliche Charakter dieser Strahlung, d. h. die unterschiedliche Energie der β-Teilchen bereitete ursprünglich einige Verständnisschwierigkeiten dieses Emissionsprozesses. W. Pauli (1933) folgend, können diese jedoch überwunden werden, indem man annimmt, daß die Emission des Elektrons von der Emission eines weiteren Teilchens begleitet ist, welches die Erhaltung von Energie und Drehimpuls ermöglicht. Dieses Teilchen wird **Neutrino** (ν_e) genannt, muß elektrisch neutral sein und eine verschwindende oder wenigstens unmeßbar kleine Ruhemasse besitzen.

Der β-Zerfall läßt sich damit allgemein durch die Bilanzgleichung[9]

$$^{1}_{0}\mathrm{n} \rightarrow {}^{1}_{1}\mathrm{p} + {}^{0}_{-1}\mathrm{e} + \bar{\nu}_\mathrm{e} \tag{7.61}$$

darstellen. Als konkretes Beispiel sei die Umwandlung von Blei in Wismut entsprechend der Gleichung

$$^{214}_{82}\mathrm{Pb} \rightarrow {}^{214}_{83}\mathrm{Bi} + {}^{0}_{-1}\mathrm{e} + \bar{\nu}_\mathrm{e} \tag{7.62}$$

angegeben. Allgemein bedeutet das:

> *Emittiert ein Atomkern ein β-Teilchen, so verringert sich seine Kernladungszahl um 1 und seine Massenzahl bleibt unverändert.*

---

[8] Wie wir später noch sehen werden, kann infolge künstlicher Radioaktivität auch eine aus Positronen bestehende β^+-Strahlung erzeugt werden.

[9] Wir schreiben $\bar{\nu}_e$, da streng genommen bei dem hier behandelten β^--Zerfall nicht das Neutrino, sondern das entsprechende Antiteilchen, das Anti-Neutrino, auftritt. Aufgrund seiner Eigenschaften war übrigens der Nachweis des Neutrinos schwierig und gelang erst in den 50er Jahren. Ob es eine von Null verschiedene Masse besitzt, weiß man bis heute noch nicht mit Sicherheit.

γ**-Strahlung:** Dabei handelt es sich um eine sehr hochenergetische Form von elektromagnetischer Strahlung, die in Verbindung mit der α- und β-Strahlung auftritt. Sie ist noch kurzwelliger aber besitzt Ähnlichkeit mit der Röntgenstrahlung und kann durch ein elektrisches Feld nicht beeinflußt werden.

Die γ-Strahlung ist gegenüber den beiden anderen Strahlungsformen durch eine außerordentlich große Reichweite charakterisiert. In Luft erfolgt nahezu keine Schwächung der Strahlung, so daß die Zahl der Photonen, die von einer punktförmigen Quelle emittiert werden, analog zum photometrischen Grundgesetz mit dem Quadrat der Entfernung abnimmt. Für eine merkliche Schwächung muß daher die Strahlung eine hinreichend dicke Schicht aus festem Material durchdringen. Eine Halbierung der Photonenflußdichte für eine Strahlungsenergie von 1 MeV verlangt z. B. eine ca. 5 cm dicke Schicht aus Beton, aber nur eine weniger als 1 cm dicke Schicht aus Blei. Wie bei den Röntgenstrahlen erfolgt eine Schwächung der γ-Stahlen beim Passieren von Materie durch Erzeugung von Photoelektronen, Compton-Streuung und für Energien (> 1 MeV) auch durch Elektron-Positron-Paarbildung.
Über den Atomkern und die von ihm ausgesandte γ-Strahlung halten wir weiterhin fest:

Emittiert ein Atomkern ein γ-Quant, so verändert sich weder seine Kernladungszahl noch seine Massenzahl. Der Kern geht vielmehr aus einem, im allgemeinen durch vorhergehende Emission von α- oder β-Strahlung entstandenen, angeregten Zustand in einen energieärmeren Zustand über.

7.3.2.2 *Zerfallsgesetz und Zerfallsreihen*

Durch die Emission von α-, β- oder γ-Teilchen findet eine Umwandlung des emittierenden Kerns statt. Diese Prozesse lassen sich im Rahmen des Potentialtopfmodells verstehen: So läßt sich nach G. Gamow (1928) die Tatsache, daß emittierte α-Teilchen Energien weit unterhalb der Coulomb-Barriere besitzen, mit Hilfe des Tunneleffektes erklären. Die Teilchen müssen den Potentialwall nicht überwinden, was ihnen im Außenraum eine kinetische Energie von ca. 30 MeV erteilen würde, sondern sie durchtunneln bei ca. 4 MeV den Wall (Bild 7.38). Der γ-Zerfall erklärt sich durch Übergänge der Nukleonen von höheren auf tiefere Energieniveaus innerhalb des Potentialtopfes.

Der radioaktive Zerfall erfolgt nach statistischen Gesetzen. Da in einer radioaktiven Substanz im allgemeinen eine sehr große Zahl N_0 von Atomen vorhanden ist, zerfallen während der Zeit $\mathrm{d}t$ im Mittel eine gewisse Menge $\mathrm{d}N$, ohne daß man vorhersagen kann, ob ein bestimmtes Atom davon betroffen ist oder nicht. Es zeigt sich nun, daß $\mathrm{d}N$ sowohl zur momentan vorhandenen Zahl von Ausgangsatomen N, als auch zum Zeitintervall $\mathrm{d}t$ proportional ist. Führt man die **Zerfallskonstante** λ ein und beachtet, daß beim Zerfall $\mathrm{d}N < 0$ sein muß, so gilt also $\mathrm{d}N = -\lambda N \mathrm{d}t$. Separation der Variablen gemäß $\mathrm{d}N/N = -\lambda \mathrm{d}t$ und Integration auf beiden Seiten unter Beachtung von $N(0) = N_0$ ergibt das **Gesetz des radioaktiven Zerfalls**

$$\boxed{N(t) = N_0 e^{-\lambda t}\ .} \tag{7.63}$$

Radioaktive Substanzen zerfallen also nach einem Exponentialgesetz. Die Zerfallskonstante gibt dabei den Bruchteil einer gegebenen Anzahl von radioaktiven Atomkernen an, die pro Zeiteinheit zerfallen.

Die Geschwindigkeit dieses Zerfallsprozesses wird meist durch die **Halbwertszeit** charakterisiert. Wie der Name bereits verrät, ist sie in folgender Weise definiert:

Die Halbwertszeit $T_{1/2}$ ist die Zeit, in der die Hälfte aller Atomkerne einer radioaktiven Substanz zerfällt.

Der Zusammenhang mit der Zerfallskonstanten ergibt sich daher aus (7.63) und der Forderung $N(T_{1/2})/N_0 = 1/2$ zu

$$T_{1/2} = \frac{\ln 2}{\lambda} = \frac{0,693}{\lambda} \; . \tag{7.64}$$

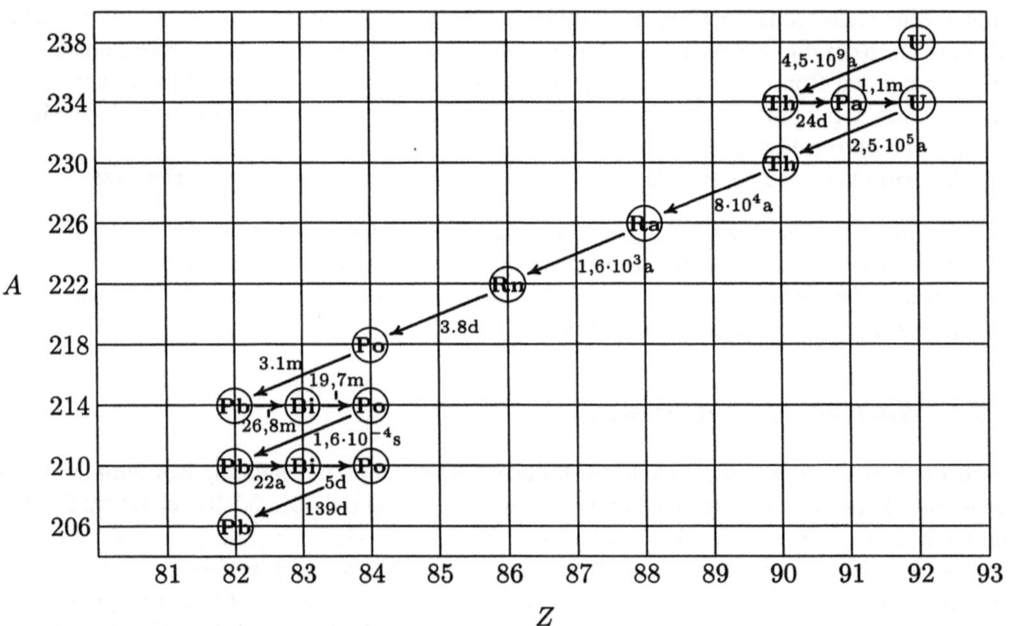

Bild 7.39 Die Uran-Radium-Zerfallsreihe

Die Halbwertszeiten der meisten radioaktiven Substanzen liegen im Bereich zwischen einigen Minuten und einigen Jahren. Betrachtet man jedoch alle bekannten radioaktiven Nuklide, so überdecken deren Halbwertszeiten nach heutiger Meßtechnik einen riesigen Bereich von etwa 10^{-22}–10^{24} s. Ein Beispiel einer solchen Zerfallsreihe zusammen mit den Halbwertszeiten zeigt Bild 7.39. Eine sehr große Halbwertszeit von $4,5$ Milliarden Jahren ($1,42 \cdot 10^{17}$ s) besitzt Uran.

Berechnen wir als Beispiel, wieviele Atome in einem Gramm Uran pro Sekunde zerfallen. Dazu benötigen wir einmal die Zerfallskonstante, die sich aus (7.64) zu $\lambda = 0,693/1,42 \cdot 10^{17}\,\mathrm{s}^{-1} = 4,88 \cdot 10^{-18}\,\mathrm{s}^{-1}$ ergibt. Zum anderen benötigen wir die Zahl der Uranatome pro Gramm, die sich aus der Avogadroschen Zahl N_A nach Division durch die Massenzahl $A = 238$ zu $N_0 = 2,53 \cdot 10^{21}$ bestimmt. Dies liefert $\mathrm{d}N = \lambda N_0 = 12348$, so daß selbst bei dieser extrem großen Halbwertszeit immerhin noch mehr als zehntausend Kerne pro Sekunde zerfallen.

Ausgehend von den sehr langlebigen radioaktiven „Urnukliden" ${}^{238}_{92}\mathrm{U}$ ($T_{1/2} = 4,5 \cdot 10^9$ a), ${}^{235}_{92}\mathrm{U}$ ($7,04 \cdot 10^8$ a) und ${}^{232}_{90}\mathrm{Th}$ ($1,39 \cdot 10^{10}$ a), ergeben sich drei **Zerfallsreihen**, in die sich viele radioaktive Nuklide einordnen lassen. Dies sind die **Uran-Radium-Reihe**, die **Uran-Actinium-Reihe** und die **Thorium-Reihe**, die alle über verschiedene weitere radioaktive Zerfallsprodukte in ein stabiles Bleiisotop übergehen. Eine vierte Zerfallsreihe – die **Neptunium-Reihe** – geht von dem heute nur noch künstlich herstellbaren ${}^{237}_{93}\mathrm{Ne}$ aus und endet beim stabilen ${}^{209}_{83}\mathrm{Bi}$.

In einem Stück Uranerz koexistieren alle Mitglieder dieser Uran-Radium-Reihe. Die Zahl der Uranatome nimmt dabei ständig ab und die Zahl der Bleiatome ständig zu. Für alle Zwischenglieder der Reihe hat sich im Laufe der Zeit ein Gleichgewichtszustand herausgebildet, bei dem pro Zeiteinheit genausoviel Atome eines solchen Nuklids zerfallen, wie von der Muttersubstanz durch Zerfall nachgeliefert werden (**radioaktives Gleichgewicht**).

Übungen:
7.28: Nach H. Geiger und J. M. Nuttall existiert beim α-Zerfall die Regel, daß mit abnehmender Halbwertszeit die Energie der emittierten Teilchen zunimmt. Versuchen Sie, diese Regel qualitativ zu begründen. Hinweis: Überlegen Sie, welcher Zusammenhang zwischen Tunnelwahrscheinlichkeit und Halbwertszeit besteht, und nutzen Sie Bild 7.38. ■
7.29: Die Bindungsenergie E_B der letzten Nukleonen eines schweren Kerns muß deutlich unter der mittleren Bindungsenergie von ca. 8 MeV liegen (vgl. Bild 7.37), denn ansonsten wäre die spontane Emission eines α-Teilchens energetisch nicht möglich. Schätzen Sie E_B aus dem Vergleich der Massendefekte von ^{238}U und ^{208}Pb ab, und führen Sie dann eine Energiebilanz für den α-Zerfall durch. ■

7.3.2.3 Nachweis und Messung radioaktiver Strahlung

Zum Nachweis radioaktiver Strahlung macht man sich entweder ihre ionisierende Wirkung auf Gase oder andere Wechselwirkungsprozesse mit Materie nutzbar. In einer **Ionisationskammer** befindet sich Luft oder ein Edelgas zwischen zwei Elektroden, an denen eine Spannung anliegt. Fällt radioaktive Strahlung in die Kammer, so werden Gasatome ionisiert, die dabei erzeugten Ladungsträger wandern zur Kathode bzw. zur Anode, und es resultiert ein meßbarer Stromfluß.

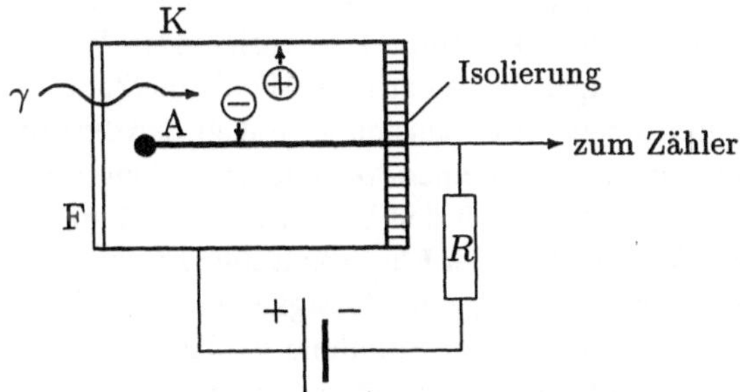

Bild 7.40
Geiger-Müller-Zählrohr

Das wahrscheinlich bekannteste Nachweisinstrument für radioaktive Strahlung ist das **Geiger-Müller-Zählrohr** (kurz: Geiger-Zähler). Das Füllgas, welches Luft oder Argon bei einem Druck von ca. 100 mbar ist, befindet sich in einem zylindrischen Gefäß (Bild 7.40). Die metallische Innenseite des Rohres bildet die Kathode K und ein dünner Draht in seiner Längsachse die Anode A. Zwischen ihnen liegt je nach der gewünschten Einsatzart eine Spannung von einigen hundert V. Die Strahlung kann durch ein Glimmerfenster F in den Gasraum eintreten und dort Ionen erzeugen. Während sich die erzeugten Ladungsträger zu den Elektroden bewegen, werden sie entsprechend der Größe der anliegenden Spannung beschleunigt und können durch Stoßionisation weitere Ionen erzeugen. Übersteigt die Spannung die sogenannte *Geiger-Schwelle*, so wird der von einem radioaktiven Teilchen induzierte Stromimpuls von der Art und der Energie dieses Teilchens schließlich unabhängig. Das Gerät arbeitet dann als *Auslösezählrohr* und registriert allein die Zahl der einfallenden radioaktiven Teilchen.

Bild 7.41
Stoß eines α-Teilchens mit einem Fluor-Kern in der Wilsonschen Nebelkammer (Foto: I. K. Bøggild aus Gerthsen, Kneser, Vogel, Physik, Spinger-Verlag, 1986)

Das auf Ch. T. R. Wilson (1912) zurückgehende Konzept der **Nebelkammer** beruht darauf, daß man die Bahnkurven (Spuren) der radioaktiven Strahlung durch kondensierenden Wasserdampf sichtbar macht. Dazu kühlt man die durch ein angelegtes elektrisches Feld von Staub und Ionen möglichst befreite Luft in der Kammer durch plötzliche Expansion so weit ab, daß die Luftfeuchtigkeit den Sättigungspunkt überschreitet. Die z. B. von einem α-Teilchen entlang seines Weges erzeugten Ionen bilden dann die Kondensationskeime für den Wasserdampf und machen die Spur dieses Teilchens sichtbar. Ein ähnliches Konzept liegt der **Blasenkammer** zugrunde, wo durch ein radioaktives Teilchen eine Blasenspur in einer überhitzten Flüssigkeit erzeugt wird.

Eine der ältesten Methoden des Nachweises von radioaktiver Strahlung ist das Zählen von Lichtblitzen – **Szintillationen** –, die von ihr beim Auftreffen auf geeigneten Leuchtstoffen ausgelöst werden und auch mit dem bloßen Auge wahrgenommen werden können. Über den Photoeffekt und anschließende Elektronenverstärkung erreichen solche **Szintillationszähler** heute eine sehr große Empfindlichkeit.

Eine hohe Energieauflösung erreicht man mit **Halbleiterdetektoren**, in denen die Strahlung anhand von erzeugten Elektron-Loch-Paaren nachgewiesen wird.

Als Maß für die Stärke eines radioaktiven Präparats kann die Zahl der pro Sekunde zerfallenden Kerne dienen. Dementsprechend definiert man die **Aktivität** A mit Hilfe von (7.63) durch

$$A = -\frac{\mathrm{d}N}{\mathrm{d}t} = \lambda N = \frac{\ln 2}{T_{1/2}} N \,. \tag{7.65}$$

Die Maßeinheit von A ist s^{-1}, die jedoch in diesem Zusammenhang als **Becquerel** (Bq) bezeichnet wird.

Um verschiedene Substanzen unabhängig von ihrer jeweils vorhandenen Menge beurteilen zu können, bezieht man die Aktivität auf die Masseneinheit und mißt die **spezifische Aktivität** in der Maßeinheit Bq/kg.

Von der Aktivität zu unterscheiden ist die *Dosis*, die die Wirkung einer radioaktiven Strahlung auf Materie erfaßt. Die Zahl der zerfallenden Kerne sagt nämlich noch nichts über die Energie der radioaktiven Strahlung und die durch sie verursachten Phänomene in dieser Materie aus. In der **Dosimetrie** unterscheidet man zwischen der **Ionendosis**, die die durch Ionisation in einem Gas erzeugte Ladungsmenge pro Masseneinheit angibt (Maßeinheit C/kg), und der **Energiedosis**, die die durch Absorption ionisierender Strahlung zugeführte Energiemenge pro Masseneinheit angibt. Die Energiedosis D wird in der Maßeinheit Gray (Gy) gemessen, und es gilt $1\,\mathrm{Gy} = 1\,\mathrm{J/kg}$.

7.3.2.4 Biologische Wirkung radioaktiver Strahlung

Die biologische Wirkung radioaktiver Strahlung ist nicht allein eine Frage der entsprechenden Dosis, der eine Person ausgesetzt ist, sondern sie hängt auch entscheidend von der Art der Strahlung ab. Allgemein kann festgestellt werden, daß schwere Teilchen schädlicher sind als β- oder γ-Strahlung. Um die unterschiedliche Wirkung und damit die Schädlichkeit der einzelnen Strahlungsarten quantitativ zu erfassen, definiert man die **Äquivalentdosis** H. Sie ergibt sich aus der Energiedosis D durch Multiplikation mit entsprechenden **Qualitätsfaktoren** Q gemäß

$$H = DQ\,. \tag{7.66}$$

Ihre Maßeinheit ist das **Sievert** (Sv), und es gilt 1 Sv=1 J/kg.[10] Die Q-Werte sind in Tabelle 7.4 zusammengestellt.

Tabelle 7.4 Qualitätsfaktoren Q

Strahlungsart	Qualitätsfaktor Q
Röntgen-, β- und γ-Strahlung	1
Elektronen	1
langsame Neutronen, Protonen	5
schnelle Neutronen	10
α-Teilchen, schwere Rückstoßkerne	20

Beim Umgang mit radioaktiven Substanzen ist größte Vorsicht geboten. Eine kurzzeitige Belastung mit 1 Sv verursacht schon zeitweilige körperliche Schäden wie allgemeines Unwohlsein oder Haarausfall; Belastungen über 5 Sv sind bereits oft tödlich. Der Mensch ist andererseits stets einer durchschnittlichen Strahlenbelastung ausgesetzt, die in der Größenordnung von ca. $1,2$ mSv/a liegt. Sie ist verursacht durch die Höhenstrahlung (ca. $0,30$ mSv/a), durch die Existenz radioaktiver Nuklide im Boden, im Wasser, in der Luft sowie in Baumaterialien (ca. $0,60$ mSv/a) und schließlich durch köpereigene Nuklide (ca. $0,30$ mSv/a). Durch medizinische Anwendungen, häufige Flüge oder Aufenthalt in größerer Höhe und industrielle Quellen kann sich dieser Wert im Einzelfall leicht verdoppeln. Aus diesen Daten resultiert das sogenannte 30 mrem-Konzept, wonach entsprechend der Strahlenschutzverordnung ein Grenzwert von $0,3$ mSv/a (dies sind gerade 30 mrem !) für die Gesamtemission kerntechnischer Anlagen nicht überschritten werden darf.

[10] Früher wurde die Äquivalentdosis in der Einheit rem (roentgen equivalent man) gemessen. Es gilt 1 rem=10^{-2} Sv.

Auch wenn gelegentlich aus medizinischen Gründen der menschliche Körper zusätzlicher radioaktiver Strahlung ausgesetzt wird, muß jede Strahlenbelastung als schädlich angesehen werden. Neben Schädigungen der Körperzellen (somatische Schäden) werden auch Keimzellen in nicht unmittelbar erkennbarer Weise verändert (genetische Schäden). Molekularverbände können aufgebrochen werden, und es resultieren Veränderungen der Chromosomen und Gene. Solche Mutationen können Spätschäden, wie Strahlenkrebs, oder auch Erbschäden hervorrufen.

Weitgehend ungeklärt ist bisher die Rolle von langanhaltender Niedrigstrahlung, die man u. a. mit einem erhöhten Leukämierisiko in Zusammenhang bringt.

Übungen:

- **7.30**: Die Aktivität wurde früher in der Maßeinheit Curie (Ci) gemessen, wobei 1 Ci etwa der Aktivität von 1 g Radium entspricht. Berechnen Sie den Umrechnungsfaktor zwischen den Maßeinheiten Ci und Bq.
- **7.31**: Einen Eindruck von der gewaltigen Arbeit der Curies bei der Entdeckung des Radiums vermittelt die Beantwortung der folgenden Frage: Welche Menge Ra ist in 1 g natürlichem Uran enthalten? Hinweis: Man beachte, daß im Gleichgewicht pro Zeiteinheit genau so viele Radiumatome durch den Zerfall von Uran entstehen müssen, wie zerfallen.

7.3.3 Künstliche Kernumwandlungen

7.3.3.1 Allgemeines über Kernreaktionen

Künstliche Kernreaktionen werden im allgemeinen durch Beschuß von Atomen mit Teilchen hinreichend hoher Energie ausgelöst. Besonders eignen sich dazu α-Teilchen oder Neutronen. Beide können mit vergleichsweise geringer Energie in den Kern eindringen, denn für Neutronen gibt es keinerlei Potentialbarriere, und die α-Teilchen nutzen bekanntlich den Tunneleffekt, um die Barriere weit unterhalb ihres Maximums zu durchdringen.

Man unterscheidet zwischen *exothermen* und *endothermen* Reaktionen, je nachdem ob bei der Reaktion Energie in Form von kinetischer Energie der Teilchen frei wird oder ob Energie für die Reaktion verbraucht wird. Die Einordnung einer bestimmten Reaktion in dieses Schema kann durch Betrachtung des Massendefektes vorgenommen werden.

Ist zur Realisierung einer künstlichen Kernumwandlung der Beschuß mit hochenergetischen Teilchen notwendig, so werden diese in Teilchenbeschleunigern auf die entsprechenden Energien beschleunigt. Das allgemeine Prinzip dieser Geräte besteht in der Ausnutzung elektromagnetischer Felder, um die Teilchen auf einer wohldefinierten Bahn auf eine hohe Geschwindigkeit zu bringen. In einem **Linearbeschleuniger** nutzt man dazu die geradlinige Beschleunigung einer Ladung im elektrostatischen Feld. Die Mehrzahl der Beschleunigertypen benutzen jedoch magnetische Felder zur Führung der Teilchen auf spiralförmiger oder kreisförmiger Bahn. Ausgangspunkt für ihre Entwicklung ist das von E. O. Lawrence (1931) erfundene **Zyklotron** (Bild 7.42): Eine flache zylindrische Vakuumkammer befindet sich in einem senkrecht zur Bildebene orientierten starken Magnetfeld. In der Vakuumkammer befinden sich weiter zwei D-förmige Elektroden, an denen eine hochfrequente elektrische Wechselspannung anliegt. Tritt aus der im Zentrum angeordneten Ionenquelle Q ein Teilchen aus, so wird es bei jedem Durchgang durch den Spalt zwischen den Elektroden beschleunigt und gleichzeitig auf Grund der vom Magnetfeld erzeugten Lorentz-Kraft auf einer spiralförmigen Bahn geführt. Durch einen Ablenkkondensator C werden die Teilchen ausgekoppelt und auf das Ziel gelenkt. Wird die Teilchengeschwindigkeit mit der Lichtgeschwindigkeit vergleichbar, so kommen die Teilchen infolge der relativistischen Massenzunahme bei konstanter Taktfrequenz des Wechselfeldes zu spät in den Spaltbereich. Eine Anpassung dieser Frequenz erfolgt im **Synchrozyklotron**.

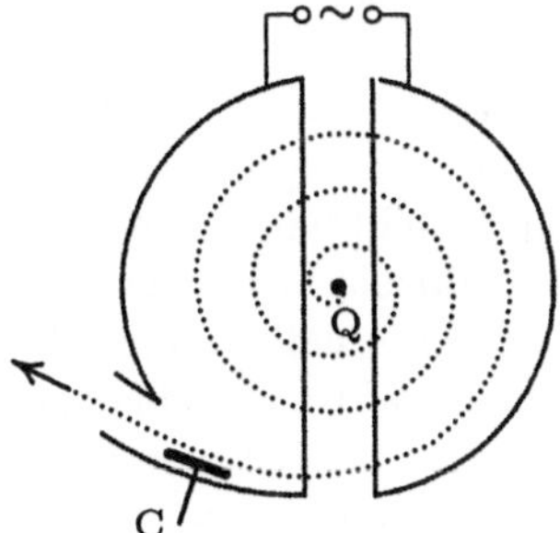

Bild 7.42
Prinzip eines Zyklotrons: Das elektrische Feld befindet sich zwischen den D-förmigen Elektroden, das magnetische Feld ist senkrecht zur Bildebene orientiert.

Im Gegensatz zum Zyklotronkonzept kann die Beschleunigung auch auf einer Kreisbahn realisiert werden, wenn man das magnetische Führungsfeld mit zunehmender Teilchengeschwindigkeit vergrößert. In dieser Weise arbeiten z. B. das **Betatron** und das **Elektronensynchrotron**. Mit solchen Beschleunigern erreicht man gegenwärtig Teilchenenergien von einigen GeV für Elektronen und einige hundert GeV für Protonen. Solche und noch höhere Energien sind für grundlagenphysikalische Experimente der Elementarteilchenphysik erforderlich.

● – Proton, ○ – Neutron

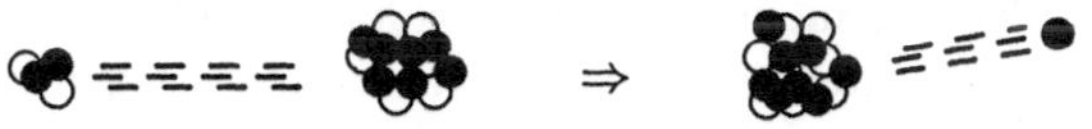

$${}^4_2\alpha \quad + \quad {}^{14}_7\mathrm{N} \quad \Rightarrow \quad {}^{17}_8\mathrm{O} \quad + \quad {}^1_1\mathrm{p}$$

Bild 7.43
Umwandlung von ${}^{14}_7\mathrm{N}$ in ${}^{17}_8\mathrm{O}$ durch Beschuß mit α-Teilchen

Die erste künstliche Kernumwandlung gelang Rutherford (1919), der durch die Analyse von Nebelkammeraufnahmen feststellte, daß beim Beschuß von Stickstoffatomen mit α-Teilchen Sauerstoffatome entstehen (Bild 7.43). Man pflegt solche Prozesse in einer Kurzform anzugeben, wobei man zwischen Anfangs- und Endkern in Klammern zuerst das Geschoß und danach das emittierte Teilchen aufführt. Für den obigen Fall schreibt man also ${}^{14}_7\mathrm{N}(\alpha, \mathrm{p}){}^{17}_8\mathrm{O}$.

Eine weitere wichtige künstliche Kernumwandlung gelang W. Bothe und A. Becker (1932), die feststellten, daß der Beschuß von Beryllium mit α-Teilchen gemäß

$${}^4_2\alpha + {}^9_4\mathrm{Be} \to {}^{12}_6\mathrm{C} + {}^1_0\mathrm{n}$$

eine Möglichkeit zur Erzeugung von Neutronen liefert. In Kurzform lautet diese Reaktion ${}^9_4\mathrm{Be}(\alpha, \mathrm{n}){}^{12}_6\mathrm{C}$.

Solche Reaktionen legten die Vermutung nahe, daß man beim Beschuß von schweren Elementen durch α-Teilchen oder auch Neutronen in der Natur nicht existierende chemische Elemente jenseits des Urans, also mit Kernladungszahlen größer als 92, künstlich herstellen kann. Solche radioaktiven und damit instabilen **Transurane** können tatsächlich erzeugt werden. Als Beispiel geben wir die Reaktionen zur Erzeugung von Plutonium ${}^{239}_{94}\mathrm{Pu}$ an:

$${}^{238}_{92}\mathrm{U}(\mathrm{n}, \gamma){}^{239}_{92}\mathrm{U}^* \to {}^{239}_{93}\mathrm{Np}^* + {}^{0}_{-1}\mathrm{e} \to {}^{239}_{94}\mathrm{Pu}^* \; . \tag{7.67}$$

Das Plutonium selbst ist ein α-Strahler mit einer Halbwertszeit von 24 000 Jahren und außerdem extrem giftig.

In das Periodensystem der Elemente sind heute meist nur die Transurane bis zum Lawrencium (Lr) mit einer Ordnungszahl von 103 namentlich aufgenommen. In Forschungslaboren sind jedoch die chemischen Elemente bereits bis zur Ordungszahl 111 hergestellt worden. Ab der Ordnungszahl 107 sind dabei alle Elemente erstmals von einer internationalen Forschergruppe am Laboratorium der Gesellschaft für Schwerionenforschung (GSI) hergestellt worden. Es existiert der Vorschlag, sie zu Ehren berühmter Kernphysiker in folgender Weise zu benennen: Rutherfordium/Kurtschatowium (104), Hahnium (105), Seaborgium (106), Nielsbohrium (107) und Meitnerium (109). Das Element mit der Ordnungszahl 108 soll nach dem Bundesland Hessen, wo es zuerst hergestellt werden konnte, Hessium heißen. Diese Namensgebung ist jedoch Gegenstand internationaler Kontroversen und keinesfalls allgemein akzeptiert.

Die durch solche Kernreaktionen erzeugten Nuklide sind in der Mehrzahl instabil. Sie zerfallen unter Aussendung radioaktiver Strahlung und werden als **Radionuklide** bezeichnet.[11] Beim Beschuß eines Aluminiumatoms mit α-Teilchen entsteht durch die Reaktion

$$^{27}_{13}\mathrm{Al} + ^{4}_{2}\alpha \rightarrow ^{30}_{15}\mathrm{P}^* + ^{1}_{0}\mathrm{n}$$

das Radionuklid $^{30}_{15}\mathrm{P}^*$. Wie das Ehepaar I. Curie (die Tochter von Marie Curie!) und F. Joliot-Curie (1934) zuerst feststellte, unterliegt dieses Nuklid einem weiteren, von der natürlichen Radioaktivität nicht bekannten Form des radioaktiven Zerfalls. Dabei entsteht gemäß

$$^{30}_{15}\mathrm{P}^* \rightarrow ^{30}_{14}\mathrm{Si} + ^{0}_{1}\mathrm{e} + \nu_\mathrm{e}$$

ein Elementarteilchen $^{0}_{1}\mathrm{e}$, welches sich wie ein Elektron mit umgekehrter Ladung verhält. Dieses Teilchen war bereits kurz vorher in der kosmischen Strahlung entdeckt worden und hatte den Namen **Positron** erhalten. Neben dem Positron begegnen wir hier nun auch dem Neutrino, so daß der gesamte Prozeß in Analogie zu (7.61) steht.

Über die Anwendung radioaktiver Nuklide: Radionuklide werden heute in vielfältiger Weise praktisch genutzt. Eine der bekanntesten Anwendungen in der Medizin ist der Einsatz von „Kobaltkanonen" zur Behandlung von Geschwulstkrankheiten. Dazu nutzt man die γ-Strahlung des Nuklids $^{60}\mathrm{Co}$, mit der man das entsprechende Gewebe bestrahlt. Radioaktive Nuklide können aber auch gezielt durch Injektion oder Nahrungsaufnahme bestimmten Organen zugeführt werden und dort lokal wirken.

In der Technik werden Radionuklide u. a. zur zerstörungsfreien Werkstoffprüfung oder zur kontaktfreien Dickenbestimmung eingesetzt. Letztere dient etwa der Kontrolle der gleichmäßigen Dicke bei der Herstellung von Folien oder Papier. Dabei nutzt man das Absorptions- bzw. Reflexionsverhalten der Strahlung. Weitere Einsatzmöglichkeiten bieten Dichtebestimmungen in Flüssigkeiten und Gasen oder die Untersuchung von Verschleißvorgängen.

Den Zerfall von radioaktiven Substanzen nutzt man weiter zur Altersbestimmung in der Archäologie. Bei der **^{14}C-Methode** nutzt man die Tatsache, daß neben dem nicht radioaktiven Isotop $^{12}\mathrm{C}$ auch das in der Atmosphäre durch Höhenstrahlung erzeugte radioaktive Isotop $^{14}\mathrm{C}$ über das Kohlendioxid am Stoffwechsel teilnimmt. Im Gleichgewicht zerfallen daher im Mittel in 1 g Kohlenstoff einer lebenden Substanz 12,5 Atomkerne durch Emission eines β-Teilchens. Wird der Stoffwechselkreislauf durch Tod unterbrochen, so nimmt die Aktivität der Substanz mit der Zeit ab, was eine Altersbestimmung gestattet. Auch aus dem Konzentrationsverhältnis zwischen Uran und Blei lassen sich solche Altersbestimmungen vornehmen.

[11] Radioaktive Kerne werden im folgenden durch einen beigefügten $*$ gekennzeichnet.

Schließlich erwähnen wir noch Radionuklidbatterien, die relativ wartungsfrei sind und daher zur Stromerzeugung in Satelliten und Raumschiffen eingesetzt werden.

Übungen:
7.32: Geben Sie die Reaktionsgleichung für den radioaktiven α-Zerfall von ${}^{239}_{94}\mathrm{Pu}^*$ an, und berechnen Sie die kinetische Energie des emittierten Teilchens.
7.33: Für Holz eines ägyptischen Pharaonengrabes wird eine Aktivität von 0, 1 Bq für Kohlenstoff gemessen. Bestimmen Sie das Alter des Grabes, wenn ${}^{14}\mathrm{C}$ eine Halbwertszeit von 5760 a hat und in noch lebendem Holz eine Aktivität von 0, 2Bq gemessen wird.

7.3.3.2 Kernspaltung

Auch die Chemiker O. Hahn (1879–1968) und F. Strassmann (1902–1980) hatten sich zum Ziel gesetzt, durch Beschuß von Uran mit Neutronen Transurane herzustellen. Bei ihren Versuchen machten sie im Jahre 1938 eine aufsehenerregende Entdeckung. Infolge des Neutronenbeschusses war aus Uran das chemische Element Barium mit der viel kleineren Kernladungszahl 56 entstanden. Offenbar hatte sich der Urankern mit der Kernladungzahl 92 gespalten, und tatsächlich ließ sich neben dem Barium auch das chemische Element Krypton mit der Kernladungszahl 36 als zweites Spaltprodukt nachweisen.

Ein Verständnis der Kernspaltung gelang der langjährigen Mitarbeiterin Hahns, der österreichischen Physikerin L. Meitner (1878–1968) und ihrem Neffen O. Frisch auf der Basis des Tröpfchenmodells (Bild 7.44). Das in den Kern eindringende Neutron verursacht Deformationsschwingungen dieses Zwischenkerns. Dabei entstehen zwei getrennte Ladungsschwerpunkte, die sich gegenseitig abstoßen. Es kommt zu einer Einschnürung des Zwischenkerns und schließlich zur Kernspaltung. Die Spaltprodukte sind selbst radioaktiv und gehen über eine Reihe von Zwischenschritten in stabile Endprodukte über. Neben der dargestellten Variante der Kernspaltung von Uran gibt es eine Vielzahl von Alternativen (vgl. Übungen). Von großer Bedeutung ist die Tatsache, daß als Folge der Spaltung im Mittel stets 2–3 Neutronen entstehen.

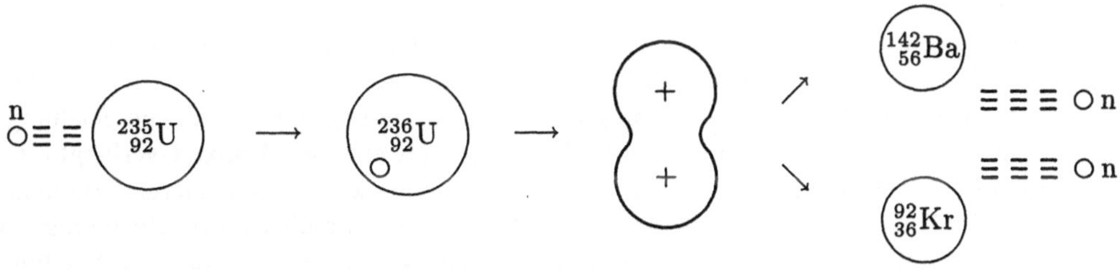

Bild 7.44 Interpretation einer möglichen Variante der Kernspaltung von ${}^{235}_{92}\mathrm{U}$ bei Neutronenbeschuß

Die Kernspaltung war ein faszinierendes Phänomen und löste weltweit intensive Forschungsaktivitäten aus. Das große Interesse an der Spaltung des Urans wird durch Betrachtung von Bild 7.37 verständlich. Die größere Bindungsenergie von mittelschweren Kernen (ca. 8, 4 eV pro Nukleon) im Verhältnis zum Uran (ca. 7, 5 eV pro Nukleon) macht deutlich, daß dieser Prozeß exotherm ist, also Energie freisetzt. Eine grobe Abschätzung liefert damit etwa einen Energiegewinn von 0, 9 MeV pro Nukleon, was bei 238 Nukleonen auf eine Größenordnung von 200 MeV pro Spaltung führt. Man kann übrigens auch anhand von Bild 7.44 und Tabelle 7.3 die freiwerdende Energie aus dem Massendefekt bestimmen (vgl. Übungen).

Um eine Vorstellung von der praktischen Bedeutung dieses Resultates zu erhalten, soll noch die durch Spaltung von 1 g Uran entstehende Energie berechnet werden. Sie ergibt sich mittels der Avogadroschen Zahl N_A zu $200\,\text{eV} \cdot N_A/235 = 5 \cdot 10^{23}\,\text{MeV}$. Umgerechnet sind das $2,2 \cdot 10^4\,\text{kWh}$, was etwa dem Heizwert von $2,5\,\text{t}$ Steinkohle entspricht.

Man mag meinen, daß jede Spaltung eines schweren Kerns in mittelschwere Bruchstücke praktisch nutzbare Energie freisetzt. Intensive Untersuchungen solcher Spaltungsprozesse führten jedoch zu folgender Erkenntnis:

> *Unter allen natürlichen Nukliden ist* ^{235}U *das einzige, welches allein durch die zusätzliche Aufnahme eines weiteren Neutrons spaltbar ist. Diese Eigenschaft besitzen auch die künstlichen Nuklide* ^{233}U *und* ^{239}Pu. *Pro Spaltung entsteht im Mittel eine Energie von* 200 *MeV, von der ca.* 80% *als kinetische Energie der Spaltprodukte vorliegen und sich in Wärme umsetzen.*

Wir wollen versuchen, diese Aussage etwas genauer zu verstehen: Wird eine Substanz mit Neutronen beschossen, so können im allgemeinen verschiedene Kernreaktionen ausgelöst werden. Die Neutronen können am Kern gestreut werden oder sie können in den Kern eindringen, wobei entweder ein Kern mit größerer Massenzahl entsteht oder aber der Kern gespalten wird. Diese konkurrierenden Prozesse besitzen für jede Substanz und in Abhängigkeit von der kinetischen Energie der Neutronen unterschiedliche Wahrscheinlichkeiten. In der Kernphysik charakterisiert man diesen Sachverhalt durch den **Wirkungsquerschnitt**. Beschießt man eine Probe (Target) mit einem bestimmten Projektil, so bestimmt sich dieser Wirkungsquerschnitt aus der Zahl der eine bestimmte Reaktion auslösenden Treffer pro Zahl der Treffer je m^2 und pro Zahl der Targetatome. Er hat damit die Maßeinheit einer Fläche. Da die Wirkungsquerschnitte extrem klein sind, ist die Maßeinheit **Barn**[12] (b) gebräuchlich, und es gilt

$$1\,\text{b} = 10^{-28}\,\text{m}^2\,. \tag{7.68}$$

Untersuchen wir nun die Situation für Uran. Natürliches Uran besteht im wesentlichen aus dem Isotop ^{238}U $(99,28\%)$ und einer geringen Beimischung des Isotops ^{235}U $(0,72\%)$. Dabei besitzt das so häufig vorkommende Isotop leider eine Aktivierungsenergie für die Spaltung, die größer ist als die durch die Bindung eines Neutrons freiwerdende. Konkret verlangt eine solche Spaltung den Einfang eines *schnellen* Neutrons mit einer kinetischen Energie von mehr als 1 MeV. Außerdem ist der Wirkungsquerschnitt für eine Spaltung dieser Art sehr gering, so daß sich insgesamt ein endothermer Prozeß ergibt. Die Aktivierungsenergie für eine Spaltung von ^{235}U ist jedoch geringer und kann bereits durch die Bindungsenergie eines langsamen, sogenannten *thermischen* Neutrons aufgebracht werden.

Daß zusätzlich auch der Wirkungsquerschnitt solcher Neutronen für die Spaltung von ^{235}U hinreichend groß ist, ist ein weiterer wichtiger Aspekt für die technische Nutzung der Kernenergie. Es war S. Flügge (1939), der als erster auf die Möglichkeit einer sich selbsterhaltenden Folge von Kernspaltungen in ^{235}U hingewiesen hat. Da bei einer Kernspaltung neben den Spaltprodukten im Mittel 2,5 Neutronen entstehen, wäre es zur Ausbildung einer solchen **Kettenreaktion** ausreichend, wenn wenigstens eines dieser Neutronen wieder eine Spaltung auslöst. Dazu müssen sowohl die Wirkungsquerschnitte aller Konkurrenzprozesse hinreichend klein gehalten werden als auch dafür gesorgt werden, daß ein Neutron die Substanz nicht eher verläßt, als bis es ein weiteres ^{235}U-Atom spalten kann.

[12] Barn stammt aus dem Englischen und bedeutet „Scheune“. Es ist also das Scheunentor, das man treffen muß, um eine Wirkung zu erzielen.

Eine Möglichkeit, diese Voraussetzungen zu erfüllen, besteht darin, einmal künstlich die Konzentration des Isotops ^{235}U deutlich zu erhöhen und zum anderen von dem so *angereicherten* Uran eine solche Menge zusammenhängend herzustellen, daß seine Größe den Neutronen ermöglicht, einen spaltbaren Kern zu treffen, bevor es das spaltbare Material verlassen kann. Für reines ^{235}U liegt die dazu notwendige **kritische Masse** bei $22,8\,\mathrm{kg}$.

Schließt man das spaltbare Material in ein neutronenreflektierendes Material (Reflektor) ein, so kann diese Masse erheblich reduziert werden. Sind nun diese Bedingungen für eine Kettenreaktion erfüllt, so erzeugt im Idealfall ein Ausgangsneutron 2,5 neue Neutronen, diese jeweils wieder 2,5 Neutronen, und in der 10. Generation werden bereits $2,5^{10} \approx 10^4$ Neutronen erzeugt. Eine solche *ungesteuerte* Kettenreaktion benötigt zur Spaltung von einigen Kilogramm Uran nur einige Millisekunden, setzt explosionsartig gewaltige Energiemengen frei und bildet die physikalische Grundlage für die **Atombombe**. Es sei darauf hingewiesen, daß die für diesen Prozeßverlauf notwendige starke Anreicherung des Urans mit ^{235}U ein sehr aufwendiger und kostspieliger Prozeß ist, bei dem die Verfahren zur Isotopentrennung zur Anwendung kommen (vgl. Abschnitt 7.3.1).

Übungen:

7.34: Durch Anlagerung eines Neutrons kann ein Atom ^{235}U z. B. auch in die Spaltprodukte $^{140}Cs^*$ und $^{94}Rb^*$ zerfallen. Stellen Sie die entsprechende Reaktionsgleichung auf. ■

7.35: Unter Vernachlässigung der Energie der emittierten radioaktiven Teilchen schätze man die durch den Prozeß von Bild 7.44 pro Spaltung freigesetzte Energie aus dem zugehörigen Massendefekt ab. ■

7.36: Versuchen Sie anhand von (7.61) zu begründen, warum Neutronen außerhalb des Kerns (freie Neutronen) nicht stabil sind, sondern zerfallen. ■

7.37: Die kritische Masse eines spaltbaren Materials wird bestimmt durch die sogenannte mittlere freie Weglänge der Neutronen. Darunter versteht man den Weg, den ein Neutron im Mittel zwischen zwei Zusammenstößen mit einem spaltbaren Kern zurücklegt. Schätzen Sie die kritischen Massen in ^{235}U und ^{239}Pu ab, wenn die entsprechenden mittleren freien Weglängen 17 cm bzw. 10 cm betragen. Hinweis: die Dichten von Uran und Plutonium sind $18,95\,\mathrm{g/cm^3}$ bzw. $19,8\,\mathrm{g/cm^3}$. ■

7.3.3.3 Kernreaktoren

Eine friedliche Nutzung der Kernenergie verlangt die Realisierung einer *kontrollierten* Kettenreaktion. Dazu nutzt man die Tatsache, daß für thermische Neutronen der Wirkungsquerschnitt für die Spaltung von ^{235}U stark zunimmt. Gelingt es daher die infolge einer Spaltung erzeugten schnellen Neutronen in möglichst kurzer Zeit abzubremsen, so genügt sogar schon weit weniger angereichertes Uran zur Aufrechterhaltung einer Kettenreaktion. Materialien, die Neutronen durch elastische Stöße möglichst effizient bremsen, nennt man **Moderatoren**. Aus unseren Überlegungen im Zusammenhang mit (2.37) ist bekannt, daß die Energieübertragung bei gleichen Massen am größten ist, so daß Substanzen mit möglichst leichten Molekülmassen besonders gute Moderatoren sind. Wasserstoff wäre ideal, absorbiert jedoch zu viele Neutronen. Deshalb werden z. B. Wasser, schweres Wasser oder Graphit als Moderatoren eingesetzt.

Zur Steuerung der Kettenreaktion zieht man entscheidenden Nutzen aus der Tatsache, daß die infolge einer Kernspaltung entstehenden Neutronen nicht alle sofort als sogenannte *prompte* Neutronen freigesetzt werden, sondern einige durch den radioaktiven Zerfall der Spaltprodukte bis zu nahezu einer Minute später als *verzögerte* Neutronen auftreten. Letztere lassen genug Zeit, um einen Kernreaktor erfolgreich zu steuern. Meistens nutzt man dazu *Absorber* in Form von

Regelstäben aus Materialien mit großem Wirkungsquerschnitt für Neutroneneinfang. Solche Absorber aus Borstahl oder Cadmium werden bei Bedarf in das spaltbare Material eingebracht, um die Kettenreaktion zu verlangsamen oder gar zu unterbrechen.

Die heute im Einsatz befindlichen Kernreaktoren lassen sich nach ganz verschiedenen Gesichtspunkten, wie verwendeter Brennstoff, zum Einsatz kommender Moderator oder Art des Kühlmittels einteilen. Weltweit am häufigsten sind **Leichtwasserreaktoren**, die Wasser als Kühlmittel und oft gleichzeitig als Moderator verwenden. Zu diesem Reaktortyp gehört der **Siedewasserreaktor**, bei dem das Sieden des Wasser im Reaktorkern zugelassen wird und der Dampf direkt die Turbine antreibt, und der **Druckwasserreaktor**, in dem die Dampferzeugung erst nach einem Wärmeaustausch in einem zweiten Kreislauf stattfindet.

Als weitere Reaktortypen seien der **Hochtemperaturreaktor** und die umstrittenen **Brutreaktoren** erwähnt. In einem **Schnellen Brüter** wird durch schnelle Neutronen das Spaltmaterial Plutonium erst durch die in (7.67) beschriebene Kernreaktion „erbrütet“.

7.3.3.4 Kernfusion

Im Zusammenhang mit der Diskussion von Bild 7.37 wurde bereits auf die Verschmelzung zweier leichter Kerne als alternativer Quelle für Kernenergie hingewiesen. Als eine dazu aussichtsreiche Reaktion gilt die Deuterium-Tritium-Reaktion

$$ {}^2_1\mathrm{H} + {}^3_1\mathrm{H} \to {}^4_2\mathrm{He} + {}^1_0\mathrm{n} + 17,6\,\mathrm{MeV}\,. \tag{7.69} $$

Zur Realisierung einer solchen **Kernfusion** müssen die Kerne in unmittelbare Nachbarschaft gebracht werden, wozu sie die zwischen ihnen bestehende Coulomb-Barriere überwinden müssen. Dazu sind Energien in der Größenordnung von einigen 100 keV pro Kern nötig. Die Möglichkeit, die Kerne in Teilchenbeschleunigern auf diese Energie zu beschleunigen, scheidet dazu wegen der zu geringen Wirkungsquerschnitte aus. Als Alternative bleibt, durch Erhitzen die mittlere kinetische Energie auf die notwendige Größe zu erhöhen. Eine in dieser Weise ausgelöste Kernfusion nennt man **thermonukleare Reaktion**. Eine genaue Analyse auf der Grundlage von (3.13) zeigt, daß dies eine Temperatur von ca. $2 \cdot 10^8$ K erforderlich macht.

Solche hohen Temperaturen werden im Inneren von Fixsternen erreicht, wo thermonukleare Reaktionen ablaufen und gigantische Energiemengen freisetzen. Die künstliche Realisierung einer Kernfusion ist jedoch bisher nur bei der Explosion der berüchtigten **Wasserstoffbomben** im Kernwaffentestversuch gelungen. Dabei handelt es sich allerdings um eine ungesteuerte Fusion, bei der die notwendige Temperatur durch Explosion einer Atombombe erzeugt wird.

Trotz intensiver Forschung ist die kontrollierte, friedliche Nutzung der Kernfusion noch in weiter Ferne. Bei den hohen Temperaturen sind alle Atome eines Gases vollständig ionisiert. Materie in einem solchen Zustand wird **Plasma** genannt. Die zentrale Schwierigkeit besteht darin, ein solches heißes Plasma hinreichend lange zusammenzuhalten und dabei gleichzeitig von den Wänden des Behälters fernzuhalten. Am erfolgversprechendsten erscheint gegenwärtig ein magnetischer Einschluß mit einem axiasymmetrischen toroidalen (ringförmigen) Magnetfeld (**Tokamak**). Vor einiger Zeit konnte mit einer solchen Anlage in Princton (USA) für wenige Sekunden bei ca. $4 \cdot 10^8$ K eine Fusionsleistung von 9 MW erreicht werden. Als eine Alternative zum Tokamak wird eine lasergesteuerte Plasmaaufheizung diskutiert.

8 Festkörperphysik

8.1 Allgemeines über Festkörper und ihre Herstellung

Feste Körper haben schon immer eine wichtige Rolle im Leben der Menschen gespielt. Sei es ein primitives Werkzeug in der Steinzeit, ein prachtvolles Bauwerk der Antike, ein im Mittelalter entwickeltes Fernrohr oder eine gewaltige Dampfmaschine im Zeitalter der industriellen Revolution, für alle diese Gegenstände ist charakteristisch, daß sie aus festen Materialien bestehen. Je besser es gelang, solche festen Stoffe kontrolliert und in guter Qualität herzustellen, desto wesentlicher wurde ihre Rolle in den verschiedensten Bereichen des Lebens.

Um so erstaunlicher ist es, daß sich diese technischen Entwicklungen vollziehen konnten, obwohl ein physikalisches Verständnis der Eigenschaften von Festkörpern nahezu vollständig fehlte. Ja, es war sogar nicht einmal verständlich, warum es überhaupt solche festen Körper geben konnte.

Feste Stoffe bestehen aus Atomen, und erst ein Verständnis des Atoms auf der Grundlage der Quantenmechanik ermöglichte einen physikalischen Zugang zur chemischen Bindung und damit zum Festkörper. Atomphysik und Quantenmechanik bilden die Eckpfeiler der *Festkörperphysik*, die sich Ende der 20er Jahre systematisch zu entwickeln begann. Die komplexe Natur des zu erforschenden Systems erlaubte zunächst nur ein vorwiegend qualitatives Verständnis festkörperphysikalischer Eigenschaften; aber bereits dieses eröffnete die Möglichkeit zu ungeahnten neuen technischen Fortschritten. Die Entwicklung des Transistors durch J. Bardeen, W. H. Brattain und W. Shockley im Jahre 1949 und des Lasers (vgl. Abschnitt 7.2.8) sollen hier als bedeutende Erfindungen dieses Jahrhunderts stellvertretend genannt werden. Im Rahmen der Festkörperphysik gelang es, auch zwei schon lange bekannte grundlagenphysikalisch und technisch äußerst interessante Phänomene zu erklären – die *Supraleitung* und den *Ferromagnetismus*. Wir haben den Ferromagnetismus bereits in Abschnitt 4.4.6 besprochen; auf die Supraleitung kommen wir später in Abschnitt 8.7 zurück.

Die (natürlich wiederum durch die Festkörperphysik ausgelöste!) rasante Entwicklung der Rechentechnik erlaubt zunehmend auch eine quantitativ korrekte Beschreibungen von Festkörpern und sogar komplizierteren Festkörperstrukturen. Die Festkörperphysik hat sich dadurch in den letzten Jahren zum wichtigsten anwendungsorientierten Teilgebiet der Physik entwickelt. Ergebnisse der Festkörperphysik durchdringen oder beeinflussen zumindest nahezu alle Gebiete moderner Forschung und Entwicklung. Erzeugnisse der Mikroelektronik, Leistungselektronik und Optoelektronik sowie moderner Werkstofftechnik basieren auf festkörperphysikalischer Forschung und sind unsere ständigen Begleiter im Alltag. Personalcomputer, HiFi-Anlagen, Fernsehapparate, moderne Fotoapparate einschließlich Blitzlicht, Videorecorder, Nachrichten- und Datenübertragung, Elektronik im Auto wie ABS oder Airbag, Elektronik in Küchengeräten und Musikinstrumenten wären z. B. ohne Festkörperphysik undenkbar.

Auch wenn es mit dem bloßen Auge nicht immer so gut sichtbar ist wie etwa beim Kochsalz oder bei einem funkelnden Diamanten, so besitzen die meisten Festkörper eine kristalline Struktur. Sie ist äußerlich durch eine reguläre geometrische Form der Körper erkennbar, die ihrerseits mikroskopisch eine Folge einer regelmäßigen Anordnung der Atome ist. Es gibt eine Vielzahl unterschiedlicher Kristallstrukturen, und es ist eine grundlegende Aufgabe der Festkörperphysik, zu klären, warum ein bestimmter Festkörper in dieser oder jener kristallinen Struktur existiert.

Bild 8.1 Beispiele für kristalline Festkörper: Fluorit, CaF_2 (links) und Pyrit, FeS_2 (rechts) (Brieskorn, Lineare Algebra und Analytische Geometrie I; Vieweg-Verlag, 1983)

Das Kristallwachstum beginnt stets mit der Bildung eines sogenannten Kristallkeimes, der sich dann durch Anlagerung weiterer Atome aus der gasförmigen oder flüssigen Phase allmählich vergrößert. Dabei wächst der Kristall vorzugsweise in ausgezeichneten Symmetrierichtungen. Als Voraussetzung für das Wachstum muß dazu in Gasen eine Übersättigung und in Schmelzen eine Unterkühlung erzeugt werden.

Die kristalline Phase scheint aus energetischen Gründen eine besonders günstige Anordnung der Atome zu sein. Dieser thermodynamisch stabile Gleichgewichtszustand kann sich allerdings bei einer zu schnelle Abkühlung oft nicht einstellen, da sich voher ein amorpher Festkörper bildet. Der Begriff **amorph** charakterisiert als Gegensatz zu **kristallin** eine weitgehend ungeordnete Festkörperstruktur. Solche Stoffe unterscheiden sich in ihrem Verhalten in vielerlei Hinsicht von den Kristallen. So sind amorphe Festkörper im Gegensatz zum kristallinen Festkörper nicht spaltbar. Sie besitzen weiterhin keinen festen Schmelzpunkt, sondern gehen mit zunehmender Temperatur durch allmähliches Erweichen in die flüssige Phase über. Generell sind ihre Eigenschaften richtungsunabhängig (isotrop). Alle amorphen Stoffe haben das Bestreben, in den stabileren kristallinen Zustand überzugehen. Dieser Übergang erfolgt allerdings oft extrem langsam.

Amorphe Metalle und Metallegierungen erweisen sich als Werkstoffe mit extremer Festigkeit und Korrosionsbeständigkeit. Sie besitzen auch außergewöhnliche elektrische und magnetische Eigenschaften. Durch schnelles Abkühlen werden Legierungen aus den Übergangsmetallen Fe, Ni oder Co unter Zusatz von B, P, C, Si oder Al amorph. Sie erweisen sich als ausgezeichnete weichmagnetische Materialien mit sehr hoher Permeabilität und kleiner Koerzitivfeldstärke. Sie werden in Transformatoren, magnetischen Speichern und Tonköpfen eingesetzt.

Unter den amorphen Nichtmetallen sind die Halbleiter Silicium, Germanium und die Chalgogenidgläser sowie der Isolator Siliciumdioxid (SiO_2) bisher am besten verstanden. In letzter Zeit gewinnen solche amorphen Materialien auch zunehmend an praktischer Bedeutung. Sie werden u. a. zur Herstellung von Glasfaserkabeln (amorphes SiO_2) oder preisgünstiger Solarzellen (hydriertes Silicium) eingesetzt.

Ein Verständnis der Eigenschaften solcher amorpher Festkörper ist sehr kompliziert, setzt Kenntnisse über die kristalline Phase voraus und wird uns daher erst später (und dann nur am Rande) interessieren.

Aber auch wenn man die Ausbildung der amorphen Phase verhindert, können Verunreinigungen oder andere äußere Einflüsse den Kristallisationsprozeß stören. Im allgemeinen bilden sich so *polykristalline* Festkörper. Sie bestehen aus vielen kleinen kristallinen Strukturen mit Durchmessern im μm-Bereich, den *Kristalliten*, die entweder als Pulver lose nebeneinander liegen oder ein regelloses Gefüge bilden. Die Kristallite unterscheiden sich im allgemeinen durch ihre kristallographische Orientierung.

Für grundlagenphysikalische Untersuchungen und die anspruchsvollen Belange der modernen Halbleitertechnologie ist jedoch die Erzeugung eines einzigen möglichst fehlerfreien Kristalls notwendig. Solche **Einkristalle** können heute mit einer Länge von bis zu einigen Metern und einem Durchmesser von mehreren Zoll (engl. inch, $1\,\text{in} = 2,54\,\text{cm}$) hergestellt werden. Dies erreicht man durch spezielle Methoden der Kristallzüchtung, wobei auf hohe Reinhaltung der Umgebung (eventuell unter Verwendung von Schutzgasen) geachtet werden muß. Dennoch unterscheiden sich *reale* Kristalle durch strukturelle Fehlordnung und den unbeabsichtigten Einbau von Fremdatomen stets vom Modell des *idealen* Kristalls. Dies wollen wir in Erinnerung behalten, wenn wir uns nun zuerst den Eigenschaften solcher *idealen* Kristalle zuwenden.

8.2 Atomar-geometrische Struktur von Kristallen

Kristalle zeichnen sich durch eine regelmäßige Anordnung identischer Grundbausteine aus. Man kann sich einen idealen unendlich ausgedehnten Kristall erzeugt denken, indem man den gesamten dreidimensionalen Raum durch eine periodische Anordnung von identischen Struktureinheiten ausfüllt. Die Struktur jedes Kristalls wird durch ein charakteristisches **Kristallgitter** beschrieben, wobei jedem Gitterpunkt ein oder mehrere Atome zugeordnet werden. Letztere bilden die **Basis** der Kristallstruktur.

Die räumliche Periodizität des Gitters läßt sich dadurch charakterisieren, daß man angibt, wie sich die Ortsvektoren $\vec{R}$ der einzelnen Gitterpunkte als Linearkombination dreier fundamentaler Gittervektoren (Basisvektoren) $\vec{a}_1$, $\vec{a}_2$ und $\vec{a}_3$ darstellen lassen. Die Menge aller durch die Vektoren

$$\vec{R} = n_1\vec{a}_1 + n_2\vec{a}_2 + n_3\vec{a}_3 \tag{8.1}$$

beschriebenen Translationen nennt man die **Translationsgruppe** des Kristalls. Bei der Ausführung einer solchen Translation wird das Gitter in sich selbst überführt. Alle sich aus einem beliebigen Punkt r durch Addition der Vektoren $\vec{R}$ ergebenden Punkte $\vec{r}\,'$ heißen zueinander äquivalent. Die Menge aller nicht äquivalenten Punkte des Raumes bildet die **Elementarzelle** des Kristalls. In Bild 8.2a sind am Beispiel eines zweidimensionalen Gitters die erläuterten Begriffe verdeutlicht. Eine mögliche Wahl der Elementarzelle ist schraffiert hervorgehoben (vgl. Übungen).

Aus dem Gitter entsteht nun durch Zuordnung eines oder mehrerer Atome zu den einzelnen Gitterpunkten die Kristallstruktur. Enthält die Elementarzelle nur ein Atom, so setzt man es

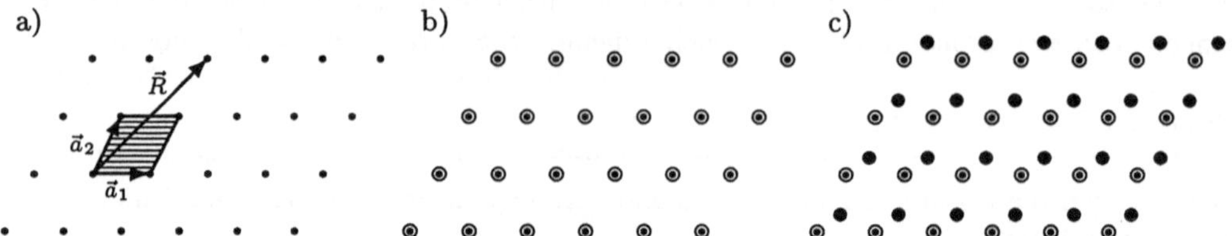

Bild 8.2 Beispiel eines zweidimensionalen Gitters (a) sowie davon abgeleitete Kristallstrukturen mit einer Basis aus einem (b) bzw. aus zwei Atomen

zweckmäßigerweise auf einen Gitterplatz und erhält ein sogenanntes **Bravais-Gitter**. Für zwei und mehr Atome pro Elementarzelle spricht man von einem **Kristallgitter mit Basis**. Beide Situationen sind für das zweidimensionale Gitter in Bild 8.2 dargestellt. Die Basis für das rechte Gitter ist in jeder Elementarzelle dabei durch die Vektoren $\vec{\tau}_1 = \vec{0}$ und $\vec{\tau}_2 = 0,4\vec{a}_1 + 0,3\vec{a}_2$ charakterisiert. Die beiden Atome befinden sich also in jeder Elementarzelle einmal in der linken unteren Ecke ($\vec{\tau}_1$) und einmal gegenüber diesem Gitterpunkt um $\vec{\tau}_2$ verschoben.

Neben den Gittertranslationen können Kristallgitter auch durch weitere Symmetrieoperationen in sich selbst überführt werden. Solche Symmetrieoperationen sind z. B. Drehungen um eine Achse sowie Spiegelungen an einem Punkt oder einer Ebene. Sie bilden die **Punktgruppe** des Kristalls. Kompliziertere Operationen setzen sich aus solchen Drehungen und Spiegelungen in Kombination mit einer Translation zusammen. Die Gesamtheit aller Symmetrieoperationen, die den Kristall invariant lassen, bilden schließlich seine **Raumgruppe**.

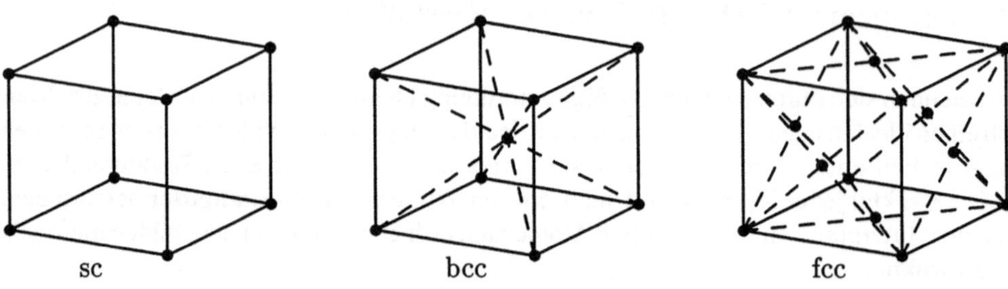

Bild 8.3 Die kubischen Raumgitter: a) einfach kubisch, b) kubisch raumzentriert und c) kubisch flächenzentriert

Es zeigt sich, daß man im dreidimensionalen Raum entsprechend ihrer Symmetrie vierzehn Bravais-Gitter unterscheiden kann, die sich in sieben Kristallsystemen einordnen lassen. Diese heißen *kubisch*, *tetragonal*, *orthorhombisch*, *hexagonal*, *rhomboedrisch*, *monoklin* und *triklin*. Ihre unterschiedlichen Eigenschaften interessieren meist nur die Experten und werden im folgenden keine Rolle spielen.

Viele der praktisch bedeutsamen Festkörper haben eine kubische Kristallstruktur, die die höchste Symmetrie aufweist. Innerhalb des kubischen Systems unterscheidet man zwischen dem *einfach kubischen* Gitter (sc – simple cubic), dem *kubisch raumzentrierten* Gitter (bcc – body-centered cubic) und dem *kubisch flächenzentrierten* Gitter (fcc – face-centered cubic). Die entsprechenden Gitter zeigt das Bild 8.3. Während beim einfach kubischen Gitter nur die Würfelecken Gitterpunkte sind, hat man beim raumzentrierten Gitter noch die Würfelmitte als Gitterpunkt und beim flächenzentrierten Gitter noch alle sechs Flächenmitten.

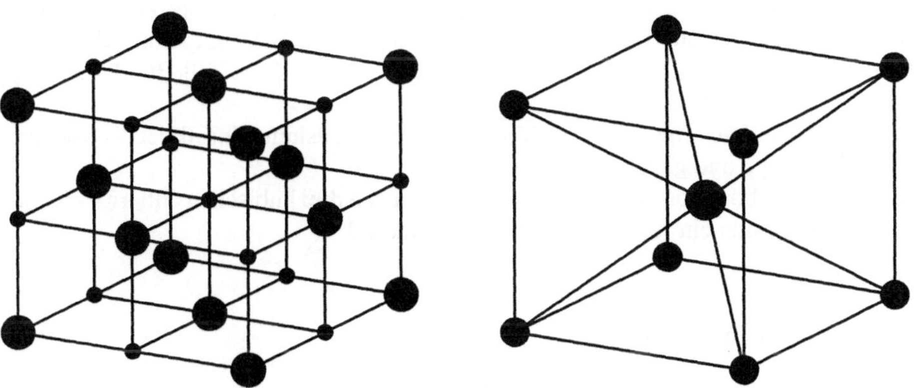

Bild 8.4 Die Kristallstruktur von Natriumchlorid und Cäsiumchlorid

Viele bekannte Metalle kristallisieren in kubischer Struktur. So sind z. B. Al, Cu, Ag oder Au kubisch flächenzentriert, während die Alkalimetalle oder auch Fe kubisch raumzentriert sind. Andere wichtige Kritallstrukturen sind ebenfalls kubisch, besitzen jedoch eine Basis. Bild 8.4 zeigt den Aufbau von Natriumchlorid- und Cäsiumchloridkristallen.

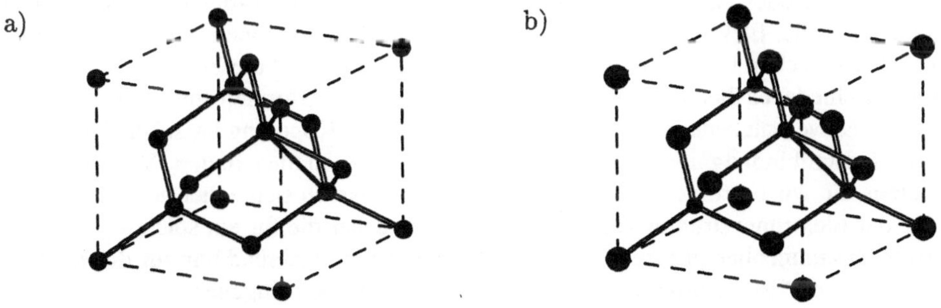

Bild 8.5 Diamantstruktur (a) und Zinkblendestruktur (b)

Die Kristallstruktur vieler der heute technologisch wichtigen Halbleiter leitet sich ebenfalls vom kubischen Gitter ab. Geht man vom kubisch flächenzentrierten Gitter aus und nimmt eine Basis aus zwei identischen Atomen hinzu, wobei eines jeweils auf den Gitterpunkten und das andere jeweils um ein Viertel in Richtung der Raumdiagonale verschoben ist, dann entsteht die **Diamantstruktur**. In ihr kristallisieren die *Elementhalbleiter* der vierten Spalte des Periodensystems, wie Silicium oder Germanium. In der Diamantstruktur hat jedes Atom vier nächste Nachbarn, die die Eckpunkte eines regelmäßigen Tetraeders bilden. Man spricht daher auch von *tetraedrisch koordinierten* Kristallen (Bild 8.5a). Ebenfalls vom fcc-Gitter ausgehend, kann die Basis aber auch zwei unterschiedliche Atome enthalten. Ordnet man die Atome in jeder Elementarzelle wie in der Diamantstruktur an, so ensteht die **Zinkblendestruktur** (Bild 8.5b). Diese Kristallstruktur ist ist für **3-5-Verbindungshalbleitern**[1], wie Galliumarsenid (GaAs), Galliumphosphid (GaP) oder Aluminiumarsenid (AlAs), aber auch für einige **2-6-Verbindungshalbleiter**, wie z. B. Zinksulfid (ZnS) charakteristisch.

[1] Die Benennung der Verbindungshalbleiter richtet sich nach der Stellung der einzelnen Komponenten im Periodensystem der Elemente. Da Ga in der 3. Spalte und As in der 5. Spalte steht, liegt eine 3-5-Verbindung vor.

Übungen:

- **8.1**: Eine besonders symmetrische Wahl der Elementarzelle ist die Wigner-Seitz-Zelle (E. Wigner, F. Seitz). Sie ist bestimmt durch die Menge aller nichtäquivalenten Raumpunkte, die einem gegebenen Gitterpunkt näher sind als allen anderen. Konstruieren Sie diese Zelle für das zweidimensionale Gitter von Bild 8.2.
- **8.2**: Erläutern Sie den Aufbau eines Natriumchlorid- und eines Cäsiumchloridkristalls. Bestimmen Sie dazu den Gittertyp und gegebenenfalls die Basis.
- **8.3**: Wieviele nächste Nachbaratome hat ein Atom jeweils in den drei kubischen Gittern? Wieviel übernächste Nachbarn besitzt ein Atom in der Diamantstruktur?

8.3 Bindungsarten in Kristallen

Warum kristallisiert dieser oder jener Festkörper in einer bestimmten für ihn charakteristischen Kristallstruktur? Nun, offensichtlich bestimmt eben jene Kristallstruktur für den betrachteten Festkörper den Zustand des thermodynamischen Gleichgewichts. In ihr nehmen die Atomkerne und die Elektronen gerade solche Positionen ein, daß die gesamte Innere Energie U_{ges} des Systems minimal wird.[2] In Abhängigkeit von den bei der Bildung des Festkörpers beteiligten Atomen bilden sich dadurch die unterschiedlichen Kristallstrukturen mit ihren unterschiedlichen Bindungsverhältnissen.

Die für die Kristallbildung verantwortlichen Kräfte sind ausschließlich elektrostatischer Natur. Magnetische Kräfte oder Gravitationskräfte spielen nur eine untergeordnete beziehungsweise überhaupt keine Rolle. Elektrostatische Kräfte wirken zwischen den Ionen, zwischen den Elektronen als auch zwischen Ionen und Elektronen. Der relative Einfluß dieser Wechselwirkungen ist in den verschiedenen bei Festkörpern auftretenden Bindungsformen unterschiedlich. Der beschriebene Sachverhalt bedeutet insbesondere, daß eine enge Kopplung zwischen der Kristallstruktur, der Kristallbindung und der Elektronenstruktur der Kristalle existiert. Viele kristalline Eigenschaften, die wir im folgenden kennenlernen werden, lassen sich daher nicht ohne einige Kenntnisse der Elektronenstruktur verstehen. Wir wollen daher die für ein solches Verständnis notwendigen Zusammenhänge bereits an dieser Stelle erörtern, während wir auf die elektronischen Eigenschaften fester Körper ausführlich erst in Abschnitt 8.4 eingehen.

Bei den unterschiedlichen Arten der Kristallbildung werden die Valenzelektronen der einzelnen beteiligten Atome mehr oder weniger fest an die Gitterbausteine gebunden. Somit existieren einerseits Kristalle ohne oder mit nur wenigen freien Ladungsträgern (Isolatoren, Halbleiter) und andererseits Kristalle mit einer großen Anzahl freier Ladungsträger (Metalle). Solche freien Ladungsträger sind nicht nur eine notwendige Voraussetzung für den Transport von elektrischem Strom in einer Substanz, sondern sie spielen auch eine maßgebliche Rolle bei der Wärmeleitung. Wärme ist ja bekanntlich die ungeordnete kinetische Energie der Kristallbausteine, und diese wird hauptsächlich durch frei bewegliche Elektronen und infolge der Kopplung von Gitterschwingungen von einem Ort zum anderen transportiert.

Zur Beschreibung der Kristallbindung erweist sich die **Bindungsenergie** als zentrale Größe. Sie ist definiert als die Energie, die dem Kristall (bei $T = 0\,\text{K}$) pro Atom zugeführt werden muß, um ihn in neutrale, freie Atome in gegenseitiger unendlicher Entfernung voneinander zu

[2] Zustandsänderungen von Festkörpern laufen meist bei konstantem Druck ab. Aufgrund der geringen thermischen Ausdehnung kann man aber auch von einem konstanten Volumen ausgehen. Nach unseren Ausführungen am Ende von Abschnitt 3.3.4 muß daher im Gleichgewicht eigentlich die Freie Energie F_{ges} minimal werden. Sie ist zwar nur für $T = 0\,\text{K}$ mit der Inneren Energie identisch, für unsere qualitative Diskussion ist der sonst existierende Unterschied allerdings unerheblich.

zerlegen. Diese Definition enthält die Grenzwerte „$T = 0\,\mathrm{K}$“ und „unendliche Separation der Atome“, so daß man meinen könnte, der Bindungsenergie kommt nur eine rein theoretische Bedeutung zu. Es hat sich aber gezeigt, daß ihr Wert mit zahlreichen kristallinen Eigenschaften korreliert ist. So bestimmt die Bindungsenergie maßgeblich die mechanische Festigkeit und thermische Eigenschaften, wie Schmelzpunkt oder Wärmeausdehnungskoeffizient. Eine große Bindungsenergie etwa weist auf ein festes Material hin, welches schwer schmilzt und sich bei Temperaturerhöhung nur wenig ausdehnt.

Bei der **Ionenbindung**, die für die Alkalimetallhalogenide charakteristisch ist, werden die beteiligten Atome durch Elektronenübertragung zu Ionen. Dafür wird zwar Energie benötigt, doch schon eine grobe Abschätzung zeigt, daß durch eine anschließende Bindung zwischen den entstandenen Ionen insgesamt ein energetisch günstigerer Zustand erreicht wird. Für NaCl hat man z. B. für die Ionisierungsenergie von Na $+5,1\,\mathrm{eV}$ und für die Anlagerung des Elektrons an Cl $-3,6\,\mathrm{eV}$, so daß für die Elektronenübertragung $1,5\,\mathrm{eV}$ benötigt werden. Bei einem Abstand der beiden Ionen von ca. $d = 0,3\,\mathrm{nm}$ im NaCl ergibt die Coulomb-Wechselwirkung zwischen beiden aber bereits einen Energiegewinn von $-e^2/(4\pi\varepsilon_0 d) \approx -5\,\mathrm{eV}$.

Für kleinere Abstände macht sich auch ein abstoßender Beitrag zum Wechselwirkungspotential bemerkbar, durch den erst eine stabile Bindung zwischen den Atomen möglich wird. Er entsteht, wenn sich die Elektronenwolken der beiden Atome zu durchdringen beginnen und kann als eine Folge des Pauli-Prinzips aufgefaßt werden. Durchdringen sich nämlich die Elektronenwolken, so besteht die Tendenz, daß Elektronen beider Atome gleiche Zustände besetzen wollen, was dieses Prinzip gerade verbietet. Die abstoßenden Kräfte sorgen daher für die Einhaltung des Pauli-Prinzips.

Bisher haben wir nur die Bindung eines Na-Atoms mit einem Cl-Atom diskutiert. Im Festkörper muß man aber noch den Einfluß der anderen Kristallatome in die Energiebetrachtung einbeziehen. Dazu wird die Wechselwirkungsenergien zwischen allen Atomen aufsummiert, was auf einen Ausdruck der Form

$$E_C = \alpha \frac{e^2}{4\pi\varepsilon_0 d} \tag{8.2}$$

führt. Dabei ist die sogenannte **Madelung-Konstante** (E. Madelung), für die NaCl-Struktur durch $\alpha = 1,7476$ gegeben. Damit kommt man in die Nähe des tatsächlichen Werts der Bindungsenergie von rund 8 eV. Der Charakter und die Stärke der Ionenbindung hat wichtige Konsequenzen für die Eigenschaften solcher Kristalle:

> *Ionenkristalle besitzen im allgemeinen eine große Festigkeit und einen hohen Schmelzpunkt. Da sie keine freien Elektronen besitzen, leiten sie sowohl Wärme als auch elektrischen Strom schlecht. Infolge der abgeschlossenen Schalenstruktur der Ionen sind sie diamagnetisch.*

Vereinigen sich Atome mit drei, vier oder fünf Valenzelektronen zu einem Festkörper, so erweist sich die **kovalente Bindung** oft als energetisch günstigste Variante. Die bekanntesten Vertreter dieses Bindungstyps sind die Elementhalbleiter C, Si und Ge, die in der Diamantstruktur kristallisieren, und die 3-5-Verbindungshalbleiter. Letztere weisen allerdings mehr oder weniger auch einen ionischen Bindungsanteil auf, d. h. eine gewisse Ladungsmenge wird von den Atomen der 3. Gruppe des Periodensystems auf die Atome der 5. Gruppe übertragen.

Die kovalente Bindung ist eine stark gerichtete Bindung, die man aus der Chemie von zweiatomigen Molekülen wie H_2 oder O_2 sowie von organischen Verbindungen kennt. Da die an der Bindung beteiligten Atome zu weit in der Mitte des Periodensystems stehen und durch Elektronenaustausch die Edelgaskonfiguration nicht erreichen können, erfolgt die kovalente Bindung alternativ durch Bildung von Elektronenpaaren aus je einem Elektron der beiden an der Bindung beteiligten Atome. Diese gehören dann quasi beiden Atomen gemeinsam. Bindung und Kristallstruktur sind dabei eng miteinander korreliert. Da z. B. jedes Si-Atom 4 Valenzelektronen besitzt, erweist sich zur Realisierung dieses Bindungstyps die Diamantstruktur mit 4 nächsten Nachbarn als besonders zweckmäßig.

Die Herausbildung der kovalenten Bindung kann nur im Rahmen der Quantenmechanik verstanden werden. Während wir von den Ionenkristallen wissen, daß die Überlappung der Elektronenwolken zweier Ionen mit abgeschlossenen Schalen zu einer abstoßenden Wechselwirkung führt, führt sie bei Atomen mit nicht abgeschlossenen Schalen zu einer Anziehung dieser beiden Atome und damit zur kovalenten Bindung (Austauschwechselwirkung). Die beiden das Elektronenpaar bildenden Elektronen halten sich vorzugsweise zwischen den Atomen auf und haben wegen des Pauli-Prinzips entgegengesetzten Spin. Charakteristisch für die Herausbildung eines tetraedrischen Systems kovalenter Bindungen ist eine Änderung der Elektronenkonfiguration der entsprechenden Atome, wobei eines der zwei s-Valenzelektronen in ein drittes p-Valenzelektron überführt wird (sp^3-Hybridisierung).

Die ebenfalls vergleichsweise große Bindungsenergie von kovalenten Festkörpern (ca. 2–6 eV) führt zu folgenden Eigenschaften:

Festkörper mit kovalenter Bindung sind sehr hart und schwer deformierbar. Sie besitzen einen hohen Schmelzpunkt. Da sie (im reinen Zustand) keine freien Ladungsträger besitzen, sind sie schlechte elektrische Leiter und Wärmeleiter.

Da die Metallatome meist nur ein oder zwei Valenzelektronen besitzen, können sie keine kovalenten Bindungen zu ihren Nachbarn bilden. Das Zustandekommen einer **Metallbindung** erfordert eine Kristallstruktur, wie etwa kubisch raumzentriert oder kubisch flächenzentriert, mit vielen Nachbaratome in möglichst geringem Abstand. Dadurch, daß sich die Elektronenwolken aller benachbarten Atome stark überlappen, sind die Elektronen nur schwach gebunden, gehören quasi allen Gitteratomen gemeinsam und können sich deshalb nahezu frei durch den Kristall bewegen. Bei den Übergangsmetallen mit nicht abgeschlossener d-Schale trägt zur Bindung noch ein kovalenter Bindungsanteil bei. Die metallische Bindung ist für die folgenden Eigenschaften von Metallen verantwortlich:

Durch die Existenz von freien Elektronen sind Metalle gute elektrische Leiter und gute Wärmeleiter. Metalle sind weiterhin vergleichsweise leicht verformbar, absorbieren Licht im sichtbaren Bereich und sind daher undurchsichtig.

Bilden Moleküle mit bereits abgesättigten Bindungen ein Kristallgitter, so entsteht ein **Molekülkristall**. In solchen Kristallen sind die Moleküle nur durch relativ schwache Kräfte gebunden, die man als **van der Waalssche Kräfte** bezeichnet. Sie entstehen durch die Wechselwirkung molekularer elektrischer Dipole, die die Moleküle entweder permanent besitzen oder die sich infolge der Annäherung der Moleküle herausbilden. Diese Kräfte sind auch für die Bindungen der Edelgasatome im festen Zustand verantwortlich. Durch die schwache Bindung haben Molekülkristalle eine geringe Härte sowie niedrige Schmelz- und Siedetemperaturen.

In vielen Festkörpern treten mehr als einer dieser Grundtypen der Kristallbindung gleichzeitig auf. So besitzt z. B. Graphit eine Schichtstruktur, bei der in der Schicht durch sp^2-Hybridisierung eine kovalent gebundene planare Sechserringstruktur vorliegt, während zwischen den Schichten van der Waalssche Kräfte nur eine schwache Bindung herstellen.

Übungen:

■ **8.4**: Die Schmelzwärme von Eis beträgt $334\,\mathrm{kJ\,kg^{-1}}$ und die Verdampfungswärme von Wasser beträgt $2256\,\mathrm{kJ\,kg^{-1}}$. Schätzen Sie aus diesen beiden Angaben die Bindungsenergie eines Eiskristalls ab.

8.5: Die Berechnung der Madelung-Konstante für eine dreidimensionale Kristallstruktur ist im allgemeinen recht schwierig. Für eine eindimensionale unendliche lange Kette von Ionen im Abstand d, die abwechselnd die Ladung $+e$ beziehungsweise $-e$ haben, kann die elektrostatische Gesamtenergie jedoch leicht berechnet werden. Zeigen Sie, daß dies auf (8.2) mit $\alpha = 2\ln 2$ führt. ■
Hinweis: Es gilt die Reihenentwicklung $\ln(1+x) = x - x^2/2 + x^3/3 - x^4/4 + \cdots$.

8.4 Elektronische Struktur von Festkörpern

8.4.1 Metalle, Halbleiter, Isolatoren

Um die elektronischen Eigenschaften von Festkörpern zu verstehen und damit etwa auch die Ursache für die Existenz von leitenden und isolierenden Materialen aufzuklären, hat sich das **Bändermodell** als äußerst fruchtbar erwiesen. Danach lassen sich die erlaubten Energieniveaus der Elektronen in einzelne quasi kontinuierliche Energiebereiche zusammenfassen, die sich gegenseitig überlappen können oder die voneinander durch energetisch nicht erlaubte Bereiche getrennt sein können.

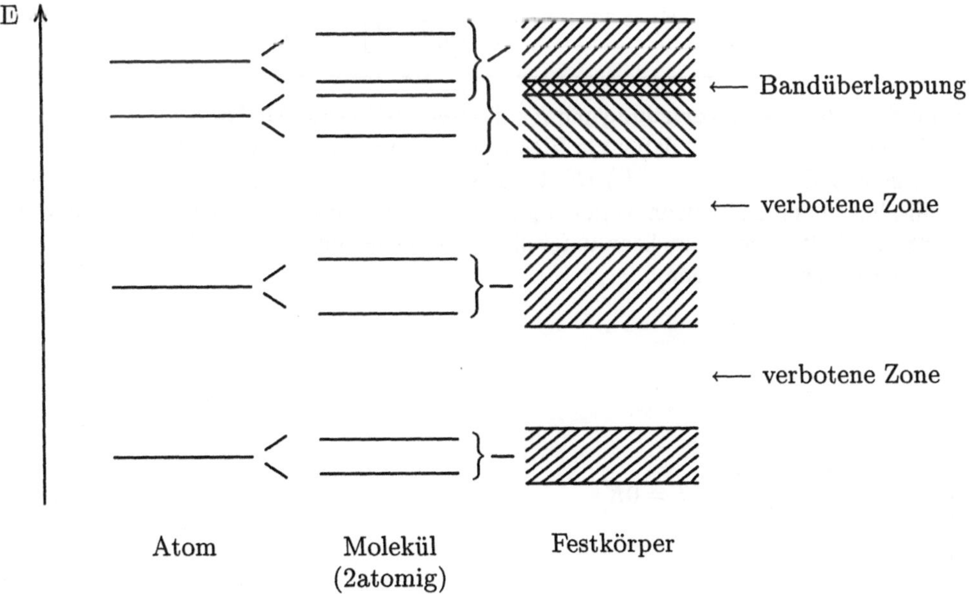

Bild 8.6 Entstehung von Energiebändern beim Zusammenschluß von Atomen zu einem Festkörper

Wie man sich die Entstehung solcher **Energiebänder** und **Energielücken** vorstellen kann, veranschaulicht Bild 8.6. Nähern sich zwei Atome und bilden ein Molekül, so kommt es infolge ihrer gegenseitigen Wechselwirkung zu einer Aufspaltung jedes atomaren Niveaus in zwei benachbarte Molekülniveaus. Verbinden sich N Atome, so resultieren entsprechend Aufspaltungen in N benachbarte Niveaus. Da sich zu einem Festkörper eine Zahl von Atomen in der Größenordnung von 10^{23} vereinigen, kann man sich die Aufspaltung als eine kontinuierliche Verteilung von Niveaus vorstellen. Aus jedem atomaren Niveau entsteht ein Energieband, wobei sich verschiedene Niveaus durchaus in einem Band vermischen können. In Abhängigkeit von der Elektronenstruktur der beteiligten Atome und der Natur der chemischen Bindung können verschiedene Bänder nun eben durch Energielücken (man spricht auch von verbotenen Zonen) voneinander getrennt sein; weiterhin kann es zu Bandüberlappungen kommen. Die insgesamt für jeden Festkörper charakteristische Lage der Bänder bildet seine **Energiebandstruktur**.

Allgemein läßt sich feststellen, daß die energetisch tiefliegenden Bänder sehr schmal sind, da die atomaren Rumpfniveaus von den benachbarten Atomen nur wenig gestört werden und dadurch nur wenig aufspalten. Höher liegende Bänder unterliegen dagegen stark den Einflüssen der chemischen Bindung und sind daher deutlich breiter.

Wie werden die Energiebänder nun von den Elektronen besetzt? Im Atom erfolgt die Besetzung der Niveaus unter Beachtung des Pauli-Prinzips. Beginnend mit dem energetisch am tiefsten liegenden Zustand werden die einzelnen Niveaus nacheinander mit Elektronen aufgefüllt und dabei so besetzt, daß sich alle Elektronen mindestens in einer Quantenzahl unterscheiden. Jeder Zustand kann dabei zwei Elektronen (Spin auf, Spin ab) aufnehmen. Dieses Verhalten ist nun für Elektronen allgemeingültig. Wir haben am Ende von Abschnitt 7.2.4.3 bereits darauf hingewiesen, daß Elektronen und alle anderen Elementarteilchen mit halbzahligem Spin **Fermionen** sind, die sich auf die energetisch möglichen Zustände eines Systems nach einer besonderen Statistik verteilen. Diese Fermi-Dirac-Statistik ist durch die folgende Verteilungsfunktion charakterisiert:

$$f(E) = \left[1 + \exp\left(\frac{E - E_F}{k_B T}\right)\right]^{-1} . \tag{8.3}$$

Man nennt $f(E)$ die **Fermi-Verteilung** und E_F das **Fermi-Niveau.** Mit Hilfe von $f(E)$ berechnet sich die Wahrscheinlichkeit dafür, ein Elektron mit einer Energie zwischen E und $E + \mathrm{d}E$ zu finden, gemäß $W(E)\,\mathrm{d}E = f(E)\,\mathrm{d}E$. Dies ist völlig analog zum Fall der aus der Thermodynamik bekannten Boltzmann-Verteilung (3.14), in die übrigens die Fermi-Verteilung für $E - E_F \gg k_B T$ übergeht. Man kann unter dieser Voraussetzung nämlich die Eins gegen den Exponentialterm vernachlässigen.

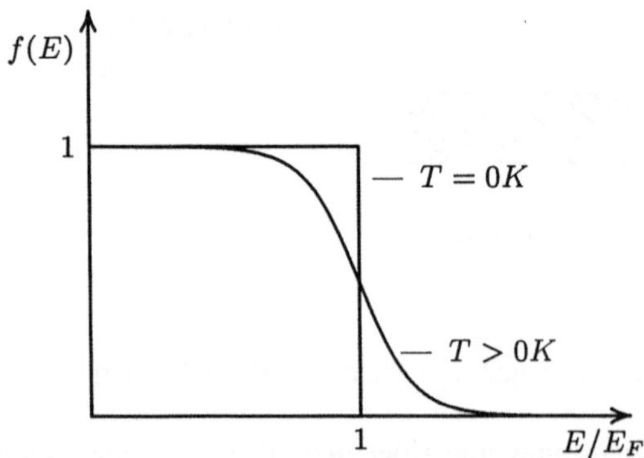

Bild 8.7
Fermi-Verteilung für $k_B T = 0\,\mathrm{eV}$ und $k_B T = 0{,}1\,\mathrm{eV}$

Bild 8.7 zeigt die Fermi-Verteilung im Grenzfall $T = 0$ und für eine endliche Temperatur. Wie man sieht, werden im ersten Fall alle Zustände unterhalb von E_F besetzt, während alle Zustände oberhalb von E_F leer sind. Das Fermi-Niveau E_F, welches auch als **chemisches Potential** bezeichnet wird, ist die Energie, bei der die Zustände mit der Wahrscheinlichkeit 0,5 besetzt sind (vgl. die folgenden Übungen). Für endliche Temperaturen weicht die Fermi-Verteilung um E_F auf einer Breite von der Größenordnung $k_B T$ auf. Wie wir am Beispiel des Halbleiters im nächsten Abschnitt sehen werden, erfolgt die Festlegung des Fermi-Niveaus aus der Forderung nach Ladungsneutralität im Festkörper.

Die Bandstruktur und die Besetzung der einzelnen Bänder mit Elektronen entscheidet nun, ob ein bestimmter Festkörper ein Metall, ein Halbleiter oder ein Isolator ist. Bild 8.8 zeigt links die Situation in einem Metall, wie etwa Al oder Cu. Dargestellt sind die beiden obersten noch mit Elektronen besetzten Bänder. Ein Metall ist nun dadurch charakterisiert, daß das oberste dieser Bände nur teilweise besetzt ist. Legt man nämlich an einen Festkörper eine elektrische Spannung an, so können Elektronen der Wirkung des elektrischen Feldes nur folgen und sich von Zustand zu Zustand durch ein Energieband bewegen, wenn für den Stromtransport in dem entsprechenden Band noch freie Zustände zur Verfügung stehen. Alle vollbesetzten Bänder liefern daher keinen Beitrag zum Stromtransport. Ist nun das oberste Band nur teilweise besetzt, so sind die dort enthaltenden *Leitungsbandelektronen* leicht beweglich – der entsprechende Festkörper ist ein Metall.

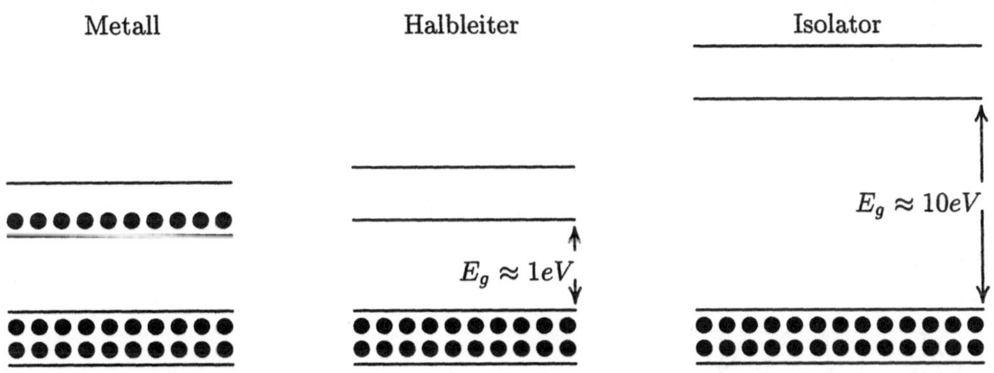

Bild 8.8 Vergleich der Elektronenstrukturen von Metallen, Halbleitern und Isolatoren

Für Halbleiter und Isolatoren hingegen ist im Grenzfall $T = 0$ die folgende Situation charakteristisch: Das oberste besetzte Band – das **Valenzband** – ist vollständig mit Elektronen gefüllt. Das energetisch nächsthöhere Band – das **Leitungsband** – ist leer und durch eine Energielücke E_G (engl. energy gap) vom Valenzband getrennt. Während in Halbleitern, z. B. in Si, Ge oder GaAs, diese Lücke allerdings in der Größenordnung von 1 eV ist, besitzen Isolatoren, wie SiO_2, wesentlich größere Lücken. Dieser quantitative Unterschied führt dazu, daß bei endlichen Temperaturen in Halbleitern Elektronen wenigstens mit einer geringen Wahrscheinlichkeit thermisch ins Leitungsband angeregt werden, in Isolatoren ist die Wahrscheinlichkeit dafür aber praktisch Null.

Aus der Zahl der Valenzelektronen seiner Atome kann man mit einer gewissen Wahrscheinlichkeit die elektronischen Eigenschaften eines Festkörpers vorhersagen: Festkörper mit nur einem freien Elektron pro Elementarzelle sind stets Metalle, wie die Alkalimetalle Li, K oder Na, die alle ein halbbesetztes oberes Band haben. Auch Festkörper mit einer ungeraden Anzahl von freien Elektronen, wie Al oder Ga mit 3 Elektronen sind meistens Metalle; infolge von Bandüberlappungen können aber auch sogenannte Halbmetalle entstehen, wie As, Bi oder Sb mit 5 Elektronen. Bei einer geraden Anzahl von Elektronen pro Elementarzelle sind infolge von Bandüberlappungen viele Varianten möglich.

Wir wollen unsere bisherigen Erkenntnisse über die Elektronenstruktur von Festkörpern zusammenfassen:

> *In (idealen) Festkörpern bilden die erlaubten Energieniveaus Energiebändern, die entsprechend der Fermi-Verteilung mit Elektronen besetzt sind. Bei Metallen ist das energetisch höchste Band, welches noch Elektronen enthält, nur teilweise besetzt; bei Halbleitern und Isolatoren ist dieses Band vollständig besetzt und durch eine Energielücke vom ersten leeren Band getrennt. Die besetzten Bänder werden als Valenzbänder bezeichnet und die teilweise besetzten sowie die unbesetzten als Leitungsbänder.*

Das Bändermodell: Will man ein tieferes Verständnis der Elektronenstruktur von Festkörpern erreichen, so ist eine Präzisierung des Begriff „Bandstruktur" unbedingt erforderlich. Es ist z. B. von außerordentlichem Interesse zu wissen, wie die erlaubten Zustände innerhalb eines Bandes verteilt sind.

Für die quantenmechanische Berechnung von solchen Bandstrukturen hat sich als sehr erfolgreich erwiesen, das tatsächlich vorliegende Vielelektronenproblem durch das Modell „Elektron in einem gitterperiodischen Potential" zu ersetzen. F. Bloch (1928) folgend löst man dazu die stationäre Schrödinger-Gleichung (vgl. auch (7.38) und (7.42))

$$-\frac{\hbar^2}{2m}\boldsymbol{\Delta}\psi(\vec{r}) + V(\vec{r})\psi(\vec{r}) = E\psi(\vec{r}) \;, \tag{8.4}$$

wobei das Potential gemäß

$$V(\vec{r}) = V(\vec{r} + \vec{R})$$

die Periodizität des Kristallgitters besitzt.

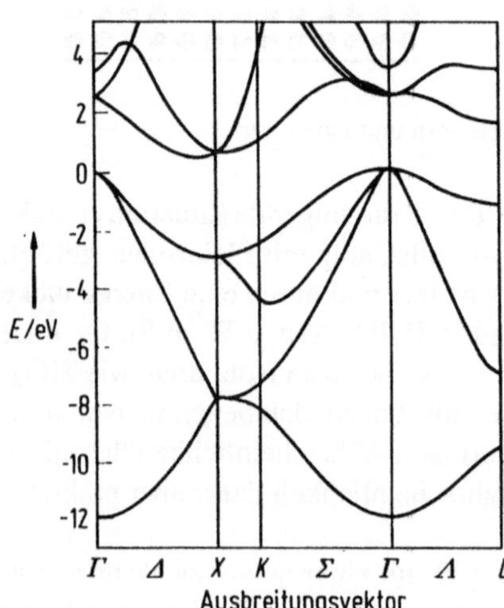

Bild 8.9
Berechnete Bandstruktur von Si (M. T. Yin, M. L. Cohen, Phys. Rev. B26, 5668, 1982)

Es zeigt sich nun, daß die Existenz von Energiebändern in Festkörpern eine unmittelbare Folge der Gitterperiodizität der atomar-geometrischen Struktur ist. Die Lösungen dieser Gleichung $\psi_n(\vec{k})$ und die entsprechenden Eigenwerte $E_n(\vec{k})$ lassen sich nämlich durch die Quantenzahlen $\vec{k}$ und n charakterisieren. Mit $\vec{k}$ wird der *Wellenvektor* bezeichnet. Er ist uns schon von der de Broglieschen Materiewelle und der quantenmechanischen Beschreibung freier Elektronen bekannt. Sein Betrag bestimmt gemäß (7.35) die Energie eines freien Elektrons zu

$$E = \frac{\hbar^2 k^2}{2m_0} \,. \tag{8.5}$$

Die diskrete Zahl n heißt *Bandindex* und numeriert die einzelnen Bänder. Innerhalb eines Bandes hängt die Energie dann noch vom Wellenvektor $\vec{k}$ ab. Aufgrund der Gitterperiodizität genügt es dabei, den Wellenvektor nur in einem beschränkten Bereich (Brillouin-Zone) variieren zu lassen. Grafisch veranschaulicht man sich solche Bandstrukturen, indem man $E_n(\vec{k})$ für ausgewählte Symmetrierichtungen über $\vec{k}$ darstellt (Bild 8.9). An der Bandstruktur von Si erkennt man, daß sich in dieser Substanz die Größe der Energielücke als Differenz zwischen den Energiewerten am Minimum des unteren Leitungsband in der Nähe des Symmetriepunktes X und am Maximum des oberen Valenzbandes in dem mit Γ ($\vec{k} = \vec{0}$) bezeichneten Symmetriepunkt ergibt. Man spricht von einem *indirekten* Halbleiter. Für GaAs liegt auch das Minimum des Leitungsbandes bei Γ, d. h. direkt über dem Valenzbandmaximum. In diesem Fall haben wir einen *direkten* Halbleiter vor uns.

An solchen Symmetriepunkten besitzt die Funktion $E_n(\vec{k})$ lokale Extremwerte und kann daher durch eine Reihenentwicklung beschrieben werden. In der Umgebung von Γ läßt sich oft in guter Näherung eine Darstellung der Form

$$E_n(k) = E_n(0) \pm \frac{\hbar^2 k^2}{2m_n^*} \tag{8.6}$$

verwenden. Ein Vergleich mit (8.5) zeigt daher: Die Elektronen verhalten sich in der Umgebung der Bandkanten wie freie Elektronen, jedoch mit einer gegenüber m_0 veränderten **effektiven Masse**.

Übung:
8.6: Zeigen Sie, daß sich die Fermi-Verteilung für $T = 0$ wie folgt angeben läßt: $f(E) = 1$, wenn $E > E_F$; $f(E) = 0,5$, wenn $E = E_F$, und $f(E) = 0$, wenn $E < E_F$. ■

8.4.2 Elektronenstruktur von Halbleitern

Unter den Festkörpern haben die Halbleiter in den letzten Jahrzehnten eine überragende Bedeutung erlangt. Zu ihnen gehören die *Elementhalbleiter* C, Si, Ge und Sn der 4. Spalte des Periodensystems, aber auch *Verbindungshalbleiter*, wie GaAs, GaP oder auch ZnSe. Entsprechend der Stellung der beteiligten Komponenten einer solchen Verbindung im Periodensystem, spricht man in den ersten beiden Fällen von 3-5-Verbindungen und im letzten Fall von einer 2-6-Verbindung. Neben diesen binären Verbindungen untersucht die moderne Halbleiterphysik auch ternäre und sogar quaternäre Verbindungen, wie AlGaAs oder GaInAsP. Die außergewöhnlichen Erfolge der Halbleitertechnologie beruhen dabei auf den besonderen elektronischen Eigenschaften von Halbleitern und insbesondere auf der Möglichkeit, diese gezielt zu beeinflussen. Wir wollen diese Eigenschaften nun eingehender diskutieren.

Betrachten wir zuerst einen reinen Halbleiter, so ist – wie wir oben gesehen haben – bei $T = 0\,\mathrm{K}$ sein Valenzband vollbesetzt und sein Leitungsband leer. Es bedarf vergleichsweise hoher Temperaturen, um eine merkliche **Eigenleitung** eines solchen Halbleiters hervorzurufen. Bei Zimmertemperatur liegen die Werte für die elektrische Leitfähigkeit etwa im Bereich 10^{-2}–$10^9\,\Omega^{-1}\,\mathrm{cm}^{-1}$. Die Eigenleitung wird dadurch hervorgerufen, daß Elektronen thermisch aus dem Valenzband ins Leitungsband angeregt werden. Diese Elektronen können sich nun frei durch das Leitungsband bewegen. Die angeregten Elektronen schaffen gleichzeitig freie Plätze im Valenzband, so daß nun auch die Valenzelektronen der Wirkung eines elektrischen Feldes folgen können. Bei ihrer Bewegung füllen diese Elektronen freie Lücken in Bewegungsrichtung und verschieben dabei die Lücken in die Gegenrichtung, so, als ob die Lücken positiv geladen wären. Das Verhalten der Gesamtheit der Elektronen eines fast gefüllten Valenzbandes kann man sich daher ersetzt denken durch das Verhalten von wenigen, positiven Teilchen, die man in der Halbleiterphysik **Defektelektronen** oder kurz **Löcher** nennt.[3] Wir stellen fest:

In Halbleitern erfolgt der Ladungstransport im Leitungsband durch Elektronen und im Valenzband durch Defektelektronen (Löcher).

Entscheidend für die praktische Anwendung von Halbleitern ist nun die Tatsache, daß man ihre elektronischen Eigenschaften in weiten Grenzen gezielt verändern kann. Dies gelingt dadurch, daß sich in die Halbleiterstruktur kontrolliert Fremdatome einbringen lassen. Man nennt solche Fremdatome auch **Störstellen** und den Prozeß des kontrollierten Einbaus von Fremdatomen **Dotierung**.

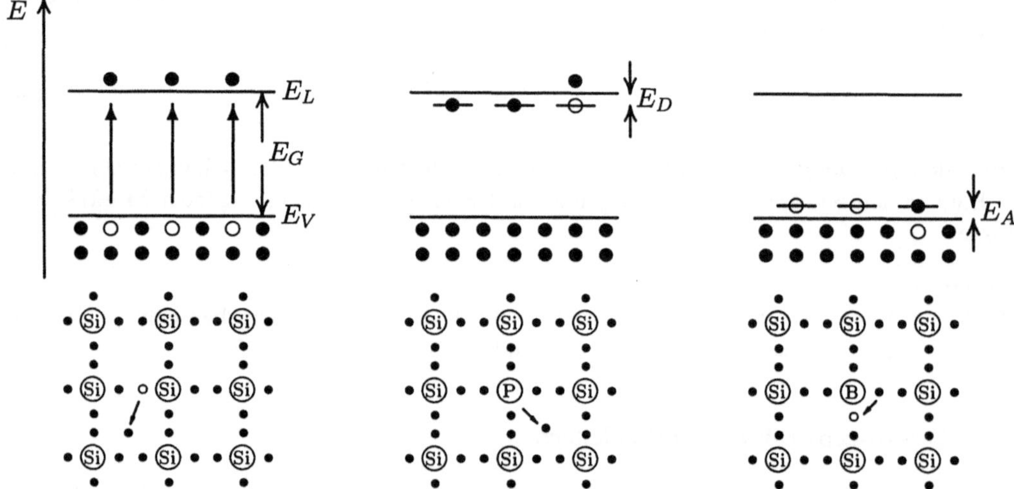

Bild 8.10 Zur Entstehung von Elektronen und Löchern in reinen und dotierten Halbleitern und ihre Auswirkung auf die Energiebandstruktur

Nehmen wir den Elementhalbleiter Silicium, dessen kovalente Bindung durch die Elektronenpaare zwischen einem Si-Atom und seinen vier nächsten Nachbarn charakterisiert ist. Im linken Teil von Bild 8.10 ist die Erzeugung von Elektronen und Defektelektronen für reines Silicium veranschaulicht. Man erkennt, daß der Übergang von Elektronen vom Valenzband ins Leitungsband gerade dem Prozeß des Aufbrechens von chemischen Bindungen entspricht. Elektronen und Defektelektronen treten dadurch im idealen Halbleiter stets paarweise auf.

Bringt man nun an die Stelle eines Siliciumatoms ein Atom aus der 5. Spalte des Periodensystems, wie etwa ein Phosphoratom, so werden vier seiner fünf Valenzelektronen für die chemische Bindung verbraucht, während das überzählige Elektron nur noch schwach an das Phosphoratom gebunden ist und sehr leicht freigesetzt werden kann. Dies liegt daran, daß die Coulomb-Anziehung zwischen Phosphorkern und diesem Elektron durch die Anwesenheit der anderen Elektronen im Festkörper stark reduziert wird. Aus der Elektrostatik wissen wir, daß

[3] Im Sinne dieser Interpretation wird klar, daß Löcher „nur" ein zweckmäßiges Hilfsmittel sind, um die Eigenschaften fast mit Elektronen gefüllter Valenzbänder darzustellen.

sich in einem Medium die Coulomb-Kraft um den Faktor ε_r verringert. Die Bindungsenergie des betrachteten Atoms läßt sich andererseits gemäß (7.30) abschätzen, wenn man dort ε_0 durch $\varepsilon_0\varepsilon_r$ ersetzt. In Silicium hat man eine Dielektrizitätskonstante von $\varepsilon_r \approx 12$, und damit ergibt sich unter Beachtung von $Z = 1$ (die Ladung von 4 Protonen wird durch die 4 Elektronen der Bindung nach außen kompensiert!)

$$E_D = -\frac{e^4 m_0}{8h^2\varepsilon_0^2\varepsilon^2} = -13,6\,\text{eV}/144 \approx -0,1\,\text{eV} .$$

Im Bändermodell müssen sich die Energienivaus eines solchen Störstellenelektrons daher dicht unterhalb der Leitungsbandes befinden (Bild 8.10, Mitte). Um das Elektron ins Leitungsband anzuheben ist nur die im Vergleich zur Energie der verbotenen Zone kleine Ionisierungsenergie E_D nötig. Sie steht bei Zimmertemperatur und darüber fast immer als thermische Energie zur Verfügung. Atome der 5. Spalte stellen also im Silicium Überschußelektronen zur Verfügung und werden **Donatoren** genannt (lat. donare – geben). Dadurch erhöht sich die Zahl der Elektronen, sie ist dann größer als die Zahl der Löcher und das Material wird **n-leitend**.

Analog läßt sich der Einbau eines Atoms aus der 3. Spalte des Periodensystems verstehen (Bild 8.10, rechts). Ersetzt z. B. ein Boratom ein Siliciumatom, dann fehlt ein Elektron in der chemischen Bindung. Atome der 3. Spalte stellen damit dem Siliciumatom Defektelektronen zur Verfügung. Sie befinden sich in Niveaus dicht oberhalb des Valenzbandes, nehmen damit leicht von dort Elektronen auf und werden **Akzeptoren** genannt (lat. accipere – aufnehmen). In einem in dieser Weise dotierten Material überwiegt der Ladungstransport durch Löcher, es wird **p-leitend**.

Wir wollen die Besetzungsstatistik der Bänder in den soeben diskutierte Fällen untersuchen: In einem reinen Halbleiter erwartet man das Fermi-Niveau irgendwo zwischen Valenz- und Leitungsband. Elektronen im Leitungsband haben damit Energien, die so weit vom Fermi-Niveau entfernt sind, daß man wegen $|E - E_F| \gg k_BT$ die Fermi-Verteilung durch die Boltzmann-Verteilung ersetzen kann. Durch Entwicklung in eine Taylor-Reihe erhält man

$$f(E) = \left[1 + \exp\left(\frac{E - E_F}{k_BT}\right)\right]^{-1} \approx \exp\left(-\frac{E - E_F}{k_BT}\right) .$$

Die Ladungsträgerkonzentration n für Elektronen im Leitungsband ($E \approx E_L$) muß dann proportional zu $F(E_L)$ sein und läßt sich damit schreiben als

$$n = N_L \exp\left(-\frac{E_L - E_F}{k_BT}\right) . \tag{8.7}$$

N_L ist dabei eine materialspezifische Größe, die die effektive Dichte der Zustände an der Unterkante des Leitungsbandes beschreibt.

Die Statistik der Defektelektronen wird durch die Verteilungsfunktion $(1 - f(E))$ bestimmt, denn überall, wo im Valenzband (oder in einem Akzeptorniveau) ein Elektron fehlt, da ist ein Loch. Da für ihre Energien im Valenzband $(E_F - E) \gg k_BT$ ist, kann man schreiben

$$1 - f(E) = \left[1 + \exp\left(-\frac{E - E_F}{k_BT}\right)\right]^{-1} \approx \exp\left(\frac{E - E_F}{k_BT}\right) .$$

Die Wahrscheinlichkeit dafür, ein Loch im Abstand $E_F - E$ unterhalb von E_F zu finden, ist gleich der Wahrscheinlichkeit dafür, ein Elektron im Abstand $E - E_F$ oberhalb von E_F zu finden. Für die Ladungsträgerkonzentration p der Defektelektronen ergibt sich damit

$$p = N_V \exp\left(-\frac{E_F - E_V}{k_B T}\right) . \tag{8.8}$$

N_V beschreibt dabei nun die effektive Dichte der Zustände an der Oberkante des Valenzbandes. Für die wichtigen Halbleitermaterialien Si, Ge und GaAs sind die Werte für N_L und N_V sowie einige andere Daten in Tabelle 8.1 angegeben.

Tabelle 8.1 Einige Daten für die Halbleiter Si, Ge und GaAs

Halbleiter	Si	Ge	GaAs
Kristallstruktur	Diamant	Diamant	Zinkblende
Gitterkonstante a in nm	0,543095	0,564613	0,56533
Dichte ϱ in kg m^{-3}	2328	5326,7	5320
Energielücke E_G in eV	1,11	0,66	1,43
Eigenleitungsdichte n_i in cm^{-3}	$1,14 \cdot 10^{10}$	$2,24 \cdot 10^{13}$	$2{,}00 \cdot 10^{6}$
Leitungsbanddichte N_L in cm^{-3}	$3,22 \cdot 10^{19}$	$1,04 \cdot 10^{19}$	$4,55 \cdot 10^{17}$
Valenzbanddichte N_V in cm^{-3}	$1,83 \cdot 10^{19}$	$6,03 \cdot 10^{18}$	$8,86 \cdot 10^{18}$
Elektronenbeweglichkeit μ_n in cm^2 V^{-1} s^{-1}	1350	3900	8500
Löcherbeweglichkeit μ_p in cm^2 V^{-1} s^{-1}	480	1900	435
rel. Dielektrizitätskonstante ε_r	11,8	16	12,9

Da in einem reinen Halbleiter die Zahl der ins Leitungsband angeregten Elektronen gleich der Zahl der Löcher im Valenzband sein muß (Ladungsneutralität!), d. h. $n = p = n_i$, folgt durch Gleichsetzen von (8.7) und (8.8) und anschließendes Logarithmieren für das Fermi-Niveau

$$E_F = \frac{E_L + E_V}{2} + \frac{k_B T}{2} \ln\left(\frac{N_V}{N_L}\right) . \tag{8.9}$$

Wie (8.9) zeigt, liegt E_F im Grenzfall $T = 0\,\text{K}$ genau in der Mitte der verbotenen Zone und verschiebt sich für endliche Temperaturen nur unwesentlich (vgl. Übungen).

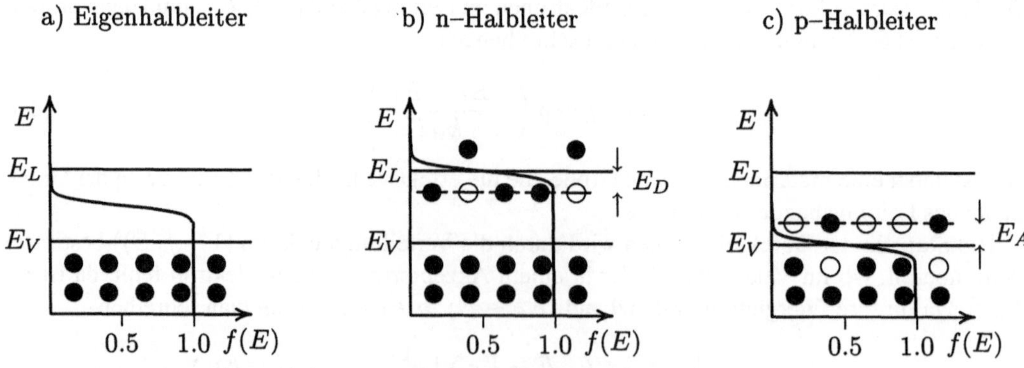

Bild 8.11 Zur Lage des Fermi-Niveaus in reinen und dotierten Halbleitern

Da das Fermi-Niveau bei $T = 0\,\text{K}$ die besetzten von den unbesetzten Zuständen trennt, muß es in einem n-dotierten Halbleiter bei tiefen Temperaturen irgendwo zwischen Donatorniveau E_D und Leitungsbandkante E_L liegen. Für p-dotierte Halbleiter liegt es bei tiefen Temperaturen entsprechend zwischen Akzeptorniveau E_A und Valenzbandkante E_V. Mit zunehmender Temperatur entleeren sich die Störstellenniveaus und das Fermi-Niveau verschiebt sich in Richtung der Mitte der verbotenen Zone. Dabei passiert das Fermi-Niveau das Störstellenniveau, bleibt aber, solange elektronische Anregungen aus dem Valenzband unwesentlich sind, in der Nähe der entsprechenden Bandkante. Dividiert man (8.7) und (8.8) durcheinander, so erhält man

$$E_F = \frac{E_L + E_V}{2} + \left(\frac{k_B T}{2}\right) \ln\left(\frac{N_V}{N_L}\right) + \left(\frac{k_B T}{2}\right) \ln\left(\frac{n}{p}\right) .$$

Die ersten beiden Summanden bestimmen das Fermi-Niveau E_{F_i} im Fall eines reinen Halbleiters, da in diesem Fall der letzte Term wegen $n = p$ verschwindet. Damit gilt

$$E_F = E_{F_i} + \left(\frac{k_B T}{2}\right) \ln\left(\frac{n}{p}\right) . \tag{8.10}$$

Bild 8.11 veranschaulicht die Besetzungsstatistik der Energieniveaus für reine und dotierte Halbleiter für den Fall tiefer Temperaturen.

Um die **Eigenleitungsdichte** n_i zu berechnen, multipliziert man die Ladungsträgerkonzentrationen n und p und findet wegen $E_L - E_V = E_G$ die wichtige Beziehung

$$\boxed{np = n_i^2 = N_L \cdot N_V \cdot \exp\left(-\frac{E_G}{k_B T}\right) .} \tag{8.11}$$

Die Eigenleitungsdichte eines Halbleiters hängt also nur von der Größe der Energielücke und der Temperatur ab, während die Lage des Fermi-Niveaus keinen Einfluß hat. Die Gültigkeit von (8.11) ist deshalb nicht auf den Fall der Eigenleitung beschränkt, sondern gilt auch für dotierte Halbleiter. Während im reinen Halbleiter damit nun

$$n = p = \sqrt{N_L \cdot N_V} \exp\left(-\frac{E_G}{2k_B T}\right) \tag{8.12}$$

gilt, sind im dotierten Halbleiter allerdings n und p voneinander verschieden. So lehrt (8.11) z. B., daß eine Erhöhung von n infolge Dotierung eine Abnahme von p nach sich ziehen muß. Eine Erklärung dieses auf den ersten Blick verblüffenden Resultats werden wir erst im folgenden Abschnitt kennenlernen.

Unsere Überlegungen gestatten es nun auch, die in Abschnitt 4.2.1 bereits erwähnte unterschiedliche Temperaturabhängigkeit des elektrischen Widerstandes für Metalle und Halbleiter zu erklären: Prinzipiell führt eine Temperaturerhöhung zu einer Zunahme der thermischen Energie des Festkörpers, was sich in einer Verstärkung der Gitterschwingungen äußert. Damit nimmt aber die Zahl der Stöße zwischen Ladungsträgern und diesen Gitterschwingungen zu, was den Widerstand erhöht. Während nun in Metallen dieser Effekt dominiert, ihr Widerstand daher mit zunehmender Temperatur steigt, spielen in dotierten Halbleitern die thermisch bedingten Änderungen der Ladungsträgerkonzentrationen eine weit größere Rolle. Wir wollen von einer hinreichend tiefen Temperatur ausgehen, bei der noch die meisten Störstellenniveaus besetzt sind. Eine Erhöhung der Temperatur gestattet eine zunehmende Ionisierung der Störstellenniveaus und läßt gemäß (8.7) oder (8.8) die Ladungsträgerkonzentration anwachsen. Dabei nimmt der Widerstand ab. In diesem Temperaturbereich liegt **Störstellenleitung** vor. Schließlich sind alle Störstellenniveaus ionisiert, und eine weitere Temperaturerhöhung kann vorerst keine weiteren Ladungsträger erzeugen. In diesem Bereich der **Störstellenerschöpfung** hängt R nur schwach von T ab. Bei noch höheren Temperaturen gelingt es mehr und mehr Elektronen, die Energie der

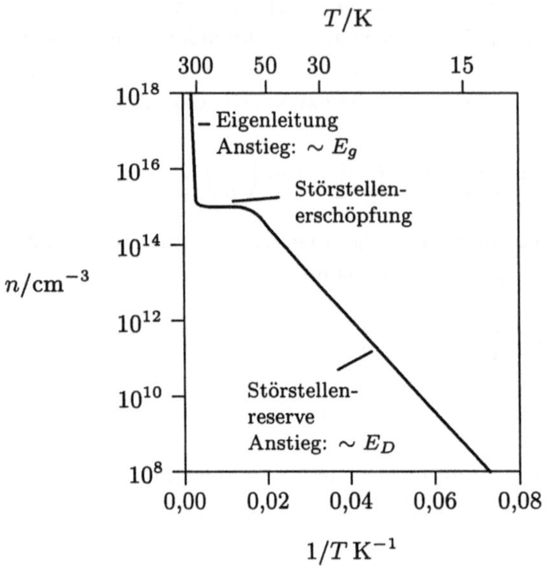

Bild 8.12
Ladungsträgerkonzentration in mit Phosphor dotiertem n-Silicium in Abhängigkeit von der Temperatur (Donatorkonzentration $N_D = 10^{15}\,\mathrm{cm}^{-3}$, Bindungsenergie $E_D = 0,044\,\mathrm{eV}$)

verbotenen Zone zu überwinden und ins Leitungsband zu gelangen. Wegen (8.11) wächst dabei die Zahl der Elektron-Loch-Paare exponentiell, und der Widerstand nimmt weiter ab. Im Halbleiter dominiert nun die *Eigenleitung*. Die Temperaturabhängigkeit des Widerstandes ist also im wesentlichen durch die Temperaturabhängigkeit der Ladungsträgerkonzentration gegeben. Der Verlauf von $n(T)$ ist in Bild 8.12 dargestellt.

Übungen:

- **8.7**: Bestimmen Sie die Elektronenkonzentration in reinem Silicium bei $T = 300\,\mathrm{K}$. Vergleichen Sie das Ergebnis mit der Abschätzung aus der vorigen Übung.
- **8.8**: Berechnen Sie die Lage des Fermi-Niveaus bei Zimmertemperatur in Si und GaAs.
- **8.9**: Das Überschußelektron eines Donators ist nur schwach an das Störstellenatom gebunden. Berechnen Sie den sich nach dem Bohrschen Atommodell ergebenden Bahnradius diese Elektrons. Hinweis: Die relative Dielektrizitätskonstante von Silicium sei $\varepsilon_r = 12$.
- **8.10**: Silicium sei mit 10^{14} Phosphoratomen pro cm^3 dotiert. Bestimmen Sie die Ladungsträgerkonzentrationen n und p für $T = 0\,\mathrm{K}$, $T = 300\,\mathrm{K}$ und $800\,\mathrm{K}$.

8.5 Generations-, Rekombinations- und Transportprozesse in Halbleitern

Bisher haben wir die Ladungsträgerkonzentration in Halbleitern im thermischen Gleichgewicht beschrieben. Die Größen n und p ergeben sich dabei aus der Gleichgewichtsverteilungsfunktion $f(E)$ (8.3), und es gilt (8.11). Für die angewandte Halbleiterphysik sind allerdings meist Nichtgleichgewichtssituationen charakteristisch, denn erst Abweichungen vom Gleichgewichtszustand ermöglichen Ladungstransport. Solche Situationen können durch Einwirkung einer äußeren Störung hervorgerufen werden, wie etwa durch ein angelegtes elektrisches Feld, durch Einstrahlung von Licht oder durch einen künstlich erzeugten Temperaturgradienten. In allen Fällen wird der Nichtgleichgewichtszustand dadurch charakterisiert, daß nun im Gegensatz zu (8.11) $np \neq n_i^2$ ist.

8.5.1 Mechanismen der Generation und Rekombination

Die im thermischen Gleichgewicht vorhandenen Ladungsträger kann man als *thermisch generiert* betrachten. Prinzipiell gibt es nun verschiedene Varianten, die entsprechenden Gleichgewichtskonzentrationen zu verändern. Eine der Möglichkeiten, eine Nichtgleichgewichtsverteilung zu erzeugen, besteht darin, durch Einstrahlung von Licht oder allgemein elektromagnetischer Strahlung mit Energien $hf > E_G$ Elektronen ins Leitungsband anzuheben und dadurch zusätzliche **Elektron-Loch-Paare** zu erzeugen (Bild 8.13). Die Ladungsträger sind in diesem Fall *optisch generiert.*

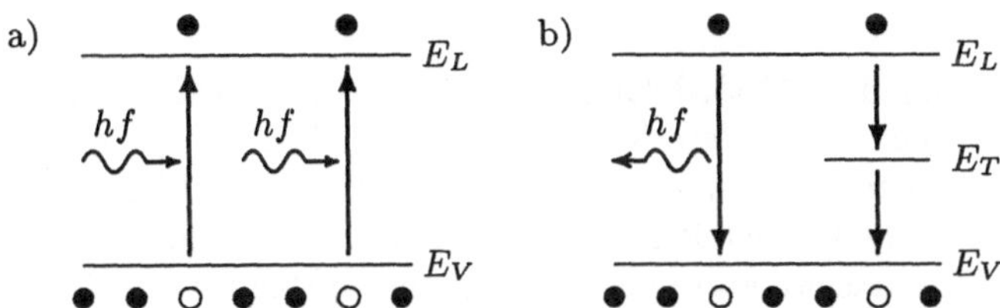

Bild 8.13 Zur Generation und Rekombination von Ladungsträgern: a) optische Generation und b) Rekombinationsprozesse

Um wieder in den Zustand des thermodynamischen Gleichgewichts zu gelangen, muß der Halbleiter die überschüssigen Elektron-Loch-Paare abbauen. Dieser Abbau erfolgt durch **Rekombination**. Man fast unter diesem Begriff die verschiedensten mikroskopischen Mechanismen zusammen, die ein Elektron aus dem Leitungsband wieder zurück ins Valenzband überführen (Bild 8.13). Eine Möglichkeit ist ein unmittelbarer Band-Band-Übergang, bei dem Strahlung mindestens der Energie $hf = E_G$ emittiert wird. Diese strahlende Band-Band-Rekombination wird in Leuchtdioden praktisch genutzt (vgl. Abschnitt 8.6).

Neben den gezielt eingebrachten Donatoren oder Akzeptoren enthält das Halbleitermaterial technologiebedingt stets noch weitere, oft sogar unbekannte Fremdatome. Sie können sehr lokal begrenzte Störungen im Halbleiter hervorrufen. Durch diese lokalen Störungen werden nun ähnlich wie bei den Donatoren und Akzeptoren zusätzliche elektronische Niveaus erzeugt, die in einigen Fällen energetisch weit entfernt von den Bandkanten irgendwo in der Mitte der verbotenen Zone liegen. Solche *tiefen Zentren* können als sogenannte Elektronenfalle (engl. trap) wirken und dienen sehr oft als Zwischenstufe für eine strahlungslosen Band-Band-Rekombination.

Für die im vorigen Abschnitt festgestellte Abnahme der Löcherkonzentration bei n-Dotierung oder entsprechend die Abnahme der Elektronenkonzentration bei p-Dotierung im thermischen Gleichgewicht ist ebenfalls die Rekombination verantwortlich. Durch die Erhöhung der Konzentration eines der beiden Ladungsträgersorten (Majoritätsladungsträger) wächst die Wahrscheinlichkeit, für die mit geringerer Konzentration vorhandene Ladungsträgersorte (Minoritätsladungsträger) einen Rekombinationspartner zu finden.

Die beschriebenen Prozesse lassen sich quantitativ durch die **Generationsrate** G und die **Rekombinationsrate** R erfassen. Sie werden durch die Zahl der Ladungsträger bestimmt, die pro Zeiteinheit und pro Volumeneinheit generiert werden oder rekombinieren. Die übliche Maßeinheit ist $\mathrm{cm}^{-3}\,\mathrm{s}^{-1}$.

Eine weitere Möglichkeit der Trägererzeugung bietet das Anlegen einer elektrischen Spannung, wodurch Überschußladungsträger von außen in den Halbleiter gebracht werden können. Ein solcher Vorgang wird als **Injektion** von Ladungsträger bezeichnet. Man kann sich die Situation

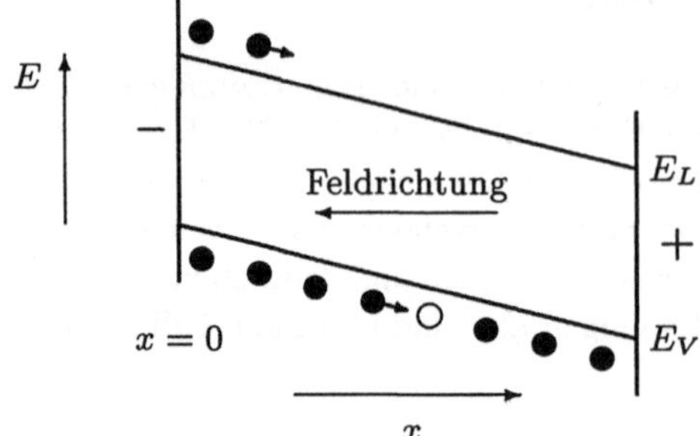

Bild 8.14
Modell der gekippten Bänder in einem homogenen elektrischen Feld

für einen Halbleiter im elektrischen Feld gut im Modell der *gekippten Bänder* veranschaulichen (Bild 8.14). Legt man an einen Halbleiter eine äußere Spannung an, so fällt diese über dem Halbleiter ab und es entsteht im Halbleiter ein homogenes elektrisches Feld. Die Elektronen treten vom Minuspol kommend bei $x = 0$ in den Halbleiter ein, verlieren beim Durchqueren des Halbleiters ihre potentielle Energie und verlassen diesen wieder auf der anderen Seite. Dabei wirkt auf sie gemäß $Q = -e$ und (4.3) die Kraft $F = -eE$, zu der nach (4.13) das Potential $-eEx$ gehört. Legt man den Nullpunkt des Potentials auf die Stelle $x = 0$ und betrachtet dazu noch eine zweite beliebige Stelle x innerhalb des Halbleiters, so verlangt der Energieerhaltungssatz für ein Elektron im Leitungsband $E_L(0) + 0 = E_L(x) + eEx$. Das bedeutet, daß sich die Lage der Leitungsbandkante in Abhängigkeit von x verändert. Für Löcher im Valenzband gelten analoge Betrachtungen. Ganz allgemein kann man sich die Bänder in einem homogenen elektrischen Feld also gemäß $E_n(x) = E_n(0) - eEx$ als gekippt vorstellen (Bild 8.14).

In Halbleiterbauelementen treten stets innere, allerdings im allgemeinen inhomogene elektrische Felder auf, die entsprechende Bandverbiegungen hervorrufen. Bei der Untersuchung der elektronischen Eigenschaften solcher Bauelemente werden gekippte Bänder, oder allgemeiner Bandverbiegungen, eine wesentliche Rolle spielen (vgl. Abschnitt 8.6). Dazu kann es hilfreich sein, sich die folgende Regel einzuprägen:

Treten infolge von elektrischen Feldern im Bändermodell Bandverbiegungen auf, so folgen Elektronen diesen Feldern stets in Richtung kleinerer Energien (nach unten), während Löcher sich in Richtung größerer Energien (nach oben) verschieben.

8.5.2 Drift und Diffusion

Elektronen, die sich bei endlichen Temperaturen im Leitungsband eines Halbleiters befinden, führen ungeordnete thermische Bewegungen aus. Legt man ein elektrisches Feld an, dann überlagert sich dieser Bewegung eine geordnete Bewegung entgegen der Feldrichtung, die man als **Drift** bezeichnet. Mikroskopisch betrachtet, nehmen die Elektronen einerseits aus dem Feld Energie auf und werden dadurch beschleunigt; andererseits werden sie aber an Gitterschwingungen oder Fremdatomen gestreut und geben dabei Energie ab. Dadurch stellt sich im zeitlichen Mittel eine konstante, zur elektrischen Feldstärke proportionale Driftgeschwindigkeit $\vec{v}_n$ ein, die allerdings nur sehr klein im Vergleich zur thermischen Geschwindigkeit ist (vgl. Übungen). Da sie der Feldstärke entgegengerichtet ist, gilt also

$$\vec{v}_n = -\mu_n \vec{E} \; , \tag{8.13}$$

wobei man μ_n die **Beweglichkeit** der Elektronen nennt. Beachtet man noch, daß nach (4.34) die Stromdichte $\vec{j}$ mit der Geschwindigkeit $\vec{v}_n$ der Elektronen durch $\vec{j} = -en\vec{v}_n$ verknüpft ist, so läßt sich für die durch die Elektronen hervorgerufene Stromdichte $\vec{j}_n$ schreiben:

$$\vec{j}_n = en\mu_n\vec{E} . \tag{8.14}$$

Analog läßt sich die Beweglichkeit μ_p für Defektelektronen gemäß $\vec{v}_p = \mu_p\vec{E}$ definieren und ihr entsprechender Beitrag zur Stromdichte $\vec{j}_p = ep\vec{v}_p$ bestimmen. Man findet

$$\vec{j}_p = ep\mu_p\vec{E} . \tag{8.15}$$

Ein zweiter möglicher Beitrag zur Stromdichte in einem Halbleiter resultiert aus eventuellen Unterschieden in der örtlichen Verteilung der Ladungsträger, wie sie etwa durch eine räumlich unterschiedliche Dotierung erzeugt werden können. Die Ladungsträger folgen dann den vorhandenen Konzentrationsgradienten, und es resultiert ein Ladungstransport durch **Diffusion**. Gemäß (3.72) lassen sich die entsprechenden Beiträge zum Ladungstransport durch die Diffusionskonstanten für Elektronen D_n und Defektelektronen D_p ausdrücken. Zusammen mit (8.14) und (8.15) ergibt sich für die Gesamtstromdichten von Elektronen und Defektelektronen[4]

$$\begin{aligned} \vec{j}_n &= en\mu_n\vec{E} + eD_n\,\mathrm{grad}n \\ \vec{j}_p &= ep\mu_p\vec{E} - eD_p\,\mathrm{grad}p . \end{aligned} \tag{8.16}$$

Zusammenfassend kann festgestellt werden:

> *In dotierten Halbleitern erfolgt der Ladungstransport sowohl durch Drift der Elektronen und Defektelektronen im elektrischen Feld als auch durch Diffusion der Ladungsträger, bedingt durch vorhandene Konzentrationsgradienten.*

Im folgenden wollen wir uns auf den eindimensionalen Fall beschränken und den Ladungstransport in x-Richtung genauer untersuchen. Dazu berechnen wir die Änderung der Stromdichten für Elektronen und Löcher im Intervall $x, x + \mathrm{d}x$. Eine solche Änderung kann nur durch Generation oder Rekombination von Ladungsträgern verursacht sein. Da Elektronen und Löcher in diesen Prozessen stets als Paar beteiligt sind, muß gelten $j_n(x + \mathrm{d}x) - j_n(x) = -e(G - R)\mathrm{d}x$ für Elektronen sowie $j_p(x + \mathrm{d}x) - j_p(x) = e(G - R)\mathrm{d}x$ für Löcher. Nach Division durch $\mathrm{d}x$ ergibt sich

$$\frac{\mathrm{d}j_n(x)}{\mathrm{d}x} = -e(G(x) - R(x)) \quad \text{und} \quad \frac{\mathrm{d}j_p(x)}{\mathrm{d}x} = e(G(x) - R(x)) \tag{8.17}$$

mit j_n und j_p gemäß der eindimensionalen Version von (8.16) als

$$\begin{aligned} j_n &= en\mu_n E(x) + eD_n\frac{\mathrm{d}n(x)}{\mathrm{d}x} \\ j_p &= ep\mu_p E(x) - eD_p\frac{\mathrm{d}p(x)}{\mathrm{d}x} . \end{aligned} \tag{8.18}$$

Um aus diesen Transportgleichungen die Größen $n(x)$ und $p(x)$ und damit die Gesamtstromdichte im Halbleiter bestimmen zu können, benötigt man noch den Zusammenhang zwischen $E(x)$ und den Ladungsdichten. Enthält der Halbleiter ionisierte Donatoren der Konzentration N_D und ionisierte Akzeptoren der Konzentration N_A, dann ist die Gesamtladungsdichte $\varrho = -e(n + N_A - p - N_D)$ und die Maxwellsche Gleichung $\mathrm{div}\vec{D} = \varepsilon\varepsilon_0\varrho$ (vgl. Abschnitt 4.4.9) liefert für die Feldstärke in einem (eindimensionalen) Halbleiter

[4] Man beachte, daß wir in diesem Kapitel als auch schon im Kapitel „Elektrizität und Magnetismus" mit j, j_n oder j_p die elektrische Stromdichten bezeichnet haben, während wir in (3.71) und (3.72) mit j_n die Teilchendichte charakterisiert haben. Stromdichten ergeben sich aus Teilchendichten einfach durch Multiplikation mit der Ladung.

$$\varepsilon\varepsilon_0 \frac{\mathrm{d}E(x)}{\mathrm{d}x} = -e[n(x) + N_A(x) - p(x) - N_D(x)] \,. \qquad (8.19)$$

Die Gleichungen (8.17) und (8.19) bildet zusammen mit (8.18) die eindimensionale Version der *Grundgleichung der inneren Elektronik.* Die im allgemeinen numerisch bestimmten Lösungen dieses Systems oder seiner zwei- und dreidimensionalen Verallgemeinerungen gestatten die Bestimmung des Ladungstransportes und der Verteilung des elektrischen Feldes in Halbleiterstrukturen. Sie dienen in der Praxis zur mathematischen Modellierung der Eigenschaften elektronischer Bauelemente und geben wertvolle Hinweise zur Optimierung technologischer Prozesse.

Übung:

■ **8.11**: Berechnen Sie das Verhältnis aus thermischer Geschwindigkeit und Driftgeschwindigkeit für Elektronen in Silicium bei einer elektrischen Feldstärke von $E = 10^3$ V/cm bei Zimmertemperatur.

8.6 Elektronische und optoelektronische Bauelemente

8.6.1 Der pn-Übergang

Die Funktion elektronischer und optoelektronischer Bauelemente beruht auf den besonderen Transporteigenschaften von räumlich inhomogen dotierten Halbleitern. Der einfachste Fall einer solchen Halbleiterstruktur ist der **pn-Übergang**. Er wird nicht nur selbst in verschiedenen Versionen als Bauelement genutzt, sondern die Kenntnis seiner Eigenschaften ist auch eine notwendige Voraussetzung für ein Verständnis komplizierterer Bauelemente, wie Bipolartransistor oder Thyristor. Wir werden ihn im folgenden ausführlicher besprechen.

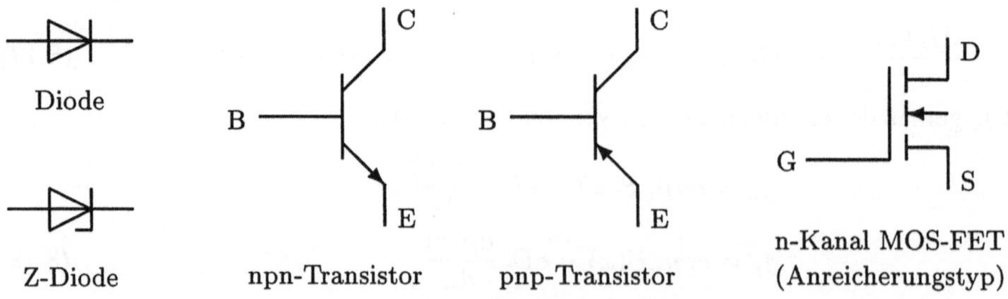

Bild 8.15 Schaltzeichen einiger Halbleiterbauelemente

Wie der Name schon verrät, entsteht ein pn-Übergang dadurch, daß man in einem Halbleiter auf einem schmalen Übergangsbereich ($< 1\,\mu$m) den Charakter der Dotierung ändert. Dadurch erfolgt ein Wechsel entweder von einem n-dotierten Bereich auf einen p-dotierten Bereich oder umgekehrt. Technologisch können solche Übergänge z. B. durch Diffusion hergestellt werden. Geht man etwa von n-Silicium aus, so werden in einer Diffusionskammer bei Temperaturen von $T > 1000$ K Dotanten vom p-Typ (Akzeptoren) in das Ausgangsmaterial eindiffundiert.

Weitere Herstellungsverfahren beruhen auf dem **Legieren** von n-Silicium mit den Akzeptoren oder Nutzen die Techniken der **Epitaxie** und der **Ionenimplantation**. Bei der Epitaxie läßt man neue dotierte Siliciumschichten, wie etwa p-Silicium, auf einem Substrat aufwachsen, wobei sich die Siliciumatome und die Dotanten aus einer Gasatmosphäre abscheiden, die aus den Verbindungen $SiCl_4$, SiH_4 und PH_3 bestehen könnte. Bei der Ionenimplantation werden die Störstellenionen mit hoher Energie in das Kristallgitter geschossen.

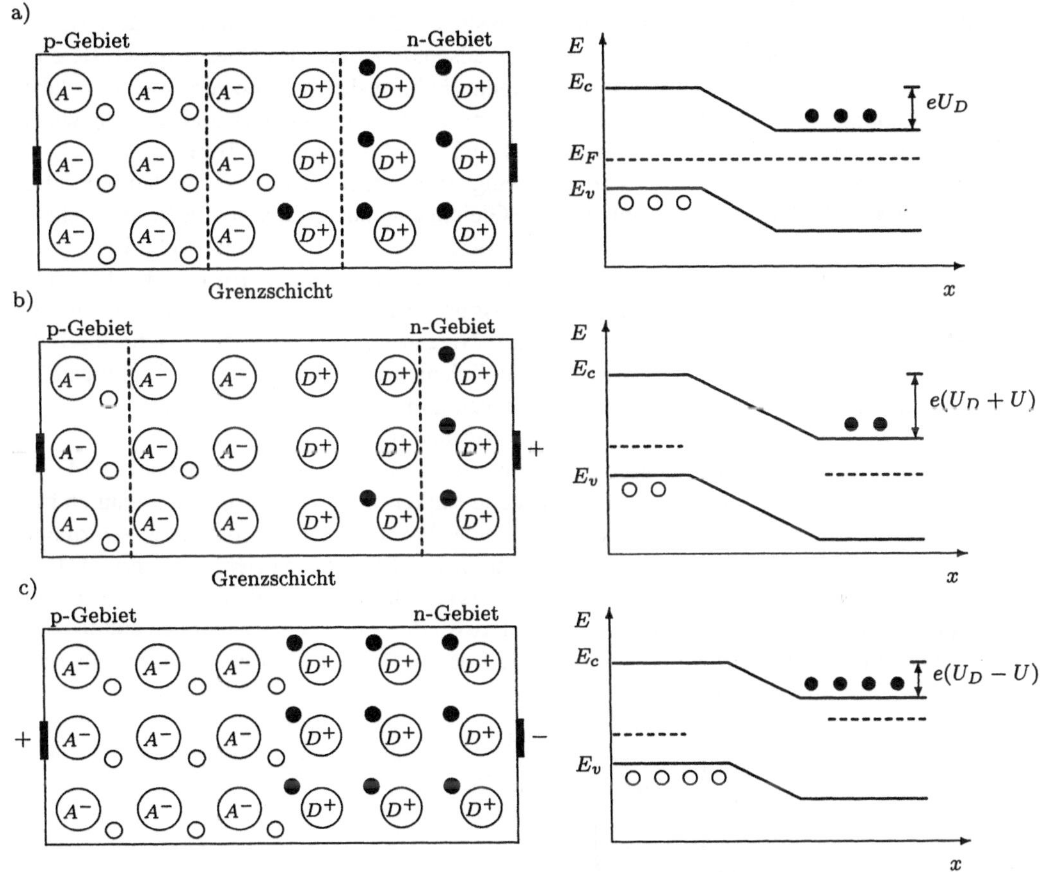

Bild 8.16 Der pn-Übergang und sein entsprechendes Bändermodell im Gleichgewicht (a), in Sperrichtung (b) und in Flußrichtung (c)

Betrachten wir zuerst die Gleichgewichtssituation an einem solchen pn-Übergang. Infolge von Diffusion werden Elektronen aus dem n-Gebiet in das p-Gebiet übergehen, und ebenso werden Löcher aus dem p-Gebiet in das n-Gebiet wechseln. Dabei treffen sie jeweils auf die in Überzahl vorhandenen Ladungsträger mit entgegengesetztem Vorzeichen, mit denen sie rekombinieren. Dabei verschwinden in einer Grenzschicht die freien Ladungsträger und es bleiben dort nur die unbeweglichen ionisierten Störstellenatome zurück (Bild 8.16a). Diese wiederum verursachen eine elektrische Doppelschicht und damit ein elektrisches Feld, welches einerseits eine Diffusion von weiteren Majoritätsladungsträgern verhindert, andererseits aber einen Drift der Minoritäten auf die andere Seite des Übergangs ermöglicht. Insgesamt bildet sich schließlich ein dynamischer Gleichgewichtszustand heraus, in dem sich Diffusions- und Driftanteil der Stromdichte sowohl für Elektronen als auch für Löcher gegenseitig kompensieren.

Verbindet man nun den pn-Übergang mit einer Spannungsquelle, so daß der Pluspol an die n-Seite und der Minuspol an die p-Seite angeschlossen ist, so werden die beweglichen Ladungsträger von den Kontakten angezogen. Dadurch verbreitert sich die Grenzschicht, und gegen das nun verstärkte innere elektrische Feld ist keine Diffusion der Ladungsträger mehr möglich. Bei dieser Polung kann abgesehen von wenigen Minoritätsladungsträgern kein Ladungstransport durch den Übergang erfolgen – er sperrt den Stromfluß (Bild 8.16b). Bei umgekehrter Polung werden die Ladungsträger von beiden Seiten in die Grenzschicht gedrückt und schwemmen diese zu. Das nun schwächere innere elektrische Feld gestattet stärkere Diffusion der Ladungsträger, diese erreichen als Minoritätsladungsträger die jeweils andere Seite des Übergang, wo sie einer verstärkten Ladungsträgerrekombination unterliegen. Elektron-Loch-Paare verschwinden dabei, aber neue Ladungsträger werden von der Spannungsquelle nachgeliefert und können wieder durch den Übergang diffundieren – es fließt ein elektrischer Strom (Bild 8.16c).

Es ist interessant, das Verhalten eines pn-Überganges auch vom Standpunkt des Bändermodells zu betrachten. Den Verlauf der Bandkanten für die Gleichgewichtssituation sowie für Sperrichtung und Durchlaßrichtung zeigt die rechte Seite von Bild 8.16. Durch das elektrische Feld in der Grenzschicht sind die Bandkanten bereits ohne eine äußere Spannung, also im Gleichgewicht, verbogen. Über der Grenzschicht fällt die **Diffusionsspannung** U_D ab, wodurch die n-Seite um die Energie $-eU_D$ abgesenkt wird. Das Fermi-Niveau E_F ist im Gleichgewicht durch den ganzen Übergang hindurch konstant. Wäre dies nämlich nicht so, dann könnten die Ladungsträger durch Umverteilung das System in einen energetisch günstigeren Zustand überführen, was im Widerspruch zum angenommenen Gleichgewichtszustand wäre.

Das Anlegen einer Spannung U auf der n-Seite erteilt den Elektronen dort gemäß (4.14) eine zusätzliche Energie $-eU$, was zu einer entsprechend stärkeren Absenkung der Bandkanten führt und die Diffusionsbarriere verstärkt. In entsprechender Weise führt eine Spannung $-U$ zu einer Anhebung der Bänder um $(-e)(-U) = eU$, wodurch die Diffusionsbarriere reduziert wird.

Einen noch detaillierteren Einblick in die Physik des pn-Übergangs erhält man durch die Lösung der entsprechenden Transportgleichungen. Der interessierte Leser sei diesbezüglich auf das Ende dieses Abschnitts verwiesen, wo wir eine solche Lösung für den ideal abrupten pn-Übergang herleiten und diskutieren werden.

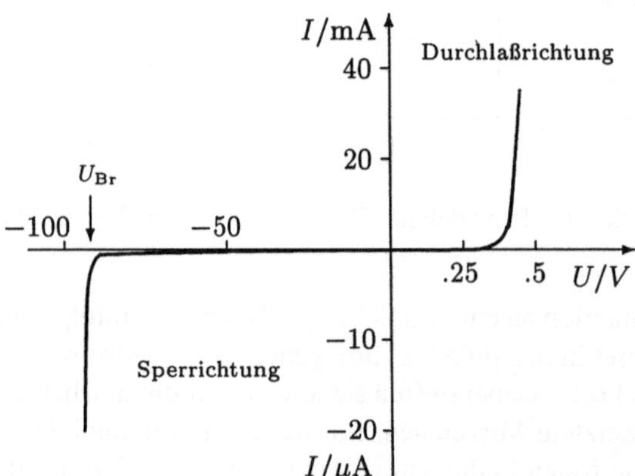

Bild 8.17
Kennlinie einer Silicium-Halbleiter-Diode (qualitativ)

Fassen wir unsere Erkenntnisse hinsichtlich des Stromflusses durch einen pn-Übergang zusammen, so ergibt sich qualitativ eine Kennlinie, wie sie für einen idealen abrupten pn-Übergang im Silicium in Bild 8.17 dargestellten ist. Für einen solchen Übergang läßt sich die Kennlinie durch

$$I = I_S \left(\exp\left(\frac{eU}{k_B T}\right) - 1 \right) \tag{8.20}$$

beschreiben. Während der Strom für $U > 0$ exponentiell wächst, nähert er sich für $U < 0$ einem konstanten **Sättigungsstrom** I_S. Übersteigt die Spannung dabei allerdings die sogenannte **Durchbruchsspannung** U_{Br}, so können Minoritätsladungsträger in dem dann sehr starken elektrischen Feld des Übergangs so viel Energie aufnehmen, daß sie durch Stoßionisation weitere Ladungsträger erzeugen können. Darüber hinaus besteht die Möglichkeit, daß Elektronen bei diesen hohen Feldstärken die verbotene Zone durchtunneln. Dieser Mechanismus heißt **Zener-Effekt** und wurde durch C. M. Zener aufgrund quantenmechanischer Rechnungen vorhergesagt. Insgesamt kommt es dadurch zur Ausbildung einer Ladungsträgerlawine und damit zum **Durchbruch**, wobei der Sperrstrom drastisch ansteigt.

Ein Vergleich mit der Kennlinie einer Vakuumdiode (vgl. Bild 4.27) zeigt, daß beide in einer Richtung den Strom sperren und in der anderen durchlassen. Mittels eines pn-Übergangs läßt sich daher eine **Halbleiterdiode** realisieren. Geringere Herstellungskosten, eine größere Zuverlässigkeit sowie ein geringer Platzbedarf und die dadurch resultierenden kürzeren Schaltzeiten haben dazu geführt, daß die Halbleiterdiode in elektronischen Schaltungen die Vakuumdiode weitgehend verdrängt hat.

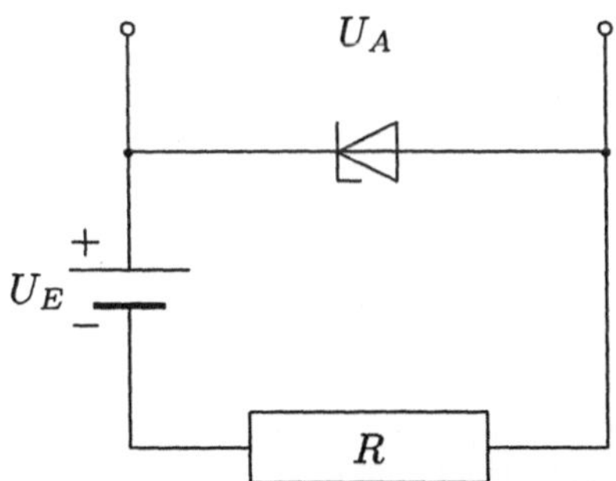

Bild 8.18
Z-Diode als Spannungsstabilisator

Auch die größere Vielseitigkeit hat dabei eine entscheidende Rolle gespielt. Solche Halbleiterdioden werden nämlich in unterschiedlichsten Varianten hergestellt und technisch genutzt. Eine der bekanntesten Anwendungen ist die Gleichrichtung von Wechselströmen. Bei der **Kapazitätsdiode** nutzt man die Möglichkeit der Beeinflussung der Sperrschichtkapazität (in Abhängigkeit von der Spannung wird im Übergangsgebiet Ladung gespeichert!) über die Sperrspannung zur Frequenzabstimmungen in Schwingkreisen. Die **Z-Diode**[5] arbeitet für Sperrspannungen im Bereich der Durchbruchspannung und kann zur Spannungsstabilisierung oder zur Amplitudenbegrenzung eingesetzt werden (vgl. Übungen). Das Prinzip einer entsprechenden Schaltung zeigt Bild 8.18

Weitere Anwendungen des pn-Übergangs erfolgen in der **Solarzelle** und der **Lumineszenzdiode**. Eine Solarzelle dient der Umwandlung von Energie des Sonnenlichtes in elektrische Energie durch den **photovoltaischen Effekt**. Er besteht darin, daß in die Grenzschicht eines pn-Übergangs eindringende Photonen dort Elektron-Loch-Paare generieren, diese im starken elektrischen Feld dieser Grenzschicht getrennt werden und durch die damit verbundene Anreicherung der n-Seite

[5] Sie wurde früher als Zener-Diode bezeichnet, da man den Durchbruch als Folge des Zener-Effektes aufgefaßt hat. Heute geht man davon aus, daß u. a. Lawinenbildung durch Stoßionisation eine entscheidendere Rolle spielt.

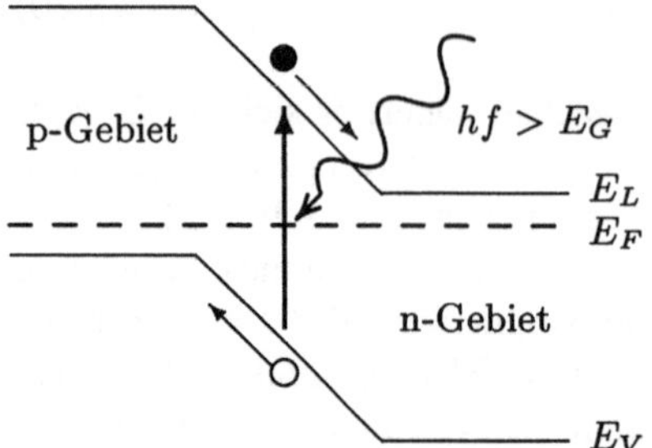

Bild 8.19
Zur Wirkungsweise einer Solarzelle

mit Elektronen und der p-Seite mit Löchern eine Photospannung erzeugt wird (Bild 8.19). Dabei wird ein Teil der Diffusionsspannung abgebaut. Verbindet man die Enden der Solarzelle mit einem sehr hochohmigen Widerstand, so kann man dann die **Leerlaufspannung** U_{leer} abgreifen. Schließt man andererseits die beiden Enden kurz, so fließt durch den äußeren Stromkreis der **Kurzschlußstrom** I_{kurz}.

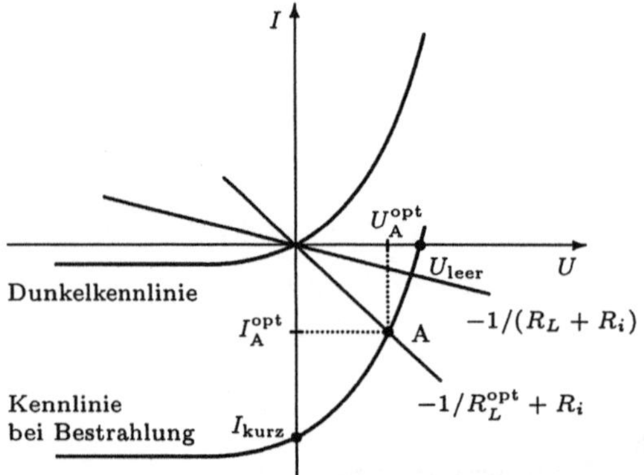

Bild 8.20
Kennlinienfeld einer Solarzelle

Legt man an eine Solarzelle eine veränderliche äußere Spannung an, so läßt sich für unterschiedliche Beleuchtungsstärken die Kennlinie aufnehmen. Da in der Solarzelle durch das einfallende Licht ein Strom in Sperrichtung erzeugt wird, verschiebt sich die Kennlinie mit zunehmender Beleuchtungsstärke in Richtung des größeren Sperrstroms (Bild 8.20). Sie läßt sich daher in Verallgemeinerung von (8.20) durch

$$I = I_S \left(\exp\left(\frac{eU}{k_B T}\right) - 1 \right) - I_{\text{ph}} \tag{8.21}$$

beschreiben, wobei I_{ph} als *Photostrom* bezeichnet wird und nahezu mit dem Kurzschlußstrom übereinstimmt. Er wächst proportional zur Bestrahlungsstärke bei gleichbleibender spektraler Verteilung. Das Kennlinienfeld kann man nutzen, um für eine Solarzelle eine **Leistungsanpassung** vorzunehmen. Darunter versteht man die Auswahl eines geeigneten Lastwiderstandes, der mit der Solarzelle betrieben eine maximale Leistungsaufnahme realisiert. Um die Solarzelle als Stromgenerator zu nutzen, betreibt man sie im 4. Quadranten der Kennlinie, wo ein negativer Strom fließt. Hat die Solarzelle einen Innenwiderstand R_i, und fließt der Strom über den Lastwiderstand R_L, dann gilt nach dem Ohmschen Gesetz $I = -U/(R_i + R_L)$, und der Arbeitspunkt

A der Solarzelle liegt im Kennlinienfeld beim Schnittpunkt dieser Geraden mit der Kennlinie. Das Produkt aus U_A und I_A bestimmt die vom Lastwiderstand aufgenommene Leistung. Sie ist grafisch durch die Fläche des eingezeichneten Rechtecks gegeben. Man erkennt, daß sie von der Lage des Arbeitspunktes und damit von R_L abhängt.

Photovoltaik und Solarzellen: Mit etwa $15,6 \cdot 10^{17}\,\mathrm{kWh/a}$ ist die Sonne mit Abstand die bedeutendste natürliche Energiequelle. Eine effektive Ausnutzung dieser Ressourcen kann einen entscheidenden Beitrag zur Minderung der heute existierenden globalen Umweltprobleme liefern, die ja bekanntlich maßgeblich durch die verschiedenen Formen konventioneller Energieerzeugung hervorgerufen werden. Neben der Sonnenstrahlung selbst stehen dabei auch Windenergie, Wasserkraft oder Biomasse als mittelbare Konsequenzen der Sonnenenergie zur Verfügung.

Die Solarzelle gestattet eine unmittelbare Umwandlung der Strahlungsenergie der Sonne in elektrische Energie. Sie ist das entscheidende Bauelement der **Photovoltaik**, wie man den entsprechenden Zweig der Energietechnik nennt. Die Nutzung der Sonnenenergie in dieser Weise und damit ein verstärkter Einsatz photovoltaischer Systeme in der Zukunft wird sicher wesentlich von einer Senkung der Herstellungskosten und einer Erhöhung des Wirkungsgrades von Solarzellen abhängen. Mit sehr aufwendiger Technologie und damit teuer kann man heute schon auf der Basis von 3-5-Verbindungen Solarzellen mit Wirkungsgraden bis etwa 30% herstellen. Billigere Solarzellen, die aus polykristallinem oder amorphem Silicium hergestellt werden, erreichen aber nur etwas mehr als den halben Wirkungsgrad.

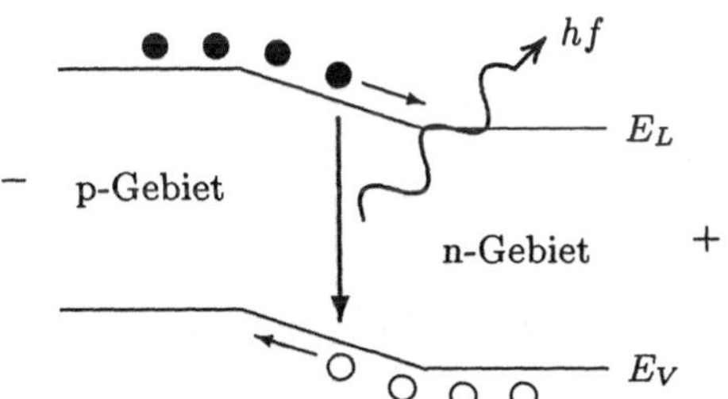

Bild 8.21
Zur Wirkungsweise einer Lumineszenzdiode

Die entgegengesetzte Zielstellung wird durch die Lumineszenzdiode (engl. light emitting diode, **LED**) realisiert (Bild 8.21). Betreibt man eine Diode in Flußrichtung, so werden von der n-Seite Elektronen und von der p-Seite Löcher in die Grenzschicht injiziert. Diese können miteinander rekombinieren und die dabei freiwerdende Energie durch Emission von Photonen der Energie $hf = E_G$ abgeben. Elektrische Energie wird somit in Lichtenergie verwandelt, wobei die Farbe des Lichtes vom jeweiligen Halbleitermaterial abhängt. Es muß eine verbotene Zone im sichtbaren Bereich besitzen und wird im allgemeinen auf der Basis von 3-5-Verbindungen hergestellt.

Der ideale abrupte pn-Übergang in Depletion-Näherung: Es soll angenommen werden, daß der Übergang von der Akzeptorkonzentration N_A zur Donatorkonzentration N_D abrupt bei $x = 0$ erfolgt. Wir behandeln die Gleichgewichtssituation und nehmen dazu weiterhin an, daß man in diesem Fall im Bereich der Grenzschicht $-d_p \leq x \leq d_n$ die Konzentration der beweglichen Ladungsträger bei der Berechnung von Feldstärke und Potential vernachlässigen kann, d. h. in diesem Bereich gelte $n(x) = p(x) = 0$ (Depletion-Näherung).

Wir wollen zuerst die über der Grenzschicht existierende Diffusionsspannung U_D bestimmen:

Da im Gleichgewicht weder ein Elektronenstrom noch ein Löcherstrom existiert, folgt aus (8.18) z. B. für die Elektronen

$$en\mu_n E + eD_n \frac{\mathrm{d}n}{\mathrm{d}x} = 0 .$$

Die Diffusionsspannung kann nun wegen (4.13) durch Integration der Feldstärke über die Grenzschicht erhalten werde. Es folgt

$$U_D = -\int_{-d_p}^{d_n} E(x)\,\mathrm{d}x = \frac{D_n}{\mu_n}\int_{-d_p}^{d_n} \frac{\mathrm{d}n}{n} = \frac{D_n}{\mu_n}\ln\left(\frac{n(d_n)}{n(-d_p)}\right) .$$

Sind alle Donatoren ionisiert, so gilt in guter Näherung $n(d_n) = N_D$ und $p(-d_p) = N_A$. Letzteres führt wegen $np = n_i^2$ auf $n(-d_p) = n_i^2/N_A$. Schließlich ergibt sich für die Diffusionsspannung[6]

$$U_D = \frac{D_n}{\mu_n}\ln\left(\frac{N_D N_A}{n_i^2}\right) = \frac{k_B T}{e}\ln\left(\frac{N_D N_A}{n_i^2}\right) . \tag{8.22}$$

Hat der pn-Übergang den Querschnitt A, so verlangt die Ladungsneutralität für die gesamte Grenzschicht die Gültigkeit der Gleichung $eN_D d_n A = eN_A d_p A$ bzw.

$$eN_D d_n = eN_A d_p . \tag{8.23}$$

Im Rahmen unseres Modells läßt sich auch der Verlauf des elektrischen Feldes in der Grenzschicht leicht berechnen: Aus (8.19) folgt

$$\begin{aligned} \varepsilon_r\varepsilon_0 \frac{\mathrm{d}E(x)}{\mathrm{d}x} &= -eN_A , \quad \text{wenn} \quad -d_p \le x \le 0 \\ \varepsilon_r\varepsilon_0 \frac{\mathrm{d}E(x)}{\mathrm{d}x} &= +eN_D , \quad \text{wenn} \quad 0 \le x \le d_n , \end{aligned}$$

was nach Integration und Berücksichtigung der Randbedingungen $E(d_p) = E(d_n) = 0$ (ein elektrisches Feld entsteht nur in der Grenzschicht!) auf

$$\begin{aligned} E(x) &= -\frac{eN_A}{\varepsilon_r\varepsilon_0}(x + d_p) , \quad \text{wenn} \quad -d_p \le x \le 0 \\ E(x) &= +\frac{eN_D}{\varepsilon_r\varepsilon_0}(x - d_n) , \quad \text{wenn} \quad 0 \le x \le dn \end{aligned} \tag{8.24}$$

führt. Die maximale Feldstärke tritt an der Stelle $x = 0$ auf und ist durch

$$|E_{\max}| = |E(0)| = \frac{eN_D d_n}{\varepsilon_r\varepsilon_0} = \frac{eN_A d_p}{\varepsilon_r\varepsilon_0} \tag{8.25}$$

gegeben.

Da nach (4.13) die Feldstärke die negative Ableitung des Potentials ϕ ist, liefert eine weitere Integration

---

[6] Wir nutzen hier die aus der Theorie der Diffusion bekannte **Einstein-Relation**

$$D = \mu \frac{k_B T}{e} ,$$

die Diffusionskonstante und Beweglichkeit miteinander verknüpft.

$$\begin{aligned}\phi(x) &= +\frac{eN_A}{\varepsilon_r\varepsilon_0}(\frac{x^2}{2}+d_px)\,, \quad \text{wenn} \quad -d_p \le x \le 0 \\ \phi(x) &= -\frac{eN_D}{\varepsilon_r\varepsilon_0}(\frac{x^2}{2}-d_nx)\,, \quad \text{wenn} \quad 0 \le x \le d_n\,. \end{aligned} \tag{8.26}$$

Die Integrationskonstanten sind dabei so bestimmt worden, daß der Nullpunkt des Potentials bei $x = 0$ liegt. Insgesamt hat man über der Grenzschicht eine der Diffusionsspannung entsprechende Potentialdifferenz von

$$U_D = \phi(d_n) - \phi(-d_p) = \frac{e}{2\varepsilon_r\varepsilon_0}(N_D d_n^2 + N_A d_p^2)\,.$$

Zusammen mit (8.23) ergibt dies für die Breite der Grenzschicht

$$\begin{aligned} d_n &= \left(\frac{2\varepsilon_r\varepsilon_0 U_D}{e}\frac{N_A}{N_D(N_A+N_D)}\right)^{1/2} \\ d_p &= \left(\frac{2\varepsilon_r\varepsilon_0 U_D}{e}\frac{N_D}{N_A(N_A+N_D)}\right)^{1/2}\,. \end{aligned} \tag{8.27}$$

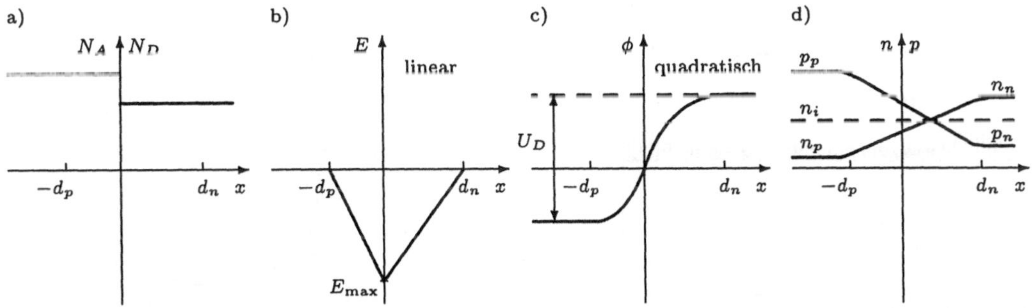

Bild 8.22 Dotierungsprofil (a), Feldstärkeverlauf (b) und Potentialverlauf (c) und Ladungsträgerdichten (d) an einem abrupten pn-Übergang

Bild 8.22 verdeutlicht die gewonnenen Ergebnisse qualitativ. Eine quantitative Auswertung unserer Rechnungen soll am Beispiel eines Übergangs im Silicium durchgeführt werden, wobei wir etwa Zimmertemperatur ($T = 300\,\mathrm{K}$, dies entspricht $kT/e = 0,026\,\mathrm{V}$), eine Akzeptorkonzentration von $N_A = 10^{17}\,\mathrm{cm}^{-3}$ im p-Gebiet und eine Donatorkonzentration von $N_D = 10^{15}\,\mathrm{cm}^{-3}$ annehmen wollen. Die benötigten Materialgrößen werden aus Tabelle 8.1 entnommen. Im einzelnen findet man aus (8.23) bis (8.27) eine Diffusionsspannung von $U_D = 0,71\,\mathrm{V}$, für die Breite der Verarmungszone $d_n = 0,95\,\mu\mathrm{m}$ und $d_p = 9,5\,\mathrm{nm}$ sowie eine maximale Feldstärke von $E_{\mathrm{max}} = 1,47 \cdot 10^4\,\mathrm{V\,cm}^{-1}$.

Übungen:

8.12: Im Gleichgewicht kompensieren sich Diffusions- und Driftstrom. Nutzen Sie die gerade für den pn-Übergang gewonnenen Ergebnisse, um die Größenordnung dieser beiden Ströme aus dem Diffusionsstrom abzuschätzen. ■

8.13: Leiten Sie aus der Forderung nach dem Verschwinden des Löcherstroms einen Ausdruck für U_D her und vergleichen Sie das Resultat mit (8.22). ■

8.14: Schätzen Sie aus der Kennlinie (8.20) den Widerstand einer Silicium-Diode für eine kleine Spannung in Sperrichtung und für eine Spannung von $0,5\,\mathrm{V}$ in Flußrichtung ab. Der Sättigungsstrom sei $I_S = 1\,\mathrm{nm}$. ■

■ **8.15**: Erläutern Sie die spannungsstabilisierende Wirkung der Schaltung in Bild 8.18, indem Sie zeigen, daß Schwankungen von U_E sich stark geschwächt auf U_A übertragen, falls die Ausgangsspannung auf dem steil abfallenden Zweig der Diodenkennlinie liegt.

■ **8.16**: Diskutieren Sie anhand von (8.21) den Einfluß der Bestrahlungsstärke und der Größe der Energielücke des Halbleiters auf die Leerlaufspannung einer idealen Solarzelle. Gehen Sie davon aus, daß der Photostrom I_{ph} linear mit der Bestrahlungsstärke wächst.

8.6.2 Der Bipolartransistor

Schon im Abschnitt 8.1 haben wir die große Bedeutung der Entwicklung des Transistors betont. Er ist heute wohl das wichtigste Bauelement der Mikro- und Leistungselektronik. Das Wort „**Transistor**" ist aus dem englischen Ausdruck „transfer resistor" entstanden und bringt zum Ausdruck, daß es sich dabei um einen Übertragungswiderstand handelt. Der Transistoreffekt besteht darin, daß man mit einem kleinen Strom oder einer kleinen Spannung eine großen Strom oder eine große Spannung steuern kann. Da man heute diesen Transistoreffekt auf unterschiedliche Weise hervorrufen kann, existieren verschiedene Formen von Transistoren.

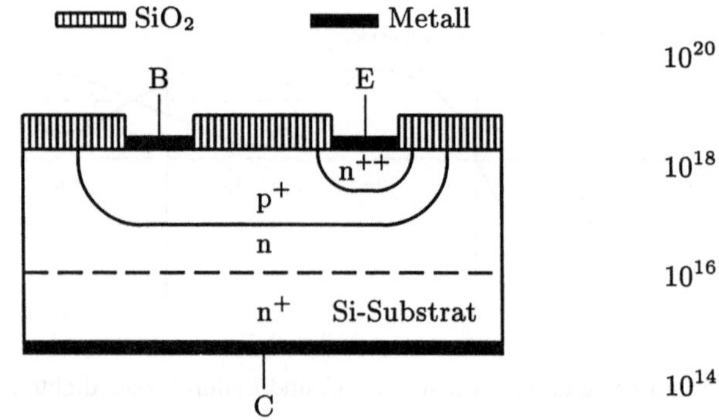

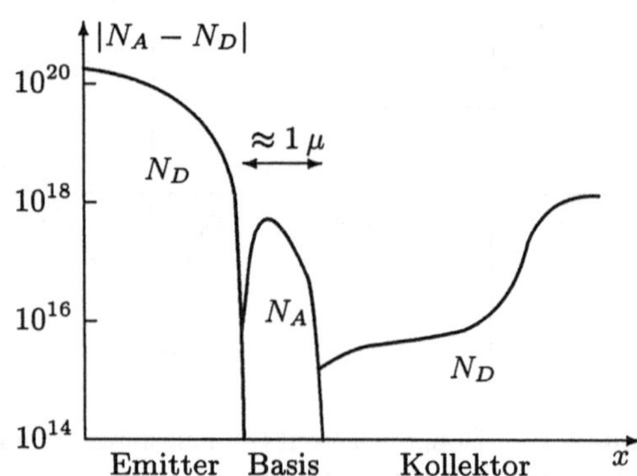

Bild 8.23 Prinzipieller Aufbau eines pnp-Planartransistors und sein Dotierungsprofil (qualitativ)

Eine Möglichkeit der Herstellung von Transistoren ist die Aneinanderreihung zweier pn-Übergänge. Dabei entstehen entweder npn- oder pnp-Transistoren. Der prinzipielle Aufbau eines in *Planartechnik* hergestellten npn-Transistors zusammen mit einem typischen Dotierungsprofil zeigt Bild 8.23. Bei seiner Herstellung geht man von einem einkristallinen, vergleichsweise hochdotierten Si-Substrat (n^+) aus, auf welches man nacheinander weitere Si-Schichten unter Wechsel des Dotierungsstoffes in der Reihenfolge n, p^+, n^{++} abscheidet. Ein solches schichtweises Wachstum eines Kristalls nennt man Epitaxie, wie wir schon vom pn-Übergang wissen.

Bild 8.24 veranschaulicht die Wirkungsweise einer solchen npn-Schichtstruktur in einer elektrischen Schaltung. Die linke n-Schicht (n^{++}) ist mit dem Minuspol der Spannungsquelle U_{EB} verbunden und wird als *Emitter* bezeichnet. Sie injiziert über den linken in Flußrichtung gepolten Übergang Elektronen in die als *Basis* bezeichnete p-Schicht (p^+), gleichzeitig wandern Löcher aus dieser in den Emitter. Zusammen entsteht dadurch der *Emitterstrom* I_E. In der Basis gelingt es einem nur sehr geringen Teil der Elektronen, mit den dort vorhandenen Löchern zu rekombinieren. Dabei wird ein kleiner *Basisstrom* I_B erzeugt, der über den mittleren Kontakt abfließt.

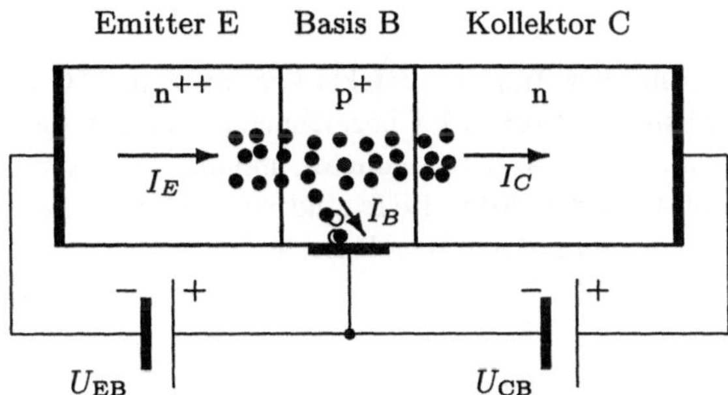

Bild 8.24
Zur Wirkungsweise eines npn-Transistors

und schwach dotierte Basis und gelangt in den in Sperrichtung gepolten rechten Übergang. Von dem dort herrschenden starken elektrischen Feld werden die Elektronen in die rechte n-Schicht (n zusammen mit n^+) getrieben, die man *Kollektor* nennt. Die vom Emitter ausgesandten Elektronen werden zum großen Teil vom Kollektor gewissermaßen wieder eingesammelt und bilden den *Kollektorstrom* I_C. Da I_B sehr klein ist, fließt also wegen $I_E \approx I_C$ nahezu der gleiche Strom im Emitter-Basis- und im Kollektor-Basis-Stromkreis. Vernachlässigt man den sehr kleinen Sättigungssperrstrom der Basis-Kollektor-Diode, so kann man ansetzen $I_C = \alpha I_E$, wobei der *Stromverstärkungsfaktor* in der hier diskutierten Basisschaltung etwa im Bereich von 0,95 bis 0,99 liegt. Während der Strom durch den Transistor aber zwischen Emitter und Basis in Flußrichtung des ersten Überganges (kleiner Widerstand) durch eine kleine Spannung U_{EB} erzeugt wird, fließt er zwischen Kollektor und Basis über den sehr großen Widerstand des in Sperrichtung gepolten zweiten Übergangs und ruft dort einen wesentlich größeren Spannungsabfall U_{CB} hervor.

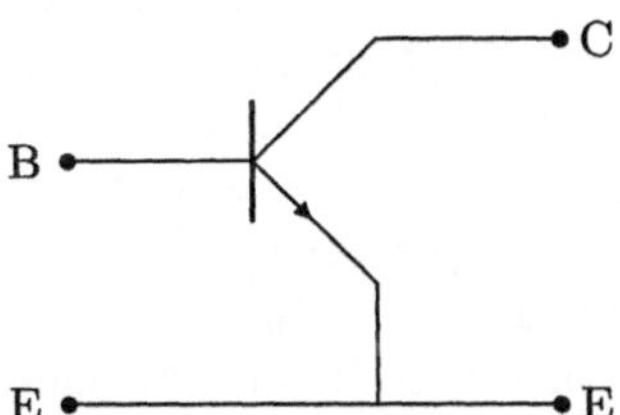

Bild 8.25
Prinzip der Emitterschaltung eines npn-Transistors

In der Basisschaltung, in der die Basis Bestandteil beider Stromkreise ist, erfolgt daher eine Spannungsverstärkung. Will man auch Ströme verstärken, so verwendet man in der Praxis die *Emitterschaltung* oder auch die *Kollektorschaltung*. Die sehr häufig eingesetzte Emitterschaltung, die aus einem Emitter-Basis- und einem Emitter-Kollektor-Stromkreis besteht, wird in den folgenden Übungen besprochen (Bild 8.25).

Da am Ladungstransport der soeben untersuchten Schichtstruktur prinzipiell beide Ladungsträgersorten beteiligt sind, spricht man auch von einem **Bipolartransistor**. Solche Bipolartransistoren werden sowohl zusammen mit anderen Bauelementen in integrierten Schaltungen eingesetzt als auch als Einzelbauelemente hergestellt und verwendet. Es gelingt der heutigen Technologie, Transistoren herzustellen, die in der Lage sind, Ströme von einigen Tausend Ampere zu schalten und zu steuern.

8.6.3 Der Feldeffekt-Transistor

Ein grundsätzlich anderes Prinzip zur Realisierung des Transistoreffekts kommt beim **MOS-Feldeffekt-Transistor** zur Anwendung. Er wird kurz als **MOS-FET** bezeichnet. Die Abkürzung MOS steht dabei für die englischen Wörter metal, oxide und semiconductor, und die Abkürzung FET für field, effect und transistor. Am Stromtransport in MOS-FETs sind nur Ladungsträger eines Vorzeichens beteiligt; sie gehören daher zu den *unipolaren* Bauelemente.

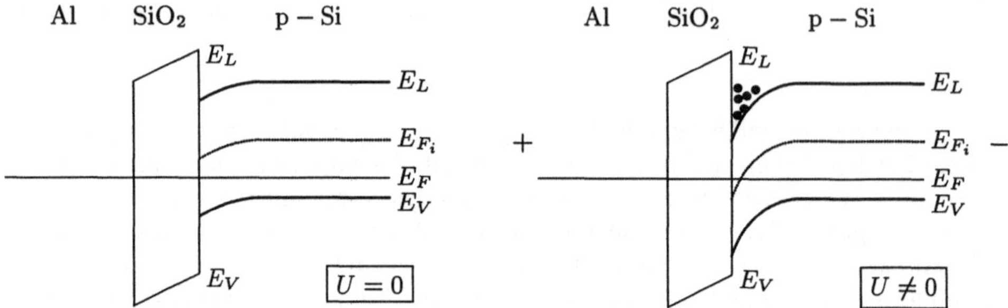

Bild 8.26 Bändermodell eines Al-SiO_2-p-Si-Kontaktes für $U = 0$ (links) und $U \neq 0$ (rechts)

Um ihre Arbeitsweise zu verstehen, betrachten wir zuerst die Situation an einem Metall-Oxid-Halbleiter-Kontakt, der meist in der Form eines Al-SiO_2-Si-Kontaktes hergestellt wird (Bild 8.26). Ein solcher Kontakt realisiert einen Kondensator, bei dem das Metall und der Halbleiter die Kondensatorplatten sind und das Oxid als Dielektrikum wirkt. Man spricht daher auch von einem **MOS-Kondensator**. Stellt man einen solchen Kontakt her, dann gehen Elektronen vom Halbleiter in das Metall über, da das Fermi-Niveau von Al tiefer liegt als das von p-Si. Damit kommt es zur Herausbildung einer Raumladungsschicht im Halbleiter, die wiederum zu einer Bandverbiegung an der Halbleiter-Oxid-Grenzfläche führt. Dieser Effekt wird noch dadurch verstärkt, daß sich in der SiO_2-Schicht technologiebedingt stets eine gewisse positive Raumladung herausbildet, deren Ursachen allerdings noch weitgehend ungeklärt sind.

Legt man nun an das Metall eine positive Spannung an, so läßt sich diese Bandverbiegung soweit verstärken, bis das Fermi-Niveau E_{F_i} des reinen Halbleiters unterhalb von E_F zu liegen kommt. Das bedeutet aber, daß sich nun soviele Elektronen an der Grenzfläche angesammelt haben, daß sie die Zahl der Löcher übersteigen. Es liegt eine *Inversionsschicht* vor, in der aus unserem p-leitenden Silicium ein n-leitendes Material geworden ist.

Die Möglichkeit, durch Anlegen einer Spannung zwischen Metall und Halbleiter eine Inversionsschicht erzeugen zu können, findet nun gerade beim MOS-FET Anwendung. Eine der vielen Möglichkeiten, einen solchen Transistor herzustellen, zeigt Bild 8.27. In ein p-Si-Substrat sind zwei n-dotierte, inselförmige Bereiche eindiffundiert, die jeweils mit einem Metallkontakt versehen sind. Diese Kontakte werden als *Quelle* S (engl. source) und *Senke* D (engl. drain) bezeichnet. Ein dritter Kontakt, das *Tor* G (engl. gate) ist durch eine dünne SiO_2-Schicht vom Substrat isoliert. Legt man nur zwischen S und D eine Spannung an, so kann kein Strom fließen, denn, egal welche Polung man wählt, stets ist einer der beiden pn-Übergänge zwischen den n-dotierten Inseln und dem Substrat in Sperrichtung gepolt (Bild 8.27, links). Durch Anlegen einer positiven Spannung zwischen Tor und Substrat kann nun aber in einer dünnen Schicht an der Grenzfläche Halbleiter-Oxid eine Inversionsschicht in der erläuterten Weise erzeugt werden. Dadurch entsteht ein n-leitender Kanal zwischen den beiden n^+-Inseln, und zwischen Quelle

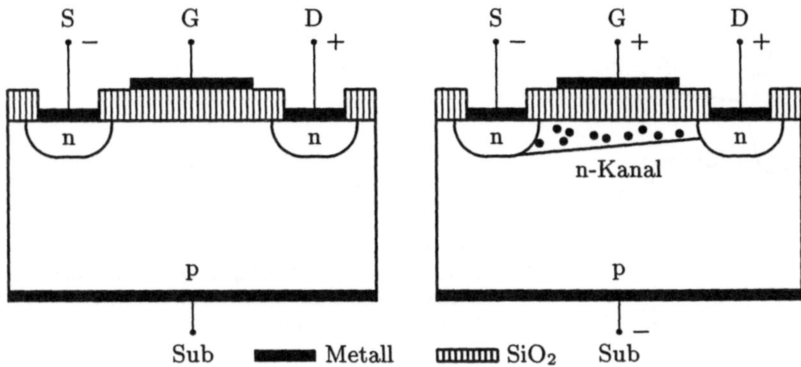

Bild 8.27 Aufbau und Wirkungsweise eines MOS-FET: Ohne Spannung zwischen Gate G und Substrat Sub kann zwischen Source S und Drain D kein Strom fließen (links), eine Gate-Substrat-Spannung erzeugt einen n-Kanal und ermöglicht den Ladungsträgertransport (rechts).

und Senke kann ein Elektronenstrom fließen. Der Transistor-Effekt besteht hier darin, daß dieser Strom durch die Tor-Spannung gesteuert und geschaltet werden kann.

Feldeffekt-Transistoren werden in zahlreichen Varianten hergestellt. Im Gegensatz zur Erzeugung eines Inversionskanals durch eine positive Tor-Spannung (MOS-FET vom Anreicherungstyp), kann der Kanal auch bei entsprechend staker Bandverbiegung bereits ohne diese Spannung vorhanden sein und dann durch eine negative Spannung zugesteuert werden (MOS-FET vom Verarmungstyp). In ausführlicher Bezeichnung ist der hier beschriebene Transistor also ein n-Kanal-Transistor (NMOS) vom Anreicherungstyp. In entsprechender Weise können p-Kanal-Transistoren (PMOS) hergestellt werden, oder es können in einer Schaltung sowohl NMOS- als auch PMOS-Bauelemente vorkommen (CMOS, für complementary MOS).

MOS-FETs in ihren zahlreichen Varianten werden selten als Einzelbauelemente genutzt, sondern sie werden vorzugsweise in integrierten Schaltungen (engl. integrated circuit (IC)) wie einzelne logische Gatter oder ganze Mikroprozessoren eingesetzt. Insbesondere bilden sie die Grundbausteine von dynamischen Speichern (DRAMs), wo man die Möglichkeit der Auf- und Entladung des MOS-Kondensator zur Informationsspeicherung ausnutzt. Durch zunehmende Miniaturisierung (VLSI – very large scale integration) erhält man immer höhere Packungsdichten und damit größere Speicher. So gelingt es heute bereits, einen 16-Megabit-Chip auf einer Fläche von ca. $18\,\text{mm} \times 7,8\,\text{mm}$ zu realisieren. Die Kanallängen der Transistoren liegen dabei in der Größenordnung von $0,5\,\mu$m. Da die Grenzfrequenz eines MOS-FETs gemäß $f_g \sim 1/L^2$ mit abnehmender Kanallänge anwächst, werden die Schaltzeiten mit abnehmender Kanallänge immer kürzer.

Quanten-Hall-Effekt: Da die Kanalbreiten in Feldeffekt-Transistoren in der Größenordnung einiger Nanometer liegen und damit sehr klein gegen die Kanallängen sind, bezeichnet man die dort vorhandenen Elektronen auch als *zweidimensionales Elektronengas*. In ähnlicher Weise, wie wir es von der Quantentheorie eines Kastenpotentials (vgl. Bild 7.14) kennen, können die Energieniveaus daher in der Richtung senkrecht zur Halbleiter-Oxid-Grenzfläche nur noch diskrete Werte annehmen. Dies wiederum bedeutet, daß man in einem solchen zweidimensionalen Elektronengas spezielle Quanteneffekte zu erwarten hat.

Im Jahre 1980 untersuchte K. v. Klitzing (Nobelpreis 1985) den Hall-Effekt an einem solchen Elektronengas bei sehr tiefen Temperaturen ($T = 1,5\,\text{K}$) und für sehr große magnetische Fluß-

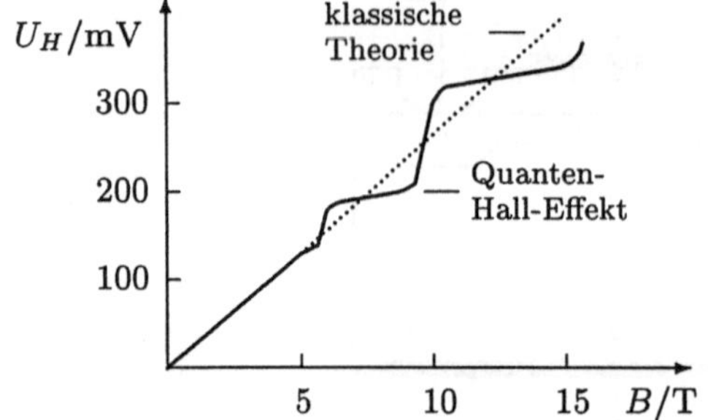

Bild 8.28
Hall-Spannung in Abhängigkeit von der magnetischen Flußdichte in einem zweidimensionalen Elektronengas (qualitativ)

dichten bis etwa 18 T. Gemäß (4.58) muß nach der klassischen Theorie dabei die Hall-Spannung U_H der magnetischen Flußdichte B proportional sein. Die Messungen zeigten jedoch einen stufenförmigen Verlauf (Bild 8.28), der sich gerade als eine Konsequenz der erwähnten Quanteneffekte erweist. Das beschriebene Verhalten der Hall-Spannung wird als **Quanten-Hall-Effekt** bezeichnet. Schreibt man die Hall-Spannung (4.58) als $U_H = R_H I$ und führt damit gemäß dem Ohmschen Gesetz den Hall-Widerstand R_H ein, so zeigt die Theorie, daß der Hall-Widerstand nur die diskreten Werte

$$R_H = \frac{R_K}{n} \qquad \text{mit} \quad n = 1, 2, 3, \ldots \tag{8.28}$$

annehmen kann.[7] Die große Bedeutung dieses Effekts liegt nun darin, daß sich die mit einer Genauigkeit von ca. 10^{-9} bestimmbare Konstante R_K gemäß

$$\boxed{R_K = \frac{h}{e^2} = 25\,812\,807\,\Omega} \tag{8.29}$$

auf Naturkonstanten zurückführen läßt. Sie ist daher zur Definition eines Widerstandsnormals geeignet, und seit dem 1. 1. 1990 ist die Maßeinheit Ohm durch R_K festgelegt.

8.6.4 Der Halbleiterlaser

Der Halbleiterlaser ist eines der wichtigsten Bauelemente der Optoelektronik. Vorwiegend arbeiten diese Laser als Injektionslaser auf der Basis von 3-5-Verbindungen und damit nach dem gleichen Prinzip wie die bereits besprochene Lumineszensdiode. Um aus einer solchen Diode jedoch Laserlicht auskoppeln zu können, muß bekanntlich eine Besetzungsinversion in der pn-Übergangsschicht erzeugt werden und es muß zur Verstärkung ein Resonator vorhanden sein (vgl. Abschnitt 7.2.8).

Die Besetzungsinversion wird nun gerade durch eine hinreichend starke Ladungsträgerinjektion hergestellt, wozu eine bestimmte *Schwellstromdichte* in Flußrichtung der Diode überschritten werden muß. Für einen in Bild 8.29 schematisch dargestellten GaAs-Homostrukturlaser liegt diese bei Zimmertemperatur bei immerhin ca. 30 kA cm^{-2}, so daß bei diesen Temperaturen aufgrund der entstehenden Verlustwärme nur ein Impulsbetrieb möglich ist. Seine typische Abmessungen

[7] Für den Quanten-Hall-Effekt konnten später auch gebrochen rationale Werte für n nachgewiesen werden. Ein befriedigendes Verständnis dafür fehlt jedoch gegenwärtig noch.

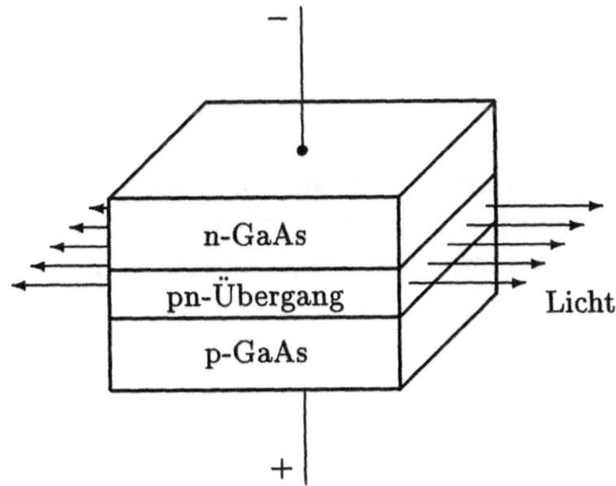

Bild 8.29
Schematischer Aufbau eines GaAs-Homostrukturlasers

sind: Übergangsgebiet 1–3 μm, Gesamthöhe ca. 100 μm, Länge und Breite zwischen 100 μm und 500 μm. Als Resonatorspiegel dienen in der Regel saubere Spaltflächen der Kristalle, wobei gegen Luft damit ein Reflexionsvermögen bis ca. 40% erzielt wird.

Um Schwellstromdichte und damit Verlustwärme zu reduzieren, wurden immer komplexere Halbleiterstrukturen zur Erzeugung von Laserlicht entworfen. Eine deutliche Verbesserung der Eigenschaften konnte durch Heterostrukturen oder sogar Doppelheterostrukturen z. B. auf der Basis von AlGaAs/GaAs erreicht werden. Für spezielle Anwendungen (Laserdrucker, Einschreiben in optische Speicherplatten, Laser-Entfernungsmesser) werden kontinuierlich arbeitende Injektionslaser mit hoher Leistung (> 10 mW) benötigt. Sie werden heute gerade auf der Basis solcher GaAs/AlGaAs-Doppelheterostrukturen hergestellt.

Fortschritte bei der Herstellung von Halbleiterheterostrukturen, insbesondere durch die **Molekularstrahlepitaxie**[8] (MBE, engl. molecular beam epitaxy), erlauben die Realisierung immer komplexerer Laserstrukturen, von denen man sich eine weitere Verbesserung der Betriebseigenschaften erwartet. Besondere Fortschritte werden von Schichtstrukturen erwartet, deren Abmessung wenigstens in einer Richtung in der Größenordnung der Materiewellenlänge der Elektronen liegt. Man nennt sie QW-Heterostrukturen (QW, engl. quantum well).

Übungen:

8.17: Versuchen Sie abzuschätzen, bis zu welchen Betriebstemperaturen ein elektronisches Bauelement auf Siliciumbasis funktioniert. Hinweis: Bedenken Sie, daß die Funktionsweise solcher Bauelemente die Störstellenleitung als dominierenden Leitungsmechanismus voraussetzt. ■

8.18: Erläutern Sie die Wirkung einer Emitterschaltung für einen Bipolartransistor, und bestimmen Sie den Stromverstärkungsfaktor, wenn für den Transistor in der Basisschaltung $\alpha = 0,99$ gilt. ■

8.7 Supraleitung

Nachdem es dem holländischen Physiker H. Kamerlingh Onnes (1853–1926) im Jahre 1908 gelungen war, Helium zu verflüssigen, untersuchte er das Verhalten des elektrischen Widerstands von Metallen bei solchen tiefen Temperaturen. Dabei machte er im Jahre 1911 zuerst für Hg

[8]Molekularstrahlepitaxie ist ein epitaktisches Wachstum auf einem Substrat infolge der Kondensation gerichteter Strahlen von Molekülen oder Atomen im Ultrahochvakuum.

und später für andere Metalle (z. B. Sn oder Pb) eine überraschende Entdeckung: Ihr elektrischer Widerstand fällt unterhalb einer **Sprungtemperatur** (oder auch **kritische Temperatur**) T_c sprunghaft auf einen unmeßbar kleinen Wert ab. Kamerlingh Onnes gab diesem Phänomen den Namen **Supraleitung**. Weitere Untersuchungen zeigten, daß viele andere Metalle, aber auch metallische Verbindungen oder Legierungen, bei sehr tiefen Temperaturen supraleitend werden.[9] Die Sprungtemperaturen einiger Metalle und metallischer Verbindungen sind in Tabelle 8.2 angegeben. Die höchste bekannte Sprungtemperatur metallischer Stoffe weist Nb_3Ge mit $23,2\,K$ auf. In der Tabelle sind auch einige keramische Supraleiter aufgenommen, die deutlich höhere Sprungtemperaturen aufweisen. Wir gehen darauf später noch ein.

Tabelle 8.2 Sprungtemperaturen einiger supraleitender Stoffe

Elemente	T_c/K	Verbindungen	T_c/K	keramische Supraleiter	T_c/K
Hg	4,15	Nb_3Ge	23,3	$YBa_2Cu_3O_7$	93
Al	1,19	Nb_3Al	18,0	$Te_2Ba_2Ca_2Cu_3O_x$	125
Ta	4,48	V_3Ga	16,8	$Bi_2Sr_2Ca_2Cu_3O_{10}$	110

Warum viele Metalle supraleitend werden, entzog sich lange Zeit einem befriedigenden Verständnis. Es gab zwar einige frühere phänomenologische Ansätze, die die elektronischen Eigenschaften von Supraleitern beschrieben, aber es dauerte nahezu ein halbes Jahrhundert, bis den Physikern klar wurde, daß es bestimmte Quanteneffekte sind, die im System der Leitungselektronen ein kollektives Verhalten hervorrufen, welches letztlich für das makroskopische Phänomen der Supraleitung verantwortlich ist. Bevor wir darauf etwas näher eingehen, wollen wir einige der experimentellen Fakten zusammenstellen, die zur Klärung der Ursachen der Supraleitung entscheidend beigetragen haben.

Die wichtigste Tatsache, das drastische Absinken des elektrischen Widerstandes unterhalb einer kritischen Temperatur, haben wir bereits erwähnt. In einem ringförmigen Supraleiter können einmal erzeugte Ströme über Jahre ohne meßbare Abnahme fließen. Experimentell läßt sich der Dauerstrom gut demonstrieren, indem man einen Supraleiter über einem starken Magneten positioniert und dann losläßt. Durch Induktion wird dann im Supraleiter ein Strom hervorgerufen, der nach der Lenzschen Regel eine Abstoßung zwischen Supraleiter und Magnet verursacht – der Supraleiter schwebt dadurch über dem Magneten. Messungen haben gezeigt, daß sich der elektrische Widerstand beim Übergang in den supraleitenden Zustand um mindestens 14 Größenordnungen verringert. Daher wird allgemein angenommen, daß er im Supraleiter tatsächlich verschwindet.

Neben dem Verschwinden des elektrischen Widerstandes zeichnen sich Supraleiter durch eine weitere davon unabhängige Eigenschaft aus: Kühlt man einen Supraleiter in einem nicht zu starken äußeren Magnetfeld unter seine kritische Temperatur ab, so wird das Magnetfeld aus diesem herausgedrängt. Dieses Phänomen wird als **Meißner-Ochselfeld-Effekt** (W. Meißner und R. Ochselfeld, 1933) bezeichnet. Übersteigt das äußere Feld einen kritischen Wert H_c, so wird allerdings die Supraleitung zerstört. Dieses kritische Feld hängt dabei von der Temperatur T ab und läßt sich durch

$$H_c(T) = H_c(0)\left(1 - \left(\frac{T}{T_c}\right)\right)$$

[9] Für die guten elektrischen Leiter Au, Ag, Cu, die Alkalimetalle und alle Ferromagnete konnte allerdings kein supraleitender Zustand festgestellt werden.

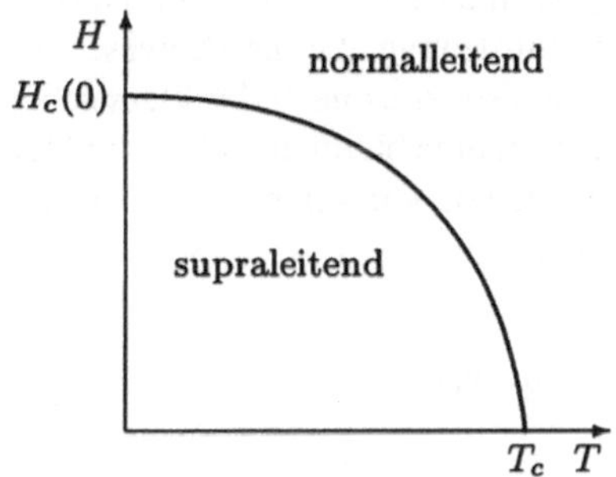

Bild 8.30
Die kritische magnetische Flußdichte B_c in Abhängigkeit von der Temperatur

beschreiben. Wie Bild 8.30 verdeutlicht, trennt die Funktion $H_c(T)$ die supraleitende und die normalleitende Phase. Man erkennt, daß für Magnetfelder mit $H > H_c(0)$ kein supraleitender Zustand existieren kann.

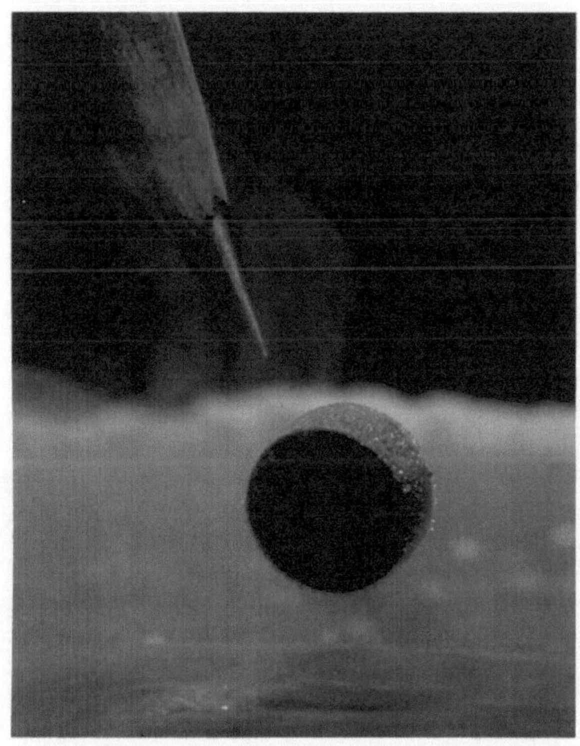

Bild 8.31
Meißner-Ochselfeld-Effekt als Nachweis für Supraleitung: Ein kleiner Magnet schwebt über einem supraleitenden Plättchen (Foto, IBM, 1987)

Der Meißner-Ochsenfeld-Effekt macht deutlich, daß man die Supraleitung nicht als eine gewöhnliche elektrische Leitung mit der Leitfähigkeit $\sigma = \infty$ auffassen kann. Die folgende Überlegung soll dies verdeutlichen: Aus dem Ohmschen Gesetz folgt für verschwindenden Widerstand, daß sich innerhalb eines Supraleiters keine Spannung und damit auch kein elektrisches Feld ausbilden kann. Ein verschwindendes elektrisches Feld impliziert aber wegen der Maxwellschen Gleichung $\mathrm{rot}\vec{E} = -\dot{\vec{B}}$, daß die magnetische Flußdichte innerhalb des Supraleiters konstant sein muß, daß aber diese Konstante allerdings durchaus nicht immer Null sein muß.

Würde man einen Supraleiter zuerst ohne Magnetfeld ($\vec{B} = 0$) bis unterhalb von T_c abkühlen und dann ein schwaches Magnetfeld einschalten, so bliebe $\vec{B} = 0$. Würde man aber bei Anwesenheit eines Magnetfeldes ($\vec{B} = const.$) bis unterhalb von T_c abkühlen, so ist es nach der klassischen Physik möglich, daß dieser konstante Wert von $\vec{B}$ im Supraleiter erhalten bleibt und nicht auf Null zurückgeht. Dies würde bedeuten, daß das Verhalten eines Supraleiters von seiner Vorgeschichte abhängt und steht im Gegensatz zum Meißner-Ochsenfeld-Effekt.

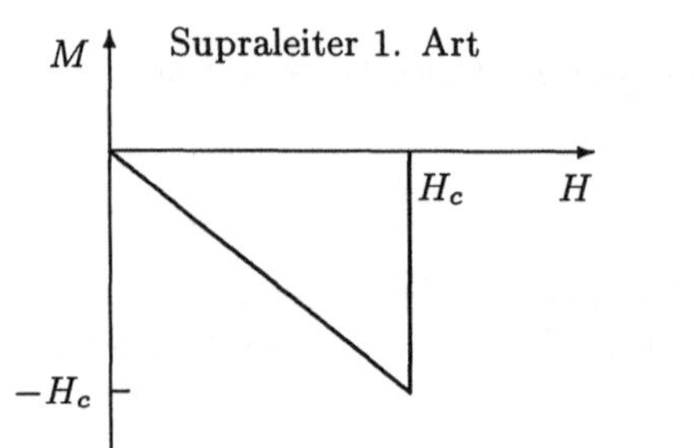

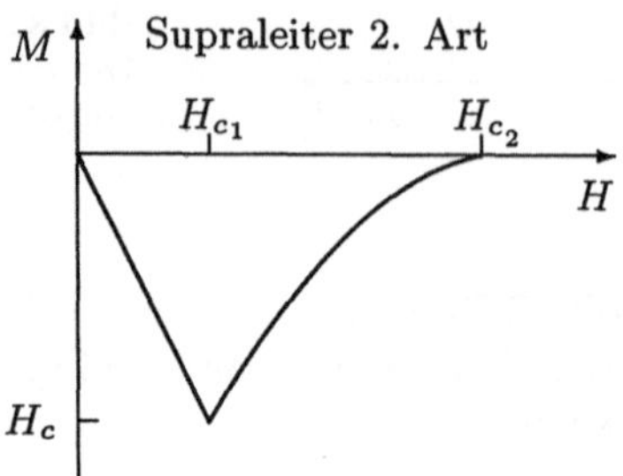

Bild 8.32 Die Magnetisierung M als Funktion des äußeren magnetischen Feldes H für Supraleiter 1. und 2. Art

Damit der magnetische Fluß innerhalb eines Supraleiters verschwindet, muß wegen $\vec{B} = \mu_0(\vec{H} + \vec{M})$ (vgl. (4.73)) die Magnetisierung durch $\vec{M} = -\vec{H}$ gegeben sein (Bild 8.32a). Nicht alle Supraleiter zeigen nun den vollständig ausgebildeten Meißner-Ochsenfeld-Effekt. Wie in Bild 8.32b gezeigt ist, existiert in einer Reihe von Legierungen, aber auch in einigen Metallen, zwischen der supraleitenden und der normalleitenden Phase eine Zwischenzustand, der als **Schubnikow-Phase** bezeichnet wird. In dieser Phase nimmt die Magnetisierung ab H_{c_1} langsam ab und wird erst oberhalb von H_{c_2} Null. Dies bedeutet, daß die magnetische Flußdichte in diesem Bereich allmählich in den Supraleiter eindringt. Das Eindringen erfolgt in quantisierter Weise in Form von sogenannten *magnetischen Flußschläuchen*. Diese sind bereits normalleitend und tragen jeweils ein *Flußquant* der Größe

$$\Phi_0 = \frac{h}{2e} = 2,0678 \cdot 10^{-15}\,\mathrm{Vs}\,. \tag{8.30}$$

Ist der Meißner-Ochselfeld-Effekt voll ausgebildet (Bild 8.32a), so spricht man von einem **Supraleiter 1. Art**; ist er wie in Bild 8.32b nur teilweise ausgebildet, so liegt ein **Supraleiter 2. Art** vor. Da die kritischen Flußdichten B_{c_2} für letztere um Größenordnungen höher liegen als für erstere, können Supraleiter 2. Art hohe Ströme führen und eignen sich besonders zur Herstellung starker Magnete.

Ein weiterer wichtiger experimenteller Befund ist der *Isotopie-Effekt*. Er besteht darin, daß für verschiedene Isotope einer Substanz die Sprungtemperatur der Proben etwa gemäß

$$T_c = \sqrt{m}$$

von der Masse m der Atomkerne abhängt.

Gerade dieser Isotopieeffekt führte auf die richtige Spur zum Verständnis der Supraleitung, denn er kann als Indiz dafür gewertet werden, daß das Kristallgitter eine entscheidende Rolle spielt. Tatsächlich gelang es den Amerikanern J. Bardeen, L. N. Cooper, J. R. Schrieffer im Jahre 1957, die Supraleitung als Folge einer durch Gitterdeformationen vermittelten anziehenden (!) Wechselwirkung zwischen Elektronen zu deuten. Man kann sich das Zustandekommen einer solchen Anziehung klassisch etwa so vorstellen, daß ein Elektron mit den positiven Atomrümpfen wechselwirkt, das Gitter dadurch lokal deformiert und dabei einen Potentialtopf schafft, welcher ein zweites Elektron – trotz der gegenseitigen Coulomb-Abstoßung – bindet. Wie die nach ihnen benannte **BCS-Theorie** weiter zeigt, paaren sich dadurch zwei Elektronen mit entgegengesetzt gleichem Impuls und Spin jeweils zu einem **Cooper-Paar**; diese Cooper-Paare tragen im Supraleiter den Strom. Auf die Existenz von Ladungsträgern mit einer Ladung vom Betrag $2e$ weist übrigens schon der Faktor 2 im Ausdruck für die Größe des Flußquants (8.30) hin. Da die Cooper-Paare mit verschwindendem Gesamtspin nach unseren Ausführungen von Abschnitt 7.2.4.3 Bosonen sind, sind sie nicht an das Pauli-Prinzip gebunden und können alle gemeinsam den energetisch tiefsten Zustand besetzen, was man als *Bose-Kondensation* bezeichnet. Dieser Zustand ist durch eine kleine Energielücke E_g von den höheren Zuständen getrennt, die der Bindungsenergie eines Cooper-Paares entspricht und für den die BCS-Theorie in recht guter Übereinstimmung mit dem Experiment

$$E_G = 3,5\, k_B T$$

liefert. Sie liegt im Bereich einiger Millielektronenvolt. Die starke Korrelation der Gesamtheit der in einem einzigen Zustand kondensierten Cooper-Paare scheinen nun eine Streuung dieser Ladungsträger an Gitterschwingungen und Verunreinigungen zu unterdrücken, die ja gerade in normalleitenden Stoffen den elektrischen Widerstand verursacht. Den Abstand, über den diese Paarkorrelationen wirksam sind, nennt man *Kohärenzlänge*. Sie liegt in der Größenordnung von einigen Zehnteln eines Mikrometers. Erst nach dem Aufbrechen der Cooper-Paare, z. B. durch Temperaturerhöhung oder hinreichend starke Magnetfelder, werden diese Mechanismen wieder wirksam; der Stoff wird dann normalleitend.

Trennt man zwei Supraleiter durch eine dünne Isolatorschicht (< 2 nm), so werden quantenmechanische Tunneleffekte relevant. Wie der Engländer B. D. Josephson im Jahre 1962 theoretisch richtig vorhersagte, können neben einzelnen Elektronen auch Cooper-Paare den Isolator durchtunneln. Dies führt zu verblüffenden Phänomenen, die heute als **Josephson-Effekt** bezeichnet werden. So führt die starke Kopplung der Cooper-Paare in den beiden Supraleitern dazu, daß bereits ohne eine angelegte Spannung ein Tunnelstrom fließt (Gleichstrom-Josephson-Effekt). Legt man nun aber eine Gleichspannung an, so fließt ein hochfrequenter Wechselstrom durch den Tunnelkontakt (Wechselstrom-Josephson-Effekt).

Nur unbefriedigend erklärt die BCS-Theorie allerdings die Supraleitung in einer neuen Klasse von keramischen Werkstoffen. Es war eine Sensation, als der Schweizer K. A. Müller und der deutsche J. G. Bednorz im Jahre 1986 (Nobelpreis 1987) an einem Yttrium-Barium-Kupfer-Oxid für T_c die bis dahin existierende 23 K-Grenze (Nb_3Ge) übertreffen konnten und für T_c einen Wert über 30 K feststellten. In kürzester Zeit konnten an ähnlichen Mischoxiden immer höhere Sprungtemperatur nachgewiesen werden, und schließlich gelang es sogar, T_c über den Siedepunkt von Stickstoff ($77,4$ K) zu erhöhen (Tabelle 8.2). Dadurch wurde es möglich, Supraleiter durch die gegenüber einer Kühlung mit flüssigem Helium wesentlich billigere Kühlung mit flüssigem Stickstoff herzustellen.

Diese Hochtemperatur-Supraleiter besitzen eine ziemlich komplizierte Kristallstruktur, die sehr viele Atome pro Elementarzelle enthält. Sie weisen gegenwärtig noch einige entscheidende Mängel auf, die für eine breite technische Nutzung überwunden werden müssen: Sie sind bisher äußerst schwierig und damit nicht kostengünstig herstellbar, und sie sind spröde und hart, so daß die Herstellung von Kabeln nicht ohne weiteres möglich ist.

Die praktische Anwendung der Supraleitung hielt sich lange Zeit in Grenzen, da, bedingt durch die notwendige Kühlung mit flüssigem Helium, einem großtechnischen Einsatz ein hoher finanzieller Aufwand entgegenstand. Einsatzmöglichkeiten ergeben sich insbesondere bei der

Erzeugung von starken Magnetfeldern in der Festkörperphysik und der Hochenergiephysik (Teilchenbeschleuniger, Fusionsreaktoren). Felder mit magnetischen Flußdichten bis zu 20 T können heute mit supraleitenden Elektromagneten hergestellt und im Dauerbetrieb genutzt werden. Durch den widerstandslosen Stromtransport kommt man dabei mit wesentlich geringeren Kühlleistungen aus. Eine weitere Anwendung liefert die Medizintechnik, die supraleitende Magnete in Kernspin-Tomographen einsetzt.

Durch den Einsatz der keramischen Hochtemperatur-Supraleiter zusammen mit der deutlich preisgünstigeren Kühlung mit flüssigem Stickstoff eröffnen sich viele weitere technische Möglichkeiten. Supraleitende Stromgeneratoren, supraleitende Kabel zum verlustfreien Stromtransport oder der Einsatz von Supraleitern in Computern werden diskutiert.

Als äußerst vielversprechend erweisen sich supraleitende Bauelemente, die den Josephson-Effekt ausnutzen. Durch Josephson-Tunnelkontakte lassen sich z. B. sehr schnelle Schalter (Pikosekundenbereich) realisieren. Der Strom durch zwei parallelgeschaltete Josephson-Kontakte in einem supraleitenden Ring reagiert auf Magnetfelder sehr empfindlich und zeigt quantenmechanische Interferenzeffekte. In einem supraleitenden Quanteninterferenz-Detektor (**SQUID** – superconducting quantum interference device) lassen sich extrem kleine Magnetfelder nachweisen. Durch geeignete Elektronik gelingt sogar der Nachweis von Flußdichten, die kleiner als das Flußquant sind. Dies ermöglicht die Untersuchung von Herzmuskelbewegungen, von Strömungen in Blutgefäßen und sogar die Messung von Gehirnströmen.

A Lösung der Übungsaufgaben

Mechanik

L 2.1: Bezeichnen wir die Geschwindigkeiten der Reihe nach mit v_1, v_2 und v_3, dann benötigt der Radfahrer für die Teilstrecken die Zeiten $t_1 = s/(2v_1)$, $t_2 = s/(4v_2)$ und $t_3 = s/(4v_3)$. Da sich die Gesamtzeit sowohl als $t_g = s/\bar{v}$ als auch als $t_g = t_1 + t_2 + t_3$ darstellen läßt, ergibt sich

$$\bar{v} = \frac{4v_1v_2v_3}{2v_2v_3 + v_1v_3 + v_1v_2} = 19,18\,\mathrm{km/h}\ .$$

L 2.2: Das Auto wird mit der negativen Beschleunigung (Verzögerung) $a = -5.56\,\mathrm{m/s^2}$ gebremst. Dabei legt es den Weg $s = at^2/2 = 69,44$ m/s zurück.

L 2.3: Setzt man den Beginn des Überholvorganges als $t = 0$ fest, so hat man für den LKW die Bahnkurve $s_L = s_0 + v_Lt$ und für den PKW $s_P = v_Lt + at^2/2$ für Zeiten bis zum Erreichen des LKWs bei $t = t_1$. Mit $s_0 = 20$ m und $a = (v_P - v_L)/t_1$ findet man aus $s_L = s_P$ für diese Zeit $t_1 = 2s_0/(v_P - v_L) = 7,2$ s.
Ab t_1 muß der PKW bis zum Ende des Überholvorganges den Weg $\Delta s = 48$ m mehr als der LKW zurücklegen. Dazu wird die Zeit $t_2 = \Delta s/(v_P - v_L) = 8,64$ s benötigt.
Der gesamte Überholvorgang dauert also $t = t_1 + t_2 = 15,84$ s. In dieser Zeit legt der LKW eine Strecke von $v_Lt = 352$ m zurück, so daß die gesamte für dem PKW erforderliche Wegstrecke $s = 402$ m beträgt.

L 2.4: Die Welle durchläuft pro Sekunde den Winkel $\alpha = 25 \cdot 360°$. Die Flugzeit des Geschosses zwischen den Scheiben ergibt sich dann aus $t = 12°/\alpha$ s und die Geschwindigkeit ist $v = 375$ m/s.

L 2.5: Das Boot muß unter einem solchen Winkel α gegen die Strömung anfahren, daß die vektorielle Addition von Bootsgeschwindigkeit v_B und Strömungsgeschwindigkeit v_S eine resultierende Geschwindigkeit senkrecht zum Ufer ergibt.

Diese bestimmt sich gemäß der nebenstehenden Abbildung zu $v = \sqrt{v_B^2 - v_S^2} = 4$ m/s. Somit benötigt das Boot zur Überquerung 250 s. Steuert das Boot senkrecht zur Strömung, dann erreicht es das andere Ufer stromabwärts bereits nach 200 s.

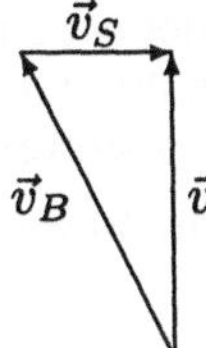

L 2.6: Beim gleichmäßigen Abbremsen hat die Bohrmaschine eine mittlere Drehzahl von $10\,\mathrm{s^{-1}}$, was in 5 Sekunden auf 50 Umdrehungen führt.

L 2.7: Wären nur die erwähnten Kräfte wirksam, so käme in der Tat keine Bewegung zustande. Man stelle sich den Pferdewagen auf einer spiegelglatten Eisfläche vor! Es müssen aber auch die auftretenden Reibungskräfte berücksichtigt werden. Diese sind zwischen Pferdehufen und Erdboden größer als zwischen Wagenrädern und Erdboden, was den Pferden eine Fortbewegung des Wagens ermöglicht.

L 2.8: Wiederholt man die Überlegungen aus Abschnitt 2.1.4.1 und ersetzt die Anfangsbedingung für $y(0)$ jetzt durch $y(0) = h$, so findet man

$$x(t) = v_{0x}t \qquad \text{und} \qquad y(t) = -\frac{g}{2}t^2 + v_{0y}t + h\ .$$

Berechnet man den Zeitpunkt, wo $y = 0$ wird, und geht damit in $x(t)$ ein, so folgt die Wurfweite zu

$$x_w = \frac{v_0^2 \sin 2\alpha}{2g}\left[1 + \left(1 + \frac{2gh}{v_0^2 \sin^2\alpha}\right)^{1/2}\right]\ .$$

Setzt man die 1. Ableitung von x_w nach α gleich Null, so ergibt sich die maximale Wurfweite für den Wurfwinkel

$$\alpha_{\max} = \arcsin\left(\frac{1}{\sqrt{2 + 2gh/v_0^2}}\right)\ .$$

L 2.9: Während der Aufstiegsphase wirken Schwerkraft und Luftwiderstand der Bewegung des Körpers entgegen und bremsen beide den Körper ab. Während der Abstiegsphase wirkt die Schwerkraft in Bewegungsrichtung, aber der Luftwiderstand wirkt der Bewegung entgegen. Somit wird der Körper jetzt langsamer beschleunigt, als er beim Aufstieg verzögert wird. Folglich muß die Fallzeit größer als die Steigzeit sein.

L 2.10: Das Problem wird in Abschnitt 5.1.4 behandelt. Eine selbständige Lösung kann mit Hilfe von Bild 5.9 versucht werden.

L 2.11: Man hat die Bewegungsgleichung $m\ddot{r} = -mgr/R_E$, was auf

$$\ddot{r} + \frac{g}{R_E}r = 0$$

führt. Ein Vergleich mit (2.15) zeigt, daß der Massenpunkt eine harmonische Schwingung mit der Kreisfrequenz $\omega = \sqrt{g/R_E}$ ausführt. Die Schwingungsdauer ist damit

$$T = 2\pi\sqrt{\frac{R_E}{g}} \approx 84\,\text{min}\ .$$

Diese Zeit ist übrigens identisch mit der, die ein Satellit mit der ersten kosmischen Geschwindigkeit für eine Erdumrundung benötigt.

L 2.12: Aus der nebenstehenden Abbildung entnimmt man, daß in Bewegungsrichtung die sogenannte **Hangabtriebskraft** $F_H = G \sin\alpha$ wirkt, während der Massenpunkt mit der **Normalkraft** $F_N = G\cos\alpha$ auf die schiefe Ebene drückt.

Dies ergibt die Bewegungsgleichung

$$m\ddot{s} = mg\sin\alpha$$

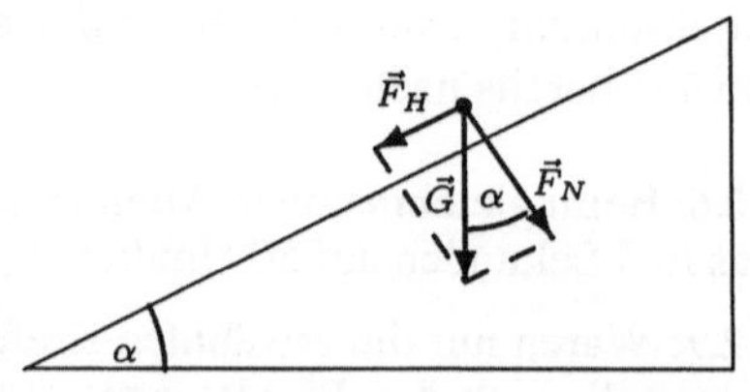

deren Integration auf $v = gt\sin\alpha$ und dann auf $s = gt^2 \sin\alpha/2$ führt. Damit folgt

$$v = \sqrt{2sg\sin\alpha}\ .$$

Die Endgeschwindigkeit ist übrigens mit der identisch, die der Massenpunkt beim freien Fall aus seiner Anfangshöhe $h = s\sin\alpha$ erreichen würde.

L 2.13: Die Masse m erzeugt die Zusatzkraft mg, die der Gesamtmasse $2M + m$ die Beschleunigung a erteilt. Damit hat man $(2M + m)a = mg$ bzw.

$$g = \frac{2M + m}{m} a \,.$$

L 2.14: Der Impulssatz verlangt während der Bewegung $Mv_F + mv_P = 0$, wobei v_F und v_P die Geschwindigkeiten von Floß und Person relativ zum Wasser sind. Die Relativgeschwindigkeit zwischen Person und Floß ist damit

$$v_r = v_F - v_P = -v_P \left(1 + \frac{M}{m}\right) \,,$$

und die benötigte Zeit ergibt sich als $t = l/v_r$. Damit verschiebt sich das Floß um die Strecke

$$s = v_F t = v_F l / v_r = l \frac{m}{m + M} = 1,36\,\text{m} \,.$$

L 2.15: Es sei v_1 die horizontale Geschwindigkeit des Käfers, v_2 seine vertikale und u die Geschwindigkeit des Halms. Der Impulssatz liefert: $mu = Mv_1$, so daß die Relativgeschwindigkeit zwischen Halm und Käfer

$$u + v_1 = v_1 \left(1 + \frac{M}{m}\right)$$

ist. Die Flugzeit des Käfers ist $t = 2v_2/g$, und diese muß so groß sein, daß der Käfer mit seiner horizontalen Geschwindigkeit die Strecke l zurücklegen kann. Also

$$(u + v_1)t = v_1 v_2 \frac{2\left(1 + \frac{M}{m}\right)}{g} = l \,.$$

Gesucht ist das Minimum von $\sqrt{v_1^2 + v_2^2}$, wenn $v_1 v_2 = const.$ ist. Wegen $\sqrt{v_1^2 + v_2^2} = \sqrt{(v_1 - v_2)^2 + 2v_1 v_2}$ verlangt dies $v_1 = v_2$, was dann

$$v = v_1 \sqrt{2} = \sqrt{\frac{gl}{1 + \frac{M}{m}}}$$

liefert.

L 2.16: Die Gleichung (2.18) muß einfach durch

$$\dot{m}(t)v(t) + m(t)\dot{v}(t) + \dot{m}_T \left(v(t) - v_r\right) = -mg$$

ersetzt werden, da auf Grund des Impulserhaltungssatzes die Impulsänderung gleich der äußeren Kraft ist. Dies führt schließlich auf

$$v_E = v_r \ln \left(\frac{M_A}{M_E}\right) - g t_B \,.$$

L 2.17: In einem Fall wirkt die Hangabtriebskraft $F_H = g \sin \alpha$ auf dem Weg s und im anderen Fall wirkt die Schwerkraft G auf der Wegstrecke $h = s \sin \alpha$. In beiden Fällen ist also das Produkt aus Kraft und Weg gleich.

L 2.18: Für solche großen Auslenkungen ist die Bewegungsgleichung des Pendels nicht exakt lösbar; wir wenden daher den Energieerhaltungssatz an und finden aus $mgl = mv^2/2$ die Maximalgeschwindigkeit zu $v = \sqrt{2gl}$.
Die Spannkraft des Fadens ergibt sich als Summe aus Gewichtskraft mg und der am Faden angreifenden Gegenkraft zur Zentripetalkraft $mv^2/l = 2mg$ zu $F = 3mg$.

L 2.19: Da die Bewegung gleichmäßig beschleunigt ist, gilt $s = at^2/2$, was $a = 3\,\mathrm{m/s^2}$ liefert. Die dazugehörige Kraft folgt aus (2.10) zu $F = 3,6\,\mathrm{kN}$. Die verrichtete Arbeit bestimmt sich durch Multiplikation mit s, was $W = 540\,\mathrm{kJ}$ ergibt. Die Durchschnittsleistung ergibt sich nach Division durch t.

Man kann auch ganz allgemein zur Leistungsberechnung von (2.1.5.3) ausgehen. Mit $v = 30\,\mathrm{m/s}$ und $v_m = 15\,\mathrm{m/s}$ berechnen sich die Leistungen zu $P_{\max} = 108\,\mathrm{kW}$ und die mittlere Leistung $P_m = 54\,\mathrm{kW}$.

L 2.20: Ist $\vec{r}$ der Ortsvektor vom Kraftzentrum zum betrachteten Teilchen, dann gilt für eine Zentralkraft $\vec{F} \parallel \vec{r}$. Damit verschwindet aber das Drehmoment $\vec{M} = \vec{r} \times \vec{F}$. Der Drehimpulserhaltungssatz liefert dann

$$L = |\vec{r} \times \vec{p}| = mrv \sin(\vec{r}, \vec{v}) = const. \,,$$

was nach Division durch m und Multiplikation mit einem festen Zeitintervall $\mathrm{d}t$ auf

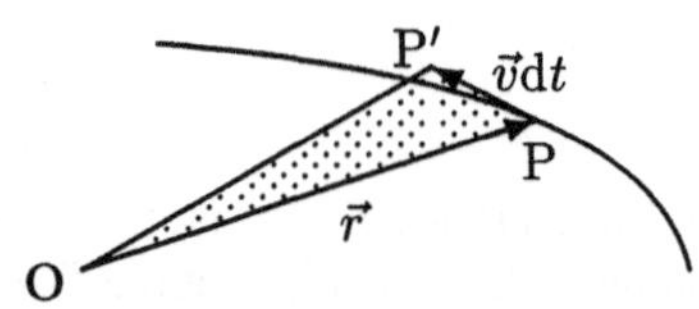

$$rv\,\mathrm{d}t \sin(\vec{r}, \vec{v}) = const.$$

führt.
Aus der Abbildung erkennt man, daß die linke Seite dieser Gleichung genau der doppelte Flächeninhalt des Dreiecks OPP′ ist.

L 2.21: Der Klotz beginnt sich zu bewegen, wenn die horizontale Komponente $F_H = F\cos\alpha$ von F größer als die Reibungskraft $F_R = \mu(G + F\sin\alpha)$ wird. Aus $F_H = F_R$ folgt mit $F \gg G$

$$\mu = \frac{F\cos\alpha}{G + F\sin\alpha} \approx \cot\alpha \,.$$

L 2.22: Die Differenz aus potentieller Energie am Anfang und kinetischer Energie am Ende muß in Reibungsarbeit verwandelt worden sein. D. h.

$$mgh - mv^2/2 = F_N s\mu \,.$$

Mit $\sin\alpha = 0,4$ und $F_N = mg\cos\alpha$ findet man $\mu = 0,24$.

L 2.23: Wegen $v_1 = v$, $v_2 = 0$ und $m_1 \gg m_2$ ergibt sich aus (2.36)

$$u_2 \approx 2v_1 \,.$$

Die Kugel erreicht also maximal die doppelte Hammergeschwindigkeit.

L 2.24: Vor dem Stoß hat man $E_{\mathrm{vor}} = m_1 v_1^2/2 + m_2 v_2^2/2$ und nach dem Stoß $E_{\mathrm{nach}} = m_1 u_1^2/2 + m_2 u_2^2/2$. Unter Ausnutzung von (2.36) folgt nach einer kleinen Rechnung

$$\Delta E = \frac{1}{2}\frac{m_1 m_2 (v_1 - v_2)^2}{m_1 + m_2} \,,$$

was mit der in der Aufgabe angegebenen Gleichung übereinstimmt.

L 2.25: Da sich die zusammenstoßenden Massen nach dem Stoß gemeinsam weiterbewegen, handelt es sich um einen unelastischen Stoß. Gibt man den Waggongrößen den Index „W" und den Zuggrößen den Index „Z", dann gilt für die Geschwindigkeit u nach dem Stoß

$$m_Z v_Z + m_W v_W = (m_Z + m_W)u$$

bzw. $u = 4,64\,\text{km/h}$.
Man kann die Differenz der kinetischen Energien vor und nach dem Stoß berechnen oder die in der vorigen Aufgabe bewiesene Formel verwenden, um $\Delta E = 14,88\,\text{kW}$ als Energieverlust zu berechnen.

L 2.26: Für die Fälle a) und b) ergibt sich aus (2.34):

$$u = \frac{6}{10} v_1 + \frac{4}{10} v_2 \ .$$

Damit folgt im Fall a) $u_1 = 6\text{m/s}$, und im Fall b) $u_2 = 3,6\text{m/s}$. Im Fall c) hat man aus (2.33) für die beiden Komponenten

$$(m_1 + m_2)u_x = (m_1 v_1 - m_2 v_2) \sin\alpha$$
$$(m_1 + m_2)u_y = (m_1 v_1 + m_2 v_2) \cos\alpha \ .$$

Damit findet man

$$u = u_x^2 + u_y^2 = u_1^2 \cos^2\alpha + u_2^2 \sin^2\alpha \ ,$$

was mit $\alpha = 30°$ für die Geschwindigkeit $u = 5,5\text{m/s}$ liefert.

L 2.27: Das 2. Keplersche Gesetz ist eine Folge des Drehimpulserhaltungssatzes. Dieser gilt für Zentralkräfte, zu denen auch die Gravitationskraft gehört (vgl. auch Abschnitt 2.1.5.4).

L 2.28: Aus (2.39) und $G = mg$ liefert ein Vergleich $g = \gamma M_E / R_E^2$.

L 2.29: Macht man in (2.40) nicht den Grenzübergang $r \to 0$ und ersetzt die Geschwindigkeit durch $\omega(R_E + r)$, dann folgt

$$r = \sqrt[3]{\frac{\gamma M_E}{\omega^2}} - R_E \ .$$

Setzt man für die Winkelgeschwindigkeit die der Erde von $7,27 \cdot 10^{-5}\,\text{Hz}$ ein, so ergibt sich $r = 35\,887\,\text{km}$.

L 2.30: Zu zeigen ist die Gültigkeit von (2.27). Es gilt mit $r = \sqrt{x^2 + y^2 + z^2}$

$$\gamma M m \frac{\partial}{\partial x}\left(\frac{1}{r}\right) = \gamma M m \frac{\partial}{\partial r}\left(\frac{1}{r}\right)\frac{\partial r}{\partial x} = -\gamma M m \frac{1}{r^2}\frac{x}{r} \ ,$$

was gerade der x-Komponente von (2.39) entspricht.

L 2.31: Es sei x der gesuchte Abstand vom Erdmittelpunkt und l der Abstand Erde–Mond. Dann muß gelten

$$\gamma \frac{m M_E}{x^2} = \gamma \frac{m M_M}{(r - x)^2} \ ,$$

was auf

$$x = \frac{r}{1 + \sqrt{M_M / M_E}} = 346\,087\,\text{km}$$

führt. Schwerelos sind die Passagiere nicht nur dort, sondern zu allen Zeiten, an denen die Triebwerke abgeschaltet sind.

L 2.32: Horizontal wirkt die Trägheitskraft ma und vertikal die Schwerkraft mg. Es gilt $a = g \tan\alpha = 9{,}81 \cdot 0{,}105 = 1{,}03\,\mathrm{m/s^2}$.

L 2.33: Für eine Korrektur zur Erdbeschleunigung ist die senkrecht zur Erdoberfläche orientierte Komponente $\vec{F}'_{\mathrm{Zf}}$ der Zentrifugalkraft $\vec{F}_{\mathrm{Zf}}$ verantwortlich, die der Gewichtskraft entgegenwirkt. Wie die Abbildung zeigt, gilt für die geografische Breite ϕ

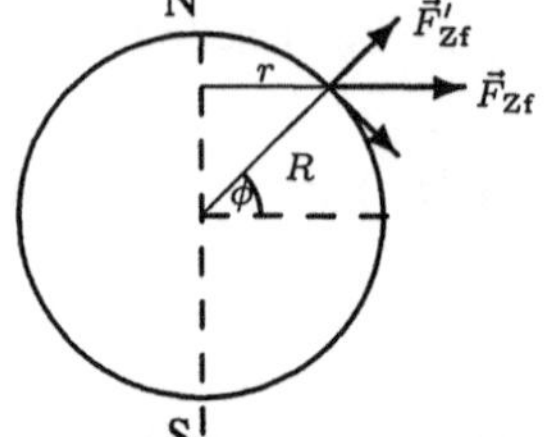

$$F'_{\mathrm{Zf}} = F_{\mathrm{Zf}} \cos\phi = m\omega^2 r \cos\phi = m\omega^2 R \cos^2\phi \,.$$

Dies ergibt $g_{\mathrm{eff}} = g - \Delta g$ mit einer winkelabhängigen Korrektur zur Erdbeschleunigung von

$$\Delta g = \omega^2 R \cos^2\phi \,.$$

Mit $R = 6\,378\,\mathrm{km}$ und $\omega = 7{,}27 \cdot 10^{-5}\,\mathrm{Hz}$ erhält man daraus $\Delta g = 0{,}034\,\mathrm{m/s^2}\,\cos^2\phi$, was am Nordpol verschwindet, am Äquator $0{,}034\,\mathrm{m/s^2}$ und für die Bundesrepublik ($\phi \approx 50°$) $0{,}014\,\mathrm{m/s^2}$ liefert.

L 2.34: Aus (2.44) folgt mit den entsprechenden Werten die vergleichsweise kleine Kraft $F_C = 80{,}8\,\mathrm{N}$.

L 2.35: Der Körper wird jeweils seine stabile Position einnehmen, wobei der Schwerpunkt dann auf der senkrecht zur Erde orientierten und durch den Drehpunkt gehenden Geraden zu liegen kommt. Man kann ihn daher als Schnittpunkt der beiden Geraden bestimmen.

L 2.36: Aus (2.48) findet man für die diskrete Massenverteilung leicht $\vec{R}_s = (1; 1/3; 0)$.
Bei kontinuierlicher Massenverteilung muß man die zweidimensionale Version von (2.51) verwenden. Die Gesamtmasse ist wieder $3m$ und damit folgt für die y-Komponente von $\vec{R}_s$

$$y_s = \frac{\varrho}{3m}\left[\int_0^1 \int_0^x y\,\mathrm{d}y\,\mathrm{d}x + \int_1^2 \int_0^{2-x} y\,\mathrm{d}y\,\mathrm{d}x\right] ,$$

was ebenfalls $y_s = 1/3$ liefert. Aus Symmetriegründen ist auch wieder $x_s = 1$, so daß der Schwerpunkt an der gleichen Stelle bleibt.

L 2.37: Den ersten Fall haben wir bereits allgemein behandelt. Mit den angegebenen Werten erhält man $h = 1{,}2\,\mathrm{m}$.
Im zweiten Fall kann man das Gewicht der Leiter als $G_1 = 0{,}2G$ ansetzen und muß dann die erste Gleichung in (2.46) durch $G + G_1 - F_2 = 0$ und (2.47) durch

$$Gx\cos\alpha + G_1 \frac{l}{2}\cos\alpha = \mu F_2 l \sin\alpha$$

ersetzen. Dies liefert schließlich $h = 1{,}26\,\mathrm{m}$.

L 2.38: Übergibt man der Person das drehende Rad von außen, dann bleibt sie mit dem Schemel in Ruhe. Danach ist das System aber abgeschlossen und der Gesamtdrehimpuls muß erhalten bleiben. Eine anschließende Änderung des Drehimpulses der Rades infolge einer Verlagerung der Drehachse muß daher durch eine entsprechende Bewegung von Schemel und Person kompensiert werden.

L 2.39: Die Summe aus kinetischer Energie der Translation und der Rotation muß als Reibungsarbeit verloren gehen. Mit (2.60), (2.61) sowie (2.32) heißt das

$$\frac{1}{2}mv^2 + \frac{1}{2}J\omega^2 = mgs\mu \,.$$

Wegen $\omega = v/r$ gilt also

$$s = \frac{v^2\left(1 + \dfrac{J}{mr^2}\right)}{2mg\mu} \,.$$

Setzt man die J-Werte aus Tabelle 2.1 ein, so folgt schließlich

$$s_{\text{Kugel}} = \frac{7}{10}\frac{v^2}{mg\mu} \qquad \text{bzw.} \qquad s_{\text{Zylinder}} = \frac{3}{4}\frac{v^2}{mg\mu}$$

Ein Zylinder rollt also etwa weiter.

L 2.40: Der Energieerhaltungssatz liefert $mv^2/2 + J\omega^2/2 = mgl$. Mit $J = Mr^2/2$ und $v = \omega r$ ergibt sich

$$\omega^2 = \frac{4mgl}{Mr^2 + 2mr^2} = \frac{gh}{r^2} \,,$$

was mit $M = 2m$ auf $\omega = 44,3\,\text{s}^{-1}$ bzw. $n = 423\,\text{min}^{-1}$ führt.

L 2.41: Die Person dreht sich um die Sprungbrettkante im Idealfall bis in die waagerechte Lage. Dabei wird die potentielle Energie $mgh_s - mgl/2$ in die Rotationsenergie $J\omega^2/2 = ml^2\omega^2/4$ umgewandelt. Der Energieerhaltungssatz liefert damit $\omega = \sqrt{4g/l}$. Nach dem Verlassen des Brettes überlagern sich die Rotationsbewegung mit $\omega = const.$ und der freie Fall. Um sich weiter um einen Winkel von $\pi/2$ zu drehen, benötigt die Person die Zeit

$$t_0 = \frac{\pi}{2\omega} = \frac{\pi}{2}\sqrt{\frac{l}{2g}} \,,$$

was $t_0 = 0,476$ s liefert. In dieser Zeit fallen die Füße um $s = gt_0^2/2 = 1,1$ m. Für die Bretthöhe über dem Wasser ergibt dies schließlich $h_B = s + l = 2,90$ m.

L 2.42: Als äußere Kraft wirkt der Luftwiderstand und versucht, den Diskus um die senkrecht zu $\vec{L}$ und senkrecht zur Flugrichtung liegende Achse aufzurichten. Der Diskus weicht dann infolge der Präzession in der beschriebenen Weise aus. Wegen (2.64) kann die Übertragung eines möglichst großen Drehimpulses L auf den Diskus beim Abwurf den Effekt klein halten.

L 2.43: Aus (2.64) folgt $M = L\omega_p \sin\alpha$, und für das durch das Gewicht verursachte Drehmoment M läßt sich aus der Abb. 2.33 $M = mgR_s \sin\alpha$ entnehmen. Unter Berücksichtigung von $L = J\omega$ (vgl. (2.56)) ergibt sich damit

$$\omega_p = \frac{mgR_s}{L} = \frac{mgR_s}{J\omega} \,.$$

Die Präzessionsfrequenz ist also vom Neigungswinkel unabhängig!

L 2.44: Auf die rotierenden Füssigkeitsteilchen wirken Schwerkraft und Zentrifugalkraft. Die Flüssigkeitsoberfläche wird eine solche Form annehmen, daß die Resultierende stets senkrecht auf der Oberfläche steht.

Aus der nebenstehenden Abbildung entnimmt man für die xz-Ebene $z'(x) = \tan\alpha$ sowie $\tan\alpha = m\omega^2 x/(mg)$. Damit folgt $z'(x) = \omega^2 x/g$ bzw. nach Interation für die Funktion $z(x)$

$$z(x) = \frac{\omega^2 x^2}{2g} \ .$$

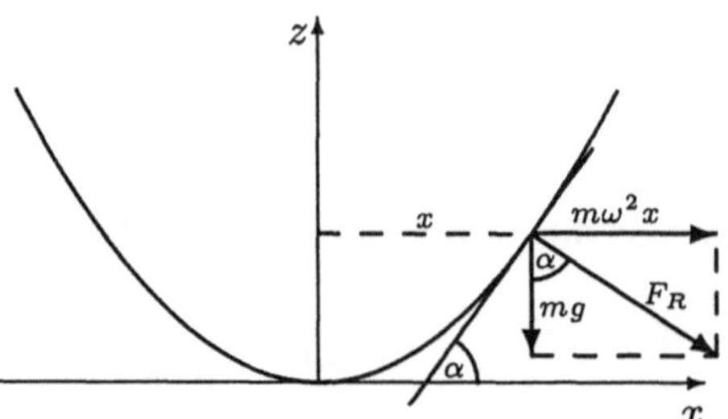

Die Oberfläche hat in dieser und damit in jeder Ebene die Gestalt einer Parabel; sie besitzt daher die Form eines Rotationsparaboloids.

L 2.45: Hat man eine feste Menge Gas der Masse m, so folgt wegen (2.67) und $V = m/\varrho$, daß $pm/\varrho = const.$ ist. Da m konstant ist, sind also p und ϱ zueinander proportional.

L 2.46: Da der Schweredruck in beiden Schenkeln gleich sein muß, folgt aus (2.68) $\varrho_1 g h_1 = \varrho_2 g h_2$. Also sind die Dichten und die Steighöhen zueinander umgekehrt proportional.

L 2.47: Das Metazentrum liegt in diesem Fall immer über dem Körperschwerpunkt, und jede Schwimmlage ist stabil.

L 2.48: Der Auftrieb setzt sich aus den Beiträgen vom Wasser und vom Quecksilber zusammen und ergibt sich zu $A = \varrho_0 g a^2 x + \varrho_2 g(a - x)a^2$. Das Würfelgewicht ist $G = \varrho_1 g a^3$. Aus dem Archimedischen Prinzip ($A = G$) folgt dann

$$x = a\,\frac{\varrho_1 - \varrho_2}{\varrho_0 - \varrho_2} \ ,$$

und damit $x = 0,368$ cm.

L 2.49: Es gilt $m'g = (\varrho_K - \varrho_L)gV$, d. h. $V = m'/(\varrho_K - \varrho_L)$ und damit $m = m'\varrho_K/(\varrho_K - \varrho_L) = 1,000\,164$ g.

L 2.50: Die beiden Halbkugeln berühren sich auf einer Fläche von $A = \pi r^2 = 0,138\,\mathrm{m}^2$, auf die ein Druck von etwa 10^5 Pa lastet. Damit muß eine Kraft von $F = 13,8$ kN aufgebracht werden. Ja, denn in beiden Fällen müssen die 8 Pferde der einen Seite die erforderliche Kraft aufbringen. Anstelle der Pferde der anderen Seite nimmt nun die Wand die Reaktionskraft auf.

L 2.51: Eine Molekül diese Substanz kann mit geringerem Arbeitsaufwand an die Oberfläche gebracht werden als ein Wassermolekül. Die Oberfläche wird daher mit dieser Substanz angereichert, wodurch sich die Oberflächenspannung reduziert.

L 2.52: Die Oberflächenspannung hat die Maßeinheit N/m. Um die Maßeinheit des Druckes zu erhalten, muß σ daher durch den Radius r dividiert werden. Mit einer dimensionslosen Konstanten c, gilt daher $p = c\sigma/r$. In der größeren Blase (größeres r) herrscht also ein kleinerer Druck als in der kleineren, so daß letztere die größere aufpumpt.

L 2.53: Es kommt in diesem Fall zu keiner Benetzung, und das Quecksilber verkleinert seine Oberfläche durch ein Absinken in der Kapillare (Kapillardepression). Für den Betrag h dieses Absinkens gilt ebenfalls (2.71).

L 2.54: Vor der kleinen Öffnung hat die Flüssigkeit in guter Näherung die Geschwindigkeit $v_1 = 0$ und den statischen Druck $p_1 = \varrho g h$ (Schweredruck). Nach dem Ausströmen hat die Flüssigkeit die Geschwindigkeit v und den statischen Druck $p = 0$. Aus der Bernoulli-Gleichung folgt damit $\varrho g h = \varrho v^2/2$ bzw. $v = \sqrt{2gh}$.

L 2.55: Das Prinzip einer Venturi-Düse zeigt die folgende Abbildung. Aus (2.74) und (2.77) folgt
$A_1v_1 = A_2v_2$
bzw.

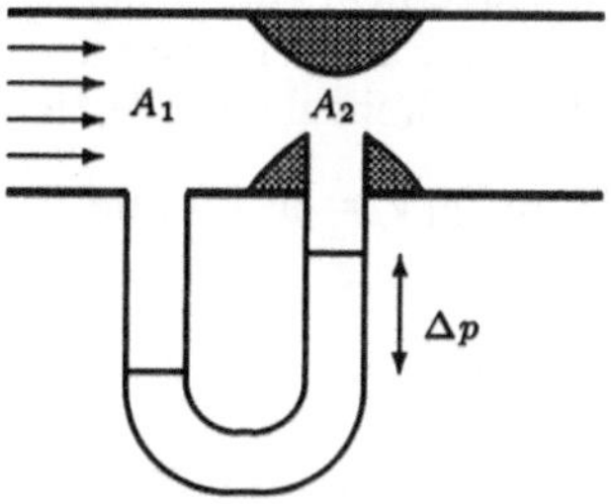

$$p_1 + \frac{\varrho v_1^2}{2} = p_2 + \frac{\varrho v_2^2}{2} \ .$$

Löst man die erste Gleichung nach v_2 auf und setzt dies in die zweite ein, dann kann man v_1 in Abhängigkeit von Δp und den Flächen A_1 und A_2 ausdrücken.
Schließlich bestimmt man $\dot{V} = A_1v_1$. Dies liefert

$$\dot{V} = A_1 \sqrt{\frac{2\Delta p}{\varrho[(A_1/A_2)^2 - 1]}} \ .$$

L 2.56: Die konstante Fallgeschwindigkeit bestimmt sich aus der Forderung, daß die Summe der wirkenden Kräfte verschwindet. Dies sind die Schwerkraft $G_K = -mg = -\varrho_K V_K g$, der Auftrieb $F_A = \varrho_F V_K g$ und die Reibungskraft gemäß (2.79). Damit folgt $(\varrho_K - \varrho_F)V_K g = 6\pi\eta r v$. Mit $V_K = 4\pi r^3/3$ folgt nach η aufgelöst

$$\eta = \frac{2(\varrho_K - \varrho_F)r^2 g}{9v} \ .$$

Thermodynamik

L 3.1: Wir setzen zur Vereinfachung einen Würfel (Kantenlänge l_0) voraus. Dann gilt

$$V = l^3 = l_0^3(1 + \alpha\vartheta)^3 = V_0(1 + 3\alpha\vartheta + 3\alpha^2\vartheta^2 + \alpha^3\vartheta^3) \ .$$

Da α sehr klein ist, können die beiden letzten Terme vernachlässigt werden. Also gilt

$$V \approx V_0(1 + 3\alpha\vartheta) \ ,$$

und ein Vergleich mit (3.3) liefert die Behauptung.

L 3.2: Aus (3.13) folgt für die thermische Geschwindigkeit

$$v_{\text{th}} \approx \sqrt{\overline{v^2}} = \sqrt{\frac{fkT}{m}} \ .$$

Erweitert man mit N_A und nutzt die Zustandsgleichung, so kann man weiterschreiben

$$v_{\text{th}} = \sqrt{\frac{fkN_AT}{mN_A}} = \sqrt{\frac{fRT}{M}} = \sqrt{\frac{fpV}{M}} = \sqrt{\frac{fp}{\varrho}} \ .$$

Dies liefert mit $f = 3$ (nur Translation!) für Stickstoff $v_{\text{th}} = 493\,\text{m/s}$ und für Wasserstoff $v_{\text{th}} = 1834\,\text{m/s}$.
Bei einer festen Treibstofftemperatur ist die Ausströmgeschwindigkeit für Wasserstoff am größten. Dieser Effekt geht in die Raketengleichung linear ein, während die geringe Molekülmasse nur logarithmischen Einfluß hat.

L 3.3: Da $T = const.$, folgt aus (3.13) $m_{\mathrm{Ox}}v_{\mathrm{Ox}}^2/m_{\mathrm{He}}v_{\mathrm{He}}^2 = f_{\mathrm{Ox}}/f_{\mathrm{He}}$. Für die Translation hat man $f = 3$. Außerdem gilt für molekularen Sauerstoff $m_{\mathrm{Ox}}/m_{\mathrm{He}} = 8$. Damit folgt $v_{\mathrm{He}}/v_{\mathrm{Ox}} = 2\sqrt{2}$. Da nun die Zahl der austretenden Moleküle ihrer Geschwindigkeit proportional ist, treten im Mittel etwa dreimal so viele Heliumatome wie Sauerstoffmoleküle aus.

L 3.4: Aus $p_1V = \mu_1RT_1$ und $p_2V = \mu_2RT_2$ folgt

$$\mu_1 - \mu_2 = \frac{V}{R}\left(\frac{p_1}{T_1} - \frac{p_2}{T_2}\right) .$$

Einsetzen der Werte liefert eine abgelassene Menge von 80,27 mol bzw. 2,25 kg.

L 3.5: Aus $pV = \mu RT$ folgt für die Zahl der in der Flasche enthaltenen Mole $\mu = 82{,}05$. Da 1 mol CO_2 einer Masse von 44 g entspricht, ergibt das einer Gesamtmasse von etwa 3,6 kg.

L 3.6: Durch das Rohr mit dem Querschnitt A fließt pro Sekunde eine Masse von $m = \varrho V = \varrho Av$ bzw. pro Tag das $(24 \cdot 3600)$fache. Damit ergibt sich nach (3.19) $Q = 119\,\mathrm{MJ}$.

L 3.7: Sind die Anfangstemperaturen von Eisen und Wasser T_1 bzw. T_2, so muß gelten

$$m_Ec_E(T_1 - T_x) = m_Wc_W(T_x - T_2) + C_K(T_x - T_2) .$$

Auflösen nach c_E ergibt

$$c_E = \frac{(m_Wc_W + C_K)(T_x - T_2)}{m_E(T_1 - T_x)} ,$$

was mit den gegebenen Daten auf $c_E = 460\,\mathrm{Jkg^{-1}K^{-1}}$ führt.

L 3.8: Helium ist einatomig und besitzt drei Freiheitsgrade; Sauerstoff ist zweiatomig und hat bei der betrachteten Temperatur fünf Freiheitsgrade, d. h. seine möglichen Schwingungsfreiheitsgrade sind noch nicht angeregt.

L 3.9: Wegen $C = mc$ ergibt sich einfach $c_p - c_V = (\mu/m)\,R$.

L 3.10: Aus der Zustandsgleichung (3.9) folgt, daß Isobaren Geraden sind. Isochoren und Isothermen sind parallele Geraden zu den Koordinatenachsen. Adiabaten schließlich sind gemäß (3.28) Hyperbeln.

L 3.11: Da er sehr schnell verläuft, ist der erste Prozeß adiabatisch. Hat der Kolben daher das Volumen V, so dehnt sich Luft eines kleineren Volumens V' auf V gemäß $(V/V')^\kappa = p_0/p_1$ aus. Der zweite Prozeß bringt die Temperatur nach der adiabatischen Abkühlung wieder auf die Ausgangstemperatur, so daß für den insgesamt isothermen Prozeß nach dem Boyle-Mariotteschen Gesetz $V'/V = p_2/p_1$ gilt. Damit folgt

$$\kappa = \frac{\ln p_0 - \ln p_1}{\ln p_2 - \ln p_1} .$$

L 3.12: Die Arbeit ergibt sich als Differenz aus der im isothermen Prozeß vom Gas verrichteten Arbeit und der bei der isobaren Kompression zu leistenden Arbeit. Erstere ergibt sich zu

$$W_1 = -\int_{V_1}^{V_2} p\mathrm{d}V = -\mu RT\int_{V_1}^{V_2}\frac{\mathrm{d}V}{V} = -\mu RT\ln\left(\frac{V_2}{V_1}\right) = -p_1V_1\ln\left(\frac{V_2}{V_1}\right) ,$$

und letztere wird durch $p_2(V_2 - V_1)$ bestimmt. Man findet $W = -p_1V_1\ln 6 + p_2(V_2 - V_1) = -2{,}3\,\mathrm{kJ}$.

L 3.13: Wegen (3.40) hat man in Fall a) $P = Q_{\mathrm{ab}}/3 = 6,67\,\mathrm{kW}$. Im Fall b) ergibt sich wegen (3.41) eine Leistungszahl $\epsilon_{W,c} = 20,94$, was nun auf $P = 0,96\,\mathrm{kW}$ führt.

L 3.14: Der maximal mögliche Wirkungsgrad folgt aus (3.37). Für die Dampfmaschine ergibt sich $\eta_{\mathrm{max}} = \eta_c = 0,36$ und für den Dieselmotor $\eta_{\mathrm{max}} = 0,70$. In der Praxis erreicht man nur etwa die Hälfte dieser Grenzwerte.

L 3.15: Isothermen sind in diesem Diagramm Parallelen zur S-Achse und Adiabaten ($\delta Q = 0$) sind wegen (3.46) Parallelen zur T-Achse. Der Carnotsche Kreisprozeß ist damit in diesem Diagramm ein Rechteck.

L 3.16: Die Entropieänderung läßt sich im Fall a) schreiben als

$$\Delta S = \int_{T_2}^{T_m} \frac{m_2 c_W \mathrm{d}T}{T} + \int_{T_1}^{T_m} \frac{m_1 c_W \mathrm{d}T}{T} ,$$

was auf

$$\Delta S = c_W \left[m_2 \ln\left(\frac{T_m}{T_2}\right) + m_1 \ln\left(\frac{T_m}{T_1}\right)\right]$$

führt. Die Mischungstemperatur T_m ergibt sich aus $m_1 c_W (T_1 - T_m) = m_2 c_W (T_m - T_2)$ zu

$$T_m = \frac{m_1 T_1 + m_2 T_2}{m_1 + m_2} = 323,15\,\mathrm{K} .$$

Dies liefert $\Delta S = -97\,\mathrm{J/K}$.
Im Fall b) bestimmt sich die Mischtemperatur aus der Forderung $\Delta S = 0$, die auf $m_2 \ln(T_m/T_2) + m_1 \ln(T_m/T_1) = 0$ führt. Damit ergibt sich bei reversibler Mischung $T_m = 321,3\,\mathrm{K}$.

L 3.17: Der Körper gibt an die Luft die Wärmemenge $Q = m_K c_K (T_K - T_L)$ ab, die diese bei fester Temperatur T_L aufnimmt. Die Entropiezunahme der Luft ist daher einfach Q/T_L. Insgesamt ergibt sich die Entropieänderung des Systems zu

$$\Delta S = \int_{T_K}^{T_L} \frac{m_K c_K \mathrm{d}T}{T} + \frac{Q}{T_L} = m_K c_K \ln\left(\frac{T_K}{T_L}\right) + \frac{m_K c_K (T_K - T_L)}{T_L} ,$$

was man auch als

$$\Delta S = m_K c_K \left[\frac{T_K}{T_L} - 1 - \ln\left(\frac{T_K}{T_L}\right)\right]$$

schreiben kann. Es ist leicht zu zeigen (z. B. mittels Reihenentwicklung), daß ΔS sowohl für $T_K > T_L$ als auch für den umgekehrten Fall positiv ist. Also auch das Erwärmen eines Körpers in Luft ist irreversibel.

L 3.18: Bei der Änderung des Aggregatzustandes vergrößert sich das Volumen von $V_{\mathrm{Fl}} = 0,001\,\mathrm{m}^3$ auf das Volumen $V_{\mathrm{Gas}} \approx 1,7\,\mathrm{m}^3$. Letzteres folgt aus der Zustandsgleichung des idealen Gases gemäß $p_0 V_{\mathrm{Gas}} = \mu R T_S$, wenn man $\mu = 1000/18$, $p_0 = 101325\,\mathrm{Pa}$ und $T_S = 373,15\,\mathrm{K}$ verwendet. Die Ausdehnungsarbeit ist daher $W \approx p_0 V_{\mathrm{Gas}} = 172\,\mathrm{kJ}$, was klein gegen λ_S ist.

L 3.19: Zusätzlich zum Wasser stellt nun auch das Kalorimeter eine Wärmemenge $C_K(T_2 - T_m)$ zur Verfügung. In (3.57) ist also $m_2 c_2$ durch $m_2 c_2 + C_K$ zu ersetzen.

L 3.20: Die vom Aluminium abgegebene Wärmemenge $m_{\mathrm{Al}} c_{\mathrm{Al}} (T_1 - T_m)$ erwärmt das gesamte Wasser auf T_m, erwärmt den unbekannten Anteil m' des Wassers weiter auf T_V und verdampft diesen Anteil schließlich. Damit muß gelten

$$m_{Al}c_{Al}(T_1 - T_m) = c_W m_W (T_m - T_2) + c_W m'(T_V - T_m) + \lambda_V m' .$$

Auflösen nach m' und Einsetzen der Werte liefert $m' = 6$ g.

L 3.21: Aus (3.60) folgt sofort $T_k = 406,18$ K, $p_k = 11,3$ MPa. Für das kritische Volumen hat man $V_k = 3b = 0,11 \cdot 10^{-3}$ m^3/mol, so daß 2 mol das Volumen $0,22 \cdot 10^{-3}$ m^3 einnehmen.

L 3.22: Aus (3.61) und (3.60) folgt $T_i = 27T_k/4$. Dies liefert $T_i(\mathrm{He}) = 35$ K, $T_i(\mathrm{H_2}) = 225$ K und $T_i(\mathrm{Luft}) = 894$ K.

L 3.23: Setzt man $T_1 = T_2 + (T_1 - T_2)$, so gilt für kleine Temperaturdifferenzen $T_1^4 \approx T_2^4 + 4T_2^3(T_1 - T_2)$. Aus (3.68) folgt damit

$$\Phi = \sigma A(4T_2^3)(T_1 - T_2) = (4\sigma T_2^3)A(T_1 - T_2) .$$

Ein Vergleich mit (3.69) liefert $\alpha = 4\sigma T_2^3 \approx 6$ W m^{-2} K^{-1}, wenn man $T_2 = 300$ K setzt.

L 3.24: Wegen (3.19) und (3.70) gilt einerseits für die pro Zeit abgegebene Wärme $\dot{Q} = -mc\dot{T}$ und andererseits $\dot{Q} = kA(T - T_u)$, wobei T_u die Umgebungstemperatur ist. Gleichsetzen dieser Ausdrücke und Integrieren zwischen der Anfangstemperatur T_1 und der Endtemperatur T_2 liefert für die Zeitdauer

$$t = \frac{mc}{kA} \ln \left| \frac{T_1 - T_u}{T_2 - T_u} \right| .$$

Die Masse im Zylinder ergibt sich aus $m = \varrho \pi r^2 h$ und die Oberfläche aus $A = 2\pi r h$. Einsetzen der Werte liefert $t \approx 30$ h.

Elektrizität und Magnetismus

L 4.1: Aus dem Coulombschen Gesetz (4.2) folgt mit $r = 1$ m und $Q_1 = Q_2 = 1$ C unmittelbar $F \approx 9 \cdot 10^9$ N.

L 4.2: Die beiden Kugeln sind im Gleichgewicht, wenn die Resultierende $\vec{R}$ aus $\vec{G}$ und $\vec{F}$ in Richtung des Fadens wirkt (vgl. die nebenstehende Abbildung).

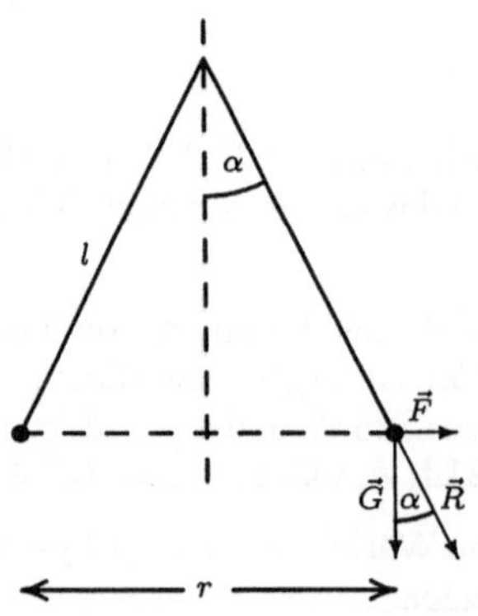

Es muß gelten

$$F = G \tan\alpha \approx mg \sin\alpha = mg\,\frac{r}{2l}$$

und mit (4.2) gilt außerdem

$$F = \frac{1}{4\pi\varepsilon_0}\,\frac{Q^2}{r^2} .$$

Damit folgt dann

$$Q = r\sqrt{\frac{4\pi\varepsilon_0 mgr}{2l}} \approx 5.2 \cdot 10^{-9}\mathrm{C} .$$

L 4.3: Umschließt man die betrachtete Kugel (Radius R) mit einer größeren Kugel (Radius r) und wendet den Gaußschen Satz (4.7) an, dann wird deutlich, daß sich eine Kugel außerhalb wie eine Punktladung verhält. Denn aus $4\pi r^2 E = Q/\varepsilon_0$ folgt $E = Q/(4\pi\varepsilon_0 r^2)$ und damit

$$\vec{E} = \frac{1}{4\pi\varepsilon_0} \frac{Q}{r^2} \vec{r}_0 \, .$$

Für den Fall $r < R$ reduziert sich die umschlossene Ladung auf Qr^3/R^3 und man findet

$$\vec{E} = \frac{Q}{4\pi\varepsilon_0 R^3} \vec{r} \, ,$$

was für $r = R$ stetig an den oberen Ausdruck anschließt.

L 4.4: Durch Gradientenbildung kann man zeigen, daß zum elektrischen Feld im Außenraum einer Kugel

$$\phi = \frac{1}{4\pi\varepsilon_0} \frac{Q}{r}$$

gehört (vgl. auch den Abschnitt „Vektorrechnung" im mathematischen Anhang).
Dieses Resultat gilt übrigens auch für eine Hohlkugel, da unsere Ableitung nirgends Gebrauch von der Tatsache macht, daß eine Vollkugel vorliegt.
Ebenfalls durch Gradientenbildung kann man zeigen, daß sich (4.10) aus dem Potential

$$\phi = -\frac{q}{2\pi\varepsilon_0} \ln r$$

ergibt.

L 4.5: Da die Feldstärke im Innern verschwindet, muß das Potential konstant sein. Wegen der Stetigkeit des Potentials an der Kugelfläche erhält man mit dem Resultat der vorigen Aufgabe

$$\phi = \frac{1}{4\pi\varepsilon_0} \frac{Q}{R} \, ,$$

wobei R der Radius der Kugelfläche ist.

L 4.6: Bei konstantem Potential gilt: $Q_1/C_1 = Q_2/C_2$. Da nach (4.19) die Kapazität einer Kugel proportional zum Radius ist, findet man so:

$$\frac{Q_1}{Q_2} = \frac{C_1}{C_2} = \frac{R_1}{R_2} \, .$$

Die Ladung verteilt sich gleichmäßig über die Kugeloberfläche, und daher gilt $Q = 4\pi R^2 \sigma$ mit der Flächenladungsdichte σ. Dies ergibt

$$\frac{4\pi R_1^2 \sigma_1}{4\pi R_2^2 \sigma_2} = \frac{R_1}{R_2} \, ,$$

beziehungsweise $\sigma R = const.$ Die Flächenladungsdichte ist also um so größer, je stärker die Krümmung an der betreffenden Stelle ist. Beobachtet wird dieses Phänomen bei Spitzenentladungen; ausgenutzt wird es z. B. beim Blitzableiter.

L 4.7: Wir betrachten den in der Abbildung dargestellten Leiter und finden für den Spannungsabfall entlang l und für den Strom:

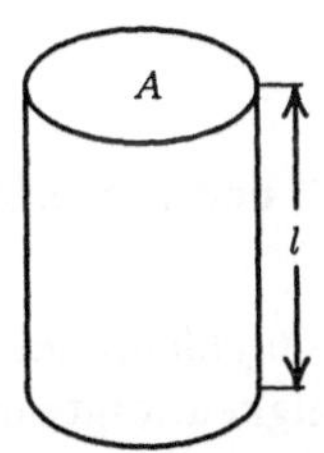

$$U = El, \qquad I = jA$$

Setzt man dies ins Ohmsche Gesetz (4.36) ein und beachtet $R = \varrho l/A$, sowie $\varrho = 1/\sigma$, dann folgt

$$j = \sigma E \, .$$

L 4.8: Bei Parallelschaltung zweier Kondensatoren C_1 und C_2 liegt an beiden die gleiche Spannung. Also gilt: $U = Q_1/C_1 = Q_2/C_2 = Q/C$. Mit $Q = Q_1 + Q_2$ folgt daher

$$C = C_1 + C_2 \, .$$

Bei Reihenschaltung addieren sich die Spannungsabfälle, wobei $Q = Q_1 = Q_2$ ist. Daher gilt nun

$$\frac{1}{C} = \frac{1}{C_1} + \frac{1}{C_2} \, .$$

L 4.9: Subtrahiert man die zweite und dritte Gleichung in (4.44) von der ersten (das sind die drei Knotensätze für die Knoten 1, 2 und 3), so erhält man $I_4 + I_5 - I_6 = 0$. Das ist genau der Knotensatz für den Knoten 4.

L 4.10: Die Lösung kann für diese Art des Anschlusses der Spannungsquelle mit Hilfe von Symmetriebetrachtungen noch vergleichsweise einfach erhalten werden:

Die Spannungsquelle sei an A und H angeschlossen. Die Symmetrie der Schaltung erlaubt dann den Schluß, daß B, C und E sowie D, F und G jeweils auf gleichem Potential liegen. Damit gilt für die Ströme entlang der Kanten $I_{\mathrm{AB}} = I_{\mathrm{AC}} = I_{\mathrm{AE}} = I/3$ und $I_{\mathrm{DH}} = I_{\mathrm{FH}} = I_{\mathrm{GH}} = I/3$.

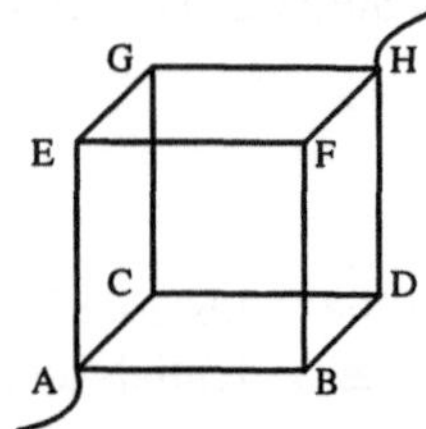

Ebenfalls aus Symmetriegründen muß $I_{\mathrm{BD}} = I_{\mathrm{BF}} = I_{\mathrm{AB}}/2$ sein. Betrachtet man nun den Spannungsabfall entlang des Wege ABDH, so muß gelten:

$$U_{\mathrm{AH}} = U_{\mathrm{AB}} + U_{\mathrm{BD}} + U_{\mathrm{DH}} = RI/3 + RI/6 + RI/3 = I(5R/6) \, .$$

Damit ist der Gesamtwiderstand durch $R_g = 5R/6$ gegeben.

L 4.11: Wir untersuchen den in der Abbildung dargestellten Stromkreis mittels der Kirchhoffschen Sätze:

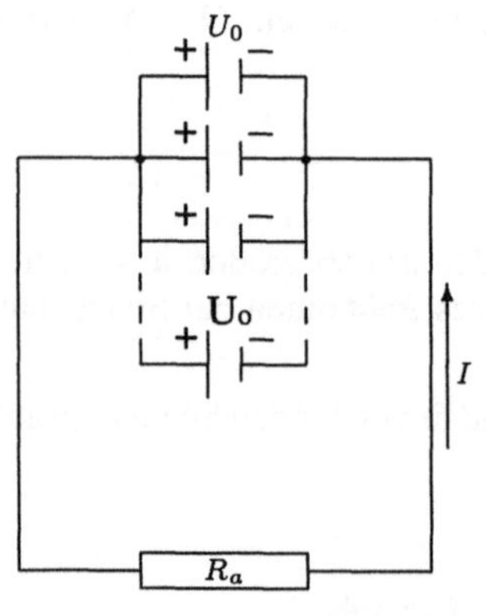

Haben alle Spannungsquellen den Widerstand R_i und die Urspannung U_0, dann fließt durch jedes Element ein Strom I/n. Anwendung des Maschensatzes auf eine Masche, bestehend aus dem Außenkreis und einem Element, liefert

$$R_i \frac{I}{n} + R_a I = U_0$$

bzw.

$$I = \frac{U_0}{R_a + \dfrac{R_i}{n}} .$$

Im Gegensatz zur Reihenschaltung gilt nun: $I \approx U_0/R_a$, wenn $R_a \gg R_i$ und $I \approx nU_0/R_i$, wenn $R_a \ll R_i$.

L 4.12: Beantworten wir zuerst die Frage nach der Energie: Das Elektron durchläuft genau die Potentialdifferenz 1V; also besitzt es die Energie von 1eV. Die Geschwindigkeit folgt aus dem Energieerhaltungssatz $|eU| = mv^2/2$. Mit $m_e = 9{,}11 \cdot 10^{-31}$ kg ergibt sich

$$v = \sqrt{\frac{2 \cdot 1,6 \cdot 10^{-19}}{9,11 \cdot 10^{-31}}}\,\mathrm{m\,s^{-1}} = 5,9 \cdot 10^5\,\mathrm{m\,s^{-1}}\ .$$

L 4.13: Mit den angegebenen Daten erhält man für die Faradaysche Zahl Werte zwischen 96 und 96,5.

L 4.14: Mit den Daten von Tabelle (4.2) besteht 1 g Wasser aus $0,0555$ mol Sauerstoff und $0,0111$ mol Wasserstoff. Aus (4.47) und (4.48) folgt damit

$$t = \frac{\mu z F}{I} = 0,055\,5 \cdot 2 \cdot 96\,486/50\,\mathrm{s} = 214\,\mathrm{s}\ .$$

L 4.15: Beim Laden nimmt die Schwefelsäurekonzentration zu, beim Entladen ab.

L 4.16: Berechnet man das Linienintegral entlang eines Kreises mit dem Radius r, dessen Mittelpunkt auf dem Leiter liegt, dann findet man $2\pi r H$. Das Flußintegral liefert einfach den Strom I. Aus (4.54) folgt damit die Behauptung.

L 4.17: Beachtet man, daß nach Abschnitt 2.2.2.1 ein Kräftepaar ein Drehmoment erzeugt, dessen Betrag sich als Produkt aus F und dem Abstand der Angriffslinien der beiden Kräfte ergibt, so gilt zuerst einmal $M = Fb \sin\alpha$. Dabei ist mit b die Breite der Leiterschleife bezeichnet. Da $\vec{l}$ und $\vec{B}$ aufeinander senkrecht stehen, folgt aus (4.59) $F = lB = lIH/\mu_0$. Insgesamt ergibt sich

$$M = \frac{lbIH \sin\alpha}{mu_0} = \frac{IA}{mu_0} H \sin\alpha\ ,$$

woraus man $m = IA/\mu_0$ abliest.

L 4.18: Die untenstehende Abbildung zeigt das nach dem Oerstedtschen Gesetz vom linken Leiter erzeugte Magnetfeld. In diesem bewegen sich die Elektronen des rechten Leiters, wobei sie durch die Lorentz-Kraft in der dargestellten Richtung abgelenkt werden. Damit folgt: Bei gleichgerichteten Strömen ziehen sich die Leiter an; bei entgegengesetzt gerichteten Strömen stoßen sie sich ab.

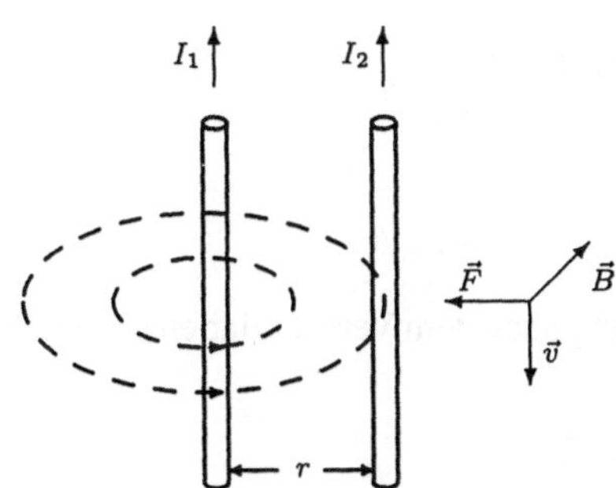

Wir berechnen die Kraft zwischen zwei stromdurchflossenen Leitern: In einem Leiterelement des rechten Leiters der Länge $\mathrm{d}l$ befinde sich die Ladung $\mathrm{d}Q$. Diese soll in der Zeit $\mathrm{d}t$ den betrachteten Leiterquerschnitt passieren, so daß $v = \mathrm{d}l/\mathrm{d}t$ und $I_2 = \mathrm{d}Q/\mathrm{d}t$ ist. Wegen (4.57) und (4.56) wirkt dann in einem homogenen und senkrecht zum Leiter orientierten Magnetfeld auf das betrachtete Leiterelement die Kraft

$$F = vB\,\mathrm{d}Q = I_2 \mu_0 H\,\mathrm{d}l\ .$$

Wird H nun durch den benachbarten Leiter (Abstand r, Stromstärke I_1) erzeugt, dann liefert (4.53) für zwei parallele stromdurchflossene Leiter der Länge l

$$F = \frac{\mu_0 I_1 I_2 l}{2\pi r}\ .$$

L 4.19: Aus (4.62) folgt sofort für die Ablenkung eines Elektrons ($Q = -e, m = m_0$)

$$|\Delta y| = \frac{eE}{2m_0 v_{0x}^2} l^2 .$$

Berechnet man die Ableitung von (4.62) an der Stelle $x = l$, so kann der Winkel α aus

$$\tan\alpha = \left|\frac{eEl}{m_0 v_{0x}^2}\right|$$

bestimmt werden.

L 4.20: Beachtet man, daß entsprechend unserer Wahl des Koordinatensystems $\vec{B}$ nur eine z-Komponente besitzt, so ist (4.63) durch $\dot{v}_z = 0$ zu ergänzen. Dies liefert eine gleichförmige Bewegung in z-Richtung, die sich der kreisförmigen Bewegung in der xy-Ebene überlagert und damit insgesamt eine schraubenförmige Bewegung liefert.

L 4.21: Würde der Induktionsfluß die Ursache verstärken, dann könnte man aus einer beliebig kleinen Anfangsenergie beliebig viel Energie erzeugen. Dies steht im Widerspruch zum Energieerhaltungssatz.

L 4.22: Vergleicht man einfach die Struktur der abgeleiteten Formeln, dann ist man geneigt, die Zuordnung $\vec{E} \Leftrightarrow \vec{H}$, $\vec{D} \Leftrightarrow \vec{B}$, $\varepsilon \Leftrightarrow \mu$ vorzunehmen. Aber, erinnern Sie sich daran, daß $\vec{H}$ und $\vec{D}$ die wahren Ströme bzw. wahren Ladungen als Quellen hatten, während in $\vec{B}$ und $\vec{E}$ zusätzlich noch die mikroskopischen Kreisströme bzw. die Polarisationsladungen Berücksichtigung finden. Letztere bestimmen auch jeweils die Kraftwirkung auf eine Ladung. Außerdem entspricht dem Dielektrikum ($\varepsilon > 1$) der Diamagnetismus ($\mu < 1$), denn beide schwächen die entsprechenden Felder. Unter Berücksichtigung dieser Fakten ist folgende Zuordnung vorzunehmen: $\vec{E} \Leftrightarrow \vec{B}$, $\vec{H} \Leftrightarrow \vec{D}$ und $\varepsilon \Leftrightarrow 1/\mu$. Es sei noch erwähnt, daß auch die Relativitätstheorie die Richtigkeit einer solchen Korrespondenz bestätigt.

L 4.23: Für die Flußdichte des Erdfeldes findet man $B = \mu_0 H = 4.8 \cdot 10^{-5}$ T. Im Falle des Elektromagneten liegt die Feldstärke weit über dem Sättigungswert von Eisen, der etwa $1,7 \cdot 10^6\,\mathrm{A\,m^{-1}}$ beträgt. Daher gilt: $B = \mu_0(H + M_s) \approx 8,4$ T.

L 4.24: Mit Berücksichtigung von R hatten wir die Differentialgleichung (4.82) abgeleitet, die man auch als

$$L\frac{\mathrm{d}i(t)}{\mathrm{d}t} + i(t)R = u(t) = u_0 \sin\omega t$$

schreiben kann. Der Ansatz $i(t) = i_0 \sin(\omega t + \alpha)$ liefert

$$Li_0\omega\cos(\omega t - \alpha) + Ri_0\sin(\omega t - \alpha) = u_0\sin\omega t .$$

Unter Ausnutzung der Additionstheoreme führt die Forderung nach dem Verschwinden der Terme, die $\cos\omega t$ enthalten auf

$$Li_0\omega\cos\alpha - Ri_0\sin\alpha = 0 ,$$

was in Übereinstimmung mit (4.85) auf

$$\alpha = \arctan\left(\frac{L\omega}{R}\right)$$

führt.

L 4.25: Es gilt $i_0 = u_0/|Z|$ und mit $|Z| = \sqrt{R^2 + \omega^2 L^2}$ sowie $\omega = 2\pi f$ folgt für die drei Frequenzen $i_0 = 4,8\,\mathrm{A}$, $i_0 = 2,4\,\mathrm{A}$ und $i_0 = 1,3\,\mathrm{A}$. Aus (4.85) folgen die entsprechenden Phasenverschiebungen und aus (4.87) ergeben sich damit die Wirkleistungen $45,15\,\mathrm{W}$, $11,63\,\mathrm{W}$ und $3,47\,\mathrm{W}$ in den drei Fällen.

L 4.26: Die Eisenkerne eines Transformators werden durch den Wechselstrom laufend ummagnetisiert. Dabei wird Energie verbraucht, die der Fläche der Hysteresisschleife proportional ist. Somit liefern weiche Materialien geringere Verluste.

Harte Materialien haben ein großes H_c. Damit ist die durch Magnetisierung gespeicherte Information hinreichend gesichert.

Schwingungen und Wellen

L 5.1: Die rücktreibende Kraft wird durch den Schweredruck der überstehenden Flüssigkeitsmenge hervorgerufen und ist durch $F = -2Ax\varrho g$ gegeben. Die Newtonsche Bewegungsgleichung lautet damit $m\ddot{x} = -F$ bzw.

$$\ddot{x} + \frac{2A\varrho g}{m} x = 0 \,.$$

Ein Vergleich mit (2.15) und (2.16) liefert damit für die gesuchte Kreisfrequenz

$$\omega = \sqrt{\frac{2A\varrho g}{m}} \,.$$

Man kann das Problem auch mittels des Energieerhaltungssatzes lösen: Wegen $\dot{E} = 0$ sowie $E_{\mathrm{kin}} = m\dot{x}^2/2$ und $E_{\mathrm{pot}} = Ax\varrho g\, x$ ergibt Differentiation nach t ebenfalls die obige Bewegungsgleichung.

L 5.2: Die Bewegungsgleichung (2.57) für das Torsionspendel lautet $J_A\ddot{\alpha} = -D\alpha$. Analog zur vorigen Aufgabe ergibt sich

$$T = 2\pi\sqrt{\frac{J_A}{D}} \,.$$

Aus der Messung von T kann damit J_A experimentell bestimmt werden.

L 5.3: Der Ansatz liefert als charakteristische Gleichung die quadratische Gleichung $\lambda^2 + 2\beta\lambda + \omega_0^2 = 0$ mit den Lösungen

$$\lambda_{1,2} = -\beta \pm \sqrt{\beta^2 - \omega_0^2} \,.$$

Solange $\lambda_1 \neq \lambda_2$, bilden die Funktionen $x_1 = \exp \lambda_1 t$ und $x_2 = \exp \lambda_2 t$ ein sogenanntes Fundamentalsystem. Im Fall der Doppellösung $\lambda_1 = \lambda_2 = \lambda$ hat man das Fundamentalsystem $x_1 = \exp \lambda t$ und $x_2 = t \exp \lambda t$. Hinsichtlich detaillierterer Einzelheiten sei auf den mathematischen Anhang verwiesen.

L 5.4: Da wegen (5.4) die Energie dem Quadrat der Amplitude proportional ist, gilt mit (5.6): $E(T)/E(0) = \exp(-2\beta T)$, d. h. $\Delta E = E(0)\,[1 - \exp(-2\beta T)]$.

L 5.5: Der Ansatz $x = C\cos(\omega_F t - \alpha)$ liefert nach Anwendung der Additionstheoreme und Koeffizientenvergleich bzgl. der Faktoren $\cos \omega_F t$ bzw. $\sin \omega_F t$

$$\frac{F_0}{m} = C[(\omega_0^2 - \omega_F^2)\,\cos\alpha + 2\beta\omega_F\,\sin\alpha]$$

und

$$0 = C[(\omega_0^2 - \omega_F^2)\,\sin\alpha - 2\beta\omega_F\,\cos\alpha]\ .$$

Aus der zweiten Gleichung folgt durch Auflösung nach $\tan\alpha$ die Phase, während Quadrieren beider Gleichungen und anschließende Addition C liefert.

L 5.6: Wegen (5.9) hat man $C(0) = F_0/(m\omega_0^2)$, und für kleine β hat man

$$C(\omega_R) \approx C(\omega_0) = F_0/(2m\beta\omega_0)\ .$$

Dies liefert $Q = C(\omega_R)/C(0) = \omega_0/(2\beta)$.

L 5.7: Es sei die Gesamtauslenkung $x = x_1 + x_2$, wobei x_1 und x_2 die Ausdehnungen der beiden Federn sind. Da die Spannkraft an jeder Stelle des Systems gleich sein muß, gilt außerdem $kx = k_1x_1 = k_2x_2$. Damit findet man leicht $k = k_1k_2/(k_1 + k_2)$. Wegen $\omega = \sqrt{k/m}$ liefert dies

$$T = \sqrt{\frac{m(k_1 + k_2)}{k_1k_2}}\ .$$

L 5.8: Setzt man zur Vereinfachung $2\pi/T = \omega_0$, so liefert die Anwendung der Formeln (5.14) und (5.15)

$$f(t) = \frac{x_0}{2} - \frac{x_0}{2}[\sin(\omega_0 t) + \frac{1}{2}\sin(2\omega_0 t) + \frac{1}{3}\sin(3\omega_0 t) + \cdots]\ .$$

Eine elektrische Kippschwingung läßt sich durch die gezeigte Parallelschaltung von einem Kondensator und einer Glimmlampe realisieren:

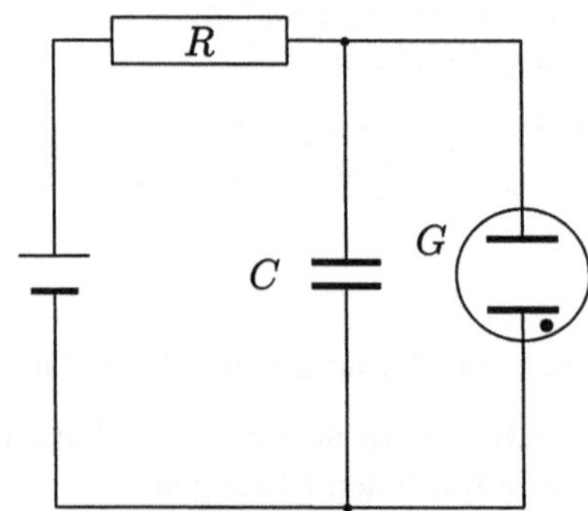

Der Kondensator werde über den Ohmschen Widerstand R aufgeladen. Solange die über dem Kondensator C abfallende Spannung unterhalb der Zündspannung der Glimmlampe G bleibt, steigt diese Spannung infolge zunehmenden Aufladung nahezu linear an. Wird die Zündspannung erreicht, dann wird das Gas in der Glimmlampe leitend, und der Kondensator entlädt sich (schnell) über die Lampe. Schließlich wird die sogenannte Löschspannung unterschritten, die Glimmlampe sperrt den Stromfluß wieder, und der Kondensator beginnt sich wieder aufzuladen.

L 5.9: Setzt man $\xi_1 = x_1 + x_2$ und $\xi_2 = x_1 - x_2$, dann erhält man zwei entkoppelte Gleichungen der Form

$$\ddot{\xi}_i + \omega_i^2 \xi_i = 0$$

mit $\omega_1 = \omega_0$ und $\omega_2 = \sqrt{\omega_0^2 + 2k}$. Analog zu (5.1) hat man die Lösungen $\xi_1 = A_1\cos(\omega_1 t + \alpha_1)$ sowie $\xi_2 = A_2\cos(\omega_2 t + \alpha_2)$. Umrechnen auf die Variablen x_1 und x_2 liefert (5.18).

L 5.10: Das Problem wird durch das System

$$\begin{aligned}
\ddot{x}_1 + \omega_0^2 x_1 + \frac{k}{m}(x_1 - x_2) &= \frac{F_0}{m}\cos\omega_f t \\
\ddot{x}_2 + \omega_0^2 x_2 + \frac{k}{m}(x_2 - x_1) &= 0
\end{aligned}$$

beschrieben. Analog zur vorherigen Aufgabe liefert Addition bzw. Subtraktion dieser Gleichungen ein entkoppeltes System, welches man mit dem Ansatz $\xi_i = C_i \cos(\omega_F t + \alpha_i)$ für $\xi_1 = x_1 + x_2$ und $\xi_2 = x_1 - x_2$ lösen kann. Rücktransformation liefert

$$\begin{aligned} x_1(t) &= \frac{C_1}{2}\cos(\omega_F t + \alpha_1) + \frac{C_2}{2}\cos(\omega_F t + \alpha_2) \\ x_2(t) &= \frac{C_1}{2}\cos(\omega_F t + \alpha_1) - \frac{C_2}{2}\cos(\omega_F t + \alpha_2), \end{aligned}$$

wobei Lösungen nur für $\alpha_i = 0$ bzw. $\alpha_i = \pi$ existieren. Zu ihnen gehören die Integrationskonstanten

$$C_1 = \pm\frac{F_0}{m(\omega_0^2 - \omega_F^2)}; \quad C_2 = \pm\frac{F_0}{m(\omega_1^2 - \omega_F^2)}.$$

Eine genaue Analyse der jeweils gültigen Vorzeichen zeigt, daß man stets das positive Vorzeichen wählen kann, wenn man dafür nur $\alpha_i = 0$ zuläßt. Dies liefert

$$\begin{aligned} x_1(t) &= \frac{F_0}{2m}\left[\frac{1}{\omega_0^2 - \omega_F^2)} + \frac{1}{(\omega_1^2 - \omega_F^2)}\right]\cos\omega_F t \\ x_2(t) &= \frac{F_0}{2m}\left[\frac{1}{\omega_0^2 - \omega_F^2)} - \frac{1}{(\omega_1^2 - \omega_F^2)}\right]\cos\omega_F t\,. \end{aligned}$$

L 5.11: Es genügt, den zweiten Teil der Aufgabe zu behandeln: Wegen $f_{tt} = a^2 f_{xx}$ wird die Wellengleichung mit $c = a$ erfüllt.

L 5.12: Da wir annehmen, daß das Seil durch zwei feste Enden begrenzt wird, können nur stehenden Wellen erzeugt werden, wenn sowohl $\lambda_n = n\lambda/2$, als auch $\lambda > c/f_{\max}$ gilt. Damit findet man $\lambda_1 = 20\,\text{m}$ (Grundschwingung), $\lambda_2 = 10\,\text{m}$ (1. Oberschwingung) und $\lambda_3 = 6,67\,\text{m}$ (2. Oberschwingung), mit den entsprechenden Anregungsfrequenzen $f_1 = 1,25\,\text{Hz}$, $f_2 = 2,5\,\text{Hz}$ und $f_3 = 3,75\,\text{Hz}$.

L 5.13: Für alle Maxima bzw. Minima auf den eingezeichneten Kurven ist die Differenz der Abstände von den beiden Spalts eine Konstante, was gerade Hyperbeln definiert.

L 5.14: Man setze $v_Q = v_B = v_{\text{rel}}$ und beachte die Entwicklung in eine Taylor-Reihe gemäß:

$$\left(1 - \frac{v_{\text{rel}}}{c}\right)^{-1} = 1 + \frac{v_{\text{rel}}}{c} + \left(\frac{v_{\text{rel}}}{c}\right)^2 + \cdots.$$

Damit unterscheiden sich die Ausdrücke (5.30) und (5.31) in niedrigster Ordnung um $f_Q\,(v_{\text{rel}}/c)^2$.

L 5.15: Der Machsche Kegel berührt an der Stelle des Beobachters den Boden, wenn das Flugzeug mit der Flughöhe h sich in einem seitlichen Abstand $s = h/\tan\alpha$ befindet. Da es mit der Geschwindigkeit $v = 2c$ fliegt, benötigt es dazu die Zeit $t = s/v = h/(2c\tan\alpha)$. Wegen $\sin\alpha = 1/M = 1/2$ ist $\tan\alpha = 2/3$ und somit $t = 20\,\text{s}$.

L 5.16: Die Kompressibilität ist $K = -V\mathrm{d}p/\mathrm{d}V$ (vgl. (2.66)). Aus der Adiabatengleichung (3.30) $pV^\kappa = const.$ folgt $\mathrm{d}p/\mathrm{d}V = -\kappa p/V$ und damit $K = \kappa p$.

L 5.17: Bei dieser Art der Einspannung liegen Schwingungsknoten bei $l/4$ und $3l/4$, während Schwingungsbäuche wieder an den Stabenden auftreten. Daher gilt nun $\lambda_S = l$ und anstelle von (5.40) hat man nun $c_s = c_L l/\lambda_L$.

L 5.18: Die Auslenkung folgt aus der Geschwindigkeit durch Integration; verhalten sich also Geschwindigkeit und Druck wie eine Cosinusfunktion, dann verhält sich die Auslenkung wie eine Sinusfunktion, was einer Phasenverschiebung von $\pi/2$ entspricht.

L 5.19: Die Energie, die pro Zeiteinheit die Einheitsfläche passiert, ist die Energie, die in einem Rechteck mit der Grundfläche 1 und der Länge $c \cdot 1\,\mathrm{s}$ enthalten ist. Also $I = wc$.

L 5.20: Die Antwort in allen drei Fällen lautet $\Delta L_S = 10 \log 2$.

L 5.21: Aus (5.42) findet man mit $I = 10^{-12}\,\mathrm{W\,m^{-2}}$ sowie $c = 340\,\mathrm{m\,s^{-1}}$ und $\varrho = 1,29\,\mathrm{kg\,m^{-3}}$ für den Schallwechseldruck $p_0 \approx 30\mu\mathrm{Pa}$. Die Amplitude der Auslenkung ξ ergibt sich durch Integration von (5.37) zu $A_0 = v_0/\omega$, und mit (5.38) führt dies auf $A_0 = p_0/(\varrho c \omega)$. Einsetzen der Werte liefert $A_0 \approx 10^{-9}\mathrm{cm}$, was nur ein Bruchteil des Durchmessers eines Wasserstoffatoms ausmacht!

L 5.22: Setzt man den Grundton auf 1, dann lautet die Folge der ersten 5 Quinten $3/2, 9/4, 27/8, 81/16, 243/32$. Tranformiert man in das Intervall zwischen Grundton 1 und Oktave 2, so muß man den zweiten und dritten Ton der Quintenfolge um eine Oktave erniedrigen (Division durch 2), während man den vierten und fünften Ton um zwei Oktaven erniedrigen muß (Division durch 4). Der Größe nach geordnet liefert dies

$$1, \quad \frac{9}{8}, \quad \frac{81}{64}, \quad \ldots, \quad \frac{3}{2}, \quad \frac{27}{16}, \quad \frac{243}{128}, \quad 2\,.$$

Den noch zur pythagoräischen Tonleiter fehlenden Ton f erhält man, indem man vom Grundton eine Quinte abwärts geht (2/3) und durch Multiplikation mit 2 in das betrachtete Intervall transformiert.
Führt man den beschriebenen Prozeß weiter fort, so entstehen weitere Zwischentöne, wie fis, cis, ... Da 12 Quinten nun nicht gleich 7 Oktaven sind, denn $(3/2)^{12} \cdot (1/2)^7 = 1,0136$, erreicht man nach 12 Schritten nicht genau die Oktave. Diese Abweichung – das pythagoräische Komma – läßt kein einheitliches System aus 12 Halbtönen für verschiedene Tonleitern zu.

L 5.23: Dazu dienen gedackte Pfeifen mit einer Länge von $l = \lambda/4 = c/(4f)$, was mit $f = 16\,\mathrm{Hz}$ auf $l \approx 5\,\mathrm{m}$ führt.

L 5.24: Für den Grundton gilt $l = \lambda/2$. Die erste Oberschwingung hat einen Knoten in der Mitte. Damit gilt $l = \lambda$ und f verdoppelt sich. Die Oktave c' klingt also als erste Oberschwingung. Für die zweite Oberschwingung gilt $l = 3\lambda/2$ bzw. f verdreifacht sich. Dies entspricht g', der Quinte in der nächsthöheren Oktave.
Die Wellenlänge der Grundschwingung der niedergedrückten Saite ergibt sich aus $2l/3 = \lambda/2$. Die Frequenz wird dementsprechend mit dem Faktor $3/2$ multipliziert, was der Quinte g entspricht.

L 5.25: Bei offener Leitung liegt die volle Spannung an den Enden (Spannungsbauch), und es fließt kein Strom (Stromknoten); bei geschlossener Leitung sind die Verhältnisse umgekehrt.

Optik

L 6.1: Die Details der Bildentstehung an einem Winkelspiegel hängen von der Position des Gegenstandes und des Betrachters ab. Die nebenstehende Abbildung zeigt ein Beispiel für eine solche Bildkonstruktion. Der Bildpunkt L erzeugt die Bilder L_1 und L_2.

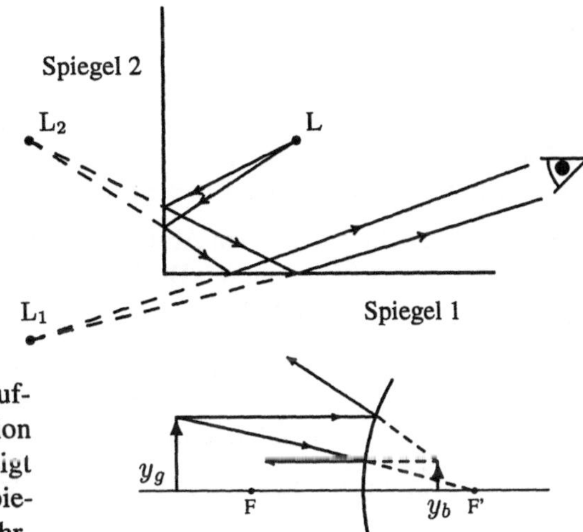

L 6.2: Die Bilder sind immer virtuell, aufrecht und verkleinert. Die Bildkonstruktion mittels Parallel- und Brennpunktstrahl zeigt die nebenstehende Abbildung. Der Wölbspiegel wird z. B. als Rückspiegel bei Kraftfahrzeugen eingesetzt.

L 6.3: Aus der Abbildungsgleichung für Hohlspiegel (6.2) folgt $b = fg/(g - f) = -1,5$ cm. Das Abbildungsverhältnis (6.3) liefert $y_b = y_g f/(f - g) = 3$ cm. Das Bild ist also virtuell, vergrößert und aufrecht.

L 6.4: Da der Beobachter das Bild B der Lampe im Schnittpunkt der geradlinig verlängerten, gebrochenen Strahlen positioniert, vergrößert sich für ihn der Abstand über der Wasseroberfläche.

Aus der nebenstehenden Abbildung entnimmt man, daß diese Vergrößerung mit dem Faktor $\tan\alpha/\tan\beta$ erfolgt. Da die tatsächlichen Winkel sehr klein sind, kann man den Tangens durch den Sinus ersetzen, so daß der Faktor wegen (6.5) mit dem Brechungsindex von Wasser übereinstimmt. Damit befindet sich die Lampe bei G in einem Abstand $d = 2\,\mathrm{m}/1,333 = 1,5\,\mathrm{m}$.

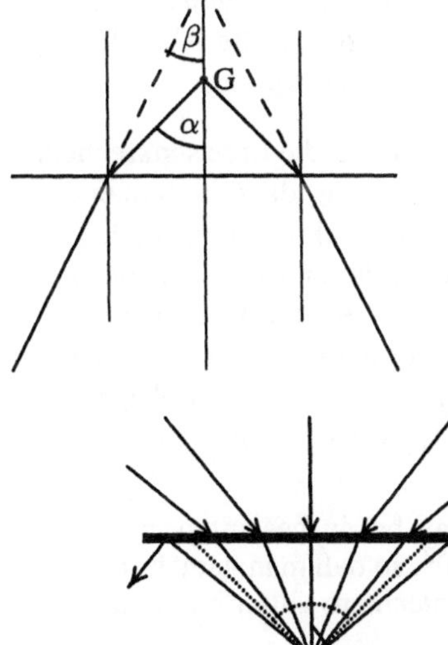

L 6.5: Wie die nebenstehende Abbildung zeigt, wird die gesamte Außenwelt in einen Kegel mit dem Öffnungswinkel projeziert. Dadurch erscheint diese verzerrt. Außerhalb des Kegels sieht er die Wasseroberfläche dunkel.

L 6.6: Zerstreuungslinsen erzeugen stets virtuelle, aufrechte und verkleinerte Bilder. Die Bildkonstruktion mittels Parallel- und Brennpunktstrahl zeigt die nebenstehende Abbildung.

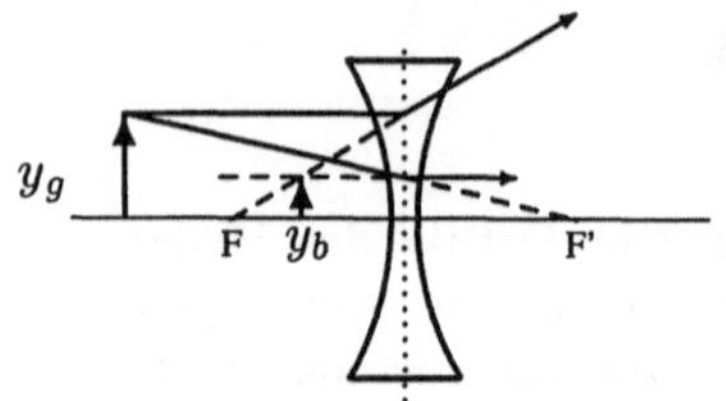

L 6.7: Sind die Ablenkwinkel der Linsen α_1 bzw. α_2, so ist die Gesamtablenkung $\alpha = \alpha_1 + \alpha_2$. Damit folgt $1/f = 1/f_1 + 1/f_2$, d. h. die Brennweiten addieren sich reziprok.

L 6.8: Da die Bildweite b durch den Abstand zur Netzhaut festgelegt ist, muß wegen (6.2) ohne Brille $1/g_o + 1/b = 1/f_{\text{aug}}$ und mit Brille $1/g_m + 1/b = 1/f_{\text{aug}} + 1/f_{\text{br}}$ gelten. Subtraktion dieser beiden Gleichungen liefert

$$f_{\text{br}} = \frac{g_m g_o}{g_o - g_m} = 50\,\text{cm} .$$

Man benötigt also eine Sammellinse mit 2 dpt.

L 6.9: Mit den gegebenen Daten und mit $s_0 = 250$ mm folgt aus (6.10)

$$v = t s_0 / (f_{\text{Ob}} f_{\text{Ok}}) = 400 .$$

Aus der Gleichung (6.2), welche auch für dünne Linsen gültig ist, folgt $g = fb/(b - f)$, was mit $b = f_{\text{Ob}} + t$ auf $g = 5,156$ mm führt.

L 6.10: Die beiden Stellen mit scharfer Abbildung ergeben sich auseinander durch die Vertauschung $g' = b$ und $b' = g$. Aus der nebenstehenden Abbildung folgt damit $g' + b' = g + b = l$ und $b' - b = g - b = d$. Dies liefert $g = (l + d)/2$ und $b = (l - d)/2$, und nach Einsetzen in die Abbildungsgleichung folgt die Behauptung.

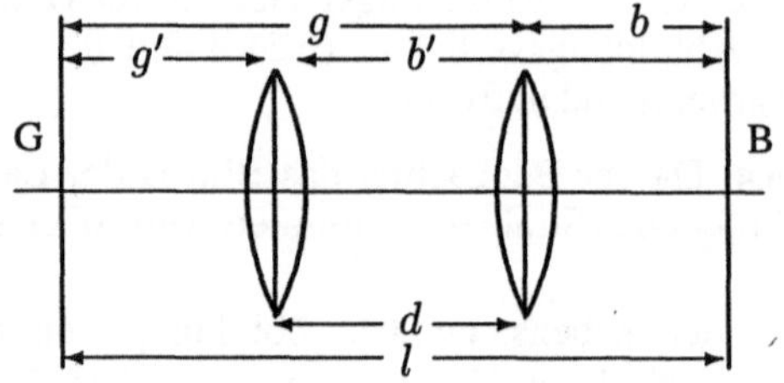

L 6.11: Bewegt sich die Erde senkrecht zum einfallenden Licht mit v_E, dann muß man das Fernrohr so in Bewegungsrichtung neigen, daß sich P nach P' verschiebt, während das Licht die Fernrohrlänge durchläuft. Dies erfordert $\tan\alpha = v_e/c$. Ein halbes Jahr später muß man um den gleichen Winkel in die andere Richtung neigen. Wegen $2\alpha = 41,2''$ folgt $c = v_e/\tan\alpha \approx 30 \cdot 10^4$ km/s $= 300\,000$ km/s.

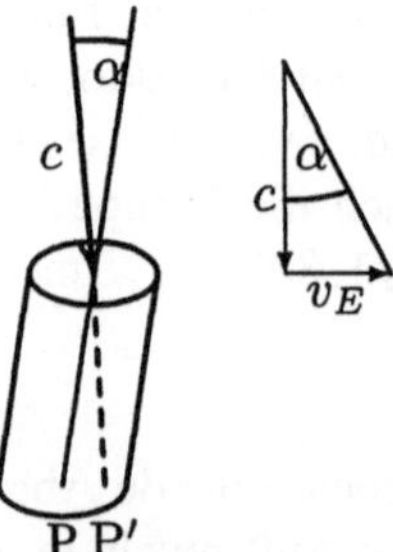

L 6.12: Man hat insgesamt $p = 30\,000$ Linien und $\text{d}\lambda = 0,6$ nm. Mit $\lambda \approx 600$ nm folgt $\lambda/\text{d}\lambda \approx 10^3$, so daß man gemäß (6.17) bereits für $n = 1$ die Linien leicht auflösen kann.
Für das schlechtere Gitter hat man $p = 600$ und eine Auflösung ist erst in 2.Ordnung ($n = 2$) möglich.

L 6.13: In der Augenflüssigkeit hat man die Wellenlänge $\lambda_m = \lambda/n$. Zusammen mit $f = 20$ mm und $d = 3$ mm liefert (6.18) $\sin\alpha_1 \approx 0,000\,22$ bzw. $\alpha_1 \approx 45''$. Das Auge kann also etwa eine Bogenminute auflösen. Für den mittleren Abstand der Nervenzellen findet man damit einen Wert von $4,4\,\mu$m.

L 6.14: Aus (6.21) und (6.22) folgt

$$d\Phi_e = L_e A \cos\alpha \, d\Omega \,,$$

was unter der Voraussetzung eines von α unabhängigem L_e (Lambertscher Strahler) über den Halbraum zu integrieren ist. In Kugelkoordinaten ergibt dies

$$\Phi_e = L_e A \int_0^{2\pi} \int_0^{\pi/2} \cos\alpha \sin\alpha \, d\alpha \, d\phi = \pi L_e A \,.$$

Division durch A liefert die Behauptung.

L 6.15: Unter der Annahme einer gleichmäßigen Verteilung des Lichtstromes über alle Raumrichtungen, kann die Lichtstärke einfach durch Division durch den Raumwinkel 4π abgeschätzt werden. Für die Glühlampe (60 W) folgt damit 48–56 cd, für die Leuchtstofflampe (40 W) ergibt sich 160–183 cd, und für die Hg-Höchstdrucklampe hat man schließlich 716 cd.

L 6.16: Geht man von $(c - v')(c - v_0) = c^2 - c(v' + v_0) + v'v_0 > 0$ aus, so ergibt Division durch c und anschließende Addition von $v' + v_0$ die Ungleichung

$$c\left(1 + \frac{v'v_0}{c^2}\right) < v' + v_0.$$

Auflösen nach c liefert die Behauptung.
Eine andere Möglichkeit der Beweisführung ist die folgende: Setzt man $v' \leq c$ und $v_0 \leq c$ voraus, dann kann man durch partielle Differentation von (6.33) zeigen, daß die Ableitungen von v sowohl nach v' als auch nach v_0 stets positiv sind und damit v sowohl mit wachsenden v' als auch mit wachsendem v_0 monoton wächst. Da sich im Grenzfall $v' = v_0 = c$ für v ebenfalls c ergibt, bleibt v unter den geltenden Voraussetzungen stets kleiner als c.

L 6.17: Für die Myonen verkürzt sich infolge der Längenkontraktion der Abstand zur Erde auf 600 m, womit sie während ihrer Lebensdauer die Erde erreichen können.

L 6.18: Die dargelegte Argumentation bildet den Kern des sogenannten „Uhrenparadoxons“ oder auch „Zwillingsparadoxons“. Da wir es in der speziellen Relativitätstheorie nur mit gegeneinander geradlinig und gleichförmig bewegten Systemen zu tun haben, entsteht streng genommen kein Widerspruch, da sich die Systeme nur einmal und dann nie wieder begegnen und somit keine Überprüfung der Aussagen möglich ist.
Damit ein Beobachter zum anderen zurückkehrt, muß er entweder das Bezugssystem wechseln oder sein System muß Beschleunigungsphasen durchlaufen, und es entsteht eine Asymmetrie. Eine genauere Analyse zeigt dann, daß im ersten Fall bei einer erneuten Begegnung stets die Uhr des die Systeme wechselnden Beobachters nachgegangen ist. Allgemein kann das Problem erst im Rahmen der allgemeinen Relativitätstheorie gelöst werden. Da zeigt sich, daß stets die Uhr in dem beschleunigten System zurückbleibt.

L 6.19: Aus (5.31) und (6.34) folgen mit $\Delta f = f - f_0$

$$\frac{\Delta f}{f_0} = \frac{v/c}{1 - v/c} \quad \text{und} \quad \frac{\Delta f}{f_0} = \sqrt{\frac{c+v}{c-v}} - 1 \,.$$

Einsetzen der Werte liefert für v_1 relativistisch $\Delta f / f_0 = 0{,}1055$ und klassisch $\Delta f / f_0 = 0{,}1111$. Für die höhere Geschwindigkeit findet man entsprechend die Werte 1 und 1,5. Wir stellen also fest: Der Unterschied zwischen relativistischer und klassischer Rechnung wird erst für Geschwindigkeiten in der Größenordnung der Lichtgeschwindigkeit relevant.

L 6.20: Durchläuft das Elektron die Potentialdifferenz von 10^6 V, so nimmt es die kinetische Energie 1 MeV auf. Aus (6.38) folgt mit (6.37) dann

$$v = c\left[1 - \left(1 + \frac{E_{\text{kin}}}{m_0 c^2}\right)^{-2}\right]^{\frac{1}{2}} .$$

Mit $m_0 = 0,91 \cdot 10^{-30}$ kg als Elektronenmasse ergibt sich $v \approx 0,94$ c. Wegen (6.36) ergibt dies ein Massenverhältnis von $m/m_0 = 2,93$. Nach klassischer Berechnung hätte das Elektron die Geschwindigkeit $v_{\text{kl}} = (2E_{\text{kin}}/m_0)^{\frac{1}{2}} = 5,93 \cdot 10^8\,\text{m/s} > c$, was die Unzulänglichkeit einer solchen klassischen Behandlung für diesem Fall aufzeigt.

L 6.21: Die Reaktion erzeugt einen Massendefekt von $\Delta m = 0,006\,056\,53\,u = 1,005\,723\,15 \cdot 10^{-29}$ kg. Damit folgt $E = 9,05 \cdot 10^{-13}\,J \approx 5,66\,\text{MeV}$.

Quanten und Atome

L 7.1: Die Nullstellen der Ableitung von (7.6) bzgl. λ ergeben sich mit der Abkürzung $x = hc/(\lambda k_B T)$ aus der Gleichung

$$(x - 5)e^x + 5 = 0 ,$$

die eine Lösung in der Nähe von $x = 5$ hat. Damit folgt $\lambda_{\text{max}} T \approx hc/(5k_B) = const.$, was der Inhalt des Wienschen Verschiebungsgesetzes ist.

L 7.2: Für alle nicht schwarzen Körper ist die emittierte Strahlungsleistung kleiner als für einen schwarzen Körper. Um die gleiche Strahlungsleistung zu emittieren, muß daher für einen beliebigen Körper die wirkliche Temperatur stets größer oder gleich seiner schwarzen Temperatur sein. Aus dem Wienschen Verschiebungsgesetz (7.5) ergibt sich die Temperatur der Sonne zu 5 796 K.

L 7.3: Die Sonne emittiert nach (7.2) eine Leistung von $\Phi_e = \sigma A T^4 = 3,85 \cdot 10^{26}$ W. Um die pro Quadratmeter senkrecht auf die Erde fallende Leistung zu erhalten, muß man durch die Oberfläche einer Kugel mit dem Radius Sonne–Erde teilen, was auf Wert von $1,36\,\text{kW}\,\text{m}^{-2}$ für die Solarkonstante führt.

L 7.4: Unter Beachtung der Tatsache, daß ein positives $\mathrm{d}\lambda$ auf ein negatives $\mathrm{d}f$ führt, muß gelten

$$|L_{e,s}(\lambda, T)\,\mathrm{d}\lambda| = |L_{e,s}(f, T)\,\mathrm{d}f| .$$

Mit $\lambda = c/f$ und $\mathrm{d}\lambda = -(c/f^2)\,\mathrm{d}f$ liefert (7.6)

$$L_{e,s}(f,T)\,\mathrm{d}f = 2hc^2 \left(\frac{f}{c}\right)^5 \frac{1}{\exp\left(\frac{hf}{k_B T}\right) - 1} \frac{c}{f^2}\,\mathrm{d}f = \frac{2hf^3}{c^2} \frac{1}{\exp\left(\frac{hf}{k_B T}\right) - 1}\,\mathrm{d}f .$$

Dabei betrachten wir $\mathrm{d}f$ als positiv und haben daher das negative Vorzeichen wieder weggelassen.

L 7.5: Mit der empfohlenen Substitution und $\Phi_{e,s} = \pi L_{e,s}$ findet man

$$\Phi_{e,s} = \pi \int_0^\infty L_{e,s}(f,T)\,\mathrm{d}f = \frac{2\pi k^4}{h^3 c^2} T^4 \int_0^\infty \frac{x^3}{e^x - 1}\,\mathrm{d}x .$$

Das Integral ist eine dimensionslose Konstante der Größe $\pi^4/15$, so daß sich insgesamt das Stefan-Boltzmann-Gesetz mit

$$\sigma = \frac{2\pi^5 k_B^4}{15h^3c^2}$$

ergibt.

L 7.6: Der Drehimpuls $\vec{L} = \vec{r} \times \vec{p}$ hat ebenfalls die Maßeinheit Js.

L 7.7: Aus (7.11) ergibt sich die Grenzwellenlänge zu $\lambda_g = hc/W_A$. Einsetzen der Werte liefert $\lambda_g(\mathrm{Cs}) = 0,64\,\mu\mathrm{m}$, $\lambda_g(\mathrm{K}) = 0,55\,\mu\mathrm{m}$ und $\lambda_g(\mathrm{Al}) = 0,295\,\mu\mathrm{m}$. Die ersten beiden Werte liegen im sichtbaren Bereich, der letzte im Ultravioletten.

L 7.8: Mit (7.11) erhält man wegen $m_0v^2/2 = eU_B$ zwischen Bremsspannung und Frequenz die lineare Beziehung

$$f = \frac{e}{h}U_B + \frac{W_A}{h} .$$

Damit bestimmt sich e/h aus dem Anstieg der Geraden und W_A/h als Schnittpunkt mit der f-Achse. Bestimmt man diese Gerade durch Zeichnen oder Ausgleichsrechnung, so ergibt sich $h = 6,4 \cdot 10^{-34}$ Js und $W_A = 2$ eV.

L 7.9: Ganz analog wie bei der Ableitung der Grundgleichung der kinetischen Gastheorie in Abschnitt 2.3.3.2 bestimmen wir den Druck entsprechend der Grundgleichung der Mechanik aus der Impulsänderung pro Zeit und pro Fläche. Da ein Photon die Energie hf hat, haben wir pro Volumeneinheit $w/(hf)$ Photonen. Die Fläche A treffen damit pro Sekunde $N = Acw/(hf)$ Photonen, die, da sie absorbiert werden, jeweils den Impuls hf/c übertragen. Insgesamt wird also pro Sekunde der Impuls $Acw/(hf) \cdot (hf/c)$ aufgenommen, was einen Strahlungsdruck von $p = w$ liefert.

L 7.10: Aus (7.18) folgt mit $v_E \approx 30$ km/s und $m_E \approx 6 \cdot 10^{24}$ kg eine Wellenlänge von ca. $3,7 \cdot 10^{-63}$ m (!).

L 7.11: Mit $p = h/(2r)$ schreibt sich die Gesamtenergie für das Elektron im Wasserstoffatom als

$$E = \frac{p^2}{2m_0} - \frac{e^2}{4\pi\varepsilon_0 r} = \frac{1}{2m_0}\left(\frac{h}{2r}\right)^2 - \frac{e^2}{4\pi\varepsilon_0 r} .$$

Ihr Minimum ergibt sich aus der Nullstelle ihrer Ableitung bzgl. r an der Stelle

$$r_{\min} = \frac{\pi\varepsilon_0 h^2}{m_0 e^2} ,$$

was tatsächlich in der Größenordnung von $a_0 = r_1$ der Bohrschen Theorie liegt (vgl. Abschnitt 7.2.2).

L 7.12: Wegen (7.28), (7.29) sowie (2.5) ergeben sich die klassischen Umlauffrequenzen aus $\omega_{\mathrm{kl}} = v_n/r_n$ zu

$$f_{\mathrm{kl}} = \frac{\omega_{\mathrm{kl}}}{2\pi} = \frac{e^4 m_0}{4h^3\varepsilon_0^2 n^3} .$$

Andererseits folgt aus (7.32) mit $m = n - 1$ für die Bohrschen Frequenzen bei großem n

$$f_{\mathrm{quant}} = \frac{e^4 m_0}{8h^3\varepsilon_0^2}\left(\frac{1}{n^2} - \frac{1}{(n-1)^2}\right) \to \frac{e^4 m_0}{8h^3\varepsilon_0^2}\,\frac{2}{n^3} ,$$

was mit dem obigen Resultat übereinstimmt.

L 7.13: Wegen (7.30) gilt

$$E_{100} = E_1 \frac{1}{100^2} = -13,55 \cdot 10^{-4}\,\mathrm{eV} = 1,355\,\mathrm{meV}\ .$$

Aus (7.28) findet man

$$r_{100} = r_1\, 100^2 = 0,529\,\mu\mathrm{m}\ .$$

Die energetischen Abstände liegen in der Größenordnung von

$$\Delta E = 13,55 \left(\frac{1}{100} - \frac{1}{101}\right)\,\mathrm{eV} \approx 0,27\,\mu\mathrm{eV}\ .$$

L 7.14: Wegen $p = m_0 v > h/2a_0$ ergibt sich eine Geschwindigkeitsunschärfe von $v > h/(2m_0 a_0) \approx 7 \cdot 10^6$ m/s. Nach (7.29) hat man mit $n = 1$ andererseits $v_1 = 2,2 \cdot 10^6$ m/s. Damit kommt man zu dem widersprüchlichen Resultat, daß nach der Bohrschen Theorie die Geschwindigkeitsunschärfe ein Vielfaches der Geschwindigkeit selbst ist.

L 7.15: Aus der vorigen Aufgabe wissen wir bereits, daß $v_1(\mathrm{H}) = 2,2 \cdot 10^6$ m/s ist. Für Uran ergibt sich $v_1(\mathrm{U}) = 92 v_1(\mathrm{H})$. Für schwere Atome werden die Elektronengeschwindigkeiten daher so groß, daß man zur Beschreibung dieser Atome Effekte der speziellen Relativitätstheorie berücksichtigen muß.

L 7.16: Da die Wellenlängendifferenzen sehr klein gegen die Wellenlängen sind, kann man schreiben

$$\Delta E = h\delta f = hc\left(\frac{1}{\lambda_1} - \frac{1}{\lambda_2}\right) = hc\frac{\lambda_2 - \lambda_1}{\lambda_1 \lambda_2} = hc\frac{\Delta\lambda}{\lambda^2}\ ,$$

wobei im Nenner$\lambda_1 \approx \lambda_2 = \lambda$ gesetzt wurde. Dies liefert für die Natrium-Doppellinie eine Spin-Bahn-Wechselwirkungsenergie von $\approx$ 2 meV. Im Wasserstoffatom erhält man einen wesentlich kleineren Wert von $\approx 40\,\mu$eV, so daß die Spin-Bahn-Aufspaltung hier schwer zu beobachten ist.

L 7.17: Identische Teilchen zu unterscheiden setzt die Möglichkeit voraus, die Bahnkurven der Teilchen zu verfolgen. Dazu müssen Ort und Geschwindigkeit gleichzeitig meßbar sein. Dies ist auf Grund der Unschärferelation nun gerade nicht möglich, so daß man auch nicht feststellen kann, welches der Teilchen sich gerade an einem bestimmten Ort aufhält.

L 7.18: Helium hat im Grundzustand die Elektronenkonfiguration $1s^2$, was sofort $L = 0$ impliziert. Die zwei Elektronen müssen auf Grund des Pauli-Prinzips entgegengesetzten Spin haben, d. h. $S = 0$. Damit hat man den Grundzustand 1^1S_0. Die niedrigsten angeregten Zustände entstehen, wenn man eines der beiden Elektronen in die nächsthöhere Schale bringt, so daß die Elektronenkonfiguration $1s\,2s$ ist. Haben die beiden Elektronen nun wieder entgegengesetzten Spin, so ergibt sich der Zustand 2^1S_0 (Singulett-Zustand). Weiter ist nun aber auch gleichgerichteter Spin möglich ($S = 1$), was zum Zustand 2^3S_1 führt (Triplett-Zustand). Man bezeichnet Helium im Zustand mit dem Gesamtspin $S = 0$ als *Para-Helium* und Zustände mit $S = 1$ als *Ortho-Helium.*

L 7.19: Der Grundzustand besitzt die Elektronenkonfiguration $1s^2\,2s^2\,6p^2\,3s$ und die angeregten Zustände die Konfiguration $1s^2\,2s^2\,6p^2\,3p$ ($3^2P_{3/2}$, $3^2P_{1/2}$). Damit entspricht die Doppellinie dem elektronischen Übergang $3s \to 3p$.

L 7.20: Für Titan (Ti) hat man die Elektronenkonfiguration $1s^2\,2s^2\,2p^6\,3s^2\,3p^6\,3d^2\,4s^2$ und für Nickel (Ni) $1s^2\,2s^2\,2p^6\,3s^2\,3p^6\,3d^8\,4s^2$.

L 7.21: Die typischen Welleneigenschaften Interferenz, Beugung und eventuell Polarisation waren nachzuweisen. Da Röntgenstrahlen Wellenlängen im nm-Bereich oder kleiner besitzen, müssen dazu Beugungsgitter mit entsprechend geringen Spaltbreiten genutzt werden, wie sie die Gitterstrukturen von Festkörpern darstellen.

L 7.22: Aus dem Mosleyschen Gesetz (7.59) ergibt sich zusammen mit (7.33) und $f_{K_\alpha} = c/\lambda = 3,29 \cdot 10^{15}$ Hz

$$Z = \sqrt{\frac{4 f_{K_\alpha}}{3 R_H}} + 1 = 29 \, .$$

Es handelt sich also um eine Kupfer-Antikathode.

L 7.23: Für die Breite findet man $b = 2r_K \approx 1,6 \cdot 10^{-14}$ m. Die Potentialtopfhöhe kann man aus der elektrostatischen Energie des Systems Urankern-α-Teilchen zu

$$E_{\text{max}} = \frac{(2e)(92e)}{4\pi\varepsilon_0 r_K} \approx 33\,\text{MeV}$$

abschätzen.

L 7.24: Wegen $A_r = 35,45$ muß gelten $35,45 = 35x + 37(1-x)$, was $x = 0,78$ liefert.

L 7.25: Aus (7.41) und (6.39) folgt mit $\Delta t \approx r_K/c$ für die Energieunschärfe eine untere Grenze von $\Delta E = mc^2 = hc/r_K$ bzw.

$$m = \frac{h}{c r_K} \approx 2,2 \cdot 10^{-28}\,\text{kg} \, .$$

Dies entspricht etwa 242 Elektronenmassen (der exakter Wert der Myonmasse entspricht 273,3 Elektronenmassen).

L 7.26: Wir schätzen die Energie eines solchen wasserstoffartigen Gebildes ab: Man hat $E_{\text{pot}}(r) = e^2/(4\pi\varepsilon_0 r_K)$ und $E_{\text{kin}} > h^2/(2m_0 r_K^2)$. Damit folgt mit $r_K = 10^{-14}$ m für die Gesamtenergie $E \approx 2 \cdot 10^{-9}$ J, was größer als Null ist. Damit ist dieses Gebilde nicht stabil!

L 7.27: Die Coulombsche Abstoßung ist $F_C = e^2/(4\pi\varepsilon_0 r_K^2)$ und die Gravitationskraft ist $F_G = \gamma m_e m_p / r_K^2$. Dies liefert mit $r_K = 10^{-14}$ m die Coulomb-Abstoßung F_C in der Größenordnung von 1 N aber F_G nur in der Größenordnung von 10^{-39} N. Dies zeigt, daß die Gravitation um viele Größenordnungen zu klein ist, um die elektrostatische Anziehung zu kompensieren.

L 7.28: Betrachtet man die Abbildung 7.38, so stellt man fest, daß die Tunnelbarriere mit zunehmender Energie schmaler wird. Nimmt daher die Energie der Teilchen zu, so nimmt ihre Tunnelwahrscheinlichkeit zu und damit ihre Halbwertszeit ab.

L 7.29: Mit den Daten aus Tabelle 7.3 hat Uran eine Bindungsenergie von 1 802 MeV und Blei von 1 636 MeV. Die letzten 30 Nukleonen haben damit eine Bindungsenergie von 166 eV, was eine mittlere Bindungsenergie von $\bar{E}_B = 5,5$ MeV ergibt.
Bei der Bildung eines Heliumkerns wird ebenfalls mit den Daten aus Tabelle 7.3 eine Bindungsenergie von 28,3 MeV frei. Bilden schwere Kerne also ein α-Teilchen, dann entsteht bei ihrer Emission aus dem Kern eine Energie von bis zu 6,3 MeV.

L 7.30: Radium hat eine Halbwertszeit von $T_{1/2} = 1\,590\,\text{a} = 5 \cdot 10^{10}$ s, und ein Gramm enthält $N = N_A/226 = 2,655 \cdot 10^{21}$ Atome. Wegen (7.65) ergibt dies eine Aktivität von $A \approx 3,7 \cdot 10^{10}$ Bq= 1 Ci.

L 7.31: Wegen $\mathrm{d}N_U = -\lambda_U N_U \mathrm{d}t = \mathrm{d}N_{\text{Ra}} = -\lambda_{\text{Ra}} N_{\text{Ra}} dt$ folgt mit (7.64)

$$\frac{N_{\text{Ra}}}{N_U} = \frac{\lambda_U}{\lambda_{\text{Ra}}} = \frac{T_{1/2}(\text{Ra})}{T_{1/2}(\text{U})} .$$

Da in 1 g Uran $N_U = N_A/238$ Atome enthalten sind, befinden sich unter ihnen $N_{\text{Ra}} = 3,53 \cdot 10^{-7}\, N_U = 8,9 \cdot 10^{14}$ Radiumatome, während in 1 g Radium $2,65 \cdot 10^{21}$ Atome enthalten sind. Damit enthält 1 g Uran nur ca. $0,34\,\mu$g.

L 7.32: Wir hatten gelernt, daß $^{239}\text{Pu}^*$ ein α-Strahler ist. Damit zerfällt es gemäß

$$^{239}_{94}\text{Pu}^* \to {}^{235}_{92}\text{U} + {}^{4}_{2}\alpha .$$

Aus dem Massendefekt errechnet sich eine Energie der α-Teilchen von ca. 5 MeV.

L 7.33: Wegen (7.63) und (7.64) gilt:

$$\frac{N(t)}{N(0)} = e^{-\lambda t} = 0,5$$

bzw. $T_{1/2} = \ln 2/\lambda$. Das Grab ist also 5760 Jahre alt.

L 7.34: Man hat

$$^{1}_{0}\text{n} + {}^{235}_{92}\text{U} \to {}^{140}_{55}\text{Cs} + {}^{94}_{37}\text{Rb} + 2\,{}^{1}_{0}\text{n} .$$

L 7.35: Pro Zerfall werden ca. 207 MeV frei.

L 7.36: Da das Neutrino keine meßbare Masse besitzt, ist die Neutronenmasse größer als die Summe aus Proton- und Elektronmasse. Daher wird beim Zerfall Energie frei.

L 7.37: Man berechnet das jeweilige Volumen der Kugeln mit den angegebenen Durchmessern und multipliziert mit den entsprechenden Dichten. Damit erhält man für reines Uran 235 eine kritische Masse von ca. 50 kg und für Plutonium 239 ca. 10 kg.

Festkörperphysik

L 8.1: Man findet die Wigner-Seitz-Zelle, indem man einen Gitterpunkt mit allen seinen Nachbarn verbindet und jeweils im Mittelpunkt dieser Geraden Senkrechten errichtet (vgl. Abbildung).

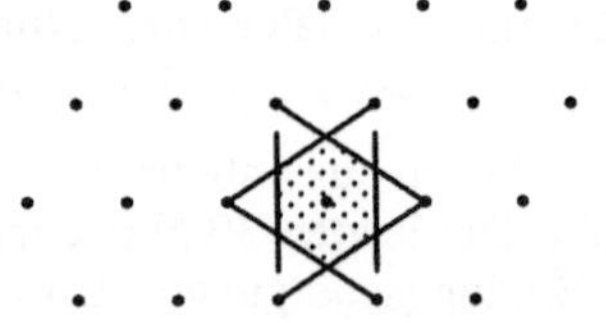

L 8.2: Die Natriumchloridstruktur entsteht, wenn man abwechselnd die Gitterpunkte eines einfachen kubischen Systems mit Na und Cl besetzt. Die Kristallstruktur ist kubisch flächenzentriert, und die Basis besteht aus einem Na-Atom und einem Cl-Atom im Abstand einer halben Raumdiagonale.
Die Cäsiumchloridstruktur ist einfach kubisch mit einer Basis bestehend aus einem Cs-Atom und einem Cl-Atom im Abstand einer halben Raumdiagonale.

L 8.3: Einfach kubisch hat 6, kubisch raumzentriert hat 8 und kubisch flächenzentriert hat 12 nächste Nachbarn.

Die Zahl der übernächsten Nachbarn in der Diamantstruktur entspricht der Zahl der nächsten Nachbarn in der kubisch flächenzentrierten Struktur. Deshalb gibt es 12 übernächste Nachbarn.

L 8.4: Da 1 kg Eis $55,55$ mol sind und 1 mol $N_A = 6,02 \cdot 10^{23}$ Moleküle enthält, benötigt man $(2256 + 334)/(55,55 \cdot N_A)$ kJ. Dies ergibt $E_B \approx 7,7 \cdot 10^{-20}$ J $= 0,49$ eV.

L 8.5: Summiert man nach dem Coulombschen Gesetz die einzelnen Energiebeiträge auf, so ergibt sich

$$E_C = -2\frac{e^2}{2d} + 2\frac{e^2}{3d} - 2\frac{e^2}{4d} + - \cdots = 2\frac{e^2}{d}\left(1 - \frac{1}{2} + \frac{1}{3} - \frac{1}{4} + - \cdots\right).$$

Da diese Reihe den Grenzwert ln 2 hat, folgt $\alpha = 2 \ln 2$.

L 8.6: Man sieht leicht, daß für $E = E_F$ $f(E) = 1/(1+1) = 0,5$ ist. Geht $T \to 0$, so geht für $E > E_F$ die Exponentialfunktion im Nenner gegen ∞, während sie für $E < E_F$ gegen Null geht. Damit geht $f(E)$ gegen Null beziehungsweise gegen Eins.

L 8.7: Elektronenkonzentration und Löcherkonzentration sind gleich und durch $n_i = 1,14 \cdot 10^{10}\,\mathrm{cm}^{-3}$ (vgl. Tabelle 8.1) gegeben.

L 8.8: Wir nutzen (8.9), setzen $E_V = 0$ und damit $E_L = E_G$. Dann erhält man bei $T = 293$ K für Si den Wert $E_F = 0,54$ eV (etwas unterhalb der Mitte der verbotenen Zone!) und für GaAs ergibt sich $E_F = 0,74$ eV (oberhalb der Mitte der verbotenen Zone!).

L 8.9: Im Dielektrikum lautet (7.28) $r_n = h^2\varepsilon_0\varepsilon_r Z/(\pi e^2 m_0 n^2)$. Da vier Elektronen das Donatoratom abschirmen, ist $Z = 1$ anzusetzen. Im Grundzustand $n = 1$ findet man daher $r \approx 0,6$ nm. Eigentlich muß im Festkörper die Elektronenmasse noch durch die kleinere effektive Masse ersetzt werden, so daß der Bahnradius sehr groß gegen den interatomaren Abstand ist.

L 8.10: Für $T = 0$ gilt natürlich $n = p = 0$. Da bei Zimmertemperatur n_i viel kleiner als N_D ist, gilt hier $n = N_D$ und $p = n_i^2/n = 1,3 \cdot 10^6\,\mathrm{cm}^{-3}$. Bei 800 K dominiert bereits die durch Band-Band-Übergänge erzeugte Ladungsträgerkonzentration, die wegen (8.11) durch $n_i(T) = 7,7 \cdot 10^{15}\,\mathrm{cm}^{-3}$ gegeben ist.

L 8.11: Aus dem Gleichverteilungssatz folgt mit $f = 3$ $v_{\mathrm{th}} \approx \sqrt{3k_BT/m}$, was für Elektronen $m = m_0$ auf $v_{\mathrm{th}} \approx 1,15 \cdot 10^7$ cm/s führt. Die Driftgeschwindigkeit folgt aus (8.13) und Tabelle 8.1 zu $v_n = \mu_n E = 1,35 \cdot 10^6$ cm/s. Das Verhältnis ist also etwa 10.

L 8.12: Wegen (8.18) gilt für den Löcherbeitrag

$$j_p(\mathrm{Diff}) \approx -eD_p\frac{p_p - p_n}{d} = \mu_p k_B T\frac{p_p - p_n}{d} \approx \mu_p k_B T\frac{N_A}{d}.$$

Mit $d \approx d_n$ und den im Beispiel erhaltenen Werten $d_n \approx 1\,\mu$m, $N_A = 10^{17}\,\mathrm{cm}^{-3}$ und μ_p aus Tabelle 8.1 ergibt sich $j_p(\mathrm{Diff}) = 2000\,\mathrm{A\,cm}^{-2}$. Eine solche hohe Gleichgewichtsstromdichte macht deutlich, daß bereits geringe Abweichungen vom Gleichgewicht beträchtliche Stöme erzeugen können.

L 8.13: Aus (8.18) ergibt sich

$$j_p = ep\mu_p E(x) - eD_p\frac{\mathrm{d}p}{\mathrm{d}x} = 0.$$

Integration über die Verarmungszone ergibt nun

$$U_D = -\int_{-d_p}^{d_n} E(x)\,\mathrm{d}x = -\frac{D_p}{\mu_p}\int_{-d_p}^{d_n}\frac{\mathrm{d}p}{p} = -\frac{D_p}{\mu_p}\ln\left(\frac{p(d_n)}{p(-d_p)}\right).$$

Nun gilt $p(-d_p) = N_A$ und $p(d_n) = n_i^2/N_D$, was zusammen mit der Einstein-Relation (hier in der Form $D_p = \mu_p k_B T/e$) auf das bereits aus $j_n = 0$ abgeleitete Ergebnis (8.22) führt.

L 8.14: Entwickelt man den Exponentialterm der Kennlinie (8.20) für eine kleine Sperrspannung in eine Taylorsche Reihe, so folgt

$$I = I_S \left(1 + \frac{eU}{k_B T} - 1\right) = I_S \frac{eU}{k_B T}$$

und damit

$$R = \frac{U}{I} = \frac{k_B T}{e I_S} = 25\,\mathrm{M\Omega}\ .$$

In Flußrichtung kann man z. B. aus (8.20) die Ableitung

$$\frac{\mathrm{d}I}{\mathrm{d}U} = \frac{e I_S}{k_B T} \exp\left(\frac{eU}{k_B T}\right)$$

an der Stelle $U = 0{,}40\,\mathrm{V}$ berechnen und findet bei Zimmertemperatur für den Widerstand als Kehrwert dort $R \approx 3\,\Omega$.

L 8.15: Auf dem steil abfallenden Bereich der Kennlinie gilt für den Diodenwiderstand $R_D \ll R$. Wegen $U_E = I(R + R_D)$ und $U_A = U_{\mathrm{Br}} + I R_D$ gilt weiter $\Delta U_E = \Delta I (R + R_D)$ sowie $\Delta U_A = \Delta I R_D$. Damit folgt $\Delta U_A = (R_D/R) \Delta U_E$, so daß Schwankungen in U_E um den Faktor R_D/R reduziert werden.

L 8.16: Es gilt wegen (8.21)

$$U_L = \frac{k_B T}{e} \ln\left(\frac{I_{\mathrm{ph}}}{I_S} + 1\right)\ .$$

Da der Photostrom linear mit der Bestrahlungsstärke wächst, wächt die Leerlaufspannung logarithmisch.
Andererseits wächst U_L mit abnehmender Sättigungsstromdichte. Da der Sperrstrom durch die Minoritätsträger verursacht wird und ihre Dichte proportional zu n_i^2 und damit wegen (8.11) proportional zu $\exp(-E_G/k_B T)$ ist, nimmt die Leerlaufspannung mit zunehmender Energielücke deutlich zu.

L 8.17: Die Bauelemente arbeiten im Prinzip solange, wie die Störstellenkonzentration (wir nehmen Donatoren an) groß gegen die Eigenleitungsdichte n_i ist. Aus Bild 8.23 ersieht man, daß die Dotierungen in manchen Bereichen nur bei ca. $N_D = 5 \cdot 10^{14}\,\mathrm{cm}^{-3}$ liegen kann, so daß wir mit (8.11)

$$n_i = \sqrt{N_L \cdot N_V} \exp\left(-\frac{E_G}{k_B T}\right) \ll N_D$$

zu fordern haben. Dies liefert

$$T \ll \frac{E_G}{k_B} \frac{1}{\ln(N_L N_V) - 2 \ln N_D} \approx 600\,\mathrm{K}$$

für Bauelemente auf der Basis von Silicium.

L 8.18: Mit einer angelegten Spannung U_{EB} kann der kleine Basisstrom I_B variiert werden und damit gemäß $I_E = I_B + I_C$ der Kollektorstrom I_C gesteuert werden. Wegen $I_C = \alpha I_E$ gilt nun

$$I_C = \frac{\alpha}{1 - \alpha} I_B = \beta I_B\ .$$

Dies liefert mit $\alpha = 0{,}99$ einen Stromverstärkungsfaktor von $\beta = 99$.

B Mathematischer Anhang

B.1 Grundzüge der Vektoranalysis

In der Physik gibt es Größen, die durch die Angabe einer einzigen Zahl (und der entsprechenden Maßeinheit) vollständig bestimmt sind. Solche Größen heißen **Skalare**. Zu ihnen gehören z.B. die Temperatur, der Druck oder die Zeit.

Andere Größen sind erst durch die Angabe von drei Zahlen bestimmt. Sie können durch eine gerichtete Strecke (Pfeil) veranschaulicht werden und heißen **Vektoren**. Neben dem Betrag, der durch die Länge des Pfeils gegeben ist, besitzen Vektoren eine Richtung und einen Richtungssinn. Beispiele für Vektoren sind Kraft, Geschwindigkeit und elektrisches Feld. Zur Darstellung können Buchstaben mit einem Pfeil darüber verwendet werden, z.B. $\vec{A}$, $\vec{r}$ oder $\vec{\omega}$. Die Länge oder der Betrag eines Vektors wird durch $A = |\vec{A}|$ repräsentiert.

In der Physik spielt noch eine dritte Klasse von Größen eine Rolle, die uns jedoch in diesem Buch nur am Rande interessieren wird – die **Tensoren** (2. Stufe). Sie gestatten es, einen Zusammenhang zwischen zwei Vektoren herzustellen. Bei der Anwendung eines Tensors $\boldsymbol{T}$ auf einen Vektor $\vec{A}$ entsteht nämlich gemäß

$$\vec{B} = \boldsymbol{T}\vec{A}$$

ein im allgemeinen zu $\vec{A}$ nicht paralleler Vektor $\vec{B}$. Wir werden im Abschnitt 2.2.4.1 dem Trägheitstensor begegnen, der beim starren Körper zwischen der Winkelgeschwindigkeit und dem Drehimpuls vermittelt.

Für Vektoren können Rechenoperationen erklärt werden. Dazu muß zuerst festgelegt werden, wann zwei Vektoren als gleich angesehen werden:

Zwei Vektoren $\vec{A}$ und $\vec{B}$ sind gleich, wenn sie in Betrag, Richtung und Richtungssinn übereinstimmen.

In der Physik müssen in einigen Fällen Einschränkungen dieser Definition vorgenommen werden. So dürfen bei einem starren Körper die Kräfte nur entlang ihrer Wirkungslinie verschoben werden. Die entsprechenden Vektoren heißen *linienflüchtig*. Für deformierbare Körper darf die Kraft überhaupt nicht aus ihrem Angriffspunkt verrückt werden – sie wird durch einen *gebundenen* Vektor beschrieben.

Addition von Vektoren

Zwei Vektoren $\vec{A}$ und $\vec{B}$ werden addiert, indem man an die Spitze des ersten Vektors das Ende des zweiten anträgt. Als Summe der beiden Vektoren betrachtet man den Vektor $\vec{C}$, der das Ende des ersten Vektors mit der Spitze des zweiten verbindet (Parallelogrammkonstruktion). Die Vektoraddition ist kommutativ, d. h.

$$\vec{A} + \vec{B} = \vec{B} + \vec{A} \,,$$

und assoziativ, d. h.

$$((\vec{A} + \vec{B}) + \vec{C} = \vec{A} + (\vec{B} + \vec{C})) \,.$$

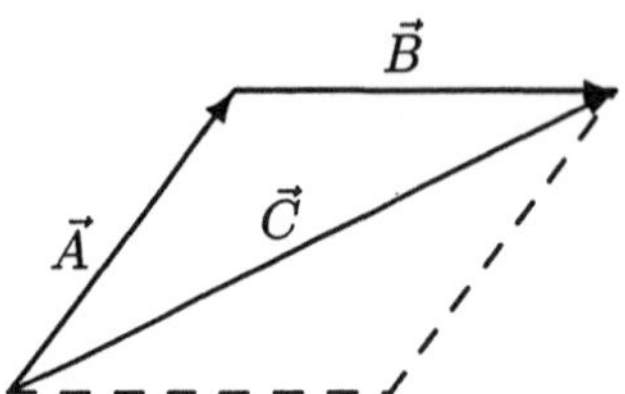

Bild B.1
Addition von Vektoren nach der Parallelogrammkonstruktion

Multiplikation von Vektoren mit Skalaren

Vektoren werden mit einem Skalar multipliziert, indem man den Betrag des Vektors mit dem Skalar multipliziert. Ist der Skalar negativ, dann ändert sich zusätzlich noch der Richtungssinn (siehe Abb. B.2).

Bild B.2 Beispiele für die Multiplikation eines Vektors mit einem Skalar

Skalarprodukt und Vektorprodukt

Zwischen zwei Vektoren $\vec{A}$ und $\vec{B}$ können zwei unterschiedliche Produkte erklärt werden. Ordnet man gemäß

$$\vec{A} \cdot \vec{B} = |\vec{A}| \cdot |\vec{B}| \cdot \cos\alpha$$

mit α als Winkel zwischen $\vec{A}$ und $\vec{B}$, den beiden Vektoren einen Skalar zu, dann erhält man ihr **Skalarprodukt**. Diese Form der Prokuktbildung ist gemäß

$$\vec{A} \cdot \vec{B} = \vec{B} \cdot \vec{A}$$

kommutativ. Als Skalarprodukt ist in der Physik z.B. die Arbeit definiert.

Definiert man andererseits einen Vektor $\vec{C}$ mit den Eigenschaften (Abb. B.3):

1. $|\vec{C}| = |\vec{A}| \cdot |\vec{B}| \cdot \sin\alpha$,
2. $\vec{C}$ steht senkrecht auf der von $\vec{A}$ und $\vec{B}$ aufgespannten Ebene,
3. $\vec{A}$, $\vec{B}$, $\vec{C}$ bilden in der angegebenen Reihenfolge ein sogenanntes Rechtssystem,

so nennt man $\vec{C} = \vec{A} \times \vec{B}$ das **Vektorprodukt** zwischen $\vec{A}$ und $\vec{B}$. Während das Skalarprodukt kommutativ ist, erfolgt beim Vektorprodukt beim Vertauschen der Reihenfolge der Vektoren eine Vorzeichenumkehr gemäß

$$\vec{A} \times \vec{B} = -\vec{B} \times \vec{A} \,.$$

Beispiele für Vektorprodukte sind die Definitionen von Winkelgeschwindigkeit, Drehmoment und Drehimpuls.

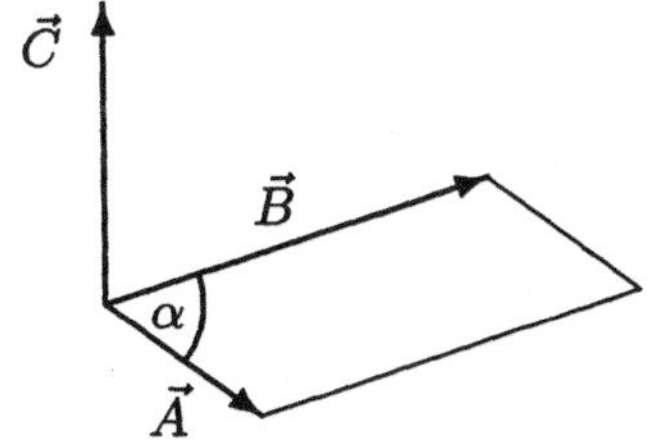

Bild B.3
Zur Definition des Vektorproduktes. Man beachte, daß $|\vec{C}|$ durch die Fläche des von $\vec{A}$ und $\vec{B}$ aufgespannten Parallelogramms gegeben ist.

Komponentendarstellung von Vektoren

Legt man im Raum ein dreidimensionales rechtwinkliges Koordinatensystem zugrunde und erklärt auf dessen Achsen die Einheitsvektoren $\vec{e}_x$, $\vec{e}_y$ und $\vec{e}_z$, dann läßt sich jeder Vektor $\vec{A}$ gemäß

$$\vec{A} = A_x\vec{e}_x + A_y\vec{e}_y + A_z\vec{e}_z$$

durch seine Komponenten A_x, A_y und A_z ausdrücken (Abb. B.4). Die Komponenten sind dabei

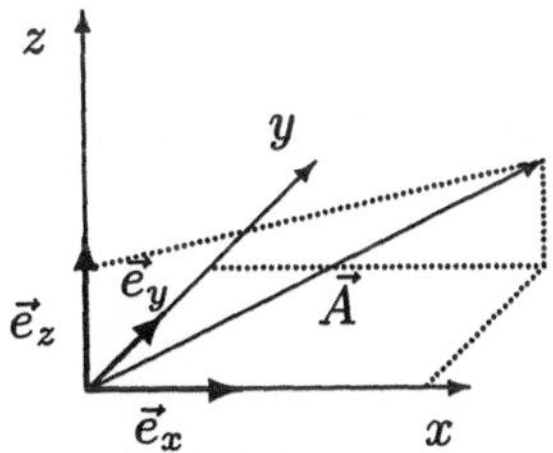

Bild B.4
Komponentenzerlegung eines Vektors in einem rechtwinkligen Koordinatensystem

die Projektionen des Vektors $\vec{A}$ auf die Koordinatenachsen. Schließt der Vektor mit den Achsen die Winkel α, β und γ ein, so gilt also

$$A_x = A\cos\alpha\ , \quad A_y = A\cos\beta\ , \quad A_z = A\cos\gamma\ ,$$

sowie

$$A = \sqrt{a_x^2 + A_y^2 + A_z^2}\ .$$

Man bezeichnet $\cos\alpha$, $\cos\beta$ und $\cos\gamma$ als die **Richtungskosinus** des Vektors $\vec{A}$.

Alle erklärten Rechenoperationen können in Komponentendarstellung ausgedrückt werden. Es ergibt sich:

$$\begin{aligned}
\vec{A}+\vec{B} = &\quad (A_x + B_x)\vec{e}_x + (A_y + B_y)\vec{e}_y + (A_z + B_z)\vec{e}_z \\
\lambda\vec{A} = &\quad (\lambda A_x)\vec{e}_x + (\lambda A_y)\vec{e}_y + (\lambda A_z)\vec{e}_z \\
\vec{A}\cdot\vec{B} = &\quad A_xB_x + A_yB_y + A_zB_z \\
\vec{A}\times\vec{B} = &\quad (A_yB_z - A_zB_y)\vec{e}_x + (A_zB_x - A_xB_z)\vec{e}_y + (A_xB_y - A_yB_x)\vec{e}_z\ .
\end{aligned}$$

Das Vektorprodukt kann man auch als Merkregel in Form einer Determinanten angeben. Es gilt:

$$\vec{A} \times \vec{B} = \begin{vmatrix} \vec{e}_x & \vec{e}_y & \vec{e}_z \\ A_x & A_y & A_z \\ B_x & B_y & B_z \end{vmatrix}$$

Dies ist tatsächlich nur eine Merkregel, denn eine wirkliche Determinante enthält als Elemente keine Vektoren.

Gemischte und mehrfache Produkte

Bei der Anwendung der Vektorrechnung kommen manchmal auch gemischter Produkte vor. Das **Spatprodukt** ist definiert als das Skalarprodukt eines Vektors $\vec{A}$ mit dem Vektorprodukt der Vektoren $\vec{B}$ und $\vec{C}$, d. h.

$$V = \vec{A} \cdot (\vec{B} \times \vec{C}) .$$

V ist ein Skalar und gibt das Volumen des von den drei beteiligten Vektoren aufgespannten Spats (Parallelepiped) an.

Auch dem doppelten Vektorprodukt $\vec{A} \times (\vec{B} \times \vec{C})$ werden wir manchmal begegnen. Da das Vektorprodukt aus $\vec{B}$ und $\vec{C}$ auf der von ihnen aufgespannten Ebene senkrecht steht, führt das weitere Vektorprodukt mit $\vec{A}$ wieder auf einen Vektor in diese Ebene zurück, so daß das doppelte Vektorprodukt als Linearkombination aus $\vec{B}$ und $\vec{C}$ darstellbar ist. Es gilt der Entwicklungssatz

$$\vec{A} \times (\vec{B} \times \vec{C}) = (\vec{A} \cdot \vec{C})\vec{B} - (\vec{A} \cdot \vec{B})\vec{C} .$$

Erwähnt werden soll schließlich das Skalarprodukt zweier Vektorprodukte. Es berechnet sich gemäß

$$(\vec{A} \times \vec{B}) \cdot (\vec{C} \times \vec{D}) = (\vec{A} \cdot \vec{C})(\vec{B} \cdot \vec{D}) - (\vec{A} \cdot \vec{D})(\vec{B} \cdot \vec{C}) .$$

Über das Verhalten der Vektorkomponenten bei Koordinatentransformationen, allgemeinere Definition eines Vektors

Ein Vektor ist zwar durch seine drei Komponenten eindeutig bestimmt, aber umgekehrt muß ein beliebiges Zahlentripel nicht notwendig einen Vektor repräsentieren. Ein Vektor ist nämlich ein von der speziellen Wahl des Koordinatensystems unabhängiges Objekt, und damit müssen sich seine Komponenten bei Koordinatentransformationen in einer ganz bestimmten Weise transformieren.

Zum Zweck einer kompakteren Darstellung wollen wir die Basisvektoren $\vec{e}_x$, $\vec{e}_y$, $\vec{e}_z$ hier im folgenden als $\vec{e}_i$ mit $i = 1, 2, 3$ bezeichnen. Eine Transformation auf ein anderes rechtwinkliges Koordinatensystem mit den Basisvektoren $\vec{e}\,'_i$ läßt sich dann durch eine orthogonale Matrix $C = ((c_{ik}))$ gemäß

$$\vec{e}\,'_i = \sum_{k=1}^{3} c_{ik} \vec{e}_k$$

beschreiben. Da die Matrix orthogonal ist, d. h. $C^{-1} = C^T = ((c_{ki}))$, gilt für die Umkehrtransformation

$$\vec{e}_i = \sum_{k=1}^{3} c_{ki} \vec{e}\,'_k .$$

Die Invarianz des Vektor bei einer solchen Koordinatentransformation verlangt nun, daß

$$\vec{A} = \sum_{i=1}^{3} A_i \vec{e}_i = \sum_{i=1}^{3} A'_i \vec{e}'_i$$

ist. Damit folgt

$$\sum_{i=1}^{3} A_i \vec{e}_i = \sum_{i=1}^{3} A'_i \vec{e}'_i = \sum_{i=1}^{3} \sum_{k=1}^{3} A'_i c_{ik} \vec{e}_k = \sum_{k=1}^{3} \left(\sum_{i=1}^{3} c_{ik} A'_i \right) \vec{e}_k .$$

Vertauscht man noch im letzten Term i mit k, so erhält man für die Vektorkomponenten den Zusammenhang

$$A_i = \sum_{k=1}^{3} c_{ki} A'_k$$

Ein Vergleich mit der entsprechenden Transformation der Basisvektoren zeigt:

> *Bei einer orthogonalen Koordinatentransformation transformieren sich die Komponenten eines Vektors wie die Basisvektoren.*

Vektoren nennt man auch Tensoren 1. Stufe. In ähnlicher Weise lassen sich nun Tensoren 2. Stufe und höherer Stufe durch das Transformationsverhalten ihrer Komponenten definieren.

Differentiation eines Vektors nach einem Skalar

Als Ableitung eines Vektors nach einem Skalar tritt in der Physik insbesondere die Ableitung nach der Zeit auf. In Analogie zu den Skalaren definiert man

$$\frac{\mathrm{d}\vec{A}}{\mathrm{d}t} = \lim_{\Delta t \to 0} \frac{\vec{A}(t + \Delta t) - \vec{A}(t)}{\Delta t} .$$

In Komponentendarstellung führt dies einfach auf

$$\frac{\mathrm{d}\vec{A}}{\mathrm{d}t} = \dot{A}_x \vec{e}_x + \dot{A}_y \vec{e}_y + \dot{A}_z \vec{e}_z .$$

Wir finden also:

> *Vektoren werden nach der Zeit differenziert, indem man die einzelnen Komponenten nach der Zeit differenziert.*

Das skalare Feld und sein Gradient

Ist jedem Punkt eines Raumgebietes mit dem Ortsvektor $\vec{r} = x\vec{e}_x + y\vec{e}_y + z\vec{e}_z$ gemäß $V(\vec{r}) = V(x, y, z)$ eindeutig ein Skalar zugeordnet, dann nennt man V ein **skalares Feld**. Beispiele für solche Felder sind die Temperaturverteilung oder die Dichteverteilung in einer Substanz.

Um sich in einem solchen Feld zu orientieren, kann man die **Niveauflächen** bestimmen. Diese Flächen ergeben sich aus $V(x, y, z) = V_0 = const.$, wobei zu jedem V_0 eine bestimmte Niveaufläche gehört. Will man feststellen, wie sich ein Feld beim Fortschreiten in eine Richtung ändert, so kann man die sogenannte Richtungsableitung berechnen. Ist $\vec{l} = (l_x, l_y, l_z)$ der Einheitsvektor in der gewählten Richtung, dann ist diese durch

$$\frac{\partial V}{\partial \vec{l}} = \lim_{h \to 0} \frac{V(x + l_x h, y + l_y h, z + l_z h) - V(x, y, z)}{h}$$

definiert. Mit Hilfe des vollständigen Differentials von V ergibt sich

$$\mathrm{d}V = \frac{\partial V}{\partial x}\mathrm{d}x + \frac{\partial V}{\partial y}\mathrm{d}y + \frac{\partial V}{\partial z}\mathrm{d}z = \frac{\partial V}{\partial x} l_x h + \frac{\partial V}{\partial y} l_y h + \frac{\partial V}{\partial z} l_z h$$

und daraus

$$\frac{\partial V}{\partial \vec{l}} = \frac{\partial V}{\partial x} l_x + \frac{\partial V}{\partial y} l_y + \frac{\partial V}{\partial z} l_z \, .$$

Man kann dies auch als Skalarprodukt zwischen $\vec{l}$ und dem Vektor

$$\operatorname{grad} V = \frac{\partial V}{\partial x}\vec{l}_x + \frac{\partial V}{\partial y}\vec{l}_y + \frac{\partial V}{\partial z}\vec{l}_z$$

auffassen. Dieser heißt **Gradient** des skalaren Feldes V; mit ihm ergibt sich die Richtungsableitung als

$$\frac{\partial V}{\partial \vec{l}} = \vec{l} \cdot \operatorname{grad} V \, .$$

Da die Richtungsableitung maximal wird, wenn $\vec{l}$ und grad V parallel sind, findet man:

Der Gradient eines skalaren Feldes zeigt an jeder Stelle in die Richtung des größten Anstiegs.

Ist $\vec{l}$ in einer Niveaufläche, dann muß die Richtungsableitung verschwinden bzw. $\vec{l}$ muß zu grad V senkrecht sein:

Der Gradient steht auf den Niveauflächen senkrecht.

Das Vektorfeld und seine Divergenz

Ist jedem Punkt eines Raumes eindeutig ein Vektor $\vec{C}(\vec{r}) = \vec{C}(x, y, z)$ zugeordnet, dann liegt ein **Vektorfeld** vor. Die Schwerkraft, aber auch elektrische und magnetische Felder repräsentieren solche Vektorfelder.

Vektorfelder können durch das Zeichnen von Feldlinien veranschaulicht werden. Diese werden so gezeichnet, daß die Richtung des Vektorfeldes sich an jeder Stelle aus der Tangente an die durch diesen Punkt gehende Feldlinie ergibt. Die Zahl der Feldlinien pro Flächeneinheit ist darüber hinaus ein Maß für den Betrag des Vektors. Ein Beispiel bietet das Geschwindigkeitsfeld in einer Flüssigkeit (vgl. Abschnitt 2.3.4.1).

Gegeben sei nun beispielsweise ein solches Geschwindigkeitsfeld

$$\vec{v}(x, y, z) = v_x(x, y, z)\vec{e}_x + v_y(x, y, z)\vec{e}_y + v_z(x, y, z)\vec{e}_z, \tag{B.1}$$

und wir wollen das Flüssigkeitsvolumen $\mathrm{d}\dot{V}$ bestimmen, welches pro Sekunde durch ein infinitesimales Flächenelement $\mathrm{d}\vec{A}$ fließt (Volumenstrom). Dieses Flächenelement wird durch einen Vektor beschrieben, der senkrecht auf der Fläche steht und dessen Länge durch den Flächeninhalt $\mathrm{d}A$ gegeben ist (Abb. B.5). Ist $\vec{n}$ der Normaleneinheitsvektor der Fläche, dann gilt daher

$$\mathrm{d}\vec{A} = \vec{n}\,\mathrm{d}A \, . \tag{B.2}$$

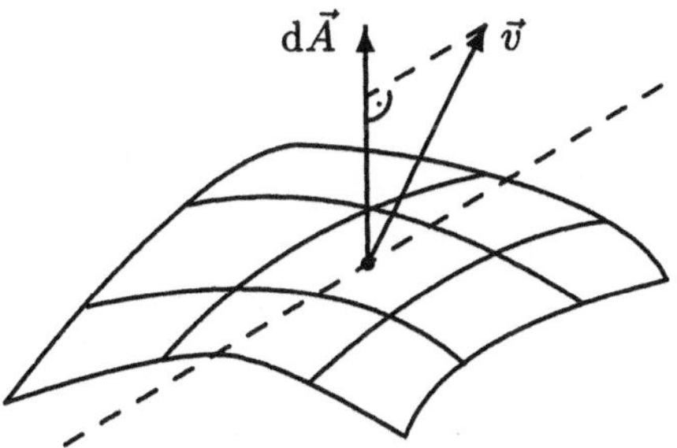

Bild B.5
Zur Definition des Flußintegrals

Für den gesuchte Volumenstrom ist nun nur die Projektion von $\mathrm{d}\vec{A}$ auf die Richtung von $\vec{v}$ relevant, und es folgt

$$\mathrm{d}\dot{V} = \vec{v} \cdot \mathrm{d}\vec{A} \,. \tag{B.3}$$

Will man nun das Flüssigkeitsvolumen bestimmen, welches aus einem gewissen Raumgebiet pro Zeiteinheit entspringt (Ergiebigkeit), so muß man die Oberfläche des Gebietes in solche Flächenelemente $\mathrm{d}\vec{A}$ zerlegen, und dann über die gesamte geschlossene Oberfläche A integrieren. Es entsteht ein sogenanntes **Flußintegral**, und man hat

$$\dot{V} = \int\!\!\int_A \vec{v} \cdot \mathrm{d}\vec{A} \,. \tag{B.4}$$

Man kann dieses Flüssigkeitsvolumen auch auf andere Weise bestimmen: Dazu betrachten wir zuerst einmal einen infinitesimalen Würfel (Abb. B.6) und berechne seine Ergiebigkeit. In x-Richtung tritt pro Zeiteinheit das Volumen $v_x(x,y,z)\,\mathrm{d}y\,\mathrm{d}z$ ein und das Volumen $v_x(x + \mathrm{d}x, y, z)\,\mathrm{d}y\mathrm{d}z$ aus. D. h. die Ergiebigkeit des Würfels ist in dieser Richtung

$$[v_x(x + \mathrm{d}x, y, z) - v_x(x,y,z)]\ \mathrm{d}y\,\mathrm{d}z = \frac{\partial v_x}{\partial x}\,\mathrm{d}x\,\mathrm{d}y\,\mathrm{d}z \,.$$

Dabei haben wir die Differenz von v_x durch das vollständige Differential ersetzt. Analoge Beträge ergeben sich in den anderen Richtungen, so daß man die Gesamtergiebigkeit $\mathrm{d}\dot{V}$ als

$$d\dot{V} = \left(\frac{\partial v_x}{\partial x} + \frac{\partial v_y}{\partial y} + \frac{\partial v_z}{\partial z}\right)\,\mathrm{d}x\,\mathrm{d}y\,\mathrm{d}z \tag{B.5}$$

schreiben kann. Der in dieser Gleichung durch die Summe der partiellen Ableitungen der Komponenten von $\vec{v}$ gebildete Skalare heißt **Divergenz** von $\vec{v}$. Es gilt also

$$\operatorname{div}\vec{v} = \frac{\partial v_x}{\partial x} + \frac{\partial v_y}{\partial y} + \frac{\partial v_z}{\partial z} \,. \tag{B.6}$$

Hat man ein endliches Raumgebiet, so kann man es in solche infinitesimalen Würfel zerlegen und muß dann über das gesamte Gebiet G integrieren. Damit hat man

$$\dot{V} = \int\!\!\int\!\!\int_G \operatorname{div}\vec{v}\,\mathrm{d}V \,. \tag{B.7}$$

Ein Vergleich von (B.7) mit (B.4) liefert den **Gaußschen Integralsatz**

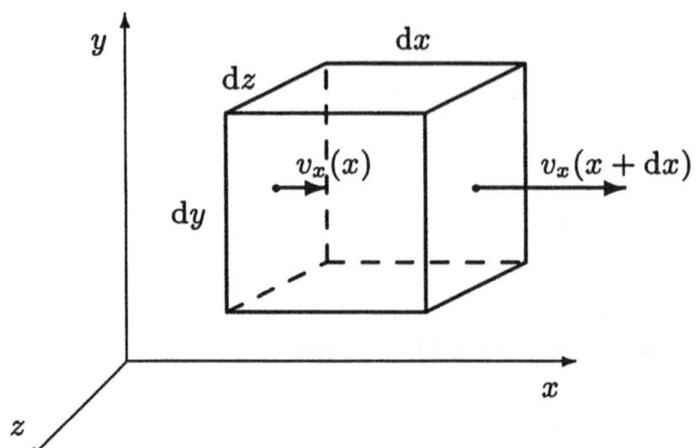

Bild B.6
Zur Definition der Divergenz

$$\iint_A \vec{v} \cdot d\vec{A} = \iiint_G \operatorname{div} \vec{v} \, dV \,. \tag{B.8}$$

Dieser Zusammenhang zwischen dem Flußintegral über eine geschlossene Oberfläche und dem Volumenintegral über das von dieser Fläche eingeschlossene Volumen gilt für alle stetig-differenzierbaren Vektorfelder. Wir werden diesem Zusammenhang z.B. in der Elektrostatik begegnen (Abschnitt 4.1.2).

Das Vektorfeld und seine Rotation

Die **Rotation** ist eine Differentialoperation, bei der einem Vektorfeld $\vec{A}$ gemäß

$$\operatorname{rot} \vec{A} = \left(\frac{\partial A_z}{\partial y} - \frac{\partial A_y}{\partial z} \right) \vec{e}_x + \left(\frac{\partial A_x}{\partial z} - \frac{\partial A_z}{\partial x} \right) \vec{e}_y + \left(\frac{\partial A_y}{\partial x} - \frac{\partial A_x}{\partial y} \right) \vec{e}_z$$

ein neues Vektorfeld zugeordnet wird. Das neue Vektorfeld beantwortet die Frage nach der Existenz von Wirbeln, d. h. von geschlossenen Feldlinien, im ursprünglichen Vektorfeld. Seine Eigenschaften entscheiden auch darüber, ob ein Kurvenintergral über das ursprüngliche Vektorfeld vom Weg unabhängig ist oder nicht.

Die auf einem Weg l zwischen den Punkten P_1 und P_2 in einem Kraftfeld $\vec{F}$ verrichtete Arbeit ist durch ein solches **Kurvenintegral** in folgender Weise bestimmt (vgl. (2.22)):

$$W = \int_{(l)} \vec{F}(\vec{r}) \cdot d\vec{r} = \int_{(l)} (F_x \, dx + F_y \, dy + F_z \, dz) \,.$$

Damit dieser Ausdruck von der Art des Weges l unabhängig ist, muß der Integrand das vollständige Differential einer skalaren Funktion V sein, d. h. es muß gelten

$$dV = \frac{\partial V}{\partial x} dx + \frac{\partial V}{\partial y} dy + \frac{\partial V}{\partial z} dz = F_x \, dx + F_y \, dy + F_z \, dz \,.$$

Dies ist nun genau dann der Fall, wenn die Integrabilitätsbedingungen erfüllt sind. Diese lassen sich zusammenfassen durch

$$\operatorname{rot} \vec{F} = \vec{0} \,.$$

Die Unabhängigkeit eines Kurvenintegrals vom Weg bedeutet, daß dieses Integral auf einem geschlossenen Weg verschwindet. Beschreibt l einen solchen Weg und umrandet dabei eine Fläche A, so gilt allgemein der **Stokessche Integralsatz**

$$\oint_l \vec{F}(\vec{r}) \cdot \mathrm{d}\vec{r} = \int\int_A \vec{F} \cdot \mathrm{d}\vec{A} \,.$$

Diesem Integralsatz werden wir beim Induktionsgesetz (Abschnitt 4.4) begegnen.

B.2 Über die Lösung von Differentialgleichungen

Die physikalischen Eigenschaften von Systemen werden in vielfältiger Weise durch Differentialgleichungen beschrieben. Darunter versteht man Gleichungen, die mindestens eine Ableitung der gesuchten Funktion enthalten. Hängt die gesuchte Funktion nur von einer Variablen ab, so liegt eine gewöhnliche Differentialgleichung vor; hängt sie von mehreren Variablen ab, so spricht man von einer partiellen Differentialgleichung. Letztere begegnen uns in der Physik in Gestalt der Wärmeleitungsgleichung, der Maxwellschen Gleichungen oder der Wellengleichung, um nur einige Beispiele zu nennen. Ihre Lösungstheorie ist im allgemeinen kompliziert und geht über den Rahmen dieser Darstellung hinaus. Wir konzentrieren uns hier vielmehr auf die Lösung der gewöhnlichen Differentialgleichungen, die in den einzelnen Kapiteln dieses Buches auftreten.

Differentialgleichungen 1. Ordnung

Eine Differentialgleichung 1. Ordnung liegt vor, wenn y' die einzige vorkommende Ableitung ist. Sie kann uns in expliziter Form als $y' = f(x, y)$ oder auch in impliziter Form als $F(x, y, y') = 0$ begegnen.

Ein häufig vorkommender Sonderfall liegt vor, wenn sich $f(x, y)$ in ein Produkt der Gestalt

$$f(x, y) = g(x) \cdot h(y)$$

faktorisieren läßt (separierbare Veränderliche). Beispiele für diesen Typ von Differentialgleichung sind die Ableitung der Adiabatengleichung (Abschnitt 3.2.4) sowie der radioaktive Zerfall (Abschnitt 7.3.2.2). Setzt man $h(y) \neq 0$ voraus, dann erreicht man eine Lösung in folgender Weise:
Aus $y' = g(x) \cdot h(y)$ folgt $y'/h(y) = g(x)$. Integration liefert

$$\int y' \cdot \frac{1}{h(y)} \,\mathrm{d}x = \int g(x) \,\mathrm{d}x \,,$$

und, wenn man auf der linken Seite $\mathrm{d}y = y'\mathrm{d}x$ durch Variablensubstitution einführt, ergibt sich schließlich

$$\int \frac{\mathrm{d}y}{h(y)} = \int g(x) \,\mathrm{d}x \,.$$

Die auftretenden Integrale sind noch zu berechnen. Da die allgemeine Lösung einer Differentialgleichung 1. Ordnung nur *eine* frei wählbare Konstante enthält, genügt es, bei einer der Integrationen eine Integrationskonstante zu berücksichtigen.

Eine weitere Klasse lösbarer Differentialgleichungen 1. Ordnung sind die linearen Differentialgleichungen. Sie haben die Form

$$a_1(x)y' + a_0(x)y = b(x) \ .$$

Nach Division durch $a_1(x) \neq 0$ entsteht die Normalform

$$y' + g(x)y = s(x) \ .$$

Zur Lösung untersucht man zuerst die homogene Gleichung ($s(x) = 0$). Sie kann durch Trennung der Variablen gelöst werden. Es folgt

$$\int \frac{\mathrm{d}y}{y} = -\int g(x)\,\mathrm{d}x \ ,$$

bzw. für die Lösung der homogenen Gleichung

$$y_h = k \cdot \exp\left(-\int g(x)\,\mathrm{d}x\right) \ .$$

Eine Lösung der inhomogenen Gleichung sucht man nun durch „Variation der Konstanten“. Man macht dazu gemäß $k \to k(x)$ die Integrationskonstante x-abhängig und geht mit dem Ansatz

$$y = k(x) \cdot \exp\left(-\int g(x)\,\mathrm{d}x\right)$$

in die obige inhomogene Differentialgleichung ein. Mit Hilfe der Produktregel bei der Differentation ergibt sich

$$k(x) = \int s(x) \cdot \exp\left(\int g(x)\,\mathrm{d}x\right)\mathrm{d}x + C \ ,$$

woraus dann die allgemeine Lösungsformel

$$y = \left[C + \int s(x) \cdot \exp\left(\int g(x)\,\mathrm{d}x\right)\mathrm{d}x\right] \cdot \exp\left(-\int g(x)\,\mathrm{d}x\right)$$

folgt. Solche linearen Differentialgleichungen werden uns z. B. bei Einschaltvorgängen in elektrischen Stromkreisen begegnen (vgl. Abschnitt 4.4.5).

Lineare Differentialgleichungen 2. Ordnung

Solche Differentialgleichungen beherrschen u. a. das Gebiet der allgemeinen Schwingungslehre. Sie haben die Gestalt

$$a_2(x)y'' + a_1(x)y' + a_0(x) = b(x) \ .$$

Die Lösungstheorie läßt sich in folgender Weise zusammenfassen:

- Die allgemeine Lösung einer linearen Differentialgleichung ist die Summe einer speziellen (partikulären) Lösung dieser Gleichung und der allgemeinen Lösung der entsprechenden homogenen Gleichung ($b(x) = 0$).
- Die Lösungen der homogenen Gleichung bilden einen linearen Raum, d. h. mit y_{h1} und y_{h2} sind auch alle Linearkombinationen $C_1 y_{h1} + C_2 y_{h2}$ Lösungen.

- Hat man zwei linear unabhängige Lösungen y_{h1} und y_{h2}, dann ist die allgemeine Lösung der homogenen Gleichung als

$$y_h = C_1 y_{h1} + C_2 y_{h2}$$

darstellbar.

Wir wollen uns hier nur auf den Fall konzentrieren, daß die a_i Konstanten sind. Dazu kann man $\exp(\lambda_1 x)$ und $\exp(\lambda_2 x)$ bzw. $\exp(\lambda x)$ und $x \exp(\lambda x)$ als solche linear unabhängigen Funktionen benutzen, und die homogene Gleichung durch den Ansatz

$$y_h = \exp(\lambda x)$$

zu lösen versuchen. Einsetzen in die homogene Version der obigen Differentialgleichung und Division durch $\exp(\lambda x)$ ergibt die charakteristische Gleichung

$$a_2 \lambda^2 + a_1 \lambda + a_0 = 0\ .$$

Bei ihrer Lösung sind drei Fälle zu unterscheiden:

- Man hat zwei verschiedene reelle Lösungen λ_1 und λ_2, was die allgemeine Lösung

$$y_h = C_1 \exp(\lambda_1 x) + C_2 \exp(\lambda_2 x)$$

der inhomogenen Differentialgleichung impliziert.

- Es liegt eine reelle Doppellösung $\lambda_1 = \lambda_2 = \lambda$ vor. Neben $\exp(\lambda x)$ ist dann auch $s \exp(\lambda x)$ eine Lösung. Die allgemeine Lösung ist dann durch

$$y_h = C_1 \exp(\lambda x) + C_2 x \exp(\lambda x)$$

darstellbar.

- Liegen zwei konjugiert-komplexe Lösungen vor, so hat man in Analogie zum ersten Fall

$$y_h = C_1 \exp(\lambda_1 x) + C_2 \exp(\lambda_2 x)\ .$$

Mit $\lambda_1 = \mathrm{Re}(\lambda) + i\,\mathrm{Im}(\lambda)$ und $\lambda_2 = \mathrm{Re}(\lambda) - i\,\mathrm{Im}(\lambda)$ kann man dafür auch schreiben

$$y_h = \exp(\mathrm{Re}(\lambda)x)\,(C_1 \exp(i\,\mathrm{Im}(\lambda)x) + C_2 \exp(-i\,\mathrm{Im}(\lambda)x))\ .$$

Alternativ ist auch die reelle Form

$$y_h = \exp(\mathrm{Re}(\lambda)x)\,(C_1 \cos(\mathrm{Im}(\lambda)x) + C_2 \sin(\mathrm{Im}(\lambda)x))$$

möglich.

Zum Auffinden einer partikulären Lösung kann man sich von der Gestalt der Inhomogenität $b(x)$ leiten lassen und durch „gezieltes Raten“ zu einem erfolgreichen Ansatz kommen. Wir demonstrieren diese Methode bei den erzwungenen Schwingungen (vgl. Abschnitt 5.1.2 und die entsprechende Übung) und verweisen bezüglich detaillierterer Beschreibung auf die entsprechende Fachliteratur.

Namen- und Sachwortverzeichnis

A

Abbe, Ernst 242
Abbildungs-
— gleichung 223
— maßstab 223
Aberration 253
— des Lichtes 237
abgeschlossenes System 19, 83
Absorber 322
Absorption 220, 301
Absorptions-
— grad 263
— spektrum 235
actio=reactio 10
Adhäsionskräfte 57
Adiabate 87
Adiabaten-
— exponent 87
— gleichung 87
Äquipotentialflächen 122
Äquivalentdosis 315
Äther 212, 218, 253–258
Aggregatzustände 103
Akkumulator 144
Aktionsprinzip 9
Aktivität 314
— spezifische 315
Akzeptoren 337
α-Strahlung 310
amorph 324
Ampère, André M. 131, 161
Ampere (Maßeinheit) 131
Amperemeter 138
Amplitude 177, 182
Analysator 201
Anion 141
Anode 141, 142, 144
Arbeit 16, 80, 122, 133
Archimedes von Syrakus 53
Archimedisches Prinzip 53
Aston, Francis W. 306
Atmosphäre (Maßeinheit) 49
Atombombe 321
Atommasse, relative 273, 274
Atommodell
— Bohrsches 275
— Rutherfordsches 4, 274
Atomradius, klassischer 274
Aufdruck 51
Auflösungsvermögen
— eines Beugungsgitters 241
— optischer Instrumente 242
Auftrieb 53
— dynamischer 71
Auge 228
— Akkomodation 228
— Alterssichtigkeit 229
— Blinder Fleck 228
— Gelber Fleck 228
— Helligkeitsempfindlichkeit 250
— kurzsichtiges 229
— weitsichtiges 229
Auger, Pierre V. 300
Auger-Effekt 300
Austausch-
— kräfte 308
— wechselwirkung 162, 330
Austrittsarbeit 139, 145
Autostereogramm 230
Avogadro, Amadeo 77, 273
Avogadrosche
— Regel 77
— Zahl 77, 142, 273

B

Bach, J. S. 211
Bändermodell 331
Bahnkurve 5, 11
Bandpaßfilter 191
Bandstruktur *siehe* Energiebandstruktur
Bardeen, John 323, 360
Barkhausen, H. 163
Barkhausen-Effekt 163
Barn (Maßeinheit) 320
Barometer 55
barometrische Höhenformel 55
Basis 325, 352
Basisvektoren 325
Basov, N. G. 301
Becker, August 317
Becquerel, Henri 309, 314
Becquerel (Maßeinheit) 314
Bednorz, J. Georg 361
Beleuchtungsstärke 249, 251
Bernoulli, Daniel 63
Bernoulli-Gleichung 62–64
Beschleunigung 6, 42
Besetzungsinversion 301

Bessel, F. W. 233
β-Strahlung 310
Betatron 317
Beugung 200, 237–242
Beugungsgitter 241
Beweglichkeit 343
Bewegung
— geradlinig gleichförmige 6, 9
— gleichförmig beschleunigte 6
— gleichförmige 6
— kreisförmige 7
Bezugssystem 5, 203
Bild
— reelles 220
— virtuelles 220
Bild-
— größe 223
— kraft 124
— weite 222
Bimetall 75
Bindungsenergie 328
Binnendruck 106
Binnig, Gerd 285
Bipolartransistor 353
Blasenkammer 314
Blindleistung 167
Bloch, Felix 163, 334
Bodendruck 51
Bohr, Niels 275, 276
Bohrsche Postulate 275
Bohrscher Radius 277, 288
Bohrsches Magneton 292
Boltzmann, Ludwig 99, 113, 273
Boltzmann-
— Faktor 79
— Konstante 78, 99
— Verteilung 79, 337
Born, Max 280
Bose, S. M. 293
Bose-Einstein-Statistik 293
Bosonen 293
Bothe, Walter 317
Bourdonsche Röhre 55
Boyle, Robert 50
Boyle-Mariottesches Gesetz 50, 60, 61, 76
Bradley, James 237
Brattain, Walter H. 323
Bravais-Gitter 326
Brechung 202, 220, 224
Brechungs-
— gesetz 202, 225
— index 224
Bremsstrahlung 299
Brennpunkt 221
Brennpunktstrahlen 222
Brennweite 221
Brewsterscher Winkel 302
Brewstersches Gesetz 244
de Broglie, Louis 270
Bunsen, Robert W. 234

C

Candela (Maßeinheit) 250
Carnot, Sadi 89
Carnotscher Kreisprozeß 89, 91, 92
Celcius-Skala 74
Celsius, Anders 74
Chadwick, James 305
chaotische Phänomene 68
charakteristische Strahlung 299
chemisches Potential 332
Clausius, Rudolf 89
Clausius-Clapeyronsche Gleichung 110
Clement, N. 87
Compton, Arthur 269
Compton-Effekt 269
Comptonwellenlänge 270
Cooper, Leon N. 360
Cooper-Paar 361
Coriolis, Gaspard G. 30
Corioliskraft 30
Coulomb, Charles A. 117
Coulomb (Maßeinheit) 117
Coulombsches Gesetz 117, 127
Curie, Irène 318
Curie, Pierre 309
Curie-Sklodowska, Marie 309
Curie-Temperatur 163

D

Dalton, John 273
Davisson, Clinton J. 271
Defektelektron 336
Demokrit 273
Desormes, Ch. B. 87
Desublimation 110
Deviationsmoment 45
Dezibel (Maßeinheit) 208
diamagnetisch 162
Dielektrikum 116, 126–128, 175
dielektrische Verschiebung 121, 126, 129
Dielektrizitätskonstante
— des Vakuums 118
— relative 127
Diffusion 114, 343, 344
Diffusions-

— konstante 115
— spannung 346
Diode 145
Dioptrie (Maßeinheit) 228
Dipolmoment 123
Dirac, Paul A. M. 293
Diskuswurf 49
Dispersion 197
— des Lichtes 234
dissonant 210
Dissoziation 141
Donator 337
Doppelbrechung 244–246
Doppelspalt 201
Doppelspaltversuch, Youngscher 218
Doppler, Christian 203
Doppler-Effekt 203, 204
Dosenbarometer 55
Dosimetrie 315
Dotierung 336
Drehbewegung 42
Drehimpuls 20, 42, 45
Drehimpuls-
— erhaltungssatz 20, 44
— quantenzahl 282, 287
Drehmoment 20, 34, 35, 42
Drehspulinstrument 137, 172
Drehstrom 168
Drehzahl 7
Dreiecksschaltung 168
Dreiklang 211
Dreiphasenstrom *siehe* Drehstrom
Drift 342
Drosselung 96
Druck 49
— hydrostatischer 50, 51
— statischer 63
Druckwiderstand 69
Dulong, Pierre L. 85
Dulong-Petitsche Regel 85
Durchbruchspannung 347
Durchflutungsgesetz 151, 174
Dynamik 5
dynamische Viskosität 65

E

Ebbe 32
Effektivwert 167
Eigen-
— frequenz 182, 191
— leitung 335, 340
— schwingungen 191, 198, 200, 207, 210
Eigenleitungsdichte 339
Einfalls-
— lot 202, 221
— winkel 202
Einschwingvorgang 181
Einstein, Albert 1, 218, 255, 267, 276, 292, 293
elektrische
— Feldstärke 118
— Leitfähigkeit 132
— Verschiebungsdichte *siehe* dielektrische Verschiebung
elektrischer
— Dipol 120, 123
— Fluß 120
— Schwingkreis 169f, 180, 212
elektrisches
— Feld 176, 213
elektroakustische Wandler 209
elektrochemisches Äquivalent 142, 143
Elektrode 141
elektrodynamisches Meßwerk 172
Elektrolyse 142, 143
Elektrolyt 141, 143, 144
Elektromagnet 164, 174
elektromagnetische
— Induktion 156, 158, 164
— Wellen *siehe* Wellen
elektromagnetisches Feld 176
elektromotorische Kraft (EMK) 139f
Elektron-Loch-Paar 341
Elektronen-
— beugung 271
— mikroskop 271
— spin 291
— strahloszilloskop 146
— synchrotron 317
— volt 140
elektrostatisches Potential 122
Elementarladung 274
Elementarwelle *siehe* Huygens-Fresnelsches Prinzip
Elementarzelle 325
Elementhalbleiter 327
Elongation 177, 193
Eloxialverfahren 143
Emission
— spontane 276, 301
— stimulierte 276, 301
Emissions-
— grad 113, 263
— spektrum 235
Emitter 352
EMK *siehe* Urspannung
Energie 18

— Freie 101
— Innere 80, 82, 328
— kinetische 18, 19, 41
— — der Rotation 42
— — der Translation 42
— potentielle 18, 19
Energie-
— band 331
— bandstruktur 332
— erhaltungssatz 16, 18, 23
— lücke 331, 333
Energie-Zeit-Unschärferelation 283
Energiedichte
— des elektrischen Feldes 130
— des magnetischen Feldes 164
— des Strahlungsfeldes 250
— einer Schallwelle 208
Enthalpie 102, 109
Enthalpie, Freie 102
Entladungsröhre 148
Entropie 97–99
Epitaxie 345, 352
Erhaltungsgröße 14, 15
Expansion
— adiabatische 89
— isotherme 89

F

Fahrenheit, Daniel G. 74
Fahrenheit-Skala 74
Farad (Maßeinheit) 125
Faraday, Michael 118, 124, 142, 156, 246, 273
Faraday-
— Konstante 142, 274
— item Effekt 246
Faradaysche Gesetze 142, 143
Faradayscher Käfig 124
Farbmischung
— additive 235
— subtraktive 235
Federkonstante 13, 177, 190
Federschwinger *siehe* harmonischer Oszillator
Feinstruktur der Atomspektren 291
Feldeffekt-Transistor 354
Feldemission 145
Feldkonstante
— magnetische 152
— elektrische 118
Fermi, Enrico 293
Fermi-
— Niveau 332
— Verteilung 332
Fermi-Dirac-
— Statistik 293
— Verteilung 332
Fermionen 293, 332
Fernrohr 232
— Galileisches 233
— Keplersches 232
Fernwirkungshypothese 118
ferromagnetisch 162
Ficksches Gesetz
— erstes 115
— zweites 115
Fizeau, Hippolyte 236
Flettner, A. 71
Fliehkraft 29
Flußquant 360
Flügge, Siegfried 320
Flüssigkeit, ideale 62
Fluoreszenz 298
Flut 32
Foucault, Léon 32, 237
Foucaultscher Pendelversuch 32
Fourier, Jean-Baptiste 188
Fourier-Analyse 188
Fourier-Synthese 188
Franck, James 278
Fraunhofer, Joseph v. 235
Fraunhofersche Linien 235
freie Achsen 45
Freiheitsgrade 33
Frequenz 7, 177
Fresnel, Augustin J. 201, 218
Frisch, Otto 319
Fundamentalschwingungen 191

G

Gabor, Dennis 305
Galilei, Galileo 9, 233, 236
Galilei-Transformation 27, 255
Galvani, Aloisio 139
Galvanisches Element 144
Galvanisieren 143
γ-Strahlung 311
Gamow, George 311
Gangunterschied 195
Gas
— ideales 50, 60, 84, 99, 108
— reales 106, 108
Gasentladung
— selbständige 146, 148
— unselbständige 146
Gaskältemaschine 109
Gasthermometer 76
Gauß, Carl F. 120

Gaußscher Satz 120, 174, 399
Gay-Lussacsche Gesetze 75, 76
Gay-Lussacscher Versuch 99
Gegeninduktion 159
Gegenstands-
— weite 222
— größe 223
Geiger, Hans 313
Geiger-Müller-Zählrohr 313
Geiger-Nuttall-Regel 313
Generationsrate 341
Generator
— Drehspul- 164, 171
— MHD- 171
geometrische Optik *siehe* Strahlenoptik
geostationärer Satellit 27
Geräusch 210
Gerlach, Walter 293
Germer, Lester H. 271
Geschwindigkeit 5, 42
— erste kosmische 26
— mittlere 6
— zweite kosmische 26
Gewichtskraft 11
g-Faktor 292
Giga 3
Gleichgewicht
— indifferentes 37, 38
— labiles 37
— stabiles 37
— thermodynamisches 73, 75, 102
Gleichstrom 131
Gleichverteilungssatz 78
Gleitreibung 21
Glimm-
— entladung 147
— lampe 148
Glühemission 145
Glühkathode 145, 146
Goudsmith, S. 291
Gradient 398
Graphit 330
Gravitation 25
Gravitations-
— gesetz 26
— konstante 26
Gray (Maßeinheit) 315
Grenzflächenspannung 58
Grundschwingung 188, 210
Grundton 210
Gruppengeschwindigkeit 196, 197
Guericke, Otto v. 55, 56
Gütefaktor 183
gyromagnetisches Verhältnis 292

H

Haftreibung 21
Hagen, G. 66
Hagen-Poiseuillesches Gesetz 66, 67
Hahn, Otto 319
Halbleiter 132, 333
Halbleiter-
— detektor 314
— diode 347
— laser 304, 356
Halbwertszeit 311
Hall, Edwin H. 152
Hall-
— Effekt 152
— Konstante 153
— Sonde 153
— Spannung 152, 153
Hallwachs, Wilhelm 145
Hamilton-Operator 281
Hangabtriebskraft 364
harmonischer Oszillator 13, 19, 177, 178
de Haas, J. W. 292
Hauptsatz der Thermodynamik
— erster 82, 83
— nullter 75
— zweiter 88, 98, 100
Hauptträgheitsachsen 45
Hebelgesetz 35
Heisenberg, Werner 272
Heisenbergsche Unschärferelation 272, 281
Heißgasmotor 94
Helium
— Ortho- 388
— Para- 388
Helmholtz, Hermann v. 188
Helmholtzsche Resonanztheorie 188
Henry (Maßeinheit) 158
Henry, Joseph 158
Hertz, Gustav 278
Hertz, Heinrich 176, 212
Hertzscher Dipol 212
Hitzdrahtinstrument 137
Hochdruckdampflampe 148
Hörschwelle 208
Hohlleiter 216
Hohlraum-
— resonator 216
— strahlung 265
Holographie 305
Hubbel, Edwin 259
Hubbel-Konstante 259

Hundsche Regeln 297
Huygens, Christiaan 201, 218
Huygens-Fresnelsches Prinzip 201, 202
Hybridisierung 330
Hydraulik 51
hydrodynamisches Ähnlichkeitsprinzip 71
Hyperschall 205
Hysteresis 163

I
ideale Flüssigkeit *siehe* Flüssigkeit
ideales Gas *siehe* Gas
Impuls 9, 42
Impuls-
— erhaltungssatz 14
— masse 261
Induktions-
— gesetz 157, 174
— konstante 152
Induktivität 158
— einer Spule 158
Inertialsystem 10
Influenz 118
infrarot 216, 246
Innenwiderstand 139
innere Energie *siehe* Energie
Interferenz 195, 197, 237–242
Interferometer 253
Inversionsschicht 354
Inversionstemperatur 109
Ionenbindung 329
Ionenimplantation 345
Ionisationskammer 313
Isobare 86
Isochore 86
Isolator *siehe* Dielektrikum, 333
Isotherme 86
— kritische 107
Isotop 306
Isotopentrennung 306

J
Joliot-Curie, Frédéric 318
Josephson, Brian D. 361
Josephson-Effekt 361
Joule, James P. 19, 108
Joule-Thomson-Effekt 96, 108

K
Kälte-
— maschine 95, 96
Kälte-
— mittel 96
Kalorimeter 82
Kalorimetrie 82, 104
Kamerlingh Onnes, Heike 357
Kapazitätsdiode 347
Kapazität 124
Kapillardepression 370
Kapillarität 59
Kathode 141, 142, 144
Kathodenstrahlen 146, 148
Kation 141
Kelvin (Maßeinheit) 74
Kelvin-Skala 74
Kepler, Johannes 25, 232
Kern-
— fusion 322
— kräfte 308
— ladungszahl 274, 305
— reaktor 322
Kerr, John 246
Kerr-
— Effekt 246
— Zelle 246
Kettenreaktion 320
Kilo 3
Kilogramm (Maßeinheit) 3
Kinematik 5
Kinetik 5
kinetische Energie *siehe* Energie
kinetische Gastheorie 60
Kippschwingung 187, 190
Kippspannung 146
Kirchhoff, Gustav R. 133, 234, 264
Kirchhoffsche Gesetze 133
Klang 210
Klemmspannung 139
Klitzing, Klaus v. 355
Kompressibilität 50
Knall 210
Knallgas 143
Knotensatz 133
Koerzitivfeldstärke 163
Kohärenz 237
Kohärenzlänge 237
Kohäsionskräfte 57
Kolbendampfmaschine 93
kommunizierende Gefäße 52
Komplementärfarbe 234
Kompressibilität 50
Kompression
— adiabatische 89
— isotherme 89
Kompressionsmodul 50, 195
Kondensator 125, 165, 169

— Dreh- 126
— Elektrolyt- 126
— Kugel- 125
— Platten- 126
konsonant 210
Kontaktpotentialdifferenz 139, 140, 143
Kontinuitätsgleichung 62
Konvektion 111
— erzwungene 111
— freie 111
Konvexspiegel *siehe* Wölbspiegel
Kopfwellen *siehe* Stoßwellen
Korpuskulartheorie 218
Korrespondenzprinzip 276
kovalente Bindung 329
Kovolumen 106
Kräftepaar 34
Kraft 9, 42
— äußere 14
— innere 14
— konservative 18
Kraft-
— feld 17
— stoß 10
Kreisel 46
Kreisfrequenz 7, 13, 177
Kreisprozeß 83
Kristall
— idealer 325
— realer 325
Kristallgitter 325
kristallin 324
Kristallit 325
kritische Temperatur *siehe* Sprungtemperatur
kubisch
— einfach 326
— flächenzentriert 326
— raumzentriert 326
Kundt, August 207
Kundtsches Rohr 207
Kurvenintegral 400
Kurzschlußstrom 348

L

Ladungen 116
— scheinbare 129
— wahre 129
Ladungsdichte 117
Längenkontraktion 257
Längswelle *siehe* Longitudinalwelle
Lambert, Johannes H. 249
Lambertsches Cosinusgesetz 249
laminare Strömung *siehe* Strömung
Landé, A. 292
Lanthanoide 297
Laplace, Pierre-Simon 281
Laser 301
Laue, Max v. 301
Lautstärke 208, 209
Lawrence, Ernest O. 316
Lecher, E. 214
Lecher-Leitung 215
Leerlaufspannung 348
Legieren 345
Leistung 19, 132
Leistungs-
— anpassung 348
— zahl 95
Leiter 116
Leitungsband 333
Lenzsche Regel 157
Leonardo da Vinci 83
Leuchtdichte 251
Leuchtstoffröhre 148
Licht-
— leiter 226
— strom 250
Lichtbogen 148
lichtelektrischer Effekt *siehe* Photoeffekt
Licht-
— geschwindigkeit im Vakuum 212
— stärke 250
Linde, Karl v. 109
Linearbeschleuniger 316
linearer Ausdehnungskoeffizient 75
linienflüchtig 33
Linse, Abbildungsfehler 233
Lissajous, Jules A. 185
Lissajous-Figuren 185
Loch *siehe* Defektelektron
Lochkamera 219
Longitudinalwelle 192
Lorentz, Hendrick A. 151, 254, 255
Lorentz-
— Kraft 152, 154, 171, 316
— Transformation 256
Lorenz, Edward 68
LS-Kopplung 295, 297
Luftdruck 54
Lumen (Maßeinheit) 251
Lumineszenz 298
Lumineszenzdiode 349
Lupe 231
— Normalvergrößerung 231
Lux (Maßeinheit) 251

M
Müller, K. Alex 361
Maßeinheit 2
Maßsysteme 2
Mach, Ernst 204
Machsche Zahl 204
Machscher Kegel 204
Madelung, E. 329
Madelung-Konstante 329
Magnetfeld
— der Erde 164
— einer Spule 151
— zeitlich veränderliches 158
magnetisch
— hart 163, 174
— weich 163, 174
magnetische
— Feldstärke 150
— Flußdichte 162, 164
— Induktion 152
— Quantenzahl 282, 287
magnetischer Fluß 156
magnetisches
— Bahnmoment 291
— Dipolmoment 149
— Feld 176, 213
— Spinmoment 292
Magnetisierung 160
Magnetismus 148
Magnetnadel 148, 150
Magnus, H. G. 71
Magnus-Effekt 71
Maiman, T. H. 301
Majoritätsladungsträger 341
Manometer 49
Mariotte, Emdé 50
Maschensatz 134
Maser 301
Masse 9, 42
— effektive 335
Massen-
— defekt 307
— einheit, atomare 274, 307
— mittelpunkt 36
— spektrograph 306
— trägheitsmoment 39, 40, 42
— zahl 305
Materiewelle 270, 279
mathematisches Pendel *siehe* Pendel
Maxwell, James Cl. 107, 174, 211
Maxwell-Boltzmannsche Geschwindigkeitsverteilung 78
Maxwellsche Gleichungen 175, 211, 255
Mechanik, Newtonsche 27, 28
Medium
— dichteres 198
— dünneres 198
— optisch dichteres 225
— optisch dünneres 225
Mega 3
Meißner-Ochsenfeld-Effekt 358
Meißner, W. 358
Meitner, Lise 319
Mendelejew, Dimitri I. 273
Metall 132, 333
Metallbindung 330
Metazentrum 54
Meter (Maßeinheit) 3
Meyer, Lothar 273
Michelson, Albert A. 253
Mikro 3
Mikroskop 231
— Vergrößerung 232
Milli 3
Minoritätsladungsträger 341
Mittelpunktstrahlen 222
MKS-System 3
Modulation
— Amplituden- 185
— Frequenz- 186
Mol (Maßeinheit) 77
molares Normvolumen 77
Molekülkristall 330
Molekularstrahlepitaxie 357
Molvolumen *siehe* molares Normvolumen
Morley, Edward W. 253
MOS-Kondensator 354
Mosleysches Gesetz 299
Multiplizität 295
Myon 258

N
n-leitend 337
Nahwirkungshypothese 118
Nano 3
Nebelkammer 314
Nebenwiderstand 138
Netzwerkanalyse 137
Neutrino 310
Neutron 305
— promptes 321
— schnelles 320
— thermisches 320, 321
— verzögertes 321
Newton (Maßeinheit) 9
Newton, Isaak 9, 25, 65, 69, 113, 218

Newtonsche
— Axiome 9–11
— Mechanik 27f
Newtonsches Abkühlungsgesetz 113
Nichtleiter *siehe* Dielektrikum
Normalkraft 364
Normalwasserstoffelektrode 143
Normzustand 77
Nukleon 305
Nuklid 306
Nutation 46
Nuttall, J. M. 313

O

Oberflächen-
— energie, spezifische 57
— spannung 57–59
Oberschwingungen 188, 210
Obertöne 210
Ochsenfeld, R. 358
Oerstedt, Hans Chr. 150
Ohm (Maßeinheit) 132
Ohm, Georg S. 132
Ohmsches Gesetz 132, 133
optische
— Achse 221, 244
— Aktivität 246
Ordnungszahl 305
Orientierungspolarisation 128
Ortsvektor 5, 6
Oszilloskop *siehe* Elektronenstrahloszilloskop
Otto-Motor 94
Oxidation, anodische 143

P

p-leitend 337
Parabolspiegel *siehe* Spiegel, parabolischer
Paradoxon
— hydrodynamisches 64
— hydrostatisches 52
Parallel-
— schaltung 134, 137, 139
— strahlen 222
paramagnetisch 162
Pascal (Maßeinheit) 49
Pascal, Blaise 49, 50
Pascalsches Gesetz 50
Passatwinde 32
Pauli, Wolfgang 295, 310
Pauli-Prinzip 295
Peltier, J. Ch. A. 141
Peltier-Effekt 141
Pendel
— gekoppelte 191, 192
— mathematisches 13, 43, 186
— physikalisches 43
Periodendauer 177
Periodensystem 296
Perpetuum mobile
— erster Art 83, 88
— zweiter Art 88
Petit, Alexis Th. 85
Phase 103, 165, 177
Phasen-
— übergang 105, 110
— diagramm 110
— geschwindigkeit 193, 197
— sprung 198
Phon (Maßeinheit) 208
Phosphoreszenz 298
Photoeffekt 145, 267
photometrisches Grundgesetz 249
Photon 218
Photostrom 348
Photovoltaik 349
photovoltaischer Effekt 347
Photozelle 145
physikalisches Modell 4
physikalisches Pendel *siehe* Pendel
π-Meson *siehe* Pion
piezoelektrischer Effekt 130, 209
Piko 3
Pion 308
Planck, Max 1, 266
Planckscher Wirkungsquantum 266
Plasma 148, 171, 322
Platonisches Jahr 49
pn-Übergang 344
Poiseuille, Jean L. M. 66
Polarisation
— des Lichtes 243
— dielektrische 127, 128
Polarisator 201
polarisiert
— elliptisch 201
— linear 200
— zirkular 201
Polonium 310
polykristallin 325
Positron 318
Potentialtopfmodell des Atomkerns 308
potentielle Energie *siehe* Energie
Präzession 47
Prandtl, Ludwig 63
Prandtlsches Staurohr 63
Prisma 233–235

Prokhorov, A. M. 301
Prozeß
— irreversibler 88
— isenthalpischer 109
— linksläufiger 91
— rechtsläufiger 91
— reversibler 88
Prozeßgrößen 73
pT-Diagramm 110
Pumpen eines Lasers 301
pV-Diagramm 86
Pyroelektrizität 130
pythagoräisches Komma 382
Pythagoras 210

Q
Qualitätsfaktor 315
Quanten-Hall-Effekt 356
Quecksilberbarometer 55
Querwelle *siehe* Transversalwelle
Quincke, Georg 205
Quinckesches Resonanzrohr 205

R
Römer, Olaf 236
Radialbeschleunigung 8
Radiant (Maßeinheit) 248
radioaktive Strahlung 309
radioaktives Gleichgewicht 313
Radium 310
Raketengleichung 15
Raster-Tunnel-Elektronenmikroskop 285
Rasterelektronenmikroskop 271
Raumgruppe 326
Raumwinkel 247
Reaktionsprinzip 10
Rechte-Hand-Regel 150
Reflexion 198, 202, 220
Reflexions-
— gesetz 202, 220
— grad 263
— winkel 202
Regelstäbe 322
Regeneratoren 94
Reibung
— Innere 65
— Newtonsche 21
— Stokesche 178
— Stokessche 21
Reibungs-
— koeffizient 21
— kraft 21
— widerstand 66, 69
Reihenschaltung 134, 137, 139, 166
Rekombination 146, 341
Rekombinationsrate 341
relative Permeabilität 160
relativistische Massenzunahme 259
Relativitätsprinzip 1, 255
Relativitätstheorie 1, 218
Relativitätstheorie
— allgemeine 255
— spezielle 255
Remanenz 163
Resonanz 182
Resonanzkatastrophe 182
Reynolds, Osborne 68
Reynoldsche Zahl 68, 71
Richardson, O. W. 145
Richtungskosinus 395
Röntgen, Wilhelm C. 299
Röntgen-
— diagnostik 300
— strahlen 216, 299f
Rohrer, Heinrich 285
Rollreibung 21
Rotation 42, 400
Ruhe-
— energie 261
— masse 261
Ruska, Ernst 271
Russel-Saunders-Kopplung *siehe* LS-Kopplung
Rutherford, Ernest 4, 274, 305, 317
Rydberg-
— Atome 279
— Frequenz 277, 300

S
Sättigungsdampfdruck 105
Sättigungsstrom 347
Schall-
— geschwindigkeit 204, 206, 207
— intensität 208, 209
— mauer 204
— pegel 208
— schnelle 207
— schwingungen 188
— wechseldruck 206, 209
— wellen 203, 205, 207
Schein-
— kraft 29
— leistung 167
schiefe Ebene 42
Schmelz-
— enthalpie 103
— — spezifische 103

— temperatur 103
— wärme 103
Schrödinger-Gleichung 334
schräger Wurf
— Wurfhöhe 12
— Wurfweite 12
Schrieffer, John R. 360
Schrödinger, Erwin 280
Schrödinger-Gleichung
— stationäre 282, 283
— zeitabhängige 280
Schubnikow-Phase 360
Schwankungen 100
schwarzer Körper 112, 263
Schwebung 183
Schweredruck 51
Schwerkraft 11
Schwerpunkt 36
Schwingung 177
— elektrische 171, 181
— erzwungene 181
— harmonische 43, 177, 188
— mechanische 181
— nichtharmonische 186
Schwingungen
— gekoppelte 190
Schwingungs-
— bauch 198, 207, 209
— knoten 198, 201, 207, 209
— tilgung 192
Seebeck, Th J. 140
Seitendruck 51
Seitz, F. 328
Sekundärelement *siehe* Akkumulator
Sekunde (Maßeinheit) 3
Selbstinduktion 158, 159
selfconsistent field 294
Seltene Erden 297
Shockley, William 323
SI-Einheiten 3
Siedetemperatur 103
Sievert (Maßeinheit) 315
Skalare 393
Skalarprodukt 394
Skineffekt 169
Snell van Royen (Snellius) 225
Solarkonstante 249, 267
Solarzelle 347
Sommerfeld, Arnold 279
Spannung 122, 172
Spannungsquelle 139
Spannungsreihe
— elektrochemische 143, 144
— Voltasche 139
Spatprodukt 396
Spektral-
— analyse 234
— farben 234
— serien, des Wasserstoffatoms 277f
Spektren
— der Alkalimetalle 289
— wasserstoffähnlicher Atome 277, 289
Spektroskopie 191
Spektrum 234
Spiegel
— ebener 221
— parabolischer 223
— sphärischer 221f
Spiegelladung 124
Spiegelversuch, Fresnelscher 218, 238
Spin 293
Spinquantenzahl 291
Sprungtemperatur 358
Spule 151, 165, 169, 173
Störstellen 336
Störstellen-
— erschöpfung 339
— leitung 339
Stark, Johannes 290
Stark-Effekt 290
starrer Körper 33
Statik 5
statistische Physik 73
Staudruck 63, 69
Stefan, Josef 113
Stefan-Boltzmann-Gesetz 113, 263
stehende Welle *siehe* Welle
Steinerscher Satz 41
Steradiant (Maßeinheit) 247
Stern, Otto 293
Sternschaltung 168
Stimmung
— pythagoräische 211
— reine 211
— temperierte 211
Stirling, Robert 93
Stirlingprozeß 93, 94, 109
Stoßionisation 347
Stoßwellen 204
Stokes, George G. 66
Stokesscher Integralsatz 401
Stokessches Gesetz 66
Stoß
— gerader 22
— schiefer 24
— vollkommen elastischer 22

— vollkommen unelastischer 23
— zentraler 24
Stoßionisation 145, 147
Strahl
— außerordentlicher 244
— ordentlicher 244
Strahldichte 249
— spektrale 250
Strahlenoptik 219–235
Strahlstärke 248
Strahlungs-
— fluß
— formel, Plancksche 266
— leistung 247
Strassmann, Fritz 319
Strömung
— laminare 65
— stationäre 61
— turbulente 67
Strömungswiderstand 69
Strom 172
Stromdichte 131
Stromlinien 61
— -form 68
Stromstärke 131
Sublimation 110
Supraleiter
— 1. Art 360
— 2. Art 360
— Hochtemperatur- 361
Supraleitung 132, 358
Suszeptibilität
— dielektrische 129
— magnetische 160
Synchrozyklotron 316

T
Teilchendichte 132
Temperatur
— absolute 74
— schwarze 265
— thermodynamische 92
Tensoren 393
Tera 3
Tesla (Maßeinheit) 152
Tesla, Nicola 152
Thermodynamik 73
thermodynamische
— Potentiale 101
— Temperaturskala 74
Thermoelektrizität 140
Thermoelement 140
thermonukleare Reaktion 322
Thomson, Joseph J. 274
Thomson, William 74, 108
Thorium 309
Tokamak 322
Ton 209
Tonleiter 211
Torricelli, Evangelista 54
Torsionspendel 178
Totalreflexion 225
Townes, C. H. 301
Trägheit 9
Trägheits-
— kraft 29
— prinzip 9, 10
— tensor 46
Transformator 173, 174
Transistor 352
Translation 42
Translationsgruppe 325
Transmission 220
Transmissionsgrad 263
Transurane 317
Transversalwelle 192, 200
Tripelpunkt 110
Tröpfchenmodell, des Atomkerns 319
Tscherenkow, Pawel A. 205
Tscherenkow-
— Strahlung 205
— Zähler 205
Tubuslänge 232
Tunneleffekt 285
turbulente Strömung *siehe* Strömung

U
Übergangsmetalle 297
Überschallknall 204
Uhlenbeck, G. E. 291
Uhrenparadoxon 385
Ultrahochvakuum 49
ultrarot *siehe* infrarot
Ultraschall 205, 209
ultraviolett 216, 246
universelle Gaskonstante 77
Uran 309
Urspannung 140

V
Valenzband 333
Vektoren 393
Vektorprodukt 394
Venturi-Düse 64
Verdampfungsenthalpie 103
— spezifische 103

Verdampfungswärme 103
Verdunsten 105
Vergrößerung 229
Verschiebungspolarisation 128
Verschiebungsstrom 175
Viskosimeter 66
Volt (Maßeinheit) 122
Volta, Alessandro 122, 139
Voltmeter 138
Volumenausdehnungskoeffizient 75, 76
Volumenstrom 62
Vorwiderstand 138

W
van der Waals, Johannes D. 106
van der Waalssche Kräfte 123, 330
Wärme 80
— latente 103
— reduzierte 97
Wärme-
— durchgang 113
— — -skoeffizient 114
— kapazität 81, 195
— — molare 81
— — spezifische 81
— kraftmaschinen 93
— leitfähigkeit 112
— leitung 111
— — -sgleichung 112
— pumpe 95
— strahlung 112, 246
— strom 111, 112
— übergang 113
— — -skoeffizient 113
Wasserstoffbombe 322
Wasserstrahlpumpe 64
Wasserwert 82
Watt, James 93
Watt (Maßeinheit) 19
Weber-Fechnersches Gesetz 208
Wechsel-
— spannung 165, 167
— strom 165
Wechselstromwiderstand *siehe* Impedanz
Weicheiseninstrument 137, 172
Weiß, Pierre-Ernest 163
Weißsche Bezirke 162
Welle 192
— ebene 193
— elektromagnetische 176, 209, 211–213
— fortschreitende 198
— Kugel- 193
— stehende 197, 198, 200, 214
Welle-Teilchen-Dualismus 218, 267
Wellen-
— front 193, 201, 204
— funktion 280
— gleichung 194, 195, 206, 211
— gruppe 196
— paket 196
— theorie 218
— vektor 194, 270
— zahl 194
Wellen-
— fläche 193
Wellen-
— länge 192, 207
Werckmeister, A. 211
Wheatstonesche Meßbrücke 135
Widerstand
— induktiver 166
— kapazitiver 166
— komplexer 166
— Ohmscher 132
— spezifischer 132
Widerstandsbeiwert 69, 70
Wien, Wilhelm 265
Wiensches Verschiebungsgesetz 265
Wigner, Eugen P. 328
Wigner-Seitz-Zelle 328
Wilson, Charles T. R. 314
Winkel-
— beschleunigung 7, 42
— geschwindigkeit 7, 42
— richtgröße 178
Wirbel 62, 67, 68
Wirbelströme 158
Wirkleistung 167
Wirkungsgrad
— thermischer 90
Wirkungsquerschnitt 320
Wölbspiegel 224

Y
Young, Thomas 218
Yukawa, Hideki 308

Z
Z-Diode 347
Zähigkeit 65
Zeeman, Pieter 290
Zeeman-Effekt 290
Zeitdilatation 256
Zener, C. M. 347
Zener-Effekt 347
Zentralkraft 21

Zentrifugalkraft 29, 30
Zentripetalkraft 25
Zerfalls-
— konstante 311
— reihe 312
Zerstäuber 64
Ziolkowski, Konstantin E. 15
Zirkulationsströmung 71
Zustandsänderungen
— adiabatische 87
— isobare 86
— isochore 86
— isotherme 86
— polytrope 87
Zustandsgleichung
— für ideale Gase 77
— für reale Gase 106
Zustandsgrößen 73
Zwillingsparadoxon 385
Zyklotron 316

Freche Verse – physikalisch

von Peter Hägele

1995. 116 S. Kart.
ISBN 3-528-06634-2

Aus dem Inhalt: Klassische Mechanik – Elektrodynamik und Optik – Thermodynamik – Spezielle Relativität – Kosmologie – Die Quantenmechanik und ihre Deutungen – Elementarteilchen und Atome – Festkörper – Computer – Chaos – Laborpraxis – Erkenntnis durch Physik.

Was kommt heraus, wenn ein Physiker seiner Wissenschaft und seinen Standeskollegen von früher und heute auf die Finger schaut und das ganze in Limericks faßt? Eine Sammlung von kurzen, oft überraschenden und lustigen, oft auch nachdenklich machenden kurzen Gedichten, die die Schwächen der Großen und (noch) Kleinen des Faches nicht ohne Sympathie offenlegen. Der Physiker und Zeichner Peter Evers, bekannt durch seine regelmäßigen Beiträge in Sachen humorvoller Physik in den „Physikalischen Blättern", hat fast 30 Karikaturen beigesteuert, die die Welt der Physik ebenfalls mit einigen Schlaglichtern beleuchten. Ein Daumenkino macht dieses Buch sogar zu einem bewegten Erlebnis!

Über den Autor: Prof. Dr. Peter C. Hägele ist Physiker an der Universität Ulm. Peter Evers, ebenfalls Physiker, ist freischaffender Cartoonist.

Verlag Vieweg · Postfach 15 46 · 65005 Wiesbaden